Hinweis für die Leser

Die Ergänzungen zum Literaturverzeichnis für diese Auflage finden Sie aus drucktechnischen Gründen nicht auf den Seiten 349 und 350 sondern am Schluß des Buches auf den Seiten 444 und 445.

Bei den Hinweisen für den Benutzer bedeutet ■ den Verweis auf (16) der nebenstehenden Tabelle.

5771 Lexikon Stochastik, 3. Auflage

Wahrscheinlichkeitsrechnung
und Mathematische Statistik

LEXIKON DER STOCHASTIK

Wahrscheinlichkeitsrechnung
und Mathematische Statistik

Herausgegeben von

Prof. Dr. P. H. MÜLLER

Technische Universität Dresden

LEXIKON DER STOCHASTIK

3., berichtigte Auflage

AKADEMIE-VERLAG · BERLIN
1980

Autorenkollektiv unter Federführung
von Prof. Dr. rer. nat. habil. P. HEINZ MÜLLER
Dr. phil. HELMUT EBERSBERGER
Dr. rer. nat. HEINZ GILLERT
Dr. rer. nat. UWE KÜCHLER
Dr. rer. nat. habil. ROLF KÜHNE
Prof. Dr. rer. nat. habil. HEINZ LANGER
Dr. rer. nat. Dr. paed. GERT MAIBAUM
Dr. rer. nat. PETER NEUMANN
Dr. sc. nat. VOLKER NOLLAU
Dr. rer. nat. LOTHAR PARTZSCH
Dr. rer. nat. FRANZ SCHMIDT
Dr. rer. nat. REGINA STORM
Prof. Dr. rer. nat. habil. WOLFGANG WINKLER
Dr. rer. nat. GISELA WITTWER

Erschienen im Akademie-Verlag, 108 Berlin, Leipziger Str. 3—4

Lizenznummer: 202 · 100/421/79
Gesamtherstellung: VEB Druckerei „Thomas Müntzer“, 582 Bad Langensalza
Bestellnummer: 762 181 6 (5771) · LSV 1077
Printed in GDR
EVP 29,—

Vorwort zur ersten Auflage

Das *Lexikon der Wahrscheinlichkeitsrechnung und Mathematischen Statistik* soll dazu dienen, das Grundwissen der Wahrscheinlichkeitsrechnung und Mathematischen Statistik sowie zugehöriger Anwendungsgebiete anhand alphabetisch geordneter Sachbegriffe darzustellen.

Eine exakte Beschreibung dieses Stoffes kann nur mittels mathematischer Formulierungen erfolgen. Dabei werden die etwas schwierigeren und abstrakteren Begriffe einleitend hinsichtlich ihrer Bedeutung und ihres Inhaltes kurz gekennzeichnet, bevor ihre eigentliche mathematische Definition erfolgt. Benutzer, denen es mehr auf unmittelbare Anwendungen (z. B. Tests, Schätzungen, Regression) ankommt, finden die jeweiligen Verfahren und Formeln gebrauchsfertig bereitgestellt. Insbesondere sind eine Vielzahl praktisch bedeutsamer Testverfahren aufgenommen worden, die ansonsten in der Literatur nur sehr verstreut bzw. in schwer zugänglichen Spezialarbeiten vorliegen. Zur Erleichterung für den Leser sind eine Anzahl mathematischer Grundbegriffe, die für das Verständnis unbedingt erforderlich sind, in eigenen Artikeln erläutert. Somit ist zu hoffen, daß das vorliegende Lexikon einem breiten Benutzerkreis gerecht wird.

Das Lexikon ist aus einer Artikelserie hervorgegangen, die mit einem Kreis erfahrener Mitarbeiter für das (ebenfalls im Akademie-Verlag erschienene) *Mathematische Wörterbuch* zum Sachgebiet Wahrscheinlichkeitsrechnung und Mathematische Statistik erarbeitet wurde. Da die Wahrscheinlichkeitsrechnung und Mathematische Statistik sowie deren vielfältige Anwendungsgebiete — nicht zuletzt auch im Zusammenhang mit kybernetischen Fragestellungen — eine zweifellos sehr große und überdies zunehmende Bedeutung besitzen, hielt ich es für nützlich, das Begonnene durch Überarbeitung und Erweiterung der Artikel fortzuführen mit dem Ziele, den Studierenden sowie u. a. Naturwissenschaftlern, Ingenieuren, Ökonomen und Medizinern einen bequemen wie aber auch in wissenschaftlicher Hinsicht verläßlichen Ratgeber in die Hand zu geben.

Das Lexikon verdankt sein Zustandekommen vor allem einer guten wissenschaftlichen Kollektivarbeit. So mancher Artikel reifte in lebhaften Diskussionen, die vielfach in einem Seminar unter Einbeziehung von Studierenden durchgeführt wurden.

Kritische Hinweise aus dem Benutzerkreis werden gern entgegengenommen.

Dresden, den 13. Februar 1970. P. H. Müller

Vorwort zur zweiten und dritten Auflage

Die erste Auflage dieses Lexikons war schnell vergriffen. Zahlreiche Zuschriften aus dem Leserkreis bekundeten ein breites Interesse, so daß sich bald der Entschluß zu einer Neuauflage festigte. Dabei erfolgten neben verschiedentlichen Verbesserungen insbesondere Abrundungen und auch thematische Erweiterungen. Neu hinzugekommen sind außerdem (im Anschluß an den Artikelteil) tabellarische Zusammenstellungen für die gebräuchlichsten Verteilungen und für die wichtigsten Tests sowie alphabetisch angeordnete Sachregister der im Lexikon enthaltenen Artikel in Englisch, Französisch und Russisch mit den entsprechenden deutschsprachigen Bezeichnungen. Des weiteren wurde eine Übersicht vorangestellt, die einerseits den in Teilgebieten gegliederten stofflichen Inhalt des Lexikons kennzeichnet, andererseits bei Benutzung des Lexikons zur systematischen Lektüre die gegenseitige Abhängigkeit und logische Reihenfolge der in Frage kommenden Artikel erkennen läßt. Die 3. Auflage enthält zusätzlich Angaben über einige in den letzten Jahren erschienene Bücher.

Die vorliegende neue Fassung des Lexikons resultiert aus der Zusammenarbeit eines gegenüber der ersten Auflage noch um einige erfahrene Mitarbeiter erweiterten Autorenkollektivs. Darüber hinaus wurde die Bearbeitung durch vielfältige Anregungen und direkte Unterstützung aus dem Kreis der Leser und insbesondere der Fachkollegen gefördert, wofür allen Beteiligten an dieser Stelle herzlich gedankt sei. Dank gebührt ebenfalls Fräulein Dipl.-Math. R. Helle, die auch diesmal die redaktionelle Betreuung des Titels beim Akademie-Verlag in bewährter Weise wahrnahm.

Insgesamt hoffen wir, neben der erfolgten umfangmäßigen Erweiterung auch eine inhaltliche Vervollkommnung im Sinne der im Vorwort zur ersten Auflage genannten Zielstellung des Lexikons erreicht zu haben.

Dresden, im September 1975 und November 1978 P. H. M.

Hinweise für den Benutzer

Die Artikel sind alphabetisch geordnet.

Bei Artikelbezeichnungen, die aus mehreren Wörtern bestehen, ist der für die Kennzeichnung des Inhalts wesentlichere Begriff vorangestellt; z. B. „Kontingenz, mittlere quadratische", „Versuchsplanung, statistische", „RADON-NIKODYM, Satz von" — jedoch kommen derartige Umstellungen relativ selten vor. Zur Erklärung der Begriffe wird häufiger Gebrauch von dem Verweiszeichen „›" gemacht: Es verweist auf denjenigen Artikel, der Aufschluß über den betreffenden Begriff gibt. Beim Verweis auf Verteilungen wurden Verweiszeichen zur Vereinfachung der Formulierungen sowohl bei den Substantiven als auch den zugehörigen Adjektiven angebracht, jedoch findet der Leser die Erklärung hierbei stets bei den Substantiven, z. B. „› normalverteilt" steht für „› Normalverteilung".

In den Artikeln verwendete mathematische Symbole und deren Bedeutung sind — sofern sie nicht zum bekannten Allgemeingut zu zählen sind — am Anfang des Lexikons zusammengestellt.

In runden Klammern ( ) stehende Zahlen verweisen auf das Literaturverzeichnis am Schluß des Lexikons; die Bezeichnung (T) gibt an, daß es sich um ein Tafelwerk handelt. In eckigen Klammern [ ] stehende Zahlen kennzeichnen spezifische Ergänzungsliteratur, die jeweils am Ende des betreffenden Artikels aufgeführt ist.

Als Ergänzung zur alphabetischen Anordnung der Artikel ist eine systematische Übersicht vorangestellt, die den Stoff des Lexikons entsprechend dem derzeitig üblichen Aufbau der Wahrscheinlichkeitsrechnung und Mathematischen Statistik enthält und dabei dem Leser in pädagogisch aufbereiteter Form einen möglichst direkten Zugang zu einem speziell interessierenden Teilgebiet vermitteln soll. Diese Übersicht enthält in numerierten Kästchen Stichworte, zu denen anschließend in einer Zusammenstellung entsprechend den Nummern zugehörige Artikel des Lexikons aufgeführt sind. Zu den unter ■ zusammengefaßten Spezialdisziplinen und Anwendungsgebieten sind im Lexikon Übersichtsartikel vorhanden, denen Hinweise auf benötigte Grundlagen entnommen werden können.

(1) Elementare Grundbegriffe der Wahrscheinlichkeitsrechnung

Versuch, Wahrscheinlichkeit eines Ereignisses, Ereignisfelder und Wahrscheinlichkeitsalgebren, relative Häufigkeit, klassische Definition der Wahrscheinlichkeit, BERNOULLI-Schema, (Urnenmodelle, Statistiken von MAXWELL-BOLTZMANN, BOSE-EINSTEIN, FERMI-DIRAC), geometrische Wahrscheinlichkeit (BERTRANDsches Paradoxon), Unabhängigkeit von Ereignissen, bedingte Wahrscheinlichkeit eines Ereignisses, totale Wahrscheinlichkeit, BAYESsche Formel.

(2) Allgemeine Grundlagen der Wahrscheinlichkeitsrechnung

Wahrscheinlichkeitsraum, Zufallsgröße (diskrete Zufallsgröße, stetige Zufallsgröße), zufälliger Vektor, zufällige Variable, gemeinsame Wahrscheinlichkeitsverteilung (von zufälligen Variablen), Unabhängigkeit zufälliger Variabler, Faltung, Funktionen einer Zufallsgröße, Funktionen eines zufälligen Vektors (Verteilungstyp, stabiler Verteilungstyp, unbeschränkt teilbar), bedingtes Wahrscheinlichkeitsmaß, bedingte Wahrscheinlichkeitsverteilung, Konvergenzarten für Folgen zufälliger Variabler, Konvergenzarten für Folgen von Wahrscheinlichkeitsverteilungen, asymptotische Eigenschaften von Folgen von Zufallsgrößen, Anziehungsbereich einer Verteilungsfunktion, Weiteres siehe (3) bis (8).

(3) Spezielle Verteilungen

s. Verteilungstabelle, sowie (verallgemeinerte) Binomialverteilung, Polynomialverteilung, (nichtzentrale) χ^2-Verteilung, (nichtzentrale) t-Verteilung, (nichtzentrale) F-Verteilung, HOTELLINGS T^2-Verteilung, DIRICHLET-Verteilung, WISHART-Verteilung, zusammengesetzte Verteilung.

(4) Momente, charakterist

Erwartungsw wert, beding Quantil, Momente (V Exzeß, Mom gen in der W Kovarianzma Korrelationsr quadratische charakteristi Funktion, Se

(5) Gesetze der Grenzwerts

BOREL-CANTE Gesetz, KOL Gesetz der iterierten Lo Grenzwertsät traler Grenz POISSON, lok wertsätze für Abweichunge

(6) Stochastisc

stochastische separabler s barer stoch stochastische keit stochast stochastische stochastische Ordnung, P wächsen, GA Punktprozeß Stoppzeit.

(7) MARKOVsch

MARKOVsche Prozeß mit Diffusionspr Geburts- un Prozeß, Verzweigung Potentialthe zesse.

(8) Stationäre Prozesse

stationärer Prozeß,
Ergodensatz für stationäre Prozesse, Prozeß zweiter Ordnung, Kovarianzfunktion.

(9) Allgemeine Grundlagen der Mathematischen Statistik

Realisierungen (von zufälligen Variablen),
Stichprobe (geschichtete Stichprobe, geordnete Stichprobe),
Likelihood-Funktion,
Schätztheorie,
Weiteres siehe (10) bis (14),
Extremwertstatistik.

(10) Beschreibende Statistik (empirische Größen)

empirische Verteilungsfunktion, Klassenhäufigkeit (Kontingenztafel),
Mittelwerte, Streuungsmaße,
empirische Momente, empirisches Quantil,
empirische Kovarianzmatrix, Korrelationstabelle, empirische Kovarianzfunktion.

(11) Punktschätzungen

Punktschätzung,
Maximum-Likelihood-Methode, Methode der kleinsten Quadrate, Momentenmethode, Minimum-χ^2-Methode,
(Kiefer-Wolfowitz-Prozeß, Robbins-Monro-Prozeß, stochastische Optimierung).

(12) Bereichsschätzungen

Bereichsschätzungen
Konfidenzintervalle für eine unbekannte Wahrscheinlichkeit, Konfidenzintervalle für Erwartungswert und Streuung der Normalverteilung, Konfidenzschätzung für eine unbekannte Verteilungsfunktion,
Toleranzschätzung,
fiduziale Schätzung.

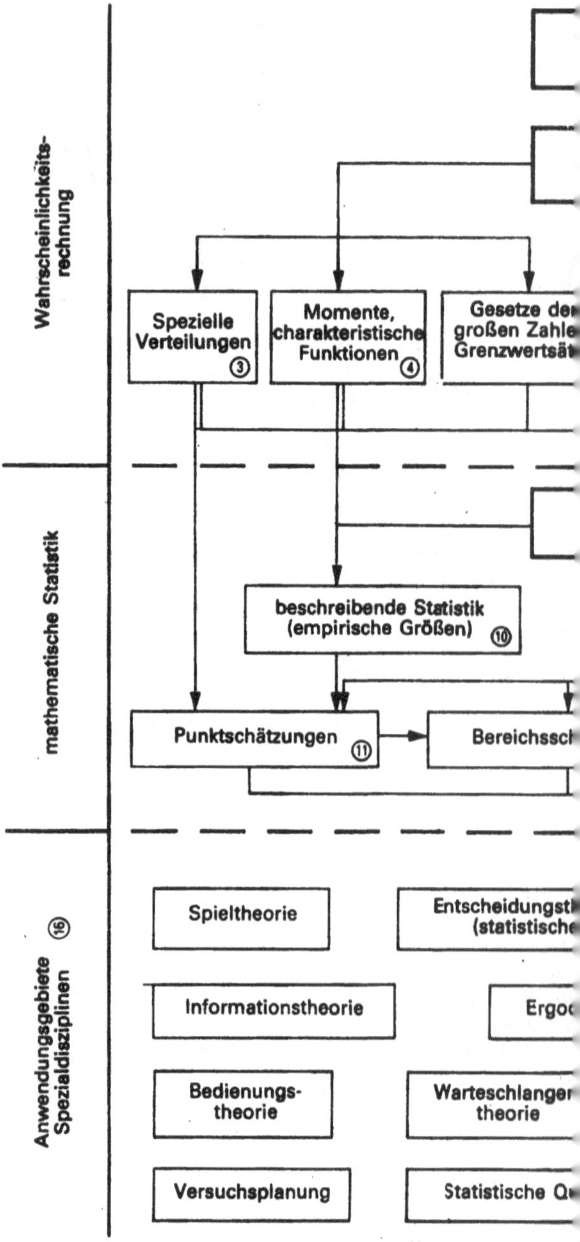

(13) Tests

Testtheorie, Signifikanztest, Parametertest, Anpassungstest, Homogenitätstest, Unabhängigkeitstest, Rangtest, Zufälligkeitstest, Iterationstest, k-Stichprobenproblem, Zweistichprobenproblem, Likelihood-Quotienten-Test,
Weiteres siehe Testtabelle.

(14) Analyseve

Varianzana
Korrelation
analyse,
Regressions
Diskrimina
Faktor-Ana

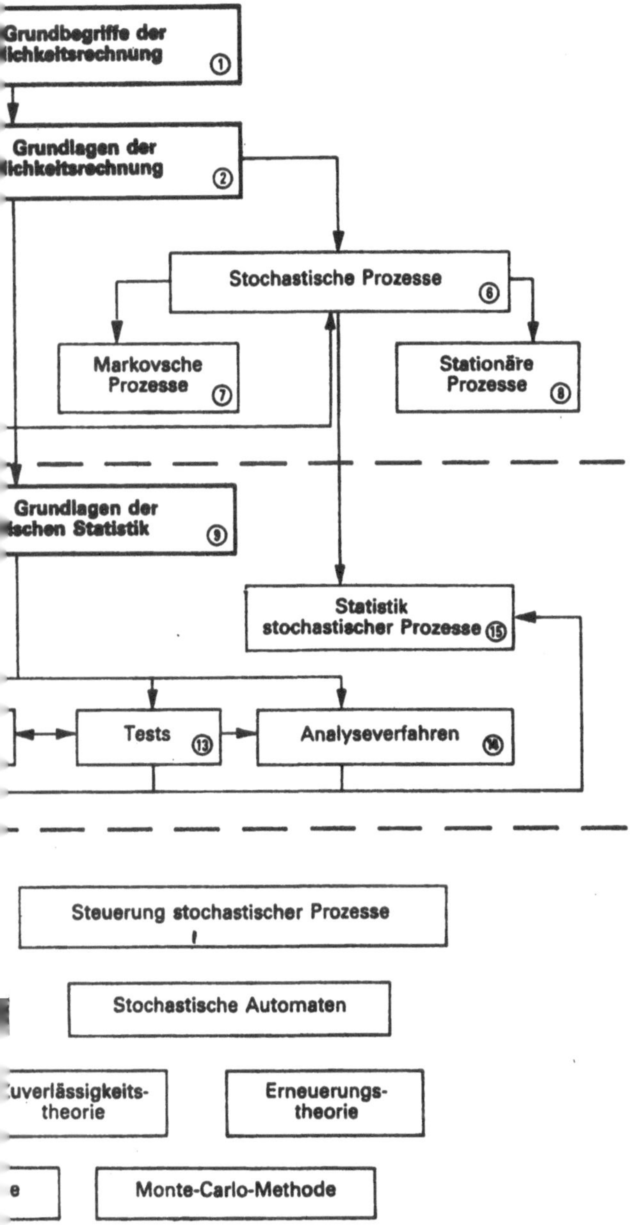

…nzanalyse,
…angkorrelations-

…ression),

(15) Statistik stochastischer Prozesse

Statistik stochastischer Prozesse, Zeitreihenanalyse, autoregressives Modell gleitende Mittel, Periodogramm.

Symbolverzeichnis

$\mathfrak{A}[X_s, s \leqq t]$	die von den ›Zufallsgrößen X_s, $s \leqq t$, erzeugte σ-›Algebra, d. h. die kleinste σ-Algebra, bezüglich der die Zufallsgrößen X_s, $s \leqq t$, sämtlich meßbar (›meßbare Funktion) sind
$\mathfrak{A}[X_t^{(k)}, t \in T, k = 1, \ldots, n]$	die von den Zufallsgrößen $X_t^{(k)}$, $t \in T$, $k = 1, \ldots, n$, erzeugte σ-›Algebra (analog zu $\mathfrak{A}[X_s, s \leqq t]$)
$\mathfrak{B}^1$	σ-›Algebra der ›Borel-Mengen des R^1
$\mathfrak{B}^n$	(n natürliche Zahl) σ-›Algebra der ›Borel-Mengen des R^n
D^2	Streuungsoperator; für eine ›Zufallsgröße X bezeichnet D^2X die ›Streuung von X
det	Determinante
E	Erwartungswertoperator; für eine ›Zufallsgröße X bezeichnet EX den ›Erwartungswert von X
$E(.\|.)$	›bedingte Erwartung, ›bedingter Erwartungswert
e	Basis der natürlichen Logarithmen ($e \approx 2{,}71828\ldots$)
$\exp\{\cdot\} = e^{\cdot}$	Exponentialfunktion, z. B. $\exp\{x\} = e^x$
f. s.	= fast sicher (›fast überall)
f. ü.	= ›fast überall
inf	Infimum
lim	Limes
$\lim\limits_{s \uparrow t}$, $\lim\limits_{s \downarrow t}$	Limes für s gegen t, $\begin{cases} s < t \\ s > t \end{cases}$
$\overline{\lim}$	Limes superior (speziell für Mengenfolgen: ›Limites von Mengenfolgen)
$\underline{\lim}$	Limes inferior (speziell für Mengenfolgen: ›Limites von Mengenfolgen)
L_p	›Lebesguesche Räume, $0 < p \leqq \infty$
$L_n(.)$	Ljapunovscher Bruch (›zentraler Grenzwertsatz)
max	Maximum
min	Minimum
mod(.)	Modulo. $x \equiv k \bmod(n)$ bedeutet: $x = mn + k$; $m, k\ (\leqq n - 1)$ ganze Zahlen, n natürliche Zahl
N	Menge der natürlichen Zahlen 1, 2, ...
$N(\mu, \sigma^2)$	›Normalverteilung mit ›Erwartungswert μ und ›Streuung σ^2

$\emptyset$	leere Menge; unmögliches Ereignis (›Ereignisfelder und Wahrscheinlichkeitsalgebren)
$o(.)$	(lies „klein o von .") (LANDAUsches Symbol); z. B. bedeutet $f(t) = o(g(t))$, $t \to 0$, für Funktionen f und g, daß $\lim\limits_{t \to 0} \frac{f(t)}{g(t)} = 0$ ist; $c_n = o(n)$, $n \to \infty$, bedeutet, daß $\lim\limits_{n \to \infty} \frac{c_n}{n} = 0$ ist.
$O(.)$	(lies „groß O von.") (LANDAUsches Symbol); z. B. bedeutet $f(t) = O(g(t))$, $t \to 0$, für Funktionen f und g, daß Konstanten $c > 0$ und $\varepsilon > 0$ mit $\left\lvert\frac{f(t)}{g(t)}\right\rvert \leqq c$ für alle $\lvert t\rvert < \varepsilon$ existieren; $c_n = O(n)$, $n \to \infty$, bedeutet, daß eine Konstante $c > 0$ mit $\left\lvert\frac{c_n}{n}\right\rvert \leqq c$ für alle $n \in N$ existiert.
$P(.)$	Wahrscheinlichkeit; $P(A)$ Wahrscheinlichkeit des Ereignisses A (›Ereignisfelder und Wahrscheinlichkeitsalgebren)
$P_B(.)$	›bedingte Wahrscheinlichkeit; $P_B(A)$ ›bedingte Wahrscheinlichkeit eines Ereignisses A unter der Bedingung B
$P(.\|.)$	›bedingte Wahrscheinlichkeit; $P(A\mid B) = P_B(A)$ (vgl. auch ›bedingte Erwartung, ›bedingter Erwartungswert)
R^1	Menge der reellen Zahlen
R^n	n-dimensionaler euklidischer Raum; Menge aller n-dimensionalen Vektoren $\mathfrak{x} = (x_1, \ldots, x_n)$ mit reellen Komponenten x_i $(i = 1, \ldots, n)$
S^2	Stichprobenstreuung (›empirische Momente)
s^2	empirische Streuung (›Streuungsmaße)
s	empirische Standardabweichung (›Streuungsmaße)
sgn(.)	(lies „Signum . . ."), für jedes reelle x definiert durch $\operatorname{sgn} x = \begin{cases} 1 & \text{für } x > 0, \\ 0 & \text{für } x = 0, \\ -1 & \text{für } x < 0. \end{cases}$
sup	Supremum
var	Variation (›Konvergenzarten für Folgen von Wahrscheinlichkeitsverteilungen, a))
$\bar{X}$	Stichprobenmittel (›empirische Momente)
$\bar{x}$	arithmetisches Mittel, $\bar{x} = \frac{1}{n} \sum\limits_{i=1}^{n} x_i$ (›empirische Momente)
$\Gamma(.)$	Gamma-Funktion (›Gammaverteilung)
δ_{ik}	$= \begin{cases} 1 & \text{für } i = k, \\ 0 & \text{für } i \neq k \end{cases}$ (KRONECKER-Symbol)
$\varkappa_\nu$	›Semiinvariante der Ordnung ν (ν natürliche Zahl)
π	Umfang des Kreises mit dem Durchmesser 1 ($\pi = 3{,}14159\ldots$)
σ^2	›Streuung
Φ	Verteilungsfunktion der standardisierten ›Normalverteilung

$\Phi^{-1} = \Psi$	Umkehrfunktion von Φ
$\{x \mid x \in E\}$	Menge aller x aus E
$:=$	definierender Doppelpunkt. In „$A := B$" wird A durch B definiert
$\Rightarrow$	Implikationszeichen; $A \Rightarrow B$ bedeutet: Aus A folgt B.
$\bar{a}$	die zu a konjugiert-komplexe Zahl
$f \mid X \to Y$, $x \to f(x)$, $\overset{-1}{f} = f^{-1}$, $f(A)$, $\overset{-1}{f}(B)$	›Funktion
$f^+ : x \to f^+(x)$	$= \max\,(f(x), 0)$ Positivteil einer reellwertigen Funktion f
$f^- : x \to f^-(x)$	$= -\min\,(f(x), 0)$ Negativteil einer reellwertigen Funktion f
$(a_j)_{j \in J}$	›Familie
$\xrightarrow[\text{f.s.}]{}$	Konvergenz fast sicher (›Konvergenzarten für Folgen zufälliger Variabler, a))
$\xrightarrow[\text{P}]{}$	Konvergenz in Wahrscheinlichkeit (›Konvergenzarten für Folgen zufälliger Variabler, c))
$f(x+0)$	$= \lim\limits_{\varepsilon \downarrow 0} f(x+\varepsilon)$ rechts-seitiger Grenzwert der Funktion f an der Stelle x
$f(x-0)$	$= \lim\limits_{\varepsilon \downarrow 0} f(x-\varepsilon)$ links-seitiger Grenzwert der Funktion f an der Stelle x
$\text{ent}[x]$	(lies „entier x"), größte ganze Zahl, die kleiner oder gleich x ist
$\binom{n}{k}$	$= \frac{n(n-1)\cdots(n-k+1)}{1 \cdot 2 \cdots k}$ (n reelle Zahl, k natürliche Zahl) (lies „n über k"), Binomialkoeffizient
$A \times B$	›Produkt von Mengen
$X_T = (X_t)_{t \in T}$	›stochastischer Prozeß
$[\Omega, \mathfrak{A}]$	›meßbarer Raum, z. B. $[R^1, \mathfrak{B}^1]$
$[\Omega^m, \mathfrak{A}^m]$	›meßbarer Raum
$[\Omega, \mathfrak{A}, \mu]$	›Maßraum
$[\Omega, \mathfrak{A}, P]$	›Wahrscheinlichkeitsraum
$M([M, \mathfrak{M}, P])$	Grundgesamtheit (›Stichprobe)
$m \ll m'$	m ist ein bezüglich m' ›absolutstetiges Maß
$\lvert\mathfrak{a}\rvert = \sqrt{a_1^2 + \cdots + a_n^2}$	Betrag (= Länge) eines Vektors (›Matrix) $\mathfrak{a} = (a_1, \ldots, a_n)$
$\ln x$	natürlicher Logarithmus von x (> 0)
$\lg x$	dekadischer Logarithmus von x (> 0)
$\text{ld}\, x$	dualer Logarithmus von x (> 0)
$\log z = \ln r + i\varphi$	Logarithmus einer komplexen Zahl $z = re^{i\varphi}$ ($r > 0, 0 \leqq \varphi < 2\pi$)

A

Abbildung ›Funktion

Ablehnungsbereich ›Testtheorie, ›Signifikanztest

Ableitung eines stochastischen Prozesses ›Differenzierbarkeit stochastischer Prozesse

Ableitung eines ›verallgemeinerten stochastischen Prozesses

absolute Häufigkeit ›relative Häufigkeit

absolutes Moment ›Momente

absolute Verteilung eines ›MARKOVschen Prozesses

absolutstetiges Maß: Es seien $[\Omega, \mathfrak{A}]$ ein ›meßbarer Raum sowie m und m' zwei ›Maße auf $[\Omega, \mathfrak{A}]$. Dann heißt das Maß m *absolutstetig* bez. m' (Bezeichnung: $m \ll m'$), wenn für jede Menge $N \in \mathfrak{A}$ mit $m'(N) = 0$ auch $m(N) = 0$ gilt, mit anderen Worten, wenn jede m'-›Nullmenge auch eine m-Nullmenge ist.

absorbierender Zustand einer ›MARKOVschen Kette

ähnlicher Test ›Testtheorie

äquivalente Maße: Zwei Maße m und m' (auf einem ›meßbaren Raum $[\Omega, \mathfrak{A}]$) heißen zueinander *äquivalent*, wenn sie dieselben ›Nullmengen besitzen, d. h., wenn m bez. m' und ebenso m' bez. m ›absolutstetig sind.

äquivalente stochastische Prozesse: Zwei ›stochastische Prozesse X_T und Y_T mit derselben Parametermenge T heißen *äquivalent* (oder *stochastische Modifikationen* voneinander), wenn sie über demselben ›Wahrscheinlichkeitsraum $[\Omega, \mathfrak{A}, P]$ gegeben sind, denselben Zustandsraum haben und für jedes $t \in T$ gilt: $P(\{\omega | X_t(\omega) \neq Y_t(\omega)\}) = 0$. Insbesondere stimmen dann die endlichdimensionalen Verteilungen der beiden Prozesse überein.

Mitunter nennt man zwei stochastische Prozesse mit derselben Parametermenge und demselben Zustandsraum auch äquivalent oder *äquivalent im weiteren Sinne*, wenn ihre endlichdimensionalen Verteilungen übereinstimmen. (Zwei im weiteren Sinne äquivalente stochastische Prozesse sind nicht notwendig stochastische Modifikationen voneinander.)

Lit.: (11), (20), (49)

Äquivalenzklasse meßbarer Funktionen ›Äquivalenz (meßbarer Funktionen)

Äquivalenz (meßbarer Funktionen): Es seien Ω, Ω' zwei Mengen, $\mathfrak{A}$ bzw. $\mathfrak{A}'$ eine σ-›Algebra (oder ein σ-›Ring) von Teilmengen aus Ω bzw. Ω' und μ ein Maß auf $\mathfrak{A}$. Sind zwei $(\mathfrak{A}, \mathfrak{A}')$-›meßbare Funktionen $f\colon \Omega \to \Omega'$ und $g\colon \Omega \to \Omega'$ μ-›fast überall gleich, d. h., gilt $f(\omega) = g(\omega)$ für μ-fast alle $\omega \in \Omega$, so nennt man f und g auch *μ-äquivalent*. Die Menge $[f]$ aller zu einer vorgegebenen $(\mathfrak{A}, \mathfrak{A}')$-meßbaren Funktion f μ-äquivalenten Funktionen heißt die *Äquivalenzklasse* der zu f μ-äquivalenten Funktionen.

Aggregatindex ›Indexzahl

Algebra (von Mengen): Ein (nichtleeres) System $\mathfrak{A}$ von Teilmengen einer Menge Ω heißt eine *Algebra*, wenn 1. Ω und die leere Menge $\emptyset$ zu $\mathfrak{A}$ gehören, 2. zu je zwei Mengen E und F des Systems $\mathfrak{A}$ deren Vereinigung $E \cup F$, Durchschnitt $E \cap F$ und Differenz $E \setminus F$ zu $\mathfrak{A}$ gehören. Gilt außerdem 3. für jede Folge $A_1, A_2, \ldots, A_n, \ldots$ von Mengen aus $\mathfrak{A}$ auch $\bigcup_{n=1}^{\infty} A_n \in \mathfrak{A}$ (und damit auch $\bigcap_{n=1}^{\infty} A_n \in \mathfrak{A}$), so heißt $\mathfrak{A}$ eine *σ-Algebra*.

Ist ein System $\mathfrak{S}$ von Teilmengen einer Menge Ω gegeben, so existiert unter allen $\mathfrak{S}$ enthaltenden σ-Algebren auf Ω eine kleinste ($\mathfrak{S}$ enthaltende) σ-Algebra. Sie heißt die *von $\mathfrak{S}$ erzeugte σ-Algebra* und wird mit $\mathfrak{A}(\mathfrak{S})$ bezeichnet. (Analog definiert man die von $\mathfrak{S}$ erzeugte Algebra.)

allgemeine ›Regression = Regression 1. Art

allgemeiner Erneuerungsprozeß ›Erneuerungstheorie

allgemeines ›lineares Modell

Alternativhypothese ›Testtheorie

alternierender Erneuerungsprozeß ›Erneuerungstheorie

Anfangsmoment ›Momente

Anfangsverteilung einer ›Markovschen Kette

Anfangsverteilung eines ›Markovschen Prozesses

Anpassungstest: Als *Anpassungstest* bezeichnet man einen statistischen Test (›Testtheorie) zur Prüfung der ›Hypothese, daß die Verteilungsfunktion F einer ›Zufallsgröße eine ganz bestimmte Verteilungsfunktion F_0 ist oder zu einer bestimmten Klasse von Verteilungsfunktionen gehört. Beispiele für Anpassungstests sind der χ^2-Anpassungstest (›χ^2-Test, II), der ›Kolmogorov-Test, der ›Cramér-Smirnov-Test.

Ansteckungsverteilung = ›Pólya-Verteilung

Anziehungsbereich einer Verteilungsfunktion: Es sei (X_k), $k = 1, 2, \ldots$, eine Folge unabhängiger ›Zufallsgrößen (›Unabhängigkeit zufälliger Variabler) mit derselben Verteilungsfunktion F. Konvergiert bei geeigneter Wahl der Konstanten a_n und b_n die Folge der Verteilungsfunktionen der zentrierten und normierten Summen

$$S_n := \frac{\sum_{k=1}^{n} X_k - a_n}{b_n}$$

gegen eine Verteilungsfunktion G, so sagt man, F gehöre zum *Anziehungs-* oder *Einzugsbereich* der Verteilungsfunktion G. G besitzt genau dann einen Anziehungsbereich, wenn G einem ›stabilen Verteilungstyp angehört. Zwei Verteilungsfunktionen, die demselben ›Verteilungstyp angehören, haben denselben Anziehungsbereich (Typeneigenschaft des Anziehungsbereichs).

Der Begriff des Anziehungsbereichs findet in der Literatur auch bei Grenzverteilungssätzen (›Grenzwertsätze) anderer Funktionen von Zufallsgrößen, wie z. B. Maximum und Minimum, Anwendung (›Extremwertverteilungen).

Lit.: (22)

aperiodischer Zustand einer ›Markovschen Kette

a-posteriori-Wahrscheinlichkeit ›Bayessche Formel

a-priori-Verteilung ›Entscheidungstheorie

a-priori-Wahrscheinlichkeit ›Bayessche Formel

Arcussinus-Gesetz: (X_k), $k = 1, 2, \ldots$, sei eine Folge von ›Zufallsgrößen, $S_n := \sum_{k=1}^{n} X_k$, $S_0 := 0$. Das *Arcussinus-Gesetz* ist eine Klasse von ›Grenzwertsätzen über das Verhalten ($n \to \infty$) der Verteilungsfunktionen der Zufallsgrößen

$$L_n := \min \{k | S_k = \max (S_0, \ldots, S_n)\}$$

(für festes n ist L_n der Index des ersten Maximums der Folge $S_0, S_1, \ldots, S_n$),

$$M_n := \max \{k | S_k = \min (S_0, \ldots, S_n)\} ,$$

$N_n :=$ Anzahl der S_k, $k = 1, \ldots, n$, die positiv sind.

U. a. gilt: Ist (X_k) eine Folge unabhängiger (›Unabhängigkeit zufälliger Variabler), ›identisch verteilter Zufallsgrößen mit ›symmetrischer Verteilung bez. 0, dann gilt

$$\lim_{n\to\infty} P\left(\frac{K_n}{n} \leqq x\right) = \frac{2}{\pi} \arcsin \sqrt{x} , \qquad 0 \leqq x \leqq 1 ,$$

wobei K_n eine der Größen L_n, $n - M_n$ oder N_n bezeichnet.

Lit.: (16), Band 2; (62)

[1] ANDERSEN, E. S., On the fluctuations of sums of random variables, Math. Scand. 1 (1953), 263–285; 2 (1954), 195–223.

arithmetisches Mittel ›Mittelwerte

arithmetische Verteilung = ›gitterförmige Verteilung mit $a = 0$.

ASN-Funktion ›Sequentialanalyse

asymptotisch äquivalente Folgen von Zufallsgrößen ›asymptotische Eigenschaften von Folgen von Zufallsgrößen

asymptotische Eigenschaften von Folgen von Zufallsgrößen: Im Zusammenhang mit der Theorie der ›Grenzwertsätze und der ›Gesetze der großen Zahlen sind folgende asymptotische Eigenschaften von Folgen von Zufallsgrößen von Bedeutung:

1. Zwei Folgen (X_n) und (Y_n) von ›Zufallsgrößen heißen *asymptotisch äquivalent*, wenn die Folge der Differenzen $X_n - Y_n$ in Wahrscheinlichkeit gegen Null konvergiert (›Konvergenzarten für Folgen zufälliger Variabler).

Eine Folge von Zufallsgrößen X_n heißt *stabil*, wenn es eine Folge ›einpunktverteilter Zufallsgrößen Y_n gibt, so daß (X_n) asymptotisch äquivalent zu (Y_n) ist, d.h., wenn es eine Folge (a_n) reeller Zahlen gibt, so daß $X_n - a_n \xrightarrow[P]{} 0$ gilt.

2. Eine Doppelfolge (X_{nr}), $r = 1, \ldots, k_n$, $n = 1, 2, \ldots$, von Zufallsgrößen (auch *Serienschema* genannt) heißt *infinitesimal* für $n \to \infty$, wenn für jedes $\varepsilon > 0$

$$\lim_{n\to\infty} \sup_{r=1,\ldots,k_n} P(|X_{nr}| \geqq \varepsilon) = 0$$

gilt.

3. Eine Doppelfolge (X_{nr}) von Zufallsgrößen heißt *asymptotisch konstant*, wenn es reelle Zahlen a_{nr} gibt, so daß die Doppelfolge $(X_{nr} - a_{nr})$ für $n \to \infty$ infinitesimal ist.

4. Eine Doppelfolge (X_{nr}) von Zufallsgrößen heißt *gleichmäßig klein* für $n \to \infty$, wenn für jedes $\varepsilon > 0$

$$\lim_{n\to\infty} P\left(\sup_{r=1,\dots,k_n} |X_{nr}| \geqq \varepsilon\right) = 0$$

gilt.

Aus 4. folgt 2.

asymptotisch effektive Folge von ›**Punktschätzungen**

asymptotisch erwartungstreue Schätzfunktion ›Punktschätzungen

asymptotische Wirksamkeit einer Folge von Tests ›Testtheorie

asymptotische Wirksamkeit von ›**Punktschätzungen**

asymptotisch konstant ›asymptotische Eigenschaften von Folgen von Zufallsgrößen

asymptotisch normalverteilt (nach $N(\mu_n, \sigma_n^2)$) wird eine Folge von ›Zufallsgrößen X_n, $n = 1, 2, \dots$, genannt, wenn für $n \to \infty$ die Folge der Verteilungsfunktionen von $\frac{X_n - \mu_n}{\sigma_n}$ (μ_n — ›Erwartungswert, σ_n^2 — ›Streuung von X_n), schwach (›Konvergenzarten für Folgen von Wahrscheinlichkeitsverteilungen, c)) gegen die Verteilungsfunktion Φ der ›standardisierten ›Normalverteilung konvergiert.

atomares Ereignis ›Ereignisfelder und Wahrscheinlichkeitsalgebren

Attributprüfung ›statistische Qualitätskontrolle

Ausdehnungsmaß ›Diskriminanzanalyse

Ausfallfreiheit ›Zuverlässigkeitstheorie

Ausfallintensität = Erneuerungsdichte (›Erneuerungstheorie)

Ausfallrate ›Zuverlässigkeitstheorie

ausgeartete Verteilung = ›Einpunktverteilung

Ausreißer ›Ausreißerproblem

Ausreißerproblem: Bei Meßreihen tritt mitunter der Fall ein, daß der Maximalwert wesentlich größer (oder der Minimalwert wesentlich kleiner) als die übrigen beobachteten Werte ist und man deshalb im Zusammenhang mit der praktischen Problemstellung vermutet, daß dieser Wert in irgendeiner Weise verfälscht ist, d. h. als ›Realisierung der zugrunde liegenden ›Zufallsgröße X fraglich erscheint und somit für die vorliegende Grundgesamtheit (›Stichprobe) nicht repräsentativ ist.

Man bezeichnet allgemein einen derartigen verdächtigen Wert x^* als *Ausreißer*, wenn ein sog. *Ausreißertest* (48), [1] (›Signifikanztest) die Hypothese ablehnt, daß x^* Element einer Stichprobe aus der zu X gehörenden Grundgesamtheit ist.

Andererseits sind z.B. in einer Stichprobe aus der zu einer nichtbeschränkten Zufallsgröße gehörenden Grundgesamtheit beliebig große (oder kleine) Werte (d. h. oberhalb (oder unterhalb) jeder vorgegebenen Schranke) mit positiver Wahrscheinlichkeit zu erwarten. Deshalb sollte das Verwerfen eines verdächtigen Wertes nicht willkürlich, sondern auf Grund eines Ausreißertests erfolgen.

Das *Ausreißerproblem* besteht darin, verfälschte bzw. nicht repräsentative Werte als Ausreißer zu erkennen und ihren Einfluß bei der weiteren Auswertung durch Wahl geeigneter Schätzfunktionen (›Punktschätzungen) bzw. geeigneter Testgrößen (›Testtheorie) möglichst auszuschalten.

Eine Möglichkeit dazu sind die *Bereinigungsverfahren*, bei denen die mit einem Test als Ausreißer erkannten Stichprobenwerte aus der Stichprobe entfernt werden (T 7).

Eine andere Möglichkeit zur Ausschaltung des Einflusses fragwürdiger Stichprobenwerte ist die *Zensorierung*, bei der eine vorher festgelegte Anzahl von größten bzw. kleinsten Werten der Stichprobe entfernt und die verbliebenen Werte in ihrer Eigenschaft als Ranggrößen (›geordnete Stichprobe), und zwar gekennzeichnet mit denselben Rangzahlen wie in der ursprünglichen Stichprobe, für die Lösung der statistischen Aufgabenstellung benutzt werden [4]. Eine weitere Methode ist die *Winsorisation*, bei der in der geordneten Stichprobe eine vorher festgelegte Anzahl größter bzw. kleinster Werte durch ihre nächstgelegenen Werte in der reduzierten Stichprobe ersetzt werden. Bei den letzten beiden Verfahren bleibt also der Stichprobenumfang unverändert.

Lit.: (79), [1] Ferguson, Th. S., Rules for rejection of outliers, Rev. Inst. Internat. Statist. 29 (1961), 29–43.

[2] Gebhardt, F., Bayes-Lösungen des Ausreißerproblems, Dissertation, München 1961.

[3] Dixon, W. J., Simplified estimation from censored normal samples, Ann. Math. Stat. 31 (1960), 385–391.

[4] Sarhan, A. E., Greenberg, B. G., Estimation of location and scale parameters by order statistics from singly and doubly censored samples, I, II, Ann. Math. Stat. 27 (1956), 427–451, 29 (1958), 79–105.

Ausreißertest ›Ausreißerproblem

Autokorrelationsfunktion ›Kovarianzfunktion

Autokovarianzfunktion ›Kovarianzfunktion

Automat ›stochastischer Automat

autoregressiver Prozeß: Ein *autoregressiver Prozeß r-ter Ordnung* ($r \in N$) *mit diskreter Zeit* ist ein ›stochastischer Prozeß $X_T = (X_t)_{t \in T}$ mit $T = \{\ldots, -1, 0, 1, \ldots\}$, der einer Gleichung der Form $\sum_{k=0}^{r} a_k X_{t-k} = \varepsilon_t$, $t \in T$, genügt. Dabei bezeichnet $(\varepsilon_t)_{t \in T}$ eine Folge unkorrelierter (›Korrelationskoeffizient) ›Zufallsgrößen mit den ›Erwartungswerten $E\,\varepsilon_t = 0$ und den gleichen ›Streuungen $D^2\,\varepsilon_t = \sigma^2$. Die a_k ($k = 0, 1, \ldots, r$) sind reelle Zahlen, wobei speziell $a_0 = 1$ und $a_r \neq 0$ gilt. Der Prozeß X_T ist überdies stationär i. w. S. (›stationärer Prozeß), wenn die Nullstellen des Polynoms $\sum_{k=0}^{r} a_k z^k$ sämtlich außerhalb des Einheitskreises liegen, und er besitzt in diesem Falle die in $e^{i\lambda}$ rationale Spektraldichte

$$f(\lambda) = \frac{\sigma^2}{2\pi} \left| \sum_{k=0}^{r} a_k e^{i\lambda k} \right|^{-2} \qquad (-\pi \leqq \lambda < \pi).$$

Ein *autoregressiver Prozeß r-ter Ordnung* ($r \in N$) *mit stetiger Zeit* ist ein stochastischer ›Prozeß zweiter Ordnung $X_T = (X_t)_{t \in T}$ mit $T = R^1$, der der stochastischen Differentialgleichung

$$\sum_{k=0}^{r} a_k \frac{d^{r-k} X_t}{dt^{r-k}} = \varepsilon_t\,, \qquad t \in T\,,$$

genügt. Hierbei bezeichnet $(\varepsilon_t)_{t \in T}$ das sogenannte weiße Rauschen mit der Spektraldichte $\frac{\sigma^2}{2\pi}$ (›verallgemeinerter stochastischer Prozeß). Die a_k ($k = 0, 1, \ldots, r$) sind reelle Zahlen, wobei speziell $a_0 = 1$ und $a_r \neq 0$ gilt. Die r-te Ableitung des Prozesses X_t ist als verallgemeinerter stochastischer Prozeß aufzufassen. Der Prozeß X_T ist überdies stationär i. w. S., wenn die Nullstellen des Polynoms $\sum_{k=0}^{r} a_k z^k$ sämtlich negative Realteile besitzen; in diesem Falle ergibt sich für die Spektraldichte die Darstellung

$$f(\lambda) = \frac{\sigma^2}{2\pi} \left| \sum_{k=0}^{r} a_k (i\,\lambda)^k \right|^{-2} \qquad (\lambda \in R^1).$$

Der autoregressive Prozeß (mit diskreter oder stetiger Zeit) stellt, falls es sich überdies um einen i. w. S. stationären Prozeß handelt, einen speziellen Prozeß der ›gleitenden Mittel dar. Er findet in der Zeitreihenanalyse (›autoregressives Modell) Anwendung und besitzt besonders günstige Eigenschaften hinsichtlich der Extrapolation (›stationärer Prozeß).

Lit.: (25), (27), (36)
[1] JENKINS, G. M., WATTS, D. G., Spectral analysis and its applications, San Francisco—Cambridge—London—Amsterdam 1969 und Moskau 1971 (russ.).

autoregressiver Prozeß der gleitenden Mittel: *Der (gemischte) autoregressive Prozeß der (endlichen) gleitenden Mittel der Ordnung* (r, s), $r, s \in \{0, 1, \ldots\}$, ist ein stochastischer Prozeß $X_T = (X_t)_{t \in T}$ mit $T = \{\ldots, -1, 0, 1, \ldots\}$, der einer Gleichung der Form

$$\sum_{k=0}^{r} a_k X_{t-k} = \sum_{k=0}^{s} b_k \varepsilon_{t-k}, \qquad t \in T,$$

genügt. Hierbei bezeichnet $(\varepsilon_t)_{t \in T}$ eine Folge unkorrelierter (›Korrelationskoeffizient) ›Zufallsgrößen mit den ›Erwartungswerten $E\,\varepsilon_t = 0$ und den ›Streuungen $D^2\,\varepsilon_t = \sigma^2$. Die a_k $(k = 0, 1, \ldots, r)$ und b_k $(k = 0, 1, \ldots, s)$ sind reelle Zahlen, wobei speziell $a_0 = b_0 = 1$ und $a_r \neq 0$, $b_s \neq 0$ gilt. Der Prozeß X_T ist überdies stationär i. w. S. (›stationärer Prozeß), wenn die Nullstellen des Polynoms $\sum_{k=0}^{r} a_k z^k$ außerhalb des Einheitskreises liegen; er besitzt in diesem Falle die in $e^{i\lambda}$ rationale Spektraldichte

$$f(\lambda) = \frac{\sigma^2}{2\pi} \frac{\left|\sum_{k=0}^{s} b_k e^{ik\lambda}\right|^2}{\left|\sum_{k=0}^{r} a_k e^{ik\lambda}\right|^2} \qquad (-\pi \leqq \lambda < \pi).$$

Speziell ergibt sich für $r = 0$ der Prozeß der endlichen ›gleitenden Mittel und für $s = 0$ der ›autoregressive Prozeß (mit diskreter Zeit). Besitzt das Polynom $\sum_{k=0}^{r} a_k z^k$ die d-fache Nullstelle $z = 1$, $d \in \{1, 2, \ldots, r\}$, und sonst nur Nullstellen außerhalb des Einheitskreises, so spricht man von einem *autoregressiven integrierten Prozeß der* (endlichen) *gleitenden Mittel der Ordnung* $(r - d, d, s)$.

autoregressives integriertes Modell der gleitenden Mittel ›autoregressives Modell

autoregressives Modell: Das *autoregressive Modell* (mit diskreter bzw. stetiger Zeit) ist ein ›stochastisches Modell, das bei der statistischen ›Zeitreihenanalyse verwendet wird. Es besteht darin, daß die zu analysierende Zeitreihe als ›Realisierung eines stochastischen ›autoregressiven Prozesses (mit diskreter bzw. stetiger Zeit) aufgefaßt wird. Analog spricht man von einem *autoregressiven Modell der gleitenden Mittel* bzw. einem *autoregressiven integrierten Modell der gleitenden Mittel*, wenn die zu analysierende Zeitreihe als Realisierung der entsprechenden Prozesse (›autoregressiver Prozeß der gleitenden Mittel) aufgefaßt wird.

autoregressives Modell der gleitenden Mittel ›autoregressives Modell

B

balanzierter Versuchsplan ›Varianzanalyse

Bartlett-Test: Der Bartlett-*Test* ist ein ›Signifikanztest zum Prüfen der Hypothese über die Gleichheit der ›Streuungen σ_i^2 von p ›normalverteilten unabhängigen (›Unabhängigkeit zufälliger Variabler) ›Zufallsgrößen $Y_1, \ldots, Y_p$ anhand p konkreter ›Stichproben $(y_{i1}, \ldots, y_{in_i})$ vom Umfang n_i ($\geqq 2$) aus den zu Y_i ($i = 1, \ldots, p$; $p > 2$) gehörenden Grundgesamtheiten.

1. Hypothese $H\colon \sigma_1^2 = \cdots = \sigma_p^2$.

2. Testgröße $T := \frac{1}{C}\left[(N-p)\ln S^2 - \sum_{i=1}^{p}(n_i - 1)\ln S_i^2\right]$ bzw. bei Verwendung des dekadischen Logarithmus $T = \frac{2{,}3026}{C}\left[(N-p)\lg S^2 - \sum_{i=1}^{p}(n_i - 1)\lg S_i^2\right]$; dabei sind $N = \sum_{i=1}^{p} n_i$, $C = 1 + \frac{1}{3(p-1)}\left(\sum_{i=1}^{p}\frac{1}{n_i - 1} - \frac{1}{N-p}\right)$, S_i^2 die Stichprobenstreuung (›empirische Momente) einer mathematischen Stichprobe vom Umfang n_i aus der zu Y_i gehörenden Grundgesamtheit ($i = 1, \ldots, p$) und $S^2 = \frac{1}{N-p}\sum_{i=1}^{p}(n_i - 1) S_i^2$. Falls die Hypothese H wahr ist, besitzt die Testgröße T asymptotisch (d. h. für $n_1 \to \infty, \ldots, n_p \to \infty$) eine ›$\chi^2$-Verteilung mit $p - 1$ Freiheitsgraden.

3. Kritischer Bereich $K^* := \{t \mid t > \chi^2_{p-1;1-\alpha}\}$; dabei ist $\chi^2_{p-1;1-\alpha}$ das ›Quantil der Ordnung $1 - \alpha$ der ›χ^2-Verteilung mit $p - 1$ Freiheitsgraden und α das Signifikanzniveau.

4. Praktische Durchführung: Auf Grund von p konkreten Stichproben $(y_{i1}, \ldots, y_{in_i})$ ermittelt man $s_i^2 = \frac{1}{n_i - 1}\sum_{k=1}^{n_i}(y_{ik} - \bar{y}_{i\cdot})^2$ mit $\bar{y}_{i\cdot} = \frac{1}{n_i}\sum_{k=1}^{n_i} y_{ik}$ ($i = 1, \ldots, p$) und $s^2 = \frac{1}{N-p}\sum_{i=1}^{p}(n_i - 1)\, s_i^2$, daraus $t = \frac{2{,}3026}{C}\left[(N-p) \times \lg s^2 - \sum_{i=1}^{p}(n_i - 1)\lg s_i^2\right]$ und entscheidet folgendermaßen: Gilt $t \in K^*$, so lehnt man beim gewählten Signifikanzniveau α die Hypothese „Die Streuungen sind gleich“ ab, im anderen Fall ($t \notin K^*$) ist auf Grund dieses Tests gegen H nichts einzuwenden.

Wegen $C > 1$ ermittelt man in praxi zweckmäßigerweise zunächst $\tilde{t} = 2{,}3026\left[(N-p)\lg s^2 - \sum_{i=1}^{p}(n_i - 1)\lg s_i^2\right]$. Ist nämlich $\tilde{t} < \chi^2_{p-1;1-\alpha}$, so gilt erst recht $t = \frac{\tilde{t}}{C} < \chi^2_{p-1;1-\alpha}$, d. h., ist $\tilde{t} < \chi^2_{p-1;1-\alpha}$, so ist gegen H nichts einzuwenden:

Die Gleichheit zweier Streuungen (d. h. $p = 2$) prüft man mit dem ›F-Test.

Für $n_i = n = \text{const}$ kann die obige Hypothese auch mit dem ›COCHRAN-Test geprüft werden.

Lit.: (47)

BAYESsche Entscheidungsfunktion ›Entscheidungstheorie

BAYESsche Formel: Es sei $[\mathfrak{E}, P]$ eine Wahrscheinlichkeitsalgebra (›Ereignisfelder und Wahrscheinlichkeitsalgebren). Die zufälligen Ereignisse $A_i \in \mathfrak{E}$ $(i = 1, 2, \ldots, N)$ mögen die Eigenschaft haben, daß $\bigcup_{i=1}^{N} A_i = I$, $A_i \cap A_j = \emptyset$ für $i \neq j$ und $P(A_i) > 0$ $(i = 1, \ldots, N)$ ist. Wenn $B \in \mathfrak{E}$ irgendein zufälliges Ereignis mit $P(B) > 0$ ist, dann gilt für die ›bedingte Wahrscheinlichkeit des Ereignisses A_i unter der Bedingung B

$$P(A_i|B) = \frac{P(A_i)\,P(B|A_i)}{\sum_{j=1}^{N} P(A_j)\,P(B|A_j)}, \qquad i = 1, \ldots, N \text{ (BAYES\textit{sche Formel})}.$$

Für die Anwendungen (besonders in der ›Entscheidungstheorie) ist folgende Interpretation wichtig: Die zufälligen Ereignisse A_i $(i = 1, 2, \ldots, N)$ seien gewisse Bedingungen, die mit den bekannten Wahrscheinlichkeiten $P(A_i)$ (sog. *a-priori-Wahrscheinlichkeit* von A_i) eintreten können. Ist bei einem ›Zufallsexperiment das Ereignis $B \in \mathfrak{E}$ eingetreten, so interessiert man sich nunmehr für die Wahrscheinlichkeiten $P_B(A_i) \equiv P(A_i|B)$, daß nämlich unter der Voraussetzung „B ist eingetreten" die Bedingung A_i erfüllt ist. Die BAYESsche Formel gestattet es, bei Kenntnis von $P(B|A_i)$, $i = 1, \ldots, N$, diese Wahrscheinlichkeiten $P_B(A_i)$ (sog. *a-posteriori-Wahrscheinlichkeit* von A_i) zu berechnen.

Die BAYESsche Formel gilt allgemeiner auch für abzählbar viele Ereignisse A_i $(i = 1, 2, \ldots)$; dabei geht man von einem ›Wahrscheinlichkeitsraum aus.

BAYESsches Risiko ›Entscheidungstheorie

Bedienungsorganisation ›Bedienungstheorie

Bedienungstheorie: Die *Bedienungstheorie* ist ein spezielles Anwendungsgebiet der Wahrscheinlichkeitstheorie und beschäftigt sich mit der mathematischen Beschreibung und Untersuchung von Bedienungssituationen, in denen zufällige Einflüsse eine Rolle spielen. Bedienungssituationen treten in großer Zahl und in vielfältiger Form in vielen gesellschaftlichen

Bereichen auf. Beispiele hierfür sind: „Telefonanrufe verlangen Vermittlung in einer Telefonzentrale", „Kunden fordern Bedienung an einem Schalter", „Reparaturen bedürfen der Erledigung in einer Reparaturwerkstatt".

Das Wesen einer Bedienungssituation besteht allgemein in folgendem: Kunden treten zu zufälligen Zeitpunkten in ein Bedienungssystem ein — sog. *Kundenstrom* — und fordern Bedienung, die durch Bedienungsgeräte erfolgt. Die Zeitdauer einer Bedienung ist ebenfalls zufällig. Eine mathematische Behandlung von Bedienungsproblemen führt daher zwangsläufig auf die Anwendung wahrscheinlichkeitstheoretischer Methoden, wobei die Theorie der ›stochastischen Prozesse eine wichtige Rolle spielt.

Die mathematische Beschreibung einer Bedienungssituation erfolgt durch die Angabe des Verteilungsgesetzes der zufälligen Punktfolge (›Punktprozeß), die die Zeitpunkte eintreffender Kunden bilden, die Angabe der Wahrscheinlichkeitsverteilung der Bedienungszeit und die Vereinbarung einer Bedienungsorganisation.

Ein besonders markantes Beispiel für den Kundenstrom ist der homogene ›POISSONsche Prozeß mit der Intensität λ. Die zufällige Anzahl X_t der im Zeitintervall $[0, t)$ eintreffenden Kunden genügt dann einer ›POISSON-Verteilung mit dem Parameter λt, und es ist $P(X_t = k) = e^{-\lambda t}\frac{(\lambda t)^k}{k!}$, $k = 0, 1, \ldots$.

Unter einer *Bedienungsorganisation* versteht man eine Festlegung über das Schicksal von Kunden, die zu einer Zeit in das Bedienungssystem eintreten, zu der alle Bedienungsgeräte mit der Bedienung anderer Kunden beschäftigt sind. Solche Kunden können abgewiesen werden — sog. *Verlustsystem* — oder bilden eine Warteschlange — sog. *Wartesystem* —, aus der sie u. U. auch weggehen, bevor sie bedient worden sind — sog. *Wartesystem mit teilweisem Verlust.*

Zur vollständigen Beschreibung eines Wartesystems gehört ferner noch eine Vereinbarung über die Reihenfolge der Bedienung der wartenden Kunden, wie z. B. „Bedienung der Reihe nach", „Bedienung der Dringlichkeit nach", „Festlegung des nächsten zu bedienenden Kunden durch ein Zufallsexperiment".

Die Aufgabe der Bedienungstheorie besteht in der Ausarbeitung und Anwendung von Methoden, die es gestatten, aus der Beschreibung der Bedienungssituation die Verteilung von Kenngrößen zur Beurteilung des Zustandes und der Arbeitsgüte des Bedienungssystems zu gewinnen. Es interessieren z. B. die Verteilung der Anzahl der wartenden Kunden im Bedienungssystem (*Warteschlangenlänge*), die Verteilung der Wartezeit eines einzelnen Kunden und auch die Wahrscheinlichkeit dafür, daß ein eintreffender Kunde abgewiesen wird (*Verlustwahrscheinlichkeit*).

Zur Lösung von Problemen der Bedienungstheorie werden gegenwärtig im wesentlichen die folgenden mathematischen Hilfsmittel, Methoden und eigenständigen Theorien eingesetzt: die LAPLACE-Transformation, ›erzeugende Funktionen, die Theorie der ›MARKOVschen Prozesse und ›MARKOVschen Ketten, besonders auch die Methode der eingebetteten MARKOVschen Kette (siehe z. B. (24), Kap. 3), die Theorie der ›semi-MARKOVschen Prozesse und die ›Erneuerungstheorie. Bei schwierigen Bedienungsproblemen empfiehlt sich eine angenäherte Lösung durch Monte-Carlo-Simulation (›Monte-Carlo-Methode) der Bedienungssituation.

Die Bedienungstheorie geht auf Arbeiten von A. K. ERLANG (1878 bis 1929) zurück, der als erster Telefonprobleme mit Methoden der Wahrscheinlichkeitstheorie löste (›ERLANGsche Formel).

Ein ausführliches Literaturverzeichnis über moderne Methoden der Bedienungstheorie findet man in (67).

›Zuverlässigkeitstheorie

Lit.: (24), (67)
[1] LE GALL, P., Les systèmes avec ou sans attente et les processus stochastiques, Paris 1962.

bedingte Entropie ›Entropie eines Versuches

bedingte Erwartung: X sei eine (reellwertige) ›Zufallsgröße über dem ›Wahrscheinlichkeitsraum $[\Omega, \mathfrak{A}, P]$ mit endlichem ›Erwartungswert; $\mathfrak{A}_0$ bezeichne eine beliebige Teil-σ-›Algebra von $\mathfrak{A}$. Nach dem Satz von ›RADON-NIKODYM existiert dann eine — bis auf P-›Äquivalenz — eindeutig definierte $(\mathfrak{A}_0, \mathfrak{B}^1)$-meßbare (›meßbare Funktion) Zufallsgröße $E(X|\mathfrak{A}_0)$ mit endlichem Erwartungswert, die der Bedingung

$$\int_A E(X|\mathfrak{A}_0)\, dP = \int_A X\, dP \qquad \text{für alle } A \in \mathfrak{A}_0 \qquad (*)$$

genügt (vgl. z. B. (3)). $E(X|\mathfrak{A}_0)$ heißt die *bedingte Erwartung von X bezüglich* $\mathfrak{A}_0$. (Die hier dargestellten Begriffe lassen sich für allgemeinere ›zufällige Variable formulieren, z. B. insbesondere für komplexwertige Zufallsgrößen.) Genau dann gilt $E(X|\mathfrak{A}_0) = X$, wenn X $(\mathfrak{A}_0, \mathfrak{B}^1)$-meßbar ist. Allgemeiner besteht für jede $(\mathfrak{A}_0, \mathfrak{B}^1)$-meßbare Zufallsgröße Y die Gleichung $E(YX|\mathfrak{A}_0) = Y\, E(X|\mathfrak{A}_0)$.

Ist $(X_t)_{t\in T}$ eine ›Familie von Zufallsgrößen über $[\Omega, \mathfrak{A}, P]$ und bezeichnet speziell $\mathfrak{A}_0$ die kleinste σ-Algebra, bezüglich der alle X_t $(t \in T)$ meßbar sind, so setzt man $E(X|X_t, t \in T) := E(X|\mathfrak{A}_0)$ und nennt diese Zufallsgröße *bedingte Erwartung von X bezüglich* $(X_t)_{t\in T}$ (vgl. ›bedingter Erwartungswert; die dort angegebenen Definitionen für die bedingte Erwartung sind hierzu äquivalent).

Als Funktion von X ist $E(.|\mathfrak{A}_0)$ für jedes $p \geqq 1$ ein im Raum $L^p(\Omega, \mathfrak{A}, P)$ linearer positiver Operator mit der Norm 1:
$E(\alpha_1 X_1 + \alpha_2 X_2|\mathfrak{A}_0) = \alpha_1 E(X_1|\mathfrak{A}_0) + \alpha_2 E(X_2|\mathfrak{A}_0)$, $E(X_1|\mathfrak{A}_0) \leqq E(X_2|\mathfrak{A}_0)$, falls $X_1 \leqq X_2$, $\|E(.|\mathfrak{A}_0)\| = 1$. Aus $\mathfrak{A}_0' \subset \mathfrak{A}_0$ folgt außerdem $E(E(X|\mathfrak{A}_0)|\mathfrak{A}_0') = E(X|\mathfrak{A}_0')$ $(X \in L^p)$, also ist insbesondere $E(.|\mathfrak{A})$ ein idempotenter Operator, genauer ist $E(.|\mathfrak{A}_0)$ der (im Fall $p = 2$ überdies orthogonale) Projektor auf den linearen abgeschlossenen Teilraum aller $(\mathfrak{A}_0, \mathfrak{B}^1)$-meßbaren Zufallsgrößen aus L^p.

Spezialfälle: Ia) Sei $\mathfrak{A}_0 := \{\emptyset, \Omega\}$. Dann ist $E(X|\mathfrak{A}_0)$ (›fast sicher) konstant und gleich dem Erwartungswert von X.

b) Sei $A \in \mathfrak{A}$, $0 < P(A) < 1$, $\mathfrak{A}_0 := \{\emptyset, A, \Omega\setminus A, \Omega\}$. Dann gilt

$$E(X|\mathfrak{A}_0)(\omega) = \begin{cases} P(A)^{-1} \int\limits_A X\,dP & \text{für} \quad \omega \in A\,, \\ P(\Omega\setminus A)^{-1} \int\limits_{\Omega\setminus A} X\,dP & \text{für} \quad \omega \in \Omega\setminus A\,. \end{cases}$$

$E(X|A) := P(A)^{-1} \int\limits_A X\,dP$ heißt der *bedingte Erwartungswert von X unter der Bedingung* (auch *Hypothese*) A.

II) Sei $C \in \mathfrak{A}$ und $X(\omega) = \chi_C(\omega) := 1$ für $\omega \in C$, $= 0$ für $\omega \in \Omega\setminus C$. Dann heißt die (spezielle) bedingte Erwartung $E(\chi_C|\mathfrak{A}_0) =: P(C|\mathfrak{A}_0)$ *bedingte Wahrscheinlichkeit von C bezüglich* $\mathfrak{A}_0$ (ihre Definitionsgleichung (*) besitzt hierbei die Form $\int\limits_A P(C|\mathfrak{A}_0)\,dP = P(C \cap A)$, $A \in \mathfrak{A}_0$). Für eine Familie $(X_t)_{t\in T}$ von Zufallsgrößen definiert man $P(C|X_t,\ t \in T) := E(\chi_C|X_t,\ t \in T)$ als *bedingte Wahrscheinlichkeit von C bezüglich* $(X_t)_{t\in T}$. Spezialisierung von Ib) liefert die Definition der ›*bedingten Wahrscheinlichkeit* $P(C|A)$ *von C unter der Bedingung* (auch *Hypothese*) A ($A \in \mathfrak{A}$, $0 < P(A) < 1$) durch $P(C|A) := E(\chi_C|A) = P(A)^{-1} P(A \cap C)$.

Lit.: (3), (49), (72)

bedingter Erwartungswert: Es seien X und Y zwei ›Zufallsgrößen über dem ›Wahrscheinlichkeitsraum $[\Omega, \mathfrak{A}, P]$, wobei X einen (endlichen) ›Erwartungswert besitze, und es sei $F_{X|Y=y}$ die bedingte Verteilungsfunktion von X unter der Bedingung $Y = y$ (›bedingte Wahrscheinlichkeitsverteilung). Der zu dieser Verteilungsfunktion gehörige Erwartungswert

$$E(X|Y = y) := \int\limits_{-\infty}^{\infty} x\,dF_{X|Y=y}(x)$$

heißt der *bedingte Erwartungswert von X unter der Bedingung* (auch *Hypothese*) $Y = y$.

Ist speziell (X, Y) ein zweidimensionaler diskreter ›zufälliger Vektor, der die Werte (x_i, y_k) mit den Wahrscheinlichkeiten $P(X = x_i, Y = y_k) = p_{ik} > 0$, $(i, k = 1, 2, \ldots)$, annimmt, so gilt

$$E(X|Y = y_k) = \frac{\sum\limits_i x_i p_{ik}}{\sum\limits_i p_{ik}}.$$

Falls (X, Y) ein zweidimensionaler stetiger zufälliger Vektor mit der Wahrscheinlichkeitsdichte $f_{(X,Y)}$ ist und für y die Beziehung $f_1(y) :=$

$= \int_{-\infty}^{\infty} f_{(X,Y)}(x, y)\, dx > 0$ gilt, dann ergibt sich

$$E(X|Y = y) = \frac{\int_{-\infty}^{\infty} x f_{(X,Y)}(x, y)\, dx}{f_1(y)}.$$

Setzt man $f(y) := E(X|Y = y)$ und $Z(\omega) := f(Y(\omega))$, so ist dadurch eine meßbare Funktion Z auf Ω — also eine Zufallsgröße — definiert, die *bedingte Erwartung von X bez. Y* heißt und mit $E(X|Y) := Z$ bezeichnet wird. (Allgemeiner ›bedingte Erwartung.) Analog definiert man z. B. für n Zufallsgrößen $X_1, X_2, \ldots, X_n$ den bedingten Erwartungswert $E(X_n|X_1 = x_1, X_2 = x_2, \ldots, X_{n-1} = x_{n-1})$ und die bedingte Erwartung $E(X_n|X_1, X_2, \ldots, X_{n-1})$ von X_n bez. $X_1, X_2, \ldots, X_{n-1}$.

Lit.: (3), (49), (72)

bedingtes Wahrscheinlichkeitsmaß: Es seien $[\Omega, \mathfrak{A}, P]$ ein ›Wahrscheinlichkeitsraum und B ein Ereignis positiver Wahrscheinlichkeit $P(B) > 0$. Dann heißt das durch

$$P_B(A) := P(B)^{-1} P(A \cap B) \qquad (A \in \mathfrak{A})$$

auf $\mathfrak{A}$ definierte ›Wahrscheinlichkeitsmaß P_B *bedingtes Wahrscheinlichkeitsmaß* (unter der Bedingung B oder auch unter der Hypothese B).

Vgl. auch: ›bedingte Wahrscheinlichkeit eines Ereignisses.

bedingte Verteilungsfunktion ›bedingte Wahrscheinlichkeitsverteilung

bedingte Wahrscheinlichkeit eines Ereignisses: Es seien $[\mathfrak{E}, P]$ eine Wahrscheinlichkeitsalgebra (›Ereignisfelder und Wahrscheinlichkeitsalgebren) und $B \in \mathfrak{E}$ ein zufälliges Ereignis positiver Wahrscheinlichkeit $P(B)$. Nimmt man gedanklich zu den Bedingungen, die den zugrundeliegenden zufälligen Versuch kennzeichnen, noch die Bedingung (auch: Hypothese) „Ereignis B ist eingetreten" hinzu, so wird eine Wahrscheinlichkeit eines Ereignisses $A \in \mathfrak{E}$ unter dieser zusätzlichen Bedingung durch eine i. a. von $P(A)$ verschiedene Zahl beschrieben; diese Zahl wird mit $P(A|B)$ oder $P_B(A)$ bezeichnet und bedingte Wahrscheinlichkeit des Ereignisses A unter der Bedingung B genannt. An Beispielen überzeugt man sich, daß die Definition

$$P(A|B) = P_B(A) = \frac{P(A \cap B)}{P(B)}$$

dem oben beschriebenen Sachverhalt angepaßt ist. So gilt z. B. $P(A|B) = 0$, falls A und B unvereinbar sind ($A \cap B = \emptyset$), und $P(A|B) = 1$, falls B das Ereignis A zur Folge hat ($B \subseteq A$). Die bei festem $B \in \mathfrak{E}$, $P(B) > 0$ durch $A \to P(A|B)$ auf $\mathfrak{E}$ definierte Funktion P_B besitzt alle Eigenschaften einer Wahrscheinlichkeit (d. h. $[\mathfrak{E}, P_B]$ ist eine Wahrscheinlichkeitsalgebra) und wird bedingte Wahrscheinlichkeit bezüglich B (auch: Wahrscheinlichkeit unter der Bedingung B, Wahrscheinlichkeit unter der Hypothese B) genannt.

bedingte Wahrscheinlichkeitsdichte ›bedingte Wahrscheinlichkeitsverteilung

bedingte Wahrscheinlichkeitsverteilung:

a) Es sei (X, Y) ein zweidimensionaler diskreter ›zufälliger Vektor, der die Werte (x_i, y_k) mit den Wahrscheinlichkeiten

$$P(X = x_i, Y = y_k) = p_{ik} \qquad (i = 1, 2, \ldots; k = 1, 2, \ldots)$$

annimmt. Nach Definition der ›bedingten Wahrscheinlichkeit eines Ereignisses gilt

$$P(X = x_i | Y = y_k) = \frac{P(X = x_i, Y = y_k)}{P(Y = y_k)} = \frac{p_{ik}}{p_{\cdot k}}, \text{ falls}$$

$p_{\cdot k} = \sum_i p_{ik} > 0$ ist. Die bei festem k durch

$$F_{X|Y=y_k}(x) := \sum_{i: x_i < x} P(X = x_i | Y = y_k) = \sum_{i: x_i < x} \frac{p_{ik}}{p_{\cdot k}}$$

definierte Verteilungsfunktion heißt die (die *bedingte Wahrscheinlichkeitsverteilung* von X unter der Bedingung (Hypothese) $Y = y_k$ definierende) *bedingte Verteilungsfunktion.*

b) Es sei (X, Y) ein zweidimensionaler stetiger ›zufälliger Vektor mit der Wahrscheinlichkeitsdichte $f_{(X,Y)}$. Nach Definition der ›bedingten Wahrscheinlichkeit eines Ereignisses ist

$$P(X < x | y \leqq Y < y + h) = \frac{P(X < x, y \leqq Y < y + h)}{P(y \leqq Y < y + h)} = \frac{\int_y^{y+h} \int_{-\infty}^{x} f_{(X,Y)}(\xi, \eta)\, d\xi\, d\eta}{\int_y^{y+h} \int_{-\infty}^{\infty} f_{(X,Y)}(\xi, \eta)\, d\xi\, d\eta}$$

für jedes $h > 0$ mit $P(y \leqq Y < y + h) > 0$. Falls $\lim_{h \to 0} P(X < x | y \leqq Y < y + h)$ existiert und gleich $\dfrac{\int_{-\infty}^{x} f_{(X,Y)}(\xi, y)\, d\xi}{\int_{-\infty}^{\infty} f_{(X,Y)}(\xi, y)\, d\xi}$ ist – diese Bedingung ist z. B. erfüllt, wenn $f_{(X,Y)}$ und die Randverteilungsdichte f_Y (›gemeinsame Wahrscheinlichkeitsverteilung (von zufälligen Variablen)) stetig sind und f_Y im Punkt y positiv ist –, so heißt die durch $F_{X|Y=y}(x) := \lim_{h \to 0} P(X < x | y < Y \leqq y + h)$ definierte Verteilungsfunktion die (die *bedingte Wahrscheinlichkeitsverteilung* von X unter der Bedingung (Hypothese) $Y = y$ definierende) ***bedingte Verteilungsfunktion*** und die durch

$$f_{X|Y=y}(x) = \frac{f_{(X,Y)}(x, y)}{\int\limits_{-\infty}^{\infty} f_{(X,Y)}(\xi, y)\, d\xi}$$

definierte Dichte die ***bedingte Wahrscheinlichkeitsdichte*** von X unter der Bedingung (Hypothese) $Y = y$.

Der Begriff der bedingten Wahrscheinlichkeitsverteilung wird mitunter auch für zufällige Variable allgemeineren Typs eingeführt (vgl. (62)).

Behrens-Fisher-Problem: Als Behrens-Fisher-Problem wird die Aufgabe bezeichnet, die Hypothese (›Testtheorie) über die Gleichheit der ›Erwartungswerte zweier unabhängiger (›Unabhängigkeit zufälliger Variabler) ›normalverteilter Zufallsgrößen, deren ›Streuungen unbekannt und dabei i. a. verschieden sind, anhand zweier unabhängiger konkreter ›Stichproben zu testen.

Hierbei handelt es sich um einen speziellen Fall der sogenannten „Aufgaben mit störenden Parametern", die dadurch charakterisiert sind, daß eine Hypothese bezüglich der ›Parameter einer Verteilung nur Festlegungen über einige Parameter trifft, während die übrigen unbekannt sind, jedoch die Verteilung der Testgröße beeinflussen (diese übrigen Parameter werden daher als „störende Parameter" bezeichnet). Eine ausführliche Darlegung derartiger Probleme und Methoden zur Behandlung solcher Aufgaben, insbesondere für das Behrens-Fisher-Problem, findet man in [1].

Welch [2] schlägt zur Lösung des Behrens-Fisher-Problems folgenden ›Signifikanztest vor:

1. Hypothese $H: \mu_X = \mu_Y$; X und Y sind unabhängige normalverteilte Zufallsgrößen mit den unbekannten Erwartungswerten μ_X bzw. μ_Y und den unbekannten Streuungen σ_X^2 bzw. σ_Y^2, wobei $\sigma_X^2 \neq \sigma_Y^2$ ist.

2. Testgröße $T = (\overline{X} - \overline{Y}) \left(\frac{S_X^2}{m} + \frac{S_Y^2}{n}\right)^{-1/2}$; $\overline{X}$ bzw. $\overline{Y}$ sind die arithmetischen Mittel (›Mittelwerte) und S_X^2 bzw, S_Y^2 die ›Stichprobenstreuungen zweier unabhängiger mathematischer Stichproben vom Umfang m bzw. n aus den zu X bzw. Y gehörigen Grundgesamtheiten. Die Verteilung von T bei wahrer Hypothese $H: \mu_X = \mu_Y$ ist nicht exakt bekannt. Die Berechnung kritischer Werte erfolgt näherungsweise nach einer von Welch angegebenen Vorschrift.

3. Kritischer Bereich $K^* := \left\{t \mid |t| > t_{\mathrm{ent}[k];\, 1-\frac{\alpha}{2}}\right\}$; k wird mit Hilfe der konkreten Stichprobe berechnet (s. 4.); α ist das Signifikanzniveau; $t_{\mathrm{ent}[k];\, 1-\frac{\alpha}{2}}$ ist das ›Quantil der Ordnung $1 - \frac{\alpha}{2}$ einer ›t-Verteilung mit $\mathrm{ent}[k]$ Freiheitsgraden.

4. Praktische Durchführung: Aus den konkreten Stichproben $(x_1, \ldots, x_m)$ und $(y_1, \ldots, y_n)$ berechnet man die arithmetischen Mittel $\bar{x}$ und $\bar{y}$ sowie die empirischen Streuungen s_X^2 und s_Y^2, weiter $t = (\bar{x} - \bar{y}) \left(\frac{s_X^2}{m} + \frac{s_Y^2}{n}\right)^{-1}$ und $k = (m-1)(n-1)\left(\frac{s_X^2}{m} + \frac{s_Y^2}{n}\right)^2 \left[(n-1)\left(\frac{1}{m} s_X^2\right)^2 + (m-1)\left(\frac{1}{n} s_Y^2\right)^2\right]^{-1}$. Gilt $t \in K^*$, so wird die Hypothese $H: \mu_X = \mu_Y$ zum Signifikanzniveau α abgelehnt; ist $t \notin K^*$, so erfolgt bei diesem Test keine Ablehnung der Hypothese.

Bemerkung: Im Falle $m = n$ ist T für große n näherungsweise normalverteilt, man benutzt also das Quantil $z_{1-\frac{\alpha}{2}}$ der Ordnung $1 - \frac{\alpha}{2}$ der standardisierten Normalverteilung; für kleine n benutzt man einfacher $t_{2(n-1);\, 1-\frac{\alpha}{2}}$ anstelle von $t_{\mathrm{ent}[k];\, 1-\frac{\alpha}{2}}$, wobei sich nur geringe Abweichungen von der Fehlerwahrscheinlichkeit α ergeben.

Die komplizierte Vorgehensweise im Test von WELCH ist prinzipieller Natur. Denn unter den (echt von der Stichprobe abhängenden) Tests im BEHRENS-FISHER-Problem gibt es keinen nichtrandomisierten Test, dessen kritisches Gebiet eine Grenze besitzt, die eine stetige Funktion der hinreichenden Schätzfunktion (›Punktschätzungen) $\left(\frac{\bar{X} - \bar{Y}}{S_Y}, \frac{S_X}{S_Y}\right)$ ist [1].

Eine frühere Vorgehensweise von BARTLETT und SCHEFFÉ [3] verzichtet auf hinreichende Schätzfunktionen und ist in der Durchführung, insbesondere im Fall $m = n$, verhältnismäßig einfach (siehe auch hierzu [1]). Wir benutzen hierbei die Bezeichnungen im Signifikanztest von WELCH, wobei $m \leqq n$ gelten soll.

1. Hypothese $H: \mu_X = \mu_Y$
2. Testgröße $T = [m(m-1)]^{\frac{1}{2}} (\bar{X} - \bar{Y}) \left(\sum_{i=1}^{m} U_i^2\right)^{-\frac{1}{2}}$ mit
   $U_i = X_i - \bar{X} - \left(\frac{m}{n}\right)^{1/2} Y_i + (m\,n)^{-\frac{1}{2}} \sum_{j=1}^{m} Y_j$. Die Verteilung von T bei wahrer Hypothese $H: \mu_X = \mu_Y$ ist eine t-Verteilung mit $(m-1)$ Freiheitsgraden.
3. Kritischer Bereich $K^*: = \left\{t \mid |t| > t_{m-1;\, 1-\frac{\alpha}{2}}\right\}$.
4. Praktische Durchführung: Anhand der konkreten Stichproben $(x_1, \ldots, x_m)$ und $(y_1, \ldots, y_n)$ berechnet man die arithmetischen Mittel $\bar{x}$ und $\bar{y}$,

$$u_i = x_i - \bar{x} - \left(\frac{m}{n}\right)^{\frac{1}{2}} y_i + (m\,n)^{-\frac{1}{2}} \sum_{j=1}^{m} y_j$$

und damit $t = [m(m-1)]^{\frac{1}{2}} (\bar{x} - \bar{y}) \left(\sum_{i=1}^{m} u_i^2\right)^{-\frac{1}{2}}$.

Gilt $t \in K^*$, so wird die Hypothese $H: \mu_X = \mu_Y$ zum Signifikanzniveau α abgelehnt; ist $t \notin K^*$, so erfolgt bei diesem Test keine Ablehnung der Hypothese.

Lit.: (70), Кар. 10
[1] Линник, Ю. В., Статистические задачи с мешающими параметрами, Москва 1966.
[2] Welch, B. L., The generalization of "Student's" problem when several different population variances are involved, Biometrika 34 (1947), 28–35.
[3] Scheffé, H., On solutions of the Behrens-Fisher problem, based on the t-distribution, Ann. Math. Stat. 14 (1943), 35–44.

Bellmansche Gleichung ›stochastische dynamische Optimierung

Bellmansches Prinzip ›stochastische dynamische Optimierung

Beobachtungsprozeß ›Steuerung stochastischer Prozesse

Bereichsschätzung: Gemäß der allgemeinen Aufgabenstellung der ›Schätztheorie sei $\{P_\gamma\}$, $\gamma \in \Gamma$, eine Familie von ›Wahrscheinlichkeitsverteilungen über $[\Omega, \mathfrak{A}]$.

Um geeignete Teilmengen von Γ betrachten zu können, erweitert man die Indexmenge Γ zu einem ›meßbaren Raum $[\Gamma, \mathfrak{G}]$, wobei $\mathfrak{G}$ eine σ-›Algebra von Teilmengen von Γ bedeutet. Für eine vorliegende Wahrscheinlichkeitsverteilung P sei bekannt, daß sie zu dieser Familie gehört, d. h., es gibt ein γ_0 mit $P = P_{\gamma_0}$. Dieses γ_0 ist jedoch unbekannt und soll auf Grund einer ›Stichprobe geschätzt werden. Der zur Stichprobe gehörende Stichprobenraum sei $[M, \mathfrak{M}]$.

Unter einer *Bereichsschätzung* für γ_0 versteht man eine Abbildung J von M in $\mathfrak{G}$. Auf Grund der konkreten Stichprobe $x \in M$ wird die Entscheidung „γ_0 liegt in $J(x)$" gefällt. Dabei heißt das zu $x \in M$ gehörige Bild $J(x)$ eine *konkrete Bereichsschätzung* oder ein (konkreter) *Schätzbereich* für γ_0.

Häufig handelt es sich bei der Stichprobe um eine mathematische Stichprobe $(X_1, \ldots, X_n)$ vom Umfang n aus der Grundgesamtheit R^1 ($[R^1, \mathfrak{B}^1, P_{\gamma_0}]$). Das durch die Stichprobe im zugehörigen Stichprobenraum $[R^n, \mathfrak{B}^n]$ erzeugte Wahrscheinlichkeitsmaß $P_{\gamma_0}^{(n)}$ ist das (n-fache) Produktmaß von P_{γ_0}. Dann kann die Bereichsschätzung J als Stichprobenfunktion $J = J(X_1, \ldots, X_n)$ aufgefaßt werden, und ein (konkreter) Schätzbereich für γ_0 ist die aus einer konkreten Stichprobe $(x_1, \ldots, x_n) \in R^n$ entstehende ›Realisierung $J(x_1, \ldots, x_n)$ von $J(X_1, \ldots, X_n)$.

Als *Kennfunktion* K *einer Bereichsschätzung* J bezeichnet man die durch $(\gamma_0, \gamma) \to K(\gamma_0, \gamma) := P_{\gamma_0}^{(n)}(\gamma \in J(X_1, \ldots, X_n))$ definierte Funktion. $K(\gamma_0, \gamma)$ gibt die Wahrscheinlichkeit dafür an, daß die Bereichsschätzung $J(X_1, \ldots, X_n)$ für γ_0 den Parameter γ überdeckt.

Im Sinne der Aufgabenstellung strebt man solche Bereichsschätzungen an, deren Bereiche möglichst „klein“ sind und die dabei das unbekannte γ_0 mit möglichst großer Wahrscheinlichkeit überdecken. Das gibt Anlaß zu folgender Definition:

Die Bereichsschätzung $J(X_1, \ldots, X_n)$ heißt eine *Konfidenzschätzung für γ_0 zum Konfidenzniveau* $\varepsilon \in (0, 1)$, wenn die Kennfunktion $K(\gamma_0, \gamma)$ für $\gamma = \gamma_0$ der Bedingung $K(\gamma_0, \gamma_0) \geqq \varepsilon$ genügt. Die Zahl $\min_{\gamma \in \Gamma} K(\gamma, \gamma)$ wird als *Konfidenzkoeffizient* der Konfidenzschätzung $J(X_1, \ldots, X_n)$ bezeichnet.

Im Fall $\Gamma \subset R^1$ werden als Bilder der Abbildung J sinnvollerweise Intervalle gewählt. $J(X_1, \ldots, X_n)$ heißt dann *Konfidenzintervall* (*Vertrauensintervall*) für den Parameter γ_0; die Grenzen dieses Intervalles bezeichnet man als *Konfidenzgrenzen* (*Vertrauensgrenzen*).

Beispiel: Durch $\{P_\gamma\}$, $\gamma \in \Gamma$, sei die Familie aller ›Normalverteilungen $N(\mu, \sigma^2)$ mit bekanntem σ^2 gekennzeichnet. Dabei ist $\Gamma = \{\mu | -\infty < \mu < \infty\}$. Es sei bekannt, daß eine Normalverteilung $N(\mu_0, \sigma^2)$ mit bekannter Streuung vorliegt, jedoch soll für den unbekannten Parameter μ_0 eine Konfidenzschätzung zum Konfidenzniveau ε (z. B. $\varepsilon = 0{,}95$) angegeben werden. Für μ_0 wird üblicherweise mit Hilfe der ›Punktschätzung $\bar{X} = \frac{1}{n} \sum_{i=1}^{n} X_i$ ein Intervall der Form

$$\bar{X} - \varkappa \frac{\sigma}{\sqrt{n}} \leqq \mu_0 \leqq \bar{X} + \varkappa \frac{\sigma}{\sqrt{n}}$$

gebildet. $J(X_1, \ldots, X_n) = \left[\bar{X} - \varkappa \frac{\sigma}{\sqrt{n}}\,;\, \bar{X} + \varkappa \frac{\sigma}{\sqrt{n}}\right]$ ist ein Konfidenzintervall für μ_0 zum Konfidenzniveau ε, wenn die Zahl $\varkappa$ gemäß der Bedingung

$$K(\mu_0, \mu_0) = P^{(n)}_{\mu_0}\left(\mu_0 - \varkappa \frac{\sigma}{\sqrt{n}} \leqq \bar{X} \leqq \mu_0 + \varkappa \frac{\sigma}{\sqrt{n}}\right) = \frac{1}{\sqrt{2\pi}} \int_{-\varkappa}^{\varkappa} e^{-\frac{x^2}{2}}\, dx = \varepsilon$$

bestimmt wird. $\varkappa$ ist das ›Quantil der Ordnung $\frac{1+\varepsilon}{2}$ der standardisierten Normalverteilung. Z. B. für $\varepsilon = 0{,}95$ ergibt sich $\varkappa = 1{,}96$.

(Weitere Beispiele: ›*Konfidenzintervalle für Erwartungswert und Streuung der Normalverteilung*.)

Eine Konfidenzschätzung für γ_0 zum Konfidenzniveau ε heißt *unverfälscht*, wenn für die zugehörige Kennfunktion K die Beziehung $K(\gamma_0, \gamma_0) \geqq K(\gamma_0, \gamma)$ für alle $\gamma_0, \gamma \in \Gamma$ gilt.

$J_1(X_1, \ldots, X_n)$ und $J_2(X_1, \ldots, X_n)$ seien zwei Konfidenzschätzungen für γ_0 zum gleichen Konfidenzniveau ε mit den Kennfunktionen K_1 bzw. K_2. J_1 heißt *gleichmäßig besser* als J_2, wenn $K_1(\gamma_0, \gamma) \leqq K_2(\gamma_0, \gamma)$ für alle $\gamma_0, \gamma \in \Gamma$ mit $\gamma_0 \neq \gamma$ gilt. J_1 heißt *gleichmäßig beste* oder *trennscharfe* Konfidenzschätzung in bezug auf eine Menge $\mathfrak{J}$ von Konfidenzschätzungen J zum gleichen Konfidenzniveau ε, wenn J_1 gleichmäßig besser als jedes $J \in \mathfrak{J}$ ist.

Es besteht ein enger Zusammenhang zwischen Konfidenzschätzungen und Tests (›Testtheorie). Ist J eine Konfidenzschätzung, so kann z. B. ein ›Signifikanztest zum Prüfen der Hypothese $H: \gamma_0 = \gamma^*$ durch folgende Vorschrift erhalten werden: Die Hypothese H ist abzulehnen, falls das konkrete Konfidenzintervall $J(x_1, \ldots, x_n)$ den Wert γ^* nicht überdeckt.

Lit.: (72), (90)

Bereinigungsverfahren ›Ausreißerproblem

Bernoulli-Schema: Unter einem Bernoulli-*Schema* versteht man eine Serie von endlich vielen unabhängigenWiederholungen ein und desselben ›Versuches, wobei man sich bei jeder Wiederholung des Versuches nur dafür interessiert, ob ein Ereignis A mit $P(A) = p$ (›Ereignisfelder und Wahrscheinlichkeitsalgebren) eingetreten ist oder nicht; das Eintreten von A nennt man auch einen Erfolg und p *Erfolgswahrscheinlichkeit.*

Bezeichnet A_i das Eintreten des Ereignisses A beim i-ten Versuch, so gilt also $P(A_i) = p$. Die Wahrscheinlichkeit dafür, daß in einem Bernoulli-Schema bei n Wiederholungen des Versuches das Ereignis A genau k-mal — und folglich das komplementäre Ereignis $\bar{A}$ genau $(n - k)$-mal — eintritt, ist $\binom{n}{k} p^k (1 - p)^{n-k}$. Die Anzahl X der Erfolge ist also eine mit den Parametern n und p ›binomialverteilte ›Zufallsgröße.

Bernoullisches ›**Gesetz der großen Zahlen**

Bernoullische Variable = ›Indikator eines zufälligen Ereignisses

Bernoullische Verteilung = ›Binomialverteilung

Bernsteinsche Ungleichung ›Ungleichungen in der Wahrscheinlichkeitstheorie, a)

Bertrandsches Paradoxon: Dem Bertrand*schen Paradoxon* (so benannt nach dem französischen Mathematiker Joseph Bertrand, 1822 bis 1900) liegt die folgende Aufgabenstellung zugrunde: Man wähle zufällig in einem Kreis eine Sehne. Wie groß ist die Wahrscheinlichkeit dafür, daß die Sehne länger als die Seite eines dem Kreis einbeschriebenen gleichseitigen Dreiecks ist? Infolge fehlender Präzisierung des Wortes „zufällig" in dieser Aufgabenstellung gelangte man zu verschiedenen Werten für die gesuchte Wahrscheinlichkeit (vgl. hierzu (21)); man betrachtete nämlich verschiedene Möglichkeiten für die Berechnung der Sehnenlänge aus einer anderen geometrischen Hilfsgröße und setzte diese entsprechend dem Vorgehen bei der ›geometrischen Wahrscheinlichkeit als gleichmäßig verteilt (›stetige gleichmäßige Verteilung) voraus. Dies führte irrtümlich zu der

Auffassung, daß der Begriff der geometrischen Wahrscheinlichkeit widerspruchsvoll sei.

beste lineare erwartungstreue Schätzung ›Punktschätzungen

Bestimmtheitsmaß ›Korrelationsanalyse

Beta-Funktion ›Betaverteilungen

Betaverteilungen

I. Betaverteilung 1. Art: Eine ›stetige Zufallsgröße X heißt *betaverteilt* 1. Art über dem offenen Intervall (a, b) mit den Parametern (p, q), wobei $p > 0$, $q > 0$, wenn sie die Wahrscheinlichkeitsdichte

$$f_X(x) = \begin{cases} \frac{(b-a)^{1-p-q}}{B(p,q)} (x-a)^{p-1} (b-x)^{q-1} & \text{für} \quad a < x < b\,, \\ 0 & \text{sonst} \end{cases}$$

besitzt.

Der Wert $B(p, q)$ ergibt sich aus der durch

$$B(p, q) := \int_0^1 t^{p-1} (1-t)^{q-1} \, dt = \frac{\Gamma(p)\,\Gamma(q)}{\Gamma(p+q)}$$

definierten *Beta-Funktion.*

Es existieren die k-ten ›Momente

$$E\,(X-a)^k = (b-a)^k \frac{B(k+p, q)}{B(p,q)}$$
$$= (b-a)^k \frac{p\,(p+1)\cdots(p+k-1)}{(p+q)\,(p+q+1)\cdots(p+q+k-1)}$$

(k natürliche Zahl).

Insbesondere sind also ›Erwartungswert bzw. ›Streuung gleich

$$E\,X = a + (b-a)\frac{p}{p+q} \quad \text{bzw.} \quad D^2 X = \frac{(b-a)^2\,p\,q}{(p+q)^2\,(p+q+1)}\,.$$

Für $p \geqq 1$, $q \geqq 1$ und $p\,q > 1$ ergibt sich der ›Modalwert

$$M = a + (b-a)\frac{p-1}{p+q-2}\,.$$

Ist $p = 3 + \sqrt{2}$, $q = 3 - \sqrt{2}$ oder $p = 3 - \sqrt{2}$, $q = 3 + \sqrt{2}$ (dieser Fall tritt z. B. bei der Netzplantechnik (PERT) auf), so gilt

$$E\,X = \frac{1}{6}(a + 4\,M + b)\,, \qquad D^2 X = \left(\frac{b-a}{6}\right)^2.$$

Speziell für $p = 1$, $q = 1$ ergibt sich die ›stetige gleichmäßige Verteilung über (a, b). Andererseits besitzt die Komponente Y_k einer ›geordneten Stichprobe $(Y_1, \ldots, Y_n)$ aus einer über (a, b) stetig gleichmäßig verteilten Grundgesamtheit eine Betaverteilung 1. Art über (a, b) mit den Parametern $(k, n + 1 - k)$.

Dieser Sachverhalt kann – bei Anwendung einer geeigneten monotonen Transformation – zur Berechnung der Verteilung von Ranggrößen (›geordnete Stichprobe) aus beliebigen stetig verteilten Grundgesamtheiten verwendet werden.

Die Betaverteilung 1. Art über (a, b) kann durch die Transformation $Y = \frac{X - a}{b - a}$ auf die spezielle Betaverteilung 1. Art über $(0, 1)$ zurückgeführt werden, so daß in den meisten Fällen die Betrachtung dieses Spezialfalls genügt.

II. Betaverteilung 2. Art: Eine ›stetige Zufallsgröße X heißt *betaverteilt* 2. Art mit den Parametern (p, q) oder mit $(2p, 2q)$ Freiheitsgraden $(p > 0,\ q > 0)$, wenn sie die Wahrscheinlichkeitsdichte

$$f_X(x) = \begin{cases} \dfrac{x^{p-1}}{B(p, q)\,(1 + x)^{p+q}} & \text{für} \quad x > 0 \\ 0 & \text{für} \quad x \leqq 0 \end{cases}$$

besitzt. Der Wert $B(p, q)$ ergibt sich aus der Beta-Funktion in der hierfür geeigneten Darstellung

$$B(p, q) := \int_0^\infty \frac{t^{p-1}}{(1 + t)^{p+q}}\, dt\,.$$

Für $k < q$ existieren die k-ten ›Momente

$$E\,X^k = \frac{B(k + p, q - k)}{B(p, q)} = \frac{p\,(p + 1) \cdots (p + k - 1)}{(q - k)\,(q - k + 1) \cdots (q - 1)}\,,$$

Momente höherer Ordnung $k \geqq q$ existieren nicht. Insbesondere sind also ›Erwartungswert bzw. ›Streuung gleich

$$E\,X = \frac{p}{q - 1} \quad (q > 1) \qquad \text{bzw.} \qquad D^2 X = \frac{p\,(p + q - 1)}{(q - 1)^2\,(q - 2)} \quad (q > 2)\,.$$

Ist X betaverteilt 2. Art mit (m, n) Freiheitsgraden, so ist $\frac{n}{m} X$ ›F-verteilt mit (m, n) Freiheitsgraden (m, n natürliche Zahlen). Dieser Sachverhalt gestattet unmittelbar eine Überführung der Betaverteilung 2. Art in die gebräuchlichere F-Verteilung.

III. Zusammenhänge: Ist X betaverteilt 2. Art mit den Parametern (p, q), so ist $\frac{1}{X}$ betaverteilt 2. Art und $\frac{1}{1 + X}$ betaverteilt 1. Art über dem Intervall $(0, 1)$, und zwar jedesmal mit den Parametern (q, p).

Die Betaverteilung steht allgemein in engem Zusammenhang zur ›Gammaverteilung. Jede 2. Art betaverteilte Zufallsgröße ist Quotient zweier unabhängiger (›Unabhängigkeit zufälliger Variabler) gammaverteilter Zufallsgrößen.

Zu der durch

$$B_x(p, q) := \int_0^x t^{p-1} (1-t)^{q-1} \, dt$$

definierten *unvollständigen Beta-Funktion* besteht der folgende Zusammenhang: Es ist $B(p, q) = B_1(p, q)$, und durch den Quotienten

$$I_x(p, q) = \frac{B_x(p, q)}{B(p, q)}$$

(incomplete beta function ratio) ist gerade die Verteilungsfunktion $x \to F_X(x)$ einer Zufallsgröße X gegeben, die eine Betaverteilung 1. Art über $(0, 1)$ mit den Parametern (p, q) besitzt.

bimodale Verteilungsfunktion ›Modalwert

Binomialpapier: Das *Binomialpapier* ist ein orthogonales Koordinatenpapier, dessen beide Achsen gemäß der Funktion $x \to \sqrt{x}$, $x \geqq 0$, unterteilt sind. Ist in einem ›Bernoulli-Schema mit n ›Versuchen genau z-mal das Ereignis A (›Ereignisfelder und Wahrscheinlichkeitsalgebren) eingetreten, so werden die Werte z bzw. $n - z$ auf der Abszisse bzw. Ordinate aufgetragen. Der sich dabei im Binomialpapier ergebende Punkt dient zur ›Punktschätzung und auch zur Konfidenzschätzung (›Bereichsschätzung) für die Erfolgswahrscheinlichkeit p im Bernoulli-Schema.

Das Binomialpapier findet besonders in der ›statistischen Qualitätskontrolle Verwendung bei der Schätzung des Ausschußanteils bei Gut-Schlecht-Prüfung. Ein entsprechendes Funktionspapier wird vom Verlag „Schäfers Feinpapier“ unter Nr. 584 herausgegeben.

Lit.: [1] Wallis, W. A., und H. V. Roberts, Methoden der Statistik, Freiburg i. Br. 1960 (Übersetzung aus dem Englischen).

Binomialverteilung (Bernoullische Verteilung): Eine ›diskrete Zufallsgröße X heißt *binomialverteilt* mit den Parametern n und p (n natürliche Zahl, $0 < p < 1$), wenn für die Einzelwahrscheinlichkeiten

$$b(m, n, p) := P(X = m) = \binom{n}{m} p^m q^{n-m} \qquad (m = 0, 1, \ldots, n; \; q = 1 - p)$$

gilt. Eine binomialverteilte Zufallsgröße läßt sich darstellen als Summe von n unabhängigen (›Unabhängigkeit zufälliger Variabler) ›identisch verteilten Zufallsgrößen X_i mit der ›Zweipunktverteilung $P(X_i = 0) = q$, $P(X_i = 1) = p$, $i = 1, \ldots, n$ (vgl. ›Bernoulli-Schema).

Die Binomialverteilung gibt die Wahrscheinlichkeit dafür an, daß bei n-maliger unabhängiger Wiederholung eines ›Versuchs mit der Erfolgswahrscheinlichkeit p genau m Erfolge eintreten.

Die zugehörige ›charakteristische Funktion ist

$$E\, e^{itX} = (q + p\, e^{it})^n ,$$

›Erwartungswert und ›Streuung sind

$$E\, X = n\, p \quad \text{und} \quad D^2 X = n\, p\, q .$$

Die Werte für ›Schiefe bzw. ›Exzeß sind $(q - p)/\sqrt{n\, p\, q}$ bzw. $(1 - 6\, p\, q)/n\, p\, q$. Ist $(n + 1)\, p$ ganzzahlig, so sind $(n + 1)\, p - 1$ und $(n + 1)\, p$ die ›Modalwerte, anderenfalls ist der Modalwert durch ent $[(n + 1)\, p]$ gegeben. Die Einzelwahrscheinlichkeiten verlaufen bis zu den Modalwerten streng monoton wachsend, danach streng monoton fallend.

Nach dem ›zentralen Grenzwertsatz (Grenzwertsatz von DE MOIVRE-LAPLACE) ist X ›asymptotisch normalverteilt (nach $N(np, npq)$). Für hinreichend große n ist also $P\,(r_1 \leqq X \leqq r_2)$ näherungsweise gleich $\Phi\left(\frac{r_2 - n\,p}{\sqrt{n\,p\,q}}\right) - \Phi\left(\frac{r_1 - n\,p}{\sqrt{n\,p\,q}}\right)$.

Für $n \to \infty$, $p \to 0$ und $n\, p \to \lambda$ konvergieren die Einzelwahrscheinlichkeiten der Binomialverteilung gegen diejenigen der ›POISSON-Verteilung mit dem Parameter λ (›Grenzwertsatz von POISSON). Bei praktischen Rechnungen wird dieser Satz ausgenutzt, um bei großem n die Einzelwahrscheinlichkeiten der Binomialverteilung näherungsweise zu berechnen.

Zwischen der Binomialverteilung und der ›Betaverteilung 1. Art besteht für $r = 1, \ldots, n$ der Zusammenhang

$$P\,(X \geqq r) = \frac{n!\, B_p\,(r, n - r + 1)}{(r - 1)!\,(n - r)!} = \frac{n!}{(r - 1)!\,(n - r)!} \int\limits_0^p t^{r-1}\,(1 - t)^{n-r}\, dt .$$

Diese Beziehung ermöglicht es, $P\,(X \geqq r)$ aus einer Tafel der unvollständigen Betafunktion abzulesen.

Die Binomialverteilung findet mannigfaltige Anwendungen, u. a. beschreibt sie die Verteilung der Ausschußstücke in der ›statistischen Qualitätskontrolle. Tabellen für die Einzelwahrscheinlichkeiten findet man z. B. in (T 7).

zusammengesetzte Binomialverteilung ›zusammengesetzte Verteilungen ›Polynomialverteilung, ›hypergeometrische Verteilung

Binominalverteilung, verallgemeinerte: Sind X_k $(k = 1, \ldots, n)$ unabhängige Zufallsgrößen (›Unabhängigkeit zufälliger Variabler) mit den ›Zweipunktverteilungen

$$P(X_k = 0) = 1 - p_k , \qquad P(X_k = 1) = p_k , \qquad 0 < p_k < 1 ,$$

dann hat die Zufallsgröße $X = \sum_{k=1}^{n} X_k$ eine sog. *verallgemeinerte Binomialverteilung* mit den Parametern $n, p_1, \ldots, p_n$.

Die zugehörige ›charakteristische Funktion ist

$$E\, e^{itX} = \prod_{k=1}^{n} [1 + p_k\,(e^{it} - 1)]\,,$$

›Erwartungswert und ›Streuung sind $E\,X = \sum_{k=1}^{n} p_k$ und $D^2X = \sum_{k=1}^{n} p_k(1 - p_k)$.

Für $p_1 = \cdots = p_n = p$ ergibt sich als Spezialfall die gewöhnliche ›Binominalverteilung mit den Parametern n und p.

Biometrie ›Versuchsplanung, statistische

Blackwell, Theorem von ›Erneuerungstheorie

Boltzmann-Statistik ›Statistiken von Maxwell-Boltzmann, Bose-Einstein, Fermi-Dirac

Boolesche Algebra: Auf einer Menge $\mathfrak{X}$ seien zwei Verknüpfungen $\cap$ und $\cup$ (d. h. Funktionen, die je zwei Elementen $x, y \in \mathfrak{X}$ in $\mathfrak{X}$ gelegene Elemente $x \cap y$ und $x \cup y$ zuordnen) gegeben. $\mathfrak{X}$ heißt eine *Boolesche Algebra*, wenn für beliebige $x, y, z \in \mathfrak{X}$ folgende Beziehungen gelten:

1. $x \cap y = y \cap x$, $x \cup y = y \cup x$ (Kommutativgesetze),
2. $x \cap (y \cap z) = (x \cap y) \cap z$, $x \cup (y \cup z) = (x \cup y) \cup z$ (Assoziativgesetze),
3. $x \cap (x \cup y) = x$, $x \cup (x \cap y) = x$ (Verschmelzungsgesetze),
4. $x \cup (y \cap z) = (x \cup y) \cap (x \cup z)$ (Distributivgesetz),
5. es existieren Elemente $0, 1 \in \mathfrak{X}$ mit $x \cap 0 = 0$ und $x \cup 1 = 1$ für alle $x \in \mathfrak{X}$,
6. zu jedem $x \in \mathfrak{X}$ existiert ein Element $x' \in \mathfrak{X}$, das sog. *Komplement* von x, mit $x \cap x' = 0$ und $x \cup x' = 1$.

Nach einem Satz von Stone ist jede Boolesche Algebra $\mathfrak{X}$ einer ›Algebra $\mathfrak{A}$ von Teilmengen einer Menge Ω isomorph (d. h., es gibt eine eineindeutige Abbildung φ von $\mathfrak{X}$ auf $\mathfrak{A}$, wobei $\varphi(x \cap y)$ gleich dem Durchschnitt $\varphi(x) \cap \varphi(y)$ und $\varphi(x \cup y)$ gleich der Vereinigung $\varphi(x) \cup \varphi(y)$ der Mengen $\varphi(x)$ und $\varphi(y)$ ist). Beispiele für Boolesche Algebren sind Ereignisalgebren $\mathfrak{E}$ (›Ereignisfelder und Wahrscheinlichkeitsalgebren).

Borel-Cantellisches Lemma: Es sei $[\Omega, \mathfrak{A}, P]$ ein ›Wahrscheinlichkeitsraum und (A_i) eine Folge von Ereignissen mit $A_i \in \mathfrak{A}$ $(i = 1, 2, \ldots)$.

Im Fall $\sum_{i=1}^{\infty} P(A_i) < \infty$ gilt für $\overline{\lim_{n\to\infty}} A_n = \bigcap_{n=1}^{\infty} \bigcup_{k=n}^{\infty} A_k$ (›Limites einer Mengenfolge) $P\left(\overline{\lim_{n\to\infty}} A_n\right) = 0$, d. h., es treten mit Wahrscheinlichkeit 1 höchstens endlich viele der Ereignisse A_i ein.

Gilt $\sum_{i=1}^{\infty} P(A_i) = \infty$ und sind die Ereignisse A_i paarweise unabhängig (›Unabhängigkeit zufälliger Ereignisse), so gilt $P\left(\overline{\lim_{n\to\infty}} A_n\right) = 1$, d. h., es treten mit Wahrscheinlichkeit 1 unendlich viele der Ereignisse A_i ein. Beide Aussagen sind der Inhalt des Lemmas von Borel-Cantelli.

Borel-Mengen (des R^1 bzw. R^n)**:** Die kleinste σ-›Algebra von Teilmengen des R^1 (:=Menge aller reellen Zahlen), die alle Intervalle der Form $(-\infty, a)$ $(:=\{x \in R^1 | -\infty < x < a\})$ – und somit alle offenen und abgeschlossenen Teilmengen des R^1 – enthält, heißt die σ-Algebra der Borel-Mengen des R^1 und wird mit $\mathfrak{B}^1$ bezeichnet; die zu ihr gehörenden Mengen heißen *Borel-Mengen des* R^1. – Analog bezeichnet man mit $\mathfrak{B}^n$ die kleinste σ-Algebra von Teilmengen des R^n, die alle offenen und abgeschlossenen Teilmengen des R^n enthält, und nennt die zu $\mathfrak{B}^n$ gehörenden Mengen die Borel-Mengen des R^n.

Borel-meßbare Funktion ›meßbare Funktion

Bose-Einstein-Statistik ›Statistiken von Maxwell-Boltzmann, Bose-Einstein, Fermi-Dirac

Brownsche Bewegung ›Wienerscher Prozeß

C

Camp-Meidell-Ungleichung ›Ungleichungen in der Wahrscheinlichkeitstheorie

Cantellische Ungleichungen ›Ungleichungen in der Wahrscheinlichkeitstheorie, *a*)

Cauchy-Prozeß ›stabiler Prozeß

Cauchy-Verteilung: Eine ›stetige Zufallsgröße X heißt Cauchy-*verteilt* mit den Parametern μ und λ (μ reell, $\lambda > 0$), wenn sie die Wahrscheinlichkeitsdichte

$$f_X(x) = \frac{1}{\pi} \cdot \frac{\lambda}{\lambda^2 + (x-\mu)^2}, \quad -\infty < x < \infty,$$

besitzt, d. h., wenn

$$P\,(X < x) = \frac{1}{2} + \frac{1}{\pi} \arctan \frac{x - \mu}{\lambda}$$

gilt. Sie hat die ›charakteristische Funktion

$$E\, e^{itX} = e^{i\mu t - \lambda |t|}\,,$$

den Median (›Quantil) μ, den ›Modalwert μ und das erste bzw. dritte Quartil (›Quantile) $\mu - \lambda$ bzw. $\mu + \lambda$.

Für die CAUCHY-Verteilung existiert kein ›Erwartungswert, jedoch existieren die absoluten ›Momente der Ordnung r, $r < 1$. Für $\mu = 0$ und $\lambda = 1$ liegt eine ›t-Verteilung mit einem Freiheitsgrad vor. Die CAUCHY-Verteilung ist stabil (›stabiler Verteilungstyp). Sind X_1 und X_2 unabhängige (›Unabhängigkeiten zufälliger Variabler), mit den Parametern μ_1 und λ_1 bzw. μ_2 und λ_2 CAUCHY-verteilte Zufallsgrößen, so ist $X_1 + X_2$ CAUCHY-verteilt mit den Parametern $\mu = \mu_1 + \mu_2$ und $\lambda = \lambda_1 + \lambda_2$, woraus u. a. folgt, daß die Aussage des ›zentralen Grenzwertsatzes für Folgen unabhängiger CAUCHY-verteilter Zufallsgrößen nicht gilt. Sind Y und Z unabhängige, $N(0, \sigma^2)$- bzw. $N(0, 1)$-verteilte (›Normalverteilung) Zufallsgrößen und ist μ eine beliebige reelle Zahl, so ist $X = \mu + Y/Z$ CAUCHY-verteilt mit den Parametern μ und $\lambda = \sigma$.

CHAPMAN-KOLMOGOROVsche Gleichung ›MARKOVscher Prozeß

charakteristische Funktion: Es sei X eine ›Zufallsgröße mit der Verteilungsfunktion F_X. Dann bezeichnet man die durch

$$\varphi_X(t) := E\, e^{itX} = \int_{-\infty}^{\infty} e^{itx}\, dF_X(x)$$

für reelle t definierte komplexwertige Funktion φ_X als *charakteristische Funktion* von X bzw. von deren ›Wahrscheinlichkeitsverteilung. In der Theorie der Integraltransformationen ist φ_X als FOURIER-STIELTJES-Transformierte von F_X aufzufassen.

φ_X ist in $-\infty < t < \infty$ gleichmäßig stetig und genügt den Bedingungen $|\varphi_X(t)| \leqq 1$, $\varphi_X(0) = 1$, $\varphi_X(-t) = \overline{\varphi_X(t)}$. Für eine lineare Funktion $Y = a\,X + b$ von X ist $\varphi_Y(t) = \varphi_X(a\,t)\, e^{ibt}$. φ_X ist genau dann reellwertig, wenn $F_X(x) = 1 - F_X(-x + 0)$, also wenn X bez. $x = 0$ eine ›symmetrische Verteilung besitzt. Die charakteristische Funktion ist eine spezielle ›erzeugende Funktion. Eine Funktion φ ist genau dann charakteristische Funktion einer Wahrscheinlichkeitsverteilung, wenn sie auf ihrem Definitionsbereich stetig und positiv definit ist (d. h., für eine beliebige natürliche Zahl n, beliebige reelle Zahlen t_k und komplexe Zahlen a_k, $k = 1, \ldots, n$, ist $\sum_{i,j=1}^{n} a_i \bar{a}_j\, \varphi\,(t_i - t_j) \geqq 0$) sowie $\varphi(0) = 1$ gilt. Weitere hinreichende und notwendige Bedingungen sind in [1] angegeben.

Folgende wichtige Sätze lassen die große Bedeutung der charakteristischen Funktion für die Wahrscheinlichkeitstheorie erkennen:

1. ***Multiplikationssatz***: Es seien X_1 und X_2 zwei unabhängige Zufallsgrößen (›Unabhängigkeit zufälliger Variabler) mit den charakteristischen Funktionen φ_1 bzw. φ_2. Dann ist die charakteristische Funktion der Summe $X_1 + X_2$ gleich $\varphi_1 \cdot \varphi_2$.

2. *Eindeutigkeitssatz* (LÉVY 1925) und Inversionsformeln: Die Beziehung zwischen F_X und φ_X ist umkehrbar eindeutig. Für beliebige reelle x_1, x_2 gilt nämlich

$$\tilde{F}_X(x_2) - \tilde{F}_X(x_1) = \lim_{T\to\infty} \int\limits_{-T}^{+T} \frac{e^{-itx_1} - e^{-itx_2}}{2\pi i t} \varphi_X(t)\, dt ,$$

wobei

$$\tilde{F}_X(x) = \frac{1}{2} (F_X (x + 0) + F_X (x - 0))$$

ist. Ferner gilt für beliebige reelle x

$$F_X (x + 0) - F_X (x - 0) = \lim_{T\to\infty} \frac{1}{2T} \int\limits_{-T}^{+T} e^{-itx} \varphi_X(t)\, dt ,$$

insbesondere ergeben sich also im Falle einer ›diskreten Zufallsgröße X die Einzelwahrscheinlichkeiten $p_m = P(X = x_m)$ aus

$$p_m = \lim_{T\to\infty} \frac{1}{2\pi} \int\limits_{-T}^{+T} e^{-itx_m} \varphi_X(t)\, dt .$$

Gilt $\int\limits_{-\infty}^{+\infty} |\varphi_X(t)|\, dt < \infty$, so ist X eine stetige Zufallsgröße mit der (stetigen) Dichte

$$f_X(x) = \frac{1}{2\pi} \int\limits_{-\infty}^{+\infty} e^{-itx} \varphi_X(t)\, dt .$$

3. *Konvergenzsatz*: Eine Folge (F_n) von Verteilungsfunktionen der Zufallsgrößen X_n konvergiert genau dann schwach (›Konvergenzarten für Folgen von Wahrscheinlichkeitsverteilungen) gegen eine Verteilungsfunktion F, wenn die Folge (φ_n) der charakteristischen Funktionen von X_n gegen eine Funktion φ konvergiert, die in $t = 0$ stetig ist. φ ist dann charakteristische Funktion von der durch F gegebenen Wahrscheinlichkeitsverteilung, und die Konvergenz $\varphi_n \to \varphi$ ist gleichmäßig in jedem abgeschlossenen Intervall.

4. *Satz über die Erzeugung der Momente*: Besitzt X das ›Moment m_k k-ter Ordnung, $k \in N$, so ist $m_k = i^{-k} \varphi_X^{(k)}(0)$.

Charakteristische Funktionen lassen wichtige Aussagen über die qualitative Beschaffenheit der zugrunde liegenden Wahrscheinlichkeitsverteilung zu:

1. Für die charakteristische Funktion einer diskreten Zufallsgröße X gilt $\overline{\lim\limits_{|t|\to\infty}} |\varphi_X(t)| = 1$.

2. Für die charakteristische Funktion einer stetigen Zufallsgröße X gilt (nach einem Lemma von RIEMANN-LEBESGUE) $\lim\limits_{|t|\to\infty} \varphi_X(t) = 0$.

3. X besitzt genau dann eine ›gitterförmige Verteilung, wenn ein $t \neq 0$ mit $|\varphi_X(t)| = 1$ existiert.

4. Gibt es zwei inkommensurable reelle Zahlen t_1, $t_2 \neq 0$ (d. h., $\frac{t_1}{t_2}$ ist irrational) mit $|\varphi_X(t_1)| = |\varphi_X(t_2)| = 1$, so gilt $|\varphi_X(t)| = 1$ für alle reellen t, und X genügt einer ›Einpunktverteilung.

Für n-dimensionale ›zufällige Vektoren $\mathfrak{X} = (X_1, \ldots, X_n)$ lassen sich mit $\mathfrak{t} = (t_1, \ldots, t_n)$ und $\mathfrak{t}\,\mathfrak{X}' = t_1 X_1 + \cdots + t_n X_n$ die Definition der charakteristischen Funktion und die o. a. Sätze unmittelbar verallgemeinern.

Eine entsprechende Betrachtung für ›zufällige Variable mit Werten aus einem separablen HILBERT-Raum führt auf das sog. *charakteristische Funktional* von KOLMOGOROV (1935).

Lit.: (49), (50), (62)
[1] LUKACS, E., Characteristic functions, London 1960.

charakteristischer Exponent eines ›stabilen Verteilungstyps

charakteristisches Funktional ›verallgemeinerter stochastischer Prozeß

χ^2-Anpassungstest ›χ^2-Test, II

χ^2-Homogenitätstest ›χ^2-Test, IV

χ^2-Minimum-Methode = ›Minimum-χ^2-Methode

χ^2-Streuungstest ›χ^2-Test, I

χ^2-Test: Unter dem Begriff „χ^2-Test" werden alle diejenigen ›Signifikanztests zusammengefaßt, deren Testgröße exakt oder näherungsweise einer ›χ^2-Verteilung genügt. Die bekanntesten sind:

I. *Der χ^2-Streuungstest*

X sei eine nach $N(\mu, \sigma^2)$ ›normalverteilte ›Zufallsgröße.

1. Hypothese H: $\sigma^2 = \sigma_0^2$ (σ_0^2 —vorgelegter Zahlenwert).

2. Die Testgröße $T := \frac{(n-1)\,S^2}{\sigma_0^2}$ (S^2 ist die Stichprobenstreuung, ›empirische Momente) besitzt unter der Hypothese H eine χ^2-Verteilung mit $n-1$ Freiheitsgraden.

3. Kritischer Bereich $K^* := \{t \mid t < \chi^2_{n-1;\frac{\alpha}{2}}$ oder $t > \chi^2_{n-1;\,1-\frac{\alpha}{2}}\}$, wobei $\chi^2_{n-1;p}$ das ›Quantil p-ter Ordnung der χ^2-Verteilung mit $n-1$ Freiheitsgraden bezeichnet.

4. Praktische Durchführung: Auf Grund einer konkreten ›Stichprobe $(x_1, \ldots, x_n)$ berechnet man $t = \frac{(n-1)\,s^2}{\sigma_0^2}$. (Dabei ist s^2 die empirische Streuung.) Ist $t < \chi^2_{n-1;\frac{\alpha}{2}}$ oder $t > \chi^2_{n-1;\,1-\frac{\alpha}{2}}$, so wird H (beim gewählten Signifikanzniveau α) abgelehnt, anderenfalls ist nichts gegen H einzuwenden.

II. *Der* χ^2*-Anpassungstest*

X sei eine ›Zufallsgröße mit der unbekannten Verteilungsfunktion F.

1. Hypothese H: $F = F_0$ (F_0 vorgelegte Verteilungsfunktion).

2. Die Testgröße

$$T := \sum_{j=1}^{r} \frac{(H_j - n\,p_j)^2}{n\,p_j}$$

besitzt unter der Hypothese H asymptotisch (für $n \to \infty$) eine χ^2-Verteilung mit $r-1$ Freiheitsgraden [1], (18). (Dabei bezeichnet H_j die absolute ›Klassenhäufigkeit der j-ten Klasse in einer mathematischen ›Stichprobe vom Umfang n bei einer geeigneten Klasseneinteilung $I_1, \ldots, I_r$ mit $I_j = [x_j, x_{j+1})$, $j = 1, \ldots, r$, und $p_j = F_0(x_{j+1}) - F_0(x_j)$ die ›Wahrscheinlichkeit, daß X in I_j liegt, wenn H wahr ist.)

3. Kritischer Bereich $K^* := \{t \mid t > \chi^2_{r-1;\,1-\alpha}\}$, wobei $\chi^2_{r-1;\,1-\alpha}$ das Quantil der Ordnung $1-\alpha$ der χ^2-Verteilung mit $r-1$ Freiheitsgraden bezeichnet.

4. Praktische Durchführung: Auf Grund einer konkreten Stichprobe berechnet man

$$t = \sum_{j=1}^{r} \frac{(h_j - n\,p_j)^2}{n\,p_j}$$

(h_j beobachtete absolute Klassenhäufigkeit). Ist $t > \chi^2_{r-1;\,1-\alpha}$, so wird H (beim gewählten Signifikanzniveau α) abgelehnt, anderenfalls ist nichts gegen H einzuwenden. .Sind in der vorgelegten Verteilungsfunktion F_0 noch s unbekannte Parameter enthalten, so dürfen diese durch entsprechende Schätzwerte (›Punktschätzungen) nach der ›Maximum-Likelihood-Methode ersetzt werden. T besitzt nach einem Satz von R. A. Fisher [2] asymptotisch eine χ^2-Verteilung mit $r-1-s$ Freiheitsgraden.

III. *Der χ^2-Unabhängigkeitstest*

(X, Y) sei ein zweidimensionaler diskreter ›zufälliger Vektor, der die Werte (x_i, y_j), $(i = 1, \ldots, r;\ j = 1, \ldots, s)$, mit den Einzelwahrscheinlichkeiten $p_{ij} = P(X = x_i,\ Y = y_j)$ annimmt.

1. Hypothese $H: p_{ij} = p_{i.} \cdot p_{.j}$, d. h., X und Y sind voneinander unabhängig (›Unabhängigkeit zufälliger Variabler). Dabei gilt $p_{i.} = P(X = x_i) = \sum_{j=1}^{s} p_{ij}$ und $p_{.j} = P(Y = y_j) = \sum_{i=1}^{r} p_{ij}$.

2. Die Testgröße $T = n\,\Phi^2$ (Φ^2 ›Kontingenz) besitzt unter der Hypothese H asymptotisch (für $n \to \infty$) eine χ^2-Verteilung mit $(r-1)\,(s-1)$ Freiheitsgraden.

3. Kritischer Bereich $K^* := \{t \mid t > \chi^2_{(r-1)(s-1);\,1-\alpha}\}$, wobei $\chi^2_{(r-1)(s-1);\,1-\alpha}$ das Quantil der Ordnung $1-\alpha$ der χ^2-Verteilung mit $(r-1)(s-1)$ Freiheitsgraden bezeichnet.

4. Praktische Durchführung: Auf Grund einer konkreten Stichprobe mit den absoluten Häufigkeiten (›relative Häufigkeit) h_{ij} $(i = 1, \ldots, r;$ $j = 1, \ldots, s)$ berechnet man

$$t = n \sum_{j=1}^{s} \sum_{i=1}^{r} \frac{\left(h_{ij} - \dfrac{h_{i.}\,h_{.j}}{n}\right)^2}{h_{i.}\,h_{.j}} = n\,\hat{\varphi}^2 \qquad \left(h_{i.} = \sum_{j=1}^{s} h_{ij};\ h_{.j} = \sum_{i=1}^{r} h_{ij}\right)$$

($\hat{\varphi}^2$ empirische mittlere quadratische ›Kontingenz).

Ist $t > \chi^2_{(r-1)(s-1);\,1-\alpha}$, so wird H (beim gewählten Signifikanzniveau α) abgelehnt, anderenfalls ist nichts gegen H einzuwenden.

Der χ^2-Unabhängigkeitstest kann allgemein zur Prüfung der Unabhängigkeit der Komponenten X und Y eines zweidimensionalen zufälligen Vektors (X, Y) benutzt werden, indem erforderlichenfalls eine geeignete Klasseneinteilung (›Klassenhäufigkeit, ›Kontingenztafel) vorgenommen wird.

Im Fall $r = s = 2$ (›Vierfeldertafel) ergibt sich speziell

$$t = \frac{n\,(h_{11}\,h_{22} - h_{12}\,h_{21})^2}{h_{1.}\,h_{.1} \cdot h_{2.}\,h_{.2}}. \tag{*}$$

Bei kleinem n wird hierbei mitunter die sog. Yatessche *Korrektur* [3] angewandt, um eine bessere Annäherung der Verteilung von T an die χ^2-Verteilung mit einem Freiheitsgrad zu erreichen: Anstelle von (*) benutzt man

$$t_{\text{korr}} = \frac{n\left[|h_{11}\,h_{22} - h_{12}\,h_{21}| - \dfrac{n}{2}\right]^2}{h_{1.}\,h_{.1} \cdot h_{2.}\,h_{.2}}.$$

IV. *Der χ^2-Homogenitätstest*

$X_1, \ldots, X_r$ seien r unabhängige, ›diskrete Zufallsgrößen, die die Werte $z_1, \ldots, z_s$ mit den Einzelwahrscheinlichkeiten $p_{ij} = P(X_i = z_j)$, $(i = 1,$

$\ldots, r;\ j = 1, \ldots, s$), annehmen können $\left(\sum_{j=1}^{s} p_{ij} = 1 \text{ für } i = 1, \ldots, r\right)$.

1. Hypothese H: $p_{ij} = p_j$ für alle $i = 1, \ldots, r;\ j = 1, \ldots, s$, d. h., die X_i sind ›identisch verteilt.

2. Die Testgröße $T := n \sum_{j=1}^{s} \sum_{i=1}^{r} \frac{\left(H_{ij} - \frac{H_{i.} H_{.j}}{n}\right)^2}{H_{i.} H_{.j}}$ ist der in III verwendeten analog, und der Test wird wie in III durchgeführt. Dabei bezeichnet H_{ij} ($i = 1, \ldots, r;\ j = 1, \ldots, s$) die absolute Häufigkeit von z_j in einer Stichprobe $(X_{i1}, \ldots, X_{in_i})$, wobei die X_{ik}, $k = 1, \ldots, n_i$, unabhängige und wie X_i verteilte Zufallsgrößen sind,

$$H_{i.} = \sum_{j=1}^{s} H_{ij} = n_i,\ H_{.j} = \sum_{i=1}^{r} H_{ij},\ n = \sum_{i=1}^{r} n_i .$$

Der χ^2-Homogenitätstest findet z. B. bei der Behandlung des ›k-Stichprobenproblems Anwendung.

Lit.: [1] Pearson, K., On the criterion that a given system of deviations from the probable in the case of a correlated system of variables is such that it can be reasonably supposed to have arisen from random sampling. Philos. Mag., Series 5, 50 (1900), 157–175.

[2] Fisher, R. A., On the interpretation of chi square from contingency tables and the calculation of P. J. Roy. Stat. Soc. 85 (1922), 87–94.

[3] Yates, F., Contingency tables involving small numbers on the χ^2-test. Supp. J. Roy. Stat. Soc. 1 (1934), 217.

χ^2-Unabhängigkeitstest ›χ^2-Test, III

χ^2-Verteilung (Helmert-Pearson-Verteilung): Eine ›stetige Zufallsgröße X heißt χ^2-verteilt mit n Freiheitsgraden (n natürliche Zahl), wenn sie die Wahrscheinlichkeitsdichte

$$f_X(x) = \begin{cases} \frac{1}{2^{n/2}\,\Gamma\left(\frac{n}{2}\right)} x^{\frac{n}{2}-1} e^{-\frac{x}{2}} & \text{für} \quad x > 0\,, \\ 0 & \text{für} \quad x \leqq 0 \end{cases}$$

besitzt. Dabei bezeichnet Γ die Gamma-Funktion (›Gammaverteilung). Die zugehörige ›charakteristische Funktion ist

$$E\, e^{itX} = (1 - 2\,i\,t)^{-\frac{n}{2}}\,,$$

›Erwartungswert und ›Streuung sind $EX = n$ und $D^2X = 2\,n$. Die χ^2-Verteilung ist ein Spezialfall der Gammaverteilung und ergibt sich als Verteilung der Summe der Quadrate von n unabhängigen (›Unabhängigkeit zufälliger Variabler) $N(0, 1)$-verteilten (›Normalverteilung) Zufallsgrößen. Die Summe zweier unabhängiger χ^2-verteilter Zufallsgrößen mit n bzw. m Freiheitsgraden ist χ^2-verteilt mit $n + m$ Freiheitsgraden. Ist (X_n) eine Folge von χ^2-verteilten Zufallsgrößen mit n Freiheitsgraden $(n = 1, 2, \ldots)$, so ist X_n ›asymptotisch normalverteilt (nach $N(n, 2n)$).

Ist $(X_1, \ldots, X_n)$ eine mathematische ›Stichprobe vom Umfang n aus einer $N(\mu, \sigma^2)$-verteilten Grundgesamtheit, so ist $\frac{(n-1)\,S^2}{\sigma^2}$ mit

$$S^2 = \frac{1}{n-1} \sum_{i=1}^{n} (X_i - \bar{X})^2\,, \qquad \bar{X} = \frac{1}{n} \sum_{i=1}^{n} X_i$$

(›empirische Momente) χ^2-verteilt mit $n - 1$ Freiheitsgraden.

Die χ^2-Verteilung spielt in der Mathematischen Statistik eine wesentliche Rolle (vgl. z. B. ›χ^2-Test), insbesondere auch bei Prüfverfahren bezüglich der Streuung normalverteilter Zufallsgrößen. Die dabei benötigten ›Quantile findet man in vielen Büchern über Mathematische Statistik, z. B. in (T 7), (T 8), (8), (77), (80).

χ^2-Verteilung, nichtzentrale: Es seien Y_i, $i = 1, \ldots, n$, unabhängige (›Unabhängigkeit zufälliger Variabler) $N(\mu_i, 1)$-verteilte (›Normalverteilung) Zufallsgrößen. Dann heißt die Verteilung der ›stetigen Zufallsgröße $X := \sum_{i=1}^{n} Y_i^2$ eine *nichtzentrale χ^2-Verteilung* mit n Freiheitsgraden und dem *Nichtzentralitätsparameter* $\delta^2 := \sum_{i=1}^{n} \mu_i^2$. Für $\delta^2 = 0$ ergibt sich als Spezialfall die gewöhnliche (zentrale) ›χ^2-Verteilung.

Die nichtzentrale χ^2-Verteilung wird besonders bei der Berechnung der Machtfunktion (›Testtheorie) verschiedener ›χ^2-Tests benötigt. Ihre Dichte und ›Verteilungsfunktion — diese hängen nicht von den Größen μ_i $(i = 1, \ldots, n)$ einzeln, sondern nur von δ^2 ab — sind, von einigen Spezialfällen abgesehen, nicht in geschlossener Form, sondern nur approximativ durch Reihenentwicklungen (vgl. (43), (T 1)) darstellbar. In (T 1), [1] und [2] sind einfache Näherungsformeln für ›Quantile der nichtzentralen χ^2-Verteilung angegeben, [3] enthält eine Tafel derselben.

Lit.: (43), (72), (T1)

[1] ABDEL-ATY, S. H., Approximate formulae for the percentage points and the probability integral of the non-central χ^2 distribution, Biometrika 41 (1954), 538–540.

[2] PATNAIK, P. B., The non-central χ^2 and F distributions and their applications, Biometrika 36 (1949), 202–232.

[3] FIX, E., Tables of noncentral χ^2, Univ. Calif. Publ. Statist., Vol. 1, No. 2 (1949), 15–19.

χ-Verteilung: Eine ›stetige Zufallsgröße X heißt *χ-verteilt* mit n Freiheitsgraden (n natürliche Zahl), wenn sie die Wahrscheinlichkeitsdichte

$$f_X(x) = \begin{cases} \dfrac{1}{2^{\frac{n}{2}-1}\,\Gamma\left(\frac{n}{2}\right)} x^{n-1} e^{-\frac{x^2}{2}} & \text{für } x > 0 \\ 0 & \text{für } x \leqq 0 \end{cases}$$

besitzt. Dabei bezeichnet Γ die Gamma-Funktion (›Gammaverteilung). ›Erwartungswert bzw. ›Streuung haben die Werte

$$E\,X = \sqrt{2}\,\frac{\Gamma\left(\frac{n+1}{2}\right)}{\Gamma\left(\frac{n}{2}\right)} \quad \text{bzw.} \quad D^2 X = n - 2\,\frac{\Gamma^2\left(\frac{n+1}{2}\right)}{\Gamma^2\left(\frac{n}{2}\right)}.$$

Die χ-Verteilung mit n Freiheitsgraden ist die Verteilung des Betrages eines n-dimensionalen ›zufälligen Vektors mit unabhängigen (›Unabhängigkeit zufälliger Variabler) $N(0, 1)$-verteilten (›Normalverteilung) Komponenten. Ist X χ-verteilt, so besitzt X^2 eine ›χ^2-Verteilung. Auf Grund dieses Sachverhaltes können für die χ-Verteilung die vorhandenen Tafeln der χ^2-Verteilung verwendet werden. Als Spezialfall der χ-Verteilung ergibt sich für $n = 2$ die ›Rayleigh-Verteilung mit $\lambda = 2$ (bzw. die ›Weibull-Verteilung mit $p = 2$, $b = \frac{1}{2}$) und für $n = 3$ die ›Maxwell-Verteilung mit $\sigma = 1$.

Cochran-Test: Der Cochran-Test ist ein ›Signifikanztest zum Prüfen der Hypothese über die Gleichheit der Streuungen σ_i^2 von k ($\geqq 2$) unabhängigen (›Unabhängigkeit zufälliger Variabler) ›normalverteilten ›Zufallsgrößen X_i anhand k konkreter ›Stichproben $(x_{i1}, \ldots, x_{in})$ vom gleichen Umfang n ($\geqq 2$) aus den zu X_i ($i = 1, \ldots, k$) gehörenden Grundgesamtheiten.

1. Hypothese H: $\sigma_1^2 = \cdots = \sigma_k^2$.

2. Testgröße $T := \max \left\{ \dfrac{S_1^2}{\sum_{i=1}^{k} S_i^2}, \ldots, \dfrac{S_k^2}{\sum_{i=1}^{k} S_i^2} \right\}$;

dabei bezeichnet S_i^2 ($i = 1, \ldots, k$) die Stichprobenstreuung (›empirische Momente) einer mathematischen Stichprobe vom Umfang n aus der zu X_i gehörenden Grundgesamtheit. Die für das Testverfahren benötigten ›Quantile der Verteilung der Testgröße T (unter der Voraussetzung, daß die Hypothese wahr ist) liegen vertafelt vor.

3. Kritischer Bereich $K^* := \{t \mid t > G_{k,n-1;1-\alpha}\}$; dabei sind $G_{k,n-1;1-\alpha}$ das Quantil der Ordnung $1 - \alpha$ der Verteilung von T (unter der Voraussetzung, daß $H: \sigma_1^2 = \cdots = \sigma_k^2$ wahr ist) und α das Signifikanzniveau. Diese Quantile findet man z. B. in (T 7) für verschiedene Werte von α, k und n.

4. Praktische Durchführung: Auf Grund von k konkreten Stichproben $(x_{i1}, \ldots, x_{in})$ ermittelt man

$$s_i^2 = \frac{1}{n-1} \sum_{j=1}^{n} (x_{ij} - \bar{x}_{i.})^2 \qquad \left(\bar{x}_{i.} = \frac{1}{n} \sum_{j=1}^{n} x_{ij}\right)$$

und damit

$$t = \max \left\{ \frac{s_1^2}{\sum_{i=1}^{k} s_i^2}, \ldots, \frac{s_k^2}{\sum_{i=1}^{k} s_i^2} \right\}$$

und entscheidet folgendermaßen: Ist $t \in K^*$, so lehnt man (beim gewählten Signifikanzniveau α) die Hypothese: „Die Streuungen sind gleich" ab, andernfalls ($t \notin K^*$) ist auf Grund dieses Tests gegen H nichts einzuwenden.

Im Fall $k = 2$ verwendet man i. a. anstelle des COCHRAN-Tests den ›F-Test. Für $k > 2$ und ungleiche Stichprobenumfänge kann der ›BARTLETT-Test benutzt werden.

Code ›Informationstheorie

Codierungssätze ›Informationstheorie

CORNISH-FISHER-Entwicklung: Gegeben sei eine Folge (Z_n) von ›Zufallsgrößen, deren ›Verteilungsfunktionen gegen die der $N(0, 1)$-(›Normal-)Verteilung konvergieren. Bezeichnet $z_{n,q}$ das ›Quantil der Ordnung q $(0 < q < 1)$ von Z_n, dann konvergiert die Folge $(z_{n,q})$ gegen das Quantil z_q der Ordnung q der $N(0, 1)$-Verteilung.

Auf diesem Sachverhalt beruht die sog. CORNISH-FISHER-*Entwicklung*

$$z_{n,q} = z_q + \frac{c_1(z_q)}{\sqrt{n}} + \frac{c_2(z_q)}{n} + \cdots$$

(sowie auch die — weniger gebräuchliche — Umkehrung

$$z_q = z_{n,q} + \frac{d_1(z_{n,q})}{\sqrt{n}} + \frac{d_2(z_{n,q})}{n} + \cdots) .$$

Hierbei bestimmen sich die Koeffizienten c_k bzw. d_k aus den ›Momenten der Zufallsgröße Z_n.

Die CORNISH-FISHER-Entwicklung läßt sich durch gliedweise Integration und Inversion der ›EDGEWORTH-Reihe von Z_n herleiten.

Ist speziell

$$Z_n = \frac{1}{\sqrt{n}\, \varkappa_2} \sum_{i=1}^{n)} (X_i - \varkappa_1)$$

die standardisierte Summe (›standardisierte Zufallsgröße) der unabhängigen (›Unabhängigkeit zufälliger Variabler) ›identisch verteilten Zufallsgrößen X_i $(i = 1, 2, \ldots)$, die die (gleichen) ›Semiinvarianten $\varkappa_k$

($k = 1, 2, \ldots$) besitzen, so gilt z. B.

$$c_1(z_q) = \frac{z_q^2 - 1}{6} \frac{\varkappa_3}{\varkappa_2^{3/2}}, \qquad c_2(z_q) = \frac{z_q^3 - 3 z_q}{24} \frac{\varkappa_4}{\varkappa_2^2} - \frac{2 z_q^3 - 5 z_q}{36} \frac{\varkappa_3^2}{\varkappa_2^3}.$$

Die Bedeutung der CORNISH-FISHER-Entwicklung besteht insbesondere darin, (in statistischen Tafeln nicht verfügbare) Quantile ›asymptotisch normalverteilter Zufallsgrößen genauer zu approximieren, als dies durch die unmittelbare Ersetzung von $z_{n,q}$ durch z_q der Fall wäre.

Lit.: (38)

[1] Большев, Л. Н., О преобразованиях случайных величин, Теория вероятн. и ее примен. 4 (1959), 136—149.

CRAMÉRsche Bedingung ›Grenzwertsätze für Wahrscheinlichkeiten großer Abweichungen

CRAMÉR-SMIRNOV-Test (CRAMÉR-VON MISES-Test): Es sei X eine ›Zufallsgröße mit der Verteilungsfunktion F, wobei bekannt sei, daß F stetig ist. Zur Prüfung der Hypothese, daß F gleich einer bestimmten stetigen Verteilungsfunktion F_0 ist, wurde durch CRAMÉR (1928) und unabhängig davon durch v. MISES (1931) eine Stichprobenfunktion (›Stichprobe) der Form $\int_{-\infty}^{\infty} (F_n(x) - F(x))^2 \, dK(x)$ vorgeschlagen. Dabei bezeichnet F_n die (zufällige) ›empirische Verteilungsfunktion einer mathematischen Stichprobe $(X_1, \ldots, X_n)$ vom Umfang n aus der Grundgesamtheit $R^1([R^1, \mathfrak{B}^1, P_X])$ mit $P_X(B) = \int_B dF(x)$, $B \in \mathfrak{B}^1$ und K eine nichtfallende Gewichtsfunktion. Von SMIRNOV [1] wurde insbesondere für $K = n F$ die Grenzverteilung G (für $n \to \infty$) der betrachteten Stichprobenfunktion angegeben.

Der CRAMÉR-SMIRNOV-*Test* ist ein ›Signifikanztest. Er wird auch als ω^2-*Test* bezeichnet und folgendermaßen durchgeführt:

1. Hypothese H: $F = F_0$.

2. Testgröße $\omega_n^2 := n \int_{-\infty}^{\infty} (F_n(x) - F_0(x))^2 \, dF_0(x)$.

3. Kritischer Bereich $K^* := \{t \in R^1 | t \geqq t_{1-\alpha}\}$. Dabei ist α das Signifikanzniveau und $t_{1-\alpha}$ das ›Quantil der Ordnung $1 - \alpha$ der Verteilung G.

4. Praktische Durchführung: Liegt der aus einer konkreten Stichprobe $(x_1, \ldots, x_n)$ berechnete Wert von ω_n^2 in K^*, so wird die Hypothese H beim gewählten Signifikanzniveau α abgelehnt.

Lit.: (9)

[1] SMIRNOV, N. V., Sur la distribution de ω^2, C.R. **202** (1936), 449.

[2] DARLING, A. D., The Kolmogorov-Smirnov, Cramer-von Mises Tests, Ann. Math. Statist. **28** (1957), 823—838.

CRAMÉR- VON MISES-Test = ›CRAMÉR-SMIRNOV-Test

curvilineare Regression ›Regression, ›Regressionsanalyse

D

Data-Analysis ›Multivariate Statistik

Definitionsbereich ›Funktion

Delta-Verteilung ›Einpunktverteilung

Determinante: Es sei $\mathfrak{A}$ eine reelle quadratische ›Matrix:

$$\mathfrak{A} = \begin{pmatrix} a_{11} & a_{12} & \cdots & a_{1n} \\ a_{21} & a_{22} & \cdots & a_{2n} \\ \cdot & \cdot & \cdot & \cdot \\ a_{n1} & a_{n2} & \cdots & a_{nn} \end{pmatrix}.$$

Ferner bezeichne $\mathfrak{A}_{ik}$ ($i, k = 1, 2, \ldots, n$; $n \geqq 2$) diejenige quadratische Matrix, die entsteht, wenn in $\mathfrak{A}$ die i-te Zeile und die k-te Spalte gestrichen werden. Die *Determinante von* $\mathfrak{A}$ ist eine reelle Zahl, die mit det $\mathfrak{A}$

oder $\begin{vmatrix} a_{11} & a_{12} & \cdots & a_{1n} \\ a_{21} & a_{22} & \cdots & a_{2n} \\ \vdots & & & \\ a_{n1} & a_{n2} & \cdots & a_{nn} \end{vmatrix}$ bezeichnet wird

und auf die folgende Weise rekursiv definiert ist

für $n = 1$: $\quad \det \mathfrak{A} = a_{11}$

für $n = 2, 3, \ldots$: $\quad \det \mathfrak{A} = \sum_{k=1}^{n} a_{1k}(-1)^{1+k} \det \mathfrak{A}_{1k}$.

Also gilt z. B. für $n = 2$ die Beziehung $\det \mathfrak{A} = a_{11}\,a_{12} - a_{21}\,a_{22}$. Die Anzahl n der Zeilen (bzw. Spalten) von $\mathfrak{A}$ heißt die *Ordnung der Determinante* von $\mathfrak{A}$.

Dezentil ›Quantil

Dichtefunktion = Dichte = Wahrscheinlichkeitsdichte ›stetige Zufallsgröße

Dichtemittel = ›Modalwert

Differential-Verfolgungsspiel ›Spieltheorie

Differenzierbarkeit stochastischer Prozesse: Entsprechend den verschiedenen ›Konvergenzarten für Folgen zufälliger Variabler lassen sich für einen ›stochastischen Prozeß X_T verschiedene Differenzierbarkeitsbegriffe definieren. Dabei setzen wir der Einfachheit halber voraus, daß die Parametermenge T die reelle Achse, der Prozeß X_T eindimensional und $E\,X_t \equiv 0$ ist.

1. Der ›Prozeß zweiter Ordnung X_T heißt im Punkte $t_0 \in T$ *im quadratischen Mittel differenzierbar*, falls eine Zufallsgröße X'_{t_0} existiert, für die

$$\lim_{t \to t_0} E \left| \frac{X_t - X_{t_0}}{t - t_0} - X'_{t_0} \right|^2 = 0$$

gilt. Dieser Sachverhalt liegt genau dann vor, wenn die zweite verallgemeinerte Ableitung der ›Kovarianzfunktion B_X von X_T in (t_0, t_0) existiert; letzteres besagt, daß der Grenzwert

$$\lim_{h, h' \to 0} \frac{1}{h \cdot h'} \big(B_X(t_0 + h, t_0 + h') - B_X(t_0, t_0 + h') - B_X(t_0 + h, t_0) + B_X(t_0, t_0)\big)$$

existiert und endlich ist. Für einen in T, d. h. in jedem $t \in T$, im quadratischen Mittel differenzierbaren Prozeß X_T bildet $(X'_t)_{t \in T}$ wieder einen Prozeß zweiter Ordnung, dessen Kovarianzfunktion durch die Gleichung

$$E\,X'_t \overline{X'_s} = \frac{\partial^2}{\partial s\, \partial t} B_X(s, t)$$

gegeben ist. Für einen i. w. S. ›stationären Prozeß X_T mit $E\,X_t = 0$ $(t \in T)$, der Kovarianzfunktion $K: B_X(s, t) = K(s - t)$ und der Spektralfunktion F sind die folgenden Aussagen äquivalent: X_T ist im Punkte $t_0 \in T$ im quadratischen Mittel differenzierbar; X_T ist in T im quadratischen Mittel differenzierbar; K besitzt im Punkte $t_0 = 0$ eine (endliche) zweite Ableitung; es gilt $\int_{-\infty}^{\infty} \lambda^2\, dF(\lambda) < \infty$.

2. Der Prozeß X_T heißt *mit Wahrscheinlichkeit Eins* oder *fast sicher differenzierbar* in $t_0 \in T$ (bzw. in T), wenn fast alle seine Realisierungen in t_0 (bzw. in T) differenzierbare Funktionen sind. Ist X_T z. B. ein ›separabler stochastischer ›Prozeß zweiter Ordnung, dessen Kovarianzfuntion B_X in $T \times T$ stetig ist und eine gemischte zweite Ableitung $\widetilde{B}(s, t) = \frac{\partial^2}{\partial s\, \partial t} B_X(s, t)$ hat, welche für alle hinreichend kleinen $h > 0$ der Bedingung

$$|\widetilde{B}(t + h, s + h) - \widetilde{B}(t + h, s) - \widetilde{B}(t, s + h) + \widetilde{B}(t, s)| \leqq c \cdot h^2$$

genügt, so ist X_T mit Wahrscheinlichkeit Eins in T differenzierbar.

Lit.: (20), (49)

Diffusionskoeffizient ›Diffusionsprozeß

Diffusionsprozeß: Der Gebrauch des Begriffes „Diffusionsprozeß" ist nicht einheitlich. Entsprechend verschiedener Definitionsmöglichkeiten ergeben sich in der mathematischen Literatur auch verschiedene Klassen von Diffusionsprozessen.

So versteht man z. B. (vgl. [2], (59)) unter einem *eindimensionalen Diffusionsprozeß* X_T, $T = [0, \infty)$, einen (i. a. zeitlich inhomogenen) ›MARKOVschen Prozeß mit stetigen Trajektorien, dessen Übergangsfunktion $P(s, x; t, B)$, $s \leqq t$, $s, t \in T$, $x \in R^1$, $B \in \mathfrak{B}^1$, den folgenden Bedingungen genügt: Für beliebige $s \geqq 0$, $x \in R^1$, $\varepsilon > 0$ gilt

$$\lim_{\Delta t \downarrow 0} \frac{1}{\Delta t} \cdot \int\limits_{|y-x|>\varepsilon} P(s, x; s + \Delta t, dy) = 0,$$

und es existieren die Grenzwerte

$$\lim_{\Delta t \downarrow 0} \frac{1}{\Delta t} \cdot \int\limits_{|y-x|\leqq\varepsilon} (y - x)\, P(s, x; s + \Delta t, dy) =: a(s, x),$$

$$\lim_{\Delta t \downarrow 0} \frac{1}{\Delta t} \cdot \int\limits_{|y-x|\leqq\varepsilon} (y - x)^2\, P(s, x; s + \Delta t, dy) =: \sigma^2(s, x).$$

Die Zahl $a(s, x)$ kennzeichnet den mittleren Trend für die weitere Bewegung des Prozesses X_T unter der Bedingung, daß sich der Prozeß zur Zeit s im Zustand x befindet; $a(s, x)$ wird deshalb mitunter *Trendkoeffizient* genannt. Analog kennzeichnet $\sigma(s, x)$ die mittlere quadratische Abweichung des Prozesses von seinem (i. a. zeitlich veränderlichen) Mittelwert und heißt *Diffusionskoeffizient*. Ein einfaches, aber wichtiges Beispiel eines (zeitlich homogenen) Diffusionsprozesses ist der ›WIENERsche Prozeß, für ihn gilt $a(s, x) = 0$ und $\sigma(s, x) = 1$ für alle $s \geqq 0$, $x \in R^1$. Unter gewissen zusätzlichen Voraussetzungen besitzt die Übergangsfunktion eine Dichte $p(s, x; t, y)$ bez. des LEBESGUEschen ›Maßes, d. h. $P(s, x; t, B) = \int_B p(s, x; t, y)\, dy$, $B \in \mathfrak{B}^1$. Diese bildet eine sog. Fundamentallösung der folgenden Differentialgleichungen:

1. „*Rückwärtsgleichung*" von KOLMOGOROV:

$$\frac{\partial}{\partial s} p(s, x; t, y) = -a(s, x) \cdot \frac{\partial}{\partial x} p(s, x; t, y) - \frac{1}{2} \sigma^2(s, x) \frac{\partial^2}{\partial x^2} p(s, x; t, y)$$
$$= -\big(L\, p(s, .; t, y)\big)(x);$$

dabei wird der Operator $L := a(s, x) \dfrac{\partial}{\partial x} + \dfrac{1}{2} \sigma^2(s, x) \dfrac{\partial^2}{\partial x^2}$ mitunter auch *erzeugender Differentialoperator* des Diffusionsprozesses genannt; die Variablen $t > 0$ und $y \in R^1$ werden (beliebig) fest gewählt, und die Differentialgleichung gilt für $0 < s < t$, $x \in R^1$.

2. „*Vorwärtsgleichung*" von KOLMOGOROV oder *Gleichung von* FOKKER-PLANCK:

$$\frac{\partial}{\partial t} p(s, x; t, y) = -\frac{\partial}{\partial y} \big(a(t, y) \cdot p(s, x; t, y)\big) + \frac{1}{2} \cdot \frac{\partial^2}{\partial y^2} \big(\sigma^2(t, y) \cdot p(s, x; t, y)\big)$$
$$= \big(L^*\, p(s, x; t, .)\big)(y);$$

dabei ist $L^* := -\frac{\partial}{\partial y} a(t, y) + \frac{1}{2} \frac{\partial^2}{\partial y^2} \sigma^2(t, y)$ der zu L „adjungierte" Operator; die Variablen $s \geqq 0$, $x \in R^1$, werden (beliebig) fest gewählt, und die Differentialgleichung gilt für $s < t$, $y \in R^1$. Für den WIENERschen Prozeß gilt z. B. $L = L^* = \frac{1}{2} \frac{\partial^2}{\partial x^2}$.

Bei zeitlich homogenen Prozessen kann man — grob formuliert — unter einem *Diffusionsprozeß* allgemeiner einen streng ›MARKOVschen Prozeß mit stetigen Trajektorien verstehen, dessen infinitesimaler Operator ein Differentialoperator ist. (Dieser ist dann notwendig ein elliptischer oder parabolischer Differentialoperator 2. Ordnung; genauere Ausführungen findet man in (13)). Diese Klasse von Diffusionsprozessen steht in engem Zusammenhang mit den Lösungen von ›stochastischen Differentialgleichungen.

Noch allgemeiner verstehen manche Autoren (vgl. (33)) unter einem Diffusionsprozeß im Raum R^n einen (zeitlich homogenen) MARKOVschen Prozeß mit stetigen Trajektorien, der die sog. FELLERsche Eigenschaft besitzt, d. h., die Operatoren P_t, $t \geqq 0$, der durch die zugehörige Übergangsfunktion erzeugten Halbgruppe $(P_t)_{t \geqq 0}$ im Raume $B(R^n, \mathfrak{B}^n)$ aller beschränkten, reellwertigen $(\mathfrak{B}^n, \mathfrak{B}^1)$-meßbaren Funktionen bilden den Teilraum aller stetigen, beschränkten Funktionen in sich ab. (Solche Prozesse sind dann auch streng MARKOVsch). W. FELLER zeigte (vgl. [1], (13)), daß im Falle $n = 1$ der infinitesimale Operator eines solchen Diffusionsprozesses unter gewissen „Regularitätsvoraussetzungen" ein sog. verallgemeinerter Differentialoperator 2. Ordnung ist.

Weitere Definitionen von Diffusionsprozessen erhält man u. a. durch Betrachtung streng MARKOVscher Prozesse in beschränkten Mengen, deren Ränder vom Prozeß erreicht werden können. Hierbei spielen Randbedingungen eine große Rolle.

Lit.: (11), (13), (33), (59)

[1] FELLER, W., Diffusion Processes in One Dimension, Trans. Am. Math. Soc. 77 (1954), 1–31.

[2] Гихман, И. И. Скороход, А. В., Введение в теорию случайных процессов, Москва 1965.

Dimension einer Wahrscheinlichkeitsverteilung ›Entropie einer Zufallsgröße

DIRICHLET-Verteilung: Ein k-dimensionaler stetiger ›zufälliger Vektor $\mathfrak{X} = (X_1, \ldots, X_k)$ heißt DIRICHLET-*verteilt* mit den Parametern $(p_1, \ldots, p_{k+1})$, $p_i > 0$ $(i = 1, \ldots, k+1)$, wenn er die Wahrscheinlichkeitsdichte

$$f_{\mathfrak{X}}(x_1, \ldots, x_k) = \begin{cases} \dfrac{\Gamma(p_1 + \cdots + p_{k+1})}{\Gamma(p_1) \cdots \Gamma(p_{k+1})} x_1^{p_1 - 1} \ldots x_k^{p_k - 1} (1 - x_1 - \cdots - x_k)^{p_{k+1} - 1} \\ \qquad\qquad\qquad \text{falls} \quad (x_1, \ldots, x_k) \in S_k \\ 0 \qquad\qquad\qquad \text{falls} \quad (x_1, \ldots, x_k) \notin S_k \end{cases}$$

besitzt. Dabei ist $S_k = \left\{(x_1, \ldots, x_k): x_i > 0,\ i = 1, \ldots, k,\ \sum_{i=1}^{k} x_i < 1\right\}$ der k-dimensionale Einheitssimplex und Γ die Gamma-Funktion (›Gammaverteilung).

Mit $r := p_1 + \cdots + p_{k+1}$ ergibt sich der ›Erwartungswert von X_i zu $E\,X_i = \frac{p_i}{r}$ $(i = 1, \ldots, k)$; die Elemente der ›Kovarianzmatrix $B = (b_{ij})_{i=1,\ldots,k}^{j=1,\ldots,k}$ lauten

$$b_{ij} = \begin{cases} \dfrac{p_i(r - p_i)}{r^2(r+1)}, & i = j \\ -\dfrac{p_i p_j}{r^2(r+1)}, & i \neq j\,. \end{cases}$$

Als Spezialfall der DIRICHLET-Verteilung ergibt sich für $k = 1$ die ›Betaverteilung 1. Art über $(0, 1)$ mit den Parametern $p = p_1$, $q = p_2$. Die DIRICHLET-Verteilung besitzt u. a. eine Bedeutung in der Theorie der ›geordneten Stichproben (vgl. (89)) und bei Problemen der BAYESschen ›Entscheidungstheorie [1].

Lit.: [1] MARTIN, J. J., Bayesian Decision Problems and Markov Chains, New York—London—Sydney 1967.

disjunkte Mengen: Zwei Mengen A und B heißen zueinander *disjunkt*, wenn sie keine gemeinsamen Elemente besitzen (d. h., wenn $A \cap B = \emptyset$ gilt).

disjunkte Zerlegung des sicheren Ereignisses Formel der ›totalen Wahrscheinlichkeit

diskrete gleichmäßige Verteilung: Eine ›diskrete Zufallsgröße X heißt *gleichmäßig verteilt* auf den (voneinander verschiedenen) Punkten $a_1, \ldots, a_n$, wenn

$$P(X = a_m) = \frac{1}{n}, \quad (m = 1, \ldots, n),$$

gilt. Sie hat die ›charakteristische Funktion

$$E\,e^{itX} = \frac{1}{n} \sum_{m=1}^{n} e^{ita_m},$$

den ›Erwartungswert $E\,X = \frac{1}{n} \sum_{m=1}^{n} a_m$ und die ›Streuung $D^2X = \frac{1}{n}\left[\sum_{m=1}^{n} a_m^2 - \frac{1}{n}\left(\sum_{m=1}^{n} a_m\right)^2\right]$.

diskreter ›zufälliger Vektor

diskrete Zufallsgröße: Eine ›Zufallsgröße heißt *diskret*, wenn sie höchstens abzählbar viele Werte annehmen kann. Die Verteilungsfunktion einer diskreten Zufallsgröße X mit den Werten x_m, $(m = 1, 2, \ldots)$, ist eine sog. Treppenfunktion, die an den Stellen x_m Sprünge der Höhe $p_m := P(X = x_m)$ aufweist, und es gilt $F_X(x) = \sum_{m: x_m < x} p_m$ (die Summation ist über alle m mit $x_m < x$ zu erstrecken).

Die Zahlen p_m heißen *Einzelwahrscheinlichkeiten.*

Diskriminanzanalyse (Trennverfahren): Die *Diskriminanzanalyse* ist ein auf R. A. Fisher zurückgehendes statistisches Analyseverfahren zur Trennung gewisser Objekte und Zuordnung dieser Objekte zu zwei oder mehreren verschiedenen Kollektiven. Diese Trennung erfolgt durch Erfassung einer bestimmten Anzahl von quantitativ erfaßbaren (zufälligen) Merkmalen dieser Objekte und durch Aufstellung einer *sog. Trennfunktion* (Trennformel, Diskriminanzfunktion). Es wird dabei angestrebt, durch diese Trennfunktion Entscheidungen über Zuordnungen der betrachteten Objekte (zu bestimmten Kollektiven) herbeizuführen.

1. Trennung zweier Kollektive mittels einer linearen Trennfunktion (*lineare Diskriminanzanalyse*):

a) Versuchsplan

Die Werte y_{ikl}, $(i = 1, 2;\ k = 1, 2, \ldots, p;\ l = 1, \ldots, r_i)$, stellen die in einem konkreten Versuch ermittelten Versuchsergebnisse dar. Dabei ist y_{ikl} der Meßwert am l-ten Objekt im i-ten Kollektiv bez. des k-ten Merkmals, d. h., $y_{i1l}, y_{i2l}, \ldots, y_{ipl}$ sind die Meßwerte aller p Merkmale am l-ten Objekt im i-ten Kollektiv.

	k	i: 1. Kollektiv	i: 2. Kollektiv	
	1	y_{111} . . . y_{11r_1}	y_{211} . . . y_{21r_2}	} r_1 bzw. r_2 Meßwerte
Merkmale	2	y_{121} . . . y_{12r_1}	y_{221} . . . y_{22r_2}	} . . .
	. . .	. . .	. . .	
	p	y_{1p1} . . . y_{1pr_1}	y_{2p1} . . . y_{2pr_2}	} . . .

b) Mathematisches Modell

Die $n\ (= p(r_1 + r_2))$ Versuchsergebnisse werden als ›Realisierungen von ›Zufallsgrößen Y_{ikl} ($l = 1, \ldots, r_i$; $k = 1, 2, \ldots, p$; $i = 1, 2$) interpretiert. Man setzt dabei i. a. voraus, daß die ›zufälligen Vektoren

$$\mathfrak{Y}_{il} = (Y_{i1l}, Y_{i2l}, \ldots, Y_{ipl})' \; (l = 1, \ldots, r_i;\ i = 1, 2)$$

unabhängig (›Unabhängigkeit zufälliger Variabler) und ›normalverteilt sind mit dem ›Erwartungswertvektor $E\,\mathfrak{Y}_{il} = (\mu_{i1}, \mu_{i2}, \ldots, \mu_{ip})'$ ($i = 1, 2$ und für alle $l = 1, \ldots, r_i$) und der ›Kovarianzmatrix $E\,(\mathfrak{Y}_{il} - E\,\mathfrak{Y}_{il}) \times (\mathfrak{Y}_{il} - E\,\mathfrak{Y}_{il})' = \Gamma$ (für alle $i = 1{,}2$ und $l = 1, \ldots, r_i$).

c) Trennfunktion (Diskriminanzfunktion, linear)

Die *Trennfunktion* $x = b_1 y_1 + \cdots + b_p y_p$ ist eine lineare Funktion der unabhängigen Variablen $y_1, \ldots, y_p$, für die die Meßwerte innerhalb eines Kollektivs und einer Wiederholung (z. B. $y_1 = y_{113}$, $y_2 = y_{123}, \ldots, y_p = y_{1p3}$) einzusetzen sind. Die Koeffizienten b_k, ($k = 1, \ldots, p$), sind so zu bestimmen, daß eine — in gewissem Sinne optimale — Trennung der r_1 Werte der Trennfunktion $x_{1l} = b_1 y_{11l} + b_2 y_{12l} + \cdots + b_p y_{1pl}$, ($l$=1, $\ldots, r_1$), (das sind die Werte, die sich durch Einsetzen der Meßwerte des 1. Kollektivs ergeben) und der r_2 Werte der Trennfunktion $x_{2l} = b_1 y_{21l} + b_2 y_{22l} + \cdots + b_p y_{2pl}$, ($l = 1, \ldots, r_2$), (das sind die Werte, die sich entsprechend aus dem 2. Kollektiv ergeben) erreicht wird.

Zur Schätzung dieser Koeffizienten b_i betrachtet man folgende Stichprobenfunktionen

$$X_{1l} = b_1 Y_{11l} + b_2 Y_{12l} + \cdots + b_p Y_{1pl}, \qquad (l = 1, \ldots, r_1),$$
$$X_{2l} = b_1 Y_{21l} + b_2 Y_{22l} + \cdots + b_p Y_{2pl}, \qquad (l = 1, \ldots, r_2),$$
$$\overline{X}_1 = \frac{1}{r_1} \sum_{l=1}^{r_1} X_{1l}, \qquad \overline{X}_2 = \frac{1}{r_2} \sum_{l=1}^{r_2} X_{2l},$$
$$T = \sum_{l=1}^{r_1} (X_{1l} - \overline{X}_1)^2 + \sum_{l=1}^{r_2} (X_{2l} - \overline{X}_2)^2,$$
$$S = \overline{X}_1 - \overline{X}_2.$$

Eine optimale Trennung wird erreicht, wenn der Quotient $Q = \frac{S^2}{T}$ maximal wird. Die Lösungen des Gleichungssystems

$$\frac{\partial Q}{\partial b_k} = 0 \quad (k = 1, \ldots, p) \tag{*}$$

sind unter der Nebenbedingung $\frac{S}{T} = 1$ (⁑) eindeutig bestimmt und ergeben Punktschätzungen $\hat{b}_k$ für die Koeffizienten b_k.

Zur Beurteilung der Trennbarkeit der Kollektive kann die Kreuzklassifikation mit mehrfacher Besetzung (›Varianzanalyse, Modell I, 2.2) herangezogen werden.

d) Praktische Durchführung

Ausgehend von Meßergebnissen an r_1 bzw. r_2 Objekten des 1. bzw. 2. Kollektivs für jeweils alle p Merkmale ermittelt man die Schätzwerte für die Koeffizienten b_k als Lösungen von (*) mit der Nebenbedingung (‡). Dabei setzt man für die Stichprobenfunktionen S^2 und T die entsprechenden, sich aus den Meßergebnissen ergebenden Realisierungen ein. Für weitere Objekte (mit den p Merkmalswerten $\eta_1, \ldots, \eta_p$), deren Herkunft unbekannt ist, kann dann mit der Trennfunktion — falls diese eine hinreichende Trennung gestattet — über die Zuordnung dieser Objekte entschieden werden. Dabei ordnet man ein Objekt dem 1. bzw. 2. Kollektiv zu, falls

$$\sum_{k=1}^{p} \hat{b}_k \left(\eta_k - \frac{1}{2}\left\{\frac{1}{r_1}\sum_{l=0}^{r_1} y_{1kl} + \frac{1}{r_2}\sum_{l=0}^{r_2} y_{2kl}\right\}\right) > 0 \text{ bzw. } < 0 \qquad \text{gilt.}$$

e) Verallgemeinerter Abstand von Mahalanobis

Setzt man die Lösungen von (*) (die der Nebenbedingung (‡) genügen) in S ein, so heißt die entstehende Stichprobenfunktion $D^2 = \frac{S}{p}$ *verallgemeinerter Abstand von* Mahalanobis und kann als eine Maßzahl für die „Unterschiedlichkeit" der Kollektive angesehen werden. (Eine interessante geometrische Interpretation von D^2 findet sich in (46).) Da $T = \frac{r_1 r_2 (r_1 + r_2 - p - 1)}{(r_1 + r_2)(r_1 + r_2 - 2)} D^2$ unter der Voraussetzung $\mu_{1k} = \mu_{2k}$, $(k = 1, \ldots, p)$, ›F-verteilt mit $(p, r_1 + r_2 - p - 1)$ Freiheitsgraden ist, kann T als Testgröße (›Signifikanztest) zum Prüfen der Hypothese $\mu_{1k} = \mu_{2k}$, d. h. auf Übereinstimmung der Kollektive, dienen.

2. Durch eine geeignete Zusammenfassung der an den Objekten gemessenen p Merkmale zu zwei charakteristischen Größen, dem sog. *Profil-* und *Ausdehnungsmaß* gelangt man zu der sog. *verkürzten Diskriminanzanalyse*, wodurch sich der durch (*) verursachte Rechenaufwand wesentlich verringert.

3. Für die Trennung von Kollektiven, deren zugehörige Meßwerte sich dem in 1. b) dargestellten mathematischen Modell nicht unterordnen lassen, wurde von B. L. Welch eine nichtlineare Trennfunktion angegeben. Die darauf aufbauende nichtlineare Diskriminanzanalyse wird mitunter *quadratische Diskriminanzanalyse* oder Welch-*Analyse* genannt. Durch Smith wurde das Prinzip der verkürzten Diskriminanzanalyse auf die quadratische Diskriminanzanalyse übertragen.

Lit.: (88)

[1] Nollau, V., Statistische Analysen, Leipzig 1975.

Diskriminanzfunktion ›Diskriminanzanalyse

Dispersion = ›Streuung

dissipative meßbare Transformation ›Strömung

Doeblinsche Bedingung: Sei $P(t, x, A)$, $x \in E$, $A \in \mathfrak{B}$, $t \in T$ mit $T = N$ oder $T = [0, \infty)$, die Übergangsfunktion eines homogenen ›Markovschen Prozesses X_T mit dem Zustandsraum $[E, \mathfrak{B}]$. Man sagt, daß $P(t, x, A)$

— oder auch der zugehörige MARKOVsche Prozeß X_T — die DOEBLIN*sche Bedingung* erfüllt, wenn es ein ›Wahrscheinlichkeitsmaß m auf $[E, \mathfrak{B}]$ und Konstanten $\vartheta > 0$, $0 < \eta < 1$, $t_0 > 0$ gibt, so daß $\sup_{x \in E} P(t_0, x, A) \leqq \eta$ für alle $A \in \mathfrak{B}$ mit $m(A) < \vartheta$ gilt. Ein MARKOVscher Prozeß mit endlich vielen Zuständen erfüllt stets die DOEBLINsche Bedingung. Demgegenüber hat für einen allgemeinen MARKOVschen Prozeß X_T die Gültigkeit der DOEBLINschen Bedingung zur Folge, daß sich eine Reihe wichtiger Aussagen über MARKOVsche Prozesse mit endlich vielen Zuständen auf X_T übertragen läßt. Insbesondere ergeben sich dann Aussagen über das asymptotische Verhalten der Übergangswahrscheinlichkeiten $P(t, x, A)$ für $t \to \infty$ (vgl. z. B. [1], [2]).

Lit.: (11), (55)

[1] DOOB, J. L., Asymptotic Properties of Markov Transition Probabilities, Trans. Amer. Math. Soc. 63 (1948), pp. 393—421.

[2] OREY, S., Recurrent Markov Chains, Pacific J. of Math. 9 (1959), N. 3, pp. 805—827.

dominierender Ergodensatz ›Ergodensätze

doppelte Exponentialverteilung: Eine ›stetige Zufallsgröße X heißt *doppelt exponentialverteilt* mit den Parametern q, γ (q reell, $\gamma > 0$), wenn für ihre Wahrscheinlichkeitsdichte f_X bzw. ihre Verteilungsfunktion F_X

$$f_X(x) = \frac{1}{\gamma} \exp\left(-\frac{x-q}{\gamma}\right) \cdot \exp\left(-\exp\left(-\frac{x-q}{\gamma}\right)\right)$$

bzw.

$$F_X(x) = \exp\left(-\exp\left(-\frac{x-q}{\gamma}\right)\right)$$

gilt. Die doppelte Exponentialverteilung ist eine ›Extremwertverteilung vom Typ I; sie findet u. a. Anwendung bei der Berechnung des extremalen Luftdruckes, der extremalen Niederschläge, Lufttemperaturen und Abflußmengen von Flüssen.

doppelter ›*t*-Test

Dreieckverteilung (SIMPSON-Verteilung): Eine ›stetige Zufallsgröße X heißt *dreieckverteilt* über dem Intervall (a, b), wenn sie die Wahrscheinlichkeitsdichte

$$f_X(x) = \begin{cases} \frac{2}{b-a}\left(1 - \frac{2}{b-a}\left|x - \frac{a+b}{2}\right|\right) & \text{für } a \leqq x \leqq b\,, \\ 0 & \text{sonst} \end{cases}$$

besitzt. Die zugehörige ›charakteristische Funktion ist

$$E\, e^{itX} = \begin{cases} \frac{-4}{(b-a)^2 t^2} \left(e^{ibt/2} - e^{iat/2}\right) & \text{für } t \neq 0\,, \\ 1 & \text{für } t = 0\,, \end{cases}$$

›Erwartungswert und ›Streuung sind

$$E\,X = \frac{a+b}{2} \quad \text{(gleichzeitig Median (›Quantil) und ›Modalwert)}$$

und $D^2 X = \frac{1}{24}(b-a)^2$.

Eine über (a, b) dreieckverteilte Zufallsgröße läßt sich als Summe von zwei unabhängigen (›Unabhängigkeit zufälliger Variabler), gleichmäßig über $\left(\frac{a}{2}, \frac{b}{2}\right)$ verteilten (›stetige gleichmäßige Verteilung) Zufallsgrößen darstellen.

Dreireihensatz ›Kolmogorovscher Dreireihensatz

Duncan-Test ›multiple Mittelwertvergleiche

dynamisches System ›Strömung, ›Steuerung stochastischer Prozesse

E

Eckentest: Der *Eckentest* (engl.: corner test) ist ein ›Signifikanztest und dient zur Aufdeckung von Abhängigkeiten zwischen zwei ›Zufallsgrößen X und Y. Er geht auf Olmstead und Tukey [1] zurück.

1. Hypothese H: X und Y sind unabhängig (›Unabhängigkeit zufälliger Variabler).

2. Testgröße T: Ausgehend von den mathematischen ›Stichproben $(X_1, \ldots, X_n)$ und $(Y_1, \ldots, Y_n)$ und den Stichprobenmedianen (›empirisches Quantil) $\tilde{X}$ und $\tilde{Y}$ betrachtet man die ›zufälligen Vektoren (ξ_i, η_i), $i = 1, \ldots, n$, $\xi_i := X_i - \tilde{X}$, $\eta_i := Y_i - \tilde{Y}$, als Punkte in einem rechtwinkligen ξ, η-Koordinatensystem.

Man verschiebt nun eine Parallele zur η-Achse von rechts her solange über das Koordinatensystem, wie bei den dabei überstrichenen Punkten (ξ_i, η_i) die Komponenten η_i einerlei Vorzeichen haben, und signiert deren Anzahl mit positivem bzw. negativem Vorzeichen, je nachdem, ob die Punkte im 1. oder 3. bzw. im 2. oder 4. Quadranten liegen, d. h., ob $\xi_i \cdot \eta_i > 0$ bzw. < 0 ist. (Punkte auf den Koordinatenachsen bleiben unberücksichtigt.) In ganz analoger Weise wiederholt man diesen Vorgang von links, von oben und von unten her und definiert als *Testgröße* T die Summe der vier einzelnen, nach der oben beschriebenen Vorgehensweise erhaltenen (zufälligen) signierten Anzahlen.

Die Verteilung von T unter der Hypothese H ist in [1] angegeben und erweist sich für größere n als von n nahezu unabhängig.

3. Kritisches Gebiet $K^* := \{t \mid |t| \geqq t_{n,\alpha}\}$. Die Grenzen $t_{n,\alpha}$ sind in [2] in Form einer grafischen Darstellung angegeben. Bereits für mäßig große n ($n \geqq 10$) und $\alpha = 0{,}05$ bzw. $\alpha = 0{,}01$ ist $t_{n,\alpha}$ gleich 11 bzw. 14.

4. Praktische Durchführung: Fällt die aus einer konkreten Stichprobe erhaltene ›Realisierung von T in das kritische Gebiet K^*, so wird H bei dem zugrunde gelegten Signifikanzniveau α abgelehnt.

Der Eckentest ist nichtparametrisch (Gegensatz: ›Parametertest) und hängt besonders von den extremalen Stichprobenelementen — insofern also auch von Ausreißern (›Ausreißerproblem) — ab. Seine Durchführung ist vor allem grafisch sehr einfach. Hingegen ist seine asymptotische Wirksamkeit (›Testtheorie) sehr niedrig und wird in [1] als ungefähr 25% angegeben. Der Test besitzt dann praktische Bedeutung, wenn es darum geht, mit einfachen Mitteln eine Abhängigkeit zwischen X und Y aufzudecken.

Lit.: [1] OLMSTEAD, P. S., and J. W. TUKEY, A corner test for association, Ann. Math. Statist. 18 (1947), 495–513.
[2] QUENOUILLE, M. H., Rapid statistical calculations: a collection of distribution-free and easy methods of estimation and testing, London 1959.

EDGEWORTH-Reihe: In der statistischen Literatur versteht man unter einer EDGEWORTH-*Reihe* oder EDGEWORTH-Entwicklung folgende spezielle Reihenentwicklung für die Dichte f_X einer ›stetigen Zufallsgröße X:

$$f_X(x) = \exp\left\{\sum_{k=1}^{\infty} (-1)^k \varkappa_k \left(\frac{d}{dx}\right)^k\right\} \varphi(x)\,; \tag{*}$$

dabei bedeuten φ die Dichte der $N(0, 1)$-Verteilung (›Normalverteilung) und $\varkappa_k$, $k = 1, 2, \ldots$, die ›Semiinvarianten von X.

Durch Entwicklung der Exponentialfunktion in eine Potenzreihe und Umordnung ihrer Glieder läßt sich (*) in die ›GRAM-CHARLIER-Reihe für f_X überführen.

Lit.: (38)

effektive Schätzfunktion ›Punktschätzungen

Effizienz = Wirksamkeit von ›Punktschätzungen

Eigenschaften zweiter Ordnung ›Prozeß zweiter Ordnung

eigentlicher ›Verteilungstyp

eineindeutige ›Funktion

einfache Funktion ›Integral

einfache Hypothese ›Testtheorie

einfache Klassifikation ›Varianzanalyse

einfache ›Regression

einfacher Erneuerungsprozeß ›Erneuerungstheorie

einfacher ›t-Test

Einpunktverteilung (ausgeartete, entartete, uneigentliche Verteilung): Eine ›Zufallsgröße X heißt *einpunktverteilt* im Punkt x_0, wenn $P(X = x_0) = 1$ gilt.

Sie hat die ›charakteristische Funktion

$$E\, e^{itX} = e^{itx_0},$$

den ›Erwartungswert $EX = x_0$ und die ›Streuung $D^2X = 0$. Umgekehrt ist jede Zufallsgröße X mit $D^2X = 0$ einpunktverteilt. Bei dieser Verteilung handelt es sich um den sog. deterministischen Fall, d. h., durch sie wird keine echte Zufallserscheinung beschrieben.

Da die Verteilungsfunktion einer Einpunktverteilung als Ableitung im distributionentheoretischen Sinne die Delta-Distribution besitzt, nennt man eine Einpunktverteilung bisweilen auch *Delta-Verteilung*.

einseitiger Test ›Signifikanztest

Einzelwahrscheinlichkeit ›diskrete Zufallsgröße

Einzugsbereich = ›Anziehungsbereich einer Verteilungsfunktion

EISENHARTsche Klassifikation ›Varianzanalyse

Elementarereignis ›Wahrscheinlichkeitsraum

empirische Korrelationsfunktion ›Statistik stochastischer Prozesse

empirische Kovarianz ›empirische Kovarianzmatrix

empirische Kovarianzfunktion ›Statistik stochastischer Prozesse

empirische Kovarianzmatrix: Gegeben sei ein k-dimensionaler ›zufälliger Vektor $\mathfrak{X} = (X_1, \ldots, X_k)$, und es sei $(\mathfrak{x}^{(1)}, \ldots, \mathfrak{x}^{(n)})$, $\mathfrak{x}^{(i)} = (x_1^{(i)}, \ldots, x_k^{(i)})$, $i = 1, \ldots, n$, eine konkrete ›Stichprobe vom Umfang n aus der Grundgesamtheit $R^k([R^k, \mathfrak{B}^k, P_{\mathfrak{X}}])$. Dann heißt die ›Matrix

$$\mathfrak{S} = \frac{1}{n-1} \sum_{i=1}^{n} (\mathfrak{x}^{(i)} - \bar{\mathfrak{x}})' (\mathfrak{x}^{(i)} - \bar{\mathfrak{x}})$$

mit

$$\bar{\mathfrak{x}} = \frac{1}{n} \sum_{i=1}^{n} \mathfrak{x}^{(i)}$$

die (aus der Stichprobe ermittelte) *empirische Kovarianzmatrix*. Die Elemente

$$s_{lm} = \frac{1}{n-1} \sum_{i=1}^{n} (x_l^{(i)} - \bar{x}_l)(x_m^{(i)} - \bar{x}_m), \quad l, m = 1, \ldots, k,$$

heißen für $l \neq m$ die *empirischen Kovarianzen* zwischen den Komponenten X_l und X_m, s_{ll} ist die empirische Streuung (›empirische Momente) der Komponente X_l.

Geht man anstelle von $\mathfrak{x}^{(1)}, \ldots, \mathfrak{x}^{(n)}$ von einer mathematischen Stichprobe mit den Stichprobenvariablen $\mathfrak{X}^{(1)}, \ldots, \mathfrak{X}^{(n)}$ aus, so erhält man die sog. *Stichprobenkovarianzmatrix*

$$\mathfrak{S} = \frac{1}{n-1} \sum_{i=1}^{n} (\mathfrak{X}^{(i)} - \bar{\mathfrak{X}})(\mathfrak{X}^{(i)} - \bar{\mathfrak{X}}),$$

dabei ist $\bar{\mathfrak{X}}$ das Stichprobenmittel (›empirische Momente). Die Stichprobenkovarianzmatrix $\mathfrak{S}$ ist eine (elementweise) erwartungstreue ›Punktschätzung der ›Kovarianzmatrix des zufälligen Vektors $\mathfrak{X}$.

empirische mittlere quadratische Kontingenz ›Kontingenz, mittlere quadratische

empirische Momente: Gegeben sei eine ›Zufallsgröße X, und es sei $(x_1, x_2, \ldots, x_n)$ eine konkrete ›Stichprobe vom Umfang n aus der Grundgesamtheit $R^1([R^1, \mathfrak{B}^1, P_X])$. Um auf Grund der Stichprobe Aussagen über die Zufallsgröße X und ihre Verteilungsfunktion F zu gewinnen, betrachtet man neben der ›empirischen Verteilungsfunktion die sog. *empirischen Momente*.

Als empirische Momente k-ter Ordnung (bezüglich der reellen Zahl c) bezeichnet man die Größe

$$\frac{1}{n} \sum_{i=1}^{n} (x_i - c)^k .$$

Speziell für $c = 0$ ergeben sich die *empirischen Anfangsmomente*

$$\hat{m}_k := \frac{1}{n} \sum_{i=1}^{n} x_i^k .$$

Für $k = 1$ ergibt sich das *arithmetische Mittel* (›Mittelwerte)

$$\bar{x} = \frac{1}{n} \sum_{i=1}^{n} x_i$$

der konkreten Stichprobe.

Das empirische Moment k-ter Ordnung bezüglich des arithmetischen Mittels ($c = \bar{x}$) heißt ***empirisches zentrales Moment*** $\hat{\mu}_k = \frac{1}{n} \sum_{i=1}^{n} (x_i - \bar{x})^k$. Das Bildungsgesetz der empirischen Momente entspricht dem der (theoretischen) ›Momente, wenn man als Verteilungsfunktion die empirische Verteilungsfunktion zugrunde legt. Geht man anstelle von $x_1, x_2, \ldots, x_n$ von den Stichprobenvariablen $X_1, X_2, \ldots, X_n$ aus, so erhält man die sog. *Stichprobenmomente*: das Stichprobenmoment k-ter Ordnung $\frac{1}{n} \sum_{i=1}^{n} (X_i - c)^k$, die *Stichproben-Anfangsmomente* $\frac{1}{n} \sum_{i=1}^{n} X_i^k$, das *Stichprobenmittel* $\overline{X} = \frac{1}{n} \sum_{i=1}^{n} X_i$ bzw. die *zentralen Stichprobenmomente* $\frac{1}{n} \sum_{i=1}^{n} (X_i - \overline{X})^k$. Im Sinne der ›Schätztheorie sind die Stichprobenmomente ›Punktschätzungen für die entsprechenden (theoretischen) Momente.

Zur Schätzung der ›Streuung einer Zufallsgröße verwendet man die *Stichprobenstreuung* (›Streuungsmaße)

$$S^2 = \frac{1}{n-1} \sum_{i=1}^{n} (X_i - \overline{X})^2 .$$

Sie liefert im Gegensatz zum zentralen Stichprobenmoment zweiter Ordnung eine erwartungstreue Punktschätzung. Die konkrete Punktschätzung $s^2 = \frac{1}{n-1} \sum_{i=1}^{n} (x_i - \bar{x})^2$ wird als *empirische Streuung* bezeichnet. Mit Hilfe der empirischen Momente werden u. a. der *empirische Variationskoeffizient* $\hat{v} = \frac{s}{\bar{x}}$, die *empirische Schiefe* $\hat{\gamma}_3 = \frac{\hat{\mu}_3}{\sqrt{\hat{\mu}_2^3}}$ (sog. CHARLIERsche Schiefe) und der *empirische Exzeß* $\hat{\gamma}_4 = \frac{\hat{\mu}_4}{\hat{\mu}_2^2} - 3$ definiert. Sie sind Schätzwerte für den ›Variationskoeffizienten bzw. die ›Schiefe bzw. den ›Exzeß einer Zufallsgröße mit der Verteilungsfunktion F.

Lit.: (77), (80)

empirischer Exzeß ›empirische Momente

empirischer Korrelationskoeffizient ›Korrelationsanalyse

empirischer Median ›empirisches Quantil

empirischer Modalwert ›Mittelwerte

empirischer Mode ›Mittelwerte

empirischer Regressionskoeffizient ›Regressionsanalyse

empirischer Variationskoeffizient ›empirische Momente

empirisches Anfangsmoment ›empirische Momente

empirische Schiefe ›empirische Momente

empirisches Quantil: Es sei $(Y_1, Y_2, \ldots, Y_n)$ eine ›geordnete ›Stichprobe vom Umfang n aus einer Grundgesamtheit mit der zugehörigen Verteilungsfunktion F.

Unter dem *empirischen Quantil* der Ordnung p (auch *empirisches p-Quantil* genannt) versteht man eine ›Realisierung $\widehat{Q}_p$ der Ranggröße $Y_{\text{ent}\,[np]+1}$, $0 < p < 1$. Die ›Zufallsgröße $Y_{\text{ent}\,[np]+1}$ wird als *Stichprobenquantil* der Ordnung p bezeichnet. Sie ist eine ›Punktschätzung und $\widehat{Q}_p$ demgemäß ein Schätzwert für das (theoretische) ›Quantil Q_p der zugrunde liegenden Verteilungsfunktion F. Besitzt F eine ›Wahrscheinlichkeitsdichte f, die in einer Umgebung von Q_p positiv und stetig ist, dann ist $Y_{\text{ent}\,[np]+1}$ ›asymptotisch normalverteilt nach $N\left(Q_p, \frac{p(1-p)}{n f^2(Q_p)}\right)$.

Speziell wird $Y_{\text{ent}\,[n/2]+1}$ als *Stichprobenmedian* und $\widehat{Q}_{0,5}$ als *empirischer Median* bezeichnet. Für ungerades n stimmt $\widehat{Q}_{0,5}$ mit dem Zentralwert (›Mittelwerte) überein. $\widehat{Q}_{0,25}$ bzw. $\widehat{Q}_{0,75}$ werden als unteres bzw. oberes *empirisches Quartil* bezeichnet.

Lit.: (9), (18)

empirisches Quartil ›empirisches Quantil

empirische Standardabweichung ›Streuungsmaße

empirische Streuung ›Streuungsmaße, ›empirische Momente

empirisches zentrales Moment ›empirisches Moment

empirische Verteilungsfunktion: Es sei $(x_1, x_2, \ldots, x_n)$ eine konkrete ›Stichprobe vom Umfang n aus einer Grundgesamtheit mit der zugehörigen ›Verteilungsfunktion F. Unter der *empirischen Verteilungsfunktion* dieser Stichprobe versteht man die durch

$$\widetilde{F}_n(x) = \frac{m_{n,x}}{n} \qquad (x \in R^1)$$

definierte Verteilungsfunktion; dabei bezeichnet $m_{n,x}$ die Anzahl der Werte aus der Stichprobe $(x_1, \ldots, x_n)$, die kleiner als x sind.

Ist $(X_1, \ldots, X_n)$ eine mathematische Stichprobe, so besitzt für jedes feste $x \in R^1$ die zufällige Anzahl $M_{n,x}$ der Stichprobenvariablen, die kleiner als x sind, eine ›Binomialverteilung mit den Parametern n und

$p = F(x)$, also ist $F_n(x) := \frac{1}{n} M_{n,x}$ eine Zufallsgröße, deren ›Realisierungen für konkrete Stichproben gerade $\tilde{F}_n(x)$ sind. Speziell gilt $EF_n(x) = F(x)$ und $D^2 F_n(x) = \frac{1}{n} F(x) \left(1 - F(x)\right)$. Somit ist $F_n(x)$ eine erwartungstreue konsistente ›Punktschätzung für $F(x)$.

Von besonderer Bedeutung ist der *Satz von* GLIWENKO (häufig als *Hauptsatz der Mathematischen Statistik* bezeichnet), der besagt, daß $D_n := \sup_{x \in R^1} |F_n(x) - F(x)|$ für $n \to \infty$ mit Wahrscheinlichkeit 1 (›Konvergenzarten für Folgen zufälliger Variabler *a*) gegen Null konvergiert. Darüber hinaus hat KOLMOGOROV gezeigt, daß für eine beliebige stetige Verteilungsfunktion F die Verteilungsfunktion von $\sqrt{n}\, D_n$ für $n \to \infty$ gegen die Verteilungsfunktion

$$K(x) := \begin{cases} \sum_{j=-\infty}^{\infty} (-1)^j e^{-2j^2 x^2} & \text{für } x > 0\,, \\ 0 & \text{für } x \leq 0 \end{cases}$$

der sog. KOLMOGOROV-*Verteilung* konvergiert. Diese Verteilung wird z. B. beim ›KOLMOGOROV-Test und ›KOLMOGOROV-SMIRNOV-Test verwendet.

Lit.: (9), (18)

endlichdimensionale Verteilungen eines ›stochastischen Prozesses

endliche homogene ›MARKOVsche Kette

endliche ›MARKOVsche Kette

endliches ›Maß

entartete Verteilung = ›Einpunktverteilung

Entropie eines dynamischen Systems: Es sei $[\Omega, \mathfrak{A}, m, T]$ ein dynamisches System (d. h., es seien $[\Omega, \mathfrak{A}, m]$ ein ›Maßraum und T eine m-treue meßbare Transformation von Ω in sich; ›Strömung) mit $m(\Omega) = 1$. Ferner besitze T — der Einfachheit halber — eine auf Ω definierte meßbare Inverse. Dann läßt sich, ausgehend von dem Begriff der ›Entropie eines Versuches in der Informationstheorie, eine Isomorphieinvariante (›Strömung: Abschnitt Isomorphie) dieses Systems in folgender Weise konstruieren: Es seien $Z = (\Omega_1, \ldots, \Omega_n)$ eine meßbare Zerlegung von Ω (d. h. $\Omega_k \in \mathfrak{A}$, $\Omega_i \cap \Omega_k = \emptyset$ für $i \neq k$, $\bigcup_k \Omega_k = \Omega$) und $H(Z) = -\sum_{k=1}^{n} m(\Omega_k) \times \log m(\Omega_k)$ (Festsetzung: $0 \cdot \log 0 = 0$) deren Entropie (im Sinne der Informationstheorie). Dann ist $Z^j := (T^{-j}\,\Omega_1, \ldots, T^{-j}\,\Omega_n)$ wieder eine meßbare Zerlegung von Ω mit $H(Z^j) = H(Z)$. $Z_{0,j}$ bezeichne die Zerlegung von

Ω, die aus den Durchschnitten der Mengen $T^{-k}(\Omega_i)$ $(i = 1, 2, \ldots, n;$ $k = 0, 1, \ldots, j)$ besteht. Nach Definition gilt $H(Z_{0,j-1}) \leqq H(Z) + H(Z^1) + \cdots + H(Z^{j-1}) = j\,H(Z)$, und es folgt die Existenz des Grenzwertes $\bar{H}(Z) := \lim_{j\to\infty} j^{-1} H(Z_{0,j-1})$ $(\leqq H(Z))$. Als *Entropie* oder KOLMOGOROV-SINAI-*Invariante* des Systems $[\Omega, \mathfrak{A}, m, T]$ bezeichnet man dann die Größe

$$\hat{H} := \sup \bar{H}(Z)\,,$$

wobei sich das Supremum über alle endlichen meßbaren Zerlegungen Z von Ω erstreckt. Nach Konstruktion ist $\hat{H}$ eine Isomorphieinvariante. Ihre ergodentheoretische (›Ergodentheorie) Bedeutung liegt insbesondere darin, das bisher im wesentlichen einzige Beispiel einer Isomorphieinvariante zu sein, die nicht gleichzeitig auch Spektralinvariante (›Strömung: Funktionalanalytische Zusammenhänge) ist. So gibt es z. B. gewisse Klassen (i. a. nicht isomorpher) dynamischer Systeme (gewisse sog. „BERNOULLI-Schemata"), die alle denselben Spektraltyp besitzen und genau dann isomorph sind, wenn ihre Entropie übereinstimmt. — Umgekehrt existiert z. B. eine Klasse dynamischer Systeme (gewisse ergodische Systeme mit diskretem Spektrum), deren Entropie stets 0 ist und die genau dann isomorph sind, wenn sie denselben Spektraltyp besitzen.

Lit.: ›Ergodentheorie [6], [7].

Entropie einer Zufallsgröße: Es seien $[\Omega, \mathfrak{A}, P]$ ein ›Wahrscheinlichkeitsraum und X eine auf Ω definierte ›Zufallsgröße.

a) Ist X eine ›diskrete Zufallsgröße, die die Werte $x_1, x_2, \ldots$ mit den Wahrscheinlichkeiten $p_1, p_2, \ldots$ annehmen kann, so heißt

$$H(X) := -\sum_n p_n \operatorname{ld} p_n$$

(ld p = Logarithmus von p zur Basis 2, Festsetzung: $0 \cdot \operatorname{ld} 0 = 0$) *Entropie* (der Wahrscheinlichkeitsverteilung) der Zufallsgröße X, falls die obige Reihe konvergiert.

b) Ist X eine ›stetige Zufallsgröße mit der Wahrscheinlichkeitsdichte f_X, so heißt $H(X) := -\int_{-\infty}^{\infty} f_X(x) \operatorname{ld} f_X(x)\,dx$ *Entropie* (der Wahrscheinlichkeitsverteilung) der Zufallsgröße X, falls das obige Integral konvergiert. Unter allen stetigen Zufallsgrößen mit dem ›Erwartungswert 0 und der ›Streuung 1 besitzt eine $N(0, 1)$-›normalverteilte Zufallsgröße die größte Entropie.

c) Ist X eine beliebige Zufallsgröße, so heißt $d = d(X) := \lim_{n\to\infty} \frac{H(X^{(n)})}{\operatorname{ld} n}$ $\left(X^{(n)} := \frac{\operatorname{ent}[nX]}{n}, n = 1, 2, \ldots;\right.$ $H(X^{(n)})$ ist die in a) erklärte Entropie der diskreten Zufallsgröße $X^{(n)}$) — falls dieser Limes existiert — *Dimension der Wahrscheinlichkeitsverteilung* von X. Existiert der mit dieser Zahl d

gebildete Limes $H_d(X) := \lim_{n\to\infty} [H(X^{(n)}) - d \operatorname{ld} n]$, so heißt $H_d(X)$ *d-dimensionale Entropie* (der Wahrscheinlichkeitsverteilung) der Zufallsgröße X. Ist X speziell diskret mit den Einzelwahrscheinlichkeiten (p_n) bzw. stetig mit der Wahrscheinlichkeitsdichte f_X verteilt, so gilt $d = 0$ und $H_0(X) = -\sum_n p_n \operatorname{ld} p_n$ (vgl. a)) bzw. $d = 1$ und $H_1(X) = -\int_{-\infty}^{\infty} f_X(x) \operatorname{ld} f_X(x)\, dx$ (vgl. b)), falls diese Größen existieren (›Entropie eines Versuches).

Lit.: (62)

CSISZAR, I., Some remarks on the dimension and entropy of random variables, Acta. Math. Acad. Sci. Hungar. 12 (1961), 399–408.

Entropie eines Versuches: Wir betrachten einen zufälligen ›Versuch $\mathfrak{A}$, als dessen Ergebnis genau eines der endlich vielen zufälligen Ereignisse $A_i, i = 1, \ldots, n$, (›Ereignisfelder und Wahrscheinlichkeitsalgebren) eintritt. Sofern nicht einer der Versuchsausgänge A_i ein fast sicheres Ereignis ist, wohnt einem solchen Versuch eine gewisse Unbestimmtheit inne. Eine Maßzahl für den Grad dieser Unbestimmtheit des Versuches $\mathfrak{A}$, in die nur die ›Wahrscheinlichkeiten $P(A_i)$ der möglichen Versuchsausgänge A_i, $(i = 1, \ldots, n)$ eingehen, ist die sog. *Entropie* $H(\mathfrak{A}) = -\sum_{i=1}^{n} P(A_i) \operatorname{ld} P(A_i)$ (SHANNON*sche Definition*; ld p = Logarithmus von p zur Basis 2, Festsetzung: $0 \cdot \operatorname{ld} 0 = 0$) des Versuches $\mathfrak{A}$. Ist $\mathfrak{A}$ ein beliebiger Versuch mit n Ausgängen, so gilt $0 \leq H(\mathfrak{A}) \leq \operatorname{ld} n$; dabei ist $H(\mathfrak{A}) = 0$ genau dann, wenn ein Versuchsausgang die Wahrscheinlichkeit Eins besitzt, und $H(\mathfrak{A}) = \operatorname{ld} n$ genau dann, wenn alle Versuchsausgänge gleichwahrscheinlich sind $\left(P(A_i) = \frac{1}{n};\ i = 1, \ldots, n\right)$.

$H(\mathfrak{A})/\operatorname{ld} n$ heißt *relative Entropie*, $1 - H(\mathfrak{A})/\operatorname{ld} n$ *Redundanz* des Versuches $\mathfrak{A}$. Die Einheit der Entropie wird als bit (= Zusammenziehung aus „binary digit", engl.) bezeichnet; ein Versuch, der nur zwei Ausgänge A_1 und A_2 mit $P(A_1) = P(A_2) = \frac{1}{2}$ haben kann, besitzt demnach die Entropie 1 bit.

Ist $\mathfrak{B}$ ein weiterer Versuch mit den Ausgängen $B_1, \ldots, B_m$ und bezeichnet $\mathfrak{A}\mathfrak{B}$ den Versuch mit den Ausgängen $A_i \cap B_j$, $(i = 1, \ldots, n;$ $j = 1, \ldots, m)$, so gilt $H(\mathfrak{A}\mathfrak{B}) = H(\mathfrak{A}) + H(\mathfrak{B}|\mathfrak{A})$ mit der durch

$$H(\mathfrak{B}|\mathfrak{A}) = \sum_{i=1}^{n} P(A_i)\, H(\mathfrak{B}|A_i) = -\sum_{i=1}^{n} P(A_i) \sum_{j=1}^{m} P(B_j|A_i) \operatorname{ld} P(B_j|A_i)$$

(›bedingte Wahrscheinlichkeit eines Ereignisses) erklärten sog. (mittleren) *bedingten Entropie* $H(\mathfrak{B}|\mathfrak{A})$ von $\mathfrak{B}$ unter $\mathfrak{A}$. $H(\mathfrak{B}|\mathfrak{A})$ ist eine Maßzahl für den Grad der Unbestimmtheit, die dem Versuch $\mathfrak{B}$ nach Durchführung des Versuches $\mathfrak{A}$ noch innewohnt. Stets gilt $H(\mathfrak{B}|\mathfrak{A}) \leq H(\mathfrak{B})$ (SHANNON*sche Ungleichung*), d. h., bei Einschaltung eines Versuches $\mathfrak{A}$ wird (im

Mittel) die Unbestimmtheit von $\mathfrak{B}$ nicht größer $(H(\mathfrak{B}|A_i) \leq H(\mathfrak{B})$ gilt hingegen i. a. nicht). Das Gleichheitszeichen steht in der SHANNONschen Ungleichung genau dann, wenn die Versuche $\mathfrak{A}$ und $\mathfrak{B}$ stochastisch unabhängig sind, d. h., wenn $P(A_i \cap B_j) = P(A_i)\,P(B_j)$ für alle i und j gilt (›Unabhängigkeit von Ereignissen). Die Differenz $H(\mathfrak{B}) - H(\mathfrak{B}|\mathfrak{A}) =: \; =: I(\mathfrak{A}, \mathfrak{B}) \; (= I(\mathfrak{B}, \mathfrak{A}))$ – die eine Maßzahl für die durch den Versuch $\mathfrak{A}$ beseitigte Unbestimmtheit von $\mathfrak{B}$ ist – heißt die in $\mathfrak{A}$ über $\mathfrak{B}$ enthaltene *Information.* Es gilt $I(\mathfrak{A}, \mathfrak{B}) \geq 0$ (SHANNON*sche Ungleichung*) und $I(\mathfrak{A}, \mathfrak{B}) \leq \min\,\{H(\mathfrak{A}), H(\mathfrak{B})\}$. Die Entropie $H(\mathfrak{A})$ des Versuches $\mathfrak{A}$ läßt sich wegen $I(\mathfrak{A}, \mathfrak{A}) = H(\mathfrak{A})$ als *Informationsinhalt* des Versuches $\mathfrak{A}$ interpretieren.

Ist X eine ›diskrete Zufallsgröße, die die Werte $x_1, \ldots, x_n$ mit den Wahrscheinlichkeiten $p_1, \ldots, p_n$ annehmen kann, so heißt $H(X) := -\sum_{i=1}^{n} p_i \operatorname{ld} p_i$ *Entropie der Zufallsgröße* X. Ist Y eine weitere diskrete Zufallsgröße, die die Werte $y_1, \ldots, y_m$ annehmen kann, so heißen

$$H(Y|X) := \sum_{i=1}^{n} P\,(X = x_i)\,H\,(Y|X = x_i) = -\sum_{i=1}^{n} P\,(X = x_i) \times \\ \times \sum_{j=1}^{m} P\,(Y = y_j|X = x_i) \cdot \operatorname{ld} P\,(Y = y_j|X = x_i)$$

(mittlere) *bedingte Entropie von* Y *unter* X und $I(X, Y) = H(Y) - H(Y|X)$ die *in* X *über* Y *enthaltene Information* (vgl. ›Entropie einer Zufallsgröße, ›Informationsgewinn; Literatur: ›Informationstheorie).

Entscheidung ›Entscheidungstheorie, ›Steuerung stochastischer Prozesse

Entscheidungsfunktion ›Entscheidungstheorie, ›stochastische dynamische Optimierung

Entscheidungsprozeß ›Steuerung stochastischer Prozesse

Entscheidungsraum ›Entscheidungstheorie

Entscheidungstheorie (statistische Entscheidungstheorie): Die Bedeutung der Entscheidungstheorie im Rahmen der mathematischen Statistik ergibt sich aus dem allgemeinen Anliegen, auf Grund einer ›Stichprobe eine Entscheidung hinsichtlich der Verteilung einer ›zufälligen Variablen innerhalb gewisser Möglichkeiten zu treffen. Die für jedes praktische Arbeiten erforderliche Entscheidungsvorschrift wird durch die sog. Entscheidungsfunktion gegeben, die jeder konkreten Stichprobe eine bestimmte Entscheidung zuordnet. Wichtige Beispiele für Entscheidungsfunktionen sind (nichtrandomisierte) Tests (›Testtheorie), ›Punktschätzungen und ›Bereichsschätzungen. Das Auffinden von in einem gewissen

Sinne optimalen Entscheidungsfunktionen und deren genauere Analyse ist der eigentliche Gegenstand der von A. WALD (1949) begründeten (statistischen) Entscheidungstheorie.

Das allgemeine begriffliche Schema der statistischen Entscheidungstheorie kann folgendermaßen formuliert werden:

Gegeben sei ein ›meßbarer Raum $[\Omega, \mathfrak{A}]$ und eine Indexmenge Γ. Jedem $\gamma \in \Gamma$ sei eine ›Wahrscheinlichkeitsverteilung P_γ über $[\Omega, \mathfrak{A}]$ eineindeutig zugeordnet. Wir betrachten eine zufällige Variable mit $[\Omega, \mathfrak{A}]$ als Bildraum und der Wahrscheinlichkeitsverteilung P. Von P sei bekannt, daß es zur Familie $\{P_\gamma\}$, $\gamma \in \Gamma$ gehört, d. h., es gibt ein γ_0, so daß $P = P_{\gamma_0}$ ist.

Ferner bezeichne Δ die Menge der bei einer konkreten Problemstellung folgende kommenden *Entscheidungen* über das unbekannte γ_0. Für die in Fragen Betrachtungen erweist es sich als notwendig, Δ zum meßbaren *Entscheidungsraum* $[\Delta, \mathfrak{D}]$ zu erweitern.

Bei statistischen Entscheidungsproblemen werden die Entscheidungen auf Grund einer konkreten Stichprobe $x = (x_1, \ldots, x_n)$ aus der Grundgesamtheit Ω ($[\Omega, \mathfrak{A}, P]$) mit Werten im Stichprobenraum $[M, \mathfrak{M}]$, $M = \Omega^n$ mit Hilfe einer Entscheidungsfunktion δ getroffen. Unter einer *Entscheidungsfunktion* versteht man allgemein eine ›meßbare Abbildung des Stichprobenraumes $[M, \mathfrak{M}]$ in den Entscheidungsraum $[\Delta, \mathfrak{D}]$.

Als Beispiel werde eine ›Zufallsgröße betrachtet, von der bekannt ist, daß ihre Verteilung P zur Familie $\{P_\gamma\}$ aller ›Normalverteilungen über $[R^1, \mathfrak{B}^1]$ mit $\gamma = (\mu, \sigma^2)$, $-\infty < \mu < \infty$, $\sigma^2 > 0$ gehört. Wird die Aufgabe gestellt, die Hypothese $H: \mu = \mu_0$ mit Hilfe eines ›Signifikanztests zu prüfen, so besteht Δ aus den beiden Entscheidungen d_1: „Ablehnung von H" und d_2: „Keine Ablehnung von H". Eine Entscheidungsfunktion δ ist z. B. bei Verwendung des ›t-Tests, a), mit der dort angegebenen Testgröße T und dem zugehörigen kritischen Bereich K^* durch

$$\delta(x) = \begin{cases} d_1, & \text{falls } T(x) \in K^*, \\ d_2, & \text{falls } T(x) \notin K^*, \end{cases}$$

gegeben.

Zur Beurteilung der Güte von Entscheidungen — und damit auch von Entscheidungsfunktionen — wählt man eine auf $\Gamma \times \Delta$ definierte reellwertige *Verlustfunktion* W. (Häufig ist W durch die Aufgabenstellung gegeben oder zumindest nahegelegt.) $W(\gamma, d)$ gibt den Verlust an, der entsteht, wenn der Parameter γ vorliegt und die Entscheidung d getroffen wird. Bei Verwendung der Entscheidungsfunktion δ hängt der Wert $W(\gamma, \delta(x))$ der Verlustfunktion noch von der speziell beobachteten konkreten Stichprobe x ab. Eine Beurteilung der Güte einer Entscheidungsfunktion hinsichtlich aller möglichen Stichproben vermittelt die sog. *Risikofunktion* R, definiert durch

$$R(\gamma, \delta) := \int\limits_M W(\gamma, \delta(x))\, Q_\gamma(dx)\,.$$

Hierbei handelt es sich um den mittleren Verlust, d. h. um den ›Erwartungswert der Verlustfunktion bezüglich der von P_γ durch die Stichprobe im Stichprobenraum $[M, \mathfrak{M}]$ erzeugten Wahrscheinlichkeitsverteilung Q_γ. Die Menge aller Entscheidungsfunktionen δ, für die $R(\gamma, \delta)$ für alle $\gamma \in \Gamma$ existiert, werde mit D bezeichnet.

Als eine einfache Verlustfunktion für das oben angegebene Beispiel dient

$$W(\gamma, d) = \begin{cases} 0 \text{ für } \gamma = (\mu, \sigma^2), \text{ wobei } \mu = \mu_0\,,\ d = d_2 \text{ oder } \mu \neq \mu_0\,, d = d_1\,, \\ 1 \text{ für } \gamma = (\mu, \sigma^2), \text{ wobei } \mu \neq \mu_0\,,\ d = d_2 \text{ oder } \mu = \mu_0\,, d = d_1\,. \end{cases}$$

Die Risikofunktion lautet dann

$$R(\gamma, \delta) = \begin{cases} Q_\gamma\,(\{x | T(x) \in K^*\}) & \text{für } \gamma = (\mu, \sigma^2) \text{ wobei } \mu = \mu_0\,, \\ Q_\gamma\,(\{x | T(x) \notin K^*\}) & \text{für } \gamma = (\mu, \sigma^2) \text{ wobei } \mu \neq \mu_0\,. \end{cases}$$

Bei dieser Wahl der Verlustfunktion ist also für $\gamma = (\mu, \sigma^2)$ mit $\mu = \mu_0$ der Wert $R(\gamma, \delta)$ gerade gleich der Irrtumswahrscheinlichkeit (›Signifikanztest). Entsprechend der üblichen Vorgehensweise versucht man in der statistischen Entscheidungstheorie, Entscheidungsfunktionen nach dem Prinzip der Minimalisierung der Risikofunktion zu wählen. Die Güte verschiedener Entscheidungsfunktionen (aus D) kann dabei nach folgenden Gesichtspunkten beurteilt werden:

1. δ_1 heißt *mindestens so gut wie* δ_2, wenn $R(\gamma, \delta_1) \leqq R(\gamma, \delta_2)$ für alle $\gamma \in \Gamma$ gilt.

2. δ_1 heißt *besser als* δ_2, wenn in der letzten Ungleichung für mindestens ein $\gamma \in \Gamma$ das $<$-Zeichen steht.

3. Ist D_1 eine Teilmenge von D, so heißt $\delta_0 \in D_1$ eine in D_1 *zulässige Entscheidungsfunktion*, wenn es in D_1 keine bessere Entscheidungsfunktion als δ_0 gibt.

Obwohl die Zulässigkeit nur eine schwache Optimalitätsaussage beinhaltet, gibt es Entscheidungssituationen, in denen keine zulässigen Entscheidungsfunktionen existieren. Häufig gelingt es aber, die Menge D der Entscheidungsfunktionen auf eine Teilmenge D_1 derart einzuschränken, daß in D_1 zulässige Entscheidungsfunktionen existieren. Solche Einschränkungen werden beispielweise durch die Betrachtung sog. erwartungstreuer Entscheidungsfunktionen oder durch die Ausnutzung von Symmetrie und Invarianzprinzipien erreicht.

Von besonderer Bedeutung sind die sog. Minimax-Entscheidungsfunktionen und die sog. BAYESschen Entscheidungsfunktionen:

1. δ_0 heißt eine *Minimax-Entscheidungsfunktion*, wenn

$$\sup_{\gamma \in \Gamma} R(\gamma, \delta_0) = \inf_{\delta \in D} \sup_{\gamma \in \Gamma} R(\gamma, \delta)$$

gilt. Eine Minimax-Entscheidungsfunktion berücksichtigt insbesondere die für das Risiko des Statistikers ungünstigste Wahrscheinlichkeitsverteilung P_γ.

2. Bei einer BAYESschen Entscheidungsfunktion nimmt man an, daß die Indexmenge Γ Grundmenge eines meßbaren Raumes $[\Gamma, \mathfrak{G}]$ ist und über diesem eine Wahrscheinlichkeitsverteilung τ, die sog. *a-priori-Verteilung*, gegeben ist. Dann definiert man durch

$$r(\tau, \delta) := \int_{\Gamma} R(\gamma, \delta)\, \tau(d\gamma)$$

das sog. BAYES*sche Risiko* einer Entscheidungsfunktion $\delta \in D$ bez. der a-priori-Verteilung τ. δ_0 heißt eine BAYES*sche Entscheidungsfunktion* bez. τ, wenn

$$r(\tau, \delta_0) = \inf_{\delta \in D} r(\tau, \delta)$$

gilt.

Der vorangehend beschriebene Begriff der Entscheidungsfunktion wird verallgemeinert im Begriff der *randomisierten* (auch verallgemeinerten) *Entscheidungsfunktion*. Hierbei liegt der Gedanke zugrunde, jeder konkreten Stichprobe x, $x \in M$, nicht notwendig sofort eine bestimmte Entscheidung, sondern zunächst eine Wahrscheinlichkeitsverteilung über der Menge Δ der möglichen Entscheidungen zuzuordnen. Genauer gesagt, ist eine randomisierte Entscheidungsfunktion eine Abbildung $x \to P_x$ des Stichprobenraumes M in eine Menge $\mathfrak{P}$ von Wahrscheinlichkeitsmaßen auf dem meßbaren Raum $[\Delta, \mathfrak{D}]$. Bei Verwendung einer randomisierten Entscheidungsfunktion gelangt man auf Grund der konkreten Stichprobe x dadurch zu einer Entscheidung, indem man über dem Entscheidungsraum $[\Delta, \mathfrak{D}]$ entsprechend der Wahrscheinlichkeitsverteilung P_x ein Zufallsexperiment ausführt.

Schließlich sei noch auf die Beziehung der Entscheidungstheorie zur ›Spieltheorie hingewiesen, da jedes Entscheidungsproblem als ein Zweipersonen-Nullsummenspiel des Statistikers gegen die Natur aufgefaßt werden kann. In diesem Sinne ist Γ als Menge der möglichen Strategien der Natur, D als Menge der möglichen Strategien des Statistikers und R als die Verlustfunktion des Statistikers (im Sinne der Spieltheorie) zu interpretieren. Im Gegensatz zu anderen Zweipersonenspielen steht dabei dem Statistiker die Natur nicht in jedem Fall als antagonistischer Spieler gegenüber, d. h., die Natur setzt dem Statistiker nicht notwendig die für ihn ungünstigste Strategie $\gamma \in \Gamma$ entgegen.

Lit.: (72), (86), (90)
[1] FERGUSON, T. S., Mathematical statistics — a decision theoretic approach, New York-London 1967.

Ereignis ›Ereignisfelder und Wahrscheinlichkeitsalgebren

Ereignisalgebra ›Ereignisfelder und Wahrscheinlichkeitsalgebren

Ereignisfelder und Wahrscheinlichkeitsalgebren: Von grundlegender Bedeutung in der Wahrscheinlichkeitstheorie ist der Begriff des (*zufälligen*) *Ereignisses*. Entsprechend dem wohlbekannten Sachverhalt, daß beim

Ablauf von gewissen ›Versuchen oder Vorgängen das Resultat im Rahmen verschiedener Möglichkeiten ungewiß ist, ordnet man in der Wahrscheinlichkeitstheorie jedem derartigen Zufallsexperiment eine Menge $\mathfrak{E}$ von Ereignissen zu.

Für je zwei Ereignisse E_1, E_2 aus $\mathfrak{E}$ bezeichnet man das Ereignis, das darin besteht, daß sowohl E_1 als auch E_2 eintritt, durch $E_1 \cap E_2$ (lies „E_1 und E_2"); das Ereignis, das darin besteht, daß wenigstens eines der Ereignisse E_1, E_2 eintritt, bezeichnet man mit $E_1 \cup E_2$ (lies „E_1 oder E_2"). Impliziert das Eintreten des Ereignisses E_1 notwendig das Eintreten des Ereignisses E_2, so schreibt man $E_1 \subset E_2$ (lies „E_1 zieht E_2 nach sich"). Gilt sowohl $E_1 \subset E_2$ als auch $E_2 \subset E_1$, so heißen die Ereignisse E_1 und E_2 einander gleich: $E_1 = E_2$. Zweckmäßig ist weiter die Betrachtung des sog. *sicheren Ereignisses* I, definiert durch $E \cap I = E$ für alle $E \in \mathfrak{E}$, sowie des sog. *unmöglichen Ereignisses* 0, definiert durch $E \cup 0 = E$ für alle $E \in \mathfrak{E}$. Schließlich wird das zu einem Ereignis $E \in \mathfrak{E}$ *komplementäre Ereignis* $\bar{E}$ definiert durch $E \cup \bar{E} = I$ und $E \cap \bar{E} = 0$. Das Ereignis $\bar{E}$ tritt also genau dann ein, wenn E nicht eintritt. Zwei Ereignisse $E_1, E_2 \in \mathfrak{E}$ heißen *unvereinbar*, wenn ihr gemeinsames Eintreten unmöglich ist, d. h., wenn $E_1 \cap E_2 = 0$ gilt. $E \in \mathfrak{E}$ heißt ein *atomares Ereignis*, wenn sich E nicht in der Form $E = E_1 \cup E_2$ mit $E_1, E_2 \in \mathfrak{E}$, $E_1 \neq E$, $E_2 \neq E$ darstellen läßt.

Setzen wir in Übereinstimmung mit den Belangen der Anwendungen voraus, daß $\mathfrak{E}$ mit je zwei Ereignissen E_1 und E_2 auch die Ereignisse $E_1 \cup E_2, E_1 \cap E_2$ sowie $\bar{E}_1$ enthält, so ergibt sich für $\mathfrak{E}$ die Struktur einer ›BOOLEschen Algebra. In diesem Fall nennt man $\mathfrak{E}$ auch *Ereignisfeld* oder *Ereignisalgebra*.

Im Hinblick auf das praktische Anliegen, eine quantitative Kenngröße für den Grad der Sicherheit des Eintretens eines zufälligen Ereignisses zur Verfügung zu haben, wird in der Wahrscheinlichkeitstheorie vorausgesetzt, daß jedem Ereignis E einer Ereignisalgebra $\mathfrak{E}$ eine reelle Zahl $P(E)$, die sogenannte *Wahrscheinlichkeit des Ereignisses* E, so zugeordnet ist, daß die folgenden — durch die Anwendungen motivierten — Axiome erfüllt sind (Axiomensystem von KOLMOGOROV 1933):

(1) Für jedes $E \in \mathfrak{E}$ gilt $0 \leqq P(E) \leqq 1$.

(2) Das sichere Ereignis besitzt die Wahrscheinlichkeit 1, d. h. $P(I) = 1$ (Normierungsaxiom).

(3) Für $E = E_1 \cup E_2$ mit $E_1, E_2 \in \mathfrak{E}$ und $E_1 \cap E_2 = 0$ gilt $P(E) = P(E_1) + P(E_2)$ (Axiom der Additivität von P).

Eine Ereignisalgebra $\mathfrak{E}$, versehen mit einer Wahrscheinlichkeit P, heißt eine *Wahrscheinlichkeitsalgebra* $[\mathfrak{E}, P]$.

Die folgenden Aussagen sind unmittelbare Folgerungen obiger Axiome.

1. Es gilt $P(\bar{E}) = 1 - P(E)$.
2. Aus $E_1 \in \mathfrak{E}$, $E_2 \in \mathfrak{E}$, $E_1 \subset E_2$ folgt $P(E_1) \leqq P(E_2)$.
3. Für beliebige Ereignisse E_1, $E_2 \in \mathfrak{E}$ gilt
$$P(E_1 \cup E_2) = P(E_1) + P(E_2) - P(E_1 \cap E_2)\,.$$

Das Ereignis $E \in \mathfrak{E}$ heißt *fast sicher*, wenn $P(E) = 1$ gilt, $E \in \mathfrak{E}$ heißt *fast unmöglich*, wenn $P(E) = 0$ gilt. (›Wahrscheinlichkeitsraum)

Erfolgswahrscheinlichkeit ›BERNOULLI-Schema

Ergodenhypothese ›Ergodentheorie

Ergodensätze: Es sei (der Einfachheit halber) (T^n) eine diskrete ›Strömung über dem ›meßbaren Raum $[\Omega, \mathfrak{A}]$. Ferner sei m ein ›Maß auf $[\Omega, \mathfrak{A}]$. Ergodensätze (in der einfachsten Form) befassen sich mit Aussagen über Konvergenz der Mittel $f_n(\omega) = \frac{1}{n} \sum_{k=0}^{n-1} f(T^k \omega)$ für geeignete ›meßbare (reell- oder komplexwertige) Funktionen f auf Ω.

Durch $(Uf)(\omega) = f(T\omega)$ definiert T – unter entsprechenden Voraussetzungen – einen linearen Operator U auf einem geeigneten Funktionenraum. Allgemein zählt man zu den Ergodensätzen alle Aussagen über irgendwelche Konvergenzen der Mittel $\frac{1}{n} \sum_{k=0}^{n-1} U^k f$ für beliebige Operatoren U auf geeigneten topologischen Vektorräumen.

Mittelergodensatz oder ***statistischer Ergodensatz*** (JOH. V. NEUMANN): Ist m ein finites ›invariantes Maß bez. T, so konvergiert für jede Funktion $f \in L^p(\Omega, \mathfrak{A}, m)$, $(p=1, 2)$, $f_n(\omega)$ im p-ten Mittel gegen eine Funktion $f_0 \in L^p(\Omega, \mathfrak{A}, m)$ (d. h. $\lim_{n\to\infty} \int_\Omega |f_n(\omega) - f_0(\omega)|^p \, m(d\omega) = 0$). Dabei gilt m-›fast überall $f_0(T\omega) = f_0(\omega)$, außerdem ist f_0 die ›bedingte Erwartung von f bez. der σ-›Algebra $\mathfrak{A}^* \subset \mathfrak{A}$ aller bez. T invarianten Mengen (›Strömung).

Allgemeine Mittelergodensätze, d. h. Sätze über die Konvergenz von $\frac{1}{n} \sum_{k=0}^{n-1} U^k f$ im Sinne der Topologie im HILBERT-Raum, BANACH-Raum, F-Raum usw. s. z. B. [5]. (Die Ziffern beziehen sich auf die Numerierung im Artikel ›Ergodentheorie.)

Individueller Ergodensatz (G. BIRKHOFF): Ist m invariant bez. T und $f \in L^1(\Omega, \mathfrak{A}, m)$, so existiert eine Funktion $f_0 \in L^1(\Omega, \mathfrak{A}, m)$ mit $f_0(T\omega) = f_0(\omega)$ m-fast überall, deren Werte $f_0(\omega)$ für m-fast alle ω Grenzwerte der (Zahlen-)Folgen $f_n(\omega)$ sind, d.h. daß $\lim_{n\to\infty} f_n(\omega) = f_0(\omega)$ für m-fast alle ω gilt.

Allgemeine individuelle Ergodensätze, d. h. Sätze über die Fast-überall-Konvergenz von $\frac{1}{n} \sum_{k=0}^{n-1} U^k f$ für geeignete lineare Operatoren auf den Räumen L^p s. [5], [6]. – Verallgemeinerungen auf Aussagen über Ordnungskonvergenz entsprechender Mittel in Vektorverbänden s. z. B. K. YOSIDA, Functional Analysis, 1965. – Von CHACON und ORNSTEIN stammt folgender individueller Ergodensatz: Es sei U ein positiver Operator auf $L_m^1 := L^1(\Omega, \mathfrak{A}, m)$ mit $\int |Uf| \, dm \leq \int |f| \, dm$, $(f \in L_m^1)$, und es sei $g \in L_m^1$, $0 \leq h \in L_m^1$; dann existiert der Grenzwert $\lim_{n\to\infty} \frac{\sum_{k=0}^{n-1} (U^k g)(\omega)}{\sum_{k=0}^{n-1} (U^k h)(\omega)}$ für m-fast alle $\omega \in \Omega$ mit $\sup_n \sum_{k=0}^{n-1} (U^k h)(\omega) > 0$.

Wesentliche Hilfsmittel zum Beweis individueller Ergodensätze sind der sog. *maximale* und der *dominierende Ergodensatz* (s. [5], [6]). Der *zufällige Ergodensatz* (ULAM, v. NEUMANN) enthält eine Aussage über Konvergenz von Ausdrücken der Form $\frac{1}{n}\sum_{k=0}^{n-1} f(T_\sigma^{(k)}(\omega))$, wobei $[W, \Sigma, \varkappa]$ ein ›Wahrscheinlichkeitsraum, $\sigma = (s_1, s_2, \ldots)$ mit $s_i \in W$ $(i = 1, 2, \ldots)$, $T_\sigma^{(k)} = T_{s_k} T_{s_{k-1}} \ldots T_{s_1}$ und $(T_s)_{s \in W}$ eine Familie m-treuer (›Strömung) meßbarer Transformationen auf Ω sind.

Lit.: [5], [6] ›Ergodentheorie

Ergodensatz für (i. e. S.) stationäre Prozesse: Es sei X_T ein reellwertiger (i. e. S.) ›stationärer Prozeß; im Fall $T = R$ werde X_T als stochastisch stetig (›Stetigkeit stochastischer Prozesse) vorausgesetzt. X'_T sei ein zu X_T äquivalenter (›äquivalente stochastische Prozesse) unmittelbar gegebener ›stochastischer Prozeß. Es bezeichne $\mathfrak{A}_{X'} := \mathfrak{A}[X'_t, t \in T]$ die kleinste σ-›Algebra von Teilmengen von Ω, bezüglich der die X'_t $(t \in T)$ sämtlich meßbar (›meßbare Funktion) sind und $\mathfrak{F}_{X'}$ den Raum aller reellwertigen $(\mathfrak{A}_{X'}, \mathfrak{B}^1)$-meßbaren Zufallsgrößen auf Ω. Schließlich werde noch für $\tau \in T$

$$(T_\tau \omega)(t) := \omega(t + \tau) \qquad (\omega \in \Omega,\ t \in T)$$
$$(V_\tau Y)(\omega) := Y(T_\tau^{-1} \omega) \qquad (\omega \in \Omega,\ Y \in \mathfrak{F}_{X'})$$

gesetzt. $(T_\tau)_{\tau \in T}$ ist dann eine stationäre ›Strömung in $[\Omega, \mathfrak{A}_{X'}]$. Das Ereignis $A \in \mathfrak{A}_{X'}$ bzw. die Zufallsgröße $Y \in \mathfrak{F}_{X'}$ heißt ***invariant***, falls $P((T_\tau^{-1} A \setminus A) \cup (A \setminus T_\tau^{-1} A)) = 0$ bzw. $P(V_\tau Y \neq Y) = 0$ für alle $\tau \in T$ gilt. Es sei nun Y eine beliebige Zufallsgröße aus $\mathfrak{F}_{X'}$ mit $E|Y| < \infty$, und es bezeichne Y_T den durch $Y_t := V_t Y$ definierten (i. e. S.) stationären Prozeß. Ferner sei

$$H(s, t) = \sum_{u=s}^{t} Y_u \qquad \text{im Fall } T = G$$

und

$$H(s, t) = \int_s^t Y_u \, du \qquad \text{im Fall } T = R\,.$$

Der *Ergodensatz* besagt nun, daß unter den angegebenen Voraussetzungen

$$\lim_{t-s\to\infty} \frac{1}{t-s} H(s, t) = E(Y|\mathfrak{J}) \tag{1}$$

gilt; $E(Y|\mathfrak{J})$ bezeichnet dabei die ›bedingte Erwartung von Y bezüglich der σ-Algebra $\mathfrak{J}$ der invarianten Ereignisse. Der Grenzwert in (1) ist im Sinne der Konvergenz mit Wahrscheinlichkeit Eins (›Konvergenzarten für Folgen zufälliger Variabler) zu verstehen; gilt $E|Y|^p < \infty$ für ein gewisses $p \geqq 1$, so kann er auch im Sinne der Konvergenz im p-ten Mittel verstanden werden. Speziell erhält man — falls $E|X_t| < \infty$ $(t \in T)$

gilt — mit $Y = X_0$ für $\frac{1}{t-s} H(s, t)$ die sog. Zeitmittel

$$\frac{1}{t-s} H(s,t) = \frac{1}{t-s} \sum_{u=s}^{t} X_u \qquad \text{im Fall } T = G\,,$$

$$\frac{1}{t-s} H(s,t) = \frac{1}{t-s} \int_s^t X_u\, du \qquad \text{im Fall } T = R\,. \text{ —}$$

X_T heißt *metrisch transitiv*, falls für jedes invariante Ereignis A entweder $P(A) = 0$ oder $P(A) = 1$ gilt, oder, was hierzu äquivalent ist, falls jede invariante Zufallsgröße Y eine ›Einpunktverteilung besitzt. X_T ist genau dann metrisch transitiv, wenn für jede Zufallsgröße $Y \in \mathfrak{F}_{X'}$ mit $E|Y| < \infty$ der Ergodensatz in der Form $\lim_{t-s\to\infty} H(s, t) = E\, Y$ gilt. — Ein reellwertiger Gaussscher (›Gaussscher Prozeß) stationärer Prozeß X_T mit $m_X(t) = E\, X_t \equiv 0$ erweist sich genau dann als metrisch transitiv, wenn seine Spektralfunktion F_X stetig ist.

Lit.: (10), (65)

Ergodentheorie (grch. (ἔργον = Arbeit, ὁδός = Weg): Ursprung der Ergodentheorie war die Problematik, die aus der für die statistische Mechanik grundlegenden Hypothese der Gleichheit von Zeit- und Raummittel eines mechanischen Systems entstand. (Hinreichend für diese Hypothese ist die (allerdings logisch widersprüchliche) sog. *Ergodenhypothese* von Boltzmann: „Das betrachtete System geht — unabhängig davon, in welchem Zustand es sich im gegebenen Moment befindet — früher oder später in jeden anderen Zustand gleicher Gesamtenergie über." Näheres s. z. B. [1].) In Erweiterung der ursprünglichen Fragestellung behandelt man heute in der Ergodentheorie allgemein Eigenschaften von ›Strömungen, vor allem in Hinblick auf deren asymptotisches Verhalten, z. B. Rekurrenz- und Mischungsprobleme (Näheres ›Strömung), Mittelwertprobleme usw. Eine theoretisch weitreichende Behandlung der Mittelwertprobleme erfolgt in den sog. ›Ergodensätzen (J. v. Neumann, G. Birkhoff u. a.). Interessanterweise konnte das ursprüngliche Problem (Gleichheit von Zeit- und Raummittel eines mechanischen Systems) bis in jüngste Zeit nicht gelöst werden und wurde erst in den letzten Jahren (von J. G. Sinai ab 1959, s. [7]) mit Erfolg in Angriff genommen. Außer der dabei betrachteten, sog. Hamiltonschen Strömung gibt es eine Fülle anderer wichtiger und interessanter Beispiele für Strömungen; insbesondere sei auf Zusammenhänge mit ›stochastischen Prozessen (›stationärer Prozeß, ›Markovscher Prozeß) hingewiesen.

Die Untersuchungen von Strömungen in der Ergodentheorie gliedern sich in rein topologische (sog. *topologische Dynamik*, s. [2]), gemischt maßtheoretisch-topologische (s. z. B. [4], [5]) und rein maßtheoretische (›Strömung, [3]—[7]). Wesentliche Methoden bei maßtheoretischen (und gemischten) Betrachtungen sind die Verwendung ›invarianter Maße sowie Anwendung der Theorie (insbesondere Spektraltheorie) linearer Operatoren (›Strömung: Abschnitt „Funktionalanalytische Zusammenhänge").

Lit.: (2)

[1] CHINTSCHIN, A. J., Mathematische Grundlagen der statistischen Mechanik, BI-Taschenbücher, Mannheim 1964.

[2] GOTTSCHALK, W. H., and G. HEDLUND, Topological dynamics, Providence 1955.

[3] HALMOS, P. R., Lectures on ergodic theory, Tokio 1953 (russ. Übersetzung Moskau 1960).

[4] HOPF, E., Ergodentheorie, Berlin 1937.

[5] JACOBS, K., Neuere Methoden und Ergebnisse der Ergodentheorie, Berlin-Göttingen-Heidelberg 1960.

[6] JACOBS, K., Lecture notes on ergodic theory, Aarhus Universitet 1963.

[7] JACOBS, K., Einige neuere Ergebnisse der Ergodentheorie, Jahresbericht DMV 67 (1965), 134–182.

ergodische meßbare Transformationen ›Strömung

ergodische ›MARKOVsche Kette

ERLANGsche Formel: Ein Bedienungssystem (›Bedienungstheorie) bestehe aus n Bedienungsgeräten, die unabhängig voneinander arbeiten, wobei jedes jeweils nur einen Kunden bedienen kann. Die Kunden mögen nach einem homogenen ›POISSONschen Prozeß mit der Intensität λ eintreffen, d. h., die zufällige Anzahl X_t der im Zeitintervall $[0, t)$ eintreffenden Kunden genügt einer ›POISSON-Verteilung mit dem Parameter λt, und es ist $P(X_t = k) = e^{-\lambda t} \frac{(\lambda t)^k}{k!}$, $k=0, 1, \ldots$. Ist wenigstens ein Gerät frei, so wird ein ankommender Kunde sofort bedient, ansonsten wird er abgewiesen und verläßt das Bedienungssystem (sog. Verlustsystem).

Die Bedienungszeiten der Kunden seien unabhängige (›Unabhängigkeit zufälliger Variabler), ›identisch verteilte ›Zufallsgrößen mit dem endlichen ›Erwartungswert $1/\mu$.

Sei $\eta(t)$ die Anzahl der besetzten Bedienungsgeräte im Zeitpunkt t, dann existiert bei beliebiger (Anfangs-)Verteilung für $\eta(0)$ stets $p_k := \lim\limits_{t\to\infty} P\big(\eta(t) = k\big)$, und es gilt die ERLANG*sche Formel*

$$p_k = \frac{\left(\frac{\lambda}{\mu}\right)^k \Big/ k!}{\sum\limits_{j=0}^{n} \left(\frac{\lambda}{\mu}\right)^j \Big/ j!} \qquad (k = 0, 1, \ldots, n)\,.$$

Diese Formel wurde von ERLANG für den Fall ›exponentialverteilter Bedienungszeiten abgeleitet; der Beweis für beliebige Verteilungsfunktionen der Bedienungszeiten mit endlichen Erwartungswerten unter Voraussetzung der vollständigen Unabhängigkeit aller Bedienungszeiten stammt von SEWASTJANOW [1].

D. KÖNIG und K. MATTHES [2] verallgemeinerten die ERLANGsche Formel für den Fall, daß die zufälligen Bedienungszeiten auf jedem einzelnen Bedienungsgerät in mehrere unterschiedliche Phasen zerfallen können und insbesondere abhängig voneinander in der Weise sein können, daß sie einen stationären zufälligen markierten Punktprozeß bilden.

Lit.: [1] Севастьянов, Б. А., Эргодическая теорема для марковских процессов и ее приложения к телефонным системам с отказами, Теория вероятн. и ее примен. 2 (1957), 106—116.
[2] KÖNIG, D., und K. MATTHES, Verallgemeinerungen der ERLANGschen Formeln I, Math. Nachr. 26, 45—56 (1963).

ERLANG-Verteilung: Eine ›stetige Zufallsgröße X heißt ERLANG-verteilt mit den Parametern (k, a), k — natürliche Zahl, $a > 0$, wenn sie die Wahrscheinlichkeitsdichte

$$f_X(x) = \begin{cases} \dfrac{\left(\dfrac{k}{a}\right)^k}{(k-1)!} e^{-\frac{kx}{a}} x^{k-1}, & x > 0 \\ 0, & x \leq 0 \end{cases}$$

besitzt.

Die ERLANG-Verteilung ist eine spezielle ›Gammaverteilung mit den Parametern $\left(\frac{k}{a}, k\right)$. ›Erwartungswert bzw. ›Streuung sind $E\,X = a$ bzw. $D^2\,X = \frac{a^2}{k}$.

Für $k = 1$ ergibt sich als Spezialfall die ›Exponentialverteilung (Parameter $\frac{1}{a}$), als Grenzfall für $k \to \infty$ die ›Einpunktverteilung in a.

Die ERLANG-Verteilung tritt z. B. in der ›Bedienungstheorie als Verteilung der zufälligen Pausenlänge zwischen dem Eintreten zweier Kunden auf.

Lit.: [1] KENDALL, D. G., Stochastic processes occurring in the theory of queues and their analysis by the method of the imbedded Markov chain, Ann. Math. Stat. 24 (1953), 338—354.

Erneuerungsdichte ›Erneuerungstheorie

Erneuerungsfunktion ›Erneuerungstheorie

Erneuerungsprozeß (einfacher) ›Erneuerungstheorie

Erneuerungstheorem, elementares ›Erneuerungstheorie

Erneuerungstheorie: Die *Erneuerungstheorie* befaßt sich mit Untersuchungen über das Ausfallen und Ersetzen bzw. Reparieren von Teilen (Elementen) innerhalb eines arbeitenden Systems. Dabei werden die Lebensdauer der Elemente sowie erforderliche Reparaturzeiten als ›Zufallsgrößen angesehen. Die wahrscheinlichkeitstheoretische Modellbildung für verschiedene praktisch interessierende sowie mehr oder weniger komplizierte Erneuerungsvorgänge führt entsprechend zu verschiedenen Typen von *Erneuerungsprozessen.*

Bei einem sog. *einfachen Erneuerungsprozeß* betrachtet man die Summe $S_n = X_1 + X_2 + \cdots + X_n$ von ›identisch verteilten, unabhängigen (›Unabhängigkeit zufälliger Variabler) und nichtnegativen Zufallsgrößen X_i, die die Lebensdauer eines bestimmten Teiles bedeuten, das nach Ausfall sofort wieder durch ein gleichartiges ersetzt wird. S_n gibt die Zeit bis zur n-ten Erneuerung an. Um den Beginn eines Prozesses ($t = 0$) beliebig, d. h. nicht notwendig bei einer Erneuerung, wählen zu können, ist es oft zweckmäßig, für X_1 eine andere Verteilung als die der übrigen X_i ($i \geqq 2$) anzunehmen. Ein solcher Prozeß heißt in der Literatur ein *modifizierter* oder auch *allgemeiner Erneuerungsprozeß*. Sind $x \to F(x)$ die Verteilungsfunktion der Zufallsgrößen X_i ($i \geqq 2$) mit dem Erwartungswert μ, $x \to \mathfrak{F}(x) := 1 - F(x) = P(X_i \geqq x)$ die sog. *Überlebensfunktion* oder *Zuverlässigkeitsfunktion*, so erweist sich $\mu^{-1}\,\mathfrak{F}(x)$ als ›Wahrscheinlichkeitsdichte über $[0, \infty)$. Ein allgemeiner Erneuerungsprozeß heißt *im Gleichgewicht* oder ein *stationärer Erneuerungsprozeß*, wenn die Zufallsgröße X_1 die Wahrscheinlichkeitsdichte $\mu^{-1}\,\mathfrak{F}(x)$ besitzt.

Im Hinblick auf den praktisch bedeutsamen Sachverhalt, daß die ausfallenden Elemente repariert werden müssen und das System erst danach wieder zu arbeiten beginnt, ergibt sich das folgende Modell:

$(X_1, X_2, \ldots)$ und $(Y_1, Y_2, \ldots)$ seien zwei unabhängige Folgen nichtnegativer Zufallsgrößen. Jede dieser Folge bestehe aus unabhängigen und mit der evtl. Ausnahme der ersten Komponenten (X_1 bzw Y_1) identisch verteilten Zufallsgrößen. Dann repräsentiert die Summenfolge $S_n = (X_1 + Y_1) + (X_2 + Y_2) + \cdots + (X_n + Y_n)$ einen sog. *alternierenden Erneuerungsprozeß*, wobei S_n die (zufällige) Zeit bis zur erfolgten Instandsetzung nach dem n-ten Ausfall bedeutet. Durch die Zusammenfassung $Z_i := X_i + Y_i$ gelangt man auf Grund der vorausgesetzten Unabhängigkeit zu einem Erneuerungsprozeß der vorangehend betrachteten Art in Z_i und kann dadurch gewisse Aussagen dieser Erneuerungsprozesse auf den alternierenden Fall übertragen.

Wichtige Begriffsbildungen bei Erneuerungsprozessen sind der Erwartungswert für die (zufällige) Anzahl $N(t)$ der im Intervall $[0, t)$ stattfindenden Erneuerungen, die sog. *Erneuerungsfunktion* $H(t) := E\,N(t)$ sowie (im Fall ihrer Existenz) die *Erneuerungsdichte* $h(t) := \dfrac{dH(t)}{dt}$.

Für einen stationären Erneuerungsprozeß gilt $H(t) = \dfrac{t}{\mu}$, $h(t) = \dfrac{1}{\mu}$ ($t > 0$). Einige Grenzwertsätze der Erneuerungstheorie besagen, daß sich das Verhalten eines beliebigen modifizierten Erneuerungsprozesses für $t \to \infty$ dem Verhalten des zugehörigen stationären Erneuerungsprozesses nähert, so gelten z. B. für nicht-›gitterförmige Verteilungen F das sog.

elementare Erneuerungstheorem: $\lim\limits_{t\to\infty} \frac{H(t)}{t} = \frac{1}{\mu}$ sowie das *Theorem* von BLACKWELL (1948): $\lim\limits_{t\to\infty} (H(t+\alpha) - H(t)) = \frac{\alpha}{\mu}$, $\alpha > 0$. D. h., der Zuwachs der mittleren Anzahl von Erneuerungen pro Zeiteinheit ist asymptisch konstant und zwar gleich $1/\mu$.

Die genannten Aussagen lassen sich unmittelbar aus dem sog. *Hauptsatz der Erneuerungstheorie* ableiten, der folgendermaßen lautet: Für jede über R^1 definierte, reellwertige und direkt integrierbare (vgl. (16)) Funktion g mit $g(x) = 0$ für $x < 0$ gilt $\lim\limits_{t\to\infty} \int\limits_0^t g(t-x)\, dH(x) = \frac{1}{\mu} \int\limits_0^\infty g(x)dx$, falls F nicht gitterförmig (und $\lim\limits_{n\to\infty} \int\limits_0^{t+nh} g(t+nh-x)\, dH(x) = \frac{h}{\mu} \sum\limits_k g(t+kh)$, $t > 0$, falls F gitterförmig mit der Gitterkonstanten h) ist. Und zwar erhält man das elementare Erneuerungstheorem bzw. das Theorem von BLACKWELL für

$$g(\xi) = \begin{cases} 1/t & 0 \leq \xi < t \\ 0 & \xi \geq t \end{cases} \quad \text{bzw.} \quad g(\xi) = \begin{cases} 1 & 0 \leq \xi < \alpha \\ 0 & \xi \geq \alpha \end{cases}.$$

Lit.: (16), [1] COX, D., und W. SMITH, Erneuerungstheorie (russ., Moskau 1967).
[2] STÖRMER, H., Semi-Markov-Prozesse mit endlich vielen Zuständen, Berlin 1970.

erschöpfende = hinreichende ›**Punktschätzung**

Ertragsfunktional ›Steuerung stochastischer Prozesse, ›stochastische dynamische Optimierung

erwartungstreue Schätzfunktion ›Punktschätzung

Erwartungswert: Als *Erwartungswert* (*Mittelwert*) der ›Zufallsgröße X mit der Verteilungsfunktion F_X bezeichnet man die Größe

$$\mu \equiv E\,X := \int\limits_{-\infty}^{+\infty} x\, dF_X(x), \quad \text{falls} \quad \int\limits_{-\infty}^{+\infty} |x|\, dF_X(x) < \infty$$

ist. Man sagt dann auch, es existiert der Erwartungswert EX der Zufallsgröße X, oder, die Zufallsgröße X besitzt den Erwartungswert EX.

Ist X eine ›diskrete Zufallsgröße, die die Werte x_m ($m = 0, 1, 2, \ldots$) mit den Wahrscheinlichkeiten $p_m = P(X = x_m)$ annimmt, so ist der Erwartungswert von X gegeben durch $EX = \sum\limits_m x_m p_m$, falls $\sum\limits_m |x_m|\, p_m < \infty$ ist. Im Fall einer ›stetigen Zufallsgröße mit der Wahrscheinlichkeitsdichte f_X berechnet man den Erwartungswert von X nach

$$EX = \int\limits_{-\infty}^{+\infty} x\, f_X(x)\, dx, \quad \text{sofern} \quad \int\limits_{-\infty}^{+\infty} |x|\, f_X(x)\, dx < \infty \quad \text{ist.}$$

Der Erwartungswert von X läßt sich auch in der Form

$$EX = \int\limits_\Omega X(\omega)\, P(d\omega)$$

ausdrücken, dabei bezeichnet $[\Omega, \mathfrak{A}, P]$ den zugrundeliegenden ›Wahrscheinlichkeitsraum.

In Anlehnung an die Mechanik interpretiert man den Erwartungswert als Schwerpunkt einer Massenbelegung auf der rellen Achse (mit der Gesamtmasse gleich Eins), die durch die Wahrscheinlichkeitsverteilung gegeben ist.

Es gelten folgende Beziehungen:

1. $E(aX + b) = a\,EX + b$, wobei a und b Konstanten sind.
2. Sind X_1 und X_2 Zufallsgrößen mit den Erwartungswerten EX_1 und EX_2, so gilt $E(X_1 + X_2) = EX_1 + EX_2$.

Für unkorrelierte (›Korrelationskoeffizient) und damit insbesondere für unabhängige (›Unabhängigkeit zufälliger Variabler) Zufallsgrößen X_1 und X_2 ist $E(X_1 X_2) = EX_1 \cdot EX_2$. Aus der Gültigkeit dieser Beziehung ist zwar die Unkorreliertheit, nicht aber die Unabhängigkeit zu folgern.

Ist g eine Borel-›meßbare, reellwertige Funktion auf R^1, dann ist der Erwartungswert der Zufallsgröße $g(X)$ (›Funktionen einer Zufallsgröße) durch

$$Eg(X) = \int_{-\infty}^{+\infty} g(x)\, dF_X(x) \quad \text{gegeben, falls} \quad \int_{-\infty}^{+\infty} |g(x)|\, dF_X(x) < \infty$$

ist.

Die für den Erwartungswert von X angegebenen Beziehungen lassen sich entsprechend auf den Erwartungswert von $g(X)$ übertragen.

Ist $\mathfrak{X}$ ein reeller ›zufälliger Vektor im R^k, so ist

$$E\mathfrak{X} := (EX_1, EX_2, \ldots, EX_k)$$

der *Erwartungswertvektor* von $\mathfrak{X}$.

Ist $X_T = (X_t)_{t\in T}$ ein ›stochastischer Prozeß, so bezeichnet man die nichtzufällige Funktion $m(t) = E\,X_t\,(t \in T)$ als *Erwartungswertfunktion*. Für jeden Wert $t = t_0$ ist $E\,X_{t_0}$ gleich dem Erwartungswert der Zufallsgröße $X(t_0)$.

Erwartungswertfunktion eines stochastischen Prozesses ›Erwartungswert

Erwartungswertfunktional eines ›verallgemeinerten stochastischen Prozesses

Erwartungswertvektor ›Erwartungswert

erzeugende Funktion: Ausgehend von der Verteilungsfunktion F_X einer ›Zufallsgröße X können eine Reihe von Hilfsfunktionen, sog. *erzeugende Funktionen* definiert werden, die bei der Berechnung von ›Momenten, der Wahrscheinlichkeitsverteilung einer Summe unabhängiger Zufallsgrößen (›Funktion eines zufälligen Vektors, ›Unabhängigkeit zufälliger Variabler) u. a. sehr nützlich sind und ihrerseits F_X eindeutig bestimmen. Es sind dies (im Fall ihrer Existenz) die folgenden Funktionen:

1. Die durch $G(t) := E\,t^X = \int_{-\infty}^{\infty} t^x\, dF_X(x)$ gegebene (*wahrscheinlichkeits*)-*erzeugende Funktion*.

Sie wird meist benutzt für ›diskrete Zufallsgrößen X mit $P(X=m)=:p_m$, $m=0,1,2,\ldots$; es ist dann $G(t) = \sum_{m=0}^{\infty} p_m t^m$ (die Reihe ist konvergent für $|t| \leq 1$). Die erzeugende Funktion der Summe unabhängiger Zufallsgrößen ist gleich dem Produkt der einzelnen erzeugenden Funktionen. Ist $S_N := \sum_{i=1}^{N} X_i$ eine Summe unabhängiger Zufallsgrößen mit denselben erzeugenden Funktionen G und N eine von den X_i unabhängige diskrete Zufallsgröße (sog. zufälliger Index) mit der erzeugenden Funktion K, so ist die erzeugende Funktion von S_N gleich der zusammengesetzten Funktion $K(G)$. Interessante Anwendungen in dieser Richtung findet man in [1], (16).

2. Für diskrete Zufallsgrößen X dient die durch $G(1+t) = \sum_{m=0}^{\infty} p_m (1+t)^m$ definierte *faktorielle momenterzeugende Funktion* zur Herleitung der faktoriellen ›Momente

$$m_{(k)} := E\,X\,(X-1)\cdots(X-k+1) = G^{(k)}(1)\,.$$

3. Aus der *momenterzeugenden Funktion* M mit

$$M(t) := G(e^t) = \int_{-\infty}^{\infty} e^{tx}\, dF_X(x)$$

lassen sich durch

$$m_k = E\,X^k = M^{(k)}(0)$$

die Momente von X bestimmen, falls sie existieren. Die momenterzeugende Funktion steht in engem Zusammenhang zur

4. ›*charakteristischen Funktion* φ,

$$\varphi(t) := G(e^{it})\,.$$

5. Die *Kumulantenfunktion*, definiert durch

$$\psi(t) := \log G(e^{it})$$

erzeugt durch

$$\varkappa_k := \frac{1}{i^k}\,\psi^{(k)}(0)$$

die ›*Semiinvarianten* (oder *Kumulanten*) von X.

Lit.: (16), (18), (62)

[1] Bartlett, M. S., An introduction to stochastic processes, Cambridge 1955.

erzeugender Differentialoperator eines ›Diffusionsprozesses

Explosion eines Prozesses ›Markovsche Kette, ›Geburts- und Todesprozeß, ›Verzweigungsprozeß

Beispiele zur Exponentialfamilie:

Name der Verteilung	Parameter γ	k	$Q_0(\gamma)$	$Q_1(\gamma)$	$Q_2(\gamma)$	$T_0(x)$	$T_1(x)$	$T_2(x)$
Normal-Verteilung	(μ, σ^2)	2	$-\frac{\mu^2}{2\sigma^2} - \ln\sigma - \frac{1}{2}\ln 2\pi$	$\frac{\mu}{\sigma^2}$	$-\frac{1}{2\sigma^2}$	0	x	x^2
Gamma-verteilung	(b, p)	2	$p\ln b - \ln\Gamma(p)$	$-b$	$p-1$	0	x	$\ln x$
χ^2-Verteilung	n	1	$-\frac{n}{2}\ln 2 - \ln\Gamma\left(\frac{n}{2}\right)$	$\frac{n}{2}-1$	—	$-\frac{x}{2}$	$\ln x$	—
Exponential-verteilung	λ	1	$\ln\lambda$	$-\lambda$	—	0	x	—
Betaverteilung 1. Art über (0, 1)	(p, q)	2	$-\ln B(p, q)$	$p-1$	$q-1$	0	$\ln x$	$\ln(1-x)$
Betaverteilung 2. Art	(p, q)	2	$-\ln B(p, q)$	$p-1$	$-(p+q)$	0	$\ln x$	$\ln(1+x)$

Exponentialfamilie: Eine ›Familie $(P_\gamma)_{\gamma\in\Gamma}$ von ›Wahrscheinlichkeitsverteilungen, die (bez. des LEBESGUEschen ›Maßes des R^1) ›absolutstetig sind, gehört zur Exponentialfamilie, wenn eine natürliche Zahl k und Funktionen Q_j von Γ in R^1 sowie Funktionen T_j von R^1 in R^1 ($j = 0, \ldots, k$) existieren, so daß sich die (RADON-NIKODYM-)Dichte f_γ (›RADON-NIKODYM, Satz von) eines jeden P_γ in der Form

$$f_\gamma(x) = \exp\left\{\sum_{j=1}^{k} Q_j(\gamma)\, T_j(x) + Q_0(\gamma) + T_0(x)\right\}, \qquad \begin{matrix} x \in R^1, \\ \gamma \in \Gamma \end{matrix} \qquad (*)$$

darstellen läßt.

Die Exponentialfamilie umfaßt eine große Anzahl wichtiger Verteilungen, so z. B. die Familie der ›Normal-, ›Gamma-, ›χ^2-, ›Exponential- und ›Betaverteilung, nicht hingegen die der ›WEIBULL-, ›stetigen gleichmäßigen und ›CAUCHY-Verteilung. Eine Übersicht über die jeweils verwendbaren Größen k, $Q_j(\gamma)$, $T_j(x)$ in der Darstellung (*) ist in der voranstehenden Tabelle angegeben.

Der Begriff der Exponentialfamilie läßt sich allgemeiner definieren für Familien von Wahrscheinlichkeitsverteilungen mit einer Dichte der Form (*), wobei anstelle des LEBESGUEschen Maßes des R^1 ganz allgemein ein beliebiges Maß (des R^n) betrachtet wird.

Exponentialfamilien sind in der Theorie der ›Punktschätzungen von besonderem Interesse. Ist z. B. $\mathfrak{X} = (X_1, \ldots, X_n)$ eine mathematische ›Stichprobe aus einer nach P_γ verteilten Grundgesamtheit und gehört $(P_\gamma)_{\gamma\in\Gamma}$ zur Exponentialfamilie, so bildet $\left(\sum_{i=1}^{n} T_1(X_i), \ldots, \sum_{i=1}^{n} T_k(X_i)\right)$ eine hinreichende Schätzfunktion (fester Dimension k) für γ; unter zusätzlichen Regularitätsbedingungen gilt hiervon auch die Umkehrung [1].

Lit.: (43)

[1] Каган, А. М., Ю. В. Линник и С. Р. Рао, Характеризационные задачи математической статистики, Москва 1972.

Exponentialverteilung: Eine ›stetige Zufallsgröße X heißt *exponentialverteilt* mit dem Parameter λ ($\lambda > 0$), wenn sie die ›Wahrscheinlichkeitsdichte

$$f_X(x) = \begin{cases} \lambda\, e^{-\lambda x} & \text{für } x \geqq 0, \\ 0 & \text{für } x < 0 \end{cases}$$

besitzt, d. h., wenn

$$P(X < x) = \begin{cases} 1 - e^{-\lambda x} & \text{für } x \geqq 0, \\ 0 & \text{für } x < 0 \end{cases}$$

gilt. Sie hat die ›charakteristische Funktion

$$E\, e^{itX} = \frac{\lambda}{\lambda - it},$$

die k-ten ›Momente $E\,X^k = \frac{k!}{\lambda^k}$, insbesondere also den ›Erwartungswert $E\,X = \frac{1}{\lambda}$ und die ›Streuung $D^2X = \frac{1}{\lambda^2}$ sowie den Median (›Quantil) $\frac{\ln 2}{\lambda}$ und den ›Modalwert Null.

Die Exponentialverteilung ist ein Spezialfall der ›Gammaverteilung für $b = \lambda$, $p = 1$.

Extrapolation eines ›stationären Prozesses

extremale Korrelation ›Korrelationsanalyse

Extremwertstatistik: In verschiedenen Aufgabenstellungen — insbesondere auch in Anwendungsproblemen — hat man es manchmal mit einer ›Zufallsgröße zu tun, die das Maximum (Minimum) einer großen Anzahl von Zufallsgrößen ist.

Liegt eine große Anzahl unabhängiger (›Unabhängigkeit zufälliger Variabler) ›identisch verteilter Zufallsgrößen mit der ›Verteilungsfunktion F vor, so kann für die Verteilung ihres Maximums (Minimums) näherungsweise eine der drei ›Extremwertverteilungen verwendet werden. Der zu benutzende Typ der Extremwertverteilung ergibt sich aus bestimmten Eigenschaften der Verteilungsfunktion F, wobei F nicht vollständig bekannt zu sein braucht. Die Parameter, die in den Extremwertverteilungen auftreten, müssen mit Hilfe von ›Stichproben geschätzt werden (›Schätztheorie).

Die *Extremwertstatistik* beschäftigt sich mit folgenden Aufgaben: Feststellen bzw. Prüfen des Typs der vorliegenden Extremwertverteilung (›Testtheorie); Schätzen der Parameter; Schätzen von Werten (sog. Maximal- bzw. Minimalwerte), die nur mit einer vorgegebenen kleinen ›Wahrscheinlichkeit durch das Maximum bzw. Minimum einer langen Beobachtungsreihe (d. h. durch das Maximum bzw. Minimum einer Stichprobe von großem Umfang) überschritten bzw. unterschritten werden. Zur praktischen Durchführung werden häufig ›Wahrscheinlichkeitsnetze verwendet.

Beispiel 1: In der Wasserwirtschaft interessiert man sich u. a. für die maximale tägliche Abflußmenge innerhalb eines Jahres an einer bestimmten Stelle eines Flusses (daraus ergeben sich Schlußfolgerungen für Hochwasserschutzmaßnahmen). Es wird z. B. die Aufgabe gestellt, die Abflußmenge x_{1000} zu schätzen, die nur mit der Wahrscheinlichkeit 0,001 von den jährlichen Maxima überschritten wird (x_{1000} ist das ›Quantil der Ordnung 0,999). Zur Lösung werden aus einer Beobachtungsreihe (konkrete Stichprobe), und zwar den Maximalwerten der täglichen Abflußmengen einer Reihe von Jahren, die Parameter der entsprechenden Extremwertverteilung geschätzt (hier handelt es sich um Typ I). Mit Hilfe der so erhaltenen empirischen Verteilungsfunktion $\hat{G}$, die eine Schätzung der wahren Verteilungsfunktion G des Maximums darstellt, wird der Argumentwert $\hat{x}_{1000}$ bestimmt, für den $\hat{G}(\hat{x}_{1000}) = 0{,}999$ ist; $\hat{x}_{1000}$ wird als Schätzwert (›Punktschätzung) für x_{1000} benutzt.

Beispiel 2: Die Festigkeit einer Konstruktion ist häufig gleich der Festigkeit ihres schwächsten Gliedes bzw. die Lebensdauer eines Gerätes gleich der kürzesten Lebensdauer seiner Bauelemente (›Zuverlässigkeitstheorie). Die Festigkeit bzw. Lebensdauer ist hierbei also als Zufallsgröße aufzufassen, deren Verteilung durch eine Extremwertverteilung (hier handelt es sich um den Typ III) gegeben ist. — Eine ausführliche Darstellung der Methoden der Extremwertstatistik mit vielen praktischen Anwendungsbeispielen findet man in [1]. Die Mehrzahl der bisher erarbeiteten Verfahren beruht auf der Voraussetzung, daß die Zufallsgrößen, deren Minimum bzw. Maximum zu untersuchen ist, unabhängig und identisch verteilt sind. Die Ergebnisse praktischer Anwendungen, wo diese speziellen Voraussetzungen nicht erfüllt sind (wie etwa im Beispiel 1), zeigen, daß auch dann noch recht gute Übereinstimmung der empirischen Verteilungsfunktionen mit den theoretischen Verteilungsfunktionen der Extremwertverteilungen vorliegt.

Lit.: (77)
[1] GUMBEL, E., Statistics of extremes, New York 1962.

Extremwertverteilungen: Es seien (X_n), $n = 1, 2, \ldots$, eine Folge unabhängiger (›Unabhängigkeit zufälliger Variabler), ›identisch mit der ›Verteilungsfunktion F verteilter ›Zufallsgrößen, $W_n := \max(X_1, \ldots, X_n)$ sowie (a_n), (b_n), $b_n > 0$ reelle Zahlenfolgen. Konvergiert die Folge der Verteilungsfunktionen von $Y_n := \frac{W_n - a_n}{b_n}$ schwach (›Konvergenzarten für Folgen von Wahrscheinlichkeitsverteilungen, c)) gegen eine nichtausgeartete Verteilungsfunktion G (›Einpunktverteilung), so kann G nur einem der ›Verteilungstypen angehören, die durch die folgenden Verteilungsfunktionen (entsprechend den Bezeichnungen in [2]) charakterisiert werden:

$$\Lambda(x) = \exp(-e^{-x}) \quad -\infty < x < \infty \qquad \text{Extremwertverteilung vom Typ I,}$$

$$\Phi_\alpha(x) = \begin{cases} 0 & \text{für } x \leqq 0, \\ \exp(-x^{-\alpha}) & \text{für } x > 0 \end{cases} \qquad \text{vom Typ II } (\alpha > 0),$$

$$\Psi_\alpha(x) = \begin{cases} \exp(-(-x)^\alpha) & \text{für } x \leqq 0, \\ 1 & \text{für } x > 0 \end{cases} \qquad \text{vom Typ III } (\alpha > 0).$$

Gibt es ferner zwei reelle Zahlenfolgen (a'_n), (b'_n), $b'_n > 0$, so daß die Folge der Verteilungsfunktionen von $Y'_n := \frac{W_n - a'_n}{b'_n}$ ebenfalls schwach gegen eine nichtausgeartete Verteilungsfunktion konvergiert, so gehört diese dem gleichen Verteilungstyp wie G an.

Ob überhaupt Zahlenfolgen (a_n), (b_n), $b_n > 0$ existieren, so daß die Folge der Verteilungsfunktionen von Y_n gegen eine nichtausgeartete Verteilungsfunktion konvergiert, und welcher Verteilungstyp vorliegt, hängt allein von den Eigenschaften der Verteilungsfunktion F ab. GNEDENKO [1] gab 1943 passende Zahlenfolgen (a_n), (b_n) sowie hinreichende Bedingungen dafür an, daß F zum ›Anziehungsbereich einer der drei Extremwertverteilungen gehört. — Für $V_n := \min(X_1, \ldots, X_n)$ ergeben sich wegen $\min(X_1, \ldots, X_n) = -\max(-X_1, \ldots, -X_n)$ analoge Aussagen.

Lit.: [1] GNEDENKO, B. W., Sur la distribution limite du terme maximum d'une série aléatoire, Ann. Math. 44 (1943), 423–453.
[2] GUMBEL, E., Statistics of extremes, New York 1962.

Exzeß: Der *Exzeß* γ_4 einer ›Zufallsgröße X (mit der Verteilungsfunktion F_X) ist definiert durch $\gamma_4 = \frac{\mu_4}{\mu_2^2} - 3$, wobei μ_2 das zweite und μ_4 das vierte zentrale ›Moment darstellen. Da der Exzeß für die ›Normalverteilung gleich Null ist, kann er als ein Maß der Abweichung gegenüber einer Normalverteilung mit gleichem ›Erwartungswert und gleicher ›Streuung in der Umgebung des Erwartungswertes angesehen werden. ›Momente, empirischer Exzeß (›empirische Momente), ›Wölbung.

F

Faktor-Analyse (= Faktoren-Analyse): Die *Faktor-Analyse* ist eine Methode zur Analyse von Beziehungen zwischen untereinander abhängigen zufälligen Erscheinungen (Merkmalen) durch Zurückführung dieser Erscheinungen auf gewisse gemeinsame Ursachenkomplexe, die sog. Faktoren. Zunächst ausschließlich in der psychologischen Forschung angewandt, wurde diese Methode von HOTELLING (1933), KELLEY (1937), LAWLEY (1940), THURSTONE (1947) u. a. verallgemeinert und im Rahmen der Mathematischen Statistik begründet. Mathematisch formuliert, ist die Faktor-Analyse eine Methode zur Untersuchung der ›Kovarianzmatrix B eines reellen ›zufälligen Vektors $\mathfrak{X} = (X_1, \ldots, X_n)$, dessen Komponenten X_i $(i = 1, \ldots, n)$ die zufälligen Erscheinungen (Merkmale) beschreiben. Man geht in Übereinstimmung mit den praktischen Fragestellungen i. a. von folgendem Modell aus

$$X_i = \sum_{j=1}^{m} a_{ij} F_j + b_i S_i, \qquad m < n;\ i = 1, \ldots, n. \tag{1}$$

Dabei sind

F_j — untereinander unkorrelierte (›Korrelationskoeffizient) Zufallsgrößen (mit $E(F_j) = 0$ und $D^2(F_j) = 1$, $j = 1, \ldots, m$), die sog. *Faktoren* oder *Ursachenkomplexe*,

S_i — untereinander (und mit F_j) unkorrelierte Zufallsgrößen (mit $E(S_i) = 0$ und $D^2(S_i) = 1$, $i = 1, \ldots, n$), die sog. *spezifischen Faktoren* (das sind Faktoren, die jeweils nur auf das entsprechende zufällige Merkmal X_i Einfluß nehmen),

a_{ij}, b_i — reelle Koeffizienten, die den Einfluß der Faktoren F_j und S_i auf die zufälligen Merkmale quantitativ wiedergeben. Diese Koeffizienten werden i. a. als *Ladungen* bezeichnet. Zwischen ihnen und den Koeffizienten $b_{ik} = E\,[(X_i - E\,X_i)\,(X_k - E\,X_k)]$, $i, k = 1, \ldots, n$, der Kovarianzmatrix $B = (b_{ik})_{i=1,\ldots,n}^{k=1,\ldots,n}$ besteht die für die Faktor-Analyse fundamentale Beziehung

$$b_{ik} = \sum_{j=1}^{m} a_{ij}\,a_{kj} + b_i\,b_k\,\delta_{ik} \quad \text{mit} \quad \delta_{ik} = \begin{cases} 0 & \text{für } i \neq k\,, \\ 1 & \text{für } i = k\,. \end{cases} \tag{2}$$

Eine Hauptaufgabe der Faktor-Analyse besteht nun darin, ›Punktschätzungen für die Ladungen a_{ij} und b_i anzugeben. Dafür sind verschiedene Methoden entwickelt worden:

1. Methode der Hauptachsen (oder Hauptkomponenten)

Diese von K. Pearson entwickelte und von Hotelling im Rahmen der Mathematischen Statistik begründete Methode besteht darin, die Ladungen a_{ij} sukzessive durch Verwirklichung gewisser Optimalitätskriterien bez. der ›Streuungen der X_j zu ermitteln.

2. Methode von Lawley

Bei dieser Methode werden die Ladungen a_{ij} mit Hilfe der ›Maximum-Likelihood-Methode geschätzt.

3. Schwerpunkt (Zentroid)-Methode von Thurstone

Ausgehend von einer geometrischen Interpretation der Gleichung (1) in einem m-dimensionalen Raum gelangt man bei dieser Methode durch Anwendung geeigneter Matrix-Transformationen zu einer Analyse der Abhängigkeiten der Zufallsgrößen X_i, die entsprechend (2) durch die Ladungen a_{ij} beschrieben werden.

Lit.: [1] Lawley, D. N., and A. E. Maxwell, Faktor analysis as a statistical method, London 1963 (russ. Übersetzung Moskau 1967).
[2] Überla, K., Faktorenanalyse, Berlin 1968.
[3] Jahn, W., und H. Vahle, Die Faktoranalyse, Berlin 1970.
[4] Weber, E., Einführung in die Faktorenanalyse, Jena 1974.

faktorielle Momente ›Momente

faktorielle momenterzeugende Funktion ›erzeugende Funktion

fallendes Halbmartingal ›Martingal

Faltung: Es seien X_1 und X_2 unabhängige (›Unabhängigkeit zufälliger Variabler) ›Zufallsgrößen mit den Verteilungsfunktionen F_1 und F_2 über demselben ›Wahrscheinlichkeitsraum $[\Omega, \mathfrak{A}, P]$. Dann ergibt sich die Verteilungsfunktion F der Zufallsgröße $X_1 + X_2$ aus den Verteilungsfunktionen F_1 und F_2 durch die sog. *Faltung*

$$F(x) = \int_{-\infty}^{\infty} F_1(x - z)\, dF_2(z) = \int_{-\infty}^{\infty} F_2(x - z)\, dF_1(z)$$

(vgl. auch ›Funktionen eines zufälligen Vektors). Eine analoge Formel gilt für die Verteilungsfunktion der Summe zweier unabhängiger zufälliger Vektoren. Allgemeiner wird die ›Wahrscheinlichkeitsverteilung einer Summe unabhängiger ›zufälliger Variabler als *Faltung der Wahrscheinlichkeitsverteilungen der einzelnen Summanden* bezeichnet.

Familie: Es seien J und A zwei Mengen. Eine ›Funktion, die jedem $j \in J$ ein Element $a_j \in A$ zuordnet, wird häufig auch (synonym) als *Familie von Elementen* aus A benannt und dann mit $(a_j)_{j \in J}$ bezeichnet. In diesem Zusammenhang heißt J die *Indexmenge* der Familie $(a_j)_{j \in J}$, und die $j \in J$ werden *Indizes* der Familie genannt. — Im Fall $J = N$ ($:=$ Menge aller natürlichen Zahlen) heißt die Familie *Folge* und wird mit (a_n) bezeichnet.

fast alle ›fast überall

fast invariante Menge bez. einer meßbaren Transformation ›Strömung

fast sicher ›fast überall

fast sicheres Ereignis ›Ereignisfelder und Wahrscheinlichkeitsalgebren

fast überall: Es sei Ω eine Menge, $\mathfrak{A}$ eine σ-›Algebra (oder ein σ-›Ring) von Teilmengen von Ω und μ ein ›Maß auf $\mathfrak{A}$, also $[\Omega, \mathfrak{A}, \mu]$ ein Maßraum. Wenn eine Aussage, Punkte von Ω betreffend, für alle $\omega \in \Omega$ mit Ausnahme höchstens einer Menge N von Punkten gilt, für die $\mu(N) = 0$ ist, — d. h., diese Aussage gilt höchstens für eine μ-›Nullmenge nicht — so sagt man, daß diese Aussage *μ-fast überall* (kurz: μ — f. ü.) oder für *μ-fast alle* $\omega \in \Omega$ gilt (bzw., falls keine Verwechslungen möglich sind, daß sie *fast überall* oder für *fast alle* ω gilt). Ist speziell $[\Omega, \mathfrak{A}, \mu]$ ein ›Wahrscheinlichkeitsraum, so sagt man i. a. statt dessen, daß diese Aussage *fast sicher* (kurz: f. s.) oder *mit Wahrscheinlichkeit* 1 gilt.

fast unmögliches Ereignis ›Ereignisfelder und Wahrscheinlichkeitsalgebren

Fehler erster Art: Als *Fehler* 1. *Art* bezeichnet man in der ›Testtheorie die Fehlentscheidung, die in der Ablehnung einer richtigen Nullhypothese besteht. Die Wahrscheinlichkeit des Fehlers 1. Art wird auch als *Irrtumswahrscheinlichkeit* bezeichnet (›Signifikanztest).

Fehler zweiter Art: Als *Fehler* 2. *Art* bezeichnet man in der ›Testtheorie die Fehlentscheidung, die in der Annahme einer falschen Nullhypothese besteht.

Feller-Arley-Prozeß ›Geburts- und Todesprozeß

Fermi-Dirac-Statistik ›Statistiken von Maxwell-Boltzmann, Bose-Einstein, Fermi-Dirac

fiduziale Schätzung: Als *fiduziale Schätzung* (oder *Fiduzialschätzung*) bezeichnet man eine von R. A. Fisher vorgeschlagene, gegenwärtig allerdings weniger gebräuchliche Form der ›Bereichsschätzung für einen unbekannten Parameter $\gamma \in \Gamma \subset R^1$.

Setzt man voraus, daß eine hinreichende Schätzfunktion (›Punktschätzungen) T für γ existiert und daß die Verteilungsfunktion von T

$$F(u, \gamma) = P_\gamma (T < u)$$

differenzierbar ist bezüglich u und γ, dann heißt die Funktion $f_u(\gamma) = = \frac{-\partial F(u, \gamma)}{\partial \gamma}$, $\gamma \in \Gamma$, *Fiduzialdichte* von γ. Für eine feste Realisierung t von T bezeichnet man einen (Fiduzial-)Bereich $I_\varepsilon \subset \Gamma$, für den

$$\int_{I_\varepsilon} f_t(\gamma)\, d\gamma = \varepsilon$$

gilt, als eine *fiduziale Schätzung* für γ mit der (Fiduzial-)Wahrscheinlichkeit ε. Eine theoretisch allgemeinere Formulierung des Prinzips der fiduzialen Schätzung findet man in [1].

Beispiel: Es sei $X_1, \ldots, X_n$ eine Stichprobe vom Umfang n aus einer normalverteilten Grundgesamtheit mit dem unbekannten Erwartungswert μ und der bekannten Streuung σ^2. Dann ist $\bar{X}_n := \frac{1}{n} \sum_{i=1}^{n} X_i$ eine hinreichende ›Punktschätzung für μ. Als Fiduzialdichte von μ für eine Realisierung $\bar{x}_n$ von $\bar{X}_n$ ergibt sich

$$f_{\bar{x}_n}(\mu) = \sqrt{\frac{n}{2\pi\sigma^2}} \exp\left(-\frac{n(\mu - \bar{x}_n)^2}{2\sigma^2}\right).$$

Ein Fiduzialbereich I_ε ist dann gegeben durch das Intervall $\left[\bar{x}_n - z_{\frac{1+\varepsilon}{2}} \frac{\sigma}{\sqrt{n}}, \bar{x}_n + z_{\frac{1+\varepsilon}{2}} \frac{\sigma}{\sqrt{n}}\right]$, wobei $z_{\frac{1+\varepsilon}{2}}$ das ›Quantil der Ordnung $\frac{1+\varepsilon}{2}$ der standardisierten ›Normalverteilung ist.

In diesem wie auch in anderen einfachen Beispielen erhält man eine formale Übereinstimmung des Fiduzialbereiches mit dem entsprechenden Konfidenzintervall (›Konfidenzintervall für Erwartungswert und Streuung der Normalverteilung). Ein prinzipieller Unterschied ergibt sich aus dem

Aspekt, daß bei der fiduzialen Schätzung dem unbekannten Parameter durch die Fiduzialdichte eine Wahrscheinlichkeitsverteilung zugeordnet wird, woraus die Formulierung resultiert, daß der unbekannte Parameter mit der Wahrscheinlichkeit ε im Fiduzialbereich I_ε liegt. Demgegenüber besteht das Prinzip der Konfidenzschätzung darin, den zu schätzenden Parameter als nicht zufällig anzusehen und bei vorgegebenem Konfidenzniveau ε das zugehörige Konfidenzintervall so zu bestimmen, daß bei wiederholter Stichprobenentnahme die relative Häufigkeit der Überdeckung des wahren Parameters gegen ε konvergiert.

Lit.: (38)

[1] FRAZER, B. A. S., On fiducial inference, Ann. Math. Stat. 32 (1961), S. 661–676.

fiktiver Zustand einer ›**MARKOVschen Kette**

Filtration ›stationärer Prozesse

finites ›**Maß**

FISHERsche ***F*****-Verteilung** = ›*F*-Verteilung

FISHERsche Information ›Punktschätzungen

FISHERsche ***Z*****-Transformation** ›Korrelationsanalyse

FISHERsche ***Z*****-Verteilung** = ›Z-Verteilung

FISHER-YATES-Test: Sind in einer ›Vierfeldertafel (vgl. auch ›Kontingenztafel) die beobachteten absoluten Häufigkeiten h_{ij} $(i, j = 1, 2)$ klein, so verwendet man zur Prüfung der Unabhängigkeit (›Unabhängigkeit zufälliger Variabler) der beiden Komponenten X und Y des zweidimensionalen ›zufälligen Vektors (X, Y) anstelle der ›χ^2-Verteilung mit einem Freiheitsgrad (χ^2-Unabhängigkeitstest ›χ^2-Test, III für $r = s = 2$) die exakte Verteilung der Testgröße

$$T = \frac{n(H_{11} H_{22} - H_{12} H_{21})^2}{H_{1.} H_{.1} H_{2.} H_{.2}} .$$

Der hierdurch charakterisierte ›Signifikanztest wird FISHER-YATES-*Test* genannt.

Lit.: (88)

[1] YATES, F., Contingency tables involving small numbers on the χ^2-test, Suppl. J. Roy. Statist. Soc. 1 (1934)

Folge ›Familie

Fraktil (p-Fraktil) = ›Quantil

FRIEDMAN-Test: Es seien $X_1, \ldots, X_k$, $k \geqq 2$, unabhängige ›Zufallsgrößen (›Unabhängigkeit zufälliger Variabler) über demselben ›Wahrscheinlichkeitsraum $[\Omega, \mathfrak{A}, P]$ und $((X_1^{(1)}, \ldots, X_k^{(1)}), \ldots, (X_1^{(n)}, \ldots, X_k^{(n)}))$ eine mathematische ›Stichprobe aus der zu dem ›zufälligen Vektor $(X_1, \ldots, X_k)$ gehörenden Grundgesamtheit. Der FRIEDMAN-*Test* ist ein ›Signifikanztest, der anhand dieser Stichprobe die Hypothese prüft, daß alle X_i ($i = 1, \ldots, k$) dieselbe Verteilungsfunktion besitzen. Dabei handelt es sich um einen ›Rangtest: Für jedes $j = 1, \ldots, n$ werden die Werte $x_1^{(j)}, \ldots, x_k^{(j)}$ der zugehörigen konkreten Stichprobe ihrer Größe nach (mit dem kleinsten beginnend) geordnet. $r(x_i^{(j)})$ bezeichne diejenige natürliche Zahl (zwischen 1 und k), die angibt, an welcher Stelle $x_i^{(j)}$ jeweils bei dieser Rangordnung steht. $R(X_i^{(j)})$ sei diejenige Stichprobenfunktion, die man erhält, wenn man in $r(x_i^{(j)})$ die $x_i^{(j)}$ durch die Stichprobenvariablen $X_i^{(j)}$ ersetzt.

1. Hypothese: $F_1 = F_2 = \cdots = F_k$ (F_i-Verteilungsfunktion von X_i).

2. Testgröße: $T = \frac{12}{n\,k\,(k+1)} \sum_{i=1}^{k} R_i^2 - 3\,n\,(k+1)$; hierbei sei $R_i = \sum_{j=1}^{n} R(X_i^{(j)})$, $i = 1, \ldots, k$. Falls die Hypothese wahr ist, besitzt T asymptotisch (für $n \to \infty$ oder $k \to \infty$) eine ›χ^2-Verteilung mit $k-1$ Freiheitsgraden.

3. Kritischer Bereich K^*: entsprechend ›χ^2-Test.

4. Praktische Durchführung: Man ordnet für jedes $j = 1, 2, \ldots, n$ sämtliche Meßwerte $x_1^{(j)}, \ldots, x_k^{(j)}$, wie oben beschrieben, ihrer Größe nach, bildet dann den zugehörigen Wert t der Testgröße T und lehnt (bei gewähltem Signifikanzniveau α) die Hypothese ab, falls $t \in K^*$ ist; im Falle $t \notin K^*$ ist auf Grund dieses Tests gegen die Hypothese nichts einzuwenden.

Das oben beschriebene Verfahren setzt große Stichprobenumfänge voraus. Für kleine n- und k-Werte existieren z. T. Tafeln für die exakte Verteilung von T, z. B. für $k = 3, n = 2, \ldots, 9$; $k = 4$, $n = 2, 3, 4$ in (74). — Vgl. auch ›KRUSKAL-WALLIS-Test (der dieselbe Hypothese durch einen Rangtest, aber mittels einer anders aufgebauten Stichprobe als der FRIEDMAN-Test prüft).

Lit.: [1] FRIEDMAN, M. A., Comparison of alternative tests of significance for the problem of m rankings, Ann. Math. Statist. 11 (1940), 86–92.
[2] KENDALL, M. G., Rank correlation methods, London 1948.

***F*-Test:** Der *F-Test* ist ein ›Signifikanztest, um die Hypothese über die Gleichheit der ›Streuungen σ_X^2 und σ_Y^2 zweier unabhängiger (›Unabhängigkeit zufälliger Variabler) ›normalverteilter ›Zufallsgrößen X und Y anhand konkreter ›Stichproben $(x_1, \ldots, x_m)$ — aus der zu X gehörenden Grundgesamtheit — und $(y_1, \ldots, y_n)$ — aus der zu Y gehörenden Grundgesamtheit — zu prüfen, bei dem die ›F-Verteilung eine wesentliche Rolle spielt.

1. Hypothese H: $\sigma_X^2 = \sigma_Y^2$

2. Testgröße T: $= \frac{S_X^2}{S_Y^2}$; dabei ist S_X^2 bzw. S_Y^2 die Stichprobenstreuung

(›empirische Momente) einer mathematischen Stichprobe vom Umfang m bzw. n aus der zu X bzw. Y gehörenden Grundgesamtheit. Falls die Hypothese H: $\sigma_X^2 = \sigma_Y^2$ wahr ist, besitzt die Testgröße T eine ›F-Verteilung mit $(m - 1, n - 1)$ Freiheitsgraden.

3. Kritischer Bereich

$$K^* := \{t \mid t < F_{m-1, n-1; \frac{\alpha}{2}} \text{ oder } t > F_{m-1, n-1; 1-\frac{\alpha}{2}}\};$$

dabei sind $F_{m-1, n-1; \beta}$ das ›Quantil der Ordnung β $\left(\beta = \frac{\alpha}{2}; \beta = 1 - \frac{\alpha}{2}\right)$ der F-Verteilung mit $(m - 1, n - 1)$ Freiheitsgraden und α das Signifikanzniveau.

4. Praktische Durchführung: Anhand der konkreten Stichproben $(x_1, \ldots, x_m)$ und $(y_1, \ldots, y_n)$ berechnet man die Zahlen

$$\bar{x} = \frac{1}{m} \sum_{i=1}^{m} x_i, \quad \bar{y} = \frac{1}{n} \sum_{i=1}^{n} y_i, \quad s_X^2 = \frac{1}{m-1} \sum_{i=1}^{m} (x_i - \bar{x})^2,$$

$$s_Y^2 = \frac{1}{n-1} \sum_{i=1}^{n} (y_i - \bar{y})^2,$$

daraus $t = \frac{s_X^2}{s_Y^2}$ und entscheidet folgendermaßen: Gilt $t \in K^*$, so lehnt man beim gewählten Signifikanzniveau α die Hypothese „Die Streuungen sind gleich" ab, im anderen Fall ($t \notin K^*$) ist auf Grund dieses Tests gegen die Hypothese nichts einzuwenden. Entsprechend bekannter Eigenschaften der F-Verteilung ist diese Vorgehensweise der folgenden äquivalent: Von den Zahlen s_X^2 und s_Y^2 verwendet man die größere als Zähler, die kleinere als Nenner und lehnt die Hypothese H genau dann ab, wenn der so gebildete Quotient größer als $F_{n_1-1, n_2-1; 1-\frac{\alpha}{2}}$, ($n_1 = m$, $n_2 = n$ für $s_X^2 > s_Y^2$; $n_1 = n$, $n_2 = m$ für $s_X^2 < s_Y^2$), ausfällt.

Funktion (= Abbildung = Transformation): Es seien A und B zwei Mengen. Als *Funktion* (oder *Abbildung*, *Transformation*) von A in B bezeichnet man eine Zuordnungsvorschrift f, die jedem $x \in A$ eindeutig ein $y = f(x) \in B$ zuordnet. Dabei heißt A der *Definitionsbereich* von f und die Menge aller hierbei zugeordneten Elemente $f(x) \in B$ der *Wertebereich* von f. (Gelegentlich wird B auch als *Bildraum* von f bezeichnet; sind insbesondere auf A und B die σ-›Algebren $\mathfrak{A}$ bzw. $\mathfrak{B}$ gegeben und ist f überdies $(\mathfrak{A}, \mathfrak{B})$-meßbar, so wird auch der ›meßbare Raum $[B, \mathfrak{B}]$ Bildraum von f genannt.)

Übliche Bezeichnungen:

$f|A \to B$ — „f ist auf A definiert und besitzt Werte in B"
$f: x \to f(x)$ — „f ordnet jedem x den Wert $f(x)$ zu"
$f(A)$ — Wertebereich von f
$f^{-1}(C)$ — Urbild von C, d. h. Menge aller $x \in A$, deren Bilder $f(x)$ in der Teilmenge $C \subset B$ liegen.

Häufig kennzeichnet man eine Funktion f kurz durch $f(x)$.

Eine Funktion f heißt *eineindeutig* oder *umkehrbar eindeutig*, wenn aus $x_1 \neq x_2$ stets $f(x_1) \neq f(x_2)$ folgt. Ist f eineindeutig, so wird auf dem Wertebereich $f(A)$ von f durch $f(x) \to x$ eine Funktion von $f(A)$ in A definiert. Sie heißt die *Umkehrfunktion* von f und wird mit f^{-1} bezeichnet.

Genauer ist eine Funktion f von A in B eine Teilmenge des Produktes (›Produkt von Mengen) $A \times B$, für die 1. $(x, y_1) \in f$, $(x, y_2) \in f$ nur im Fall $y_1 = y_2$ gilt und 2. zu jedem $x \in A$ ein $y \in B$ mit $(x, y) \in f$ existiert.

Funktionen einer Zufallsgröße: Es sei X eine ›Zufallsgröße über dem ›Wahrscheinlichkeitsraum $[\Omega, \mathfrak{A}, P]$ mit der Verteilungsfunktion F_X und g eine auf R^1 definierte reellwertige Funktion. Die durch $Y(\omega) = g(X(\omega))$ auf Ω gegebene reellwertige *Funktion* $Y = g(X)$ *der Zufallsgröße* X ist wiederum eine Zufallsgröße, wenn g BOREL-meßbar (›meßbare Funktion) ist (dies ist z. B. erfüllt, wenn g stetig ist).

a) $g(x) = a\,x + b$ $(a \neq 0)$. Für die Verteilungsfunktion F_Y bzw. die ›charakteristische Funktion φ_Y der Zufallsgröße $Y = a\,X + b$ gilt $F_Y(x) = F_X\left(\frac{x-b}{a}\right)$, $a > 0$, und $F_Y(x) = 1 - F_X\left(\frac{x-b}{a}\right) - P\left(X = \frac{x-b}{a}\right)$, $a < 0$, bzw. $\varphi_Y(t) = e^{itb}\,\varphi_X(a\,t)$. Ist X stetig (›stetige Zufallsgröße) mit der Wahrscheinlichkeitsdichte f_X, so ist auch Y stetig und besitzt die Wahrscheinlichkeitsdichte f_Y mit $f_Y(x) = \frac{1}{|a|} f_X\left(\frac{x-b}{a}\right)$.

b) X stetig mit der Wahrscheinlichkeitsdichte f_X, g eineindeutige, stetig differenzierbare Funktion mit $g'(x) \neq 0$ für alle x. Bezeichnet h die Umkehrfunktion von g und f_Y die Wahrscheinlichkeitsdichte von $Y = g(X)$, so gilt $f_Y(x) = f_X(h(x))\,|h'(x)|$.

c) $g(x) = x^2$. Für die Verteilungsfunktion F_Y der Zufallsgröße $Y = X^2$ gilt $F_Y(x) = 0$ $(x \leqq 0)$, $F_Y(x) = F_X(\sqrt{x}) - F_X(-\sqrt{x}) - P\,(X = -\sqrt{x})$ $(x > 0)$. Ist X stetig, so hat die Wahrscheinlichkeitsdichte von $Y = X^2$ die Form $f_Y(x) = 0$ $(x \leqq 0)$, $f_Y(x) = \left(f_X(\sqrt{x}) + f_X(-\sqrt{x})\right)/2\sqrt{x}$ $(x > 0)$.

Funktionen eines zufälligen Vektors: Es sei (X, Y) ein zweidimensionaler stetiger ›zufälliger Vektor mit der Wahrscheinlichkeitsdichte $f_{(X,Y)}$ und den Randverteilungsdichten (›gemeinsame Wahrscheinlichkeitsverteilung (von zufälligen Variablen)) f_X und f_Y.

a) Die Zufallsgröße $Z := X + Y$ besitzt die Wahrscheinlichkeitsdichte (›stetige Zufallsgröße) f_Z mit $f_Z(z) = \int_{-\infty}^{\infty} f_{(X,Y)}(x, z - x)\,dx$. Sind X und Y unabhängig (›Unabhängigkeit zufälliger Variabler), so gilt $f_Z(z) = \int_{-\infty}^{\infty} f_X(x)\,f_Y(z - x)\,dx$.

b) Die Zufallsgröße $Z := X - Y$ besitzt die Wahrscheinlichkeitsdichte f_Z mit $f_Z(z) = \int_{-\infty}^{\infty} f_{(X,Y)}(x, x - z)\,dx$; im Fall der Unabhängigkeit von X und Y gilt $f_Z(z) = \int_{-\infty}^{\infty} f_X(x)\,f_Y(x - z)\,dx$.

c) Die Zufallsgröße $Z := X \cdot Y$ besitzt die Wahrscheinlichkeitsdichte f_Z mit $f_Z(z) = \int_{-\infty}^{\infty} f_{(X,Y)}\left(x, \frac{z}{x}\right)\frac{1}{|x|}\,dx$; im Fall der Unabhängigkeit von X und Y gilt $f_Z(z) = \int_{-\infty}^{\infty} f_X(x)\,f_Y\left(\frac{z}{x}\right)\frac{1}{|x|}\,dx$.

d) Die Zufallsgröße $Z := X/Y$ besitzt die Wahrscheinlichkeitsdichte f_Z mit $f_Z(z) = \int_{-\infty}^{\infty} f_{(X,Y)}(x\,z, x)|x|dx$; im Fall der Unabhängigkeit von X und Y gilt $f_Z(z) = \int_{-\infty}^{\infty} f_X(x\,z)\,f_Y(x)|x|dx$.

Es sei (X, Y) ein zweidimensionaler diskreter zufälliger Vektor, der die Werte (x_i, y_k) mit den Wahrscheinlichkeiten $P(X = x_i,\ Y = y_k) = p_{ik} > 0$ $(i, k = 1, 2, \ldots)$ annehmen kann. Die Zufallsgröße $Z = X + Y$ bzw. $= X - Y$, $= X \cdot Y$, $= X/Y$ (falls $y_k \neq 0$ für alle $k = 1, 2, \ldots$) nimmt die Werte $z_l = x_i + y_k$ bzw. $= x_i - y_k$, $= x_i \cdot y_k$, $= x_i/y_k$ mit den Wahrscheinlichkeiten $p_l = P(Z = z_l) = \sum p_{ik}$ an, wobei die Summation über alle i und k mit $x_i + y_k = z_l$ bzw. $x_i - y_k = z_l$, $x_i \cdot y_k = z_l$, $x_i/y_k = z_l$ zu erstrecken ist.

Furry-Yule-Prozeß ›Geburts- und Todesprozeß

***F*-Verteilung (Fishersche *F*-Verteilung):** Eine ›stetige Zufallsgröße X heißt *F-verteilt* mit (m, n) Freiheitsgraden (m, n natürliche Zahlen), wenn sie die Wahrscheinlichkeitsdichte

$$f_X(x) = \begin{cases} \dfrac{\left(\dfrac{m}{n}\right)^{m/2} x^{\frac{m}{2}-1}}{B\left(\dfrac{m}{2}, \dfrac{n}{2}\right)} \left(1 + \dfrac{m}{n}x\right)^{-\frac{m+n}{2}} & \text{für } x > 0\,, \\ 0 & \text{für } x \leqq 0 \end{cases}$$

besitzt. Dabei ist $B(p, q) := \int_0^1 x^{p-1}(1 - x)^{q-1}\,dx$ (Beta-Funktion). Es existieren für $n > 2$ der ›Erwartungswert und für $n > 4$ die ›Streuung, und es gilt

$$EX = \frac{n}{n-2} \quad \text{und} \quad D^2X = \frac{2\,n^2\,(m + n - 2)}{m\,(n-2)^2\,(n-4)}\,.$$

Für $n \to \infty$ konvergiert die Verteilungsfunktion von $m\,X$ gegen diejenige der ›χ^2-Verteilung mit m Freiheitsgraden. Sind Y und Z unabhängige (›Unabhängigkeit zufälliger Variabler) χ^2-verteilte Zufallsgrößen mit m bzw. n Freiheitsgraden, so ist $X = \frac{Y}{m} : \frac{Z}{n}$ F-verteilt mit (m, n) Freiheitsgraden; umgekehrt läßt sich jede F-verteilte Zufallsgröße X in dieser Form darstellen. Daraus ist ersichtlich, daß $1/X$ wiederum eine F-Verteilung, und zwar mit (n, m) Freiheitsgraden besitzt. Deshalb beschränkt man sich bei der Tabellierung der bei statistischen Prüfverfahren (›F-Test, ›Varianzanalyse) benötigten ›Quantile $F_{m,n;q}$ der Ordnung q der F-Verteilung auf den Fall $q \geqq \frac{1}{2}$. Diese Quantile findet man in vielen Büchern über Mathematische Statistik, z. B. in (T 7) (8), (77), (80).

F-Verteilung, nichtzentrale: Es seien Y und Z unabhängige (›Unabhängigkeit zufälliger Variabler) ›nichtzentral χ^2-verteilte Zufallsgrößen mit m bzw. n Freiheitsgraden und den Nichtzentralitätsparametern δ^2 bzw. ε^2. Dann heißt die Verteilung der ›stetigen Zufallsgrößen $X = \frac{Y}{m} : \frac{Z}{n}$ eine doppelt ***nichtzentrale F-Verteilung*** mit (m, n) Freiheitsgraden und den ***Nichtzentralitätsparametern*** $(\delta^2, \varepsilon^2)$; im Fall $\varepsilon^2 = 0$ spricht man von einer einfach nichtzentralen F-Verteilung. Für $\delta^2 = \varepsilon^2 = 0$ ergibt sich als Spezialfall die gewöhnliche (zentrale) F-Verteilung. Die nichtzentrale F-Verteilung wird besonders bei der Berechnung der Machtfunktion (›Testtheorie) des ›F-Tests benötigt. Ihre Dichte und ›Verteilungsfunktion sind, von einigen Spezialfällen abgesehen, nicht in geschlossener Form, sondern nur approximativ durch Reihenentwicklungen (vgl. [1]) darstellbar. In [1] und [2] sind einfache Näherungsformeln für ›Quantile der nichtzentralen F-Verteilung angegeben.

Lit.: (43)
[1] Liebscher, K., Die Abhängigkeit der Gütefunktion des F-Tests von den Freiheitsgraden, Operationsforschung und Mathematische Statistik I (1968), 121–136.
[2] Patnaik, P. B., The non-central χ^2 and F-distributions and their applications, Biometrika 36 (1949), 202–232.

G

Galtonsches Brett: Das Galtonsche Brett ist ein von F. Galton (1822 bis 1911) konstruierter Apparat zur Veranschaulichung der Wahrscheinlichkeitsverteilung der ›Binomialverteilung, und zwar in seiner ursprünglichen Ausführung für $p = q = \frac{1}{2}$. Auf einer schiefen Ebene sind in Richtung der Höhenlinien mehrere Reihen von Nägeln in gleichen Abständen angebracht (wobei aufeinanderfolgende Reihen auf Lücke gesetzt sind). Aus einem (oben in der Mitte angebrachten) Trichter herabrollende Kugeln werden von den Nägeln jeweils nach rechts oder links unten abgelenkt und sammeln sich unterhalb der Nägelreihen in verschiedenen, nebeneinander angeordneten Fächern. Die Anordnung der Kugeln in diesen Fächern erfolgt in Häufigkeiten entsprechend der Binomialverteilung. Durch zusätzliche seitliche Neigung des Brettes kann auch der Fall anderer Werte für p, $0 < p < 1$, demonstriet werden.

Galton-Watson-Prozeß ›Verzweigungsprozeß

Gamma-Funktion ›Gammaverteilung

Gammaverteilung: Eine ›stetige Zufallsgröße X heißt *gammaverteilt* mit den Parametern (b, p), $(b > 0,\ p > 0)$, wenn sie die Wahrscheinlichkeitsdichte

$$f_X(x) = \begin{cases} \frac{b^p}{\Gamma(p)} x^{p-1} e^{-bx} & \text{für} \quad x > 0\,, \\ 0 & \text{für} \quad x \leq 0 \end{cases}$$

besitzt.

Der Wert $\Gamma(p)$ ergibt sich aus der durch

$$\Gamma(p) := \int_0^\infty t^{p-1} e^{-t}\, dt$$

definierten Gamma-Funktion. Es gilt

$$\Gamma(p) = (p-1)\,\Gamma(p-1)\,, \qquad \Gamma(1) = 1\,, \qquad \Gamma\left(\frac{1}{2}\right) = \sqrt{\pi}\,.$$

Die ›charakteristische Funktion einer gammaverteilten Zufallsgröße X ist gleich

$$E\, e^{itX} = \left(1 - \frac{it}{b}\right)^{-p},$$

für die k-ten ›Momente gilt

$$E\, X^k = \frac{\Gamma(k+p)}{b^k\, \Gamma(p)} = \frac{p\,(p+1)\cdots(p+k-1)}{b^k}\,,$$

insbesondere sind also ›Erwartungswert bzw. ›Streuung $EX = \frac{p}{b}$ bzw. $D^2X = \frac{p}{b^2}$.

Als Spezialfälle der Gammaverteilung ergeben sich für $p = 1$ und $b = \lambda$ die ›Exponentialverteilung sowie für $b = \frac{1}{2}$, $p = \frac{n}{2}$ die ›χ^2-Verteilung mit n Freiheitsgraden. Die Gammaverteilung ist ›unbeschränkt teilbar. Seien X_1 und X_2 unabhängige (›Unabhängigkeit zufälliger Variabler), mit den Parametern (b, p_1) und (b, p_2) gammaverteilte Zufallsgrößen. Dann gilt: $X_1 + X_2$ ist gammaverteilt mit den Parametern

$(b, p_1 + p_2)$, $\frac{X_1}{X_1 + X_2}$ besitzt eine ›Betaverteilung 1. Art über (0, 1) mit den Parametern (p_1, p_2), $\frac{X_1}{X_2}$ eine Betaverteilung 2. Art mit den Parametern (p_1, p_2).

Zu der durch

$$\Gamma_x(p) := \int_0^x t^{p-1} e^{-t} \, dt$$

definierten unvollständigen Gamma-Funktion besteht der Zusammenhang $\Gamma(p) = \Gamma_\infty(p)$, so daß durch den Quotienten $\frac{\Gamma_x(p)}{\Gamma(p)} =: F_X(x)$ gerade die Verteilungsfunktion F_X einer gammaverteilten Zufallsgröße X mit den Parametern $(1, p)$ gegeben ist.

Die Verteilungsfunktion der Gammaverteilung ist in (T 10) tabelliert.

Gammaverteilung, verallgemeinerte: Die ›Wahrscheinlichkeitsverteilung einer ›stetigen Zufallsgröße X heißt *verallgemeinerte Gammaverteilung*, wenn sie die Wahrscheinlichkeitsdichte

$$f_X(x) = \begin{cases} \dfrac{\alpha \, b^{\frac{p}{\alpha}}}{\Gamma\left(\frac{p}{\alpha}\right)} x^{p-1} e^{-b x^\alpha} & \text{für } x > 0 \\ 0 & \text{für } x \leqq 0 \end{cases}$$

besitzt. Dabei ist $\alpha > 0$, $b > 0$, $p > 0$, und Γ bezeichnet die Gamma-Funktion (›Gammaverteilung).

Durch Spezialisierung der Parameter α, b und p ergeben sich insbesondere auch die ›Gammaverteilung $(\alpha = 1)$, ›χ^2-Verteilung $\left(\alpha = 1, b = \frac{1}{2}, p = \frac{n}{2}\right)$, ›Weibull-Verteilung $(\alpha = p)$, ›χ-Verteilung $\left(\alpha = 2, b = \frac{1}{2} u, p = n\right)$, ›Maxwell-Verteilung $\left(\alpha = 2, b = \frac{1}{2\sigma^2}, p = 3\right)$ und ›Rayleigh-Verteilung $\left(\alpha = 2, b = \frac{1}{\lambda}, p = 2\right)$.

Gauss-Markov-Schätzung ›Punktschätzung

Gauss-Markov-Theorem ›lineare Modelle

Gaussscher Prozeß: Einen reellwertigen ›stochastischen Prozeß X_T nennt man einen Gauss*schen Prozeß*, wenn seine endlichdimensionalen Verteilungen ›Normalverteilungen sind.

Einen komplexwertigen stochastischen Prozeß X_T, für den weder Re (X_t) noch Im (X_t) für jedes $t \in T$ fast sicher (›fast überall) gleich Null sind, bezeichnet man als Gaussschen Prozeß, wenn seine endlichdimensionalen Verteilungen Normalverteilungen sind, und wenn zusätzlich

$E X_s X_t = E X_s E X_t$ $(s, t \in T)$ gilt. Die letzte Bedingung wird gestellt, um auch im komplexen Fall von der Unkorreliertheit (›Korrelationskoeffizient) normalverteilter Zufallsgrößen auf ihre Unabhängigkeit schließen zu können.

Jeder GAUSSsche Prozeß X_T ist ein ›Prozeß zweiter Ordnung, und seine endlichdimensionalen Verteilungen sind durch Angabe seiner ›Erwartungswertfunktion $m(t) := E X_t$, $t \in T$, und seiner ›Kovarianzfunktion $B(s, t)$, $(s, t \in T)$, eindeutig bestimmt. Umgekehrt gibt es zu jedem Prozeß zweiter Ordnung einen GAUSSschen Prozeß, der die gleiche Erwartungswertfunktion und die gleiche Kovarianzfunktion besitzt. Sind beide Funktionen reellwertig, so kann auch der GAUSSsche Prozeß reellwertig gewählt werden. Im folgenden sei $T = R^1$ oder $T = \{0, \pm 1, \pm 2, \ldots\}$.

Ein GAUSSscher Prozeß X_T ist genau dann ein im engeren Sinne ›stationärer Prozeß, wenn er im weiteren Sinne stationär ist, d.h., wenn $m(t) \equiv: m$ und $B(s, t) = B(s + u, t + u)$, $(s, t, u \in T)$, gilt. Es bezeichne X_T einen reellwertigen stationären GAUSSschen Prozeß mit der Kovarianzfunktion $K(t) := B(0, t)$, $(t \in T, t \geqq 0)$, und der Spektralfunktion F.

Existiert eine Zahl $a > 1$ mit $\int\limits_{-\infty}^{\infty} [\log(1 + \lambda)]^a \, dF(\lambda) < \infty$ $\left(\text{bzw. mit } \int\limits_{-\infty}^{\infty} \lambda^{2n} [\log(1 + \lambda)]^a \, dF(\lambda) < \infty\right)$, so gibt es einen zu X_T äquivalenten GAUSSschen Prozeß X_T (›Äquivalenz stochastischer Prozesse), dessen Trajektorien fast sicher stetig (bzw. fast sicher n-mal stetig differenzierbar) sind. Ein stationärer GAUSSscher Prozeß ist genau dann ein ›MARKOVscher Prozeß, wenn seine Kovarianzfunktion K die Gestalt $K(t) = e^{-\gamma t} K(0)$ mit einer Zahl $\gamma > 0$ besitzt. Analoge Aussagen gelten für nichtstationäre GAUSSsche Prozesse (vgl. (32)).

Ein wichtiges Beispiel eines GAUSSschen Prozesses ist der ›WIENERsche Prozeß.

Lit.: (10), (11), (32), (49)

GAUSSscher ›verallgemeinerter stochastischer Prozeß

GAUSSsche Ungleichung ›Ungleichungen in der Wahrscheinlichkeitstheorie, a)

GAUSSsche Verteilung = ›Normalverteilung

GAUSS-WINCKLER-Ungleichung ›Ungleichungen in der Wahrscheinlichkeitstheorie, b)

Geburtsprozeß ›Geburts- und Todesprozeß

Geburts- und Todesprozeß: Ein *Geburts- und Todesprozeß* ist ein ›stochastischer Prozeß mit der Menge $N_0 = \{0, 1, 2, \ldots\}$ als Zustandsraum, der zu zufälligen Zeitpunkten seine Größe um Eins erhöht (Geburt) oder um Eins erniedrigt (Tod) und im übrigen konstant ist. Solche Prozesse finden u. a. Verwendung in der Biologie bei der Beschreibung des Verhaltens von Populationen, in der Physik zur Untersuchung der kosmischen Strahlung, in der ›Bedienungs- und in der ›Zuverlässigkeitstheorie.

Genauer bezeichnet man als einen (inhomogenen bzw. homogenen) *Geburts- und Todesprozeß* — im weiteren kurz GuT-Prozeß genannt — eine (zeitlich inhomogene bzw. homogene) ›MARKOVsche Kette X_T, $T = [0, \infty)$, mit dem Zustandsraum N_0, deren Intensitäten endlich sind und den Bedingungen

$$\begin{aligned} q_{ii}(t) &= -\big(\lambda_i(t) + \mu_i(t)\big), \quad q_{i\,i+1}(t) = \lambda_i(t) && (i \geqq 0) \\ q_{i,\,i-1}(t) &= \mu_i(t) && (i \geqq 1) \\ q_{ij}(t) &= 0 && (|i-j| \geqq 2) \end{aligned}$$

mit $\mu_i(t), \lambda_i(t) \geqq 0$ $\big(t \in [0, \infty)\big)$ genügen. (Dabei wird $\mu_0(t) \equiv 0$ gesetzt.)

Im homogenen Fall hängen μ_i und λ_i nicht von t ab. Gilt $\mu_i(t) \equiv 0$ für alle $i \geqq 1$, so spricht man von einem *Geburts-* oder *Wachstumsprozeß*, gilt $\lambda_i(t) \equiv 0$ für alle $i \geqq 0$, so wird X_T als *Sterbeprozeß* bezeichnet. Im Fall $\lambda_0(t) \equiv 0$ heißt der Zustand 0 ***absorbierend***, anderenfalls *reflektierend*.

Für spezielle Formen der Intensitäten λ_i und μ_i sind GuT-Prozesse unter besonderem Namen bekannt. So zum Beispiel

1. der ›POISSON*sche Prozeß* ($\mu_i = 0, \lambda_i = \lambda > 0$);
2. der *lineare Geburts-* oder FURRY-YULE-*Prozeß* ($\mu_i = 0, \lambda_i = i\lambda, \lambda > 0$), ein Geburtsprozeß, dessen Erwartungswertfunktion $E\,X_t = e^{\lambda t}$, $t \in T$, exponentiell anwächst;
3. der POLYA-LUNDBERG-*Prozeß* ($\mu_i(t) \equiv 0$, $\lambda_i(t) = \lambda \dfrac{(1 + \alpha i)}{(1 + \alpha \lambda t)}$, $\alpha \geqq 0$, $\lambda > 0$), ein inhomogener Geburtsprozeß, dessen Intensitäten sich im Laufe der Zeit verringern, und dessen Erwartungswertfunktion $E\,X_t = \lambda t$, $t \in T$, linear wächst;
4. der *lineare* GuT- oder FELLER-ARLEY-*Prozeß* ($\mu_i = i\mu, \lambda_i = i\lambda, \lambda > 0$, $\mu > 0$), seine Erwartungswertfunktion $E\,X_t = e^{(\lambda-\mu)t}$, $t \in T$, wächst oder fällt monoton je nachdem, ob seine Geburtsintensitäten λ_i die Todesintensitäten μ_i übertreffen oder nicht.

Wir beschränken uns im folgenden auf homogene GuT-Prozesse mit $\lambda_i, \mu_i > 0$, $i \geqq 1$, und $\lambda_0 > 0$. Es sei $\pi_0 = 1$ und $\pi_i = \dfrac{\lambda_0 \ldots \lambda_{i-1}}{\mu_1 \ldots \mu_i}$, $i \geqq 1$. Die absoluten Wahrscheinlichkeiten $p_i(t) = P\,(X_t = i)$ erfüllen unter gewissen Voraussetzungen an λ_i und μ_i, z. B. wenn $\sup_i (\lambda_i + \mu_i) < \infty$, oder wenn $\sum\limits_{n=0}^{\infty} \pi_n \sum\limits_{k=0}^{n} \dfrac{1}{\lambda_k \pi_k} = \infty$ gilt, folgendes Differentialgleichungssystem $\dfrac{d}{dt} p_i(t) = -p_i(t)\,(\lambda_i + \mu_i) + p_{i-1}(t)\,\lambda_{i-1} + p_{i+1}(t)\,\mu_{i+1}$, $\big(i \geqq 0, p_{-1}(t) :\equiv 0$, $\mu_0 := 0\big)$.

Existiert eine stationäre Anfangsverteilung $p_i^* = p_i(t)$, $i \in N_0$, so erhält man daraus wegen $\frac{d}{dt}\, p_i(t) = 0$, $i \in N_0$, ein Gleichungssystem für (p_i^*), $i \in N_0$.

Die Realisierungen eines GuT-Prozesses sind Treppenfunktionen mit Werten aus N_0 und Sprüngen der Größe Eins. Befindet sich der GuT-Prozeß zur Zeit t im Zustand i, so ist die bis zum nächsten Sprung verbleibende Zeit eine mit dem Parameter $(\lambda_i + \mu_i)$ ›exponentialverteilte Zufallsgröße. Der nächste Sprung erfolgt mit der Wahrscheinlichkeit $\frac{\lambda_i}{\lambda_i + \mu_i}$ in den Zustand $i + 1$ und mit der Wahrscheinlichkeit $\frac{\mu_i}{\lambda_i + \mu_i}$ in den Zustand $i - 1$ $(i \geqq 0)$. Die Sprungstellen können sich im Endlichen häufen; der kleinste dieser Häufungspunkte werde mit τ_∞ bezeichnet. In diesem Fall gilt $\lim\limits_{t \to \tau_\infty - 0} X_t = \infty$, und man spricht von einer Explosion des Prozesses (›MARKOVsche Kette). Bei Geburtsprozessen ist das z. B. genau dann fast sicher (›fast überall) der Fall, wenn $\sum\limits_{i=0}^{\infty} \frac{1}{\lambda_i} < \infty$ gilt.

Für einen GuT-Prozeß ist die Divergenz der Reihe $\sum\limits_{n=0}^{\infty} \pi_n \sum\limits_{k=0}^{n} \frac{1}{\lambda_k \pi_k}$ hinreichend dafür, daß mit Wahrscheinlichkeit Eins keine Explosion stattfindet. Im weiteren wollen wir uns auf diesen Fall beschränken. Setzt man $\lambda_i > 0$, $i \geqq 0$, und $\mu_i > 0$, $i \geqq 1$, voraus, so sind alle Zustände verbunden und wesentlich; sie sind genau dann rekurrent, wenn $\sum\limits_{i=0}^{\infty} \frac{1}{\lambda_i \pi_i} = \infty$ gilt, und genau dann positiv rekurrent, wenn außerdem $\sum\limits_{i=0}^{\infty} \pi_i < \infty$ erfüllt ist. Genau dann, wenn alle Zustände positiv rekurrent sind, existiert eine (eindeutig bestimmte) stationäre Anfangsverteilung (p_j^*) $(j \geqq 0)$, und in diesem Fall konvergieren die Übergangswahrscheinlichkeiten $p_{ij}(t)$ für $t \to \infty$ gegen (die von i unabhängigen Grenzwerte) p_j^*.

Gibt es eine natürliche Zahl n_0 mit $\lambda_i = 0$ für $i \geqq n_0 - 1$ und $\mu_i = 0$ für $i \geqq n_0$, so kann man den entsprechenden GuT-Prozeß als Prozeß mit endlichem Zustandsraum auffassen. Für solche Prozesse können sich die Sprungstellen im Endlichen nicht häufen, alle ihre Zustände sind, falls $\lambda_i > 0$ $(i = 0, \ldots, n_0 - 1)$ und $\mu_i > 0$ $(i = 1, \ldots, n_0)$ gilt, positiv rekurrent, und auch hier konvergieren die Übergangswahrscheinlichkeiten $p_{ij}(t)$ für $t \to \infty$ gegen die Wahrscheinlichkeiten p_j^* $(j \geqq 0)$ einer (eindeutig bestimmten) stationären Anfangsverteilung.

Lit.: (16), (18), (37)

[1] BHARUCHA-REID, A. T., Elements of the Theory of Markov Processes and their applications, New York 1960.

[2] LAHRES, H., Einführung in die diskreten Markoff-Prozesse und ihre Anwendungen, Leipzig 1964.

gemeinsame Verteilungsfunktion (von Zufallsgrößen) ›gemeinsame Wahrscheinlichkeitsverteilung (von zufälligen Variablen)

gemeinsame Wahrscheinlichkeitsdichte (von Zufallsgrößen) ›gemeinsame Wahrscheinlichkeitsverteilung (von zufälligen Variablen)

gemeinsame Wahrscheinlichkeitsverteilung (von zufälligen Variablen): Es seien $X_1, \ldots, X_n$ ›zufällige Variable über dem ›Wahrscheinlichkeitsraum $[\Omega, \mathfrak{A}, P]$ mit den (meßbaren) Bildräumen $[S_1, \mathfrak{S}_1], \ldots, [S_n, \mathfrak{S}_n]$. Das vermöge

$$P_{X_1,\ldots,X_n}(E_1 \times \cdots \times E_n) := P\left(\bigcap_{i=1}^{n} X_i^{-1}(E_i)\right) \equiv$$
$$\equiv P(\{\omega \in \Omega | \; X_1(\omega) \in E_1, \ldots, X_n(\omega) \in E_n\})$$

auf der kleinsten σ-›Algebra $\mathfrak{S}$, die alle Mengen der Form $E_1 \times \cdots \times E_n$ ($E_1 \in \mathfrak{S}_1, \ldots, E_n \in \mathfrak{S}_n$) enthält, gegebene ›Wahrscheinlichkeitsmaß $P_{X_1,\ldots,X_n}$ heißt *gemeinsame Wahrscheinlichkeitsverteilung* der zufälligen Variablen $X_1, \ldots, X_n$.

Aus der gemeinsamen Wahrscheinlichkeitsverteilung $P_{X_1,\ldots,X_n}$ der zufälligen Variablen $X_1, \ldots, X_n$ ergibt sich die Wahrscheinlichkeitsverteilung P_{X_i} durch

$$P_{X_i}(E_i) = P_{X_1,\ldots,X_n}(S_1 \times \cdots \times S_{i-1} \times E_i \times S_{i+1} \times \cdots \times S_n)$$
$$(E_i \in \mathfrak{S}_i, \; i = 1, \ldots, n)\,.$$

Die Wahrscheinlichkeitsverteilungen $P_{X_1}, \ldots, P_{X_n}$ der zufälligen Variablen $X_1, \ldots, X_n$ heißen auch *Randverteilungen* der gemeinsamen Wahrscheinlichkeitsverteilung $P_{X_1,\ldots,X_n}$; die Randverteilungen bestimmen dann und nur dann die gemeinsame Wahrscheinlichkeitsverteilung, wenn die zufälligen Variablen $X_1, \ldots, X_n$ (in ihrer Gesamtheit) unabhängig sind (›Unabhängigkeit zufälliger Variabler). Im Fall der Unabhängigkeit der X_i ($i = 1, \ldots, n$) gilt

$$P_{X_1,\ldots,X_n}(E_1 \times \cdots \times E_n) = P_{X_1}(E_1) \cdots P_{X_n}(E_n)\,, \quad (E_i \in \mathfrak{S}_i)\,.$$

Den Vektor $\mathfrak{X} = (X_1, \ldots, X_n)$, dessen Komponenten die zufälligen Variablen $X_1, \ldots, X_n$ sind, kann man wiederum als zufällige Variable auffassen. Seine Wahrscheinlichkeitsverteilung $P_{\mathfrak{X}}$ ist gleich der gemeinsamen Wahrscheinlichkeitsverteilung $P_{X_1,\ldots,X_n}$ der zufälligen Variablen $X_1, \ldots, X_n$.

Sind speziell X_1 und X_2 ›Zufallsgrößen über einem gemeinsamen Wahrscheinlichkeitsraum $[\Omega, \mathfrak{A}, P]$, so heißt die Verteilungsfunktion $F_{(X_1, X_2)}$ des ›zufälligen Vektors (X_1, X_2) in diesem Zusammenhang auch *gemeinsame Verteilungsfunktion* der Zufallsgrößen X_1 und X_2 und die durch

$$F_{X_1}(x_1) = P(X_1 < x_1) = \lim_{x_2 \to \infty} F_{(X_1, X_2)}(x_1, x_2) \equiv P(X_1 < x_1, X_2 < \infty)$$

bzw.

$$F_{X_2}(x_2) = P(X_2 < x_2) = \lim_{x_1 \to \infty} F_{(X_1, X_2)}(x_1, x_2) \equiv P(X_1 < \infty, X_2 < x_2)$$

definierten Funktionen F_{X_1} bzw. F_{X_2} *Randverteilungsfunktionen* von X_1 bzw. X_2 der gemeinsamen Verteilung von X_1 und X_2.

Ist der zufällige Vektor (X_1, X_2) stetig, so heißt dessen Wahrscheinlichkeitsdichte $f_{(X_1, X_2)}$ in diesem Zusammenhang auch *gemeinsame Wahrscheinlichkeitsdichte* von X_1 und X_2 und die durch

$$f_{X_1}(x_1) = \int_{-\infty}^{\infty} f_{(X_1, X_2)}(x_1, x_2)\, dx_2 \quad \text{bzw.} \quad f_{X_2}(x_2) = \int_{-\infty}^{\infty} f_{(X_1, X_2)}(x_1, x_2)\, dx_1$$

gegebenen Funktionen f_{X_1} bzw. f_{X_2} *Randverteilungsdichte* von X_1 bzw. X_2 der gemeinsamen Verteilung von X_1 und X_2.

gemischtes Spiel ›Spieltheorie

gemischte Strategie ›Spieltheorie, ›Steuerung stochastischer Prozesse

geometrisches Mittel ›Mittelwerte

geometrische Verteilung: Eine ›diskrete Zufallsgröße X heißt *geometrisch verteilt* mit dem Parameter p, $0 < p < 1$, wenn für die Einzelwahrscheinlichkeiten

$$P(X = m) = (1 - p)\, p^m \qquad (m = 0, 1, 2, \ldots)$$

gilt. Die zugehörige ›charakteristische Funktion ist

$$E\, e^{itX} = \frac{1 - p}{1 - p\, e^{it}},$$

›Erwartungswert und ›Streuung sind

$$EX = \frac{p}{1 - p} \quad \text{und} \quad D^2X = \frac{p}{(1 - p)^2}.$$

Allgemein gilt für die k-ten ›Momente die Rekursionsformel

$$EX^k = p\,(1 - p)\, \frac{d}{dp} \left(\frac{EX^{k-1}}{1 - p} \right).$$

Der ›Modalwert ist gleich Null, Median (›Quantil) ist $x = \operatorname{ent}\left[-\frac{\ln 2}{\ln p} \right]$; falls $p^x = \frac{1}{2}$, ist jeder Wert aus $[x - 1, x]$ Median.

Die geometrische Verteilung ist das diskrete Analogon zur ›Exponentialverteilung.

Beispiel: Werden Versuche mit gleichbleibender Erfolgswahrscheinlichkeit q in gleichen Zeitabständen (in den Zeitpunkten $t = 0, 1, 2, \ldots$) durchgeführt, so ist die Zeit, die bis zum Eintreten des ersten Erfolges vergeht, geometrisch verteilt mit dem Parameter $p = 1 - q$.

geometrische Wahrscheinlichkeit: Es sei E ein Gebiet in der Ebene mit dem (endlichen) Flächeninhalt F_E und $G \subset E$ ein Teilgebiet mit dem Flächeninhalt F_G. Die *geometrische Wahrscheinlichkeit* $P(G)$ des Ereignisses, daß ein zufällig auf E geworfener Punkt in die Teilmenge G fällt, wird durch den Quotienten F_G/F_E definiert. Diese Definition wird dem Prinzip gerecht, flächengleichen Teilbereichen — unabhängig von ihrer speziellen Gestalt — denselben Wert der Wahrscheinlichkeit (›Wahrscheinlichkeit eines Ereignisses) zuzuordnen (vgl. hierzu die ›klassische Definition der Wahrscheinlichkeit; im Unterschied zu den dort betrachteten ›Versuchen liegen bei der geometrischen Wahrscheinlichkeit Versuche mit i. a. unendlich vielen Ausgängen vor). Die geometrische Wahrscheinlichkeit läßt sich nicht nur für einen Teilbereich G eines ebenen Bereiches E (d. h. $E \subset R^2$), sondern allgemeiner für eine Teilmenge G einer Grundmenge E des Raumes R^n (n beliebige natürliche Zahl) durch das Verhältnis der Größen von G und E, d. h. durch den Größenanteil von G in bezug auf E definieren.

Der Begriff der geometrischen Wahrscheinlichkeit wurde im 18. Jahrhundert bei der Betrachtung solcher zufälligen Versuche eingeführt, deren Versuchsausgänge irgendwelche geometrischen quantitativ meßbaren Größen (mit Werten im Raum R^n) sind und bei denen das Prinzip der Gleichmäßigkeit im oben erwähnten Sinne zugrunde liegt.

Im Rahmen der allgemeinen Wahrscheinlichkeitstheorie (›Ereignisfelder und Wahrscheinlichkeitsalgebren, ›Wahrscheinlichkeitsraum) erhält man die geometrische Wahrscheinlichkeit, wenn man über dem ›meßbaren Raum $[E, \mathfrak{B}_E]$ ($\mathfrak{B}_E$ σ-›Algebra der Borel-Mengen $G \subset E$, $E \subset R^n$ mit dem Lebesgue-›Maß $\mu(E)$, $0 < \mu(E) < \infty$) eine Wahrscheinlichkeit P durch $P(G) = \mu(G)/\mu(E)$ einführt (vgl. auch ›stetige gleichmäßige Verteilung).

geordnete Stichprobe: Als *geordnete* ›*Stichprobe* oder *Positionsstichprobe* vom Umfang n aus einer Grundgesamtheit bezeichnet man einen reellen ›zufälligen Vektor $(Y_1, \ldots, Y_n)$, dessen k-te Komponente Y_k ($k = 1, 2, \ldots, n$) für jede mögliche konkrete Stichprobe $(x_1, \ldots, x_n)$ aus dieser Grundgesamtheit den k-ten Wert x_{r_k} des nach $x_{r_1} \leqq x_{r_2} \leqq \cdots \leqq x_{r_n}$ geordneten Tupels $(x_1, \ldots, x_n)$ annimmt. Man sagt, x_j besitzt die *Rangzahl* $r(x_j) = k$, wenn $x_j = x_{r_k}$ gilt. Das n-Tupel $(x_{r_1}, \ldots, x_{r_n})$, das eine ›Realisierung von $(Y_1, \ldots, Y_n)$ ist, wird eine *konkrete geordnete Stichprobe* genannt. Für $Y_1, \ldots, Y_n$ ist auch die Bezeichnung *Variationsreihe* gebräuchlich. Die ›Zufallsgröße Y_k heißt *Ranggröße* oder *Positionsstichprobenfunktion* k-ten Ranges. Speziell sind die Stichprobenfunktionen $\min\{X_1, \ldots, X_n\}$ bzw. $\max\{X_1, \ldots, X_n\}$ einer mathematischen Stichprobe $(X_1, \ldots, X_n)$ Positionsstichprobenfunktionen des Ranges 1 bzw. n.

geschichtete Stichprobe: Es liege eine Grundgesamtheit $\Omega([\Omega, \mathfrak{A}, P])$ mit $\Omega \subset R^1$ vor (›Stichprobe). Diese Grundgesamtheit zerfalle in k Teilgrundgesamtheiten (sog. Schichten) Ω_i ($[\Omega_i, \mathfrak{A}_i, P_i]$), $i = 1, 2, \ldots, k$. Dabei seien die Mengen Ω_i eine disjunkte Zerlegung von Ω (d. h. $\Omega_i \cap \Omega_j = \emptyset$ für $i \neq j$ und $\bigcup_{i=1}^{k} \Omega_i = \Omega$), $\mathfrak{A}_i$ die von den Teilmengen der Form $A \cap \Omega_i$, $A \in \mathfrak{A}$ erzeugte σ-›Algebra und $P_i = p_i^{-1} P$ mit $p_i := P(\Omega_i) > 0$.

Ein ›zufälliger Vektor $(X_{11}, \ldots, X_{1n_1}, \ldots, X_{k1}, \ldots, X_{kn_k})$, $\sum_{i=1}^{k} n_i = n$, heißt eine *geschichtete* (mathematische) *Stichprobe* vom Umfang n aus Ω ($[\Omega, \mathfrak{A}, P]$), wenn die Komponenten X_{ij} ($j = 1, 2, \ldots, n_i$), deren Bildraum der ›meßbare Raum $[\Omega_i, \mathfrak{A}_i]$ sei, unabhängig (›Unabhängigkeit zufälliger Variabler) und ›identisch verteilt sind mit der Wahrscheinlichkeitsverteilung $P_{X_{ij}} = p_i^{-1} P$.

Eine geschichtete Stichprobe heißt *proportional*, wenn $n_i = n\, p_i$ ($i = 1, 2, \ldots, k$) gilt.

Eine geschichtete Stichprobe wird *optimal* genannt, wenn die n_i so gewählt sind, daß

$$D^2\left(\sum_{i=1}^{k} p_i \bar{X}_{i.}^{p}\right) \geqq D^2\left(\sum_{i=1}^{k} p_i \bar{X}_{i.}\right) \qquad (*)$$

$$\left(\text{mit } \bar{X}_{i.}^{p} := \frac{1}{n_i'} \sum_{j=1}^{n_i'} X_{ij},\ n_i' := n\, p_i,\ \bar{X}_{i.} := \frac{1}{n_i} \sum_{j=1}^{n_i} X_{ij}\right)$$

unter der Nebenbedingung $\sum_{i=1}^{k} n_i = n$ gilt. Die Beziehung (*) ist für $n_i = \dfrac{n\, p_i \sigma_i}{\sum_{i=1}^{k} p_i \sigma_i}$, $\sigma_i^2 := D^2 X_{ij}$ erfüllt. Eine proportionale Stichprobe ist optimal, wenn $\sigma_i^2 = \text{const}$ für alle $i = 1, 2, \ldots, k$ gilt.

Lit.: (18), (72)

Gesetz der großen Zahlen: Gesetze der großen Zahlen sind im wesentlichen Aussagen über das Konvergenzverhalten der arithmetischen Mittel $Y_n := \frac{1}{n} \sum_{k=1}^{n} X_k$, $n = 1, 2, \ldots$, einer Folge (X_k), $k = 1, 2, \ldots$, von ›Zufallsgrößen.

1. Man sagt, eine Folge (X_k) von Zufallsgrößen genügt dem (*schwachen*) *Gesetz der großen Zahlen*, wenn die Folge (Y_n) für $n \to \infty$ in Wahrscheinlichkeit (›Konvergenzarten für Folgen zufälliger Variabler, c)) gegen eine Konstante konvergiert. Für die Folge (X_k) gilt das schwache Gesetz der großen Zahlen genau dann, wenn $\sum_{k=1}^{n} X_k$, $n = 1, 2, \ldots$, stabil ist (›asymptotische Eigenschaften von Folgen von Zufallsgrößen).

Z. B. genügt eine Folge (X_k) paarweise unabhängiger (›Unabhängigkeit zufälliger Variabler), ›identisch verteilter Zufallsgrößen, deren ›Erwartungswerte $E\,X_k = : \mu$ existieren, dem schwachen Gesetz der großen Zahlen, genauer gilt $Y_n \underset{P}{\to} \mu$ (CHINTSCHIN 1929).

Speziell für ›zweipunktverteilte Zufallsgrößen X_k mit $P(X_k = 1) = p$ und $P(X_k = 0) = 1 - p$ entdeckte BERNOULLI 1712 das (schwache) Gesetz der großen Zahlen $Y_n \underset{P}{\to} p$. Die Realisierungen von Y_n haben dabei gerade die Bedeutung der ›relativen Häufigkeit eines mit Wahrscheinlichkeit p eintretenden zufälligen Ereignisses (›BERNOULLI-Schema).

2. Man sagt, eine Folge (X_k), $k = 1, 2, \ldots$, von Zufallsgrößen genügt dem *starken Gesetz der großen Zahlen*, wenn die Folge (Y_n), $n = 1, 2, \ldots$, ihrer arithmetischen Mittel fast sicher (d. h. mit Wahrscheinlichkeit 1) gegen eine Konstante konvergiert (›Konvergenzarten für Folgen zufälliger Variabler, a)).

Für unabhängige, identisch verteilte Zufallsgrößen X_k, $k = 1, 2, \ldots$, ist die Existenz des Erwartungswertes $E\,X_k = \mu$ hinreichend dafür, daß (Y_n) mit Wahrscheinlichkeit 1 gegen μ konvergiert, d. h. (X_n) dem starken Gesetz der großen Zahlen genügt; umgekehrt gewährleistet die fast sichere Konvergenz von (Y_n) gegen eine Konstante c die Existenz des Erwartungswertes μ, und es gilt überdies $\mu = c$ (KOLMOGOROV 1930).

3. Gesetze der großen Zahlen lassen sich auch für die Konvergenz im quadratischen Mittel (›Konvergenzarten für Folgen zufälliger Variabler, b)) formulieren (63).

Die Gesetze der großen Zahlen haben neben ihrem allgemeinen erkenntnistheoretischen Inhalt unmittelbare praktische Bedeutung in der Wahrscheinlichkeitstheorie und Mathematischen Statistik. Auf ihnen beruht wesentlich die Möglichkeit, unbekannte Kenngrößen (Parameter) einer Wahrscheinlichkeitsverteilung (Wahrscheinlichkeiten, Erwartungswerte u. a.) auf Grund von ›Stichproben beliebig genau zu schätzen (›Schätztheorie). Auch die ›Monte-Carlo-Methode stützt sich auf die Gesetze der großen Zahlen.

Gesetze der großen Zahlen sind qualitative Konvergenzaussagen; quantitative Aussagen über die Konvergenzgeschwindigkeit liefert der ›zentrale Grenzwertsatz. In engem Zusammenhang mit dem Gesetz der großen Zahlen steht das ›Gesetz vom iterierten Logarithmus.

Lit.: (49), (62), (63)

Gesetz der kleinen Zahlen: Der Name ist eine von v. BORTKIEWICZ 1898 geprägte, veraltete Bezeichnung für den ›Grenzwertsatz von POISSON.

Gesetz vom iterierten Logarithmus: Sei $(X_n)_{n \in N}$ eine Folge von ›Zufallsgrößen, $S_n := X_1 + \cdots + X_n$, $(n = 1, 2, \ldots)$, und $B_n := D^2 S_n$, wobei wir $0 < B_n < \infty$ $(n = 1, 2, \ldots)$ und $\lim\limits_{n \to \infty} B_n = \infty$ voraussetzen. Man sagt, die Folge $(X_n)_{n \in N}$ genügt dem *Gesetz vom iterierten Logarithmus*, wenn

$$P\left(\overline{\lim_{n \to \infty}} \frac{S_n - E\,S_n}{\sqrt{2 \cdot B_n \cdot \ln \ln B_n}} = 1\right) = 1$$

gilt.

P. HARTMAN und A. WINTNER bewiesen (vgl. [3]), daß jede Folge $(X_n)_{n\in N}$ unabhängiger (›Unabhängigkeit zufälliger Variabler), ›identisch verteilter Zufallsgrößen mit endlichem ›Erwartungswert μ und endlicher positiver ›Streuung σ^2 dem Gesetz vom iterierten Logarithmus genügt, d. h., es ist

$$P\left(\overline{\lim_{n\to\infty}} \frac{S_n - n\cdot\mu}{\sigma\cdot\sqrt{2n\cdot\ln\ln n}} = 1\right) = 1\,; \tag{*}$$

außerdem gilt in diesem Falle auch

$$P\left(\underline{\lim_{n\to\infty}} \frac{S_n - n\cdot\mu}{\sigma\cdot\sqrt{2n\cdot\ln\ln n}} = -1\right) = 1\,. \tag{⁑}$$

Aus (*) und (⁑) folgt insbesondere die Beziehung $\left|\frac{S_n}{n} - \mu\right| = O\left(\sqrt{\frac{\ln\ln n}{n}}\right)$ P-f. s. (›fast überall), was eine Verschärfung des starken ›Gesetzes der großen Zahlen beinhaltet. V. STRASSEN (vgl. [6]) zeigte, daß umgekehrt aus (*) für $\mu = 0$, $\sigma = 1$ die Existenz von $D^2 X_1$ sowie $E X_1 = 0$ und $D^2 X_1 = 1$ folgen.

Eine Folge $(X_n)_{n\in N}$ unabhängiger, nicht notwendig identisch verteilter Zufallsgrößen genügt nach einem klassischen Satz von A. N. KOLMOGOROV (vgl. [4]) dem Gesetz vom iterierten Logarithmus, wenn $|X_n| \leqq t_n$ P-f. s. gilt ($n = 1, 2, \ldots$) und die Schranken t_n, ($n = 1, 2, \ldots$), die Bedingung $t_n = O\left(\sqrt{\frac{B_n}{\ln\ln B_n}}\right)$ erfüllen. Verallgemeinerungen dieses Satzes wurden für Folgen unabhängiger, beschränkter Zufallsgrößen von W. FELLER (vgl. [2]) erhalten. Neuere Ergebnisse für Folgen unabhängiger, nicht notwendig beschränkter Zufallsgrößen stammen von V. V. PETROV (vgl. [5]) und A. V. EGOROV (vgl. [1]).

Das Gesetz vom iterierten Logarithmus gilt auch für gewisse stochastische Prozesse, so z. B. für den ›WIENERschen Prozeß.

Lit.: [1] Егоров, В. А., Несколько теорем об усиленном законе больших чисел и законе повторного логарифма, Докл. АН СССР **193** (1970), N. 2, 268—270.

[2] FELLER, W., The general form of the so-called law of the iterated logarithm, Trans. Am. Math. Soc. **54** (1943), 373—402.

[3] HARTMAN, P., and A. WINTNER, On the law of iterated logarithm, Amer. J. Math. **63** (1941), 169—176.

[4] Колмогоров, А. Н., Über das Gesetz des iterierten Logarithmus, Math. Annalen **101** (1929), 126—135.

[5] Петров, В. В., К закону повторного логарифма, Вестник Ленинградского ун-та **7** (1966), 63—67.

[6] STRASSEN, V., A converse to the law of the iterated logarithm, Zeitschrift f. Wahrscheinlichkeitstheorie u. Verwandte Gebiete **4** (1966), 205—268.

Gestaltsparameter ›Parameter einer Verteilung

gesteuerter stochastischer Prozeß ›Steuerung stochastischer Prozesse

gestörter Kanal ›Informationstheorie

Gewichtsfunktion ›zusammengesetzte Verteilungen

Gewinnfunktion eines Spiels ›Spieltheorie

gewöhnliches Moment ›Momente

gitterförmige Verteilung: Eine ›diskrete Zufallsgröße X, die nur Werte der Form $x_m = a + m\,h$ (*), (a reell, $h > 0$, $m = 0, \pm 1, \pm 2, \ldots$), annehmen kann, heißt *gitterförmig* verteilt. Für die Darstellungen der möglichen Werte von X gemäß (*) gibt es ein größtes h, die sog. *Gitterkonstante* (der Wahrscheinlichkeitsverteilung) von X.

In der Theorie der ›Grenzwertsätze spielen gitterförmige Verteilungen eine besondere Rolle.

Der Begriff der gitterförmigen Verteilung läßt sich sinngemäß für ›zufällige Variable mit einem Bildraum $[S, \sigma]$ verallgemeinern, wenn S und σ dabei eine geeignete algebraische und topologische Struktur besitzen.

Lit.: (21)

Gitterkonstante einer ›gitterförmigen Verteilung

gleichmäßig bessere Konfidenzschätzung ›Bereichsschätzung

gleichmäßig besserer Test ›Testtheorie

gleichmäßig beste Konfidenzschätzung ›Bereichsschätzung

gleichmäßig bester Test ›Testtheorie

gleichmäßige Verteilung ›stetige gleichmäßige Verteilung, ›diskrete gleichmäßige Verteilung

gleitende Mittel

I. Das *Modell der (endlichen) gleitenden Mittel* ist ein ›stochastisches Modell, das bei der statistischen ›Zeitreihenanalyse verwendet wird. Es besteht darin, daß die zu analysierende Zeitreihe als ›Realisierung eines Prozesses der endlichen ›gleitenden Mittel aufgefaßt wird.

II. Der *Prozeß der (einseitigen) gleitenden Mittel mit diskreter Zeit* ist ein ›stochastischer Prozeß $X_T = (X_t)_{t \in T}$ mit $T = \{\cdots -1, 0, 1, \ldots\}$, der darstellbar ist in der Form

$$X_t = \sum_{k=0}^{\infty} a_k \varepsilon_{t-k}, \qquad t \in T.$$

Dabei bezeichnet $(\varepsilon_t)_{t\in T}$ eine Folge unkorrelierter (›Korrelationskoeffizient) Zufallsgrößen mit den ›Erwartungswerten $E\,\varepsilon_t = 0$ und gleichen ›Streuungen $D^2(\varepsilon_t) = 1$. Weiterhin ist $(a_k)_{k\in\{0,1,\ldots\}}$ eine (im allgemeinen komplexwertige) Zahlenfolge mit $\sum_{k=0}^{\infty} |a_k|^2 < \infty$. Der Prozeß X_T ist stationär i. w. S. (›stationärer Prozeß), besitzt die Erwartungswertfunktion $E\,X_t \equiv 0$, die ›Kovarianzfunktion $K_X(\tau) = \sum_{n=0}^{\infty} a_{n+\tau}\,\bar{a}_n$, $\left(\tau = 0,1,2,\ldots;\ K_X(-\tau) = \overline{K_X(\tau)}\right)$, und die Spektraldichte (›Spektraldarstellung stationärer Prozesse) $f(\lambda) = \frac{1}{2\pi}\left|\sum_{n=0}^{\infty} a_n\,e^{-in\lambda}\right|^2$, $(-\pi \leqq \lambda \leqq \pi)$. Spezialfälle sind der Prozeß der endlichen ›gleitenden Mittel und der ›autoregressive Prozeß (der gleitenden Mittel), falls dieser stationär i. w. S. ist.

III. Der *Prozeß der (einseitigen) gleitenden Mittel mit stetiger Zeit* ist ein stochastischer Prozeß $X_T = (X_t)_{t\in T}$ mit $T = R^1$, der darstellbar ist in der Form

$$X_t = \int_{-\infty}^{t} a\,(t-u)\,d\varepsilon_u, \qquad t \in T.$$

Dabei bezeichnet $(\varepsilon_t)_{t\in T}$ einen ›Prozeß mit orthogonalen Zuwächsen, für den $E\,\varepsilon_t = 0$, $E\,|\varepsilon_{t+\tau} - \varepsilon_t|^2 = \tau$ gilt, und $a(t)$ ist eine für $t \geqq 0$ definierte LEBESGUE-meßbare (i. a. komplexwertige) Funktion (›meßbare Funktion) mit $\int_0^{\infty} |a(t)|^2\,dt < \infty$. Ein solcher Prozeß X_T ist stationär i. w. S., besitzt die Erwartungswertfunktion $E\,X_t \equiv 0$, die Kovarianzfunktion $K_X(\tau) = \int_0^{\infty} a\,(t+\tau)\,\overline{a(t)}\,dt$, $\tau \geqq 0$, und die Spektraldichte $f(\lambda) = \frac{1}{2\pi}\left|\int_0^{\infty} a(t)\,e^{-i\lambda t}\,dt\right|^2$, $\lambda \in R^1$. Ein Spezialfall ist der autoregressive Prozeß mit stetiger Zeit, falls dieser stationär i. w. S. ist. Der Prozeß der (einseitig) gleitenden Mittel, der auch häufig als *linearer Prozeß* bezeichnet wird, ist rein indeterministisch oder regulär (›stationärer Prozeß), und umgekehrt ist jeder rein indeterministische Prozeß als Prozeß der gleitenden Mittel darstellbar.

Häufig werden — insbesondere in der ›Statistik stochastischer Prozesse — spezielle Prozesse der gleitenden Mittel betrachtet. Im Falle diskreter Zeit wird zusätzlich gefordert, daß die Zufallsgrößen ε_t identisch verteilt und unabhängig sind für alle $t \in T$. Im Falle stetiger Zeit setzt man zusätzlich voraus, daß $(\varepsilon_t)_{t\in T}$ ein homogener ›Prozeß mit unabhängigen Zuwächsen ist.

IV. Der *Prozeß der endlichen gleitenden Mittel(werte) s-ter Ordnung* ist ein ›stochastischer Prozeß $X_T = (X_t)_{t \in T}$ mit $T = \{\cdots, -1, 0, 1, \ldots\}$, der darstellbar ist in der Form

$$X_t = \sum_{k=0}^{s} b_k \, \varepsilon_{t-k}, \qquad t \in T .$$

Dabei bezeichnen $(\varepsilon_t)_{t \in T}$ eine Folge unkorrelierter (›Korrelationskoeffizient) ›Zufallsgrößen mit den ›Erwartungswerten $E(\varepsilon_t) = 0$ und den ›Streuungen $D^2(\varepsilon_t) = \sigma^2$ sowie b_k, $k = 0, 1, \ldots, s$, reelle Zahlen, wobei speziell $b_0 = 1$ und $b_s \neq 0$ gilt. Der Prozeß X_T erweist sich überdies als stationär i. w. S. (›stationärer Prozeß). Er besitzt die ›Kovarianzfunktion

$$K_X(\tau) = \begin{cases} \sigma^2 \sum_{k=0}^{s-|\tau|} b_k \, b_{k+|\tau|}, & |\tau| \leqq s, \\ 0 & |\tau| > s \end{cases}$$

und die in $e^{i\lambda}$ rationale Spektraldichte

$$f(\lambda) = \frac{\sigma^2}{2\pi} \left| \sum_{k=0}^{s} b_k \, e^{ik\lambda} \right|^2, \qquad (-\pi \leqq \lambda < \pi) .$$

X_T ist ein Spezialfall des Prozesses der ›gleitenden Mittel. Er findet in der Zeitreihenanalyse (›gleitende Mittel, Modell der) Anwendung und besitzt besonders günstige Eigenschaften hinsichtlich der Extrapolation (›stationärer Prozeß).

Lit.: (20), (25), (27), (36),

[1] BARTLETT, M., An Introduction to Stochastic Processes with Special Reference to Methods and Applications. Cambridge 1953.

[2] BOX, G. E. P., JENKINS, G. M., Time series analysis, forecasting and control. San Francisco 1970.

Gliedziffernmethode: Die Gliedziffernmethode ist eine (veraltete) Methode zur Ausschaltung des ›Trends bei der Berechnung von Saisonindexzahlen (›Indexzahlen) als qualitativer Ausdruck der ›periodischen Schwankungen einer Zeitreihe (›Zeitreihenanalyse).

Lit.: [1] ANDERSON, O., Probleme der statistischen Methodenlehre in den Sozialwissenschaften, Würzburg 1963.

[2] Autorenkollektiv, Lehrbuch Allgemeine Statistik, 3. überarbeitete Auflage, Berlin 1967.

GLIWENKO, Satz von ›empirische Verteilungsfunktion

globale Grenzwertsätze: Globale Grenzwertsätze sind Aussagen über die Konvergenz einer Folge (F_n) von Verteilungsfunktionen (›Zufallsgröße) gegen eine Verteilungsfunktion F bez. einer L^p-Norm, d. h. $\int\limits_{-\infty}^{\infty} |F_n(x) - F(x)|^p \, dx \to 0$ für $n \to \infty$ und für irgendein p mit $1 \leqq p < \infty$.

Glockenkurve ›Normalverteilung

GRAM-CHARLIER-Reihe: Unter der GRAM-CHARLIER-*Reihe* oder GRAM-CHARLIER-*Entwicklung* vom Typ A versteht man die Reihenentwicklung

$$f_X(x) = \varphi(x) \cdot \sum_{k=0}^{\infty} c_k \, H_k(x) \tag{*}$$

der Dichte einer ›stetigen Zufallsgröße X.

Dabei bedeuten φ die Dichte der standardisierten ›Normalverteilung und H_k die durch die Ableitungen $\varphi^{(k)}(x) = (-1)^k H_k(x) \, \varphi(x)$, $k = 0, 1, \ldots$, definierten hermiteschen Orthogonalpolynome. Die Koeffizienten c_k, $k = 0, 1, \ldots$, lassen sich aus den ›Momenten von X bis zur Ordnung k — sofern sie existieren — durch

$$c_k = \sum_{j=0}^{\operatorname{ent}\left[\frac{k}{2}\right]} (-1)^j \frac{m_{k-2j}}{(k-2j)! \, j! \, 2^j}$$

berechnen. insbesondere ist $c_0 = 1$, $c_1 = m_1$, $c_2 = \frac{1}{2}(m_2 - 1)$, $c_3 = \frac{1}{6}(m_3 - 3\,m_1)$, $c_4 = \frac{1}{24}(m_4 - 6\,m_2 + 3)$.

Bei Verwendung der ›Semiinvarianten anstelle der Momente ergibt sich für eine ›standardisierte Zufallsgröße X die Reihe (*) in der Form

$$f_X(x) = \varphi(x) \left(1 + \frac{\varkappa_3}{3!} H_3(x) + \frac{\varkappa_4}{4!} H_4(x) + \frac{\varkappa_5}{5!} H_5(x) + \frac{\varkappa_6 + 10\,\varkappa^2}{6!} H_6(x) + \cdots \right).$$

Die GRAM-CHARLIER-Reihe wurde mit dem Ziel angegeben, die Dichte einer beliebigen stetigen Zufallsgröße mit existierenden Momenten näherungsweise durch die der $N(0, 1)$-Verteilung und (vermittels der hermiteschen Polynome auch) deren Ableitungen darzustellen, was insbesondere dann günstig ist, wenn die Verteilung von X der Normalverteilung benachbart ist. Allerdings braucht die Reihe (*) i. a. nicht zu konvergieren; Bedingungen für die Konvergenz sind in (38) angegeben. Auch liefert eine Teilsumme von (*) (etwa bis $k = 4$) nicht immer eine zufriedenstellende Approximation von f_X; insbesondere können sich sogar negative Werte der Reihe ergeben.

Eine analoge Reihendarstellung der Einzelwahrscheinlichkeiten einer ›diskreten Zufallsgröße (mit existierenden Momenten) in bezug auf die ›POISSON-Verteilung wird GRAM-CHARLIER-*Reihe vom Typ B* genannt.

Lit.: (38)

Grenzverteilungssätze in der Wahrscheinlichkeitstheorie = ›Grenzwertsätze

Grenzwertsätze: Grenzwertsätze (eigentlich *Grenzverteilungssätze*) der Wahrscheinlichkeitstheorie sind Aussagen über das Grenzverhalten von Folgen von ›Zufallsgrößen bzw. Verteilungsfunktionen und allgemeiner ›Wahrscheinlichkeitsmaße. Sie bestehen vielfach in der Angabe hinreichender Bedingungen für die Konvergenz einer Folge von Verteilungsfunktionen (bzw. von Dichten, ›stetige Zufallsgröße) gegen eine sog. Grenzverteilungsfunktion (bzw. -dichte) sowie in Betrachtungen über die Konvergenzgeschwindigkeit.

Über die Grenzwertsätze liegt eine weit ausgebaute Theorie vor (22), (31). Den praktischen Bedürfnissen entsprechend sind dabei Untersuchungen über die Grenzverteilungsfunktion der Summe bzw. des Maximums (›Extremwertverteilungen) von n unabhängigen Zufallsgrößen (›Unabhängigkeit zufälliger Variabler) für $n \to \infty$ von besonderem Interesse. Innerhalb der Grenzwertsätze nimmt der ›*zentrale Grenzwertsatz* einen wichtigen Platz ein; er gibt hinreichende und notwendige Bedingungen für die Konvergenz der Verteilungsfunktion einer Summe unabhängiger Zufallsgrößen gegen die ›Normalverteilung an. Untersuchungen der Konvergenz von Verteilungsfunktionen (bzw. von Dichten) im p-ten Mittel sind Gegenstand der ›*globalen Grenzwertsätze.* Untersuchungen der Konvergenz von Einzelwahrscheinlichkeiten (›diskrete Zufallsgröße) und Dichten (gewöhnliche bzw. gleichmäßige Konvergenz) sind Gegenstand der ›*lokalen Grenzwertsätze.*

Weitere spezielle Grenzwertsätze sind der ›Grenzwertsatz von POISSON, ›Grenzwertsätze für Wahrscheinlichkeiten großer Abweichungen, das ›Arcussinus-Gesetz; wichtige Klassen von Grenzverteilungen sind ›unbeschränkt teilbare Verteilungen, ›L-Verteilungen, der ›stabile Verteilungstyp und ›Extremwertverteilungen.

Die ›Gesetze der großen Zahlen werden üblicherweise außerhalb der Grenzwertsätze behandelt.

Lit.: (22), (31), (57)

Grenzwertsätze für Wahrscheinlichkeiten großer Abweichungen: Diese Sätze sind ›Grenzwertsätze, die asymptotische Aussagen über Folgen von Verteilungsfunktionen (›Zufallsgröße) und deren Wahrscheinlichkeitsdichten (›stetige Zufallsgröße) beinhalten, wenn ihr Argument nicht fest ist, sondern mit n gemäß einer bestimmten Wachstumsordnung gegen ∞ strebt.

Es gilt z. B. der Satz: Sei (X_k), $k = 1,2,\ldots$, eine Folge unabhängiger (›Unabhängigkeit zufälliger Variabler), ›identisch mit der Verteilungsfunktion F verteilter Zufallsgrößen mit dem ›Erwartungswert $EX_k = 0$

und der ›Streuung $D^2X_k = \sigma^2$, $k = 1, 2, \ldots$, sowie $Z_n := \frac{X_1 + \cdots + X_n}{\sigma\sqrt{n}}$. Die momenterzeugende Funktion M (›erzeugende Funktion), $M(t) = \int_{-\infty}^{\infty} \exp(t\,x)\,dF(x)$, sei endlich für $|t| \leqq a$, $a > 0$ (CRAMÉRsche *Bedingung*). Dann gilt für $x \geqq 0$, $x = o(\sqrt{n})$, $n \to \infty$, die asymptotische Beziehung

$$\frac{P(Z_n > x)}{1 - \Phi(x)} = \exp\left(\frac{x^3}{\sqrt{n}}\lambda\left(\frac{x}{\sqrt{n}}\right)\right)\left(1 + O\left(\frac{x+1}{\sqrt{n}}\right)\right),$$

wobei Φ die Verteilungsfunktion der standardisierten ›Normalverteilung und λ eine Funktion ist, die sich in $z = 0$ wie $\lambda(z) = a_0 + a_1 z + \cdots$ verhält; es ist dabei $a_0 = \frac{1}{6}\frac{\varkappa_3}{\varkappa_2^{3/2}}$, $a_1 = \frac{\varkappa_4\varkappa_2 - 3\varkappa_3^2}{24\varkappa_2^3}$ ($\varkappa_\nu$ ›Semiinvarianten von F).

Grenzwertsätze für Wahrscheinlichkeiten großer Abweichungen finden Anwendung bei der Konstruktion statistischer Tests (›Testtheorie) sowie auch bei verschiedenen anderen praktischen Fragestellungen.

Lit.: (31)

Grenzwertsatz von DE MOIVRE-LAPLACE ›zentraler Grenzwertsatz

Grenzwertsatz von POISSON: Die Berechnung der Einzelwahrscheinlichkeiten (›diskrete Zufallsgröße) $b(k, n, p) := \binom{n}{k} p^k (1-p)^{n-k}$, $0 < p < 1$, $k = 0, 1, \ldots, n$, einer mit den Parametern n und p binomialverteilten Zufallsgröße (›Binomialverteilung) erfordert, besonders für große n, einen großen numerischen Aufwand. Es erweist sich, daß sich für große n und kleine p die Größen $b(k, n, p)$ vorteilhaft durch die Einzelwahrscheinlichkeiten $e^{-np}\frac{(n\,p)^k}{k!}$ einer mit dem Parameter $\lambda = n\,p$ POISSON-verteilten Zufallsgröße (›POISSON-Verteilung) approximieren lassen. Die mathematisch exakte Formulierung dieses Sachverhalts beinhaltet der *Grenzwertsatz von* POISSON (1837):

$$\lim_{\substack{n\to\infty \\ n\,p\to\lambda}} \binom{n}{k} p^k (1-p)^{n-k} = e^{-\lambda}\frac{\lambda^k}{k!}, \quad k = 0, 1, 2, \ldots .$$

griechisch-lateinisches Quadrat ›Varianzanalyse

Grundgesamtheit ›Stichprobe

Gütefunktion ›Testtheorie

Gutgrenze ›statistische Qualitätskontrolle

H

Halbinvarianten = ›Semiinvarianten

halb-MARKOVscher Prozeß = ›semi-MARKOVscher Prozeß

Halbmartingal ›Martingal

HAMBURGERsches ›Momentenproblem

Häufigkeit ›relative Häufigkeit

Häufigkeitspolygon ›Klassenhäufigkeit

Häufigkeitstabelle ›Klassenhäufigkeit

Hauptsatz der ›Erneuerungstheorie

Hauptsatz der Mathematischen Statistik = Satz von GLIVENKO ›empirische Verteilungsfunktion

HAUSDORFFsches ›Momentenproblem

heiße Reserve ›Zuverlässigkeitstheorie

HELMERT-PEARSON-Verteilung = ›χ^2-Verteilung

hierarchische Klassifikation ›Varianzanalyse

hinreichende Koordinate ›Steuerung stochastischer Prozesse

hinreichende Schätzfunktion ›Punktschätzung

Histogramm = Staffelbild ›Klassenhäufigkeit

homogener ›Markovscher Prozeß

homogener ›Prozeß mit unabhängigen Zuwächsen

homogenes ›zufälliges Feld

Homogenitätstest: Unter *Homogenitätstests* versteht man statistische Tests (›Testtheorie) zur Prüfung von Hypothesen folgender Art:

1. Die Verteilungsfunktionen mehrerer betrachteter ›Zufallsgrößen sind gleich (›k-Stichprobenproblem).

2. Die ›Erwartungswerte mehrerer betrachteter Zufallsgrößen sind gleich (›Varianzanalyse, Modell I).
3. Die ›Streuungen mehrerer betrachteter Zufallsgrößen sind gleich (›COCHRAN-Test, ›BARTLETT-Test).

HOTELLINGS T^2-Verteilung: Es seien $\mathfrak{Y}^{(i)} = (Y_1^{(i)}, \ldots, Y_k^{(i)})$, $(i = 1, 2, \ldots, n+1)$, ›zufällige Vektoren, die unabhängig (›Unabhängigkeit zufälliger Variabler) und ›identisch verteilt sind mit einer k-dimensionalen nichtsingulären ›Normalverteilung mit dem Erwartungswertvektor $\mathfrak{a} = (a_1, \ldots, a_k)$ (›Erwartungswert). Mit den Bezeichnungen

$$\overline{Y}_l := \frac{1}{n+1} \sum_{i=1}^{n+1} Y_l^{(i)} \qquad (l = 1, 2, \ldots, k),$$

$$W_{lm} := \sum_{i=1}^{n+1} (Y_l^{(i)} - \overline{Y}_l)(Y_m^{(i)} - \overline{Y}_m) \qquad (l, m = 1, 2, \ldots, k),$$

$$\mathfrak{W} := (W_{lm})_{l,m=1,\ldots,k} \quad \text{und} \quad \mathfrak{L} := \mathfrak{W}^{-1} = (L_{lm})_{l,m=1,\ldots,k}$$

heißt die ›stetige Zufallsgröße

$$X := n(n+1) \sum_{l,m=1}^{k} L_{lm} (\overline{Y}_l - a_l)(\overline{Y}_m - a_m)$$

nach HOTELLING *T^2-verteilt* mit n Freiheitsgraden und dem Parameter k, (n, k natürliche Zahlen; $n \geqq k$). Die Wahrscheinlichkeitsdichte ist durch

$$f_X(x) = \begin{cases} \dfrac{\Gamma\left(\frac{n+1}{2}\right) x^{\frac{k}{2}-1}}{n^{\frac{k}{2}} \cdot \Gamma\left(\frac{n-k+1}{2}\right) \Gamma\left(\frac{k}{2}\right) \left(1 + \frac{x}{n}\right)^{\frac{n+1}{2}}} & \text{für } x > 0, \\ 0 & \text{für } x \leqq 0 \end{cases}$$

gegeben. Dabei bezeichnet Γ die Gamma-Funktion (›Gammaverteilung).

Die Zufallsgröße $\frac{n-k+1}{nk} X$ besitzt eine ›F-Verteilung mit $(k, n-k+1)$ Freiheitsgraden, $\frac{1}{n} X$ eine ›Betaverteilung 2. Art mit den Parametern $\left(\frac{k}{2}, \frac{n-k+1}{2}\right)$.

Sei Z eine Zufallsgröße, die eine ›t-Verteilung mit n Freiheitsgraden besitzt. Dann ist die Verteilung von Z^2 eine HOTELLINGS-T^2-Verteilung mit n Freiheitsgraden und dem Parameter $k = 1$. Also stellt HOTELLINGS T^2-Verteilung eine k-dimensionale Verallgemeinerung der t-Verteilung dar.

HOTELLING-Test: Unter dem Namen HOTELLING-*Test* wird eine Reihe von ›Signifikanztests verstanden, die der Prüfung von Hypothesen über Erwartungswertvektoren (›Erwartungswert) ›normalverteilter ›zufälliger

Vektoren dienen und bei denen eine von HOTELLING [1] vorgeschlagene Stichprobenfunktion (›Stichprobe) verwendet wird.

Besonders wichtig ist dabei der folgende Test zur Prüfung einer Hypothese über den Erwartungswertvektor μ eines k-dimensionalen normalverteilten zufälligen Vektors $\mathfrak{X} = (X_1, \ldots, X_k)$ bei unbekannter ›Kovarianzmatrix B anhand einer konkreten Stichprobe $\mathfrak{x}^{(1)}, \ldots, \mathfrak{x}^{(n)}$ aus der zu $\mathfrak{X}$ gehörenden Grundgesamtheit.

1. Hypothese H: $\mu = \mu_0$.

2. Testgröße: $T^2 = n\,(\overline{\mathfrak{X}} - \mu_0)\, S^{-1}\, (\overline{\mathfrak{X}} - \mu_0)'$; dabei ist $\overline{\mathfrak{X}}$ das Stichprobenmittel und S die Stichprobenkovarianzmatrix (›empirische Momente, ›empirische Kovarianzmatrix) einer mathematischen Stichprobe vom Umfang n aus der zu $\mathfrak{X}$ gehörenden Grundgesamtheit.

S^{-1} existiert (mit Wahrscheinlichkeit 1 (›fast überall)) genau dann, wenn die Stichprobenvariablen $\mathfrak{X}^{(1)}, \ldots, \mathfrak{X}^{(n)}$ (mit Wahrscheinlichkeit 1) nicht auf einer $(k-1)$-dimensionalen Hyperebene liegen (89).

Falls H zutrifft, besitzt $\dfrac{T^2(n-k)}{(n-1)k}$ eine ›F-Verteilung mit $(k, n-k)$ Freiheitsgraden. Die Verteilung von T^2 selbst wird ›HOTELLINGS T^2-Verteilung genannt.

3. Kritischer Bereich: $K^* = \left\{t^2 \,\middle|\, \dfrac{t^2(n-k)}{(n-1)k} > F_{(k,n-k);1-\alpha}\right\}$, wobei $F_{(k,n-k);1-\alpha}$ das ›Quantil der Ordnung $1-\alpha$ einer ›F-Verteilung mit $(k, n-k)$ Freiheitsgraden ist.

4. Praktische Durchführung: Anhand einer konkreten Stichprobe $(\mathfrak{x}^{(1)}, \ldots, \mathfrak{x}^{(n)})$ berechnet man den Wert $t^2 = n\,(\overline{\mathfrak{x}} - \mu_0)\, s^{-1}\, (\overline{\mathfrak{x}} - \mu_0)'$ der Testgröße. Gilt $t^2 \in K^*$, so lehnt man H ab, anderenfalls ist gegen H nichts einzuwenden. In [2] wird ein exaktes numerisches Verfahren zur Berechnung von t^2 angegeben, das ohne die Berechnung der Inversen s^{-1} der empirischen Kovarianzmatrix aus der konkreten Stichprobe auskommt.

Die o. a. Testgröße ist die direkte Verallgemeinerung des Quadrats der beim ›t-Test, Fall a), verwendeten Testgröße für den mehrdimensionalen Fall. Analog zum t-Test dienen weitere Varianten des HOTELLING-Tests u. a. zur Prüfung der Gleichheit zweier (wie auch allgemeiner von mehreren) Erwartungswertvektoren normalverteilter zufälliger Vektoren sowie auch zu einer Lösung des mehrdimensionalen Analogons des ›BEHRENS-FISHER-Problems.

Ist die Kovarianzmatrix B von $\mathfrak{X}$ bekannt — das ist ein in den Anwendungen relativ selten vorkommender Fall — und außerdem nicht singulär, so verwendet man anstelle obiger Testgröße die Testgröße $T^2 = n\,(\overline{\mathfrak{X}} - \mu_0)\, B^{-1}\, (\overline{\mathfrak{X}} - \mu_0)'$, die — falls H wahr ist — eine ›χ^2-Verteilung mit k Freiheitsgraden besitzt. Man lehnt H genau dann ab, wenn für die aus der vorliegenden konkreten Stichprobe berechnete ›Realisierung $t^2 = n\,(\overline{\mathfrak{x}} - \mu_0)\, B^{-1}\, (\overline{\mathfrak{x}} - \mu_0)'$ der Testgröße T^2 die Ungleichung $t^2 > \chi^2_{k,1-\alpha}$ besteht; dabei ist $\chi^2_{k,1-\alpha}$ das Quantil der Ordnung $1-\alpha$ der χ^2-Verteilung mit k Freiheitsgraden und α das Signifikanzniveau.

Lit.: (72), (89)

[1] HOTELLING, H., The generalization of student's ratio, Ann. Math. Statist. 2 (1931), 360–378.

[2] ANDERSON, T. W., An introduction to multivariate statistical analysis, New York-London 1958.

hypergeometrische Verteilung: Eine ›diskrete Zufallsgröße X heißt *hypergeometrisch verteilt* mit den (ganzzahligen) Parametern N, M, n, $(0 \leqq M \leqq N,$ $0 \leqq n \leqq N)$, wenn für die Einzelwahrscheinlichkeiten

$$P(X = m) = \frac{\binom{M}{m}\binom{N-M}{n-m}}{\binom{N}{n}}$$

$$\big(m = \max(0, n + M - N), \ldots, \min(M, n)\big)$$

gilt. ›Erwartungswert und ›Streuung sind

$$EX = \frac{M\,n}{N} \quad \text{und} \quad D^2X = \frac{M\,n\,(N-M)\,(N-n)}{N^2\,(N-1)}.$$

Die hypergeometrische Verteilung läßt sich an einem ›Urnenmodell folgendermaßen interpretieren:

Eine Urne enthalte N Kugeln, und zwar M weiße und $N - M$ schwarze. Werden nun n Kugeln zufällig aus der Urne entnommen, so gibt $P(X = m)$ die Wahrscheinlichkeit dafür an, daß sich unter den entnommenen Kugeln genau m weiße befinden.

Die hypergeometrische Verteilung ist ein Spezialfall der ›PÓLYA-Verteilung. Für $N \to \infty$, $\frac{M}{N} \to p =$ const. konvergieren ihre Einzelwahrscheinlichkeiten gegen diejenigen der ›Binomialverteilung mit den Parametern n und p.

In Verallgemeinerung heißt ein zweidimensionaler ›zufälliger Vektor (X_1, X_2) hypergeometrisch verteilt mit den Parametern N, M_1, M_2, n $(0 \leqq M_1 \leqq N,\ 0 \leqq M_2 \leqq N,\ M_1 + M_2 \leqq N,\ 0 \leqq n \leqq N)$, wenn

$$P(X_1 = m_1, X_2 = m_2) = \frac{\binom{M_1}{m_1}\binom{M_2}{m_2}\binom{N - M_1 - M_2}{n - m_1 - m_2}}{\binom{N}{n}}$$

$$(0 \leqq m_1 \leqq M_1,\ 0 \leqq m_2 \leqq M_2,\ n + M_1 + M_2 - N \leqq m_1 + m_2 \leqq n)$$

gilt.

Die hypergeometrische Verteilung findet z. B. in der ›statistischen Qualitätskontrolle Anwendung.

Hypothese, statistische: Unter einer statistischen Hypothese versteht man eine Annahme (Vermutung) über die (nicht vollständig bekannte) ›Wahrscheinlichkeitsverteilung einer ›Zufallsgröße. ›Testtheorie, ›Signifikanztest.

I

identisch verteilt: Die Elemente X_j einer ›Familie $(X_j)_{j \in J}$ — J beliebige Indexmenge — von ›zufälligen Variablen über dem gemeinsamen ›Wahrscheinlichkeitsraum $[\Omega, \mathfrak{A}, P]$ mit dem gemeinsamen Bildraum $[S, \mathfrak{S}]$ (›Funktion) heißen *identisch verteilt*, wenn die ›Wahrscheinlichkeitsverteilung P_{X_j} der zufälligen Variablen X_j unabhängig vom Index $j \in J$ ist, d. h., wenn es ein ›Wahrscheinlichkeitsmaß μ auf $\mathfrak{S}$ gibt, so daß $P_{X_j} = \mu$ für alle $j \in J$ gilt.

Eine Folge $X_1, X_2, \ldots$ von ›Zufallsgrößen ist somit eine Folge identisch verteilter Zufallsgrößen, wenn für die Verteilungsfunktionen F_{X_n} die Beziehung $F_{X_n} = F_{X_1}$ $(n = 2, 3, \ldots)$ gilt.

Index einer ›Familie

Indexmenge ›Familie

Indexzahl: Unter einer *Indexzahl* oder kurz einem *Index* versteht man in der beschreibenden Statistik eine Verhältniszahl, die sich aus der Beziehung einer Vergleichsgröße zu einer Basisgröße ergibt (die gleich 1 oder 100% gesetzt wird). Je nach der Art dieser Basisgröße dienen Indexzahlen hauptsächlich

a) dem *zeitlichen Vergleich* zur Ermittlung der relativen zeitlichen Veränderung,

b) dem *Plan-Ist-Vergleich* zur Feststellung relativer Planabweichungen,

c) dem *Objektvergleich* zum Erkennen relativer Unterschiede zwischen verschiedenen Objekten.

Man unterscheidet *einfache Indexzahlen* (Vergleich von Einzelgrößen) und *zusammengesetzte Indexzahlen* (Vergleich von Summen bzw. Mittelwerten).

Unter den zusammengesetzten Indexzahlen spielen die Preis- und Mengenindexzahlen als sog. *Aggregatindizes* eine besondere Rolle; die gebräuchlichsten Indizes sind hierbei die von Paasche und Laspeyres.

Durch Multiplikation geeigneter Indexzahlen entstehen neue Indexzahlen, sog. *Kettenindizes* (besonders gebräuchlich beim Vergleich über längere Zeitintervalle).

Lit. : [1] Anderson, O., Probleme der statistischen Methodenlehre in den Sozialwissenschaften, Würzburg 1963.
[2] Autorenkollektiv, Lehrbuch Allgemeine Statistik, 3. überarbeitete Auflage, Berlin 1967.

Indikator eines zufälligen Ereignisses: Es seien $[\Omega, \mathfrak{A}, P]$ ein ›Wahrscheinlichkeitsraum und $A \in \mathfrak{A}$ ein zufälliges Ereignis. Dann heißt die durch

$$\chi_A(\omega) = \begin{cases} 1 & \text{für} \quad \omega \in A, \\ 0 & \text{für} \quad \omega \in \Omega \setminus A \end{cases}$$

definierte ›Zufallsgröße χ_A *Indikator eines zufälligen Ereignisses* A oder BERNOULLI*sche Variable.* (In der Maßtheorie wird die oben definierte Funktion charakteristische Funktion oder Indikatorfunktion von A genannt.) Die Zufallsgröße χ_A besitzt eine ›Zweipunktverteilung mit $P(\chi_A = 1) = P(A)$ und $P(\chi_A = 0) = 1 - P(A)$. Demzufolge gilt für den ›Erwartungswert $E(\chi_A) = P(A)$ und für die ›Streuung $D^2(\chi_A) = = P(A)\,(1 - P(A))$.

Indikatorfunktion: Es sei E eine Menge und A eine Teilmenge von E. Man nennt diejenige ›Funktion χ_A, die für alle $x \in A$ den Wert 1 und für alle $x \notin A$ den Wert 0 annimmt, die *Indikatorfunktion* der Menge A.

individueller Ergodensatz ›Ergodensätze

infinitesimal ›asymptotische Eigenschaften von Folgen von Zufallsgrößen

infinitesimaler Operator ›MARKOVscher Prozeß

Information:

a) Information, die in einem ›Versuch über einen anderen Versuch enthalten ist: ›Entropie eines Versuches.

b) Information, die in einer ›Zufallsgröße über eine andere Zufallsgröße enthalten ist: ›Entropie eines Versuches.

c) Es bezeichne A ein zufälliges Ereignis (›Ereignisfelder und Wahrscheinlichkeitsalgebren), das als Ergebnis eines Versuches $\mathfrak{A}$ mit der ›Wahrscheinlichkeit $P(A)$ (> 0) eintritt. Eine — nur auf die Wahrscheinlichkeit $P(A)$ bezugnehmende — Maßzahl für die Information, die man erhält, wenn bei Durchführung des Versuches $\mathfrak{A}$ das Ereignis A eintritt, ist die Zahl $I(A) := -\operatorname{ld} P(A)$ ($\operatorname{ld} p$ = Logarithmus von p zur Basis 2). Es gilt $I(A) \geqq 0$; dabei ist $I(A) = 0$ genau dann, wenn A ein fast sicheres Ereignis ist. Sind A und B unabhängige Ereignisse (›Unabhängigkeit von Ereignissen), so besteht die Gleichung $I(A \cap B) = I(A) + I(B)$. Aus $P(A) \leqq P(B)$ folgt $I(A) \geqq I(B)$. Die Entropie $H(\mathfrak{A})$ eines Versuches $\mathfrak{A}$ mit den Ausgängen $A_1, \ldots, A_n$ $\left(A_i \cap A_k = \emptyset \text{ für } i \neq k,\ \sum_{i=1}^{n} P(A_i) = 1\right)$ läßt sich als ›Erwartungswert der Zufallsgröße I auffassen, die die Werte $I(A_i) = -\operatorname{ld} P(A_i)$ mit den Wahrscheinlichkeiten $P(A_i)$, $i = 1, \ldots, n$, annimmt: $H(\mathfrak{A}) = -\sum_{i=1}^{n} P(A_i) \cdot \operatorname{ld} P(A_i) = E\,I$, d. h., die Entropie läßt sich als Mittelwert der Information deuten, die man bei Durchführung des Versuches erhält. Auch aus diesem Grunde verwendet man gelegentlich anstelle des Begriffes der Entropie den des *Informationsinhaltes.*

d) FISHERsche Information ›Punktschätzung.

Informationsgewinn: Es sei $\mathfrak{A}$ ein zufälliger ›Versuch, als dessen Ergebnis genau eines der Ereignisse (›Ereignisfelder und Wahrscheinlichkeitsalgebren) $A_1, \ldots, A_n$ eintritt. Erhält man Kenntnis vom Eintritt eines zufälligen Ereignisses B positiver Wahrscheinlichkeit, so kann man die (a-priori-)Verteilung $\mathfrak{P} = (P(A_1), \ldots, P(A_n))$ (›BAYESsche Formel) durch die (a-posteriori-)Verteilung $\mathfrak{Q} = (P(A_1|B), \ldots, P(A_n|B))$ (›bedingte Wahrscheinlichkeit eines Ereignisses) ersetzen. Als Maßzahl für den *Informationsgewinn*, der entsteht, wenn $\mathfrak{P}$ durch $\mathfrak{Q}$ ersetzt wird, verwendet man die Zahl

$$I(\mathfrak{Q}||\mathfrak{P}) := \sum_{i=1}^{n} P(A_i|B) \operatorname{ld} \frac{P(A_i|B)}{P(A_i)}$$

(ld p = Logarithmus von p zur Basis 2).

Es gilt $I(\mathfrak{Q}||\mathfrak{P}) \geqq 0$; das Gleichheitszeichen steht genau dann, wenn $\mathfrak{Q} = \mathfrak{P}$ gilt, d. h., wenn die Ereignisse A_i und B für jedes $i \in \{1, \ldots, n\}$ stochastisch unabhängig sind (›Unabhängigkeit von Ereignissen). I. a. gilt nicht $I(\mathfrak{Q}||\mathfrak{P}) = I(\mathfrak{P}||\mathfrak{Q})$. Ist speziell $\mathfrak{P} = \left(\frac{1}{n}, \ldots, \frac{1}{n}\right)$, so besteht die Gleichung $I(\mathfrak{Q}||\mathfrak{P}) = H(\mathfrak{A}) - H(\mathfrak{A}|B)$, wobei $H(\mathfrak{A})$ die ›Entropie des Versuches $\mathfrak{A}$ und $H(\mathfrak{A}|B)$ die Entropie von $\mathfrak{A}$ unter der Hypothese B bezeichnen.

Ist $\mathfrak{B}$ ein weiterer Versuch mit den Ausgängen $B_1, \ldots, B_m$, $\left(B_i \cap B_j = \emptyset\right.$ für $i \neq j$, $P(B_i) > 0$ für $i, j = 1, \ldots, m$, $\left.\sum_{i=1}^{m} P(B_i) = 1\right)$, so besteht zwischen den Informationsgewinnen $I(\mathfrak{P}_k||\mathfrak{P})$ $(\mathfrak{P} = (P(A_1), \ldots, P(A_n))$, $\mathfrak{P}_k = (P(A_1|B_k), \ldots, P(A_n|B_k))$, $k = 1, \ldots, m)$ der Zusammenhang $I(\mathfrak{A}, \mathfrak{B}) = \sum_{k=1}^{m} P(B_k)\, I(\mathfrak{P}_k||\mathfrak{P})$; dabei ist $I(\mathfrak{A}, \mathfrak{B})$ die in $\mathfrak{A}$ über $\mathfrak{B}$ enthaltene Information (›Entropie eines Versuches). Außerdem gilt $I(\mathfrak{A}, \mathfrak{B}) = I(\mathfrak{R}||\mathfrak{P} * \mathfrak{Q})$ mit $\mathfrak{P} * \mathfrak{Q} := (P(A_1)\, P(B_1), \ldots, P(A_1)\, P(B_m), \ldots, P(A_n)\, P(B_m))$ und $\mathfrak{R} := (P(A_1 \cap B_1), \ldots, P(A_1 \cap B_m), \ldots, P(A_n \cap B_m))$, d.h., die in $\mathfrak{A}$ über $\mathfrak{B}$ enthaltene Information ist gleich dem Informationsgewinn, der entsteht, wenn man die im Fall der stochastischen Unabhängigkeit der Versuche $\mathfrak{A}$ und $\mathfrak{B}$ vorliegende Verteilung des Versuches $\mathfrak{A}\mathfrak{B}$ (= Versuch mit den Ausgängen $A_i \cap B_j$, $i = 1, \ldots, n$, $j = 1, \ldots, m$) durch die tatsächlich vorliegende Verteilung des Versuches $\mathfrak{A}\mathfrak{B}$ ersetzt. — Der Begriff des Informationsgewinnes läßt sich auch allgemeiner für ›Zufallsgrößen formulieren (vgl. (62)).

Informationsinhalt ›Entropie eines Versuches, ›Information, c)

Informationsmenge eines Spieles ›Spieltheorie

Informationsquelle = Nachrichtenquelle ›Informationstheorie

Informationstheorie: Die Informationstheorie ist ein relativ junger Anwendungszweig der Wahrscheinlichkeitstheorie, der sich in den letzten 20 Jahren stürmisch entwickelt hat. Als Geburtsdatum kann das Erscheinen der jetzt schon zum klassischen Bestand zählenden Arbeiten von C. E. SHANNON in den Jahren 1947—1948 angesehen werden. Dort und in den zahlreichen folgenden Arbeiten erwies sich die fundamentale Bedeutung des Begriffes der ›Entropie nicht nur für die Informationstheorie, sondern auch für andere Disziplinen der Wahrscheinlichkeitstheorie. Umgekehrt bedient man sich mit großem Erfolg in der Informationstheorie z. B. der weit ausgebauten Theorie der ›stochastischen Prozesse und der ›Ergodentheorie.

Die Informationstheorie beschäftigt sich mit der mathematischen Beschreibung und Analyse kybernetischer Systeme, die — in einem sehr weiten Sinne — als *Nachrichtenübertragungssysteme* aufgefaßt werden können. Wesentliche Bestandteile einer Nachrichtenübertragungskette sind die Nachrichten- oder *Informationsquelle* und der Nachrichtenübertragungskanal (kurz: *Kanal*). Unter einer (diskreten) *Nachrichtenquelle* versteht man eine Vorrichtung, die in einer Zeiteinheit genau eines von endlich vielen möglichen Signalen aussendet. Faßt man den Nachrichtenerzeugungsprozeß als einen stochastischen Prozeß auf, so ist eine Quelle mathematisch durch eine endliche Menge A_0 — die Menge der möglichen Signale, das sog. Alphabet der Quelle — und ein ›Wahrscheinlichkeitsmaß μ auf der Menge aller Nachrichten im Alphabet A_0 beschrieben. Das Wahrscheinlichkeitsmaß μ ist — genauer gesagt — die sog. Produktdarstellung des Prozesses, d. h., μ ist das durch den Nachrichtenerzeugungsprozeß auf der kleinsten alle Zylindermengen enthaltenden σ-›Algebra $\mathfrak{A}_0$ von Teilmengen der Menge aller Nachrichten $\xi = (\ldots, \xi_{-1}, \xi_0, \xi_1, \ldots)$, $\xi_i \in A_0$, gegebene Wahrscheinlichkeitsmaß, d. h., $\mu(C)$ gibt die Wahrscheinlichkeit dafür an, daß eine Nachricht ξ zu C ($\in \mathfrak{A}_0$) gehört. Ein Kanal wird mathematisch durch ein Tripel $[A, \nu_x, B]$ charakterisiert; dabei sind A und B endliche Mengen — A = Eingangsalphabet des Kanals, B = Ausgangsalphabet des Kanals — und ν_x für jede Eingangsnachricht $x = (\ldots, x_{-1}, x_0, x_1, \ldots)$, $x_i \in A$, des Kanals ein Wahrscheinlichkeitsmaß auf der kleinsten alle Zylindermengen (›Produktmaß) enthaltenden σ-Algebra $\mathfrak{B}$ von Teilmengen der Menge aller am Kanalausgang konstruierbaren Nachrichten $y = (\ldots, y_{-1}, y_0, y_1, \ldots)$, $y_i \in B$. $\nu_x(D)$ gibt die Wahrscheinlichkeit dafür an, daß eine am Kanalausgang erhaltene Nachricht y zu D ($\in \mathfrak{B}$) gehört, falls x gesendet wurde. Da bei konkreten Nachrichtenübertragungssystemen anhand der am Kanalausgang erhaltenen Nachricht y nicht stets mit Sicherheit die gesendete Nachricht x ermittelt werden kann, betrachtet man in der Informationstheorie insbesondere solche Kanäle $[A, \nu_x, B]$, bei denen mindestens eines der Wahrscheinlichkeitsmaße ν_x nicht nur die Werte Null und Eins annehmen kann. Kanäle mit dieser Eigenschaft heißen *gestörte Kanäle*. Um Nachrichten ξ einer Informationsquelle $[A_0, \mu]$ über einen Kanal $[A, \nu_x, B]$ zu senden, muß man zuerst die Nachrichten $\xi = (\ldots, \xi_{-1}, \xi_0, \xi_1, \ldots)$, $\xi_i \in A_0$, in Nachrichten $x = (\ldots, x_{-1}, x_0, x_1, \ldots)$, $x_i \in A$, codieren; ein *Code* ist also eine spezielle Abbildung der Menge aller mit dem Alphabet A_0 konstruierbaren Nachrichten in die Menge aller im Eingangsalphabet A des Kanals möglichen Nachrichten. Schon C. E. SHANNON zeigte, daß es — unter Voraussetzungen, die in den Anwendungen weitgehend als erfüllt angesehen werden können — durch geeignete Wahl eines Codes zwischen A_0 und A möglich ist, auch über einen gestörten Kanal Nachrichten beinahe fehlerfrei zu übertragen; genauer, SHANNON gab hinreichende Bedingungen dafür an, daß sich — bei gegebenem Alphabet A_0 der Quelle und gegebenem Eingangsalphabet A des Kanales — zu beliebiger positiver Zahl ε immer eine natürliche Zahl n und ein Code zwischen A_0 und A so finden lassen, daß sich ein von der Nachrichtenquelle ausgesendetes Wort aus n Buchstaben des Alphabets A_0 anhand des am Kanalausgang empfangenen Wortes (aus Buchstaben des Alphabets B) mit einer Wahrscheinlichkeit $\geqq 1 - \varepsilon$ richtig bestimmen läßt (*1.* SHANNON*scher Satz*). Sätze, die sich mit der Existenz, Konstruktion und den Eigenschaften solcher Codes befassen, heißen *Codierungssätze*. Sie sind seither ein zentrales Anliegen der Informationstheorie; die Monographie [17] gibt Auskunft über die auf diesem Gebiet vorliegenden Ergebnisse. Einen umfassenden Überblick über Entwicklung und neueren Stand der Forschung in der Informationstheorie gibt S. KOTZ in [10]; dort findet man überdies mehr als 200 Literaturhinweise betr. Informationstheorie.

Lit.: (15), (35), (42), (62)

[1] BRILLOUIN, L., Science and information theory, New York 1962.
[2] DENIS-PAPIN, M. et G. CULLMANN, Exercises de calcul informationel avec leurs solutions, Paris 1966, deutsche Übersetzung Berlin 1972.
[3] FANO, R. M., Informationsübertragung. Eine Statistische Theorie der Nachrichtenübertragung, München—Wien 1966 (Übersetzung aus dem Englischen).
[4] GOLDMAN, S., Information theory, New York 1954.
[5] HARMUTH, G. F., Transmissions of Information by Orthogonal Functions, Berlin/Heidelberg/New York 1969.
[6] HENZE, E., Einführung in die Informationstheorie, Braunschweig 1965, Berlin 1969.
[7] HENZE, E., und H. H. HOMUTH, Einführung in die Informationstheorie, Braunschweig 1970.
[8] HYVÄRINEN, L. P., Information Theory for Systems Engineers, Berlin/Heidelberg/New York 1970.
[9] JACKSON, W., Communication theory, London 1953.
[10] KOTZ, S., Recent results in information theory, London 1966.
[11] MEYER-EPPLER, W., Grundlagen und Anwendungen der Informationstheorie, Berlin/Heidelberg/New York 1969.

[12] Peters, J., Einführung in die allgemeine Informationstheorie, Berlin/Heidelberg/New York 1967.
[13] Raisbeck, G., Information Theory, Cambridge, Mass. 1965, deutsche Übersetzung Berlin 1970.
[14] Schultze, E., Einführung in die Mathematischen Grundlagen der Informationstheorie, Berlin/Heidelberg/New York 1969.
[15] Shannon, C. E., and W. Weaver, The mathematical theory of communication, Urbana (Ill.) 1949.
[16] Шеннон, К., Работы по теории информации и кибернетике, Москва 1963 (Übersetzung aus dem Englischen).
[17] Wolfowitz, J., Coding theorems of information theory, Berlin/Göttingen/Heidelberg 1964, russ. Übersetzung 1967.
[18] Zemanek, H., Elementare Informationstheroie, Wien/München 1959.
[19] *Arbeiten zur Informationstheorie*, 5 Hefte (Übersetzung aus dem Russischen). (Mathematische Forschungsberichte, Bd. IV, VI, X, XVII, XVIII, VEB Deutscher Verlag der Wissenschaften, Berlin) Bd. I: 3. Aufl. 1967; Bd. II: 1958; Bd. III: 1960; Bd. IV: 1963; Bd. V: 1963.

inkompressible meßbare Transformation ›Strömung

instabiler Zustand einer ›Markovschen Kette

Integral: Es sei $[\Omega, \mathfrak{A}, \mu]$ ein ›Maßraum. Eine $(\mathfrak{A}, \mathfrak{B}^1)$-›meßbare reellwertige Funktion g heißt eine *einfache Funktion*, wenn sie nur endlich viele Werte $\alpha_1, \ldots, \alpha_n$ annimmt, wobei diejenigen Mengen $\Omega_i \subset \Omega$, auf denen g jeweils einen Wert $\alpha_i \neq 0$ besitzt, von endlichem Maß seien $(\mu(\Omega_i) < \infty)$. Dann heißt $\int\limits_\Omega g\, d\mu := \sum\limits_{i=1}^{n} \alpha_i\, \mu(\Omega_i)$ das Integral der einfachen Funktion g bez. μ. Ist allgemein f eine $(\mathfrak{A}, \mathfrak{B}^1)$-meßbare Funktion, für die eine Folge (f_n) einfacher Funktionen mit folgenden Eigenschaften existiert: 1. $\lim\limits_{n,m\to\infty} \int\limits_\Omega |f_n - f_m|\, d\mu = 0$, 2. $\lim\limits_{n\to\infty} \mu\left(\{\omega \in \Omega \,|\, |f_n(\omega) - f(\omega)| \geqq \sigma\}\right) = 0$ für alle $\sigma > 0$, so heißt f eine *μ-integrierbare* (oder einfach *integrierbare*, manchmal auch *summierbare*) Funktion und $\lim\limits_{n\to\infty} \int\limits_\Omega f_n\, d\mu$ das Integral von f bez. μ; es wird mit $\int\limits_\Omega f\, d\mu$, $\int\limits_\Omega f(\omega)\, d\mu(\omega)$ oder $\int\limits_\Omega f(\omega)\, \mu(d\omega)$ bezeichnet (und ist eine endliche Zahl, d. h. $|\int\limits_\Omega f\, d\mu| < \infty$).

Für eine Teilmenge $\Omega' \in \mathfrak{A}$ von Ω definiert man $\int\limits_{\Omega'} f(\omega)\, \mu(d\omega) = \int\limits_\Omega \chi_{\Omega'}(\omega)\, f(\omega)\, \mu(d\omega)$, ($\chi_{\Omega'}$ ›Indikatorfunktion von Ω'), falls $\chi_{\Omega'} \cdot f$ μ-integrierbar ist.

Wenn f komplexwertig und $f(\omega) = f_1(\omega) + i\, f_2(\omega)$ die Zerlegung von f in Real- und Imaginärteil ist, so heißt f μ-integrierbar, falls die reellen Funktionen f_1 und f_2 μ-integrierbar sind; man setzt dann $\int\limits_\Omega f\, d\mu = \int\limits_\Omega f_1\, d\mu + i \int\limits_\Omega f_2\, d\mu$.

Für den Spezialfall $\Omega = R^n$, $\mu =$ LEBESGUEsches Maß, heißt eine μ-integrierbare Funktion auch LEBESGUE-*integrierbar* und $\int_A f\,d\mu$ das LEBESGUE-*Integral* von f bez. μ auf der Teilmenge $A \in \mathfrak{A}$ von R^n.

Lit.: [1] HALMOS, P. R., Measure theory, New York 1950.

Integral, stochastisches ›stochastisches Integral

Integraldarstellung eines ›Prozesses zweiter Ordnung

Integration bez. eines zufälligen Maßes ›stochastisches Integral

Integration stochastischer Prozesse ›stochastisches Integral

integrierbare Funktion ›Integral

Intensitäten einer ›MARKOVschen Kette

Interpolation eines ›stationären Prozesses

invariante Menge bez. einer meßbaren Transformation ›Strömung

invariantes Maß: Es sei T eine meßbare Transformation (›meßbare Funktion) des ›Maßraumes $[\Omega, \mathfrak{A}, m]$ mit finitem ›Maß m in sich. Ein *M*aß μ auf $\mathfrak{A}$ heißt *invariant* bez. T (genauer: invariant bez. der durch T erzeugten diskreten stationären ›Strömung $(T_{s,t} := T^{t-s})$), wenn $\mu\left(T^{-1}(A)\right) = \mu(A)$ für alle $A \in \mathfrak{A}$ gilt. (Die Definition des invarianten Maßes für beliebige Strömungen überträgt sich sinngemäß.) Die Frage nach der Existenz eines zu m ›äquivalenten bez. T invarianten Maßes, d. h. eines invarianten Maßes μ mit $\mu(A) = 0 \Leftrightarrow m(A) = 0$, spielt für die ›Ergodentheorie (s. auch ›Strömung) eine wesentliche Rolle. Notwendig für die Existenz eines äquivalenten invarianten Maßes ist offenbar die Nichtsingularität von T (d. h. $m\left(T^{-1}(A)\right) = 0$ für alle $A \in \mathfrak{A}$ mit $m(A) = 0$ (›Strömung)).

Notwendig und hinreichend dafür, daß eine nichtsinguläre Transformation T ein finites äquivalentes invariantes Maß besitzt, ist z. B. die Gültigkeit einer der folgenden Bedingungen:

$$\left.\begin{array}{l}(1)\ \varliminf\limits_{n\to\infty} m\left(T^{-n}(A)\right) > 0\,,\\[2ex] (2)\ \lim\limits_{n\to\infty}\left[\sup\limits_{j} n^{-1}\sum\limits_{i=j}^{j+n-1} m\left(T^{-i}(A)\right)\right] > 0\end{array}\right\}\ \text{für alle } A \in \mathfrak{A} \text{ mit } m(A) > 0;$$

(3) jede schwach wandernde Menge $A \in \mathfrak{A}$ besitzt das Maß $m(A) = 0$; hierbei heißt $A \in \mathfrak{A}$ *schwach wandernd*, wenn eine monoton wachsende Teilfolge (n_k) der natürlichen Zahlen existiert, so daß die Mengen A, $T^{-n_1}(A)$, $T^{-n_2}(A)$, ... paarweise disjunkt (›disjunkte Mengen) sind.

Eine notwendige und hinreichende Bedingung für die Existenz eines σ-finiten äquivalenten invarianten Maßes findet man z. B. in [5], [6]. (Die Ziffern beziehen sich auf die Numerierung im Artikel ›Ergodentheorie.) — Es gibt Beispiele von Transformationen (s. [4]), für die es kein σ-finites äquivalentes invariantes Maß gibt. Darüber hinaus zeigt sich, daß unter allen meßbaren Transformationen in $[\Omega, \mathfrak{A}, m]$ die Menge der Transformationen mit σ-finiten äquivalenten invarianten Maßen in geeignetem topologischen Sinne (als sog. Menge 1. Kategorie) eine „Ausnahmemenge" darstellt (s. [5], [6]).

Lit.: ›Ergodentheorie

irreduzible ›Markovsche Kette

Irrtumswahrscheinlichkeit: Die Irrtumswahrscheinlichkeit ist die Wahrscheinlichkeit des ›Fehlers 1. Art. ›Signifikanztest

isomorphe dynamische Systeme ›Strömung

Isomorphieinvarianten dynamischer Systeme ›Strömung

Isomorphiesatz von M. H. Stone ›Boolesche Algebra

isotropes ›zufälliges Feld

Iteration: Gegeben sei ein n-Tupel $(x_1, \ldots, x_n)$ von Zahlen, die entweder den Wert 0 oder den Wert 1 annehmen können. Dann heißt jedes Teil-l-Tupel $(x_j, \ldots, x_{j+l-1})$, $j = 1, \ldots, n$, $l = 1, \ldots, n - j + 1$, mit der Eigenschaft $x_j = x_{j+1} = \cdots = x_{j+l-1}$ und zusätzlich $x_{j-1} \neq x_j$ für $j > 1$ und $x_{j+l-1} \neq x_{j+l}$ für $j + l - 1 < n$ eine *Iteration* der Länge l, und zwar eine 0-Iteration, wenn $x_j = \cdots = x_{j+l-1} = 0$, und eine 1-Iteration, wenn $x_j = \cdots = x_{j+l-1} = 1$ ist. (Die Definition der Iteration kann sinngemäß auf solche Fälle verallgemeinert werden, in denen die x_j $(j = 1, \ldots, n)$ anstelle der Werte 0 und 1 irgend zwei andere Werte a und b und allgemeiner auch mehr als zwei Werte annehmen können.)

Iterationen treten insbesondere bei n-Tupeln von ›Realisierungen einer ›zweipunktverteilten Zufallsgröße auf.

Die *Iterationstheorie* gibt die ›Wahrscheinlichkeitsverteilung und die ›Momente der zufälligen Anzahl der Iterationen in einer mathematischen ›Stichprobe vom Umfang n und Testverfahren (›Iterationstest) zur Überprüfung der Hypothese an, daß ein vorliegendes n-Tupel von Zahlen eine Realisierung einer mathematischen Stichprobe aus einer vorgegebenen Grundgesamtheit ist (18). Im Unterschied zu anderen Testverfahren wird bei den Tests der Iterationstheorie in erster Linie die Reihenfolge der Zahlen des n-Tupels berücksichtigt.

Lit.: (18)

Iterationstest: Iterationstests sind solche Tests, die die Anzahl der ›Iterationen in einer ›Stichprobe berücksichtigen. Der im folgenden beschriebene Iterationstest von WALD und WOLFOWITZ [1] ist ein ›Signifikanztest und dient zum Vergleich zweier als stetig vorausgesetzter Verteilungsfunktionen F_X und F_Y von unabhängigen (›Unabhängigkeit zufälliger Variabler) ›Zufallsgrößen X und Y auf Grund zweier konkreter Stichproben $(x_1, \ldots, x_{n_0})$ bzw. $(y_1, \ldots, y_{n_1})$ aus den zu X bzw. Y gehörenden Grundgesamtheiten.

1. Hypothese H: $F_X = F_Y$.

2. Testgröße T: Durch gemeinsame Ordnung sämtlicher $n_0 + n_1$ Werte der beiden Stichproben der Größe nach und durch die Zuordnung $x_j \to 0$, $j = 1, \ldots, n_0$, $y_k \to 1$, $k = 1, \ldots, n_1$, entsteht ein $(n_0 + n_1)$-Tupel, das — falls H wahr ist — eine konkrete Stichprobe vom Umfang $n_0 + n_1$ aus einer ›zweipunktverteilten Grundgesamtheit ist. Als *Testgröße* dient die Anzahl T der dabei auftretenden Iterationen beliebiger Länge. Die ›Wahrscheinlichkeitsverteilung von T unter H ist aus der Iterationstheorie bekannt (18); für große $n = n_0 + n_1$ ist T ›asymptotisch $N(2\,n_0 n_1/n, 4\,n_0^2 n_1^2/n^3)$-verteilt (›asymptotisch ›normalverteilt).

3. Kritischer Bereich $K^* = \{t | t \leq t_{0,\alpha}\}$, wobei $t_{0,\alpha}$ das ›Quantil der Ordnung α der Verteilung der Testgröße T bedeutet. Für kleine n_0 und n_1 sind die $t_{0,\alpha}$-Werte in [2], (T 1), (T 5) angegeben. Für größere n_0 und n_1 ist näherungsweise

$$t_{0,\alpha} = \frac{2\,n_0 n_1}{n} + \frac{2\,n_0 n_1}{n^{3/2}} z_\alpha,$$

z_α Quantil der Ordnung α der standardisierten ›Normalverteilung, zu setzen.

4. Praktische Durchführung: Fällt die aus den beiden Stichproben ermittelte Anzahl t von Iterationen in K^*, so wird H beim gewählten Signifikanzniveau α abgelehnt, andernfalls ist auf Grund dieses Tests gegen H nichts einzuwenden.

Der Iterationstest ist ein nichtparametrischer Test (Gegensatz: ›Parametertest), bei dessen Anwendung die Verteilungsfunktionen F_X und F_Y nicht bekannt zu sein brauchen.

Lit.: (18)

[1] WALD, A., and J. WOLFOWITZ, On a test whether two samples are from the same population, Ann. Math. Statist. **11** (1940), 147–162.

[2] SWED, F. S., and C. EISENHART, Tables for testing randomness of grouping in a sequence of alternatives, Ann. Math. Statist. **14** (1943), 66–87.

Iterationstheorie ›Iteration

K

kalte Reserve ›Zuverlässigkeitstheorie

Kanal ›Informationstheorie

KARHUNEN-Darstellung eines ›Prozesses zweiter Ordnung

KENDALLscher Konkordanzkoeffizient ›Rangkorrelationsanalyse

KENDALLscher Rangkorrelationskoeffizient ›Rangkorrelationsanalyse

Kennfunktion ›Bereichsschätzung

Ketten mit vollständigen Bindungen: Für einige Klassen ›stochastischer Prozesse liegt zur Zeit eine weitausgebaute Theorie vor. Dies trifft insbesondere für die ›MARKOVschen Ketten zu. Mit dem Ziel, einerseits allgemeinere Abhängigkeiten zuzulassen und andererseits dabei wesentliche Ergebnisse der Theorie der MARKOVschen Ketten zu erhalten, führten ONICESCU und MIHOC (im Jahre 1935) den Begriff einer Kette mit vollständigen Bindungen ein. Allgemein werden die endlichdimensionalen Verteilungen eines beliebigen stochastischen Prozesses X_T, $T = \{0, 1, 2, \ldots\}$, mit dem endlichen Zustandsraum $S = \{1, 2, \ldots, m\}$ durch die Anfangsverteilung

$$\mathfrak{p} := (p_1, \ldots, p_m)\,, \qquad p_i = P\,(X_0 = i)\,, \qquad i = 1, 2, \ldots, m\,,$$

und die „bedingten Verteilungen“

$$\begin{aligned} &\mathfrak{p}_{i_0 i_1 \ldots i_{n-1}} := (p_{i_0 \ldots i_{n-1}, 1}, \ldots, p_{i_0 \ldots i_{n-1}, m}) \quad \text{mit} \\ &p_{i_0 \ldots i_{n-1}, j} := P\,(X_n = j | X_0 = i_0, \ldots, X_{n-1} = i_{n-1})\,, \\ &i_k, j \in S \quad (k = 0, \ldots, n-1)\,, \quad n = 1, 2, \ldots, \end{aligned}$$

eindeutig definiert. Es bezeichne $\Delta := \{\mathfrak{q} := (q_1, \ldots, q_m);\ 0 \leqq q_i,\ i = 1, \ldots, m,\ \sum_{i=1}^{m} q_i = 1\}$ die Menge aller Wahrscheinlichkeitsverteilungen über S.

Der stochastische Prozeß X_T, $T = \{0, 1, 2, \ldots\}$, mit dem Zustandsraum $S = \{1, 2, \ldots, m\}$ heißt *Kette mit vollständigen Bindungen*, wenn es eine Familie $(\psi_j^{(n)})_{\substack{n=1,2,\ldots \\ j \in S}}$ von Abbildungen $\psi_j^{(n)} | \Delta \to \Delta$ gibt, so daß

$$\begin{aligned} &\mathfrak{p}_{i_0} = \psi_{i_0}^{(1)}(\mathfrak{p}) \qquad \text{für alle } i_0 \in S\,, \\ &\mathfrak{p}_{i_0 \ldots i_{n-1}} = \psi_{i_{n-1}}^{(n)}(\mathfrak{p}_{i_0 \ldots i_{n-2}}) \qquad \text{für alle } n = 2, 3, \ldots;\ i_0, \ldots, i_{n-1} \in S\,, \end{aligned}$$

gilt. Eine Kette mit vollständigen Bindungen wird also dadurch charakterisiert, daß sich für jedes $n = 1, 2, \ldots$ ihre bedingten Verteilungen $\mathfrak{p}_{i_0 \ldots i_{n-1}}$ (zur Zeit n) sukzessive aus der Anfangsverteilung $\mathfrak{p}$ mittels der Transformationen $\psi_{i_0}^{(1)}, \ldots, \psi_{i_{n-1}}^{(n)}$ berechnen lassen; dabei ist beim „Übergang von der Zeit k zur Zeit $k + 1$ $(k = 0, \ldots, n-2)$“ zur Ermittlung der bedingten Verteilung $\mathfrak{p}_{i_0 \ldots i_k}$ die Kenntnis der „vorangegangenen“ Verteilung $\mathfrak{p}_{i_0 \ldots i_{k-1}}$ und der Wert i_k des Prozesses X_T zur Zeit k erforderlich. Sind die Werte sämtlicher Transformationen $\psi_j^{(n)}$, $j \in S$, $n = 1, 2, \ldots$, unabhängig von $\mathfrak{q} \in \Delta$, d. h., gilt für beliebiges $j \in S$,

$n = 1, 2, \ldots$ die Beziehung $\psi_j^{(n)}(\mathfrak{q}) = \text{const} =: \mathfrak{q}_j^{(n)}$ für alle $\mathfrak{q} \in \Delta$, so ergibt sich für X_T speziell eine (i. a. inhomogene) MARKOVsche Kette mit den Übergangsmatrizen $(p_{ij}^{(n,n+1)}) : p_{ij}^{(n,n+1)} = (\mathfrak{q}_j^{(n+1)})_i$, $i, j \in S$, $n \in T$.

Die Theorie der Ketten mit vollständigen Bindungen besitzt verschiedene Analogien zur Theorie der MARKOVschen Ketten. So lassen sich z. B. homogene Ketten mit vollständigen Bindungen definieren, ein Analogon zur Gleichung von CHAPMAN-KOLMOGOROV beweisen, Ergodizitätseigenschaften untersuchen usf. (vgl. [2]).

Eine spezielle Kette mit vollständigen Bindungen wird durch das folgende allgemeine (endliche) Urnenschema gegeben: Eine Urne sowie Kugeln der Farben $1, 2, \ldots, m$ seien (in unbeschränkter Anzahl) vorhanden. Zu Beginn sollen sich $0 \leq a_j^{(1)} < \infty$ Kugeln der Farbe j ($j = 1, \ldots, m$) in der Urne befinden. Es werden nun nacheinander „auf gut Glück" (d. h. jede Kugel mit der gleichen Wahrscheinlichkeit) jeweils eine Kugel der Urne entnommen, wobei über die Anzahlen der vor jeder Ziehung in der Urne vorhandenen Kugeln folgendes vorausgesetzt werden soll: Befinden sich vor der n-ten Ziehung $a_j^{(n)}$ Kugeln der Farbe j ($j = 1, \ldots, m$) in der Urne und wird eine Kugel der Farbe i gezogen, so sollen sich „zur Zeit $n + 1$", d. h. vor der $(n + 1)$-ten Ziehung

$$a_j^{(n+1)} = f_{i,j}^{(n)}(a_1^{(n)}, \ldots, a_m^{(n)}), \qquad (n \geq 1)$$

Kugeln der Farbe j in der Urne befinden; dabei sind die $f_{i,j}^{(n)} \mid N^m \to N$, $N = \{0, 1, 2, \ldots\}$, vorgegebene (nicht-zufällige) Funktionen. Bezeichnet X_n, $n = 0, 1, 2, \ldots$, die Farbe $j \in S = \{1, 2, \ldots, m\}$ der $(n + 1)$-ten gezogenen Kugel, so erweist sich der dadurch definierte stochastische Prozeß X_T, $T = \{0, 1, \ldots\}$, als eine Kette mit vollständigen Bindungen. Im Spezialfall $m = 2$, $f_{i,j}^{(n)}(a_1^{(n)}, a_2^{(n)}) = a_j^{(n)} + s \cdot \delta_{ij}$, $i, j = 1, 2$, ($s \in \Gamma$ ist dabei eine Konstante und δ_{ij} das KRONECKER-Symbol: $\delta_{ij} = 0$ für $i \neq j$, $\delta_{ij} = 1$ für $i = j$) erhält man das POLYAsche Urnenmodell (↑POLYA-Verteilung).

1963 gab M. JOSIFESCU eine Verallgemeinerung des Begriffes Kette mit vollständigen Bindungen an. Er definierte das sog. *System mit vollständigen Bindungen* als Gesamtheit folgender Objekte: Es seien gegeben

1. zwei meßbare Räume $[X, \mathfrak{X}]$ („Zustandsraum") und $[W, \mathfrak{W}]$ („Parameterraum"),
2. eine Familie $(u_n(\cdot, \cdot))_{n=0,1,2,\ldots}$ von Abbildungen $u_n \mid W \times X \to W$, wobei $\{(w, x_1, \ldots, x_n) : u_{t+n-1}(\cdot, x_n) \circ \cdots \circ u_{t+1}(\cdot, x_2) \circ u_t(w, x_1) \in B\} \in \mathfrak{W} \times \mathfrak{X}^n$ für alle $t \in \{0, 1, \ldots\}$, $n \in N$, $B \in \mathfrak{W}$ gilt ($f \circ g$ bezeichnet dabei die (mittelbare) Funktion $f(g(\cdot))\cdot$) ,
3. eine Familie $({}^nP(\cdot, \cdot))_{n=0,1,\ldots}$ von Übergangsfunktionen von $[W, \mathfrak{W}]$ in $[X, \mathfrak{X}]$, d. h., es gilt für jedes $n = 0, 1, 2, \ldots$:

   ${}^nP(w, \cdot)$ ist ein Wahrscheinlichkeitsmaß über $[X, \mathfrak{X}]$ für alle $w \in W$, ${}^nP(\cdot, B)$ ist $(\mathfrak{W}, \mathfrak{B}^1)$-meßbar für alle $B \in \mathfrak{X}$.

Dann heißt $\{[W, \mathfrak{W}], [X, \mathfrak{X}], (u_n)_{n=0,1,\ldots}, ({}^nP)_{n=0,1,\ldots}\}$ ein System mit vollständigen Bindungen. Zu einem System mit vollständigen Bindungen gibt es für jedes $w \in W$ einen stochastischen Prozeß $\tilde{X}_T$, $T = \{0, 1, \ldots\}$, über einem Wahrscheinlichkeitsraum $[\Omega, \mathfrak{A}, P_w]$ mit Werten in $[X, \mathfrak{X}]$, so daß

$$P_w(\tilde{X}_0 \in A) = {}^0P(w, A)$$
$$P_w(\tilde{X}_n \in A | \tilde{X}_j, \quad 0 \leqq j \leqq n-1) = {}^nP(u_{n-1}(., \tilde{X}_{n-1}) \circ \cdots \circ u_0(w, \tilde{X}_0), A)$$

P_w-fast sicher (›fast überall) für alle $n = 1, 2, \ldots, A \in \mathfrak{X}$ gilt (vgl. [2]). Im Spezialfall (vgl. die oben bei Ketten mit vollständigen Bindungen eingeführten Bezeichnungen) $W = \Delta$, $X = \{1, \ldots, m\}$, $u_n(., x) = \psi_x^{(n)}(.)$, ${}^nP(w, x_i) = q_i$ für $w = (q_1, \ldots, q_m)$ ist bei beliebiger Anfangsverteilung $\mathfrak{p} = (p_1, \ldots, p_m) \in W = \Delta$ der Prozeß X_T eine Kette mit vollständigen Bindungen über $[\Omega, \mathfrak{A}, P_{\mathfrak{p}}]$.

Systeme mit vollständigen Bindungen eignen sich in besonderem Maße für Anwendungen in der Lerntheorie. Ein typischer Sachverhalt besteht dort z. B. darin, daß ein „lernendes Subjekt" nacheinander vor verschiedene experimentelle Situationen gestellt wird, dabei jedesmal gewisse Entscheidungen zu fällen hat, wobei das lernende Subjekt von Versuch zu Versuch seine „Entscheidungstendenzen" verändern kann. Z. B. ließe sich dann W als Gesamtheit der möglichen „Entscheidungstendenzen" und X als Menge der möglichen Versuchsergebnisse interpretieren. Die Funktion $u_n(., x_i)$ beinhaltet die Entscheidungsänderungen des Subjektes, wenn im n-ten Versuch das Ergebnis x_i erzielt wurde (weitere Ausführungen vgl. [2]).

Lit.: [1] Ciucu, C., Theodorescu, R., Procese cu legături complete, Bukarest 1960.
[2] Josifescu, M., Theodorescu, R., Random Processes and Learning, Berlin, Springer 1969.

Kiefer-Wolfowitz-Prozeß: Es sei $\big(y \to H(y; x), (-\infty < y < \infty)\big)_{x \in R^1}$ eine einparametrische ›Familie von Verteilungsfunktionen (›Zufallsgröße). Die Funktion $x \to M(x) = \int_{-\infty}^{\infty} y\, dH(y; x)$ habe genau ein Maximum an der Stelle ϑ. Unter einer *stochastischen Approximation* von ϑ versteht man die Konstruktion einer konsistenten Folge von Schätzfunktionen (›Punktschätzungen) für ϑ.

Es seien (a_n), (c_n), $n = 1, 2, \ldots$, Nullfolgen positiver Zahlen, (d. h. $\lim_{n\to\infty} a_n = 0$, $\lim_{n\to\infty} c_n = 0$), Z_1 eine beliebige Zufallsgröße und

$$Z_{n+1} = z_n + a_n \frac{Y_{2n} - Y_{2n-1}}{c_n} \qquad (n \geqq 1)\,. \qquad (*)$$

Dabei sind z_n eine ›Realisierung von Z_n sowie Y_{2n} und Y_{2n-1} unabhängige (›Unabhängigkeit zufälliger Variabler) Zufallsgrößen, die nach $H(y; z_n + c_n)$ bzw. $H(y; z_n - c_n)$ verteilt sind. Die durch (*) definierte Folge $Z_1, Z_2, \ldots$ heißt ein Kiefer-Wolfowitz-*Prozeß* (vgl. [1]). Unter gewissen Bedingungen, die man an (a_n), (c_n) und $M(x)$ zu stellen hat, konvergiert die Folge $Z_1, Z_2, \ldots$ mit Wahrscheinlichkeit Eins (vgl. ›Konvergenzarten zufälliger Variabler) gegen ϑ.

Der Kiefer-Wolfowitz-Prozeß läßt sich auf mehrparametrische Familien von Verteilungsfunktionen $\big(y \to H(y; x)\big)_{x \in R^m}$ verallgemeinern (siehe [2]).

Lit.: [1] KIEFER, J., and J. WOLFOWITZ, Stochastic estimation of the maximum of a regression function, Ann. Math. Statist. 23 (1952), 462–466.
[2] BLUM, J. R., Multidimensional stochastic approximation method. Ann. Math. Statist. 25 (1954), 737–744.
[3] WASAN, M. T., Stochastische Approximation, Cambridge 1969 (russ. Moskau 1972).
[4] SCHMETTERER, L., L'Approximation Stochastique, Clermont-Ferrand, 2. Aufl. 1972.

Klassenbreite ›Klassenhäufigkeit

Klassengrenze ›Klassenhäufigkeit

Klassenhäufigkeit: Gegeben sei eine konkrete ›Stichprobe $(x_1, x_2, \ldots, x_n)$. Zur übersichtlichen Darstellung und im Hinblick auf spätere Auswertung nimmt man (insbesondere bei großem n) eine Klasseneinteilung vor. Dazu wird die reelle Achse in disjunkte (›disjunkte Mengen) Intervalle $I_1, I_2, \ldots$, die sog. *Klassen*, zerlegt. Die Intervallängen bezeichnet man als *Klassenbreiten*, ihre Endpunkte als *Klassengrenzen* und ihre Mittelpunkte als *Klassenmitten*. Die Anzahl der Werte x_i aus der Stichprobe, die in die Klasse I_k fallen, wird als *absolute Klassenhäufigkeit* h_k und $\frac{h_k}{n}$ als *relative Klassenhäufigkeit* bezeichnet.

Die Wahl der Anzahl der Klassen und ihrer Klassenbreiten hängt von den Gegebenheiten der Aufgabenstellung ab. Häufig wird eine Klasseneinteilung mit gleicher Klassenbreite als zweckmäßig angesehen (*äquidistante Klasseneinteilung*); für die Anzahl der Klassen sind bisher nur Erfahrungswerte bekannt (80).

Unter der absoluten bzw. relativen *Summenhäufigkeit* bis zur Klasse I_k versteht man die Größe $\sum_{i=1}^{k} h_i$ bzw. $\frac{1}{n} \sum_{i=1}^{k} h_i$.

Als zusammenfassende Übersicht werden üblicherweise in einer *Häufigkeitstabelle* die Klassengrenzen und die Klassen- und Summenhäufigkeiten ausgewiesen. Zur Veranschaulichung der Ergebnisse dienen u. a. folgende graphische Darstellungen:

1. Das *Häufigkeitspolygon* ist die aus Geradenstücken bestehende Verbindung der Endpunkte der über den Klassenmitten (als Abszissenwerte) aufgetragenen relativen oder absoluten Klassenhäufigkeiten (als Ordinatenwerte).

2. Das *Histogramm* (oder *Staffelbild*) erhält man, indem über jeder Klasse auf der Abszissenachse ein Rechteck errichtet wird, dessen Fläche der (relativen oder absoluten) Klassenhäufigkeit proportional ist. Im Fall gleicher Klassenbreiten sind die Rechteckhöhen den Klassenhäufigkeiten proportional.

3. Bei der *Treppenkurve der Summenhäufigkeiten* werden anstelle der Klassenhäufigkeiten die relativen Summenhäufigkeiten über den Klassen aufgetragen. Sie ist in Anlehnung an die ›empirische Verteilungsfunktion eine Näherung für die Verteilungsfunktion (›Zufallsgröße), die zu der Grundgesamtheit gehört, aus der die Stichprobe $(x_1, x_2, \ldots, x_n)$ entnommen wurde.

Liegt eine konkrete Stichprobe $[(x_1, y_1), \ldots, (x_n, y_n)]$ vom Umfang n aus der Grundgesamtheit R^2 $([R^2, \mathfrak{B}^2, P])$ vor, so versteht man unter einer Klasseneinteilung eine Zerlegung des R^2 in disjunkte Rechtecke. Eine solche Klasseneinteilung kann dadurch erzeugt werden, daß sowohl auf der Abszissenachse eine Zerlegung $I_1, I_2, \ldots$ als auch auf der Ordinatenachse eine Zerlegung $J_1, J_2, \ldots$ in disjunkte Intervalle gewählt werden. Die Anzahl der Punkte (x_i, y_i) aus der Stichprobe, die in das durch I_i und J_j erzeugte Rechteck R_{ij} (die sog. Klasse R_{ij}) fallen, wird als absolute Klassenhäufigkeit h_{ij} und $\frac{h_{ij}}{n}$ als relative Klassenhäufigkeit bezeichnet. Es ist üblich, die Klassenhäufigkeiten in einer ›Korrelationstabelle bzw. in einer ›Kontingenztafel darzustellen.

Liegt ganz allgemein eine Stichprobe $(x_1, \ldots, x_n)$ vom Umfang n aus einer Grundgesamtheit $\Omega([\Omega, \mathfrak{A}, P])$ vor, so versteht man unter einer Klasseneinteilung eine Zerlegung von Ω in (höchstens abzählbar viele) disjunkte Teilmengen $K_i \in \mathfrak{A}$.

Lit.: (77)

Klassenmitte ›Klassenhäufigkeit

klassische Definition der Wahrscheinlichkeit: Betrachtet werde ein ›Versuch, bei dessen Ausführung genau einer von n möglichen Versuchsausgängen eintritt, wobei keiner dieser Versuchsausgänge gegenüber den anderen vom Zufall bevorzugt oder benachteiligt ist. Zu jedem im Rahmen dieses Versuches denkbaren Ereignis E gehört eine bestimmte Anzahl m von Versuchsausgängen, die das Eintreten von E zur Folge haben und in der klassischen Wahrscheinlichkeitsrechnung auch als die „für E günstigen Fälle" bezeichnet werden. In der klassischen Wahrscheinlichkeitsrechnung definiert man als die Wahrscheinlichkeit von E

$$P(E) = \frac{\text{Anzahl der für } E \text{ günstigen Fälle}}{\text{Anzahl aller möglichen Fälle}} = \frac{m}{n}.$$

(Z. B. gehört bei einem idealen Würfel zu dem Ereignis E „gerade Augenzahl" die Anzahl Drei, entsprechend den für E günstigen Fällen „2", „4", „6", und somit ist $P(E) = \frac{3}{6} = \frac{1}{2}$.)

Die klassische Definition ergibt sich aus der allgemeinen Definition der Wahrscheinlichkeit (›Ereignisfelder und Wahrscheinlichkeitsalgebren) im Spezialfall einer endlichen Wahrscheinlichkeitsalgebra, deren atomare Ereignisse sämtlich gleichwahrscheinlich sind.

Für viele praktische Aufgaben der (sog. elementaren) Wahrscheinlichkeitsrechnung reicht es aus, mit der klassischen Definition der Wahrscheinlichkeit zu arbeiten; die Berechnung interessierender Wahrscheinlichkeiten erfolgt dabei i. a. mit den Methoden der Kombinatorik.

Kolmogorovsche Differentialgleichungen einer ›Markovschen Kette

Kolmogorovscher Dreireihensatz: Es seien (X_n) eine Folge unabhängiger (›Unabhängigkeit zufälliger Variabler) ›Zufallsgrößen über dem ›Wahrscheinlichkeitsraum $(\Omega, \mathfrak{A}, P)$, $\lambda > 0$, und

$$Y_n := \begin{cases} X_n, & \text{falls } |X_n| < \lambda, \\ \lambda & \text{sonst} \end{cases} \qquad n = 1, 2, \ldots .$$

Die Reihe $\sum_{n=1}^{\infty} X_n$ konvergiert mit Wahrscheinlichkeit Eins (›Konvergenzarten für Folgen zufälliger Variabler) gegen eine Zufallsgröße Y genau dann, wenn die drei Reihen

$$\sum_{n=1}^{\infty} P(Y_n \neq X_n), \qquad \sum_{n=1}^{\infty} E\,Y_n \quad \text{und} \quad \sum_{n=1}^{\infty} D^2\,Y_n$$

konvergieren. Divergiert mindestens eine dieser Reihen, so konvergiert wegen des ›Null-Eins-Gesetzes die Reihe $\sum_{n=1}^{\infty} X_n$ mit Wahrscheinlichkeit Null (d. h., die Menge aller $\omega \in \Omega$, für die $\sum_{n=1}^{\infty} X_n(\omega)$ konvergiert, hat das ›Wahrscheinlichkeitsmaß Null).

Lit.: (62)

Kolmogorovsches Axiomensystem ›Ereignisfelder und Wahrscheinlichkeitsalgebren

Kolmogorovsche Wahrscheinlichkeitsabschätzung ›Ungleichungen in der Wahrscheinlichkeitstheorie, a)

Kolmogorov-Sinai-Invariante = ›Entropie eines dynamischen Systems

Kolmogorov-Smirnov-Test: Es seien X und Y zwei unabhängige (›Unabhängigkeit zufälliger Variabler) ›Zufallsgrößen; ihre Verteilungsfunktionen F_X bzw. F_Y seien stetig. Der Kolmogorov-Smirnov-Test ist ein Signifikanztest zum Prüfen der Hypothese, daß die Verteilungsfunktionen F_X und F_Y übereinstimmen:

1. Hypothese H: $F_X = F_Y$.
2. Testgröße $D^*_{nm} := \sqrt{\frac{m\,n}{m+n}} \sup_{x \in R^1} |F_X^{(n)}(x) - F_Y^{(m)}(x)|$.

Dabei bezeichnet $F_X^{(n)}$ die (zufällige) ›empirische Verteilungsfunktion einer mathematischen ›Stichprobe $(X_1, \ldots, X_n)$ vom Umfang n aus der Grundgesamtheit R^1 $([R^1, \mathfrak{B}^1, P_X])$ mit $P_X(B) = \int_B dF_X(x)$, $B \in \mathfrak{B}^1$, und entsprechend $F_Y^{(m)}$ die (zufällige) empirische Verteilungsfunktion einer mathematischen Stichprobe $(Y_1, \ldots, Y_m)$ vom Umfang m aus der Grundgesamtheit R^1 $([R^1, \mathfrak{B}^1, P_Y])$ mit $P_Y(B) = \int_B dF_Y(x)$, $B \in \mathfrak{B}^1$.

Die Verteilungsfunktion von D_{nm}^* strebt für $k = \frac{m\,n}{m+n} \to \infty$ gegen die Verteilungsfunktion K der KOLMOGOROV-Verteilung (›empirische Verteilungsfunktion) unter der Voraussetzung, daß die Hypothese H wahr ist.

3. Kritischer Bereich $K^* = \{t \in R^1 | t \geqq t_{1-\alpha}\}$. Dabei ist α das Signifikanzniveau und $t_{1-\alpha}$ das ›Quantil der Ordnung $1 - \alpha$ der KOLMOGOROV-Verteilung.

4. Praktische Durchführung: Liegt der aus zwei konkreten Stichproben $(x_1, \ldots, x_n)$ und $(y_1, \ldots, y_m)$ berechnete Wert von D_{nm}^* in K^*, so wird die Hypothese H beim gewählten Signifikanzniveau abgelehnt.

Der KOLMOGOROV-SMIRNOV-Test ist ein Test zur Lösung des ›Zweistichprobenproblems, um zu entscheiden, ob zwei vorliegende Stichproben aus der gleichen Grundgesamtheit (mit derselben stetigen Verteilungsfunktion) stammen.

Lit.: (18)
[1] DARLING, A. D., The Kolmogorov-Smirnov, Cramér–von Mises Tests, Ann. Math. Statist. **28** (1957), 823–838.

KOLMOGOROV-Test: Es sei X eine ›Zufallsgröße mit der Verteilungsfunktion F, wobei bekannt sei, daß F stetig ist. Der KOLMOGOROV-Test ist ein ›Signifikanztest zum Prüfen der Hypothese, daß F gleich einer bestimmten stetigen Verteilungsfunktion F_0 ist:

1. Hypothese H: $F = F_0$.

2. Testgröße $D_n^* := \sqrt{n} \sup_{x \in R^1} |F_n(x) - F_0(x)|$.

Dabei bezeichnet F_n die (zufällige) ›empirische Verteilungsfunktion einer mathematischen ›Stichprobe $(X_1, \ldots, X_n)$ vom Umfang n aus der Grundgesamtheit R^1 $([R^1, \mathfrak{B}^1, P_X])$ mit $P_X(B) = \int_B dF(x)$, $B \in \mathfrak{B}^1$. Unter der Voraussetzung, daß die Hypothese H wahr ist, hängt die Verteilungsfunktion von D_n^* nicht von F_0 ab und konvergiert für $n \to \infty$ gegen die Verteilungsfunktion K der KOLMOGOROV-Verteilung (›empirische Verteilungsfunktion).

3. Kritischer Bereich $K^* = \{t \in R^1 | t \geqq t_{1-\alpha}\}$. Dabei ist α das Signifikanzniveau und $t_{1-\alpha}$ das ›Quantil der Ordnung $1-\alpha$ der KOLMOGOROV-Verteilung. (Für kleine n kann $t_{1-\alpha}$ der Tafel (T 8) entnommen werden).

4. Praktische Durchführung: Liegt der aus einer konkreten Stichprobe $(x_1, \ldots, x_n)$ berechnete Wert von D_n^* in K^*, so wird die Hypothese H beim gewählten Signifikanzniveau abgelehnt.

Lit.: (18)

DARLING, A. D., The Kolmogorov-Smirnov, Cramér-von Mises Tests, Ann. Math. Statist. 28 (1957), 823–838.

KOLMOGOROV-Verteilung ›empirische Verteilungsfunktion

komplementäres Ereignis ›Ereignisfelder und Wahrscheinlichkeitsalgebren

komplexer zufälliger Vektor ›zufällige Variable

komplexe Zufallsgröße ›zufällige Variable

kompressible meßbare Transformation ›Strömung

Konfidenzgrenze ›Bereichsschätzung

Konfidenzintervall ›Bereichsschätzung

Konfidenzintervalle für eine unbekannte Wahrscheinlichkeit: Es sei A ein zufälliges Ereignis (›Ereignisfelder und Wahrscheinlichkeitsalgebren). Für die unbekannte Wahrscheinlichkeit $P(A) = p$, $p \in [0, 1]$, von A ist eine Konfidenzschätzung (›Bereichsschätzungen) zum Konfidenzniveau ε zu bestimmen. Dazu wird für p mit Hilfe der ›Punktschätzung $M = \sum_{i=1}^{n} X_i$ ein Intervall der Form $J(X_1, \ldots, X_n) = [\underline{p}(M), \bar{p}(M)]$ angegeben. M bedeutet dabei die (zufällige) Anzahl des Eintretens von A in n unabhängigen ›Versuchen, d. h., die ›Zufallsgröße X_i, $i = 1, \ldots, n$, nimmt den Wert 1 bzw. 0 an, wenn A beim i-ten Versuch eintritt bzw. nicht eintritt. (›BERNOULLI-Schema, ›Binomialverteilung). $J(X_1, \ldots, X_n)$ ist ein Konfidenzintervall für p zum Konfidenzniveau ε, wenn für jede ›Realisierung m von M die Intervallgrenzen $\underline{p}(m)$ bzw. $\bar{p}(m)$ gemäß den Gleichungen

$$\sum_{k=0}^{m} \binom{n}{k} [\bar{p}(m)]^k \, [1 - \bar{p}(m)]^{n-k} = \frac{1-\varepsilon}{2},$$

$$\sum_{k=m}^{n} \binom{n}{k} [\underline{p}(m)]^k \, [1 - \underline{p}(m)]^{n-k} = \frac{1-\varepsilon}{2}$$

bestimmt werden. Diese Intervallgrenzen können Tafeln (88) bzw. Diagrammen (T 11) entnommen werden.

Dieses Verfahren geht auf C. J. CLOPPER u. E. S. PEARSON [1] zurück. Von O. BUNKE [2] und P. NEUMANN (T 7) wurden sog. optimale Konfidenzintervalle für p angegeben.

Lit.: (72), (88)
[1] CLOPPER, C. J., and E. S. PEARSON, The use of confidence or fiducial limits illustrated in the case of the binomial, Biometrika **26** (1934), 404–413.
[2] BUNKE, O., Neue Konfidenzintervalle für den Parameter der Binomialverteilung, Wiss. Z. Humboldt-Univ., Math.-Nat. Reihe **9** (1959/60), 335–363.

Konfidenzintervalle für ›Erwartungswert und ›Streuung der ›Normalverteilung: Die ›Zufallsgröße X besitze eine Normalverteilung mit dem Erwartungswert μ und der Streuung σ^2. Zur Konstruktion von Konfidenzintervallen (›Bereichsschätzung) $J(X_1, \ldots, X_n)$ für μ bzw. σ^2 zum Konfidenzniveau ε werden die aus der mathematischen ›Stichprobe $(X_1, \ldots, X_n)$ vom Umfang n erhaltenen ›Punktschätzungen $\overline{X} = \frac{1}{n} \sum_{i=1}^{n} X_i$ (Stichprobenmittel, ›empirische Momente), $S^{*2} = \frac{1}{n} \sum_{i=1}^{n} (X_i - \mu)^2$, $S^2 = \frac{1}{n-1} \sum_{i=1}^{n} (X_i - \overline{X})^2$ (Stichprobenstreuung) verwendet.

Konfidenzintervall für	Voraussetzung	$J(X_1, \ldots, X_n)$	Bemerkungen
μ	σ^2 bekannt	$\left[\overline{X} - z_{\frac{1+\varepsilon}{2}} \frac{\sigma}{\sqrt{n}}\,;\ \overline{X} + z_{\frac{1+\varepsilon}{2}} \frac{\sigma}{\sqrt{n}}\right]$	$z_{\frac{1+\varepsilon}{2}}$ ›Quantil der Ordnung $\frac{1+\varepsilon}{2}$ der standardisierten Normalverteilung
μ	σ^2 unbekannt	$\left[\overline{X} - t_{m;\frac{1+\varepsilon}{2}} \frac{S}{\sqrt{n}}\,;\ \overline{X} + t_{m;\frac{1+\varepsilon}{2}} \frac{S}{\sqrt{n}}\right]$	$t_{m;\frac{1+\varepsilon}{2}}$ ›Quantil der Ordnung $\frac{1+\varepsilon}{2}$ der ›t-Verteilung mit $m = n - 1$ Freiheitsgraden
σ^2	μ bekannt	$\left[\frac{n S^{*2}}{\chi^2_{n;\frac{1+\varepsilon}{2}}}\,;\ \frac{n S^{*2}}{\chi^2_{n;\frac{1-\varepsilon}{2}}}\right]$	$\chi^2_{m;\beta}$ ›Quantil der Ordnung β der ›χ^2-Verteilung mit m Freiheitsgraden
σ^2	μ unbekannt	$\left[\frac{(n-1) S^2}{\chi^2_{n-1;\frac{1+\varepsilon}{2}}}\,;\ \frac{(n-1) S^2}{\chi^2_{n-1;\frac{1-\varepsilon}{2}}}\right]$	

Konfidenzkoeffizient ›Bereichsschätzung

Konfidenzniveau ›Bereichsschätzung

Konfidenzschätzung ›Bereichsschätzung

Konfidenzschätzung für eine unbekannte Verteilungsfunktion: Es sei X eine ›Zufallsgröße mit der stetigen Verteilungsfunktion F. Für die unbekannte Verteilungsfunktion F kann mit Hilfe der ›empirischen Verteilungsfunktion F_n (einer ›Stichprobe vom Umfang n) eine Konfidenzschätzung (›Bereichsschätzung) J zum Konfidenzniveau ε folgendermaßen angegeben werden:

Da die Verteilungsfunktion von $D_n^* := \sqrt{n} \sup_{x \in R^1} |F_n(x) - F(x)|$ für $n \to \infty$ gegen die Kolmogorov-Verteilung (›empirische Verteilungsfunktion) konvergiert, ist (für große n) die Wahrscheinlichkeit dafür, daß

$$J = \left\{(x, y) \in R^2 \,|\, -\infty < x < \infty,\, F_n(x) - \frac{\lambda_\varepsilon}{\sqrt{n}} < y < F_n(x) + \frac{\lambda_\varepsilon}{\sqrt{n}}\right\}$$

die Verteilungsfunktion F überdeckt, näherungsweise gleich ε, falls λ_ε das ›Quantil der Ordnung ε der Kolmogorov-Verteilung bedeutet. Daher ist J eine Konfidenzschätzung für F zum Konfidenzniveau ε.

Lit.: (9), (18), (77)

Kongruenzmethode: Unter der *Kongruenzmethode* versteht man den von M. Greenberger [1] angegebenen rekursiven Algorithmus

$$x_n \equiv a\, x_{n-1} + b \pmod{p} \qquad (a, b, p, x_0 \text{ natürliche Zahlen; } n = 1, 2, \ldots) \qquad (*)$$

zur Berechnung von Zahlen mit dem speziellen Zweck, diese als ›Zufallszahlen zu verwenden. (Vereinbarungsgemäß soll dabei x_n einen der Werte $0, 1, \ldots, p-1$ annehmen.) Zahlenfolgen des Typs (*) sind zwangsläufig von einem $n = n_0$ ab periodisch.

Ist $p = 2^m$ (m natürliche Zahl), $a \equiv 1 \pmod 4$ und $b \equiv 1 \pmod 2$, so ist die Periodenlänge unabhängig vom Ausgangswert x_0 maximal und gleich p. Innerhalb dieser speziellen Wertekombination ist jedoch die Eignung der Folge (x_n) als Zufallszahlenfolge noch unterschiedlich.

Lit.: [1] Greenberger, M., An a priori determination of serial correlation in computer generated random numbers, Math. Comput. **15** (1961), 383–389.

Konkordanzkoeffizient ›Rangkorrelationsanalyse

konkrete ›Bereichsschätzung

konkrete ›Stichprobe

konservative meßbare Transformation ›Strömung

konservativer ›MARKOVscher Prozeß

konservative Übergangsfunktion eines ›MARKOVschen Prozesses

konsistente Folge von Schätzfunktionen ›Punktschätzung

konsistente Folge von Tests ›Testtheorie

Kontingenz, mittlere quadratische: Als *mittlere quadratische Kontingenz* eines zweidimensionalen diskreten ›zufälligen Vektors (X, Y), der die Werte (x_i, y_j) $(i = 1, \ldots, r; j = 1, \ldots, s)$ mit den Einzelwahrscheinlichkeiten $p_{ij} = P(X = x_i, Y = y_j)$ annimmt, bezeichnet man die Größe

$$\varphi^2 = \sum_{j=1}^{s} \sum_{i=1}^{r} \frac{(p_{ij} - p_{i.}\, p_{.j})^2}{p_{i.}\, p_{.j}}.$$

Dabei sind $p_{i.} = P(X = x_i) = \sum_{j=1}^{s} p_{ij}$ und $p_{.j} = P(Y = y_j) = \sum_{i=1}^{r} p_{ij}$ die Einzelwahrscheinlichkeiten (›diskrete Zufallsgröße) der Randverteilungen (›gemeinsame Wahrscheinlichkeitsverteilung). Es gilt $0 \leq \frac{\varphi^2}{\min(r, s) - 1} \leq 1$, und φ^2 ist genau dann gleich 0 bzw. $\min(r, s) - 1$, wenn X und Y unabhängig sind bzw. wenn eine der beiden Zufallsgrößen eine Funktion der anderen ist. Somit kann φ^2 als Maß für die Abhängigkeit zwischen X und Y betrachtet werden. (Zur Definition der mittleren quadratischen Kontingenz für allgemeinere zufällige Vektoren s. (45)).

Ein Schätzwert (›Punktschätzung) für φ^2 ist die *empirische mittlere quadratische Kontingenz*

$$\hat{\varphi}^2 = \sum_{j=1}^{s} \sum_{i=1}^{r} \frac{\left(h_{ij} - \frac{h_{i.}\, h_{.j}}{n}\right)^2}{h_{i.}\, h_{.j}},$$

die anhand einer konkreten ›Stichprobe vom Umfang n berechnet wird. Dabei bedeutet h_{ij} $(i = 1, \ldots, r; j = 1, \ldots, s)$ die absolute Häufigkeit (›relative Häufigkeit) von (x_i, y_j) in der Stichprobe und

$$h_{i.} = \sum_{j=1}^{s} h_{ij}, \qquad h_{.j} = \sum_{i=1}^{r} h_{ij}, \qquad \sum_{j=1}^{s} \sum_{i=1}^{r} h_{ij} = n.$$

Die h_{ij} werden zweckmäßig in Form einer ›Kontingenztafel mit r Zeilen und s Spalten angeordnet. Sind X und Y voneinander unabhängig (›Unabhängigkeit zufälliger Variabler), so besitzt die Schätzfunktion (›Punktschätzung)

$$n\,\Phi^2 = \sum_{j=1}^{s} \sum_{i=1}^{r} n \frac{\left(H_{ij} - \frac{H_{i.}\, H_{.j}}{n}\right)^2}{H_{i.}\, H_{.j}}$$

asymptotisch (für $n \to \infty$) eine ›χ^2-Verteilung mit $(r-1)(s-1)$ Freiheitsgraden (χ^2-Unabhängigkeitstest ›χ^2-Test, III).

Dabei bezeichne H_{ij} die zufällige Anzahl des Auftretens von (x_i, y_j) in einer mathematischen Stichprobe vom Umfang n und $H_{i.} = \sum_{j=1}^{s} H_{ij}$, $H_{.j} = \sum_{i=1}^{r} H_{ij}$. (Die absoluten Häufigkeiten h_{ij} sind gerade die ›Realisierungen von H_{ij}.)

Kontingenztafel: Eine *Kontingenztafel* ist die Zusammenstellung der ›Klassenhäufigkeiten h_{ij} $(i = 1, \ldots, r;\ j = 1, \ldots, s)$ einer konkreten ›Stichprobe $[(x_1, y_1), \ldots, (x_n, y_n)]$ vom Umfang n aus einer (zweidimensionalen) Grundgesamtheit $R^2([R^2, \mathfrak{B}^2, P])$ in einem rechteckigen Schema mit r Zeilen und s Spalten. Sie wird ergänzt durch die Randsummen der Zeilen $h_{i.} = \sum_{j=1}^{s} h_{ij}$ und der Spalten $h_{.j} = \sum_{i=1}^{r} h_{ij}$ sowie durch die Gesamtsumme

$$n = \sum_{i=1}^{r} h_{i.} = \sum_{j=1}^{s} h_{.j} = \sum_{i=1}^{r} \sum_{j=1}^{s} h_{ij}\,.$$

Speziell für $r = s = 2$ nennt man die Kontingenztafel *Vierfelder-* oder 2×2-*Tafel*. Kontingenztafeln werden zur Prüfung der Unabhängigkeit (›Unabhängigkeit zufälliger Variabler) der beiden Komponenten X und Y des zweidimensionalen ›zufälligen Vektors (X, Y) verwendet. (χ^2-Unabhängigkeitstest ›χ^2-Test, III, ›Fisher-Yates-Test.)

kontinuierliche ›**Strömung**

Kontrollgrenze ›statistische Qualitätskontrolle

Kontrollkarte ›statistische Qualitätskontrolle

Kontrollkartentechnik ›statistische Qualitätskontrolle

Konvergenzarten für Folgen von Wahrscheinlichkeitsverteilungen:

a) Eine Folge $\mu_1, \mu_2, \ldots$ von ›Wahrscheinlichkeitsverteilungen über dem ›meßbaren Raum $[S, \mathfrak{S}]$ heißt *konvergent in Variation* gegen eine Wahrscheinlichkeitsverteilung μ, wenn

$$\lim_{n\to\infty} \operatorname*{var}_{\mathfrak{S}} (\mu_n - \mu) = \lim_{n\to\infty} |(\mu_n - \mu)|\,(S)$$
$$= \lim_{n\to\infty} \sup \left\{ \sum_{k=1}^{m} |\mu_n(S_k) - \mu(S_k)| \,\middle|\, S_1 \cup \cdots \cup S_m = S\,,\ S_i \cap S_k = \varnothing \right.$$
$$\left. (i \neq k)\,,\quad S_i \in \mathfrak{S},\ m \text{ beliebige natürliche Zahl} \right\} = 0$$

gilt.

b) Eine Folge $\mu_1, \mu_2, \ldots$ von Wahrscheinlichkeitsverteilungen über $[R^1, \mathfrak{B}^1]$ heißt ***stark konvergent*** gegen eine Wahrscheinlichkeitsverteilung μ, wenn die Folge (F_{μ_n}) der durch $F_{\mu_n}(x) := \mu_n((-\infty, x))$, $x \in R^1$, definierten Verteilungsfunktionen (›Zufallsgröße) F_{μ_n} gleichmäßig gegen die Verteilungsfunktion F_μ, $F_\mu(x) := \mu((-\infty, x))$, konvergiert, d. h., wenn

$$\lim_{n\to\infty} \sup_{x\in R^1} |F_{\mu_n}(x) - F_\mu(x)| = 0$$

gilt.

c) Eine Folge $\mu_1, \mu_2, \ldots$ von Wahrscheinlichkeitsverteilungen über $[R^1, \mathfrak{B}^1]$ heißt *schwach konvergent* gegen eine Wahrscheinlichkeitsverteilung μ, wenn die Folge (F_{μ_n}) der durch $F_{\mu_n}(x) := \mu_n((-\infty, x))$, $x \in R^1$, definierten Verteilungsfunktionen an allen Stetigkeitsstellen der Verteilungsfunktion F_μ, $F_\mu(x) := \mu((-\infty, x))$, gegen F_μ konvergiert.

Aus a) folgt b), aus b) folgt c).

Konvergenzarten für Folgen zufälliger Variabler:

a) Eine Folge $X_1, X_2, \ldots$ von ›Zufallsgrößen über dem gemeinsamen ›Wahrscheinlichkeitsraum $[\Omega, \mathfrak{A}, P]$ heißt *fast sicher konvergent* oder *konvergent mit Wahrscheinlichkeit Eins* gegen die Zufallsgröße X (Schreibweise: $X_n \xrightarrow[\text{f. s.}]{} X$), wenn

$$P\left(\{\omega \in \Omega : \lim_{n\to\infty} X_n(\omega) = X(\omega)\}\right) = P\left(\lim_{n\to\infty} X_n = X\right) = 1$$

gilt. Entsprechend definiert man die fast sichere Konvergenz für Folgen ›zufälliger Variabler mit einem meßbaren topologischen Raum als gemeinsamen Bildraum.

b) Eine Folge $X_1, X_2, \ldots$ von Zufallsgrößen über dem gemeinsamen Wahrscheinlichkeitsraum $[\Omega, \mathfrak{A}, P]$ heißt im *quadratischen Mittel konvergent* gegen die Zufallsgröße X, wenn

$$\lim_{n\to\infty} E\,|X_n - X|^2 = 0$$

gilt; sie heißt im *p-ten Mittel konvergent* $(1 \leqq p < \infty)$ gegen X, wenn

$$\lim_{n\to\infty} E\,|X_n - X|^p = 0$$

gilt. Entsprechend definiert man die Konvergenz im p-ten Mittel für Folgen zufälliger Variabler mit einem meßbaren BANACH-Raum als gemeinsamen Bildraum.

c) Eine Folge $X_1, X_2, \ldots$ von Zufallsgrößen über dem gemeinsamen Wahrscheinlichkeitsraum $[\Omega, \mathfrak{A}, P]$ heißt *konvergent in Wahrscheinlichkeit* gegen die Zufallsgröße X (Schreibweise: $X_n \xrightarrow[P]{} X$), wenn

$$\lim_{n\to\infty} P\left(\{\omega \in \Omega : |X_n(\omega) - X(\omega)| > \varepsilon\}\right) = \lim_{n\to\infty} P\left(|X_n - X| > \varepsilon\right) = 0$$

für jede positive Zahl ε gilt. Entsprechend definiert man die Konvergenz in Wahrscheinlichkeit für Folgen zufälliger Variabler mit einem meßbaren metrischen Raum als gemeinsamen Bildraum.

Sowohl aus a) als auch aus b) folgt c).

Konvergenz fast sicher ›Konvergenzarten für Folgen zufälliger Variabler, a)

Konvergenz im p-ten Mittel ›Konvergenzarten für Folgen zufälliger Variabler, b)

Konvergenz im quadratischen Mittel ›Konvergenzarten für Folgen zufälliger Variabler, b)

Konvergenz in Variation ›Konvergenzarten für Folgen von Wahrscheinlichkeitsverteilungen, a)

Konvergenz in Wahrscheinlichkeit ›Konvergenzarten für Folgen zufälliger Variabler, c)

Konvergenz mit Wahrscheinlichkeit Eins ›Konvergenzarten für Folgen zufälliger Variabler, a)

Korrelation ›Korrelationsanalyse

Korrelationsanalyse: Unter Korrelationsanalyse versteht man in der Mathematischen Statistik Untersuchungen über *Korrelation*, d. h. (wechselseitige) stochastische Zusammenhänge zwischen ›Zufallsgrößen anhand einer vorliegenden ›Stichprobe. Genauer gesagt, definiert man hierzu geeignete Abhängigkeitsmaße zwischen Zufallsgrößen, sucht Schätzungen für diese Abhängigkeitsmaße auf Grund einer Stichprobe und prüft durch Tests geeignete Hypothesen über die interessierenden Zusammenhänge.

(1) Seien X und Y zwei Zufallsgrößen (über demselben ›Wahrscheinlichkeitsraum $[\Omega, \mathfrak{A}, P]$) mit endlichen ›Streuungen σ_X^2 bzw. σ_Y^2. Als *Korrelationskoeffizient* von X und Y bezeichnet man die Größe $\varrho = \dfrac{E[(X - EX)(Y - EY)]}{\sigma_X \sigma_Y}$. Es gilt $-1 \leqq \varrho \leqq 1$ und $\sigma_X^2 (1 - \varrho^2) = \min\limits_{\alpha,\beta} E[(X - \alpha - \beta Y)^2]$ bzw. $\sigma_Y^2 (1 - \varrho^2) = \min\limits_{\alpha,\beta} E[(Y - \alpha - \beta X)^2]$ (›Regression (2. Art)). In diesem Sinne ist ϱ ein Maß für die lineare Abhängigkeit zwischen X und Y. Man nennt X und Y *positiv* (bzw. *negativ*) *korreliert*, wenn $\varrho > 0$ (bzw. $\varrho < 0$) gilt. *Extremale Korrelation* liegt für $\varrho = \pm 1$ vor, d. h. wenn mit Wahrscheinlichkeit 1 entweder $X = \alpha + \beta Y$ oder $Y = \gamma + \delta X$ gilt. Ist $\varrho = 0$, so heißen X und Y *unkorreliert*. Hinreichend hierfür ist die Unabhängigkeit von X und Y (›Unabhängigkeit

zufälliger Variabler), bei ›normalverteiltem (X, Y) folgt umgekehrt aus der Unkorreliertheit von X und Y auch deren Unabhängigkeit. Die Größe $B = \varrho^2$ wird häufig als *Bestimmtheitsmaß* und $1 - \varrho^2$ als *Unbestimmtheitsmaß* von X und Y bezeichnet.

Für das durch $\eta_{YX} = \frac{\sqrt{E\,[E\,(Y|X) - E\,Y]^2}}{\sigma_Y}$, $(E\,(Y|X)$ ›bedingter Erwartungswert), definierte sog. *Korrelationsverhältnis* von Y bez. X gilt $0 \leqq \eta_{YX}^2 \leqq 1$ und $\min\,\{E\,[(Y - g(X))^2]: g$ BOREL›-meßbare Funktion$\} = \sigma_Y^2\,(1 - \eta_{YX}^2)$; also ist η_{YX} ein Maß für die Bindung von Y an die Regressionskurve $m_Y(x) = E\,(Y|X = x)$. (Entsprechendes erhält man bei Vertauschung von Y und X.)

Weitere Abhängigkeitsmaße sind die mittlere quadratische ›Kontingenz φ^2 und die durch $\psi := \sup\limits_{u,v} |\varrho_{uv}|$ definierte *Maximalkorrelation*, wobei u, v die Menge aller BOREL-›meßbaren Funktionen durchlaufen und ϱ_{uv} den Korrelationskoeffizienten der Zufallsgrößen $u(X)$ und $v(Y)$ bezeichnet. Es gilt $0 \leqq \psi \leqq 1$; ψ ist genau dann gleich 0, wenn X und Y unabhängig sind; besteht zwischen X und Y ein Zusammenhang der Form $u(X) = v(Y)$ mit BOREL-meßbaren Funktionen u und v, wobei $\sigma^2(u(X)) > 0$ sei, so ist $\psi = 1$.

Für die verschiedenen Abhängigkeitsmaße gilt

$$|\varrho| \leqq \min\,(\eta_{YX}, \eta_{XY}) \leqq \max\,(\eta_{YX}, \eta_{XY}) \leqq \psi \leqq \sqrt{\varphi^2}$$

(s. (62)).

Schätzungen, Tests: Es sei (X, Y) ein (zweidimensional) normalverteilter Vektor und $((X_1, Y_1), \ldots, (X_n, Y_n))$ eine zugehörige mathematische Stichprobe, d. h., die Komponenten (X_i, Y_i) sind unabhängige ›zufällige Vektoren mit derselben Wahrscheinlichkeitsverteilung wie der zufällige Vektor (X, Y). Eine ›Punktschätzung für ϱ liefert der sog. *Stichprobenkorrelationskoeffizient*

$$\hat{\varrho} = \frac{\sum\limits_{i=1}^{n} (X_i - \overline{X})\,(Y_i - \overline{Y})}{\sqrt{\sum\limits_{i=1}^{n} (X_i - \overline{X})^2 \sum\limits_{i=1}^{n} (Y_i - \overline{Y})^2}}\,, \quad \overline{X} := \frac{1}{n} \sum_{i=1}^{n} X_i\,, \quad \overline{Y} := \frac{1}{n} \sum_{i=1}^{n} Y_i\,.$$

(Eine ›Realisierung von $\hat{\varrho}$ heißt *empirischer Korrelationskoeffizient*.) Für $\varrho = 0$ ist $\hat{\varrho}$ eine erwartungstreue Punktschätzung. Die Verteilung von $\hat{\varrho}$ (in Abhängigkeit von n und ϱ) ist tabelliert (vgl. [1]). Außerdem ist die Stichprobenfunktion $Z = \frac{1}{2} \ln \frac{1 + \hat{\varrho}}{1 - \hat{\varrho}}$ (FISHERsche Z-Transformation) für $|\varrho| \neq 1$ asymptotisch normalverteilt mit $EZ = \frac{1}{2} \ln \frac{1 + \varrho}{1 - \varrho} + \frac{\varrho}{2\,(n - 1)}$, $D^2Z = \frac{1}{n - 3}$. Werden zusätzlich X und Y als unkorreliert (d. h. $\varrho = 0$) vorausgesetzt, so besitzt $\hat{\varrho}^2$ eine ›Betaverteilung 1. Art mit den Parametern

$\left(\frac{1}{2}, \frac{n}{2} - 1\right)$ über (0, 1) und $T = \sqrt{n-2}\,\frac{\hat{\varrho}}{\sqrt{1-\hat{\varrho}^2}}$ eine ›*t*-Verteilung mit $n - 2$ Freiheitsgraden. Z. B. gestattet somit die Testgröße T analog zum ›*t*-Test eine Prüfung der Hypothese $\varrho = 0$ (d. h. wegen der Normalverteiltheit von (X, Y) eine Prüfung der Hypothese, daß X und Y unabhängig sind). S. auch ›Kontingenz, mittlere quadratische.

(2) Es seien in Verallgemeinerung von (1) anstelle von zwei Zufallsgrößen n Zufallsgrößen $X_1, \ldots, X_n$ gegeben, die alle endliche Streuungen σ_i^2 und den Erwartungswert $EX_i = 0$ besitzen (die letztere Voraussetzung bedeutet keine Einschränkung, sie läßt sich ggf. durch die Transformation $X_i' = X_i - EX_i$ erreichen). Ferner sei z. B. $X_{1\cdot 23\ldots n} = X_1 - \beta_{12\cdot 3\ldots n} X_2 - \cdots - \beta_{1n\cdot 2\ldots n-1} X_n$, wobei $\beta_{1i\cdot i_1\ldots i_{n-2}}$ die multiplen Regressionskoeffizienten von X_1 bez. $X_2, \ldots, X_n$ bezeichnen (›Regression (2), b); $X_{1\cdot 23\ldots n}$ ist also der sog. *Rest* von X_1 gegenüber der linearen Regressionsfunktion von X_1 bez. $X_2, \ldots, X_n$ (Definitionen für Ausdrücke der Form $X_{n_1\cdot n_2\ldots n_k}$ erfolgen analog).

Man definiert drei Typen von Abhängigkeitsmaßen:

a) den durch $\varrho_{jk} = \frac{E(X_j X_k)}{\sigma_j \sigma_k}$ definierten sog. *totalen Korrelationskoeffizienten* zwischen X_j und X_k, der also im Sinne von (1) die einfache Korrelation zwischen X_j und X_k mißt,

b) den *partiellen Korrelationskoeffizienten*

$$\varrho_{12\cdot 34\ldots n} = \frac{E(X_{1\cdot 34\ldots n} X_{2\cdot 34\ldots n})}{\sqrt{E(X_{1\cdot 34\ldots n}^2)\, E(X_{2\cdot 34\ldots n}^2)}}$$

zwischen X_1 und X_2 bez. $X_3, \ldots, X_n$ (bzw. analog die partiellen Korrelationskoeffizienten $\varrho_{n_1 n_2\cdot n_3\ldots n_k}$); er mißt im Sinne der einfachen Korrelation die Abhängigkeit zwischen den Resten von X_1 und X_2 gegenüber deren linearen Regressionsfunktionen bez. $X_3, \ldots, X_n$, ist also ein Maß der Abhängigkeit zwischen X_1 und X_2 nach Ausschaltung linearer Einflüsse von $X_3, \ldots, X_n$ auf X_1 und X_2.

c) den *multiplen Korrelationskoeffizienten*

$$\varrho_{1(23\ldots n)} = \frac{E(X_1 X_1^*)}{\sqrt{E(X_1^2)\, E(X_1^{*2})}},$$

wobei X_1^* die (im quadratischen Mittel) beste lineare Approximation von X_1 durch $X_2, \ldots, X_n$, also $X_1^* = \beta_{12\cdot 3\ldots n} X_2 + \cdots + \beta_{1n\cdot 2\ldots n-1} X_n$ bedeute (analog definiert man die multiplen Korrelationskoeffizienten $\varrho_{m_1(m_2\ldots m_k)}$); $\varrho_{1(23\ldots n)}$ ist also ein Maß für die Abhängigkeit zwischen X_1 und der Gesamtheit der Zufallsgrößen $X_2, \ldots, X_n$. Dabei gilt $0 \leqq \varrho_{1(2\ldots n)} \leqq 1$ und $\varrho_{1(2\ldots n)} = 0$ genau dann, wenn X_1 zu X_i $(i = 2, \ldots, n)$ unkorreliert ist, d. h. wenn $\varrho_{1i} = 0$ $(i = 2, \ldots, n)$ ist; $\varrho_{1(2\ldots n)} = 1$ bedeutet, daß X_1 fast sicher (›fast überall) linear von $X_2, \ldots, X_n$ abhängt.

Bezeichnet $(\sigma_{jk})_{j,k=1,\dots,n}$ die Kovarianzmatrix des zufälligen Vektors $(X_1, \dots, X_n)$, Λ die Determinante dieser ›Matrix und Λ_{jk} die durch Streichung der j-ten Zeile und k-ten Spalte in $(\sigma_{jk})_{j,k=1,\dots,n}$ entstehende Unterdeterminante von Λ, so gelten z. B. folgende Beziehungen:

$$\varrho_{jk} = \frac{\sigma_{jk}}{\sqrt{\sigma_{jj}\sigma_{kk}}}, \qquad \varrho_{m_1 m_2 \cdot m_3 m_4 \dots m_n} = -\frac{\Lambda_{m_1 m_2}}{\sqrt{\Lambda_{m_1 m_1} \Lambda_{m_2 m_2}}},$$

$$\varrho_{m_1 (m_2 \dots m_n)} = \sqrt{1 - \frac{\Lambda}{\sigma_{m_1 m_1} \Lambda_{m_1 m_1}}}.$$

Schätzungen, Tests: Es sei $(X_1, \dots, X_n)$ ein (n-dimensional) normalverteilter zufälliger Vektor und $\left((X_1^{(1)}, \dots, X_n^{(1)}), \dots, (X_1^{(m)}, \dots, X_n^{(m)})\right)$ eine mathematische Stichprobe vom Umfang m aus der zu diesem Vektor gehörenden Grundgesamtheit. Schätzungen der in (2) definierten Korrelationskoeffizienten aus dieser Stichprobe erhält man auf analoge Weise zu (1). Dabei besitzen dann z. B. nachstehende Stichprobenfunktionen folgende Verteilung unter der Voraussetzung, daß die X_i unabhängig sind: $\hat{\varrho}^2 := \hat{\varrho}^2_{i_1 i_2 \cdot i_3 \dots i_n}$ — Betaverteilung 1. Art mit den Parametern $\left(\frac{1}{2}, \frac{m-n}{2}\right)$ über (0, 1), $\frac{\hat{\varrho}\sqrt{m-n}}{\sqrt{1-\hat{\varrho}^2}}$ — t-Verteilung mit $m - n$ Freiheitsgraden, $\hat{P}^2 := \hat{\varrho}^2_{i_1 (i_2 \dots i_n)}$ — Betaverteilung 1. Art mit den Parametern $\left(\frac{n-1}{2}, \frac{m-n}{2}\right)$ über (0, 1), $\frac{(m-n)\hat{P}^2}{(n-1)(1-\hat{P}^2)}$ — ›F-Verteilung mit $(n - 1, m - n)$ Freiheitsgraden. Benutzung dieser Stichprobenfunktionen als Testgrößen gestattet dann z. B. die Unabhängigkeit der Zufallsgrößen $X_1, \dots, X_n$ zu testen.

(3) Weitere Methoden der Korrelationsanalyse s. ›Rangkorrelationsanalyse.

Lit.: (9), (T 7)

[1] DAVID, F. N., Tables of the Correlation Coefficient, London 1938.
[2] NOLLAU, V., Statistische Analysen, Leipzig 1975.

Korrelationsfunktion ›Kovarianzfunktion

Korrelationskoeffizient: Es sei $\mathfrak{X} = (X, Y)$ ein (reller) zweidimensionaler ›zufälliger Vektor mit dem Erwartungswertvektor (›Erwartungswert) $E\,\mathfrak{X} = (EX, EY)$ und der ›Kovarianzmatrix

$$B = \begin{pmatrix} b_{11} & b_{12} \\ b_{21} & b_{22} \end{pmatrix}.$$

Dabei bezeichnen $b_{11} = D^2X$ und $b_{22} = D^2Y$ die ›Streuungen von X bzw. Y sowie $b_{12} = b_{21} = \operatorname{cov}(X, Y)$ die Kovarianz (›Kovarianzmatrix) von X und Y. Der (totale oder einfache) *Korrelationskoeffizient* ϱ ist dann — falls $D^2X > 0$ und $D^2Y > 0$ sind — durch

$$\varrho := \frac{\operatorname{cov}(X, Y)}{\sqrt{D^2X \cdot D^2Y}} = \frac{E(X - EX)(Y - EY)}{\sqrt{E(X - EX)^2 \cdot E(Y - EY)^2}}$$

definiert. Für den Korrelationskoeffizienten gilt $-1 \leqq \varrho \leqq 1$. Ist $\varrho = 0$, d. h. $\operatorname{cov}(X, Y) = 0$, so heißen X und Y *unkorreliert*. Aus der Unabhängigkeit von X und Y (›Unabhängigkeit zufälliger Variabler) folgt ihre Unkorreliertheit. Die Umkehrung dieses Sachverhaltes ist richtig, wenn (X, Y) eine zweidimensionale ›Normalverteilung besitzt. Für $|\varrho| = 1$ besteht zwischen X und Y — mit Wahrscheinlichkeit 1 (›fast überall) — die lineare Beziehung $a_1 X + a_2 Y + b = 0$, (a_1, a_2, b — reell). Aus diesem Grunde ist ϱ ein Maß für die lineare Abhängigkeit zwischen X und Y.

Sind X und Y komplexe Zufallsgrößen (›zufällige Variable), so heißen sie *unkorreliert*, falls $E(X - EX)(\overline{Y} - E\overline{Y}) = 0$ ist.

›Korrelationsanalyse.

Korrelationsmatrix: Unter der Korrelationsmatrix eines k-dimensionalen ›zufälligen Vektors $\mathfrak{X} = (X_1, \ldots, X_k)$ mit dem Erwartungswertvektor $E\mathfrak{X} = (EX_1, \ldots, EX_k)$ (›Erwartungswert) versteht man die reellsymmetrische und positiv (semi-)definite ›Matrix, die aus der ›Kovarianzmatrix entsteht, indem man deren Komponenten $b_{lm} = E[(X_l - EX_l) \times (X_m - EX_m)]$, $l, m = 1, \ldots, k$, durch das Produkt $\sigma_l \sigma_m$ der Standardabweichungen (›Streuung) von X_l und X_m dividiert ($\sigma_l > 0$, $\sigma_m > 0$).

Die Komponenten der Korrelationsmatrix sind demzufolge für $l = m$ die ›Korrelationskoeffizienten von X_l und X_m und für $l = m$ gleich Eins.

Korrelationstabelle: Die bei der ›Korrelations- bzw. ›Regressionsanalyse erforderlichen Rechnungen zur Bestimmung z. B. des empirischen Korrelationskoeffizienten zweier ›Zufallsgrößen u. ä. aus einer konkreten ›Stichprobe $[(x_1, y_1), \ldots, (x_n, y_n)]$ werden bei großem Stichprobenumfang n sehr umfangreich. Die Korrelationstabelle ist ein rechteckiges Schema, aus dem sich Näherungen der gesuchten Größen vereinfacht berechnen lassen. Zu diesem Zweck teilt man (in einer durch die konkrete Situation nahegelegten Weise) die Werte $x_1, \ldots, x_n$ in ν Klassen $U_1, \ldots, U_\nu$, die Werte $y_1, \ldots, y_n$ in μ Klassen $V_1, \ldots, V_\mu$ ein, bezeichnet mit $u_1, \ldots, u_\nu$ bzw. $v_1, \ldots, v_\mu$ die Mitten dieser Klassen, mit h_{ij} ($i = 1, \ldots, \mu$; $j = 1, \ldots, \nu$) die ›*Klassenhäufigkeiten*, d. h. die Anzahl der Paare (x_l, y_l), für die x_l in U_j und y_l in V_i liegt, und schreibt diese Werte in Form der folgenden Korrelationstabelle:

$v_i \diagdown u_j$	u_1	u_2	$\ldots$	u_ν	$h_{i.}$
v_1	h_{11}	h_{12}	$\ldots$	$h_{1\nu}$	$h_{1.}$
v_2	h_{21}	h_{22}	$\ldots$	$h_{2\nu}$	$h_{2.}$
$\vdots$	$\vdots$	$\vdots$		$\vdots$	$\vdots$
v_μ	$h_{\mu 1}$	$h_{\mu 2}$	$\ldots$	$h_{\mu\nu}$	$h_{\mu.}$
$h_{.j}$	$h_{.1}$	$h_{.2}$	$\ldots$	$h_{.\nu}$	

wobei $h_{i.} = \sum_{j=1}^{\nu} h_{ij}$ und $h_{.j} = \sum_{i=1}^{\mu} h_{ij}$ bedeutet. Als Kontrolle dient dabei, daß die Summe der letzten Spalte $\sum_{i=1}^{\mu} h_{i.}$ ebenso wie die der letzten Reihe $\sum_{j=1}^{\nu} h_{.j}$ den Stichprobenumfang n ergeben muß. Aus der Korrelationstabelle erhält man z. B. als Näherung für den zugehörigen empirischen Korrelationskoeffizienten den Wert $\dfrac{\sum_{i=1}^{\mu}\sum_{j=1}^{\nu} h_{ij}(u_j - \bar{x})(v_i - \bar{y})}{\sqrt{\sum_{i=1}^{\mu} h_{i.}(v_i - \bar{y})^2 \sum_{j=1}^{\nu} h_{.j}(u_j - \bar{x})^2}}$, wobei $\bar{x} = \frac{1}{n}\sum_{j=1}^{\nu} h_{.j} u_j$, $\bar{y} = \frac{1}{n}\sum_{i=1}^{\mu} h_{i.} v_i$ sei. (Literatur und weitere Beispiele für entsprechende Näherungen anderer empirischer Stichprobengrößen s. z. B. (80).)

Korrelationsverhältnis ›Korrelationsanalyse

korrelierte **Zufallsgrößen** (positiv oder negativ) ›Korrelationsanalyse

Korrelogramm: Das *Korrelogramm* ist eine von H. Wold geprägte Bezeichnung für die graphische Darstellung der ›empirischen Korrelationsfunktion und dient zur Aufdeckung von korrelativen Zusammenhängen zwischen den einzelnen Gliedern einer Zeitreihe (›Zeitreihenanalyse).

Kotelnikov, Satz von: Es sei X_T, $T = R^1$, ein (i. w. S.) ›stationärer Prozeß mit beschränktem Spektrum (d. h., bezeichnet ν_X das nichtzufällige Spektralmaß von X_T, so existiert eine endliche Zahl $\tilde{\omega} > 0$ mit $\nu_X([-\tilde{\omega}, +\tilde{\omega}]) = \nu_X((-\infty, +\infty))$. Der *Satz von* Kotelnikov besagt nun, daß für jedes $\omega > \tilde{\omega}$

$$X_\tau = \sum_{k=-\infty}^{+\infty} X_{\frac{k\pi}{\omega}} \frac{\sin(\omega\tau - k\pi)}{\omega\tau - k\pi} \qquad (\tau \in R^1)$$

gilt; dabei konvergiert die Reihe auf der rechten Seite fast sicher und im quadratischen Mittel (›Konvergenzarten für Folgen zufälliger Variabler); unter den angegebenen Voraussetzungen läßt sich also jeder Wert X_τ des stationären Prozesses X_T aus den Beobachtungen $X_{\frac{k\pi}{\omega}}$ des Prozesses in den Zeitpunkten $\frac{k\pi}{\omega}$, $k = 0, \pm 1, \pm 2, \ldots$, vollständig ermitteln.

Lit.: [1] Беляев, Ю. К., Аналитические случайные процессы, Теория вероятн. и ее примен. 4 (1959) 437—444.

Kovarianz ›Kovarianzmatrix

Kovarianzanalyse: Die *Kovarianzanalyse* ist eine statistische Methode, um bei der quantitativen Untersuchung von Wirkungen (Effekten) eines oder mehrerer Faktoren auf Versuchsergebnisse (i. a. nichtzufällige) Einflüsse weiterer Faktoren zu analysieren und zu berücksichtigen, die zu einer Verfälschung der zu untersuchenden Wirkungen Anlaß geben können. Die Kovarianzanalyse kann deshalb als eine Verallgemeinerung der ›Varianzanalyse angesehen werden .

Im folgenden werden am Beispiel der Kreuzklassifikation mit einfacher Besetzung (vgl. ›Varianzanalyse, Modell I, 2.1) mit einem nichtzufälligen Einflußfaktor die prinzipiellen Methoden der Kovarianzanalyse dargestellt.

a) Problemstellung: Wirkung zweier Faktoren A und B (auf p bzw. q Stufen) auf ein (zufälliges) Merkmal Y unter Berücksichtigung eines Einflußfaktors Z (z. B. Fütterungsversuch bez. zweier Futtersorten A und B unter Berücksichtigung der Futteraufnahme Z).

b) Versuchsplan

	i \ k	Stufen des Faktors B 1	2	...	q
Stufen des Faktors A	1	(y_{11}, z_{11})	(y_{12}, z_{12})	...	(y_{1q}, z_{1q})
	2	.	.		.
	⋮	.	.		.
		.	.		.
	p	(y_{p1}, z_{p1})	(y_{p2}, z_{p2})	...	(y_{pq}, z_{pq})

Die Wertepaare (y_{ik}, z_{ik}) $(i = 1, \ldots, p;\ k = 1, \ldots, q)$ stellen dabei die in einem Versuch ermittelten Versuchsergebnisse dar. Die Werte y_{ik} sind die konkreten Versuchsergebnisse bez. des beobachteten (zufälligen) Merkmals Y, mit Hilfe derer die Wirkungen der Faktoren A und B analysiert werden sollen, während die Werte z_{ik} die konkreten Werte des (nichtzufälligen) Einflußfaktors Z sind, die gleichzeitig mit den Werten y_{ik} erfaßt werden.

c) Mathematisches Modell: Die $n \; (= p \cdot q)$ Versuchsergebnisse y_{ik} werden als ›Realisierungen von $p \cdot q$ (mathematischen) ›Stichproben Y_{ik} $(i = 1, \ldots, p;\ k = 1, \ldots, q)$ (vom Umfang 1) interpretiert, d. h. als konkrete Stichproben vom Umfang 1. Für die ›Zufallsgrößen Y_{ik} setzt man dabei i. a. eine Zerlegung der Form

$$Y_{ik} = \mu + \alpha_i + \beta_k + \gamma\,(z_{ik} - \bar{z}_{..}) + \varepsilon_{ik}$$

voraus. Dabei sind μ, α_i $(i = 1, \ldots, p)$, β_k $(k = 1, \ldots, q)$, γ und $\bar{z}_{..} = \frac{1}{p\,q} \sum_{i=1}^{p} \sum_{k=1}^{q} z_{ik}$ Konstanten und ε_{ik} unabhängige (›Unabhängigkeit zufälliger Variabler) ›normalverteilte Zufallsgrößen mit $E(\varepsilon_{ik}) = 0$ und $D^2(\varepsilon_{ik}) = \sigma^2$ für alle i, k. Die Zahl μ kann als „allgemeines Mittel", die Zahl α_i als Wirkung (Effekt) der i-ten Stufe des Faktors A, die Zahl β_k als Wirkung (Effekt) der k-ten Stufe des Faktors B angesehen werden, während sich ε_{ik} als (zufälliger) Versuchsfehler interpretieren läßt. Ohne Beschränkung der Allgemeinheit wird i. a. $\sum_{i=1}^{p} \alpha_i = 0$ und $\sum_{k=1}^{q} \beta_k = 0$ (sog. Reparametrisierungsbedingungen) vorausgesetzt. Die Zahl γ kann als Regressionskoeffizient (›Regression) des zufälligen Merkmals Y bez. Z angesehen werden.

Die mit der Kovarianzanalyse zu behandelnden Fragestellungen lassen sich folgendermaßen formulieren:

(1) Ermittlung erwartungstreuer ›Punktschätzungen für γ.

(2) Prüfung der Hypothese $H: \gamma = 0$ (›Signifikanztest) und Konstruktion von Konfidenzintervallen für γ (›Bereichsschätzung).

(3) Prüfung der Hypothese $H_A: \alpha_i = 0,\ i = 1, \ldots, p$, (Gleichheit der Wirkungen des Faktors A auf allen p Stufen), $H_B: \beta_k = 0,\ k = 1, \ldots, q$, (Gleichheit der Wirkungen des Faktors B auf allen q Stufen)

Dazu betrachtet man folgende Stichprobenfunktionen und Ausdrücke

$$\overline{Y}_{..} = \frac{1}{pq} \sum_{i=1}^{p} \sum_{k=1}^{q} Y_{ik}, \qquad \bar{z}_{..} = \frac{1}{pq} \sum_{i=1}^{p} \sum_{k=1}^{q} z_{ik},$$

$$\overline{Y}_{i.} = \frac{1}{q} \sum_{k=1}^{q} Y_{ik}, \qquad \bar{z}_{i.} = \frac{1}{q} \sum_{k=1}^{q} z_{ik},$$

$$\overline{Y}_{.k} = \frac{1}{p} \sum_{i=1}^{p} Y_{ik}, \qquad \bar{z}_{.k} = \frac{1}{p} \sum_{i=1}^{p} z_{ik}$$

und

$$SQG_Y = \sum_{i=1}^{p} \sum_{k=1}^{q} (Y_{ik} - \overline{Y}_{..})^2, \qquad sqg_Z = \sum_{i=1}^{p} \sum_{k=1}^{q} (z_{ik} - \bar{z}_{..})^2,$$

$$SQA_Y = q \sum_{i=1}^{p} (\overline{Y}_{i.} - \overline{Y}_{..})^2, \qquad sqa_Z = q \sum_{i=1}^{p} (\bar{z}_{i.} - \bar{z}_{..})^2,$$

$$SQB_Y = p \sum_{k=1}^{q} (\overline{Y}_{.k} - \overline{Y}_{..})^2, \qquad sqb_Z = p \sum_{k=1}^{q} (\bar{z}_{.k} - \bar{z}_{..})^2,$$

$$SQR_Y = \sum_{i=1}^{p} \sum_{k=1}^{q} (Y_{ik} - \overline{Y}_{i.} - \overline{Y}_{.k} + \overline{Y}_{..})^2,$$

$$sqr_Z = \sum_{i=1}^{p} \sum_{k=1}^{q} (z_{ik} - \bar{z}_{i.} - \bar{z}_{.k} + \bar{z}_{..})^2,$$

$$SQG_{YZ} = \sum_{i=1}^{p} \sum_{k=1}^{q} (Y_{ik} - \overline{Y}_{..})(z_{ik} - \bar{z}_{..}),$$

$$SQA_{YZ} = q \sum_{i=1}^{p} (\overline{Y}_{i.} - \overline{Y}_{..})(\bar{z}_{i.} - \bar{z}_{..}).$$

$$S\,Q\,B_{YZ} = p \sum_{k=1}^{q} (\overline{Y}_{.k} - \overline{Y}_{..})\,(\bar{z}_{.k} - \bar{z}_{..})\,,$$

$$S\,Q\,R_{YZ} = \sum_{i=1}^{p} \sum_{k=1}^{q} (Y_{ik} - \overline{Y}_{i.} - \overline{Y}_{.k} + \overline{Y}_{..})\,(z_{ik} - \bar{z}_{i.} - \bar{z}_{.k} + \bar{z}_{..})\,.$$

Für die aufgeführten Größen bestehen die für die Kovarianzanalyse fundamentalen Beziehungen

$$S\,Q\,G_Y = S\,Q\,A_Y + S\,Q\,B_Y + S\,Q\,R_Y\,,$$

$$s\,q\,g_z = s\,q\,a_z + s\,q\,b_z + s\,q\,r_z\,,$$

$$S\,Q\,G_{YZ} = S\,Q\,A_{YZ} + S\,Q\,B_{YZ} + S\,Q\,R_{YZ}\,.$$

(1) Der Quotient $\hat{\gamma} = \frac{S\,Q\,R_{YZ}}{s\,q\,r_Z}$ ist eine erwartungstreue Punktschätzung von γ mit der ›Streuung $D^2\hat{\gamma} = \frac{\sigma^2}{s\,q\,r_Z}$. Unter der Voraussetzung, daß die Hypothesen $H_A\colon \alpha_i = 0$, $i = 1, \ldots, p$, bzw. $H_B\colon \beta_k = 0$, $k = 1, \ldots, p$, wahr sind, sind

$$\hat{\gamma}_A = \frac{S\,Q\,R_{YZ} + S\,Q\,A_{YZ}}{s\,q\,r_Z + s\,q\,a_Z} \quad \text{bzw.} \quad \hat{\gamma}_B = \frac{S\,Q\,R_{YZ} + S\,Q\,B_{YZ}}{s\,q\,r_Z + s\,q\,b_Z}$$

erwartungstreue Schätzfunktionen von γ mit

$$D^2\hat{\gamma}_A = \frac{\sigma^2}{s\,q\,r_Z + s\,q\,a_Z} \quad \text{bzw.} \quad D^2\hat{\gamma}_B = \frac{\sigma^2}{s\,q\,r_Z + s\,q\,b_Z}\,,$$

und es gilt

$$D^2\hat{\gamma}_A \leqq D^2\hat{\gamma} \quad \text{bzw.} \quad D^2\hat{\gamma}_B \leqq D^2\hat{\gamma}\,.$$

(2) Zum Prüfen der Hypothese $H\colon \gamma = 0$ und zur Konstruktion eines Konfidenzintervalles für γ geht man davon aus, daß der Quotient $\frac{\hat{\gamma} - \gamma}{\sqrt{\widehat{D^2\hat{\gamma}}}}$ mit

$$\widehat{D^2\hat{\gamma}} = \frac{S\,Q\,R_Y - \frac{(S\,Q\,R_{YZ})^2}{s\,q\,r_z}}{s\,q\,r_z\,(p\,q - p - q)}$$

›t-verteilt ist mit $(p\,q - p - q)$ Freiheitsgraden.

(3) Die Hypothesen H_A bzw. H_B werden mit den Testgrößen

$$\frac{p\,q - p - q}{p - 1} \cdot \frac{S\,Q\,A_Y - \hat{\gamma}_A\,(S\,Q\,A_{YZ} + S\,Q\,R_{YZ}) + \hat{\gamma}\cdot S\,Q\,R_{YZ}}{S\,Q\,R_Y - \hat{\gamma}\cdot S\,Q\,R_{YZ}}$$

bzw.

$$\frac{p\,q - p - q}{q - 1} \cdot \frac{S\,Q\,B_Y - \hat{\gamma}_B\,(S\,Q\,B_{YZ} + S\,Q\,R_{YZ}) + \hat{\gamma}\cdot S\,Q\,R_{YZ}}{S\,Q\,R_Y - \hat{\gamma}\cdot S\,Q\,R_{YZ}}$$

geprüft (vgl. ›F-Test), die unter der Voraussetzung, daß H_A bzw. H_B wahr sind, ›F-verteilt sind mit $\big((p-1), (p\,q - p - q)\big)$ bzw. $\big((q-1), (p\,q - p - q)\big)$ Freiheitsgraden.

Lit.: [1] NOLLAU, V., Statistische Analysen, Leipzig 1975.

Kovarianzfunktion: Es sei $X_T = (X_t)_{t \in T}$ ein ›Prozeß zweiter Ordnung. Dann heißt die durch $B_X(s, t) := E\,(X_s - EX_s)\,\overline{(X_t - EX_t)}$ $(s, t \in T)$ — mitunter auch die durch $\tilde{B}_X(s, t) := E\,X_s\,\overline{X}_t$ $(s, t \in T)$ — erklärte komplexwertige Funktion die *Kovarianzfunktion* von X_T. Jede Kovarianzfunktion (B_X bzw. $\tilde{B}_X$) ist positiv (semi-)definit (d. h. für beliebige $m \in N, \alpha_1, \ldots, \alpha_m \in K$ (Menge der komplexen Zahlen) und $s_1, \ldots, s_m \in T$ gilt $\sum_{i,j=1}^{m} \alpha_i\,\overline{\alpha_j}\,B_X(s_i, s_j) \geqq 0$) und besitzt folglich die Eigenschaften $B_X(t, t) \geqq 0$, $B_X(s, t) = \overline{B_X(t, s)}$, $|B_X(s, t)|^2 \leqq B_X(s, s)\,B_X(t, t)$, $s, t \in T$. Umgekehrt ist jede nichtnegativ definite Funktion B die Kovarianzfunktion eines ›GAUSSschen Prozesses X_T mit $m_X(t) = E\,X_t \equiv 0$, $t \in T$. Ist dabei B reellwertig, so kann X_T reell, anderenfalls mit der Eigenschaft $EX_s\,X_t = 0$, $s, t \in T$, gewählt werden.

Sind X_T und Y_T zwei Prozesse zweiter Ordnung über dem gleichen Wahrscheinlichkeitsraum, so bezeichnet man die durch

$$B_{XY}(s, t) := E\,(X_s - E\,X_s)\,\overline{(Y_t - E\,Y_t)} \qquad (s, t \in T)$$

definierte Funktion B_{XY} als *Kreuzkovarianzfunktion* von X_T und Y_T; in diesem Zusammenhang wird $B_{XX} = B_X$ auch *Autokovarianzfunktion* von X_T genannt.

Die mittels der ›Streuungen normierte Kovarianzfunktion von X_T

$$R_X(s, t) := \frac{E\,(X_s - EX_s)\,\overline{(X_t - EX_t)}}{\sqrt{E\,|X_s - EX_s|^2\,E\,|X_t - EX_t|^2}} \qquad (s, t \in T)\,,$$

heißt *Korrelationsfunktion* von X_T; entsprechend heißt

$$R_{XY}(s, t) := \frac{E\,(X_s - EX_s)\,\overline{(Y_t - E\,Y_t)}}{\sqrt{E\,|X_s - EX_s|^2\,E\,|Y_t - E\,Y_t|^2}} \qquad (s, t \in T)$$

Kreuzkorrelationsfunktion von X_T und Y_T; in diesem Zusammenhang wird $R_{XX} = R_X$ auch *Autokorrelationsfunktion* von X_T genannt.

Lit.: (49)

Kovarianzfunktional ›verallgemeinerter stochastischer Prozeß

Kovarianzmatrix (Streuungsmatrix): Die *Kovarianzmatrix* eines k-dimensionalen ›zufälligen Vektors $\mathfrak{X} = (X_1, \ldots, X_k)$ mit dem Erwartungswertvektor $E\,\mathfrak{X} = (EX_1, \ldots, EX_k)$ (›Erwartungswert) ist definiert durch $B := E\,(\mathfrak{X} - E\,\mathfrak{X})'\,(\mathfrak{X} - E\,\mathfrak{X})$ mit den Elementen $b_{lm} = E\,[(X_l - EX_l) \times (X_m - E\,X_m)]$, $(l, m = 1, \ldots, k)$, die für $l = m$ als Varianzen (oder ›Streuungen) $b_{ll} = \sigma_l^2$ (von X_l) und für $l \neq m$ als *Kovarianzen* $b_{lm} = b_{ml} = \operatorname{cov}(X_l, X_m)$ (von X_l und X_m) bezeichnet werden. Die Kovarianzmatrix ist eine reell-symmetrische und positiv (semi-)definite ›Matrix, d. h., die quadratische Form $\mathfrak{a} B \mathfrak{a}' = \sum_{l,m=1}^{k} b_{lm} a_l a_m$ ist größer oder gleich Null ($\mathfrak{a} = (a_1, \ldots, a_k)$ beliebiger k-dimensionaler Vektor). ›Korrelationsmatrix

Kreuzklassifikation ›Varianzanalyse

Kreuzkorrelationsfunktion ›Kovarianzfunktion

Kreuzkovarianzfunktion ›Kovarianzfunktion

kritischer Bereich = Ablehnungsbereich ›Testtheorie, ›Signifikanztest

kritischer Bereich, einseitiger ›Signifikanztest

kritischer Bereich, zweiseitiger ›Signifikanztest

Kruskal-Wallis-Test: Der Kruskal-Wallis-*Test* ist ein ›Signifikanztest, mit dem die Hypothese, daß die (als stetig vorausgesetzten) Verteilungsfunktionen $F_1, \ldots, F_k$ von k ($k \geqq 2$) unabhängigen (›Unabhängigkeit zufälliger Variabler) ›Zufallsgrößen $X_1, \ldots, X_k$ übereinstimmen, anhand konkreter ›Stichproben $(x_1^{(1)}, \ldots, x_{n_1}^{(1)}), \ldots, (x_1^{(k)}, \ldots, x_{n_k}^{(k)})$ aus den zu X_1 bzw. $X_2, \ldots, X_k$ gehörenden Grundgesamtheiten geprüft wird (d. h., man prüft die Hypothese, daß k unabhängig voneinander gewonnene Stichproben derselben Grundgesamtheit entstammen; ›k-Stichprobenproblem). Zu diesem Zweck ordnet man (gemeinsam) die $N = n_1 + \cdots + n_k$ Meßwerte $x_1^{(1)}, \ldots, x_{n_1}^{(1)}, x_1^{(2)}, \ldots, x_{n_2}^{(2)}, \ldots, x_1^{(k)}, \ldots, x_{n_k}^{(k)}$ ihrer Größe nach (beginnend mit dem kleinsten Wert), setzt $r(x_i^{(j)}) = r$, falls $x_i^{(j)}$ bei dieser Rangordnung an r-ter Stelle steht. Dann definiert man $R(X_i^{(j)})$ als diejenige Stichprobenfunktion, die für jede solche konkrete Stichprobe den Wert $r(x_i^{(j)})$ annimmt und benutzt schließlich eine Testgröße (s. u.), die nur mittels der $R(X_i^{(j)})$ gebildet wird. Der Kruskal-Wallis-Test ist also insbesondere auch dann anwendbar, wenn anstelle der Meßwerte $x_i^{(j)}$ nur die Rangordnung zwischen ihnen bekannt ist (›Rangtest).

1. Hypothese: $F_1 = F_2 = \cdots = F_k$

2. Testgröße $T = \frac{12}{N(N+1)} \sum_{j=1}^{k} \frac{R_j^2}{n_j} - 3(N+1)$; hierbei seien n_j der Umfang der Stichprobe, die aus der zu X_j gehörenden Grundgesamtheit entnommen wurde, $N = \sum_{j=1}^{k} n_j$, $R_j = \sum_{i=1}^{n_j} R(X_i^{(j)})$ $(j = 1, \ldots, k)$.

Falls die Hypothese wahr ist, besitzt T asymptotisch (d. h. für $n_i \to \infty$ $(i = 1, \ldots, k)$) eine ›χ^2-Verteilung mit $k - 1$ Freiheitsgraden.

3. Kritischer Bereich: $K^* = \{t | t > \chi^2_{k-1;\,1-\alpha}\}$, wobei $\chi^2_{k-1;\,1-\alpha}$ das Quantil der Ordnung $1 - \alpha$ der χ^2-Verteilung mit $k - 1$ Freiheitsgraden bezeichnet.

4. Praktische Durchführung: Man ordnet die N Meßwerte $x_i^{(j)}$, wie oben beschrieben, ihrer Größe nach, bildet dann den zugehörigen Wert t der Testgröße T und lehnt (bei gewähltem Signifikanzniveau α) die Hypothese ab, falls $t \in K^*$; im Fall $t \notin K^*$ ist auf Grund dieses Tests gegen die Hypothese nichts einzuwenden.

Das oben beschriebene Verfahren setzt an sich große Stichprobenumfänge n_j voraus, wobei man jedoch bereits bei $n_j > 5$ ($j = 1, \ldots, k$) hinreichend brauchbare Näherungen erhält. Für $n_j \leqq 5$ existieren z. T. Tafeln für die exakte Verteilung von T, z. B. für $k = 3$ in (74). — Für den Spezialfall $k = 2$, d. h. zweier unabhängig entnommener Stichproben, verwendet man mehr den ›U-Test. Man vgl. auch den ›FRIEDMAN-Test, der dieselbe Hypothese durch einen Rangtest, aber mittels einer anders aufgebauten Stichprobe als der KRUSKAL-WALLIS-Test prüft. Die Gleichheit von k diskreten Verteilungsfunktionen kann mittels des χ^2-Homogenitätstests (›χ^2-Test, IV) geprüft werden.

Weitere Lit.: (74)
[1] KRUSKAL, W. H., and W. A. WALLIS, Use of ranks in one-criterion variance analysis, J. Amer. Stat. Ass. **47** (1952), 583—621.
[2] KRUSKAL, W. H., A nonparametric test for the several sampling problem, Ann. Math. Statist **23** (1952), 525—540.

k-Stichprobenproblem: Vorgegeben sind k konkrete ›Stichproben ($x_{i1}, \ldots, x_{in_i}$), $i = 1, \ldots, k$, mit den Umfängen $n_1, \ldots, n_k$ aus Grundgesamtheiten mit den durch die Verteilungsfunktion F_i, $i = 1, \ldots, k$, gekennzeichneten ›Wahrscheinlichkeitsverteilungen. Es soll die ›Hypothese $F_1 = F_2 = \cdots = F_k$ getestet werden (›Signifikanztest). Zu ihrer Prüfung gibt es verschiedene — unter bestimmten Voraussetzungen anwendbare — Testverfahren. z. B. den ›FRIEDMAN-Test, den ›KRUSKAL-WALLIS-Test, den χ^2-Homogenitätstest (›χ^2-Test, IV), den ›BARTLETT-Test und den ›COCHRAN-Test (zum Vergleich mehrerer ›Streuungen), die ›Varianzanalyse.

Speziell für $k = 2$ ergibt sich das ›Zweistichprobenproblem.

Kumulanten = ›Semiinvarianten

Kumulantenfunktion ›erzeugende Funktion

Kundenstrom ›Bedienungstheorie

L

Lageparameter ›Parameter einer (Wahrscheinlichkeits-)Verteilung

LAPLACE-Verteilung: Eine ›stetige Zufallsgröße X heißt LAPLACE-*verteilt* mit den Parametern λ und μ ($\lambda > 0$, μ reell), wenn sie die Wahrscheinlichkeitsdichte

$$f_X(x) = \frac{1}{2\lambda} e^{-\frac{|x-\mu|}{\lambda}}, \qquad -\infty < x < \infty,$$

besitzt. Die zugehörige ›charakteristische Funktion ist

$$E\, e^{itX} = \frac{e^{i\mu t}}{1+\lambda^2 t^2},$$

›Erwartungswert und ›Streuung sind $EX = \mu$ (gleichzeitig Median (›Quantil) und ›Modalwert) und $D^2X = 2\lambda^2$. Es existieren die ›Momente beliebiger Ordnung.

lateinisches Quadrat ›Varianzanalyse

Lebensdauer ›Zuverlässigkeitstheorie

Lebensdauer, mittlere ›Zuverlässigkeitstheorie

Lebesgue-›Integral

Lebesgue-integrierbare Funktion ›Integral

Lebesgue-›meßbare Funktion

Lebesgue-meßbare Menge ›Maß

Lebesguesche Räume: Es sei $[\Omega, \mathfrak{A}, \mu]$ ein ›Maßraum. Zu jeder reell- (oder komplex-)wertigen $(\mathfrak{A}, \mathfrak{B}^1)$-›meßbaren Funktion $f\colon \Omega \to R^1$ werde mit $[f]$ die Menge aller derjenigen Funktionen g bezeichnet, die μ-›fast überall mit f übereinstimmen. Für jedes $0 < p < \infty$ wird dann mit $L^p(\Omega, \mathfrak{A}, \mu)$, oder kurz L^p, die Menge aller $[f]$ bezeichnet, für die $|f|^p$ μ-integrierbar (›Integral) ist $(\int_\Omega |f|^p\, d\mu < \infty)$. $L^\infty(\Omega, \mathfrak{A}, \mu)$ (bzw. L^∞) kennzeichnet die Menge aller $[f]$, für die $|f|$ μ-fast überall beschränkt ist. Anstelle von $[f] \in L^p(\Omega, \mathfrak{A}, \mu)$ schreibt man i. a. meist $f \in L^p(\Omega, \mathfrak{A}, \mu)$ und sagt, daß f eine Funktion aus $L^p(\Omega, \mathfrak{A}, \mu)$ ist. Man nennt L^p den Raum der in der p-ten Potenz integrierbaren Funktionen und die Räume L^p $(0 < p \leqq \infty)$ Lebesgue*sche Räume.*

Lebesguesches ›Maß

Lebesgue-Stieltjessches ›Maß

Lévy-Chintschin-Darstellung einer ›unbeschränkt teilbaren Wahrscheinlichkeitsverteilung

Lévy-Verteilung = ›L-Verteilung

Likelihood-Funktion: Es sei $(x_1, \ldots, x_n)$ eine konkrete ›Stichprobe vom Umfang n aus einer Grundgesamtheit $R^1([R^1, \mathfrak{B}^1, P_\gamma])$, deren ›Wahrscheinlichkeitsverteilung von einem Parameter $\gamma \in R^m$, $m \geq 1$, abhängt. Ist P_γ absolutstetig mit der Wahrscheinlichkeitsdichte $f(x, \gamma)$ (›stetige Zufallsgröße), so wird die durch $\gamma \to f(x_1, \gamma) \cdot \ldots \cdot f(x_n, \gamma) =: L(x_1, \ldots, x_n; \gamma)$ definierte ›Funktion als *Likelihood-Funktion* der Stichprobe bezeichnet. Ist P_γ eine diskrete Wahrscheinlichkeitsverteilung (›diskrete Zufallsgröße) mit den Werten $\alpha_1, \alpha_2, \ldots$, die mit den Einzelwahrscheinlichkeiten $p(\alpha_i, \gamma)$, $i = 1, 2, \ldots$, angenommen werden, so wird die durch $\gamma \to p(x_1, \gamma) \cdot \ldots \cdot p(x_n, \gamma) =: L(x_1, \ldots, x_n; \gamma)$ definierte Funktion als Likelihood-Funktion der Stichprobe bezeichnet.

Ersetzt man in $L(x_1, \ldots, x_n; \gamma)$ die Werte x_i der konkreten Stichprobe durch die zugehörigen Stichprobenvariablen X_i, so entsteht die ›Zufallsgröße $L(X_1, \ldots, X_n; \gamma)$, die man ebenfalls als Likelihood-Funktion bezeichnet.

Die Likelihood-Funktion besitzt praktische Bedeutung bei der Ermittlung von ›Punktschätzungen für γ (›Maximum-Likelihood-Methode) und bei der Konstruktion des ›Likelihood-Quotienten-Tests.

Likelihood-Quotient ›Likelihood-Quotienten-Test

Likelihood-Quotienten-Test: Der *Likelihood-Quotienten-Test* (manchmal auch *Maximum-Likelihood-Quotienten-Test* genannt) ist ein von J. Neyman und E. S. Pearson (1928) [1] entwickelter Test (›Testtheorie) zur Prüfung der Nullhypothese $H_0: \gamma^* \in \Gamma_0$ gegen die Alternativhypothese $H_1: \gamma^* \in \Gamma \setminus \Gamma_0$ über den unbekannten Parameter γ^* einer vorliegenden Wahrscheinlichkeitsverteilung P_{γ^*}. Er beruht auf dem sog. Likelihood-Quotienten (als Testgröße).

Der *Likelihood-Quotient* wird mit Hilfe der ›Likelihood-Funktion $\gamma^* \to L(x_1, \ldots, x_n; \gamma^*)$ einer konkreten ›Stichprobe $(x_1, \ldots, x_n)$ vom Umfang n durch

$$\lambda(x_1, \ldots, x_n) := \frac{\sup\limits_{\gamma^* \in \Gamma_0} L(x_1, \ldots, x_n; \gamma^*)}{\sup\limits_{\gamma^* \in \Gamma \setminus \Gamma_0} L(x_1, \ldots, x_n; \gamma^*)} \qquad (*)$$

definiert.

Handelt es sich um die Prüfung der einfachen Nullhypothese $H_0: \gamma^* = \gamma_0$ gegen die einfache Alternativhypothese $H_1: \gamma^* = \gamma_1$, so ist der Likelihood-Quotient gegeben durch

$$\lambda(x_1, \ldots, x_n) = \frac{L(x_1, \ldots, x_n; \gamma_0)}{L(x_1, \ldots, x_n; \gamma_1)}.$$

Beim Likelihood-Quotienten-Test wird durch

$$K^* = \{(x_1, \ldots, x_n) \mid \lambda(x_1, \ldots, x_n) \leq \lambda_0\}$$

ein kritischer Bereich für H_0 festgelegt, d. h., H_0 wird abgelehnt, falls $\lambda(x_1, \ldots, x_n) \leq \lambda_0$ gilt, und angenommen, falls $\lambda(x_1, \ldots, x_n) > \lambda_0$ erfüllt ist. Die Schranke λ_0 (> 0) ist so zu bestimmen, daß die Wahrscheinlichkeit für die Ablehnung der Hypothese H_0, obwohl sie zutrifft, höchstens gleich dem Signifikanzniveau α ist.

Manchmal ((72)) wird anstelle von (*) der Likelihood-Quotient durch

$$\lambda^*(x_1, \ldots, x_n) := \frac{\sup\limits_{\gamma^* \in \Gamma_0} L(x_1, \ldots, x_n; \gamma^*)}{\sup\limits_{\gamma^* \in \Gamma} L(x_1, \ldots, x_n; \gamma^*)}$$

definiert. Es folgt dann $0 \leqq \lambda^*(x_1, \ldots, x_n) \leqq 1$, und der kritische Bereich des Likelihood-Quotienten-Tests ist hierbei durch $K^* = \{(x_1, \ldots, x_n) | \lambda^*(x_1, \ldots, x_n) \leqq \lambda_0^*\}$ mit $0 < \lambda_0^* < 1$ gegeben.

sequentieller Likelihood-Quotienten-Test ›Sequentialanalyse

Lit.: (72), (83)

[1] Neyman, J., and E. S. Pearson, On the use and interpretation of certain test criteria for purposes of statistical inference I, II, Biometrika 20 A (1928), 175–240, 263–294.

Limites von Mengenfolgen: Es sei $A_1, A_2, \ldots, A_n, \ldots$ eine Folge von Mengen. Die Menge aller Elemente, die in unendlich vielen Mengen dieser Folge vorkommen (bzw. die schließlich von jeweils einem geeigneten Index an in allen Mengen dieser Folge liegen), heißt *Limes superior* (bzw. *Limes inferior*) der Folge und wird mit $\overline{\lim}\, A_n$ (bzw. $\underline{\lim}\, A_n$) bezeichnet. Dabei gilt $\bigcup\limits_{k=1}^{\infty} \bigcap\limits_{n=k}^{\infty} A_n = \underline{\lim}\, A_n \subset \overline{\lim}\, A_n = \bigcap\limits_{k=1}^{\infty} \bigcup\limits_{n=k}^{\infty} A_n$. Ist speziell $\underline{\lim}\, A_n = \overline{\lim}\, A_n =: A$, so heißt die Menge A *Limes* der Folge und wird mit $\lim A_n$ bezeichnet; die Folge heißt dann (gegen A) *konvergent*.

Lindeberg sche Bedingung ›zentraler Grenzwertsatz

lineare ›Diskriminanzanalyse

lineare Hypothese ›lineare Modelle

lineare Modelle: Die der ›Regressionsanalyse, ›Varianzanalyse (Modell I) sowie der ›Kovarianzanalyse zugrundeliegenden mathematischen Modelle erweisen sich als Spezialfälle eines sogenannten (eindimensionalen) linearen Modells (der mathematischen Statistik). Dabei versteht man unter einem (eindimensionalen) *linearen Modell* ein System von n ›Zufallsgrößen Y_i, $i = 1, \ldots, n$, der Form

$$\begin{aligned} Y_1 &= x_{11}\beta_1 + x_{21}\beta_2 + \cdots + x_{p1}\beta_p + \varepsilon_1 \\ Y_2 &= x_{12}\beta_1 + x_{22}\beta_2 + \cdots + x_{p2}\beta_p + \varepsilon_2 \\ &\vdots \\ Y_n &= x_{1n}\beta_1 + x_{2n}\beta_2 + \cdots + x_{pn}\beta_p + \varepsilon_n\,, \end{aligned} \qquad \text{(L)}$$

wobei

1. ε_i $(i = 1, \ldots, n)$ Zufallsgrößen mit $E(\varepsilon_i) = 0$ und

$$\operatorname{cov}(\varepsilon_i, \varepsilon_{i'}) = E(\varepsilon_i \, \varepsilon_{i'}) = \begin{cases} \sigma^2 & \text{für} \quad i = i' \\ 0 & \text{für} \quad i \neq i' \end{cases}$$

und

2. $x_{1i}\beta_1 + x_{2i}\beta_2 + \cdots + x_{pi}\beta_p \quad (i = 1, \ldots, n)$

   Linearformen mit i. a. unbekannten Parametern $\beta_1, \ldots, \beta_p$ und vorgegebenen Koeffizienten $x_{1i}, x_{2i}, \ldots, x_{pi}$ $(i = 1, \ldots, n)$ sind.

   Unter Verwendung der Matrizenschreibweise (›Matrix)

$$\mathfrak{Y} = \begin{pmatrix} Y_1 \\ Y_2 \\ \vdots \\ Y_n \end{pmatrix}, \quad \mathfrak{X}' = \begin{pmatrix} x_{11} & x_{21} & \cdots & x_{p1} \\ x_{12} & x_{22} & \cdots & x_{p2} \\ \vdots & \vdots & & \vdots \\ x_{1n} & x_{2n} & \cdots & x_{pn} \end{pmatrix},$$

$$\varepsilon = \begin{pmatrix} \varepsilon_1 \\ \varepsilon_2 \\ \vdots \\ \varepsilon_n \end{pmatrix} \quad \text{und} \quad \beta = \begin{pmatrix} \beta_1 \\ \beta_2 \\ \vdots \\ \beta_p \end{pmatrix}$$

erhält man für (L) die Form: $\mathfrak{Y} = \mathfrak{X}'\beta + \varepsilon$.

Der ›zufällige Vektor $\mathfrak{Y}$ besitzt den Erwartungswertvektor (›Erwartungswert) $E\,\mathfrak{Y} = \mathfrak{X}'\beta$ und die ›Kovarianzmatrix $B = \sigma^2\,\mathfrak{E}$. (Ist bei (L) diese aus 1. resultierende Bedingung nicht erfüllt, so erhält man — falls die (als bekannt vorausgesetzte) Matrix B positiv definit ist — ein lineares Modell $\mathfrak{Y}^* = \mathfrak{X}^{*\prime}\beta + \varepsilon^*$ mit $\mathfrak{Y}^* = B^{1/2}\,\mathfrak{Y}$, $\mathfrak{X}^* = \mathfrak{X}\,B^{1/2}$ und $\varepsilon^* = B^{1/2}\,\varepsilon$).

Unter der *MKQ-Schätzung* (Schätzung nach der ›Methode der kleinsten Quadrate) $\hat{\beta}$ von β versteht man eine Lösung der sogenannten Normalgleichungen $\mathfrak{X}\,\mathfrak{X}'\,\hat{\beta} = \mathfrak{X}\,\mathfrak{Y}$.

Ist die Matrix $\mathfrak{X}\,\mathfrak{X}'$ invertierbar, so existiert genau eine Lösung der Normalgleichungen. Diese Lösung $\hat{\beta} = (\mathfrak{X}\,\mathfrak{X}')^{-1}\,\mathfrak{X}\,\mathfrak{Y}$ ist eine erwartungstreue ›Punktschätzung von β mit der Kovarianzmatrix $\Gamma_{\hat{\beta}} = \sigma^2(\mathfrak{X}\,\mathfrak{X}')^{-1}$.

Eine Linearform $\psi = \mathfrak{c}'\beta$ von β mit $\mathfrak{c}' = (c_1, \ldots, c_p)$, ($c_i$ — reelle Zahlen), heißt eines bez. (L) *schätzbare Funktion*, falls es eine lineare erwartungstreue Punktschätzung $\hat{\psi} = \mathfrak{a}'\,\mathfrak{Y}$ ($\mathfrak{a}'$ — n-dimensionaler Vektor) für ψ gibt, d.h. $E\,\hat{\psi} = \psi$ gilt (im Falle der Invertierbarkeit von $\mathfrak{X}\,\mathfrak{X}'$ ist jede Linearform eine schätzbare Funktion). Zu jeder schätzbaren Funktion $\psi = \mathfrak{c}'\beta$ existiert im Falle $n > p$ eine eindeutig bestimmte effektive Punktschätzung $\hat{\psi}$ bez. der Klasse aller linearen erwartungstreuen Punktschätzungen für ψ; diese Punktschätzung hat die Form $\hat{\psi} = \mathfrak{c}'\,\hat{\beta}$ (GAUSS-MARKOV-*Theorem*).

Unter einer *linearen Hypothese* (bez. (L)) versteht man die Annahme, daß die Parameter $\beta_1, \ldots, \beta_p$ Lösungen eines homogenen linearen Gleichungssystems

$$\begin{aligned} k_{11}\beta_1 + \cdots + k_{1p}\beta_p &= 0 \\ k_{21}\beta_1 + \cdots + k_{2p}\beta_p &= 0 \\ &\vdots \\ k_{q1}\beta_1 + \cdots + k_{qp}\beta_p &= 0 \end{aligned}$$

mit $q < r$ (r — Rang der Matrix $\mathfrak{X}'$) darstellen, wobei die Zeilen linear unabhängige und schätzbare Funktionen sind. Verwendet man die Bezeichnung

$$\mathfrak{K} = \begin{pmatrix} k_{11} \cdots k_{1p} \\ k_{21} \cdots k_{2p} \\ \vdots \qquad \vdots \\ k_{q1} \cdots k_{qp} \end{pmatrix},$$

so kann eine lineare Hypothese in der Form H: $\mathfrak{K}\beta = 0$ angegeben werden. Man prüft H mit der Testgröße (›Signifikanztest):

$$\mathfrak{F} = \frac{n-r}{q} \cdot \frac{S_H^2 - S^2}{S^2}.$$

Dabei sind

$$S_H^2 = \min_{\mathfrak{b}:\mathfrak{K}\mathfrak{b}=0} |\mathfrak{Y} - \mathfrak{X}'\,\mathfrak{b}|^2 = \min_{\mathfrak{b}:\mathfrak{K}\mathfrak{b}=0} (\mathfrak{Y} - \mathfrak{X}'\,\mathfrak{b})'\,(\mathfrak{Y} - \mathfrak{X}'\,\mathfrak{b})$$

und

$$S^2 = \min_{\mathfrak{b}} |\mathfrak{Y} - \mathfrak{X}'\,\mathfrak{b}|^2 = \min_{\mathfrak{b}} (\mathfrak{Y} - \mathfrak{X}'\,\mathfrak{b})'\,(\mathfrak{Y} - \mathfrak{X}'\,\mathfrak{b})$$

($\mathfrak{b}' = (b_1, \ldots, b_p)$; b_j — reelle Zahlen). Ist $\mathfrak{Y}$ normalverteilt, so besitzt $\mathfrak{F}$, falls H wahr ist, eine ›F-Verteilung mit $(q, n-r)$ Freiheitsgraden.

Weitere Eigenschaften linearer Modelle sowie Verallgemeinerungen — wie beispielsweise im mehrdimensionalen Fall, d.h., Y_i, $i = 1, \ldots, n$, sind ›zufällige Vektoren — findet man in [1], [2], [3], (44) und (70).

Lit.: [1] ANDERSON, T. W., An Introduction to Multivariate Statistical Analysis, New York 1958.
[2] GRAYBILL, F. A., An Introduction to Linear Statistical Models, New York 1961.
[3] NOLLAU, V., Statistische Analysen, Leipzig 1975.

lineare ›Regression

lineare Regressionsfunktion ›Regression

linearer Geburtsprozeß ›Geburts- und Todesprozeß

linearer Kontrast ›multiple Mittelwertvergleiche

linearer Prozeß ›gleitende Mittel, Prozeß der

Linearitätstest von Fisher: Bei Untersuchungen zur linearen Regression gemäß ›Regressionsanalyse, II wird vorausgesetzt, daß $E(Y_i)\ (= f(x_i)) = = \alpha + \beta\, x_i$, $i = 1, \ldots, n$, bzw. allgemeiner $E(Y_i) = \alpha + \beta_1 x_{1i} + \cdots + + \beta_k x_{ki}$ ist. Der Linearitätstest ist ein ›Signifikanztest zur Prüfung der Hypothese, daß diese Voraussetzung erfüllt ist.

Es seien $Y_1, \ldots, Y_n$ unabhängige (›Unabhängigkeit zufälliger Variabler) ›normalverteilte ›Zufallsgrößen mit den ›Erwartungswerten $\eta_1, \ldots, \eta_n$ und der ›Streuung σ^2. Ferner seien $(Y_1^{(i)}, \ldots, Y_{m_i}^{(i)})$, $i = 1, \ldots, n$, mathematische ›Stichproben aus den zu Y_i, $i = 1, \ldots, n$, gehörenden Grundgesamtheiten.

1. Hypothese: $E(Y_i) = \eta_i = \alpha + \beta_1\, x_{1i} + \cdots + \beta_k\, x_{ki}$, $i = 1, \ldots, n$.

2. Testgröße: $T = (N - n)\, Q_2\, [(n - k - 1)\, Q_1]^{-1}$ mit $N = \sum_{i=1}^{n} m_i$,
$Q_1 = \sum_{i=1}^{n} \sum_{j=1}^{m_i} (Y_j^{(i)} - \overline{Y^{(i)}})^2$, $Q_2 = \sum_{i=1}^{n} m_i\, (\hat\alpha + \hat\beta_1\, x_{1i} + \cdots + \hat\beta_k\, x_{ki} - \overline{Y^{(i)}})^2$,
wobei $\overline{Y^{(i)}} = \frac{1}{m_i} \sum_{j=1}^{m_i} Y_j^{(i)}$ und $\hat\alpha, \hat\beta_1, \ldots, \hat\beta_k$ die zugehörigen Stichprobenregressionskoeffizienten seien. T besitzt unter obiger Hypothese eine ›F-Verteilung mit $(n - k - 1, N - n)$ Freiheitsgraden.

3. Kritischer Bereich

$$K^* = \{t \mid t \geqq F_{(n-k-1,\, N-n);\, 1-\alpha}\},$$

wobei $F_{(n-k-1,\, N-n);\, 1-\alpha}$ das ›Quantil der Ordnung $1 - \alpha$ der zugehörigen F-Verteilung und α das Signifikanzniveau bezeichnet.

4. Praktische Durchführung: Man berechnet aus den Werten $(y_1^{(i)}, \ldots, y_{m_i}^{(i)})$ einer zugehörigen konkreten Stichprobe Realisierungen der Stichprobenfunktionen $\hat\alpha, \hat\beta_1, \ldots, \hat\beta_k$ und damit die Realisierung t von T und lehnt (bei gewähltem Signifikanzniveau α) die Hypothese ab, falls $t \in K^*$ ist; im Fall $t \notin K^*$ ist auf Grund dieses Tests gegen die Hypothese nichts einzuwenden.

Dieses Verfahren setzt $N > n$ voraus, d. h., für mindestens eine der Stichproben $(Y_1^{(i)}, \ldots, Y_{m_i}^{(i)})$ muß der Umfang m_i größer als 1 sein.

Lit.: (29)

Ljapunovsche Bedingung ›zentraler Grenzwertsatz

Ljapunovscher Bruch ›zentraler Grenzwertsatz

Ljapunovsche Ungleichung ›Ungleichungen in der Wahrscheinlichkeitstheorie, b)

logarithmische Normalverteilung (= Lognormalverteilung): Eine ›stetige Zufallsgröße X (> 0) heißt *logarithmisch normalverteilt*, wenn $\ln X$ eine ›Normalverteilung besitzt. Sie hat demzufolge die Wahrscheinlichkeitsdichte

$$f_X(x) = \begin{cases} \dfrac{1}{\sqrt{2\pi}\,\sigma x} e^{-\frac{(\ln x - \mu)^2}{2\sigma^2}} & \text{für} \quad x > 0\,, \\ 0 & \text{für} \quad x \leqq 0\,. \end{cases}$$

Die k-ten ›Momente sind $EX^k = e^{k\mu + \frac{k^2\sigma^2}{2}}$, insbesondere ist also $E\,X = e^{\mu + \frac{\sigma^2}{2}}$ und $D^2 X = e^{2\mu + \sigma^2}(e^{\sigma^2} - 1)$, der Median (›Quantil) ist e^μ und der ›Modalwert $e^{\mu - \sigma^2}$.

logistische Kurve ›logistische Verteilung

logistischer Trend ›logistische Verteilung

logistische Verteilung: Eine ›stetige Zufallsgröße X heißt *logistisch verteilt* mit den Parametern μ und σ (μ reell, $\sigma > 0$), wenn für ihre Wahrscheinlichkeitsdichte f_X bzw. ihre Verteilungsfunktion F_X

$$f_X(x) = \frac{g\,e^{-gy}}{\sigma(1 + e^{-gy})^2} \quad \text{bzw.} \quad F_X(x) = \frac{1}{1 + e^{-gy}} \qquad (*)$$

$\left(y = \dfrac{x - \mu}{\sigma}, g = \dfrac{\pi}{\sqrt{3}}\right)$ gilt. Die logistische Verteilung ist eine ›symmetrische Verteilung. ›Erwartungswert bzw. ›Streuung sind $E\,X = \mu$ bzw. $D^2 X = \sigma^2$, die zentralen ›Momente haben die Werte $\mu_{2k} = 2\,(2^{2k-1} - 1)\,(3\,\sigma^2)^k\,|B_{2k}|$, ($B_{2k}$ — Bernoullische Zahlen), $\mu_{2k+1} = 0$ ($k = 1, 2, \ldots$). Die ›Schiefe γ_3 ist Null, der ›Exzeß γ_4 ist gleich $\frac{6}{5}$.

Von Verhulst wurde 1845 die durch $x \to \dfrac{a_0}{1 + a_1 e^{-a_2 x}}$ ($a_2 > 0$, $x \in R^1$) definierte *logistische Kurve* (= *logistischer* ›*Trend*) zur Beschreibung von Wachstumsvorgängen mit Sättigung angegeben. Diese ergibt bei geeigneter Normierung ($a_0 = 1$) die Verteilungsfunktion (*) der logistischen Verteilung. $\left(\text{Es ist dabei } a_1 = e^{\frac{g\mu}{\sigma}},\ a_2 = \frac{g}{\sigma}.\right)$ Die Verteilung wurde in früherer Zeit gern zur Anpassung statistischen Zahlenmaterials (im Zusammenhang mit Wachstumsvorgängen) verwendet.

Lognormalverteilung = ›logarithmische Normalverteilung

lokale Grenzwertsätze: Lokale Grenzwertsätze sind Aussagen über die Konvergenz einer Folge von Wahrscheinlichkeitsdichten (›stetige Zufallsgröße) bzw. von Einzelwahrscheinlichkeiten (›diskrete Zufallsgröße). Solche Aussagen sind insofern von Bedeutung, da sie ohne zusätzliche Voraussetzungen nicht aus dem ›zentralen Grenzwertsatz (für Verteilungsfunktionen) folgen. Der folgende Satz von GNEDENKO (1948) gibt Bedingungen für die Konvergenz von Folgen von Einzelwahrscheinlichkeiten gegen Werte der Wahrscheinlichkeitsdichte der ›Normalverteilung an: Gegeben sei eine Folge (X_k), $k = 1, 2, \ldots$, unabhängiger (›Unabhängigkeit zufälliger Variabler), ›identisch verteilter ›Zufallsgrößen mit dem ›Erwartungswert $E\,X_k = \mu$ und der ›Streuung $D^2X_k = \sigma^2 > 0$, die (mit positiver Wahrscheinlichkeit) nur ganzzahlige Werte annehmen. (Der vorliegende Satz läßt sich für allgemeinere ›gitterförmige Verteilungen formulieren.) Mit der Bezeichnung $P_n(m) = P\left(\sum_{k=1}^{n} X_k = m\right)$, $m = 0, \pm 1, \pm 2, \ldots$ gilt die Beziehung

$$\lim_{n\to\infty}\left(\sigma\sqrt{n}\,P_n(m) - \frac{1}{\sqrt{2\pi}}\exp\left(-\frac{1}{2}\left(\frac{m-n\mu}{\sigma\sqrt{n}}\right)^2\right)\right) = 0$$

gleichmäßig bez. m genau dann, wenn 1 die Gitterkonstante von X_k ist.

Ein weiterer Satz (GNEDENKO 1954) gibt Bedingungen für die Konvergenz von Folgen von Wahrscheinlichkeitsdichten gegen die Wahrscheinlichkeitsdichte der Normalverteilung an:

Die Zufallsgrößen X_k, $k = 1, 2, \ldots$, seien unabhängig, identisch verteilt und mögen eine Wahrscheinlichkeitsdichte, den Erwartungswert $E\,X_k = \mu$ und die Streuung $D^2\,X_k = \sigma^2$ besitzen. Für die Folge der Wahrscheinlichkeitsdichten f_{Z_n} mit $Z_n := \frac{1}{\sigma\sqrt{n}}\left(\sum_{k=1}^{n} X_k - n\mu\right)$ besteht die Beziehung

$$\lim_{n\to\infty}\ \sup_{-\infty<x<\infty}\left(f_{Z_n}(x) - \frac{1}{\sqrt{2\pi}}e^{-x^2/2}\right) = 0$$

genau dann, wenn es ein n_0 gibt, so daß die Funktion $f_{Z_{n_0}}$ beschränkt ist.

Lit.: (18), (22), (31)

L-Verteilung (LÉVY-Verteilung): Die ›Wahrscheinlichkeitsverteilung einer ›Zufallsgröße mit der Verteilungsfunktion F heißt eine L- oder LÉVY-Verteilung, wenn es eine Folge (X_k) unabhängiger (›Unabhängigkeit zufälliger Variabler) Zufallsgrößen sowie zwei Folgen (a_n), (b_n) reeller Zahlen $(b_n > 0)$ gibt, so daß die Folge der Verteilungsfunktionen von $\frac{1}{b_n}\sum_{k=1}^{n} X_k - a_n$ für $n \to \infty$ gegen F konvergiert und die Größen $X_{nk} := X_k/b_n$, $n = 1, 2, \ldots$; $k = 1, 2, \ldots, n$ für $n \to \infty$ asymptotisch konstant (›asymptotische Eigenschaften von Folgen von Zufallsgrößen) sind.

L-Verteilungen sind ›unbeschränkt teilbar, die Umkehrung gilt jedoch nicht (Gegenbeispiel: ›POISSON-Verteilung). Eine Teilklasse der Klasse der L-Verteilungen bildet die Klasse der stabilen Verteilungen (›stabiler Verteilungstyp).

Lit.: (22)

M

Macht des Tests ›Testtheorie

Machtfunktion = Macht ›Testtheorie

MAHALANOBISscher Abstand = verallgemeinerter Abstand ›Diskriminanzanalyse

MANN-WHITNEY-Test = ›U-Test

MARKOV, Satz von ›MARKOVsche Kette

MARKOVsche Eigenschaft ›MARKOVscher Prozeß

MARKOVsche Kette: Unter einer MARKOV*schen Kette* versteht man gewöhnlich einen ›MARKOVschen Prozeß X_T ($T = N_0 = \{0, 1, \ldots\}$ oder $T = [0, \infty)$), mit abzählbarem Zustandsraum S. Enthält S nur endlich viele Elemente, so spricht man von einer *endlichen* MARKOVschen Kette.

Manchmal verwendet man den Begriff der MARKOVschen Kette auch für MARKOVsche Prozesse mit diskreter Zeit und beliebigem Zustandsraum.

Für stetige Zeit wird der Begriff der MARKOVschen Kette mitunter noch allgemeiner gefaßt. Man spricht von einer MARKOVschen Kette mit abzählbarem Zustandsraum, wenn X_T ein MARKOVscher Prozeß ist, dessen Zustandsraum S eine abzählbare Teilmenge I enthält mit $P(X_t \in I) = 1$ für jedes $t \in T$. Die kleinste solche Menge $\hat{I}$ heißt dann *minimaler Zustandsraum* der MARKOVschen Kette. Für Zustände $i \in S \setminus \hat{I}$ kann die Wahrscheinlichkeit $P(X_t = i$ für mindestens ein $t \in [0, \infty))$ größer als Null sein, solche Zustände bezeichnet man als *fiktive Zustände*. Eine MARKOVsche Kette in diesem Sinne kann überabzählbar viele fiktive Zustände besitzen.

Bei einer MARKOVschen Kette mit abzählbarem Zustandsraum S faßt man die Übergangswahrscheinlichkeiten $p_{ij}(s, t) := P(X_t = j | X_s = i)$, ($i, j \in S$, $s, t \in T$, $s \leqq t$), zu den sogenannten *Übergangsmatrizen* $M_{(s,t)} = (p_{ij}(s, t))$ zusammen. Diese Matrizen sind stochastisch (›stochastische Matrix); mit ihnen läßt sich die Gleichung von CHAPMAN-KOLMOGOROV (›MARKOVscher Prozeß) in der Form

$$M_{(s,u)} M_{(u,t)} = M_{(s,t)}, \qquad s \leqq u \leqq t, \tag{*}$$

schreiben, wobei auf der linken Seite von (*) das übliche Produkt der Matrizen $M_{(s,u)}$ und $M_{(u,t)}$ steht.

Zu jeder Familie $(M_{(s,t)})$, $s, t \in T$, $s \leqq t$, stochastischer Matrizen, die (*) erfüllen, gibt es eine MARKOVsche Kette X_T, für deren Übergangswahrscheinlichkeiten $p_{ij}(s, t)$ gerade $M_{(s,t)} = (p_{ij}(s, t))$, $s, t \in T$, $s \leqq t$ gilt. Erfüllen die Übergangsmatrizen $(M_{(s,t)})$ einer MARKOVschen Kette die Beziehung $M_{(s,t)} = M_{(s+u,t+u)}$, $(s, t \in T,\ s \leqq t,\ u \geqq 0)$, so heißt die MARKOVsche Kette *zeitlich homogen*, und man schreibt kurz $M_t := M_{(s,s+t)} = M_{(0,t)}$. Für die Übergangsmatrizen einer zeitlich homogenen MARKOVschen Kette mit diskreter Zeit, d. h. also mit $T = N_0$, gilt $M_n = M^n = (p_{ij}^{(n)})$, $(n \in N_0,\ n \geqq 1)$, wobei $M = (p_{ij}^{(1)}) =: (p_{ij})$ die Matrix der Übergangswahrscheinlichkeiten in einem Schritt bezeichnet. Dabei setzt man gewöhnlich noch $M^0 = (p_{ij}^{(0)}) = (\delta_{ij})$.

Für die Vektoren $\mathfrak{p}(n) = (p_1^{(n)}, p_2^{(n)}, \ldots)$ der absoluten Wahrscheinlichkeiten $p_i^{(n)} = P(X_n = i)$ gilt $\mathfrak{p}(n) = \mathfrak{p}(0)\, M^n$; der Vektor $\mathfrak{p}(0)$ wird auch als *Anfangsverteilung* bezeichnet.

Bei zeitlich homogenen MARKOVschen Ketten teilt man die Zustände folgendermaßen in Klassen ein. Wir betrachten zunächst den Fall diskreter Zeit: Der Zustand j heißt *Nachfolger* des Zustandes i, wenn eine Schrittzahl $n \geqq 0$ existiert, so daß $p_{ij}^{(n)} > 0$ gilt; man schreibt hierfür auch kurz $i \frown\!\!\rightarrow j$. Zwei Zustände i, j heißen *verbunden*, wenn sowohl $i \frown\!\!\rightarrow j$, als auch $j \frown\!\!\rightarrow i$ gilt, in Zeichen $i \leftarrow\!\frown\!\!\rightarrow j$. Die Relation $i \leftarrow\!\frown\!\!\rightarrow j$ ist eine Äquivalenzrelation und erzeugt somit eine Zerlegung aller Zustände in (disjunkte) Äquivalenzklassen. Ein Zustand i heißt *wesentlich*, wenn für jeden Zustand j mit der Eigenschaft $i \frown\!\!\rightarrow j$ auch $j \frown\!\!\rightarrow i$ gilt, anderenfalls *unwesentlich*. Die Zustände einer Äquivalenzklasse sind entweder sämtlich wesentlich oder unwesentlich. Die MARKOVsche Kette heißt *irreduzibel*, wenn ihre Zustände alle untereinander verbunden (und damit auch wesentlich) sind.

Gilt $p_{ii}^{(1)} = 1$, so nennt man den Zustand i *absorbierend*. Für jeden Zustand i heißt der größte gemeinsame Teiler d_i der Zahlen $n \geqq 1$, für die $p_{ii}^{(n)} > 0$ gilt, die *Periode des Zustandes i*. (Ist $p_{ii}^{(n)} = 0$ für alle $n \geqq 1$, so setzt man $d_i = 0$.) Der Zustand i wird im Fall $d_i > 1$ *periodisch* und im Fall $d_i = 1$ *aperiodisch* genannt. Die Zustände einer Äquivalenzklasse besitzen sämtlich die gleiche Periode; diese heißt für den Fall, daß sie ungleich Null ist, die *Periode der Äquivalenzklasse*.

Ist C eine Äquivalenzklasse mit der Periode $d \geqq 1$ und i ein Zustand aus C, so entspricht jedem $j \in C$ eindeutig eine Restklasse $r_j \pmod d$, so daß $p_{ij}^{(n)} > 0$ die Beziehung $n \equiv r_j \pmod d$ impliziert. Die Menge $C_r = C_r(i)$ der Zustände $j \in C$, denen dieselbe Restklasse r entspricht, heißt eine *zyklische Unterklasse* von C. Bis auf die Reihenfolge der Numerierung ist die Zerlegung von C in zyklische Unterklassen $C_r(i)$, $0 \leqq r < d$ von der Wahl des Zustandes $i \in C$ unabhängig. Sind die Zustände aus C überdies wesentlich, so gilt für $j \in C_r$ die Gleichung

$\sum_{k \in C_{r+n}} p_{jk}^{(n)} = 1$, d. h. $P(X_n \in C_{r+n} | X_0 = j) = 1$ für $j \in C_r$ und jedes $n \in N_0$.

Im Fall einer endlichen zeitlich homogenen MARKOVschen Kette ist die Zahl 1 Eigenwert der Übergangsmatrix M (›stochastische Matrix), wobei die Vielfachheit dieses Eigenwertes mit der Zahl der Äquivalenzklassen wesentlicher Zustände übereinstimmt. Ist C eine solche Äquivalenzklasse und besitzt sie die Periode d_k, so sind alle d_k-ten Einheitswurzeln $e^{i 2\pi l/d_k}$, $l = 0, \ldots, d_k - 1$, Eigenwerte von M; durchläuft C alle Äquivalenzklassen, so erhält man auf diese Weise sämtliche Eigenwerte vom Betrag Eins der Matrix M.

Es seien X_{N_0} wieder eine zeitlich homogene MARKOVsche Kette mit abzählbarem Zustandsraum und $f_{ij}^{(n)}$ die bedingte Wahrscheinlichkeit dafür, daß die MARKOVsche Kette X_{N_0}, ausgehend von $X_0 = i$, nach n Schritten ($n \geqq 1$) zum erstenmal in den Zustand j gelangt, d. h. $f_{ij}^{(n)} := P(X_n = j, X_k \neq j, 0 < k < n | X_0 = i)$, und es sei f_{ij}^* die bedingte Wahrscheinlichkeit dafür, daß die Kette X_{N_0} ausgehend von $X_0 = i$, den Zustand j jemals erreicht, also $f_{ij}^* := \sum_{n=1}^{\infty} f_{ij}^{(n)}$.

Ein Zustand i heißt *rekurrent*, wenn $f_{ii}^* = 1$ ist, anderenfalls (d. h. $f_{ii}^* < 1$) heißt i *transient*. Mit einem Zustand sind auch alle Zustände seiner Äquivalenzklasse rekurrent. Ist i ein rekurrenter Zustand, so bildet die Folge $(f_{ii}^{(n)})$, $n \geqq 1$ die Verteilung der sog. *Rekurrenzzeit* zum Zustand i. Ist der ›Erwartungswert $\mu_i := \sum_n n f_{ii}^{(n)}$ der Rekurrenzzeit zum Zustand i (die sog. *mittlere Rekurrenzzeit*) endlich, so heißt i *positiv-rekurrent*, anderenfalls (d. h. $\mu_i = \infty$) heißt i *null-rekurrent*. Mit einem Zustand i sind auch alle Zustände seiner Äquivalenzklasse $C(i)$ positiv-rekurrent, und es gilt für jede zyklische Unterklasse $C_r(i)$ die Beziehung $\sum_{j \in C_r(i)} \mu_j^{-1} = \frac{1}{d}$ und folglich $\sum_{j \in C(i)} \mu_j^{-1} = 1$.

Über das Verhalten der Übergangswahrscheinlichkeiten $p_{ij}^{(n)}$ für $n \to \infty$ gelten folgende Aussagen:

Der Zustand j sei transient. Dann gilt für alle Zustände i die Beziehung $\sum_n p_{ij}^{(n)} < \infty$, folglich auch $\lim_{n \to \infty} p_{ij}^{(n)} = 0$.

Der Zustand j sei rekurrent mit der Periode $d_j \geqq 1$ und der mittleren Rekurrenzzeit μ_j. Gehört i zu einer j nicht enthaltenden Äquivalenzklasse wesentlicher Zustände, so ist $p_{ij}^{(n)} = 0$ für alle $n \in N$.

Liegen i und j dagegen in der gleichen Äquivalenzklasse und gilt $j \in C_r(i)$, dann ist $\lim_{n \to \infty} p_{ij}^{(nd_j + r)} = \frac{d_j}{\mu_j}$ und $p_{ij}^{(n)} = 0$ für $n \not\equiv r \pmod{d_j}$. Ist der Zustand i unwesentlich, so gilt für jedes $r \in N_0$ $\lim_{n \to \infty} p_{ij}^{(nd_j + r)} =$

$= f_{ij}(r)\,\dfrac{d_j}{\mu_j}$ mit $f_{ij}(r) = \sum\limits_{n=1}^{\infty} f_{ij}^{(nd_j+r)} = P(X_k = j$ für ein $k = n\,d_j + r\ (n \in N_0) | X_0 = i)$.

(Für $\mu_j = \infty$ ist dabei $\dfrac{d_j}{\mu_j} = 0$ zu setzen.)

Insbesondere folgt, daß für beliebige Zustände i und j die Grenzwerte $\lim\limits_{n\to\infty} \dfrac{1}{n} \sum\limits_{\nu=1}^{n} p_{ij}^{(\nu)} =: \pi_{ij}$ existieren und $\pi_{ij} = \dfrac{f_{ij}^*}{\mu_j}$ gilt.

Erreicht die MARKOVsche Kette X_{N_0}, ausgehend von $X_0 = i$, mit Wahrscheinlichkeit Eins irgendwann einen positiv rekurrenten Zustand, so ist die Folge (π_{ij}), $j \in S$, eine stationäre Anfangsverteilung. Es bezeichne $\{C^m | m \in N_1 \subseteq N\}$ die Menge aller positiv rekurrenten Äquivalenzklassen der MARKOVschen Kette X_T, und für jedes $m \in N_1$ sei (π_j^m), $j \in S$, die durch $\pi_j^m = \mu_j^{-1}$ $(j \in C^m)$, $\pi_j^m = 0$ $(j \in S \backslash C^m)$ definierte Folge. Dann ist für jedes $m \in N_1$ die Folge (π_j^m), $j \in S$, eine stationäre Anfangsverteilung, und umgekehrt gibt es zu jeder stationären Anfangsverteilung (π_j), $j \in S$, eine Folge (λ_m), $m \in N_1$, nichtnegativer Zahlen λ_m mit $\sum\limits_m \lambda_m = 1$ und $\pi_j = \lambda_m \pi_j^m$ $(j \in C^m, m \in N_1)$ und $\pi_j = 0$ für $j \in S \backslash \bigcup\limits_{m \in N_1} C^m$.

Ist die MARKOVsche Kette irreduzibel und ist jeder Zustand aperiodisch und positiv-rekurrent (in diesem Fall nennt man X_T mitunter auch *ergodisch*), so gilt für alle Zustände i und j die Beziehung $\lim\limits_{n\to\infty} p_{ij}^{(n)} = \mu_j^{-1} =: \pi_j$ und die Folge (π_j) ist die einzige stationäre Anfangsverteilung.

Dieser Sachverhalt liegt insbesondere vor, wenn X_{N_0} eine zeitlich homogene endliche MARKOVsche Kette ist, für deren Übergangsmatrix M es eine Zahl $m \in N$ gibt, so daß M^m eine Spalte mit sämtlich (streng) positiven Elementen enthält (Satz von A. A. MARKOV).

Ist nun X_T eine zeitlich homogene MARKOVsche Kette mit abzählbarem Zustandsraum und stetiger Zeit, d. h. also $T = [0, \infty)$, so können die Zustände in analoger Weise klassifiziert werden. Hierzu betrachtet man für beliebiges $h > 0$ die MARKOVschen Ketten X_{T_h} mit $T_h = \{n \cdot h | n \in N_0\}$. Man nennt einen Zustand *wesentlich*, *unwesentlich*, *rekurrent*, *transient* usw., wenn er die entsprechende Eigenschaft für eine der Ketten (und damit für alle) besitzt. Zyklische Unterklassen treten im Fall stetiger Zeitabhängigkeit nicht auf. Erfüllen die Übergangswahrscheinlichkeiten $p_{ij}(s, t)$ einer (nicht notwendig homogenen) MARKOVschen Kette die Bedingung $\lim\limits_{t\downarrow s} p_{ij}(s, t) = \delta_{ij}$, so existieren für jedes $s \geqq 0$ die *Intensitäten*

$q_i(s) := -\,q_{ii}(s) = \lim\limits_{t\downarrow s} \dfrac{1 - p_{ii}(s, t)}{t - s}$, $\quad q_{ij}(s) := \lim\limits_{t\downarrow s} \dfrac{p_{ij}(s, t)}{t - s}$, $\quad i \neq j$, mit $0 \leqq q_i(s) \leqq \infty$, $0 \leqq q_{ij}(s) < \infty$, $i \neq j$, und $\sum\limits_j q_{ij}(s) \leqq 0$.

Unter geeigneten Voraussetzungen an die Übergangswahrscheinlichkeiten $p_{ij}(s, t)$ gelten die folgenden sogenannten KOLMOGOROV*schen Dif-*

ferentialgleichungen

$$\frac{\partial p_{ij}(s,t)}{\partial s} = -q_i(s)\,p_{ij}(s,t) + \sum_{k\neq i} q_{ik}(s)\,p_{kj}(s,t) \qquad (i,j\in S) \tag{1}$$

(*Rückwärts-* oder *Ausgangsgleichung*) und

$$\frac{\partial p_{ij}(s,t)}{\partial t} = -p_{ij}(s,t)\,q_j(t) + \sum_{k\neq j} p_{ik}(s,t)\,q_{kj}(t) \qquad (i,j\in S) \tag{2}$$

(*Vorwärts-* oder *Eingangsgleichung*).

Wir betrachten im weiteren nur zeitlich homogene MARKOVsche Ketten. Die KOLMOGOROVschen Differentialgleichungen lauten mit $p_{ij}(t) := p_{ij}(s, s+t) = p_{ij}(0,t)$, $q_i := q_i(t)$ und $q_{ik} := q_{ik}(t)$:

$$\frac{dp_{ij}(t)}{dt} = -q_i\,p_{ij}(t) + \sum_{k\neq i} q_{ik}\,p_{kj}(t) \qquad (i,j\in S) \tag{1'}$$

$$\frac{d}{dt}p_{ij}(t) = -p_{ij}(t)\,q_j + \sum_{k\neq j} p_{ik}(t)\,q_{kj} \qquad (i,j\in S)\,. \tag{2'}$$

Man bezeichnet einen Zustand i als ***stabilen Zustand***, wenn $q_i < \infty$, und als ***instabilen Zustand***, wenn $q_i = \infty$ gilt. Für jeden stabilen Zustand i gilt $P(X_{s+h} = i$ für alle $h \in (0,t]|X_s = i) = e^{-q_it}$, die Verweilzeit im Zustand i ist also eine ›exponentialverteilte Zufallsgröße; insbesondere verweilt die Kette X_T mit Wahrscheinlichkeit Eins während eines positiven Zeitintervalls in i. Ist i instabil, so gilt $P(X_{s+h} = i$ für alle $h \in (0,t]|X_s = i) = 0$ für alle $t > 0$, d. h., die Kette verläßt einen instabilen Zustand augenblicklich.

Gilt $q_i < \infty$ und $\sum_j q_{ij} = 0$, $i \in S$, so nennt man die Matrix $Q = (q_{ij})$ der Intensitäten ***konservativ***. Ist dies der Fall, so sind fast alle Trajektorien von X_T Treppenfunktionen: die MARKOVsche Kette X_T verbleibt, unter der Annahme $X_t = i$, noch eine mit dem Parameter q_i exponentialverteilte Zeit lang im Zustand i und „springt" dann mit der Wahrscheinlichkeit $\frac{q_{ij}}{q_i}$ in den Zustand j.

Die Sprungstellen der Trajektorien können sich im Endlichen häufen; ist dies der Fall, so bezeichne τ_∞ den kleinsten dieser Häufungspunkte, anderenfalls sei τ_∞ gleich Unendlich.

Für $P(\tau_\infty(\omega) < \infty)$ gilt mit Wahrscheinlichkeit Eins $\lim_{t\to\tau_\infty-0} X_t(\omega) = \infty$ („*Explosion*" der MARKOVschen Kette).

Gilt $P(\tau_\infty = \infty) = 1$, d. h. haben fast alle Trajektorien von X_T in endlichen Zeitintervallen höchstens endlich viele Sprungstellen, so spricht man von einer ***stabilen MARKOVschen Kette***. Hinreichend für die Stabilität von X_T ist $\sup_{i\in S} q_i < \infty$.

Die Gleichungen (1') gelten genau dann, wenn Q konservativ ist, und die Gleichungen (2') sind genau dann erfüllt, wenn zusätzlich mit Wahrscheinlichkeit Eins für jede Trajektorie $X_.(\omega)$ aus $\lim_{s\uparrow t} X_s(\omega) = \infty$ stets $\lim_{s\downarrow t} X_s(\omega) = \infty$ folgt.

Für jede Matrix $\tilde{Q} = (\tilde{q}_{ij})$ mit $\tilde{q}_{ij} \geqq 0$, $i \neq j$, $-\infty < -\tilde{q}_i := \tilde{q}_{ii} \leqq 0$ und $\sum_j \tilde{q}_{ij} = 0$, $i, j \in S$, existieren i. a. unendlich viele Familien $(M_t)_{t\in[0,\infty)}$ von Übergangsmatrizen (und damit unendlich viele zeitlich homogene MARKOVsche Ketten) mit der Intensitätsmatrix $Q = \tilde{Q}$. Für jede solche Familie $(M_t)_{t\in[0,\infty)}$ von Übergangsmatrizen gilt (1'), i. a. aber nicht (2'); die entsprechenden MARKOVschen Ketten unterscheiden sich durch das Verhalten nach der Zeit τ_∞.

Ist jedoch $\sup_i \tilde{q}_i < \infty$, so gibt es genau eine zeitlich homogene MARKOVsche Kette mit $\tilde{Q}$ als Matrix der Intensitäten, und deren Übergangsmatrizen M_t erfüllen (1') und (2').

Beispiele MARKOVscher Ketten sind ›Geburts- und Todesprozesse, ›Verzweigungsprozesse, ›POISSONscher Prozeß.

Lit.: (7), (11), (16), (18), (21), (37), (49), (66)
[1] LAHRES, H., Einführung in die diskreten MARKOFF-Prozesse und ihre Anwendungen, Leipzig 1964.
[2] BHARUCHA-REID, A. T., Elements of the Theory of MARKOV Processes and their Applications, New York 1960.

MARKOVscher Prozeß: Ein ›stochastischer Prozeß X_T über dem ›Wahrscheinlichkeitsraum $[\Omega, \mathfrak{A}, P]$ mit dem Zustandsraum $[E, \mathfrak{B}]$, dessen Parametermenge T ein Teil der reellen Achse ist, heißt MARKOV*sch* oder ein MARKOV*scher Prozeß*, wenn er der folgenden Bedingung genügt:

(M) Für beliebige $n \in N$; $t_1, t_2, \ldots, t_n, t \in T$ mit $t_1 < t_2 < \cdots < t_n < t$ und $B \in \mathfrak{B}$ gilt P-fast sicher (›fast überall) die Gleichung

$$P\,(X_t \in B | X_{t_1}, X_{t_2}, \ldots, X_{t_n}) = P\,(X_t \in B | X_{t_n})$$

(›bedingte Erwartung).

Setzen wir $\mathfrak{A}_{(-\infty,t]} := \mathfrak{A}\,[X_s, s \leqq t, s \in T]$ und $\mathfrak{A}_{[t,\infty)} := \mathfrak{A}\,[X_s, t \leqq s, s \in T]$, so ist die Bedingung (M) äquivalent zu jeder der folgenden:

(M') Für beliebige, $s, t \in T$, $s < t$, und $A \in \mathfrak{A}_{[t,\infty)}$ gilt P-fast sicher $P(A | \mathfrak{A}_{(-\infty,s]}) = P(A | X_s)$.

(M'') Für beliebige $s, t_1, t_2 \in T$, $t_1 \leqq s \leqq t_2$, und $A_1 \in \mathfrak{A}_{(-\infty,t_1]}$, $A_2 \in \mathfrak{A}_{[t_2,\infty)}$ gilt P-fast sicher $P\,(A_1 \cap A_2 | X_s) = P(A_1 | X_s)\, P(A_2 | X_s)$.

Die durch (M), (M') oder (M'') ausgedrückte sog. MARKOV*sche Eigenschaft* läßt sich anschaulich dahingehend interpretieren, daß bei beliebigem Zeitpunkt $s \in T$ das Verhalten des Prozesses nach s bei bekanntem Zustand $X_s = x$ nicht vom Verhalten des Prozesses vor der Zeit s abhängt, oder, anders formuliert, Vergangenheit und Zukunft sind bei bekannter Gegenwart voneinander unabhängig. Mitunter sagt man auch, ein MARKOVscher Prozeß sei „ohne Nachwirkung“ oder habe „kein Gedächtnis“. Spezielle MARKOVsche Prozesse sind z. B. die ›MARKOVschen Ketten und die ›Diffusionsprozesse.

Eine Funktion $P(s, x; t, B)$ der Veränderlichen $s, t \in T$, $s \leqq t$, $x \in E$, $B \in \mathfrak{B}$ heißt *Übergangsfunktion* des MARKOVschen Prozesses X_T, wenn sie die folgenden Eigenschaften hat:

a) Für $s, t \in T$, $x \in E$ ist $P(s, x; t, .)$ ein ›Wahrscheinlichkeitsmaß auf $\mathfrak{B}$;

b) für $s, t \in T$, $B \in \mathfrak{B}$ ist $P(s, .; t, B)$ eine $(\mathfrak{B}, \mathfrak{B}^1)$-›meßbare Funktion auf E;

c) für $s \in T$, $x \in E$, $B \in \mathfrak{B}$ gilt $P(s, x; s, B) = \chi_B(x)$ (›Indikatorfunktion);

d) für $s, t \in T$, $B \in \mathfrak{B}$ gilt P-fast sicher $P(s, X_s; t, B) = P(X_t \in B | X_s)$.

Anschaulich ist $P(s, x; t, B)$ die Wahrscheinlichkeit dafür, daß der Prozeß zur Zeit t in einem Zustand der Menge B ist, wenn er zur Zeit $s \leqq t$ im Zustand x war; man nennt deshalb $P(s, x; t, B)$ auch *Übergangswahrscheinlichkeit*. Jeder MARKOVsche Prozeß mit dem Zustandsraum $[R^n, \mathfrak{B}^n]$ (oder allgemeiner, einem separablen und vollständigen metrischen Zustandsraum E, für den $\mathfrak{B}$ die zugehörige σ-Algebra der BOREL-Mengen ist) besitzt eine Übergangsfunktion. Diese hat neben a)—d) noch die folgende Eigenschaft (*Gleichung von* CHAPMAN-KOLMOGOROV):

e) Für $s, t, u \in T$, $s \leqq u \leqq t$, $B \in \mathfrak{B}$ gilt P_s-fast sicher

$$P(s, x; t, B) = \int_E P(s, x; u, dy)\, P(u, y; t, B); \tag{i}$$

dabei bezeichnet P_s das durch die Gleichung $P_s(B) := P(X_s \in B)$ definierte Wahrscheinlichkeitsmaß auf $\mathfrak{B}$. Die Wahrscheinlichkeitsverteilungen P_s, $s \in T$, heißen auch die *absoluten Verteilungen* des Prozesses X_T.

Die Werte der endlichdimensionalen Verteilungen des MARKOVschen Prozesses X_T mit der Übergangsfunktion $P(s, x; t, B)$ lassen sich folgendermaßen darstellen ($t_1, t_2, \ldots, t_n \in T$, $t_1 \leqq t_2 \leqq \cdots \leqq t_n$, $B_1, B_2, \ldots, B_n \in \mathfrak{B}$, $n \in N$):

$$\begin{aligned} P_{t_1, t_2, \ldots, t_n}(B_1 \times B_2 \times \cdots \times B_n) = \int_{B_1} \int_{B_2} \cdots \int_{B_{n-1}} P(t_{n-1}, x_{n-1}; t_n, B_n) \\ P(t_{n-2}, x_{n-2}; t_{n-1}, dx_{n-1}) \cdots P(t_1, x_1; t_2, dx_2)\, P_{t_1}(dx_1)\,. \end{aligned} \tag{ii}$$

Enthält die Indexmenge $T \subset R^1$ ein kleinstes Element t_0, so nennt man P_{t_0} auch die *Anfangsverteilung* des Prozesses X_T. Gemäß (ii) sind also durch die Anfangsverteilung und die Übergangsfunktion die endlichdimensionalen Verteilungen des Prozesses festgelegt; insbesondere ergibt sich

$$P_t(B) = \int_E P(t_0, x; t, B)\, P_{t_0}(dx) \qquad (t \in T,\ B \in \mathfrak{B})\,.$$

Es sei wieder E der Raum R^n (oder, allgemeiner, ein separabler und vollständiger metrischer Raum), $\mathfrak{B}$ die zugehörige σ-Algebra der BOREL-

Mengen, T eine Teilmenge der reellen Achse mit einem kleinsten Element t_0. Weiter seien ein Wahrscheinlichkeitsmaß $P^{(0)}$ auf $[E, \mathfrak{B}]$ sowie eine Funktion $P(s, x; t, B)$ der Veränderlichen $s, t \in T$, $s \leqq t$, $x \in E$, $B \in \mathfrak{B}$ gegeben, die den Bedingungen a), b), c) und der Gleichung (i) für alle $x \in E$ und $s, t, u \in T$, $s \leqq u \leqq t$, $B \in \mathfrak{B}$ genüge. Dann gibt es einen MARKOVschen Prozeß mit der Indexmenge T und dem Zustandsraum $[E, \mathfrak{B}]$, der $P^{(0)}$ als Anfangsverteilung P_{t_0} und $P(s, x; t, B)$ als Übergangsfunktion besitzt. — Es sei jetzt T eine der Mengen R^1, $[0, \infty)$, $\{0, \pm 1, \pm 2, \ldots\}$, oder $\{0, 1, 2, \ldots\}$. Ein MARKOVscher Prozeß X_T oder seine Übergangsfunktion $P(s, x; t, B)$ $(s, t \in T,\ s \leqq t;\ x \in E,\ B \in \mathfrak{B})$ heißen *zeitlich homogen*, wenn für beliebige $s, t, u \in T$

$$P(s + u, x; t + u, B) = P(s, x; t, B) \qquad (x \in E,\ B \in \mathfrak{B})$$

gilt. In diesem Falle hängen die Werte $P(s, x; t, B)$ nur von der Differenz $t - s$, x und B ab; man setzt dann $P(0, x; t, B) =: P(t; x, B)$ und nennt auch diese Funktion $P(t; x, B)$ $(t \in T \cap [0, \infty),\ x \in E,\ B \in \mathfrak{B})$ Übergangsfunktion des (zeitlich homogenen) MARKOVschen Prozesses X_T.

Existiert unter diesen Voraussetzungen eine Wahrscheinlichkeitsverteilung Q auf $\mathfrak{B}$ mit der Eigenschaft

$$Q(B) = \int_E P(t; x, B)\, Q(dx) \qquad (B \in \mathfrak{B}),$$

so heißt Q eine *invariante* oder *stationäre Verteilung* der Übergangsfunktion $P(t; x, B)$. Falls dabei für alle $t \in T$ und $B \in \mathfrak{B}$ sogar $P_t(B) := P(X(t) \in B) = Q(B)$ gilt, dann ist X_T ein im engeren Sinne ›stationärer Prozeß; enthält T insbesondere ein kleinstes Element t_0, so folgt das bereits, wenn die Beziehung $P_{t_0}(B) = Q(B)$ $(B \in \mathfrak{B})$ besteht.

Im folgenden sei T z. B. die Menge $\{0, 1, 2, \ldots\}$ oder $[0, \infty)$, versehen mit der σ-Algebra ihrer BOREL-Mengen, und X_T ein MARKOVscher ›meßbarer Prozeß über $[\Omega, \mathfrak{A}, P]$ mit dem Zustandsraum $[E, \mathfrak{B}]$. Eine Zufallsgröße τ über $[\Omega, \mathfrak{A}, P]$ mit Werten in $T \cup \{\infty\}$ heißt eine MARKOV*sche Zeit* für den Prozeß X_T, wenn für alle $t \in T$ gilt: $\{\omega | \tau(\omega) \leqq t\} \in \mathfrak{A}^*_{(-\infty, t]}$; dabei bezeichnet $\mathfrak{A}^*_{(-\infty, t]}$ die bezüglich der P-Nullmengen vervollständigte σ-Algebra $\mathfrak{A}_{(-\infty, t]}$ (›Maßraum). Wir setzen noch $\Omega_\tau = \{\omega | \tau(\omega) < \infty\}$. Jede MARKOVsche Zeit ist insbesondere eine ›Stoppzeit; Beispiele für MARKOVsche Zeiten sind der Zeitpunkt $\tau(\omega)$, in dem die Trajektorie $X_t(\omega)$ eine gewisse Menge des Phasenraumes zum ersten Male erreicht, verläßt o. ä.

Ist τ eine MARKOVsche Zeit für den Prozeß X_T, so bezeichne $\mathfrak{A}^*_{(-\infty, \tau]}$ die σ-Algebra aller Ereignisse $A \in \mathfrak{A}^*_{(-\infty, \infty)}$ mit $A \cap \{\omega | \tau(\omega) \leqq t\} \in \mathfrak{A}^*_{(-\infty, t]}$ für alle $t \geqq 0$. Der stochastische Prozeß X_T heißt *streng* oder *stark* MARKOV*sch*, wenn für jede MARKOVsche Zeit τ und alle $B \in \mathfrak{B}$ auf Ω_τ P-fast sicher gilt

$$P(X_{\tau+t} \in B | \mathfrak{A}^*_{(-\infty, \tau)}) = P(\tau, X_\tau; \tau + t, B). \qquad \text{(iii)}$$

Anschaulich läßt sich die Bedingung (iii) dahingehend interpretieren, daß das Verhalten eines streng MARKOVschen Prozesses auch nach einer MARKOVschen Zeit τ bei bekanntem Zustand X_τ nicht vom Verhalten des Prozesses vor τ abhängt.

Die Bedingung (iii) ist für einen MARKOVschen Prozeß stets erfüllt, wenn τ höchstens abzählbar viele Werte annimmt, also insbesondere, wenn T selbst höchstens abzählbar ist. Für $T = [0, \infty)$ und $E = R^n$ oder, allgemeiner, einen separablen und vollständigen metrischen Zustandsraum E ($\mathfrak{B}$ — σ-Algebra seiner BOREL-Mengen) ist der MARKOVsche Prozeß streng MARKOVsch, wenn seine Trajektorien fast alle rechtsseitig stetig sind und aus $s \to s_0$, $x \to x_0$ für jede beschränkte stetige Funktion φ auf E und jedes $t \in T$

$$\int_E P(s, x; t, dy)\, \varphi(y) \to \int_E P(s_0, x_0; r, dy)\, \varphi(y)$$

folgt. Beispiele für streng MARKOVsche Prozesse sind die ›Diffusionsprozesse.

Für verschiedene Belange angepaßter ist die von E. B. DYNKIN (12), (13), [1] gegebene Definition eines MARKOVschen Prozesses. Dabei betrachten wir hier der Einfachheit halber nur den zeitlich homogenen Fall. Es sei Ω eine nichtleere Menge und $[E, \mathfrak{B}]$ ein meßbarer Raum. Weiter seien gegeben:

α) eine Abbildung $\zeta | \Omega \to [0, \infty]$;

β) für jedes $\omega \in \Omega$ eine Abbildung $x(., \omega) \,|[0, \zeta(\omega)) \to E$;

γ) für jedes $t \geqq 0$ eine σ-Algebra $\mathfrak{M}_t$ in der Menge $\Omega_t = \{\omega | \zeta(\omega) > t\}$;

δ) für jedes $x \in E$ eine Mengenfunktion P_x auf einer σ-Algebra $\mathfrak{M}^0$ in Ω, die alle $\mathfrak{M}_t$, $t \geqq 0$, enthält.

Diese Elemente bilden definitionsgemäß einen MARKOV*schen Prozeß* $X = (x_t, \zeta, \mathfrak{M}_t, P_x)$ oder, genauer, einen MARKOV*schen Prozeß im Sinne von* DYNKIN, wenn die folgenden Bedingungen erfüllt sind:

1) Für $t, u \in [0, \infty)$, $t \leqq u$, $A \in \mathfrak{M}_t$ gilt $A \cap \Omega_u \in \mathfrak{M}_u$;

2) für $t \in [0, \infty)$, $B \in \mathfrak{B}$ gilt $\{\omega | x_t(\omega) \in B\} \in \mathfrak{M}_t$;

3) P_x ist ein Wahrscheinlichkeitsmaß auf $\mathfrak{M}^0$;

4) für $t \in [0, \infty)$, $B \in \mathfrak{B}$ ist

$$P(t; x, B) := P_x\{\omega | x_t(\omega) \in \mathfrak{B}\}) \tag{iv}$$

eine $(\mathfrak{B}, \mathfrak{B}^1)$-meßbare Funktion von x;

5) für $x \in E$ gilt $P(0; x, E \backslash \{x\}) = 0$;

6) für $t, h \in [0, \infty)$, $B \in \mathfrak{B}$ gilt P_x-fast sicher auf Ω_t

$P_x(x_{t+h} \in B | \mathfrak{M}_t) = P(h; x_t, B)$;

7) zu jedem $\omega \in \Omega_t, t \in [0, \infty)$, gibt es ein $\omega' \in \Omega$ mit $\zeta(\omega') = \zeta(\omega) - t$ und $x_u(\omega') = x_{t+u}(\omega)$ für alle $0 \leqq u < \zeta(\omega')$.

Die Bedingung 5) besagt, daß das Maß P_x auf denjenigen Trajektorien ω konzentriert ist, die im Punkte x oder nie ($\zeta(\omega) = 0$) starten. Anschaulich kann $\zeta(\omega)$ als Zeitpunkt des Abbruches der zu ω gehörigen Trajektorie aufgefaßt werden. Die Funktion P aus (iv) heißt die *Übergangsfunktion* des MARKOVschen Prozesses X; sie hat die folgenden Eigenschaften (vgl. die obigen Eigenschaften a)—e)):

a′) für $t \in [0, \infty)$, $x \in E$ ist $P(t; x, .)$ ein nichtnegatives Maß auf $\mathfrak{B}$ mit $P(t; x, E) \leqq 1$;
b′) für $t \in [0, \infty)$, $B \in \mathfrak{B}$ ist $P(t; ., B)$ eine $(\mathfrak{B}, \mathfrak{B}^1)$-meßbare Funktion auf E;
c′) für $x \in E$ gilt $P(0; x, E \setminus \{x\}) = 0$;
e′) für $s, t \in [0, \infty)$, $x \in E$, $B \in \mathfrak{B}$ gilt

$$P(s + t; x, B) = \int_E P(s; x, dy)\, P(t; y, B)\,.$$

Ein MARKOVscher Prozeß X oder die Übergangsfunktion P heißen *konservativ*, wenn für alle $t \in [0, \infty)$, $x \in E$ die Beziehung $P(t; x, E) = 1$ besteht. Ist $E = R^n$ oder, allgemeiner, ein separabler und vollständiger metrischer Raum, $\mathfrak{B}$ die σ-Algebra seiner BOREL-Mengen, so bildet jede Funktion P mit den Eigenschaften a′)–c′) und e′) sowie $P(0+; x, E) = 1$ für alle $x \in E$ die Übergangsfunktion eines MARKOVschen Prozesses $X = (x_t, \zeta, \mathfrak{M}_t, P_x)$; dieser kann insbesondere nichtabbrechend (d. h., es ist $\zeta(\omega) \equiv \infty$) gewählt werden, falls P konservativ ist. Auf dem Raum $E = R^n$ wird z. B. durch die Gleichung

$$P(t; x, \Gamma) = (2\pi t)^{-n/2} \int_\Gamma \exp\left[-\frac{|y - x|^2}{2t}\right] dy \qquad (t > 0,\ x \in R^n,\ \Gamma \in \mathfrak{B}^n)$$

eine konservative Übergangsfunktion definiert. Der zugehörige Prozeß X heißt (*n-dimensionaler*) ›WIENERscher *Prozeß* (im Sinne von DYNKIN).

Es sei im folgenden E wieder ein separabler und vollständiger metrischer Raum mit der Metrik ϱ, $\mathfrak{B}$ die σ-Algebra seiner BOREL-Mengen. Mit $B(E, \mathfrak{B})$ bzw. $V(E, \mathfrak{B})$ bezeichnen wir den BANACH-Raum aller beschränkten reellen meßbaren Funktionen f auf $(E, \mathfrak{B})$ mit der Norm $||f|| = \sup_{x \in E} |f(x)|$ bzw. aller endlichen σ-additiven Mengenfunktionen φ auf $\mathfrak{B}$ mit $||\varphi|| = \operatorname{var}_E \varphi$. Ist P die Übergangsfunktion eines MARKOVschen Prozesses X, so kann man ihr in den Räumen $B(E, \mathfrak{B})$ und $V(E, \mathfrak{B}$ je eine Halbgruppe positiver Kontraktionen $(T_t)_{t \in [0, \infty)}$ bzw. $(U_t)_{t \in [0, \infty)}$ zu ordnen gemäß

$$(T_t f)(x) = \int_E P(t; x, dy)\, f(y) = \int_\Omega f(x_t)\, P_x(d\omega) =: E_x f(x_t)\,,$$

$$(U_t \varphi)(B) = \int_E P(t; x, B)\, \varphi(dx)$$

($x \in E$, $B \in \mathfrak{B}$, $t \in [0, \infty)$). Auf der Menge derjenigen f aus $B(E, \mathfrak{B})$, für die der Grenzwert

$$\lim_{t \downarrow 0} \frac{(T_t f)(x) - f(x)}{t} =: (Af)(x) \tag{v}$$

gleichmäßig bezüglich aller $x \in E$ existiert (d. h. $\lim\limits_{t \downarrow 0} \dfrac{T_t f - f}{t}$ existiert in der Norm des Raumes $B(E, \mathfrak{B})$), betrachtet man den durch diese Beziehung definierten linearen Operator A und nennt ihn den (*starken*) *infinitesimalen Operator* der Übergangsfunktion P oder des MARKOVschen Prozesses X. Ist dabei X stochastisch stetig, d. h., gilt $P(0 + 0; x, U_x) = 1$ für jedes $x \in E$ und jede Umgebung U_x von x, so existiert der Grenzwert (v) für „hinreichend viele" Funktionen f, und die Übergangsfunktion wird durch ihren infinitesimalen Operator eindeutig bestimmt. Wir bemerken, daß unter gewissen Voraussetzungen an den MARKOVschen Prozeß X die von E. B. DYNKIN angegebene Beziehung

$$(Af)(x) = \lim_{d(U_x) \downarrow 0} \frac{E_x f(x_{\tau_{U_x}}) - f(x)}{E_x \tau_{U_x}}$$

besteht; dabei bezeichnet U_x eine offene Umgebung von x, $d(U_x)$ deren Durchmesser und $\tau_{U_x}(\omega)$ die Zeit des ersten Erreichens von $E \setminus U_x$, d. h.

$$\tau_{U_x}(\omega) := \inf \{t \mid \varrho(C(t, \omega), E \setminus U_x) = 0\},$$

wobei $C(t, \omega) := \{x_s(\omega) \mid 0 \leqq s \leqq t\}$ gesetzt wurde.

Lit.: (7), (11), (12), (13), (20), (33), (34), (49), (52), (53), (54), (59)

[1] BLUMENTHAL, R. M., und R. K. GETOOR, Markov Processes and Potential Theory, New York 1968.

MARKOVscher Prozeß m-ter Ordnung: Ein ›stochastischer Prozeß $(X_n)_{n \in N}$ mit Werten im ›meßbaren Raum $[E, \mathfrak{B}]$ heißt MARKOV*scher Prozeß m-ter Ordnung*, $m \in N$, wenn für alle $n \geqq m$, $A \in \mathfrak{B}$ gilt:

$$P(X_n \in A \mid X_k, \quad k \leqq n-1) = P(X_n \in A \mid X_{n-1}, \ldots, X_{n-m})$$

P-›fast überall (›bedingte Erwartung).

Für $m = 1$ liegt ein ›MARKOVscher Prozeß vor. Ein MARKOVscher Prozeß m-ter Ordnung kann durch Betrachtung des Prozesses $\mathfrak{X}_n := (X_n, \ldots, X_{n+m-1})$, $n \in N$, mit dem meßbaren Raum $[E^m, \mathfrak{B}^m]$ als Bildraum formal in einen MARKOVschen Prozeß übergeführt werden.

Lit.: (11)

MARKOVscher steuerbarer Prozeß ›Steuerung stochastischer Prozesse

MARKOVsche Strategie ›Steuerung stochastischer Prozesse

MARKOVsche Ungleichung ›Ungleichungen in der Wahrscheinlichkeitstheorie, a)

MARKOVsche Verteilung = ›PÓLYA-Verteilung

MARKOVsche Zeit ›Stoppzeit
›MARKOVscher Prozeß

Martingal: Martingale sind spezielle ›stochastische Prozesse, die erst seit neuerer Zeit betrachtet werden, dabei aber vielerlei wichtige Anwendungen — u. a. in der Theorie der ›MARKOVschen Prozesse, bei sequentiellen Schätzungen (›Sequentialanalyse), in der ›stochastischen Optimierung sowie in der ›Spieltheorie — besitzen.

Ihre Definition beruht auf dem Begriff der ›bedingten Erwartung und soll an Hand des folgenden Beispiels aus der Spieltheorie illustriert werden.

Wir betrachten ein Zweipersonenspiel, bei dem eine Münze geworfen wird, wobei mit Wahrscheinlichkeit p „Wappen" und mit Wahrscheinlichkeit $1 - p$ „Zahl" fallen soll. Einer der Spieler setze einen bestimmten Einsatz auf das Ereignis „Wappen". Fällt das Wappen nach oben, erhält er den doppelten Einsatz; fällt dagegen die Zahl nach oben, verliert er den Einsatz. Der Spieler verfahre in der Weise, daß er seinen Einsatz nach einer verlorenen Partie verdopple, bei einer gewonnenen Partie hingegen mit seinem anfänglichen Einsatz für die erste Partie wieder beginne. Bei $p = \frac{1}{2}$ (d. h. die Münze ist balanciert) ist das Gesamtkapital X_n des Spielers nach dem n-ten Spiel ein stochastischer Prozeß mit der Eigenschaft, daß der Erwartungswert des Gewinnes bei jeder Partie gleich Null ist, mit anderen Worten, daß das auf Grund des bisherigen Spielverlaufes nach der n-ten Partie zu erwartende Kapital $E(X_n|X_{n-1} = x_{n-1}, \ldots, X_1 = x_1)$ ebenso groß ist wie das Kapital x_{n-1} vor der n-ten Partie: $E(X_n|X_{n-1} = x_{n-1}, \ldots, X_1 = x_1) = x_{n-1}$. Den durch diese Eigenschaft gekennzeichneten stochastischen Prozeß X_T, $T = N$ bezeichnet man als *Martingal.*

Im Fall $p > \frac{1}{2}$ bzw. $p < \frac{1}{2}$ ist der zu erwartende Gewinn in jeder Partie positiv bzw. in jeder Partie negativ, d. h., es gilt

$$E(X_n|X_{n-1} = x_{n-1}, \ldots, X_1 = x_1) > x_{n-1} \quad \text{für alle } n \geqq 1 \text{ bzw.}$$
$$E(X_n|X_{n-1} = x_{n-1}, \ldots, X_1 = x_1) < x_{n-1} \quad \text{für alle } n \geqq 1\,.$$

Man nennt dann den Prozeß $(X_n)_{n \in N}$ ein *Sub-* bzw. *Supermartingal.*

Wir wenden uns nun der allgemeinen Definition der genannten Begriffe zu.

Es seien $[\Omega, \mathfrak{A}, P]$ ein ›Wahrscheinlichkeitsraum, T eine nichtleere Teilmenge von R^1 und $(\mathfrak{A}_t)_{t \in T}$ eine Familie von σ-›Algebren mit $\mathfrak{A}_{t_1} \subset \mathfrak{A}_{t_2} \subset \mathfrak{A}$, $(t_1, t_2 \in T,\ t_1 \leqq t_2)$. Einen reellwertigen stochastischen Prozeß X_T bezeichnet man als *Martingal* bezüglich der Familie $(\mathfrak{A}_t)_{t \in T}$ von σ-Algebren, wenn für jedes $t \in T$

1. X_t bezüglich $\mathfrak{A}_t$ meßbar ist, und
2. $\int_A X_t\, dP = \int_A X_s\, dP \qquad (A \in \mathfrak{A}_s,\ s \in T,\ s \leqq t)$

bzw. die zu 2. äquivalente Beziehung (›bedingte Erwartungen)

2′. $E(X_t|\mathfrak{A}_s) = X_s$, $(s \in T,\ s \leqq t)$, P-fast sicher (›fast überall)

gilt.

Der Prozeß X_T heißt *Submartingal* oder *wachsendes Halbmartingal* (bzw. *Supermartingal* oder *fallendes Halbmartingal*) bez. $(\mathfrak{A}_t)_{t \in T}$, wenn in 2. und 2′. an Stelle des Gleichheitszeichens das Zeichen $\geqq$ (bzw. $\leqq$) steht.

Ist $\mathfrak{A}_t = \mathfrak{A}[X_s, s \leqq t]$ die kleinste σ-Algebra, bezüglich der alle X_s, $(s \in T,\ s \leqq t)$, meßbar sind, so spricht man lediglich von einem Martingal (Sub- bzw. Supermartingal). Jedes Martingal (Sub- bzw. Supermartingal) bezüglich einer Familie $(\mathfrak{A}_t)_{\in T}$ von σ-Algebren ist stets auch Martingal (Sub- bzw. Supermartingal) im letztgenannten Sinne. Beispiele für Martingale sind Prozesse der Form $X_n = \sum_{k=0}^{n} Y_k$, $n \in N$, wobei (Y_n), $n \in N$, eine Folge unabhängiger (›Unabhängigkeit zufälliger Variabler) und ›zentrierter Zufallsgrößen auf $[\Omega, \mathfrak{A}, P]$ bezeichne; weiter

›Prozesse X_T, $T = [0, \infty)$, mit unabhängigen Zuwächsen und $E\,X_t = 0$, $t \in [0, \infty)$, insbesondere also der ›WIENERsche Prozeß in R^1 sowie auch $(X_t - \lambda\, t)_{t \in [0, \infty)}$ wobei X_T, $T = [0, \infty)$, den ›POISSONschen Prozeß mit der Intensität λ bezeichnet. Viele Anwendungen der Theorie der Martingale beruhen auf folgenden Sachverhalten (wir beschränken uns hier auf den Fall $T = N$, für allgemeinere T, beispielsweise $T = \Gamma = \{0, \pm 1, \pm 2, \ldots\}$ oder $T = [0, \infty)$, siehe z. B. (54)). Es sei X_N ein Submartingal bezüglich $(\mathfrak{A}_n)_{n \in N}$. Sind σ und τ ›Stoppzeiten bez. $(\mathfrak{A}_n)_{n \in N}$ und gilt P-fast sicher $\sigma \leqq \tau$, dann folgt unter gewissen Voraussetzungen, die zum Beispiel erfüllt sind, wenn τ fast sicher beschränkt ist, die Ungleichung

$$E(X_\tau | \mathfrak{A}_\sigma) \geqq X_\sigma \qquad P\text{-fast sicher.} \qquad (1)$$

(In (1) steht das Gleichheitszeichen, wenn X_N überdies ein Martingal ist.)

Gilt $\sup_n E(X_n^+) < \infty$, so gibt es eine Zufallsgröße X_∞ mit endlichem ›Erwartungswert, so daß die Folge (X_n), $n \in N$, mit Wahrscheinlichkeit Eins gegen X_∞ konvergiert. (›Konvergenzarten für Folgen zufälliger Variabler).

Wenn X_N darüber hinaus ein Martingal mit der Eigenschaft $\sup_n E|X_n|^r < \infty$ für ein r mit $1 < r < \infty$ ist, dann erfolgt die Konvergenz gegen X_∞ außerdem im r-ten Mittel.

Wir betrachten das eingangs beschriebene Spiel mit $p = \frac{1}{2}$. Dann bildet das Kapital X_n des Spielers nach dem n-ten Spiel ($n \geqq 1$) ein Martingal, und es liegt ein faires Spiel vor. Beendet der Spieler die Spielrunde zu dem Zeitpunkt τ, in dem sein Kapitel erstmalig größer als sein Ausgangskapital ist, spätestens jedoch nach einer vorgegebenen Anzahl N von Spielen, so ergibt sich für sein Endkapital $X_{\tau'}$, ($\tau' = \mathrm{Min}(\tau, N)$) entsprechend (1) die Beziehung $EX_{\tau'} = EX_0$, d. h., der Spieler erzielt durch solch ein Vorgehen im Mittel keinen Gewinn. Die Aussage (1) besagt also, daß man mit Hilfe bestimmter Spielsysteme ein faires Spiel nicht zu seinen Gunsten verändern kann; man nennt deshalb (1) sowie ähnliche Aussagen *Systemsätze.*

Ein großer Teil der Theorie der Martingale wurde von DOOB entwickelt (s. (11)).

Lit.: (11), (41), (54)
[1] MEYER, P. A., Martingales and stochastic integrals I, Berlin, Heidelberg, New York 1972.

Maß: Es sei Ω eine Menge und $\mathfrak{A}$ eine σ-›Algebra (oder ein σ-›Ring) von Teilmengen von Ω, also $[\Omega, \mathfrak{A}]$ ein ›meßbarer Raum. Eine ›Funktion μ, die jeder zu $\mathfrak{A}$ gehörenden Teilmenge A von Ω eine Zahl $\mu(A)$ mit $0 \leqq \mu(A) \leqq \infty$ zuordnet, heißt ein Maß auf $[\Omega, \mathfrak{A}]$ (oder kurz auf Ω bzw. $\mathfrak{A}$), wenn 1. $\mu(\emptyset) = 0$ und 2. für jede Folge $A_1, A_2, \ldots, A_n, \ldots$

paarweise disjunkter (d. h. $A_i \cap A_k = \emptyset$ für alle $i \neq k$) und zu $\mathfrak{A}$ gehörender Mengen $\mu\left(\bigcup_{n=1}^{\infty} A_n\right) = \sum_{n=1}^{\infty} \mu(A_n)$ (sog. *σ-Additivität*) gilt. Ist speziell $\mu(\Omega) < \infty$, so heißt μ *finit* oder *endlich*. Das Maß μ wird *σ-finit* (oder *σ-endlich*) genannt, wenn es eine Folge $\Omega_1, \Omega_2, \ldots$ von zu $\mathfrak{A}$ gehörenden Teilmengen aus Ω mit $\mu(\Omega_n) < \infty$ und $\bigcup \Omega_n = \Omega$ gibt. Im Fall $\mu(\Omega) = 1$ heißt μ ein *Wahrscheinlichkeitsmaß* (oder *normiertes Maß*).

LEBESGUEsche und LEBESGUE-STIELTJESsche Maße:

1. Es sei $\Omega = R^1$ (:= Menge aller reellen Zahlen) und $\mathfrak{B}^1$ die σ-Algebra der ›BOREL-Mengen des R^1. Ferner sei F eine reellwertige Funktion auf R^1, die monoton nichtfallend (d. h. $F(x_1) \leqq F(x_2)$ für $x_1 \leqq x_2$) und für jedes $x \in R^1$ linksseitig stetig ist $\left(\text{d. h. } \lim_{y \uparrow x} F(y) = F(x)\right)$. Dann gibt es genau ein Maß $\tilde{\mu}_F$ auf $\mathfrak{B}^1$, das für jedes Intervall $[a, b)$ $(:= \{x \in R^1 | a \leqq x < b\})$ den Wert $\tilde{\mu}_F([a, b)) = F(b) - F(a)$ besitzt. Für jede Teilmenge $M \subset R^1$ definiert man die Werte $(\mu_F)^*(M) = \inf \{\tilde{\mu}_F(B) | B \in \mathfrak{B}^1, B \supset M\}$ und $(\mu_F)_*(M) = \sup \{\tilde{\mu}_F(B) | B \in \mathfrak{B}^1, B \subset M\}$. Gilt $(\mu_F)^*(M) = (\mu_F)_*(M)$, so heißt M eine bez. F LEBESGUE-STIELTJES-meßbare Menge des R^1. Das System $\mathfrak{A}$ aller bez. F LEBESGUE-STIELTJES-meßbaren Mengen des R^1 ist eine σ-Algebra mit $\mathfrak{A}_F \supset \mathfrak{B}^1$. Das durch $\mu_F(A) := (\mu_F)^*(A)$ $\left(= (\mu_F)_*(A)\right)$ auf $\mathfrak{A}$ definierte Maß μ_F heißt das *LEBESGUE-STIELTJESsche Maß* (oder *L-S-Maß*) bez. F. Dabei gilt $\mu_F(B) = \tilde{\mu}_F(B)$ für alle $B \in \mathfrak{B}^1$.

2. Ist in 1. speziell $F(x) = F_0(x) = x$, $x \in R^1$, so heißen die zu $\mathfrak{A} := \mathfrak{A}_{F_0}$ gehörenden Mengen die LEBESGUE-meßbaren Mengen des R^1 und $\mu = \mu_{F_0}$ das *LEBESGUEsche Maß* (oder *L-Maß*) des R^1.

Insbesondere gilt dann z. B. $\mu\left([a, b)\right) = b - a$, $(a, b \in R^1, a \leqq b)$, und $\mu(R^1) = \infty$.

3. Analog definiert man für geeignete reellwertige Funktionen F auf R^n (›Produkt von Mengen) ein LEBESGUE-STIELTJESsches Maß μ_F und speziell mit $F(x_1, x_2, \ldots, x_n) = x_1 x_2 \cdots x_n$ das LEBESGUEsche Maß μ des R^n, wobei dann insbesondere jedes Rechteck

$$P = \{(x_1, x_2, \ldots, x_n) \in R^n | a_1 \leqq x_1 < b_1, \ldots, a_n \leqq x_n < b_n\}$$

den Maßwert $\mu(P) = (b_1 - a_1)(b_2 - a_2) \ldots (b_n - a_n)$ besitzt.

Lit.: HALMOS, P. R., Measure theory, Princeton 1950.

Maßraum: Maßraum heißt ein Tripel $[\Omega, \mathfrak{A}, m]$, das aus einer Menge Ω, einer σ-›Algebra $\mathfrak{A}$ von Teilmengen der Menge Ω und einem ›Maß m auf $\mathfrak{A}$ besteht (gelegentlich wird hierbei $\mathfrak{A}$ nur als σ-›Ring vorausgesetzt). Ein Maßraum $[\Omega, \mathfrak{A}, m]$ heißt insbesondere *vollständig* (oder: *ein vollständiger Maßraum*), wenn aus $A \subseteqq B$, $B \in \mathfrak{A}$, $m(B) = 0$ die Beziehung $A \in \mathfrak{A}$ folgt, d. h., wenn jede Teilmenge A einer mit dem m-Maß Null ›meßbaren Menge B (einer m-›Nullmenge also) ebenfalls eine meßbare

Menge ist. (Ein Maßraum $[\Omega, \mathfrak{A}, m]$ ist offenbar genau dann vollständig, wenn jede Menge $A \subseteqq \Omega$, für die Mengen $A_1 \in \mathfrak{A}$, $A_2 \in \mathfrak{A}$ mit $A_1 \subseteqq A \subseteqq A_2$ und $m(A_2 \setminus A_1) = 0$ existieren, zu $\mathfrak{A}$ gehört.)

maßtreue meßbare Transformation ›Strömung

mathematische **›Stichprobe**

Matrix: Unter einer *Matrix* $\mathfrak{A}$ (vom Typ (m, n)) versteht man ein rechteckiges Schema von reellen oder komplexen Zahlen a_{ik} $(i = 1, \ldots, m;$ $k = 1, \ldots, n)$ der Form

$$\mathfrak{A} = \begin{pmatrix} a_{11} & a_{12} & \ldots & a_{1n} \\ a_{21} & a_{22} & \ldots & . \\ \vdots & \vdots & & \vdots \\ a_{m1} & a_{m2} & \ldots & a_{mn} \end{pmatrix}.$$

Mitunter verwendet man für $\mathfrak{A}$ auch die Schreibweise $\mathfrak{A} = (a_{ik})_{i=1,\ldots,m}^{k=1,\ldots,n}$. Besteht eine Matrix nur aus einer Spalte bzw. Zeile, so bezeichnet man sie auch als (Spalten- bzw. Zeilen-) *Vektor*.

a) Die Matrix $\mathfrak{A}$ heißt *reell*, wenn alle a_{ik} reelle Zahlen sind.

b) Die Matrix $\mathfrak{A}$ heißt *quadratisch*, wenn $m = n$ ist. Das Produkt $\mathfrak{C} = \mathfrak{A}\,\mathfrak{B}$ zweier quadratischer Matrizen $\mathfrak{A} = (a_{ik})_{i=1,\ldots,m}^{k=1,\ldots,m}$ und $\mathfrak{B} = (b_{ik})_{i=1,\ldots,m}^{k=1,\ldots,m}$ ist wieder eine quadratische Matrix $\mathfrak{C} = (c_{ik})_{i=1,\ldots,m}^{k=1,\ldots,m}$, die durch $c_{ik} = \sum_{j=1}^{m} a_{ij}\, b_{jk}$ definiert ist.

c) Die Matrix

$$\mathfrak{A}^T = \begin{pmatrix} a_{11} & a_{21} & \ldots & a_{m1} \\ a_{12} & a_{22} & \ldots & . \\ \vdots & \vdots & & \vdots \\ a_{1n} & a_{2n} & \ldots & a_{mn} \end{pmatrix}$$

heißt die zu $\mathfrak{A}$ *transponierte* Matrix. (Mitunter verwendet man für $\mathfrak{A}^T$ auch die Schreibweise $\mathfrak{A}'$.) Gilt für eine quadratische reelle Matrix $\mathfrak{A}$ die Beziehung $\mathfrak{A} = \mathfrak{A}^T$, d. h. $a_{ik} = a_{ki}$ (für alle $i, k = 1, \ldots, m$), so heißt $\mathfrak{A}$ *reell-symmetrisch*.

d) Die quadratische Matrix

$$\mathfrak{E} = (e_{ik})_{i=1,\ldots,m}^{k=1,\ldots,m} = \begin{pmatrix} 1 & 0 & \ldots & 0 \\ 0 & 1 & \ldots & . \\ \vdots & \vdots & & \vdots \\ 0 & 0 & \ldots & 1 \end{pmatrix}$$

$\left(\text{d. h. } e_{ik} = \begin{cases} 1 & \text{für } i = k \\ 0 & \text{für } i \neq k \end{cases}\right)$ heißt *Einheitsmatrix*.

Existiert zu einer quadratischen Matrix $\mathfrak{A}$ eine Matrix $\mathfrak{B}$ mit der Eigenschaft $\mathfrak{A}\,\mathfrak{B} = \mathfrak{B}\,\mathfrak{A} = \mathfrak{E}$, so heißt $\mathfrak{B}$ die zu $\mathfrak{A}$ *inverse* Matrix (Schreibweise: $\mathfrak{B} = \mathfrak{A}^{-1}$).

e) Eine reelle quadratische Matrix $\mathfrak{A}$ heißt *unitär* oder *orthogonal*, wenn $\mathfrak{A}^T = \mathfrak{A}^{-1}$ gilt.

f) Eine reell-symmetrische Matrix $\mathfrak{A} = (a_{ik})_{i=1,\ldots,m}^{k=1,\ldots,m}$ heißt *positiv definit* bzw. *positiv semidefinit*, wenn für jedes n-Tupel $x_1, \ldots, x_n$ komplexer Zahlen, die nicht sämtlich gleich Null sind, die Beziehung

$$\sum_{i=1}^{n} \sum_{k=1}^{n} a_{ik}\, \bar{x}_i\, x_k > 0 \text{ bzw. } \geqq 0$$

gilt.

Ist $\mathfrak{A}$ positiv definit, so existiert eine eindeutig bestimmte (positiv definite) Matrix $\mathfrak{A}^{1/2}$ mit $\mathfrak{A}^{1/2}\,\mathfrak{A}^{1/2} = \mathfrak{A}$.

g) Als *Rang der Matrix* $\mathfrak{A}$ bezeichnet man die größte unter den Ordnungen aller von Null verschiedenen Unterdeterminanten von $\mathfrak{A}$. Dabei heißen Unterdeterminanten von $\mathfrak{A}$ alle ›Determinanten der Form

$$\begin{vmatrix} a_{i_1 j_1} & a_{i_1 j_2} & \cdots & a_{i_1 j_k} \\ a_{i_2 j_1} & a_{i_2 j_2} & \cdots & a_{i_2 j_k} \\ \vdots & & & \\ a_{i_k j_1} & a_{i_k j_2} & \cdots & a_{i_k j_k} \end{vmatrix}$$

mit $1 \leqq i_1 < i_2 < \cdots < i_k \leqq \min(m, n)$; $1 \leqq j_1 < j_2 < \cdots < j_k \leqq \min(m, n)$. Der Rang von $\mathfrak{A}$ ist identisch mit der Anzahl der linear unabhängigen Zeilen (= Anzahl der linear unabhängigen Spalten) von $\mathfrak{A}$.

maximaler Ergodensatz ›Ergodensätze

Maximalkorrelation ›Korrelationsanalyse

Maximum-Likelihood-Gleichungen ›Maximum-Likelihood-Methode

Maximum-Likelihood-Methode: Die Maximum-Likelihood-Methode dient zur Konstruktion von ›Punktschätzungen für einen Parameter $\gamma \in \Gamma \subseteqq R^k$, $k \geqq 1$: Ausgehend von einer konkreten ›Stichprobe $(x_1, \ldots, x_n)$ vom Umfang n aus einer Grundgesamtheit $R^1([R^1, \mathfrak{B}^1, P_{\gamma_0}])$ bildet man die ›Likelihood-Funktion $\gamma \to L(x_1, \ldots, x_n; \gamma)$. Als Schätzwert $\hat{\gamma}_0 = T(x_1, \ldots, x_n)$ für γ_0 verwendet man einen Punkt $\gamma = (\gamma^{(1)}, \ldots, \gamma^{(k)}) \in \Gamma$, für den die Likelihood-Funktion maximal wird. Dieses Vorgehen bedeutet z. B. im Fall einer diskreten Wahrscheinlichkeitsverteilung P_{γ_0} (›diskrete Zufallsgröße) eine solche Wahl des Parameters γ, daß dem eingetretenen Ereignis $\{X_1 = x_1, \ldots, X_n = x_n\}$ größte Wahrscheinlichkeit zukommt. Man bestimmt also — falls die Likelihood-Funktion differenzierbar ist – eine Lösung $\hat{\gamma}_0 = (\hat{\gamma}_0^{(1)}, \ldots, \hat{\gamma}_0^{(k)})$ der sog. *Maximum-Likelihood-Gleichungen*

$$\frac{\partial \log L(x_1, \ldots, x_n; \gamma)}{\partial \gamma^{(i)}} = 0, \quad i = 1, 2, \ldots, k.$$

Ersetzt man in der Lösung $\hat{\gamma}_0 = T(x_1, \ldots, x_n)$ der Maximum-Likelihood-Gleichungen die Werte x_i der konkreten Stichprobe durch die zugehörigen Stichprobenvariablen X_i, so heißt die entstehende Schätzfunktion $T(X_1, \ldots, X_n)$ eine *Maximum-Likelihood-Schätzung* für γ_0.

Die Bedeutung der Maximum-Likelihood-Methode besteht darin, daß sie unter bestimmten Bedingungen konsistente, asymptotisch effektive und asymptotisch normalverteilte (›asymptotisch $N(\mu_n, \sigma_n^2)$-verteilt) Punktschätzungen für γ_0 liefert. Darüber hinaus ist eine Maximum-Likelihood-Schätzung eine ›Funktion einer hinreichenden Schätzfunktion. Die Maximum-Likelihood-Methode steht in engem Zusammenhang mit der ›Methode der kleinsten Quadrate.

Lit.: (9), (72)

Maximum-Likelihood-Quotienten-Test = ›Likelihood-Quotienten-Test

Maximum-Likelihood-Schätzung ›Maximum-Likelihood-Methode

MAXWELL-BOLTZMANN-Statistik ›Statistiken von MAXWELL-BOLTZMANN, BOSE-EINSTEIN, FERMI-DIRAC

MAXWELL-Verteilung: Eine ›stetige Zufallsgröße X heißt MAXWELL-*verteilt* mit dem Parameter σ ($\sigma > 0$), wenn sie die Wahrscheinlichkeitsdichte

$$f_X(x) = \begin{cases} \dfrac{2}{\sigma^3\sqrt{2\pi}} x^2 e^{-\frac{x^2}{2\sigma^2}} & \text{für } x > 0, \\ 0 & \text{für } x \leqq 0 \end{cases}$$

besitzt. Sie hat den ›Erwartungswert $E\,X = \dfrac{2\sqrt{2}\,\sigma}{\sqrt{\pi}}$ und die ›Streuung $D^2X = \left(3 - \dfrac{8}{\pi}\right)\sigma^2$. Die Zufallsgröße $\dfrac{X^2}{\sigma^2}$ besitzt eine ›χ^2-Verteilung mit drei Freiheitsgraden.

Die MAXWELL-Verteilung tritt z. B. in der kinetischen Theorie der Gase auf.

Mc-NEMAR-Test: Der Mc-NEMAR-*Test* ist ein ›Signifikanztest, der z. B. auf folgende praktische Fragestellung angewandt wird: Es liegen zwei konkrete ›Stichproben $(x_1, \ldots, x_n)$ und $(y_1, \ldots, y_n)$ vor, die sich so interpretieren lassen, daß die zweite Stichprobe (z. B. aufgefaßt als Befragungsergebnis von n Versuchspersonen) eine „Kontrolle" (durch später erfolgte Befragung derselben Versuchspersonen) der ersten darstellt

(z. B. x_i bzw. y_i Einschätzung der Befähigung eines Schülers zum Studium durch denselben Lehrer nach einem Monat Unterricht bzw. am Ende des Schuljahres); dabei seien für die x_i bzw. y_i nur zwei Werte, z. B. +1 und −1, möglich. Gefragt ist, ob sich die beiden zugehörigen Grundgesamtheiten signifikant unterscheiden.

Allgemein seien X und Y zwei unabhängige ›Zufallsgrößen (›Unabhängigkeit zufälliger Variabler) auf demselben ›Wahrscheinlichkeitsraum $[\Omega, \mathfrak{A}, P]$, die nur die Werte +1, −1 annehmen, und $((X_1, Y_1), \ldots, (X_n, Y_n))$ eine mathematische Stichprobe vom Umfang n aus der zu dem ›zufälligen Vektor (X, Y) gehörenden Grundgesamtheit. Geprüft wird die Hypothese H: „X und Y sind identisch verteilt", und zwar z. B. mittels der Testgröße $T = (A - B)^2/(A + B)$, wobei A bzw. B diejenige Stichprobenfunktion bedeutet, die als Wert für jede zugehörige konkrete Stichprobe $((x_1, y_1), \ldots, (x_n, y_n))$ die Anzahl von Paaren der Form $(+1, -1)$ bzw. $(-1, +1)$ annimmt. T besitzt dann unter der Voraussetzung, daß die Hypothese H wahr ist, asymptotisch (für $n \to \infty$) eine ›χ^2-Verteilung mit einem Freiheitsgrad. Eine in gewissem Sinne bessere Annäherung an die χ^2-Verteilung erhält man durch die Verteilung der Testgröße $T' = (|A - B| - 1)^2/(A + B)$, der deshalb i. a. zur Prüfung der Hypothese H in Art des ›χ^2-Testes der Vorzug gegeben wird.

Lit.: (74)
[1] BOWKER, A. H., A test for symmetry in contingency tables, J. Amer. Stat. Ass. 43 (1948), 572–574.
[2] McNEMAR, Q., Psychological statistics, New York 1955.

MEALY-Automat ›stochastischer Automat

Medialtest: Der *Medialtest* oder auch *Quadrantentest* ist ein ›Signifikanztest zur Untersuchung von Abhängigkeiten zwischen zwei ›Zufallsgrößen X und Y.

1. Hypothese H: X und Y sind unabhängig (›Unabhängigkeit zufälliger Variabler).

2. Testgröße T: Zufällige Anzahl derjenigen (X_i, Y_i), $i = 1, \ldots, 2n$, für die sowohl $X_i > \tilde{X}$ als auch $Y_i > \tilde{Y}$ ist, dabei ist $\tilde{X}$ bzw. $\tilde{Y}$ gleich der n-ten Ranggröße der aus X_i bzw. Y_i, $i = 1, \ldots, n$, gebildeten ›geordneten Stichprobe. (Für ungerade Stichprobenumfänge macht sich bei der vorangegangenen Definition noch eine geringfügige Modifikation notwendig [4].) Unter Gültigkeit der Hypothese H ist T ›hypergeometrisch verteilt mit den Parametern $2n, n, n$.

3. Der kritische Bereich K^* besteht aus den reellen Zahlen t, für die $t \leqq t_{u,\alpha}$ oder $t \geqq t_{o,\alpha}$ gilt. Die Werte $t_{u,\alpha}$ und $t_{o,\alpha}$ sind in [2] angegeben.

4. Praktische Durchführung: Fällt die aus einer konkreten Stichprobe $(x_1, y_1), \ldots, (x_n, y_n)$ ermittelte ›Realisierung von T in K^*, so wird H beim gewählten Signifikanzniveau α abgelehnt und der Schluß gezogen, daß zwischen X und Y eine Abhängigkeit besteht.

Der Medialtest ist ein nichtparametrischer Test (›Parametertest). Er geht auf SHEPPARD zurück und wird von verschiedenen Autoren in geringfügig unterschiedlichen Varianten angegeben [1]–[4]. Er eignet sich insbesondere für eine grafische Ausführung.

Unter der Annahme, daß (X, Y) einer zweidimensionalen ›Normalverteilung genügt, beträgt die asymptotische Wirksamkeit (›Testtheorie) des Medialtests 41%.

Lit.: [1] BLOMQVIST, N., On a measure of dependence between two random variables, Ann. Math. Statist. 21 (1950), 593–600.
[2] QUENOUILLE, M. H., Rapid statistical calculations: a collection of distribution-free and easy methods of estimation and testing, London 1959.
[3] ELANDT, R. C., Exact and approximative power function of the nonparametric test of tendency, Ann. Math. Statist. 33 (1962), 471–481.
[4] HÁJEK, J., and Z. SIDÁK, Theory of rank tests, Prague 1967.

Median ›Quantil, ›empirisches Quantil

Mediantest:

1. ›Signifikanztest zur Prüfung der Hypothese, daß der Median (›Quantil) einer vorliegenden Grundgesamtheit (›Stichprobe) gleich einer vorgegebenen Zahl M_0 ist. Er ist eine spezielle Variante des ›Zeichentests und benutzt als Testgröße die Anzahl der Stichprobenelemente, die kleiner als M_0 sind.

Lit.: (29), (30)

2. Nichtparametrischer Test (›Parametertest) zur Prüfung der Hypothese, daß zwei vorliegende (konkrete) Stichproben vom Umfang n_1 bzw. n_2 aus Grundgesamtheiten mit demselben Median stammen. Ausgehend von den absoluten Häufigkeiten (›relative Häufigkeit) H_{i+} bzw. H_{i-} derjenigen Elemente der Stichprobe i $(i = 1, 2)$, die größer bzw. kleiner als der aus allen $n_1 + n_2$ Werten ermittelte empirische Median (›empirisches Quantil) sind, wird eine ›Vierfeldertafel aufgestellt und der ›FISHER-YATES-Test oder der χ^2-Unabhängigkeitstest bzw. χ^2-Homogenitätstest (›χ^2-Test, III–IV) angeschlossen.

Lit.: (74)

mehrfache Klassifikation ›Varianzanalyse

mehrfache Regression ›Regression, ›Regressionsanalyse

meßbare Abbildung ›meßbare Funktion

meßbare ›Funktion (Transformation, Abbildung): Es seien Ω, Ω' zwei Mengen und $\mathfrak{A}$ bzw. $\mathfrak{A}'$ eine σ-›Algebra (oder ein σ-›Ring) von Teilmengen aus Ω bzw. Ω'. Eine Funktion (= Transformation = Abbildung)

$f: \Omega \to \Omega'$ heißt $(\mathfrak{A}, \mathfrak{A}')$-*meßbar*, wenn das Urbild $f^{-1}(A')$ einer jeden aus $\mathfrak{A}'$ stammenden Teilmenge A' zu $\mathfrak{A}$ gehört. Ist aus dem Zusammenhang unmißverständlich klar, welche σ-Algebren (oder σ-Ringe) $\mathfrak{A}$, $\mathfrak{A}'$ zugrunde liegen, so spricht man auch einfach von einer *meßbaren Funktion* (bzw. Transformation oder Abbildung). Dies ist insbesondere dann üblich, wenn $\Omega' = R^1$ (:= Menge der reellen Zahlen), $\mathfrak{A}' = \mathfrak{B}^1$ (σ-Algebra der ›BOREL-Mengen des R^1) und z. B. $\Omega = R^1$, $\mathfrak{A} = \mathfrak{L}$ (σ-Algebra der LEBESGUE-meßbaren Mengen (›Maß)) gilt. Im Falle $\Omega = \Omega' = R^1$, $\mathfrak{A} = \mathfrak{A}' = \mathfrak{B}^1$ (und allgemeiner für $\Omega = R^n$, $\mathfrak{A} = \mathfrak{B}^n$ (σ-Algebra der BOREL-Mengen des R^n)) bzw. für $\Omega = \Omega' = R^1$ und $\mathfrak{A}' = \mathfrak{B}^1$, $\mathfrak{A} = \mathfrak{L}$ (und allgemeiner für $\Omega = R^n$, $\mathfrak{A} = \mathfrak{L}^n$ (σ-Algebra der LEBESGUE-meßbaren Mengen des R^n)) heißt eine $(\mathfrak{A}, \mathfrak{A}')$-meßbare Funktion $f: \Omega \to \Omega'$ BOREL- bzw. LEBESGUE-meßbar.

meßbare Menge: Es sei $[\Omega, \mathfrak{A}]$ ein ›meßbarer Raum. Dann nennt man in diesem Zusammenhang die zu $\mathfrak{A}$ gehörenden Mengen meßbare Mengen.

meßbarer Raum: Ein *meßbarer Raum* heißt ein Paar $[\Omega, \mathfrak{A}]$, das aus einer Menge Ω und einer σ-›Algebra $\mathfrak{A}$ von Teilmengen der Menge Ω besteht (gelegentlich wird hierbei $\mathfrak{A}$ nur als σ-›Ring vorausgesetzt). $[\Omega^m, \mathfrak{A}^m]$ bezeichnet den von der Menge Ω^m (m-faches ›Produkt der Menge Ω) und der σ-Algebra $\mathfrak{A}^m$ (erzeugt von den Mengen $A_1 \times \ldots \times A_m$, $(A_1, \ldots, A_m \in \mathfrak{A})$) gebildeten meßbaren Raum.

meßbarer stochastischer Prozeß: Es seien X_T ein ›stochastischer Prozeß über dem ›Wahrscheinlichkeitsraum $[\Omega, \mathfrak{A}, P]$ mit dem Zustandsraum $[E, \mathfrak{B}]$ und $\mathfrak{T}$ eine σ-›Algebra von Teilmengen von T. Der stochastische Prozeß X_T heißt $(\mathfrak{A}\times\mathfrak{T}, \mathfrak{B})$-*meßbar* (›Produktmaß) oder kurz *meßbar*, wenn die Abbildung $(\omega, t) \to X_t(\omega)$ von dem meßbaren Produktraum $[\Omega\times T, \mathfrak{A}\times\mathfrak{T}]$ (›meßbarer Raum) in $[E, \mathfrak{B}]$ meßbar (›meßbare Funktion) ist. In diesem Falle sind alle Realisierungen des Prozesses $(\mathfrak{T}, \mathfrak{B})$-meßbar.

Ist der Zustandsraum E metrisch und kompakt, $\mathfrak{B}$ die von seinen offenen Mengen erzeugte σ-Algebra, T eine BOREL-Menge der reellen Achse, versehen mit der σ-Algebra $\mathfrak{T}$ ihrer BORELschen Teilmengen und der stochastische Prozeß X_T stochastisch stetig (›Stetigkeit stochastischer Prozesse), so gibt es einen zu X_T äquivalenten Prozeß X'_T, der meßbar und separabel (›separabler stochastischer Prozeß) ist; als Separabilitätsmenge T_0 kann dabei eine beliebige in T dichte abzählbare Menge gewählt werden.

Lit.: (11), (20), (49)

meßbare Transformation ›meßbare Funktion

Methode der kleinsten Quadrate: Die *Methode der kleinsten Quadrate* geht auf GAUSS zurück und fand zunächst vorwiegend in der Ausgleichsrechnung

Verwendung [2]. Die Grundaufgabe der Ausgleichsrechnung besteht darin, an $N+1$ vorgegebenen Punkten (x_ν, y_ν), $\nu = 0, 1, \ldots, N$, der Ebene eine ›Funktion $x \to f(x; \gamma_1, \ldots, \gamma_n)$ möglichst gut durch geeignete Wahl der Parameter $\gamma_1, \ldots, \gamma_n$, $n < N$, anzupassen. Die Methode der kleinsten Quadrate besagt, daß man dazu die Parameter $\gamma_1, \ldots, \gamma_n$ so wählen soll, daß die Summe der Abweichungsquadrate

$$\sum_{\nu=0}^{N} [f(x_\nu; \gamma_1, \ldots, \gamma_n) - y_\nu]^2 =: Q(\gamma_1, \ldots, \gamma_n)$$

minimal wird. Unter geeigneten Differenzierbarkeitsvoraussetzungen ergeben sich die Parameter $\gamma_1, \ldots, \gamma_n$ aus den sog. *Normalgleichungen*

$$\frac{\partial Q}{\partial \gamma_\nu} = 0\,, \quad \nu = 1, 2, \ldots, n\,. \qquad (*)$$

Setzt man die Funktion f speziell als Linearkombination geeigneter Grundfunktionen $\varphi_1, \varphi_2, \ldots, \varphi_n$, d. h. in der Form

$$f(x; \gamma_1, \ldots, \gamma_n) = \sum_{\nu=1}^{n} \gamma_\nu \varphi_\nu(x)$$

an, so bilden die Normalgleichungen (*) ein lineares Gleichungssystem zur Bestimmung der Parameter $\gamma_1, \ldots, \gamma_n$.

In der Mathematischen Statistik wurde die ›Maximum-Likelihood-Methode von R. A. Fisher eingeführt und ihr Zusammenhang zur Methode der kleinsten Quadrate hergestellt. Die Methode der kleinsten Quadrate wird — begründet durch das Prinzip der Maximum-Likelihood-Methode — vorwiegend bei ›Punktschätzungen sowie in der ›Regressions- und ›Korrelationsanalyse angewendet.

Lit.: (48), (72)
[1] Richter, H., und V. Mammitzsch, Methode der kleinsten Quadrate, Stuttgart 1973.
[2] Willers, F. A., Methoden der praktischen Analysis, 3. Aufl., Berlin 1967.

metrisch transitive (= *ergodische*) **meßbare Transformation** ›Strömung

metrische Transitivität eines stationären Prozesses ›Ergodensatz für (i. e. S.) stationäre Prozesse

minimale hinreichende Schätzfunktion = notwendige und hinreichende ›Punktschätzungen

Minimax-Entscheidungsfunktion ›Entscheidungstheorie

Minimax-Strategie ›Spieltheorie

Minimax-Ungleichung ›Spieltheorie

Minimum-χ^2-Methode: Die *Minimum-χ^2-Methode* dient zur Konstruktion von ›Punktschätzungen für einen Parameter $\gamma_0 \in \Gamma \subset R^k$, $k \geqq 1$. Ausgehend von einer konkreten ›Stichprobe $(x_1, \ldots, x_n)$ vom Umfang n aus der Grundgesamtheit $R^1([R^1, \mathfrak{B}^1, P_{\gamma_0}])$ bildet man die beim χ^2-Anpassungstest (›χ^2-Test, II) auftretende Testgröße

$$\sum_{j=1}^{g} \frac{(h_j - n\, p_j)^2}{n\, p_j} \qquad (*)$$

(h_j — absolute ›Klassenhäufigkeit der in g Klassen $I_1, \ldots, I_g$ eingeteilten Stichprobe, $p_j = P_\gamma(I_j)$, $j = 1, 2, \ldots, g$). Als Schätzwert $\hat{\gamma}_0 = T(x_1, \ldots, x_n)$ für γ_0 verwendet man einen Punkt $\gamma = (\gamma^{(1)}, \ldots, \gamma^{(k)}) \in R^k$, für den die ›Funktion

$$\gamma \to \sum_{j=1}^{g} \frac{(h_j - n\, p_j)^2}{n\, p_j}$$

minimal wird. Zur Vereinfachung der Rechnungen ersetzt man häufig den in (*) auftretenden Nenner $n\, p_j$ durch einen Schätzwert $n\, p_j^{(0)}$ (z. B. durch die absolute Klassenhäufigkeit h_j) und minimiert jetzt die Funktion

$$\gamma \to \sum_{j=1}^{g} \frac{(h_j - n\, p_j)^2}{n\, p_j^{(0)}}\,.$$

Lit.: (9), (83)

Mischung bei Strömungen ›Strömung

Mischung von Verteilungen ›zusammengesetzte Verteilungen

Mischverteilung = ›zusammengesetzte Verteilung

Mittelergodensatz ›Ergodensätze

Mittelwerte: In der statistischen Praxis werden zur Auswertung einer konkreten ›Stichprobe $x_1, x_2, \ldots, x_n$ statistische Maßzahlen herangezogen, die bestimmte Eigenschaften der Stichprobe (durch einen Zahlenwert) kennzeichnen. Von besonderer Bedeutung sind dabei die sog. *Mittelwerte,* die zur Beschreibung der Lage oder des Zentrums der Stichprobenwerte dienen, sowie die ›Streuungsmaße.

Gebräuchlich sind folgende Mittelwerte:

1. Das *arithmetische Mittel* $\bar{x} = \frac{1}{n} \sum_{i=1}^{n} x_i$.

Handelt es sich um eine Stichprobe aus einer Grundgesamtheit, deren zugehörige Verteilung den ›Erwartungswert μ und die ›Streuung σ^2 besitzt, so ist

$\bar{x}$ als ›Realisierung der Stichprobenfunktion $\bar{X} = \frac{1}{n} \sum_{i=1}^{n} X_i$ ($X_1, X_2, \ldots, X_n$ sind die Stichprobenvariablen) ein Schätzwert (›Punktschätzung) für μ. $\bar{X}$ wird auch als *Stichprobenmittel* bezeichnet. Die Bedeutung dieser Schätzung beruht darauf, daß für den Erwartungswert $E\,\bar{X} = \mu$ gilt (erwartungstreue Punktschätzung), und die Standardabweichung $\sqrt{D^2\bar{X}} = \frac{\sigma}{\sqrt{n}}$ („$\sqrt{n}$-Gesetz") strebt für $n \to \infty$ gegen Null (konsistente Punktschätzung).

2. Der *Zentralwert* ist für ungeraden Stichprobenumfang n der mittelste Wert der ›geordneten Stichprobe und für geraden Stichprobenumfang gleich dem arithmetischen Mittel aus den beiden in der Mitte liegenden Werten der geordneten Stichprobe. Er kann ebenfalls als Schätzwert für den Erwartungswert μ dienen und wird insbesondere bei kleinem Stichprobenumfang (z. B. in der ›statistischen Qualitätskontrolle) verwendet. Für ungerades n stimmt der Zentralwert mit dem empirischen Median überein (›empirisches Quantil).

3. Liegt eine Klasseneinteilung einer Stichprobe vor, so ist der *empirische Modalwert* (empirischer Mode) ein Wert aus der Klasse mit der größten ›Klassenhäufigkeit, wie z. B. die linke oder rechte Klassengrenze oder deren arithmetisches Mittel.

4. Das *geometrische Mittel* $\sqrt[n]{x_1 x_2 \ldots x_n}$ findet vorwiegend in der Wirtschaftsstatistik (z. B. bei der Berechnung von Wachstumsraten) Verwendung.

Lit.: (77), (80)

mittlere quadratische Abweichung = ›Streuung

mittlere quadratische Kontingenz = ›Kontingenz, mittlere quadratische

mit Wahrscheinlichkeit Eins ›fast überall

MKQ-Schätzung ›lineare Modelle

Modalwert (Dichtemittel, Mode): Als *Modalwert* einer ›Zufallsgröße X mit der Verteilungsfunktion F_X bezeichnet man einen Wert der Zufallsgröße, für den die Einzelwahrscheinlichkeit (bei ›diskreter Zufallsgröße) bzw. der Wert der Wahrscheinlichkeitsdichte (bei ›stetiger Zufallsgröße) maximal ist. Entsprechend der Anzahl ihrer Modalwerte heißt eine Verteilungsfunktion *uni-*, *bi-* oder *multimodal.*

Lit.: (9)

Mode = ›Modalwert

Modell der ›**gleitenden Mittel**

modifizierter Erneuerungsprozeß (= allgemeiner Erneuerungsprozeß) ›Erneuerungstheorie

Momente: Es sei X eine ›Zufallsgröße mit der Verteilungsfunktion F_X. Als *absolutes Moment* der Ordnung r bez. der reellen Zahl c bezeichnet man die Größe $\beta_r(c) := \int_{-\infty}^{+\infty} |x - c|^r \, dF_X(x)$, $r \geqq 0$, d. h. also den ›Erwartungswert der Zufallsgröße $|X - c|^r$.

Als *gewöhnliches Moment* der Ordnung k (oder auch k-tes gewöhnliches Moment) bez. der reellen Zahl c bezeichnet man die Größe $m_k(c) :=$ $:= \int_{-\infty}^{+\infty} (x - c)^k \, dF_X(x)$, d. h. den Erwartungswert der Zufallsgröße $(X - c)^k$, wobei $\beta_k(c) < \infty$ vorausgesetzt wird und k eine natürliche Zahl bedeutet. Speziell ergibt sich $\beta_0(c) = m_0(c) = 1$.

Bei festem $r > 0$ gilt entweder $\beta_r(c) < \infty$ oder $\beta_r(c) = \infty$ für jede reelle Zahl c. Ist ersteres der Fall, so sagt man, daß die Zufallsgröße (oder die Verteilung von) X (endliche absolute) Momente (mindestens) der Ordnung r besitzt; weiter besteht für $0 < s < r$ die Ungleichung $\beta_s(c)^{1/s} \leqq \beta_r(c)^{1/r}$ (vgl. ›Ungleichungen in der Wahrscheinlichkeitstheorie, b)). Ersichtlich gilt

$$m_{2l}(c) = \beta_{2l}(c), \; |m_{2l-1}(c)| \leqq \beta_{2l-1}(c) \qquad (l \text{ natürliche Zahl}).$$

Die absoluten Momente $\beta_r(c)$ bzw. die gewöhnlichen Momente $m_k(c)$ lassen sich (im Falle ihrer Existenz) bei einer ›diskreten Zufallsgröße mit den Einzelwahrscheinlichkeiten $p_m = P\,(X = x_m)$ nach den Formeln $\beta_r(c) = \sum_m |x_m - c|^r \, p_m$ bzw. $m_k(c) = \sum_m (x_m - c)^k \, p_m$ berechnen, im Fall einer ›stetigen Zufallsgröße X mit der Wahrscheinlichkeitsdichte f_X nach $\beta_r(c) = \int_{-\infty}^{\infty} |x - c|^r f_X(x) \, dx$ bzw. $m_k(c) = \int_{-\infty}^{\infty} (x - c)^k f_X(x) \, dx$. Speziell für $c = 0$ ergeben sich die entsprechenden sog. *Anfangsmomente*

$$\beta_r := E|X|^r = \int_{-\infty}^{\infty} |x|^r \, dF_X(x) \quad \text{bzw.} \quad m_k := E\,X^k = \int_{-\infty}^{\infty} x^k \, dF_X(x)\,.$$

Die absoluten bzw. gewöhnlichen Momente bezüglich des Erwartungswertes $E\,X = m_1$ heißen absolute bzw. gewöhnliche *zentrale Momente*. Man kennzeichnet die gewöhnlichen zentralen Momente auch durch μ_k, d. h. also $\mu_k = E(X - EX)^k$. Offenbar ist μ_1 gleich Null und $\mu_2 =: \sigma^2$ gleich der ›Streuung von X. Zwischen den gewöhnlichen zentralen Momenten und den Anfangsmomenten besteht der Zusammenhang

$$\mu_k = \sum_{j=0}^{k} (-1)^{k-j} \binom{k}{j} m_j m_1^{k-j}.$$

Speziell ergibt sich $\mu_2 = m_2 - m_1^2$ (Spezialfall des STEINERschen Verschiebungssatzes), $\mu_3 = m_3 - 3\, m_2 m_1 + 2\, m_1^3$, $\mu_4 = m_4 - 4\, m_3 m_1 + 6\, m_2 m_1^2 - 3\, m_1^4$.

Zur Berechnung der Momente einer Zufallsgröße X kann die ›erzeugende Funktion herangezogen werden. Bezeichnet man mit $M(t) := \int_{-\infty}^{\infty} e^{tx}\, dF_X(x)$ — im Falle der Existenz dieses Integrales — die momenterzeugende Funktion bzw. mit $\varphi(t) := \int_{-\infty}^{\infty} e^{itx}\, dF_X(x)$ die ›charakteristische Funktion, so bestimmt man das Anfangsmoment k-ter Ordnung nach

$$m_k = \left.\frac{d^k M(t)}{dt^k}\right|_{t=0} \quad \text{bzw.} \quad m_k = \frac{1}{i^k} \left.\frac{d^k \varphi(t)}{dt^k}\right|_{t=0}.$$

Mit Hilfe der Momente werden u. a. die Standardabweichung (›Streuung) $\sigma := \sqrt{\mu_2}$, der ›Variationskoeffizient $\nu := \frac{\sigma}{m_1}$, die (CHARLIERsche) ›Schiefe $\gamma_3 := \frac{\mu_3}{\sqrt{\mu_2^3}}$ und der ›Exzeß $\gamma_4 := \frac{\mu_4}{\mu_2^2} - 3$ definiert. Diese zur Beschreibung von Verteilungsfunktionen dienenden Größen spielen in der statistischen Praxis eine wichtige Rolle.

Als *faktorielles Moment* k-ter Ordnung bezeichnet man die Größe $m_{(k)} := \int_{R^1} x\,(x-1) \cdots (x-k+1)\, dF_X(x)$, k natürliche Zahl, also den Erwartungswert der Zufallsgröße $X\,(X-1) \cdots (X-k+1)$. Die faktoriellen Momente sind insbesondere bei Betrachtung diskreter Zufallsgrößen mit nichtnegativen, ganzzahligen Werten nützlich; sie berechnen sich in diesem Fall mit Hilfe der faktoriellen momenterzeugenden Funktion (›erzeugende Funktion)

$$G\,(1+t) = \sum_m p_m\,(1+t)^m, \quad p_m = P\,(X = m) \quad (m = 0, 1, \ldots),$$

nach der Formel

$$m_{(k)} = \left.\frac{d^k G\,(1+t)}{dt^k}\right|_{t=0}.$$

Zwischen den faktoriellen und den gewöhnlichen Momenten k-ter Ordnung, $k = 1, \ldots, 4$, bestehen die Beziehungen

$$\begin{aligned} m_{(1)} &= m_1 & m_1 &= m_{(1)} \\ m_{(2)} &= m_2 - m_1 & m_2 &= m_{(2)} + m_{(1)} \\ m_{(3)} &= m_3 - 3\, m_2 + 2\, m_1 \quad \text{bzw.} & m_3 &= m_{(3)} + 3\, m_{(2)} + m_{(1)} \\ m_{(4)} &= m_4 - 6\, m_3 + 11\, m_2 - 6\, m_1 & m_4 &= m_{(4)} + 6\, m_{(3)} + 7\, m_{(2)} + m_{(1)}. \end{aligned}$$

Bei ›zufälligen Vektoren sind im wesentlichen die Momente 1. Ordnung (Erwartungswertvektor ›Erwartungswert) und 2. Ordnung (›Kovarianzmatrix) von besonderem Interesse.
›empirische Momente

Momentenmethode: Die *Momentenmethode* dient zur Konstruktion von ›Punktschätzungen für einen Parameter $\gamma_0 \in \Gamma \subset R^s$, $s \geqq 1$: Die der ›Wahrscheinlichkeitsverteilung P_{γ_0} entsprechenden ›Momente $m_k = \int_{-\infty}^{\infty} x^k P_{\gamma_0}(dx)$ hängen von $\gamma_0 = (\gamma_0^{(1)}, \ldots, \gamma_0^{(s)})$ ab, d. h., es gilt $m_k = g_k(\gamma_0^{(1)}, \ldots, \gamma_0^{(s)})$, $k = 1, 2, \ldots, s$. Falls diese Gleichungen (eindeutig) nach $\gamma_0^{(1)}, \ldots, \gamma_0^{(s)}$ auflösbar sind, erhält man daraus $\gamma_0^{(k)} = T_k(m_1, \ldots, m_s)$, $k = 1, 2, \ldots, s$. Ersetzt man in diesen Gleichungen die m_k durch die ›empirischen Momente $\hat{m}_k = \frac{1}{n} \sum_{i=1}^{n} x_i^k$, $k = 1, 2, \ldots, s$, wobei $(x_1, \ldots, x_n)$ eine konkrete ›Stichprobe vom Umfang n aus der Grundgesamtheit $R^1([R^1, \mathfrak{B}^1, P_{\gamma_0}])$ ist, so erhält man eine konkrete Punktschätzung $(T_1(\hat{m}_1, \ldots, \hat{m}_s), \ldots, T_s(\hat{m}_1, \ldots, \hat{m}_s))$ für $(\gamma_0^{(1)}, \ldots, \gamma_0^{(s)})$.

Für die praktische Anwendung der Momentenmethode spricht in den meisten Fällen ihre Einfachheit; hingegen ist von theoretischer Seite im wesentlichen nur bekannt, daß die hierbei verwendeten empirischen Momente (unter der Voraussetzung, daß Momente genügend hoher Ordnung existieren) ›asymptotisch normalverteilt sind.

Lit.: (9), (48), (77)

Momentenproblem: Gegeben seien eine (endliche oder unendliche) Folge (c_k) reeller Zahlen und ein Intervall I der reellen Achse. Unter einem *Momentenproblem* versteht man die Behandlung der folgenden beiden Fragen: Unter welchen Voraussetzungen existiert eine Verteilungsfunktion F (›Zufallsgröße) auf dem Intervall I, so daß für alle c_k

$$c_k = \int_I x^k \, dF(x) \qquad (*)$$

gilt? Ist die Verteilungsfunktion F durch diese Beziehungen, d. h. durch Angabe ihrer Momente c_k, eindeutig bestimmt?

Im Falle einer unendlichen Folge (c_k) und $I = R^1$ spricht man vom Hamburgerschen *Momentenproblem*. Eine Verteilungsfunktion F mit den Eigenschaften (*) existiert hier genau dann, wenn $c_0 = 1$ und für beliebige $n \in N$, $\xi_0, \xi_1, \ldots, \xi_n \in R^1$ die Beziehung

$$\sum_{j,k=0}^{n} c_{j+k} \xi_j \xi_k \geqq 0$$

gilt; F ist dabei i. a. nicht eindeutig bestimmt. Als hinreichend für die Eindeutigkeit von F erweist sich nach einem Ergebnis von T. Carleman

z. B. das Bestehen der Beziehung

$$\sum_{n=1}^{\infty} \frac{1}{\sqrt[2n]{c_{2n}}} = \infty .$$

Im Falle einer unendlichen Folge (c_k) und $I = [0, \infty)$ (bzw. $I = [0, 1]$) spricht man vom STIELTJES*schen* (bzw. HAUSDORFF*schen*) *Momentenproblem.*

Das *trigonometrische Momentenproblem* lautet: Gegeben sei eine (endliche oder unendliche) Folge $(d_k)_{k=0,1,\ldots}$ komplexer Zahlen. Unter welchen Voraussetzungen existiert eine Verteilungsfunktion F auf $[0, 2\pi)$, so daß für alle d_k

$$d_k = \int_0^{2\pi} e^{ikx}\, dF(x)$$

gilt? Ist F durch diese Eigenschaft eindeutig bestimmt? Für eine unendliche Folge (d_k) gibt es nach einem Satz von G. HERGLOTZ genau dann eine Verteilungsfunktion F mit diesen Eigenschaften, wenn $c_0 = 1$ und für jedes $n \in N$ und beliebige komplexe Zahlen $\xi_0, \xi_1, \ldots, \xi_n$ die Beziehung

$$\sum_{j,k=1}^{n} d_{j-k}\, \xi_j\, \bar{\xi}_k \geqq 0$$

gilt; F ist in diesem Falle sogar eindeutig bestimmt.

Lit.: [1] Ахиезер, Н. И., Крейн, М. Г., О некоторых вопросах теории моментов, ГОНТИ, Харков, 1938, 1—254. (engl. Übersetzung: Some questions in the theory of moments, Amer. Math. Soc., Providence, 1962).
[2] SHOHAT, I. A., und J. D. TAMARKIN, The problem of moments, New York 1943 und 1950.
[3] Ахиезер, Н. И., Классическая проблема моментов, Москва 1961.

momenterzeugende Funktion ›erzeugende Funktion

Monte-Carlo-Methode: Unter dem Begriff der *Monte-Carlo-Methode* faßt man eine Vielzahl von Verfahren zur numerischen Lösung verschiedener mathematischer Probleme zusammen, wobei diese Verfahren alle auf Erkenntnissen der Wahrscheinlichkeitstheorie und der mathematischen Statistik beruhen.

Das allgemeine Vorgehen bei der Monte-Carlo-Methode läßt sich wie folgt schematisieren:

1. Angabe eines dem vorliegenden Problem angepaßten ›stochastischen Modells.

2. Durchführung von zufälligen Experimenten (›Zufallsexperiment) anhand dieses Modells — sog. Simulation —, etwa unter direkter Benutzung des Modells als Zufallsmechanismus (wie z. B. ein Spielwürfel) oder aber mit Hilfe von ›Zufallszahlen, insbesondere unter Einsatz von Rechenautomaten.

3. Auswertung der Ergebnisse der zufälligen Experimente, indem man daraus bestimmte, auf das vorliegende Problem und dessen Modell bezogene statistische Parameter schätzt (›Schätztheorie). Solche Parameter sind z. B. ›Wahrscheinlichkeiten eines Ereignisses und ›Erwartungswerte, deren Schätzung durch Angabe der ›relativen Häufigkeit des betrachteten Ereignisses bzw. durch das arithmetische Mittel (›Mittelwerte) aus dem Simulationsergebnis erhalten werden kann.

4. Interpretation des erhaltenen Schätzwertes (›Punktschätzung) als Lösung des vorliegenden mathematischen Problems.

Das Prinzip der Monte-Carlo-Methode ist mathematisch begründet durch das ›Gesetz der großen Zahlen. Darüber hinaus gestattet der ›zentrale Grenzwertsatz eine Genauigkeitsuntersuchung der Monte-Carlo-Methode und erlaubt u. a., zu vorgegebener geforderter Genauigkeit und statistischer Sicherheit die notwendige Anzahl zufälliger Experimente anzugeben.

Die Monte-Carlo-Methode kann u. a. zur Berechnung von Integralen, zur Lösung gewöhnlicher und partieller Differentialgleichungen, zur Lösung algebraischer Gleichungssysteme und zur Inversion von Matrizen eingesetzt werden. Besonders vorteilhaft gegenüber klassischen Verfahren der praktischen Mathematik ist der Einsatz der Monte-Carlo-Methode, wenn es sich um mehrdimensionale Probleme handelt.

Zur Erläuterung der Wirkungsweise der Monte-Carlo-Methode betrachten wir das folgende, einfache Beispiel:

Zur genäherten Berechnung des Integrals $I = \int_0^1 f(x)\,dx$ einer auf $[0, 1]$ definierten, integrierbaren, durch $0 \leq f(x) \leq 1$ beschränkten ›Funktion läßt sich durch eine Reihe geeigneter stochastischer Modelle die Monte-Carlo-Methode auf verschiedene Weise einsetzen.

1. Ein brauchbares stochastisches Modell besteht in der Interpretation der Zahl I als ›geometrische Wahrscheinlichkeit des Ereignisses, daß ein zufällig auf $[0,1] \times [0,1]$ geworfener Punkt unterhalb des durch f gegebenen grafischen Bildes zu liegen kommt. Die anhand von n Paaren gleichmäßig über $[0, 1]$ verteilter Zufallszahlen festgestellte relative Häufigkeit des o. a. Ereignisses dient als Schätzwert, d. h. als Näherungswert für I.

2. Weiterhin läßt sich I als Erwartungswert $E f(X)$ deuten, wobei X eine gleichmäßig auf $[0, 1]$ verteilte ›Zufallsgröße ist (›stetige gleichmäßige Verteilung). Als Schätzwert für I eignet sich das arithmetische Mittel $\bar{x} = \frac{1}{n} \sum_{i=1}^{n} f(x_i)$; dabei sind

x_i, $i = 1, \ldots, n$, gleichmäßig über [0, 1] verteilte Zufallszahlen. Es erweist sich, daß die ›Streuung der verwendeten Schätzfunktion in Modell 2 geringer als in 1 ist. Eine weitere Reduktion der Streuung läßt sich durch Verwendung anderer Verteilungen in Modell 2 erreichen, wobei deren optimale Wahl allerdings von der Funktion f abhängt. Maßgebend für die Genauigkeit der einen oder anderen Variante ist jedoch nicht allein das Verhalten der Streuung, sondern auch der Zeitbedarf für die Ermittlung des betr. Schätzwertes aus n Zufallszahlen (bzw. -paaren).

Außer ihrem Einsatz für Aufgaben der klassischen numerischen Mathematik erfährt die Monte-Carlo-Methode noch weitgehende Verwendung zur Lösung von Problemen aus der Wahrscheinlichkeitstheorie selbst sowie aus deren Anwendungsgebieten. Hierbei entfallen die im allgemeinen Ablaufschema angegebenen Bestandteile 1. und 4. oder brauchen nicht besonders berücksichtigt zu werden. Die Monte-Carlo-Methode läuft hier im einfachsten Fall auf eine (wiederholte) Beobachtung eines zufälligen Ereignisses (›Ereignisfelder und Wahrscheinlichkeitsalgebren) hinaus mit dem Ziel, dessen Wahrscheinlichkeit zu schätzen. Allgemeiner besteht hier die Monte-Carlo-Methode in der Gewinnung von Realisierungen eines ›stochastischen Prozesses zum Zwecke der Schätzung der diesem Prozeß zugrunde liegenden ›Wahrscheinlichkeitsverteilung oder zumindest einzelner interessierender stochastischer Kenngrößen. In diesem Zusammenhang spricht man häufig von der *Monte-Carlo-Simulation* eines betrachteten Vorganges. Die Monte-Carlo-Simulation ist ein bewährtes Mittel (bei komplizierten Verhältnissen sogar das einzige Mittel) zur Lösung z. B. von Problemen der ›Bedienungs- und Lagerhaltungstheorie sowie auch zum Studium von Produktionsprozessen, die in irgendeiner Form vom Zufall beeinflußt werden [1].

Ein historisch erstes Beispiel für die Anwendung der Monte-Carlo-Methode ist die näherungsweise Ermittlung der Zahl π mit Hilfe des Buffonschen Nadelexperiments (vgl. (21)). Der Name der Methode geht auf die in Monte-Carlo durchgeführten Glücksspiele zurück. Die Einsatzmöglichkeiten der Monte-Carlo-Methode kamen erst durch die Entwicklung programmgesteuerter Rechenautomaten (Universalrechner, wie insbesondere auch Spezialrechner) zur eigentlichen Entfaltung.

Lit.: (6)
[1] Buslenko, N. P., Simulation von Produktionsprozessen, Leipzig 1971.

Monte-Carlo-Simulation ›Monte-Carlo-Methode

Moore-Automat ›stochastischer Automat

m-treue meßbare Transformation ›Strömung

multimodale Verteilungsfunktion ›Modalwert

Multinomialverteilung = ›Polynomialverteilung

multiple Korrelationskoeffizienten ›Korrelationsanalyse

multiple Mittelwertvergleiche: Gegeben seien $p\,(>2)$ mathematische ›Stichproben $(X_{i1}, \ldots, X_{iq})$ (vom gleichen Umfang q) aus normalverteilten Grundgesamtheiten mit den ›Erwartungswerten $E\,X_{ik} = \mu_i$ und den ›Streuungen $D^2 X_{ik} = \sigma^2$ für alle $i = 1, \ldots, p$; $k = 1, \ldots, q$. Zum Prüfen von Hypothesen (›Signifikanztest) der Form $L = L_0$ mit $L = c_1\mu_1 + \cdots + c_p\mu_p \left(\sum_{i=1}^{p} c_i = 0\right)$ können die nachfolgend aufgeführten Testverfahren angewandt werden (in diesem Zusammenhang werden die Linearformen $L = \sum_{i=1}^{p} c_i\mu_i$ mit $\sum_{i=1}^{p} c_i = 0$ auch als *lineare Kontraste* bezeichnet).

a) DUNCAN-*Test* [1].

Der DUNCAN-Test ist ein Signifikanztest zum Vergleich je zweier Erwartungswerte aus einer Reihe von p Erwartungswerten.

1. Hypothese H: $L = \mu_{i'} - \mu_{i''} = 0$, $(i', i'' = 1, \ldots, p;\; i' \neq i'')$, $(\mu_{i'} - \mu_{i''}$ einfacher linearer Kontrast).

2. Testgröße:

$$T = \frac{|\bar{X}_{i'.} - \bar{X}_{i''.}|}{\sqrt{\frac{MQR}{q}}}.$$

Dabei sind $\bar{X}_{i.} = \frac{1}{q}\sum_{k=1}^{q} X_{ik}$ $(i = 1, \ldots, p)$ und

$$MQR = \frac{1}{pq - p}\sum_{i=1}^{p}\sum_{k=1}^{q}(X_{ik} - \bar{X}_{i.})^2$$

(vgl. ›Varianzanalyse, Modell I,1).

3. Kritischer Bereich: $K^* = \{t \mid t > d_{1-\alpha}(r + 2, p(q-1))\}$. Dabei bezeichnen $d_{1-\alpha}(r + 2, p(q-1))$ das ›Quantil der Ordnung $1-\alpha$ der Verteilung von T unter der Hypothese H (z. B. in (T 7) tabelliert) und α das Signifikanzniveau. Die Zahl r ergibt sich auf folgende Weise: Werden die Mittelwerte

$$\bar{x}_{i.} = \frac{1}{q}\sum_{k=1}^{q} x_{ik} \qquad (i = 1, \ldots, p)$$

der zugehörigen konkreten Stichproben in der Reihenfolge $\bar{x}_{i_1.} \geqq \bar{x}_{i_2.} \geqq \cdots \geqq \bar{x}_{i_p.}$ angeordnet, so ist r die Anzahl der zwischen $\bar{x}_{i'.}$ und $\bar{x}_{i''.}$ liegenden Mittelwerte.

4. Praktische Durchführung: Auf Grund einer konkreten Stichprobe ermittelt man

$$t = \frac{|\bar{x}_{i'}. - \bar{x}_{i''}.|}{\sqrt{\frac{1}{q}\, mqr}} \qquad \left(mqr = \frac{1}{p\,q - p} \sum_{i=1}^{p} \sum_{k=1}^{q} (x_{ik} - \bar{x}_{i}.)^2\right)$$

und entscheidet folgendermaßen: Ist $t > d_{1-\alpha}\,(r + 2, p\,(q - 1))$, so wird $H: \mu_{i'} = \mu_{i''}$ beim gewählten Signifikanzniveau α abgelehnt, anderenfalls ist gegen H auf Grund dieses Tests nichts einzuwenden.

Sind die Umfänge q_i ($i = 1, \ldots, p$) der Stichproben $(X_{i1}, \ldots, X_{iq_i})$ verschieden, so hat die Testgröße T die Form $T = \dfrac{|\bar{X}_{i'}. - \bar{X}_{i''}.|}{\sqrt{\frac{MQR}{2}\left(\frac{1}{q_{i'}} + \frac{1}{q_{i''}}\right)}}$ und H wird abgelehnt, falls $t > d_{1-\alpha}\left(r + 2, \sum_{i=1}^{p} q_i - p\right)$ gilt.

b) SCHEFFÉ-*Test* (*S-Methode*) (70)

1. Hypothese H: $L = \sum_{i=1}^{p} c_i\,\mu_i = L_0$ mit $\sum_{i=1}^{p} c_i = 0$

(L_0 vorgegebener Zahlenwert).

2. Testgröße $T = \dfrac{\sum_{i=1}^{p} c_i\,\bar{X}_i. - L_0}{\sqrt{\frac{1}{q}\, MQR \cdot \sum_{i=1}^{p} c_i^2}}$.

3. Kritischer Bereich $K^* = \{t \mid |t| > S\}$ mit $S^2 = (p - 1)\, F_{p-1,\, p(q-1);\, 1-\alpha}$. Dabei ist $F_{p-1,\, p(q-1);\, 1-\alpha}$ das Quantil der Ordnung $1 - \alpha$ der ›*F*-Verteilung mit $(p - 1, p\,(q - 1))$ Freiheitsgraden.

4. Praktische Durchführung: Auf Grund einer konkreten Stichprobe ermittelt man

$$t = \frac{\sum_{i=1}^{p} c_i\,\bar{x}_i. - L_0}{\sqrt{\frac{1}{q}\, mqr \cdot \sum_{i=1}^{p} c_i^2}}$$

und entscheidet folgendermaßen: Ist $|t| > S$, so wird $H: L = L_0$ beim gewählten Signifikanzniveau α abgelehnt, anderenfalls ist gegen H auf Grund dieses Tests nichts einzuwenden.

Sind die Umfänge q_i ($i = 1, \ldots, p$) der Stichproben $(X_{i1}, \ldots, X_{iq_i})$ verschieden, so hat die Testgröße T die Form

$$T = \frac{\sum_{i=1}^{p} c_i\,\bar{X}_i. - L_0}{\sqrt{MQR \cdot \sum_{i=1}^{p} \frac{c_i^2}{q_i}}},$$

und es ist $S^2 = (p-1)\,F_{\left(p-1,\,\sum\limits_{i=1}^{p} q_i - p\right);\,1-\alpha}$

c) TUKEY-*Test* (T-Methode) (70), (89)

1. Hypothese H: $L = \sum\limits_{i=1}^{p} c_i \mu_i = L_0$ mit $\sum\limits_{i=1}^{p} c_i = 0$
(L_0 vorgegebener Zahlenwert).

2. Testgröße: $$T = \frac{\sum\limits_{i=1}^{p} c_i \overline{X}_{i\cdot} - L_0}{\sqrt{MQR}\left(\frac{1}{2}\sum\limits_{i=1}^{p} |c_i|\right)}$$

Die Größe $\sqrt{q}\,T$ genügt unter der Voraussetzung, daß die Hypothese H wahr ist, der Verteilung der ›studentisierten Variationsbreite mit $(p, p(q-1))$ Freiheitsgraden.

3. Kritischer Bereich: $K^* = \{t \mid |t| > \tau\}$ mit $\tau = \frac{1}{\sqrt{q}} Q_{1-\alpha}(p, p(q-1))$.
Dabei ist $Q_{1-\alpha}(p, p(q-1))$ das Quantil der Ordnung $1-\alpha$ der Verteilung der studentisierten Variationsbreite mit $(p, p(q-1))$ Freiheitsgraden.

4. Praktische Durchführung: Auf Grund einer konkreten Stichprobe ermittelt man
$$t = \frac{\sum\limits_{i=1}^{p} c_i \bar{x}_{i\cdot} - L_0}{\sqrt{mqr}\left(\frac{1}{2}\sum\limits_{i=1}^{p} |c_i|\right)}$$
und entscheidet folgendermaßen:

Ist $|t| > \frac{1}{\sqrt{q}} Q_{1-\alpha}(p, p(q-1))$, so wird $H: L = L_0$ beim gewählten Signifikanzniveau α abgelehnt, anderenfalls ist gegen H auf Grund dieses Tests nichts einzuwenden.

Im Gegensatz zum SCHEFFÉ-Test ist die Anwendung des TUKEY-Tests nur bei gleichen Stichprobenumfängen möglich.

d) NEWMAN-KEULS-*Test* (vgl. (88), [3], [4]).

Lit.: [1] DUNCAN, D. B., Multiple range and multiple F-test, Biometrics **11** (1955), 1–42.
[2] KRAMER, C. Y., Extension of multiple range tests of group means with unequal numbers of replications, Biometrics **12** (1956), 307–310.
[3] NEWMAN, D., The distribution of the range in samples from normal population, Biometrika **31** (1939), 20–30.
[4] KEULS, M., The use of the studentized range in connection with analysis of variance, Euphytica **1** (1952), 112–122.

multiple ›Regression

multiple Regressionskoeffizienten ›Regression

multiple Stichprobenregressionskoeffizienten ›Regressionsanalyse

multivariate Statistik: Die *multivariate Statistik* beinhaltet Methoden zur statistischen Analyse mehrdimensionaler (multivariater) Grundgesamtheiten anhand vektorwertiger ›Stichproben aus diesen Grundgesamtheiten. Entsprechend einer von T. W. ANDERSON in [2] angegebenen Klassifikation ist es üblich, die Methoden innerhalb der multivariaten Statistik folgendermaßen einzuordnen:

1. ›Korrelationsanalyse,
2. Mehrdimensionale Analogien zu statistischen Methoden bei der Analyse eindimensionaler Grundgesamtheiten (z. B. ›HOTELLING-Test, multivariate Verallgemeinerung des ›F-Tests (vgl. [2]), multivariate Varianzanalyse (vgl. [1] und [2]), multivariates ›BEHRENS-FISHER-Problem),
3. Probleme der Koordinatensysteme (z. B. Hauptkomponentenmethode (vgl. ›Faktor-Analyse)),
4. Klassifizierungsprobleme (z. B. ›Diskriminanzanalyse, ›Faktor-Analyse),
5. Statistische Analysen abhängiger Beobachtungen (z. B. ›Zeitreihenanalyse).

Zur numerischen Durchführung der vorangehend genannten Methoden der multivariaten Statistik — insbesondere unter Berücksichtigung rechentechnischer Aspekte — wurden u. a. von R. GNANADESIKAN und M. B. WILK in [3] Verfahren angegeben, die unter der Bezeichnung „(Multivariate) *Data-Analysis*“ zusammengefaßt werden.

Lit.: [1] AHRENS, H., und J. LÄUTER, Mehrdimensionale Varianzanalyse, Berlin 1973.
[2] ANDERSON, T. W., An Introduction to Multivariate Statistical Analysis, New York 1958.
[3] KRISHNAIAH, P. R. (als Herausgeber), Multivariate Analysis II, New York 1969.

N

Nachrichtenquelle = Informationsquelle ›Informationstheorie

Nachrichtenübertragungskanal = Kanal ›Informationstheorie

Nachrichtenübertragungssysteme ›Informationstheorie

negative Binomialverteilung: Eine ›diskrete Zufallsgröße X heißt ***negativ binomialverteilt*** mit den Parametern p und v $(0 < p < 1, v > 0)$, wenn für die Einzelwahrscheinlichkeiten

$$P(X = m) = \binom{-v}{m} (-p)^m (1-p)^v \qquad (m = 0, 1, 2, \ldots)$$

gilt. Ist insbesondere v eine natürliche Zahl, so heißt X auch PASCAL-*verteilt*. Für ganzzahlige v gibt eine negativ binomialverteilteZufallsgröße X die Anzahl der Mißerfolge vor dem v-ten Erfolg beim Bernoulli-Schema an.

Die zugehörige ›charakteristische Funktion ist

$$E\, e^{itX} = \left(\frac{1-p}{1-p\, e^{it}}\right)^{v},$$

›Erwartungswert und ›Streuung sind

$$E\,X = \frac{p\,v}{1-p} \quad \text{und} \quad D^2 X = \frac{p\,v}{(1-p)^2}.$$

Für die k-ten ›Momente gilt die Rekursionsformel

$$E\,X^k = p\,(1-p)^v \frac{d}{dp} \frac{E\,X^{k-1}}{(1-p)^v}.$$

Die Einzelwahrscheinlichkeiten der negativen Binomialverteilung konvergieren für $v \to \infty$, $p \to 0$, $\frac{p\,v}{1-p} \to \lambda$ gegen die Einzelwahrscheinlichkeiten der ›POISSON-Verteilung mit dem Parameter λ.

Für $v = 1$ ergibt sich als Spezialfall die ›geometrische Verteilung.

***n*-dimensionaler ›stochastischer Prozeß**

negative (lineare) ›Regression

negativ korrelierte Zufallsgrößen ›Korrelationsanalyse

NEWMAN-KEULS-Test ›multiple Mittelwertvergleiche

nichtparametrischer Test = parameterfreier Test ›Parametertest

nichtrandomisierter Test ›Testtheorie

nichtzentrale χ^2-Verteilung = ›χ^2-Verteilung, nichtzentrale

nichtzentrale *F*-Verteilung = ›*F*-Verteilung, nichtzentrale

nichtzentrale *t*-Verteilung = ›*t*-Verteilung, nichtzentrale

Nichtzentralitätsparameter ›χ^2-Verteilung, nichtzentrale, ›*t*-Verteilung, nichtzentrale, ›*F*-Verteilung, nichtzentrale

nichtzufälliges Spektralmaß eines ›stationären Prozesses

Normalform eines *k*-Personenspiels ›Spieltheorie

Normalgleichungen der ›Methode der kleinsten Quadrate

Normalverteilung (GAUSSsche Verteilung):

1. Eindimensionale Normalverteilung

Eine ›stetige Zufallsgröße X heißt *normalverteilt* mit den Parametern μ, σ^2 oder $N(\mu, \sigma^2)$-verteilt (μ reell, $\sigma > 0$), wenn sie die Wahrscheinlichkeitsdichte

$$f_X(x) = \frac{1}{\sqrt{2\pi}\,\sigma}\, e^{-\frac{(x-\mu)^2}{2\sigma^2}}, \qquad -\infty < x < \infty, \qquad (*)$$

besitzt. Sie hat die ›charakteristische Funktion

$$E\, e^{itX} = e^{i\mu t - \frac{1}{2}\sigma^2 t^2}$$

den ›Erwartungswert $E\,X = \mu$, die ›Streuung $D^2X = \sigma^2$, die zentralen ›Momente $\mu_{2k+1} = 0$, $\mu_{2k} = 1 \cdot 3 \cdots (2\,k - 1)\,\sigma^{2k}$, $k = 1, 2, \ldots$, den Median (›Quantil) μ und den ›Modalwert μ. ›Schiefe und ›Exzeß sind gleich Null. Die grafische Darstellung von (*) ist die sog. *GAUSSsche Glockenkurve* (Wendepunkte bei $\mu \pm \sigma$). Die Punkte $\mu \pm \sigma$, $\mu \pm 2\,\sigma$ bzw. $\mu \pm 3\,\sigma$ heißen $1\,\sigma$-, $2\,\sigma$- bzw. $3\,\sigma$-Grenzen. Die Zufallsgröße X nimmt Werte innerhalb dieser Grenzen mit den Wahrscheinlichkeiten

$$P\,(|X - \mu| < \sigma) = 0{,}6827\,, \qquad P\,(|X - \mu| < 2\,\sigma) = 0{,}9545$$

bzw.

$$P\,(|X - \mu| < 3\,\sigma) = 0{,}9973$$

an.

Die Normalverteilung ist stabil (›stabiler Verteilungstyp), also auch ›unbeschränkt teilbar. Zwei unabhängige Zufallsgrößen (›Unabhängigkeit von zufälligen Variablen) sind genau dann normalverteilt, wenn ihre Summe normalverteilt ist.

Da zahlreiche Zufallserscheinungen in praktischen Anwendungsfällen aus der Überlagerung einer Vielzahl (meist unabhängiger) zufälliger Einzeleffekte resultieren, ergibt sich aus dem ›zentralen Grenzwertsatz die besondere Bedeutung und das sehr häufige Auftreten der Normalverteilung. Sie geht historisch auf DE MOIVRE (1730) und LAPLACE (1812) zurück und wurde davon unabhängig von GAUSS in der Fehler- und Ausgleichsrechnung als sog. (GAUSSsches) Fehlerintegral

$$\Phi(x) = \frac{1}{\sqrt{2\pi}} \int_{-\infty}^{x} e^{-\frac{t^2}{2}}\, dt$$

eingeführt. Φ ist also die Verteilungsfunktion der ***standardisierten*** (›standardisierte Zufallsgröße) *Normalverteilung*, d. h. der $N(0, 1)$-Verteilung. Man findet Tafeln von Φ (und der zugehörigen Wahrscheinlichkeitsdichte φ) in vielen Büchern über Wahrscheinlichkeitsrechnung und Mathematische Statistik.

2. n-dimensionale Normalverteilung

Ein ›zufälliger Vektor $\mathfrak{X} = (X_1, \ldots, X_n)$ besitzt eine n-dimensionale Normalverteilung mit dem Erwartungswertvektor $\mu = (E\,X_1, \ldots, E\,X_n)$ und der Kovarianzmatrix $B = (b_{lm})_{l,m=1,\ldots,n}$, $b_{lm} = E\,X_l\,X_m - EX_l\,EX_m$ wenn die ›charakteristische Funktion die Form

$$E\,e^{it\mathfrak{X}'} = \exp\left(i\,t\,\mu' - \frac{1}{2}\,t\,B\,t'\right)$$

$$= \exp\left(i\sum_{l=1}^{n} t_l\,E\,X_l - \frac{1}{2}\sum_{l,m=1}^{n} b_{lm}\,t_l\,t_m\right), \qquad t = (t_1, \ldots, t_n) \in R^n\,,$$

hat. Die Komponenten eines normalverteilten zufälligen Vektors sind genau dann unabhängig, wenn sie paarweise unkorreliert (›Korrelationskoeffizient) sind.

Ist B regulär (d. h. det $B \neq 0$), so liegt eine nichtsinguläre Normalverteilung mit der Wahrscheinlichkeitsdichte

$$f(\mathfrak{x}) = \frac{\exp\left(-\frac{1}{2}(\mathfrak{x} - \mu)\,B^{-1}\,(\mathfrak{x} - \mu)'\right)}{\sqrt{(2\pi)^n \det B}}$$

vor. Für $n = 2$ ergibt sich speziell

$$f(x_1, x_2) = \frac{1}{2\pi\,\sigma_1\,\sigma_2\sqrt{1-\varrho^2}}\exp\left\{-\frac{1}{2(1-\varrho^2)}\left(\frac{(x_1-\mu_1)^2}{\sigma_1^2} - \right.\right.$$

$$\left.\left. - 2\,\varrho\,\frac{(x_1-\mu_1)(x_2-\mu_2)}{\sigma_1\,\sigma_2} + \frac{(x_2-\mu_2)^2}{\sigma_2^2}\right)\right\},$$

wobei $\mu_l = E\,X_l$, $\sigma_l^2 = D^2X_l$, $l = 1, 2$, und ϱ der Korrelationskoeffizient von X_1 und X_2 sind.

Ist B singulär (d. h. det $B = 0$), so liegt eine singuläre Normalverteilung vor. Es gibt dann eine orthogonale ›Matrix U (d. h. $U^T = U^{-1}$), so daß $(\mathfrak{X} - \mu)\,U = (Y_1, \ldots, Y_k, 0, \ldots, 0)$ gilt, wobei $k = \text{Rang}\,(B) < n$ ist und der zufällige Vektor $(Y_1, \ldots, Y_k)$ eine k-dimensionale nichtsinguläre Normalverteilung besitzt.

Ist $\mathfrak{X}$ ein n-dimensionaler normalverteilter zufälliger Vektor und A eine Matrix mit n Zeilen und m Spalten, so ist $\mathfrak{X}\,A$ ein m-dimensionaler normalverteilter zufälliger Vektor.

normierte Zufallsgröße: Eine *normierte Zufallsgröße* ist eine ›Zufallsgröße mit ›Streuung Eins. Ist X eine beliebige Zufallsgröße mit positiver Streuung $D^2\,X$, so ist $\frac{X}{\sqrt{D^2X}}$ eine normierte Zufallsgröße.

notwendige Schätzfunktion ›Punktschätzung

Null-Eins-Gesetz: Eine Folge (›Familie) $(Y_n)_{n\in N}$ ›zufälliger Variabler heißt eine *Null-Eins-Folge*, wenn für alle Ereignisse (›Ereignisfelder und Wahrscheinlichkeitsalgebren) C aus $\mathfrak{C} := \bigcap_{n=1}^{\infty} \mathfrak{A}[Y_k, k = n, n+1, \ldots]$ entweder $P(C)=0$ oder $P(C) = 1$ gilt. Dabei ist $\mathfrak{A}[Y_k, k = n, n+1, \ldots]$ die kleinste σ-›Algebra, bez. der die zufälligen Variablen $Y_n, Y_{n+1}, \ldots$ meßbar (›meßbare Funktion) sind. *Null-Eins-Gesetze* bestehen in der Angabe hinreichender Bedingungen dafür, daß (Y_n) eine Null-Eins-Folge ist. Es gilt das Null-Eins-Gesetz von KOLMOGOROV: Eine Folge unabhängiger zufälliger Variabler (›Unabhängigkeit zufälliger Variabler) ist eine Null-Eins-Folge. Ist (X_n) eine Folge unabhängiger, ›identisch verteilter ›Zufallsgrößen und $Y_n := \sum_{j=1}^{n} X_j$, so ist (Y_n) eine Null-Eins-Folge.

Lit.: (41)

[1] HEWITT, E., and J. R. SAVAGE, Symmetric measures on Cartesian products, Trans. Amer. Math. Soc. **80** (1955), 470–501.

Null-Eins-Verteilung ›Zweipunktverteilung

Nullhypothese ›Testtheorie

Nullmenge (bez. eines ›Maßes): Es sei Ω eine Menge, $\mathfrak{A}$ eine σ-›Algebra (oder ein σ-›Ring) von Teilmengen von Ω und μ ein Maß auf $\mathfrak{A}$, also $[\Omega, \mathfrak{A}, \mu]$ ein ›Maßraum. Eine Teilmenge N $(\in \mathfrak{A})$ von Ω heißt eine μ-*Nullmenge* (oder *Nullmenge* bez. μ), wenn $\mu(N) = 0$ gilt.

nullrekurrenter Zustand einer ›MARKOVschen Kette

Nullsummenspiel ›Spieltheorie

O

oberer (reiner) Wert eines Spiels ›Spieltheorie

OC-Funktion = Operationscharakteristik, ›Testtheorie, ›statistische Qualitätskontrolle

ω^2-Test = ›CRAMÉR-SMIRNOV-Test

Operationscharakteristik ›Testtheorie, ›statistische Qualitätskontrolle

optimale ›**geschichtete Stichprobe**

Optimalitätsprinzip ›stochastische dynamische Optimierung

orthogonale ›Regression

orthogonales ›zufälliges Maß

P

parabolische ›Regression

parabolische Regressionsfunktion ›Regression

Parameter einer (Wahrscheinlichkeits-) Verteilung: Eine oder auch mehrere in der ›Wahrscheinlichkeitsverteilung einer zufälligen Variablen auftretende variable Größen bezeichnet man allgemein als *Parameter* dieser Verteilung; mehrere Parameter werden mitunter auch zum sog. *Parametervektor* zusammengefaßt. So besitzt z. B. die ›POISSON-Verteilung den Parameter λ und die ›Binomialverteilung die Parameter n und p bzw. den Parametervektor (n, p).

Parameter dienen wesentlich zur Kennzeichnung der Eigenschaften einer Verteilung. So nennt man einen Parameter, der die Lage der Verteilung (wie z. B. ›Erwartungswert, Median (›Quantil), ›Modalwert) angibt, *Lageparameter*, und einen solchen, der die Ausbreitung einer Verteilung kennzeichnet (wie z. B. die ›Streuung), bisweilen auch *Ausbreitungsparameter*.

Ist λ ein reellwertiger Parameter, so daß sich die Verteilungsfunktion F_X einer ›Zufallsgröße X in der Gestalt $F_X(x; \lambda) = F(x - \lambda)$ schreiben läßt, wobei $u \to F(u)$ ebenfalls eine Verteilungsfunktion darstellt, so heißt λ ein *Verschiebungsparameter*. Ist λ ein positiver Parameter, so daß sich F_X in der Gestalt $F_X(x; \lambda) = F\left(\frac{x}{\lambda}\right)$ mit einer Verteilungsfunktion F schreiben läßt, so heißt λ ein *Skalenparameter*. Darüber hinaus gibt es allgemein noch (eigentliche) *Form-* oder *Gestaltsparameter*. Beispielsweise ist der Parameter μ der ›Normalverteilung ein Verschiebungs-, der Parameter σ ein Skalenparameter; bei der ›Gammaverteilung ist der Parameter $\frac{1}{b}$ ein Skalen- und der Parameter p ein Gestaltsparameter. Zwei Verteilungen gehören genau dann zum selben ›Verteilungstyp, wenn sie sich durch Wahl geeigneter Verschiebungs- und Skalenparameter ineinander überführen lassen. Formelmäßig drückt sich beim ›Erwartungswert ein Verschiebungsparameter als eine additive, ein Skalenparameter als eine multiplikative Konstante aus. Die zentralen ›Momente μ_k $(k = 2, 3, \ldots)$ sind von Verschiebungsparametern unabhängig, während ein Skalenparameter in seiner k-ten Potenz als Faktor eingeht. (CHARLIERsche) ›Schiefe und ›Exzeß sind weder von Verschiebungs- noch von

Skalenparametern, sondern nur von den (eigentlichen) Gestaltsparametern abhängig. Die Schätzung von Parametern (›Schätztheorie) und die Prüfung von Hypothesen über Parameter mit Hilfe von ›Parametertests gehören zu den wichtigen Anliegen der Mathematischen Statistik.

parameterfreier Test ›Parametertest

Parameter, störende ›BEHRENS-FISHER-Problem

Parametertest: Als *Parametertest* bezeichnet man einen solchen statistischen Test (›Testtheorie) zur Prüfung einer ›Hypothese über unbekannte Parameter einer vorliegenden, dem Typ nach bekannten ›Wahrscheinlichkeitsverteilung, der diese Kenntnis über den Verteilungstyp wesentlich benutzt.

Zum Unterschied dazu spricht man von einem *parameterfreien, nichtparametrischen* oder *verteilungsfreien* Test, wenn die Kenntnis über den Typ der vorliegenden Wahrscheinlichkeitsverteilung nicht verwendet wird. Z. B. ist der ›Signifikanztest zur Prüfung einer Hypothese über den Erwartungswert der Normalverteilung ein Parametertest (›t-Test). Dagegen ist der Signifikanztest zur Prüfung der Hypothese, daß eine vorliegende Wahrscheinlichkeitsverteilung zur Familie der Normalverteilungen gehört, ein nichtparametrischer Test (s. z. B. χ^2-Anpassungstest ›χ^2-Test, II).

Parametervektor ›Parameter einer Verteilung

PARETO-Verteilung: Eine ›stetige Zufallsgröße X heißt PARETO-verteilt mit den Parametern x_0 und α, $x_0 > 0$, $\alpha > 0$, wenn für ihre Wahrscheinlichkeitsdichte f_X bzw. ihre Verteilungsfunktion F_X

$$f_X(x) = \begin{cases} 0 & \text{für } x \leqq x_0 \\ \dfrac{\alpha}{x_0}\left(\dfrac{x_0}{x}\right)^{\alpha+1} & \text{für } x > x_0 \end{cases} \quad \text{bzw.} \quad F_X(x) = \begin{cases} 0 & \text{für } x \leqq x_0 \\ 1 - \left(\dfrac{x_0}{x}\right)^{\alpha} & \text{für } x > x_0 \end{cases}$$

gilt. Der Median (›Quantil) ist $2^{1/\alpha} x_0$, für $\alpha > 1$ existiert der ›Erwartungswert $EX = \dfrac{\alpha}{\alpha - 1} x_0$, für $\alpha > 2$ die ›Streuung $D^2X = \dfrac{\alpha}{(\alpha - 1)^2 (\alpha - 2)} x_0^2$.
Die PARETO-Verteilung ist eine Verteilung, die nur Werte oberhalb eines (positiven) Schwellenwertes annehmen kann. Sie findet insbesondere Verwendung in der Soziologie und Ökonomie (z. B. Verteilung von Einkommen und Vermögen, der Größe von Städten und der Anzahl von Betrieben eines Industriezweiges).

partielle Korrelationskoeffizienten ›Korrelationsanalyse

partielle Rangkorrelationskoeffizienten ›Rangkorrelationsanalyse

partielle Regressionskoeffizienten ›Regression

partielle Stichprobenregressionskoeffizienten ›Regressionsanalyse

PASCAL-Verteilung ›negative Binomialverteilung

PEARSONsche Verteilungen: Diejenigen Lösungen der Differentialgleichung

$$y' = y\,(x - a)\,(b_0 + b_1 x + b_2 x^2)^{-1},$$

die Wahrscheinlichkeitsdichten (›stetige Zufallsgröße) sind, wurden 1894 von K. PEARSON in Klassen — sog. PEARSONschen Verteilungstypen — eingeteilt. Diese Klassen sind durch spezielle Wahl der Koeffizienten a, b_0, b_1, b_2 und durch den Variabilitätsbereich für x in obiger Differentialgleichung charakterisiert. In diesen Klassen kommen beispielsweise die Wahrscheinlichkeitsdichten folgender Verteilungen vor:

›Normalverteilung ($a = \mu$, $b_0 = -\sigma^2$, $b_1 = b_2 = 0$; $-\infty < x < \infty$), ›Betaverteilungen, ›χ^2-Verteilung, ›Exponentialverteilung, ›F-Verteilung, ›Gammaverteilung, ›stetige gleichmäßige Verteilung, ›t-Verteilung.

Die Einzelwahrscheinlichkeiten (›diskrete Zufallsgröße) zahlreicher diskreter Verteilungen (z. B. ›Binomialverteilung, ›POISSON-Verteilung, ›hypergeometrische Verteilung) genügen gewissen — analog zu obiger Differentialgleichung aufgebauten — Differenzengleichungen.

Periode eines Zustands einer ›MARKOVschen Kette

periodischer Zustand einer ›MARKOVschen Kette

periodische Schwankungen: In der ›Zeitreihenanalyse beinhaltet eine der 3 Komponenten einer Zeitreihe die *periodischen Schwankungen.* Diese beschreiben periodisch innerhalb einer kurzen Frist, z. B. eines Jahres, Monats oder Tages, auftretende Einflüsse, die auf den untersuchten Vorgang einwirken. Für die mathematisch-statistische Behandlung von periodischen Schwankungen empfiehlt es sich, diese in der Form

$$s_t = \sum_{k=1}^{r} (a_k \cos \lambda_k t + b_k \sin \lambda_k t) \qquad (*)$$

mit geeigneten r, a_k, b_k, λ_k, $k = 1, \ldots, r$, modellmäßig anzusetzen.

Dabei kann die Restkomponente z_t der Zeitreihe durchaus noch weitere periodische Anteile enthalten. Andererseits wird bei einigen Autoren keine Trennung von periodischen Schwankungen und Restkomponente vorgenommen. Die „Frequenzen“ λ_k in diesem Modell (*) können mit Hilfe des ›Periodogramms lokalisiert werden; die Größen a_k und b_k werden mit einer der üblichen Schätzmethoden geschätzt.

Die für die Bestimmung der periodischen Schwankungen vom Praktiker häufig verwendeten Methoden, wie die Gliedziffernmethode oder die Methode der gleitenden Mittel, sind, vor allem bei Vorhandensein einer ausgeprägten Restkomponente, nicht uneingeschränkt anwendbar.

Lit.: [1] ANDERSON, O., Probleme der statistischen Methodenlehre in den Sozialwissenschaften, Würzburg 1963.

Periodogramm: Das *Periodogramm* einer Zeitreihe (›Zeitreihenanalyse) x_t, $t = 1, \ldots, N$, ist die durch

$$I_N(\lambda) = \frac{1}{2\pi N} \left| \sum_{t=1}^{N} x_t e^{-i\lambda t} \right|^2$$

gegebene ›Funktion von λ. Es dient dazu, die Perioden der periodischen Bestandteile von x_t (das sind die sog. ›periodischen Schwankungen) aufzuweisen. Wird angenommen, daß der Zeitreihe x_t das Modell der periodischen Schwankungen

$$x_t = \sum_{k=1}^{r} (a_k \cos \lambda_k t + b_k \sin \lambda_k t) + z_t$$

zugrunde liegt, so besitzt die Funktion $I_N(\lambda)$ für hinreichend großes N an den Stellen $\lambda = \lambda_k$, $k = 1, \ldots, r$, ausgeprägte Maxima, wodurch sich die Frequenzen λ_k bestimmen lassen. Betrachtet man die Zeitreihe x_t als eine Realisierung eines ›stationären (›stochastischen) Prozesses X_t mit diskreter Zeit in den Punkten $t = 1, \ldots, N$, so kann die ›Zufallsgröße

$$\hat{I}_N(\lambda) = \frac{1}{2\pi N} \left| \sum_{t=1}^{N} X_t e^{-i\lambda t} \right|^2$$

zur Schätzung des Spektralmaßes von X_t verwendet werden. Besitzt X_t eine Spektraldichte f, so ist $\hat{I}_N(\lambda)$ eine asymptotisch erwartungstreue, allerdings nicht konsistente ›Punktschätzung von $f(\lambda)$. Im Fall eines diskreten Spektralmaßes, das nur in den Punkten λ_k, $k = 1, 2, \ldots$, Masse besitzt, konvergiert die Folge $(\hat{I}_N(\lambda))$, $N = 1, 2, \ldots$, mit Wahrscheinlichkeit Eins (›Konvergenzarten für Folgen zufälliger Variabler, a), gegen ∞ für $\lambda = \lambda_k$, $k = 1, 2, \ldots$, und gegen 0 für $\lambda \neq \lambda_k$ $(N \to \infty)$.

Für sog. Zeitfunktionen x_t, $0 \leq t \leq T$, die sich als Teil einer Realisierung eines stationären stochastischen Prozesses $(X_t)_{t \in R^1}$, mit stetiger Zeit auffassen lassen, ist das Periodogramm durch

$$I_T(\lambda) = \frac{1}{2\pi T} \left| \int_0^T x_t e^{-i\lambda t} dt \right|^2$$

definiert. Die Zufallsgröße $\hat{I}_T(\lambda) = \frac{1}{2\pi T} \left| \int_0^T X_t e^{-i\lambda t} dt \right|^2$ ist eine asymptotisch erwartungstreue, aber nicht konsistente Punktschätzung für $f(\lambda)$.

Lit.: (25)

Perzentil ›Quantil

Phasenraum eines ›stochastischen Prozesses

Poissonscher Prozeß: Der Poisson*sche Prozeß* ist ein in der Praxis häufig vorkommender ›stochastischer Prozeß. Er tritt im Zusammenhang mit folgendem Sachverhalt auf: Zu zufälligen Zeitpunkten mögen gewisse Ereignisse eintreten, und wir betrachten die Anzahl X_t der bis zur Zeit t eingetretenen Ereignisse. Die ›Zufallsgrößen X_t, $t \in [0, \infty)$, bilden dann einen Poissonschen Prozeß, wenn folgende Bedingungen erfüllt sind.

(i) Die Wahrscheinlichkeit dafür, daß während eines kleinen Zeitintervalls der Länge Δt genau ein Ereignis eintritt, ist gleich $\lambda \Delta t + o(\Delta t)$, also im wesentlichen proportional zu Δt,

(ii) die Wahrscheinlichkeit dafür, daß während eines solchen kleinen Zeitintervalls mehrere Ereignisse eintreten, ist gleich $o(\Delta t)$, also klein gegen Δt,

(iii) die Anzahlen der in disjunkten Zeitintervallen eintretenden Ereignisse sind voneinander unabhängig.

Eine wichtige Anwendung des beschriebenen Sachverhaltes besteht zum Beispiel in der Interpretation der Ereignisse als Ausfälle irgendwelcher Geräte (›Zuverlässigkeitstheorie) oder als Ankünfte von Kunden in Bedienungssystemen (›Bedienungstheorie).

Mathematisch formuliert ist ein Poisson*scher Prozeß* X_T, $T = [0, \infty)$, ein homogener Prozeß mit unabhängigen Zuwächsen (›Prozeß mit unabhängigen Zuwächsen), für den $X_0 = 0$ fast sicher (›fast überall) gilt und dessen Zuwächse $(X_t - X_s)$, $0 \leqq s < t$, eine ›Poissonsche Verteilung mit dem Parameter $\lambda \cdot (t - s)$ besitzen. Dabei ist λ eine positive Konstante, die sogenannte *Intensität* des Poissonschen Prozesses X_T.

Zu jedem Poissonschen Prozeß existiert ein stochastisch äquivalenter Poissonscher Prozeß (›äquivalente stochastische Prozesse) mit der gleichen Intensität, dessen Trajektorien rechtsseitig stetige, monoton wachsende Treppenfunktionen mit Werten aus $\{0, 1, \ldots, n, \ldots\}$ und den Sprunghöhen Eins sind.

Jeder Poissonsche Prozeß ist stochastisch stetig (›Stetigkeit stochastischer Prozesse). Umgekehrt bildet jeder stochastisch stetige homogene Prozeß mit unabhängigen Zuwächsen, dessen Realisierungen fast sicher nichtabnehmende Treppenfunktionen mit den Sprunghöhen Eins sind, einen Poissonschen Prozeß.

Es sei X_T, $T = [0, \infty)$, im weiteren ein Poissonscher Prozeß mit der Intensität λ. Dann ist X_T auch eine zeitlich homogene ›Markovsche Kette mit den Intensitäten $q_i = q_{i,i+1} = \lambda$, $q_{ij} = 0$, $(j \neq i,\ j \neq i + 1,\ i \in N)$, (›Geburts- und Todesprozeß), oder, anders ausgedrückt, mit

$$P(X_{t+\Delta t} = i + 1 | X_t = i) = \lambda \Delta t + o(\Delta t)\,,$$
$$P(X_{t+\Delta t} = i | X_t = i) = 1 - \lambda \Delta t + o(\Delta t)$$

und

$$P(X_{t+\Delta t} = j | X_t = i) = o(\Delta t) \qquad \text{für } j \neq i,\ j \neq i+1\,.$$

Es bezeichne τ_k den (zufälligen) Zeitpunkt des k-ten Sprunges von X_T, genauer $\tau_k := \inf\{t \geqq 0 | X_t = k\}$. Befindet sich der POISSONsche Prozeß X_T zur Zeit s im Zustand i, so ist die (zufällige) Zeit bis zum Sprung in den Zustand $i+1$ ›exponentialverteilt mit dem Parameter λ, d. h., es gilt $P(\tau_{i+1} - s \geqq t | X_s = i) = e^{-\lambda t}$. Unter der Bedingung, daß sich X_T zur Zeit s im Zustand 1 befindet, ist die Zufallsgröße τ_1 gleichmäßig auf $[0, s]$ verteilt: $P(\tau_1 < u | X_s = 1) = \frac{u}{s}$, $0 \leqq u \leqq s$.

Allgemeiner gilt für beliebige Zahlen u_k mit $0 < u_1 \leqq \cdots \leqq u_i \leqq s$ die Beziehung

$$P(\tau_k \leqq u_k,\ k = 1, \ldots, i | X_s = i) = \frac{i!}{s^i} \int\limits_0^{u_1} \cdots \int\limits_{x_{n-2}}^{u_{n-1}} \int\limits_{x_{n-1}}^{u_n} dx_n \cdots dx_1\,.$$

Setzt man $T_k := \tau_k - \tau_{k-1}$, $k \geqq 1$, mit $\tau_0 = 0$, so sind die Zufallsgrößen T_k, $k \geqq 1$, (in ihrer Gesamtheit) unabhängig (›Unabhängigkeit zufälliger Variabler) und exponentialverteilt mit dem Parameter λ. Die Folge der Sprungzeiten $\tau_k = \sum\limits_{i=1}^{k} T_i$, $k \geqq 1$, des Prozesses X_T ist also ein einfacher ›Erneuerungsprozeß. Definiert man umgekehrt zu einer Folge (S_n) (in ihrer Gesamtheit) unabhängiger, mit einem Parameter λ exponentialverteilter Zufallsgrößen einen stochastischen Prozeß Y_T, $T = [0, \infty)$, durch

$$Y_t = \begin{cases} 0, & \text{falls } S_1 \geqq t\,, \\ \max\left\{k \in N \,\middle|\, \sum\limits_{n=1}^{k} S_n < t\right\}, & \text{falls } S_1 < t \end{cases}$$

so ist Y_T ein POISSONscher Prozeß mit den Sprungzeiten $\tau_k = \sum\limits_{n=1}^{k} S_n$. Jeder POISSONsche Prozeß ist auch ein ›Punktprozeß.

Lit.: (16), (18), (21), (37)

POISSON-Verteilung: Eine ›diskrete Zufallsgröße X heißt POISSON-*verteilt* mit dem Parameter λ, $\lambda > 0$, wenn für die Einzelwahrscheinlichkeiten

$$P(X = m) = \frac{\lambda^m}{m!} e^{-\lambda} \quad (m = 0, 1, 2, \ldots)$$

gilt. Die zugehörige ›charakteristische Funktion ist

$$E\, e^{itX} = \exp[\lambda(e^{it} - 1)]\,,$$

›Erwartungswert und ›Streuung sind $E\,X = D^2X = \lambda$. Die Werte für ›Schiefe bzw. ›Exzeß sind $\lambda^{-1/2}$ bzw. λ^{-1}. Ist λ ganzzahlig, so sind $\lambda - 1$ und λ die ›Modalwerte, anderenfalls ist der Modalwert durch ent $[\lambda]$ ge-

geben. Die Einzelwahrscheinlichkeiten verlaufen bis zu den Modalwerten streng monoton wachsend, danach streng monoton fallend.

POISSON leitete 1837 diese Verteilung durch einen Grenzübergang aus der ›Binomialverteilung her (›Grenzwertsatz von POISSON). Die POISSON-Verteilung ist aber auch Grenzverteilung der ›negativen Binomialverteilung. Die POISSON-Verteilung ist ›unbeschränkt teilbar. Zwei unabhängige Zufallsgrößen (›Unabhängigkeit zufälliger Variabler) sind genau dann POISSON-verteilt, wenn ihre Summe POISSON-verteilt ist.

Zwischen der POISSON-Verteilung und der ›Gammaverteilung besteht der Zusammenhang

$$P(X \geqq r) = \frac{1}{(r-1)!} \int_0^{\lambda} t^{r-1} e^{-t} \, dt \qquad (r = 1, 2, \ldots).$$

Diese Beziehung ermöglicht es, $P(X \geqq r)$ auch aus einer Tafel der unvollständigen Gammafunktion abzulesen. Die POISSON-Verteilung hat besondere Bedeutung in der Theorie der Grenzverteilungssätze (22) sowie in Verbindung mit den ›POISSONschen Prozessen.

Zusammengesetzte POISSON-Verteilung ›zusammengesetzte Verteilungen

PÓLYA-LUNDBERG-Prozeß ›Geburts- und Todesprozeß

PÓLYAsches Urnenmodell ›PÓLYA-Verteilung

PÓLYA-Verteilung (MARKOVsche Verteilung): Eine ›diskrete Zufallsgröße X heißt PÓLYA-*verteilt* mit den Parametern b, c, n, s (b, c, n natürliche Zahlen, $s \geqq -1$, ganz; im Fall $s = -1$ sei $n \leqq b + c$), wenn für die Einzelwahrscheinlichkeiten

$$P(X = m) = \binom{n}{m} \frac{b(b+s)\cdots[b+(m-1)s]\; c(c+s)\cdots[c+(n-m-1)s]}{N(N+s)\cdots[N+(n-1)s]}$$

$$\left(N = b + c;\; m = \begin{cases} 0, 1, \ldots, n, & \text{falls } s \geqq 0 \\ \max(0, n-c), \ldots, \min(b, n), & \text{falls } s = -1 \end{cases}\right)$$

gilt. Mit $p = \frac{b}{N}$, $q = \frac{c}{N}$, $a = \frac{s}{N}$ ergibt sich die (gebräuchlichere) Form

$$P(X = m) = \binom{n}{m} \frac{p(p+a)\cdots[p+(m-1)a]\, q(q+a)\cdots[q+(n-m-1)a]}{1\cdot(1+a)\cdots[1+(n-1)a]}.$$

›Erwartungswert und ›Streuung sind

$$E X = n p \qquad \text{und} \qquad D^2 X = n p q \frac{1 + a n}{1 + a}.$$

Die PÓLYA-Verteilung läßt sich an einem ›Urnenmodell folgendermaßen interpretieren:

Eine Urne enthalte b schwarze und c weiße Kugeln. Man entnehme nun der Urne zufällig eine Kugel und lege sie dann zusammen mit s weiteren Kugeln derselben Farbe in die Urne zurück. Wird dieser Vorgang insgesamt n-mal durchgeführt, so gibt $P(X = m)$ die Wahrscheinlichkeit dafür an, daß sich unter den entnommenen Kugeln genau m schwarze befinden.

Die PÓLYA-Verteilung findet z. B. Anwendung bei Erscheinungen, die sich wie ansteckende Krankheiten verhalten, bei denen das Krankwerden einer Person die Wahrscheinlichkeit des Erkrankens anderer erhöht. Sie wird aus diesem Grunde mitunter auch als *Ansteckungsverteilung* bezeichnet.

Als Spezialfälle der PÓLYA-Verteilung ergeben sich für $s = 0$ die ›Binomialverteilung mit den Parametern n und $p = \frac{b}{N}$ sowie für $s = -1$ die ›hypergeometrische Verteilung mit den Parametern $N = b + c$, $M = b$ und n. Streben b und c und damit auch N gegen Unendlich, wobei $p = \frac{b}{N} = \text{const}$ und $\lim\limits_{N \to \infty} \frac{s}{N} = 0$ ist, so konvergieren die Einzelwahrscheinlichkeiten der PÓLYA-Verteilung gegen diejenigen der Binomialverteilung mit den Parametern n und p.

Polynomialverteilung (Multinomialverteilung): Ein k-dimensionaler ($k \geqq 2$) diskreter ›zufälliger Vektor $(X_1, \ldots, X_k)$ heißt *polynomialverteilt* mit den Parametern $n, p_1, p_2, \ldots, p_k$ (n natürliche Zahl; $p_j > 0$, $j = 1, 2, \ldots, k$; $\sum\limits_{j=1}^{k} p_j = 1$), wenn $\sum\limits_{j=1}^{k} X_j = n$ und für die Einzelwahrscheinlichkeiten $P(X_1 = r_1, \ldots, X_k = r_k) = \frac{n!}{r_1! \cdots r_k!} p_1^{r_1} \cdots p_k^{r_k}$, $r_j = 0, 1, \ldots, n$; $j = 1, \ldots, k$; $\sum\limits_{j=1}^{k} r_j = n$, gilt.

Auf Grund von $X_k = n - \sum\limits_{j=1}^{k-1} X_j$ nimmt ein k-dimensionaler polynomialverteilter zufälliger Vektor mit Wahrscheinlichkeit Eins (›fast überall) nur Werte aus einem $(k - 1)$-dimensionalen Teilraum an.

Der zufällige Vektor $\mathfrak{X} = (X_1, \ldots, X_k)$ hat die ›charakteristische Funktion

$$E\, e^{i \mathfrak{t} \mathfrak{X}'} = \left(\sum_{j=1}^{k} p_j e^{i t_j} \right)^n, \qquad \mathfrak{t} = (t_1, \ldots, t_k),$$

woraus sich für den zufälligen Vektor $\mathfrak{X}_1 = (X_1, \ldots, X_{k-1})$ die charakteristische Funktion

$$E\, e^{i \mathfrak{t}_1 \mathfrak{X}_1'} = \left(\sum_{j=1}^{k-1} p_j e^{i t_j} + p_k \right)^n, \qquad \mathfrak{t}_1 = (t_1, \ldots, t_{k-1}),$$

ergibt.

Der ›Erwartungswert von X_j ist $E X_j = n p_j$, $j = 1, \ldots, k$, und die Elemente der ›Kovarianzmatrix $B = (b_{lm})_{l=1,\ldots,k}^{m=1,\ldots,k}$ haben die Werte

$$b_{lm} = \begin{cases} n p_l (1 - p_l) & \text{für } l = m, \\ -n p_l p_m & \text{für } l \neq m. \end{cases}$$

Die Polynomialverteilung läßt sich folgendermaßen interpretieren:

Als Ergebnis eines Versuchs seien k verschiedene Ereignisse $A_1, \ldots, A_k$ möglich, denen die Wahrscheinlichkeiten $p_1, \ldots, p_k$ zukommen. Wird dieser Versuch n-mal (unabhängig) durchgeführt, so gibt $P(X_1 = r_1, \ldots, X_k = r_k)$ die Wahrscheinlichkeit dafür an, daß genau r_1-mal das Ereignis $A_1, \ldots, r_k$-mal das Ereignis A_k eintritt.

Als Spezialfall ergibt sich für $k = 2$ die ›Binomialverteilung mit den Parametern n und $p = p_1$; die Polynomialverteilung ist also eine Verallgemeinerung der Binomialverteilung.

Positionsstichprobe ›geordnete Stichprobe

Positionsstichprobenfunktion ›geordnete Stichprobe

positive (lineare) ›Regression

positiv korrelierte Zufallsgrößen ›Korrelationsanalyse

positiv-rekurrenter Zustand einer ›Markovschen Kette

Potentialtheorie und Markovsche Prozesse: Zwischen der klassischen Potentialtheorie, deren Anliegen das Studium der vom sogenannten Newton*schen Potentialkern*

$$g(x, y) = \frac{1}{2\pi |x - y|} \qquad (x, y \in R^3)$$

vermittelten Abbildung $\mu \to \int_{R^3} g(x, y)\, \mu(dy)$ von der Menge der finiten ›Maße μ auf R^3 in die Menge der reellwertigen ›Funktionen auf R^3 ist, und der Theorie des ›Wienerschen Prozesses in R^3 besteht ein enger Zusammenhang. Dieser kommt z. B. in der Beziehung

$$\int_0^\infty p(t, x, y)\, dt = \frac{1}{2\pi |x - y|} = g(x, y) \qquad (x, y \in R^3) \qquad (*)$$

$\Big(p(t, x, y)$ bezeichnet die Dichte der Übergangsfunktion des Wienerschen Prozesses, $p(t, x, y) = (2\pi t)^{-3/2} \exp\left(-\frac{|x - y|^2}{2t}\right)\Big)$ sowie in der Tatsache zum Ausdruck, daß der infinitesimale Operator A des Wienerschen Prozesses (›Markovscher Prozeß) im wesentlichen der in der Potentialtheorie untersuchte Laplace-Operator $\Delta = \frac{\partial^2}{\partial x^2} + \frac{\partial^2}{\partial y^2} + \frac{\partial^2}{\partial z^2}$ ist, genauer, die Einschränkung von A auf die Menge aller zweimal stetig differenzierbaren Funktionen ist gerade der Operator $\frac{1}{2}\Delta$.

Auf Grund dieses Zusammenhanges kann man Begriffe und Aussagen der klassischen Potentialtheorie im Rahmen der Theorie des WIENERschen Prozesses formulieren und umgekehrt.

Zum Beispiel ist eine Funktion f auf R^3 genau dann *superharmonisch*, wenn sie den Beziehungen

$$P_t f(x) := \int_{R^3} p(t, x, y)\, f(y)\, dy \leqq f(x)$$

$$\lim_{t \downarrow 0} P_t f(x) = f(x) \qquad (x \in R^3)$$

genügt, und eine Teilmenge B von R^3 genau dann *polar*, wenn für alle $x \in R^3 \setminus B$ die Beziehung

$$P_x\,(X_t \in B \text{ für mindestens ein } t > 0) = 0$$

gilt, d. h., wenn ein außerhalb von B startender WIENERscher Prozeß die Menge B fast sicher nicht betritt.

Der Potentialtheorie auf einem beschränkten, offenen und einfach zusammenhängenden Gebiet $G \subseteq R^3$ entspricht in analoger Weise die Theorie des WIENERschen Prozesses, der beim ersten Erreichen des Randes ∂G von G gestoppt wird ((12), vgl. auch ›Stoppen stochastischer Prozesse). Bezeichnet X^G diesen Prozeß und ist $p^G(t, x, y)$ die Dichte seiner Übergangsfunktion, so gilt analog zu (*)

$$\int_0^\infty p^G(t, x, y)\, dt = g^G(x, y) \qquad (x, y \in G)\,,$$

wobei $g^G(.\,,.)$ die zu G gehörende GREENsche Funktion ist.

Ist x_0 ein innerer Punkt von G und ist ∂G genügend glatt, so gibt es bekanntlich zu jedem Randpunkt $y \in \partial G$ genau eine in G harmonische Funktion $K(y, .)$ mit $K(y, x_0) = 1$ und $\lim\limits_{\substack{x \to z \\ x \in G}} K(y, x) = 0$ für $z \in \partial G \setminus \{y\}$. Zu jeder in G harmonischen Funktion $h \geqq 0$ mit $h(x_0) = 1$ existiert dann genau ein sogenanntes harmonisches Maß μ_h auf ∂G mit

$$\mu_h(\partial G) = 1 \quad \text{und} \quad h(x) = \int_{\partial G} K(y, x)\, \mu_h(dy)\,, \qquad (x \in G)\,. \tag{**}$$

Die Trajektorien des gestoppten WIENERschen Prozesses X^G konvergieren fast sicher gegen den Rand ∂G. Mit τ werde die Zeit des ersten Erreichens des Randes durch den Prozeß X^G bezeichnet. Dann gilt für jede BOREL-Menge $B \subset \partial G$ die Gleichung

$$P_{x_0}\,(X_\tau^G \in B) = \mu_1(B)\,,$$

wobei μ_1 das zur harmonischen Funktion $h \equiv 1$ gehörende harmonische Maß ist.

Ist ∂G nicht genügend glatt, so kann man G zu einem geeigneten kompakten metrischen Raum (G^*, d^*) erweitern und mit $\Delta^* = G^* \setminus G$ den sogenannten MARTINschen Rand von G einführen. Dann gelten ähnliche Aussagen.

Unter gewissen Voraussetzungen an G ist bekanntlich das DIRICHLETsche Problem der Existenz einer in G harmonischen und auf $\bar{G}$ stetigen

Funktion h mit vorgeschriebenen Werten $u(x)$ auf dem Rand

$$h|_{\partial G} = u$$

eindeutig lösbar. Die Lösung h steht mit dem Prozeß X^G in folgendem Zusammenhang:

$$h(x) = E_x(u(X_\tau^G)) = \int_{\partial G} u(y)\, P_x\,(X_\tau^G \in dy)\,, \qquad (x \in G)\,.$$

Auch die Lösungen anderer Rand- und Anfangswertaufgaben für den LAPLACE-Operator Δ lassen sich auf ähnliche Weise mit Hilfe des WIENERschen Prozesses beschreiben (s. (13)). Diese Tatsache ermöglicht u. a. die numerische Behandlung solcher Aufgaben mit Hilfe der ›Monte-Carlo-Methode.

Die angegebene wahrscheinlichkeitstheoretische Charakterisierung potentialtheoretischer Sachverhalte erlaubt es, für eine große Klasse MARKOVscher Prozesse (z. B. für ›Diffusionsprozesse, transiente ›MARKOVsche Ketten) entsprechende Begriffe zu definieren und danach zu analogen Beziehungen zu gelangen. Die sich ergebenden Aussagen werden dann als Potentialtheorie dieser MARKOVschen Prozesse bezeichnet.

Die Beziehungen zwischen der klassischen Potentialtheorie und der Theorie des WIENERschen Prozesses wurden ausführlich von KAKUTANI [5] und DOOB [2] studiert. Die potentialtheoretischen Begriffe wurden von HUNT [4] auf allgemeine MARKOVsche Prozesse erweitert. Vgl. auch [1]. Für eine Potentialtheorie MARKOVscher Ketten mit diskreter Zeit siehe [6].

Lit.: (13), (78)
[1] BLUMENTHAL, R. M., GETOOR, R. K., Markov processes and potential theory, Academic Press, New York 1968.
[2] DOOB, J. L., Conditional Brownian motion and the boundary limits of harmonic functions, Bull. Soc. Math. France 85 (1957) 431–458.
[3] HELMS, L. L., Introduction to potential theory, New York 1969.
[4] HUNT, G. A., Markoff processes and potentials, Illinois J. Math. 1 (1957), 44–93; 316–369; 2 (1958), 151–213.
[5] KAKUTANI, S., Two dimensional Brownian motion and harmonic functions, Proc. Imp. Acad. Tokyo 20 (1944) 706–714.
[6] KEMENY, J. G., SNELL, J. L., KNAPP, A. W., Denumberable Markov chains, Princeton 1966.

Probit-Analyse: Die *Probit-Analyse* ist ein speziell auf Probleme der Toxikologie und Pharmakologie zugeschnittenes statistisches Analyseverfahren.

Lit.: (88)
[1] MATHER, K., Statistische Analysen in der Biologie, Wien 1946.
[2] FINNEY, D. J., Probit Analysis, 2. Aufl., Cambridge 1952.

Produktmaß: Es seien $[\Omega_1, \mathfrak{A}_1, m_1]$ und $[\Omega_2, \mathfrak{A}_2, m_2]$ zwei ›Maßräume. Bezeichnet $\Omega_1 \times \Omega_2$ das ›Produkt der Mengen Ω_1, Ω_2 und $\mathfrak{A}_1 \times \mathfrak{A}_2$ die kleinste σ-›Algebra von Teilmengen aus $\Omega_1 \times \Omega_2$, die alle Mengen der Form $A_1 \times A_2$ mit $A_1 \in \mathfrak{A}_1$, $A_2 \in \mathfrak{A}_2$ enthält, so gibt es genau ein ›Maß m auf $\mathfrak{A}_1 \times \mathfrak{A}_2$, das die Eigenschaft $m\,(A_1 \times A_2) = m_1\,(A_1) \cdot m_2\,(A_2)$ für alle $A_1 \in \mathfrak{A}_1$, $A_2 \in \mathfrak{A}_2$ besitzt. Das Maß m heißt *Produktmaß* von m_1 und m_2 und wird mit $m := m_1 \times m_2$ bezeichnet. Allgemeiner sei $([\Omega_j, \mathfrak{A}_j, m_j])_{j \in J}$ eine ›Familie von Maßräumen (mit $m_j(\Omega_j) = 1$ für alle $j \in J$). $\prod_{j \in J} \mathfrak{A}_j$ bezeichne die kleinste σ-Algebra von Teilmengen aus $\prod_{j \in J} \Omega_j$, die alle sog. *Zylindermengen*, d. h. Mengen der Form $\prod_{j \in J} A_j$ enthalte, wobei $A_j \in \mathfrak{A}_j$ für alle $j \in J$ und mit Ausnahme von höchstens endlich vielen Indizes $A_j = \Omega_j$ gelte. Dann gibt es genau ein Maß $m =: \prod_{j \in J} m_j$, das sog. *Produktmaß* der m_j, auf $\prod_{j \in J} \mathfrak{A}_j$, das für alle Zylindermengen $\prod_{j \in J} A_j$ die Eigenschaft

$$m\,(\prod_{j \in J} A_j) = m_{j_1}(A_{j_1}) \cdot m_{j_2}(A_{j_2}) \cdots m_{j_n}(A_{j_n})$$

besitzt, wobei $A_{j_1}, \ldots, A_{j_n}$ diejenigen (nach Definition höchstens endlich vielen) Mengen seien, die bei der Zylindermenge $\prod_{j \in J} A_j$ von Ω_j verschieden sind.

Produkt von Mengen: Als (*kartesisches*) *Produkt* $A \times B$ zweier Mengen A und B bezeichnet man die Menge aller geordneten Paare (a, b) mit $a \in A$ und $b \in B$. Analog definiert man zu n Mengen $A_1, A_2, \ldots, A_n$ (bzw. zu einer Folge $A_1, A_2, \ldots, A_k, \ldots$ von Mengen) als kartesisches Produkt $A_1 \times A_2 \times \cdots \times A_n =: \prod_{k=1}^{n} A_k$ die Menge aller n-Tupel $(a_1, a_2, \ldots, a_n)$ mit $a_k \in A_k$ für alle $k = 1, 2, \ldots, n$ (bzw. als $A_1 \times A_2 \times \cdots =: \prod_{k=1}^{\infty} A_k$ die Menge aller Folgen $(a_1, a_2, \ldots, a_k, \ldots)$ mit $a_k \in A_k$ für alle $k = 1, 2, \ldots$). Gilt speziell $A_1 = A_2 = \cdots = A_n = A$, so schreibt man anstelle von $\prod_{k=1}^{n} A_k$ auch kurz A^n (z. B. ist R^n die Menge aller n-Tupel reeller Zahlen).

Allgemein wird zu einer ›Familie $(A_j)_{j \in J}$ von Mengen als Produkt $\prod_{j \in J} A_j$ dieser Mengen die Menge aller Familien $(a_j)_{j \in J}$ mit $a_j \in A_j$ für alle $j \in J$ bezeichnet. Gilt insbesondere $A_j = A$ für alle $j \in J$, so schreibt man anstelle von $\prod_{j \in J} A_j$ auch A^J.

Profilmaß ›Diskriminanzanalyse

proportionale ›geschichtete Stichprobe

Prozeß mit orthogonalen Zuwächsen: Ein (i. a. komplexwertiger) ›Prozeß zweiter Ordnung X_T, wobei T ein Intervall der reellen Achse ist, heißt *Prozeß mit orthogonalen Zuwächsen*, wenn $E\left(X(t_2) - X(s_2)\right) \cdot \overline{\left(X(t_1) - X(s_1)\right)} = 0$ für alle $s_1, t_1, s_2, t_2 \in T$ mit $s_1 < t_1 \leqq s_2 < t_2$ gilt.

Ist Y_T, $T = [a, b)$, $-\infty < a < b \leqq +\infty$, ein eindimensionaler ›Prozeß mit unabhängigen Zuwächsen, für den $E\,Y^2(t) < \infty$ für alle $t \in [a, b)$ gilt, so wird durch $X(t) := Y(t) - E\,Y(t)$, $t \in [a, b)$, ein Prozeß mit orthogonalen (und auch unabhängigen) Zuwächsen definiert. Umgekehrt ist jeder reellwertige ›GAUSSsche Prozeß X_T, $T = [a, b)$, mit orthogonalen Zuwächsen und mit $X(a) = 0$ ein Prozeß mit unabhängigen Zuwächsen.

Jedem Prozeß mit orthogonalen Zuwächsen läßt sich durch die Beziehung $E\,|X(t) - X(s)|^2 = E\,|X(t)|^2 - E\,|X(s)|^2 = F(t) - F(s)$, $s < t$, $s, t \in T$, eine (bis auf eine additive Konstante eindeutig bestimmte) monoton wachsende Funktion F zuordnen. Für jedes $t \in T$ existieren (dabei verwende man für $a - 0$ den Wert a) die Grenzwerte $X(t - 0) = \lim_{s \uparrow t} X(s)$, $X(t + 0) = \lim_{s \downarrow t} X(s)$ im Sinne der Konvergenz im quadratischen Mittel (›Konvergenzarten für Folgen zufälliger Variabler). Die durch $\Phi(\Delta) = X(t - 0) - X(s - 0)$, $\Delta = [s, t)$, definierte „zufällige Mengenfunktion" läßt sich zu einem orthogonalen ›zufälligen Maß auf $\mathfrak{B}^1$ erweitern, dessen Strukturfunktion m durch die Gleichung $m(\Delta) = F(t) - F(s)$ gegeben ist.

Lit.: (10), (11), (20)

Prozeß mit unabhängigen Zuwächsen: Ein ›separabler stochastischer Prozeß X_T, $T = [a, b)$, $-\infty < a < b \leqq \infty$, mit Werten in R^m heißt *Prozeß mit unabhängigen Zuwächsen*, wenn für jede natürliche Zahl n und beliebige $t_1, \ldots, t_n$ mit $a < t_1 < \cdots < t_n < b$ die zufälligen Vektoren

$$X_{t_n} - X_{t_{n-1}}, X_{t_{n-1}} - X_{t_{n-2}}, \ldots, X_{t_1} - X_a, X_a$$

(in ihrer Gesamtheit) unabhängig sind (›Unabhängigkeit zufälliger Variabler). Die endlichdimensionalen Verteilungen eines Prozesses mit unabhängigen Zuwächsen werden eindeutig durch die Verteilung von X_a und die Verteilungen der Zuwächse $X_t - X_s$, $(s, t \in [a, b),\ s < t)$, festgelegt. Ein Prozeß mit unabhängigen Zuwächsen X_T heißt *homogen*, wenn für beliebige $s, t \in [a, b)$, $s < t$, und $u \geqq 0$ mit $t + u < b$ die Verteilung von $X_{t+u} - X_{s+u}$ nicht von u abhängt.

Wichtige Beispiele eindimensionaler Prozesse mit unabhängigen Zuwächsen (d. h., es ist $m = 1$), sind der ›WIENERsche Prozeß, der ›POISSONsche Prozeß und die ›stabilen Prozesse. Die Verteilungen der Zuwächse $X_t - X_s$ eines Prozesses mit unabhängigen Zuwächsen sind ›unbeschränkt teilbar. Ein Prozeß mit unabhängigen Zuwächsen, dessen Trajektorien mit Wahrscheinlichkeit Eins stetig (›Stetigkeit stochastischer Prozesse) sind, besitzt notwendig ›normalverteilte Zuwächse. Jeder stochastisch stetige Prozeß X_T mit unabhängigen Zuwächsen ist die Summe $X_t = X_t^{(1)} + X_t^{(2)}$, $t \in T$, zweier unabhängiger Prozesse (›Unabhängigkeit stochastischer Prozesse) $X_T^{(1)}$ und $X_T^{(2)}$ mit unabhängigen Zuwächsen, wobei $X_T^{(1)}$ mit Wahrscheinlichkeit Eins stetig ist und $X_T^{(2)}$ eine „Überlagerung" von Prozessen vom „POISSONschen Typ" darstellt (siehe z. B. (76)).

Ein Prozeß X_t, $t \geqq 0$, mit unabhängigen Zuwächsen ist auch ein ›MARKOVscher Prozeß mit der translationsinvarianten Übergangsfunktion $P(s, x + z; t, z + A) = P(s, x; t, A) = P(X_t - X_s + x \in A)$, $0 \leqq s \leqq t$; $x, z \in R^1$, $A \in \mathfrak{B}^1$. Umgekehrt ist jeder MARKOVsche Prozeß, der eine translationsinvariante Übergangsfunktion besitzt, ein Prozeß mit unabhängigen Zuwächsen. Falls seine ›Erwartungswertfunktion $E\, X_s$, $s \in T$, existiert und eine nichtfallende bzw. nichtwachsende Funktion von $s \in T$ bildet, so ist er auch ein Submartingal bzw. Supermartingal (›Martingal), der Prozeß $X_s - EX_s$, $s \in T$, folglich ein Martingal.

Lit.: (11), (20), (76)

Prozeß zweiter Ordnung: Der komplexwertige ›stochastische Prozeß $X_T = (X_t)_{t \in T}$ heißt *Prozeß zweiter Ordnung*, falls $E\,|X_t|^2 < \infty$ für alle $t \in T$ gilt. Ein solcher Prozeß kann als ›Funktion mit dem Definitionsbereich T und dem Bildraum $L^2(\Omega, \mathfrak{A}, P)$ (›LEBESGUEsche Räume) aufgefaßt werden. Eine Reihe von Eigenschaften von X_T läßt sich unter alleiniger Benutzung der Erwartungswertfunktion $m_X := m_X(t) = E\,X_t$ (›Erwartungswert) und der ›Kovarianzfunktion B_X: $B_X(s, t) = E\left(X_s - m_X(s)\right)\overline{\left(X_t - m_X(t)\right)}$ beschreiben. Solche Eigenschaften heißen *Quadratmitteleigenschaften* oder *Eigenschaften zweiter Ordnung* (›Stetigkeit stochastischer Prozesse, ›Differenzierbarkeit stochastischer Prozesse). Ist X_T ein reellwertiger ›GAUSSscher Prozeß, so sind seine endlichdimensionalen Verteilungen durch die Funktionen m_X und B_X eindeutig bestimmt.

Es sei jetzt X_T ein Prozeß zweiter Ordnung mit der Eigenschaft $m_X(t) = E\,X_t = 0$ für alle $t \in T$, dessen Kovarianzfunktion B_X eine Integraldarstellung der Form

$$B_X(s, t) = \int_\Lambda \varphi(s, \lambda)\, \overline{\varphi(t, \lambda)}\, F(d\lambda) \qquad (s, t \in T) \qquad (*)$$

gestattet; dabei bezeichne F ein ›Maß auf dem ›meßbaren Raum $[\Lambda, \mathfrak{R}]$ und $\varphi(t, .)$ für jedes $t \in T$ eine gewisse (komplexwertige) Funktion auf Λ (oder, genauer, ein Element des Raumes $L^2(\Lambda, \mathfrak{R}, F)$). Für den Prozeß X_T besteht dann P-fast sicher (›fast überall) die Darstellung

$$X_t = \int_\Lambda \varphi(t, \lambda)\, \Phi(d\lambda) \qquad (t \in T) \qquad (**)$$

mit einem orthogonalen ›zufälligen Maß Φ auf $[\Lambda, \mathfrak{R}]$, dessen Strukturfunktion die Funktion F aus (*) ist. Umgekehrt folgt aus der Darstellung (**) auch leicht (*). Die Beziehung (**) bezeichnet man als KARHUNEN-Darstellung des stochastischen Prozesses X_T.

Ist z. B. T ein beschränktes, abgeschlossenes Intervall der reellen Achse, $T = [a, b]$, und der Prozeß X_T im quadratischen Mittel stetig, so kann die Kovarianzfunktion B_X nach einem Ergebnis aus der Theorie der Integralgleichungen in eine im Bereich $[a, b] \times [a, b]$ gleichmäßig konvergente Reihe

$$B_X(s, t) = \sum_{k=1}^{K} \lambda_k \varphi_k(s) \overline{\varphi_k(t)} \qquad (s, t \in T)$$

entwickelt werden; dabei sind λ_k die Eigenwerte und φ_k die zugehörigen Eigenfunktionen des von B_X erzeugten Integraloperators, d. h., es gilt

$$\int_a^b B_X(s, t) \varphi_k(t)\, dt = \lambda_k \varphi_k(s) \qquad (k = 1, 2, \ldots, K \leqq \infty).$$

In diesem Fall erhält die Darstellung (**) die Form $X_t = \sum_{k=1}^{K} \varphi_k(t) \Phi_k$, $t \in T$, mit paarweise orthogonalen komplexwertigen Zufallsgrößen Φ_k, (genauer, es gilt $E\, \Phi_j \bar{\Phi}_k = \lambda_j \delta_{jk}$, $j, k = 1, 2, \ldots, K$).

Eine wichtige Anwendung findet die Darstellung (**) in der Theorie der ›stationären Prozesse.

Lit.: (10), (20), (49)
[1] Karhunen, K., Über lineare Methoden in der Wahrscheinlichkeitsrechnung, Ann. Acad. Sci. Fennicae, Ser. A, Math. Phys. 37 (1947), 3–79.

Pseudo-›Zufallszahlen

Punktprozeß: In zahlreichen Anwendungsgebieten der Wahrscheinlichkeitsrechnung spielen solche ›stochastischen Prozesse eine Rolle, die durch eine Folge zufälliger Zeitpunkte $\tau_0 \leqq \tau_1 \leqq \cdots$ charakterisiert werden, in denen ein betrachtetes Ereignis eintritt. So interessiert man sich z. B. für die Zeitpunkte des Eintreffens von Bedienungsforderungen innerhalb eines Bedienungssystems (›Bedienungstheorie). Eine allgemeine mathematische Darstellung derartiger Prozesse führt zum Begriff des sog. Punktprozesses.

Es bezeichne Ω_0 die Menge aller Folgen $\omega = (\tau_k)_{k \in N}$ (der Größe nach geordneter) reeller Zahlen, wobei sich die Punkte $\tau_0 \leqq \tau_1 \leqq \cdots$ nicht im Endlichen häufen, $\mathfrak{A}_0$ die kleinste σ-›Algebra, bezüglich der die Abbildung $\omega = (\tau_k)_{k \in N} \to \operatorname{card}(A \cap \{\tau_k : k \in N\}) =: N_A(\omega)$ für jedes $A \in \tilde{\mathfrak{B}}^1$ ($\tilde{\mathfrak{B}}^1$ bezeichnet den Ring der beschränkten Borel-Mengen des R^1) (Borel-) meßbar ist. $N_A(\omega)$ ist also die Anzahl der Punkte der Folge $\omega = (\tau_k)_{k \in N}$, die in der Menge A liegen. Jedes Wahrscheinlichkeitsmaß P über diesem meßbaren Raum $[\Omega_0, \mathfrak{A}_0]$ nennt man einen (eindimensionalen) *Punktprozeß*. Mitunter bezeichnet man genauer $[\Omega_0, \mathfrak{A}_0, P]$ als Punktprozeß oder *zufällige Punktfolge* und nennt dann P das Verteilungsgesetz der zufälligen Punktfolge. Auf Grund des Sachverhaltes, daß für einen Punktprozeß $[\Omega_0, \mathfrak{A}_0, P]$ die Abbildung $A \to N_A$ ein ›zufälliges Maß auf $\tilde{\mathfrak{B}}^1$ mit ganzzahligen Werten ist, sagt man auch kurz, ein Punktprozeß sei ein ganzzahliges zufälliges Maß.

Ein markantes Beispiel eines Punktprozesses ist der ›Poissonsche Prozeß; dabei sind $\tau_0 \leqq \tau_1 \leqq \cdots$ die Zeitpunkte der Sprünge um eine Einheit „nach oben". Weitere spezielle Punktprozesse sind die ›Erneuerungsprozesse.

Ein Punktprozeß $[\Omega_0, \mathfrak{A}_0, P]$ heißt *stationär* (vgl. z. B. [3]), wenn

$$P(N_{A_i} = k_i,\ i = 1, 2, \ldots, n) = P(N_{A_i'} = k_i,\ i = 1, 2, \ldots, n)$$

für alle $A_1, \ldots, A_n \in \tilde{\mathfrak{B}}^1$, $k_1, \ldots, k_n \in N$, $t \in R^1$, gilt, wobei $A_i' := \{\tau + t: \tau \in A_i\}$ die um t nach rechts verschobene Menge A_i $(i = 1, 2, \ldots, n)$ bezeichnet. Ein Punktprozeß $[\Omega_0, \mathfrak{A}_0, P]$ ist also genau dann stationär, wenn die endlichdimensionalen Verteilungen des entsprechenden zufälligen Maßes $(N_A)_{A \in \tilde{\mathfrak{B}}_1}$ translationsinvariant sind. Beispielsweise ist der POISSONsche Prozeß ein stationärer Punktprozeß.

Definitionen allgemeinerer Punktprozesse findet man z. B. in [2], [4], [5]. In jüngerer Zeit zeichnet sich deutlich das Bestreben ab, gemeinsame Eigenschaften der Punktprozesse zu einer allgemeinen Theorie zusammenzufassen. Die Untersuchungen beziehen sich u. a. auf Grenzwertsätze für Punktprozesse, wobei der POISSONsche Prozeß als Grenzprozeß einer Summe von Punktprozessen eine besondere Rolle spielt (vgl. [1], [2], [4], [5]).

Lit.: [1] Кокс, Д., Смит, В., Теория восстановления, Москва 1967.
[2] KÖNIG, D., MATTHES, K., NAWROTZKI, K., Verallgemeinerungen der Erlangschen und Engsetschen Formeln, Berlin 1967.
[3] BEUTLER, F. J., LENEMAN, O., The Theory of Stationary Point Processes, Acta Mat. 116 (1966), 159–197.
[4] GOLDMAN, J. R., Stochastic Point Processes: Limit Theorems, Ann. Math. Stat. 38 (1967), 771–779.
[5] KERSTAN, J., MATTHES, K., und J. MECKE, Unbegrenzt teilbare Punktprozesse, Berlin 1974.

Punktschätzung: Gemäß der allgemeinen Aufgabenstellung der ›Schätztheorie sei (P_γ), $\gamma \in \Gamma$, eine ›Familie von ›Wahrscheinlichkeitsverteilungen über dem ›meßbaren Raum $[\Omega, \mathfrak{A}]$. Für eine vorliegende Wahrscheinlichkeitsverteilung P sei bekannt, daß sie zu dieser Familie gehört, d. h., es gibt ein γ_0 mit $P = P_{\gamma_0}$. Dieses γ_0 ist jedoch unbekannt und soll auf Grund einer ›Stichprobe geschätzt werden. Der zur Stichprobe gehörende Stichprobenraum sei $[M, \mathfrak{M}]$.

Unter einer *Punktschätzung* oder *Schätzfunktion* für γ_0 versteht man eine (meßbare) Abbildung T von M in Γ (›meßbare Funktion). Das zum Stichprobenergebnis $x \in M$ gehörige Bild $T(x)$ bezeichnet man als konkrete (Punkt-)Schätzung oder (konkreten) *Schätzwert* für γ_0.

Häufig betrachtet man eine Stichprobe mit reellwertigen Stichprobenvariablen, d. h., es handelt sich um eine mathematische Stichprobe $(X_1, \ldots, X_n)$ vom Umfang n aus der Grundgesamtheit $R^1([R^1, \mathfrak{B}^1, P_{\gamma_0}])$. Das durch die Stichprobe im zugehörigen Stichprobenraum $[R^n, \mathfrak{B}^n]$ erzeugte ›Wahrscheinlichkeitsmaß $P_{\gamma_0}^{(n)}$ ist das (n-fache) ›Produktmaß von P_{γ_0}. Eine Schätzfunktion kann als Stichprobenfunktion $T_n := T(X_1, \ldots, X_n)$ aufgefaßt werden, und ein (konkreter) Schätzwert für γ_0 ist die aus einer konkreten Stichprobe $(x_1, \ldots, x_n) \in R^n$ entstehende ›Realisierung $T(x_1, \ldots, x_n) \in \Gamma$ der ›zufälligen Variablen

$T(X_1, \ldots, X_n)$. Mit $Q_{\gamma_0}^{(n)}$ bezeichnen wir die Wahrscheinlichkeitsverteilung der Schätzfunktion T_n für γ_0, d. h., $Q_{\gamma_0}^{(n)}$ ist das durch die zugehörige Abbildung T_n auf dem meßbaren Raum $[\Gamma, \mathfrak{G}]$ erzeugte Wahrscheinlichkeitsmaß.

Im Sinne der Aufgabenstellung strebt man als Stichprobenfunktionen solche Abbildungen an, die auf Grund ihrer wahrscheinlichkeitstheoretischen Eigenschaften eine „möglichst gute" Approximation an γ_0 darstellen; z. B. wird die Güte einer Punktschätzung danach beurteilt, ob sie erwartungstreu, konsistent, wirksam bzw. erschöpfend ist (diese Begriffe gehen im wesentlichen bereits auf R. A. FISHER zurück):

1. Die Schätzfunktion T_n heißt *erwartungstreue* (oder *unverzerrte*, engl. *unbiased*) Schätzfunktion für γ_0, wenn für den ›Erwartungswert

$$E_{\gamma_0}(T_n) := \int_{R^n} T(x_1, \ldots, x_n)\, dP_{\gamma_0}^{(n)} = \int_{\Gamma} \gamma\, dQ_{\gamma_0}^{(n)}$$

die Beziehung $E_{\gamma_0}(T_n) = \gamma_0$ gilt. Man bezeichnet die Differenz $E_{\gamma_0}(T_n) - \gamma_0$ als *systematischen Fehler* (oder Verzerrung, engl. *bias*) der Schätzfunktion T_n gegenüber γ_0.

Betrachtet man die Folge (T_n), $n = 1, 2, \ldots$, von Schätzfunktionen, so heißt diese *asymptotisch erwartungstreu*, wenn $\lim_{n\to\infty} E_{\gamma_0}(T_n) = \gamma_0$ gilt.

Beispiel: Durch (P_γ), $\gamma \in \Gamma$, sei die Familie aller Normalverteilungen $N(\mu, \sigma^2)$ gekennzeichnet. Dabei ist $\Gamma = \{(\mu, \sigma^2) | -\infty < \mu < \infty, \sigma^2 > 0\}$. Es sei bekannt, daß eine ›Normalverteilung vorliegt, jedoch seien die unbekannten Parameter μ_0 und σ_0^2 zu schätzen. Das Stichprobenmittel $\overline{X}_n = \frac{1}{n} \sum_{i=1}^{n} X_i$ (›Mittelwerte) ist dann eine erwartungstreue Schätzfunktion für μ_0; die Stichprobenstreuung (›empirische Momente) $S_n^2 = \frac{1}{n-1} \sum_{i=1}^{n} (X_i - \overline{X}_n)^2$ ist eine erwartungstreue Schätzfunktion für σ_0^2. Die häufig benutzte Schätzfunktion $\frac{1}{n} \sum_{i=1}^{n} (X_i - \overline{X}_n)^2$ ist demzufolge nur eine asymptotisch erwartungstreue Schätzfunktion für σ_0^2.

Allgemein ist $(\overline{X}_n, S_n^2)$ auch dann erwartungstreu für (μ_0, σ_0^2), wenn keine Normalverteilung vorliegt und μ_0 den Erwartungswert und σ_0^2 die ›Streuung der vorliegenden Wahrscheinlichkeitsverteilung bezeichnen.

2. Die Folge (T_n), $n = 1, 2, \ldots$, von Schätzfunktionen für γ_0 heißt (*schwach*) *konsistent*, wenn (T_n) für $n \to \infty$ in Wahrscheinlichkeit gegen γ_0 konvergiert (›Konvergenzarten für Folgen zufälliger Variabler). Hinreichend dafür sind die Beziehungen $\lim_{n\to\infty} E_{\gamma_0}(T_n) = \gamma_0$ und $\lim_{n\to\infty} D_{\gamma_0}^2(T_n) = 0$, wobei $D_{\gamma_0}^2(T_n)$ die Streuung von T_n (bez. der vorliegenden Wahrscheinlichkeitsverteilung P_{γ_0}) bezeichnet.

Die oben angegebenen Stichprobenfunktionen $\overline{X}_n$ bzw. S_n^2 sind konsistente Folgen von Schätzfunktionen für den Erwartungswert μ_0 bzw. die Streuung σ_0^2.

Die Folge (T_n), $n = 1, 2, \ldots$, von Schätzfunktionen für γ_0 heißt *stark konsistent*, wenn (T_n) für $n \to \infty$ fast sicher gegen γ_0 konvergiert. Beispielsweise ist die Folge der arithmetischen Mittel $\bar{X}_n = \frac{1}{n} \sum_{i=1}^{n} X_i$ stark konsistent für $\mu_0 := E\, X_i$, falls dieser Erwartungswert existiert (›Gesetz der großen Zahlen).

3. Im folgenden sei speziell $\Gamma \subseteq R^1$, und es bezeichne $L(x_1, \ldots, x_n; \gamma_0)$ die ›Likelihood-Funktion einer (konkreten) Stichprobe $(x_1, \ldots, x_n)$ vom Umfang n aus der Grundgesamtheit $R^1([R^1, \mathfrak{B}^1, P_{\gamma_0}])$. Unter bestimmten Regularitätsvoraussetzungen an P_{γ_0} ((72), (18)) existiert $I(\gamma_0) := E\left(-\frac{\partial^2 \ln L(x_1, \ldots, x_n; \gamma_0)}{\partial \gamma_0^2}\right)$ und wird als FISHERsche *Information* bezeichnet. Für eine beliebige erwartungstreue Schätzfunktion T_n für γ_0 gibt dann (unter weiteren Regularitätsvoraussetzungen) die sog. *Ungleichung von* RAO-CRAMÉR-FRÉCHET-DARMOIS

$$D^2 T_n \geqq \frac{1}{I(\gamma_0)} \tag{*}$$

eine untere Schranke für die Streuung von T_n an. (Für Verallgemeinerungen hinsichtlich $\Gamma \subset R^k$, $k > 1$, siehe (48)).

Die Güte verschiedener erwartungstreuer Schätzfunktionen für γ_0 wird vor allem auf Grund ihrer Streuungen beurteilt. Die Schätzfunktion $T_n^{(1)}$ heißt *wirksamer* als die Schätzfunktion $T_n^{(2)}$, wenn $D^2 T_n^{(1)} < D^2 T_n^{(2)}$ gilt. Das Verhältnis $\frac{D^2 T_n^{(1)}}{D^2 T_n^{(2)}}$ bezeichnet man als *Wirkungsgrad* von $T_n^{(2)}$ in bezug auf $T_n^{(1)}$. Existiert innerhalb einer Klasse $\{T_n^{(\lambda)}\}$, $\lambda \in \Lambda$, erwartungstreuer Schätzfunktionen für γ_0 eine Schätzfunktion $T_n^{(0)}$ mit kleinster Streuung, so heißt $T_n^{(0)}$ *wirksamste Schätzfunktion in der Klasse* $\{T_n^{(\lambda)}\}$, $\lambda \in \Lambda$. Speziell heißt eine Schätzfunktion *effektiv*, wenn sie wirksamste Schätzfunktion in der Klasse aller erwartungstreuen Schätzfunktionen für γ_0 ist, die der Ungleichung (*) genügen, und für sie in (*) das Gleichheitszeichen gilt. Der Wirkungsgrad $\tilde{e}(T_n)$ einer Schätzfunktion T_n in bezug auf eine effektive Schätzfunktion wird als *Wirksamkeit* oder *Effizienz* bezeichnet.

Betrachtet man eine Folge (T_n), $n = 1, 2, \ldots$, von Schätzfunktionen für γ_0, so heißt der Grenzwert $\lim_{n \to \infty} \tilde{e}(T_n) =: \tilde{e}$ (falls er existiert), die *asymptotische Wirksamkeit* (*Effizienz*) der Folge (T_n); im Fall $\tilde{e} = 1$ heißt die Folge (T_n) *asymptotisch effektiv*.

Beispiel: Es sei $X_1, \ldots, X_n$ eine mathematische Stichprobe vom Umfang n aus einer $N(\mu, 1)$-verteilten Grundgesamtheit. Dann ist $\bar{X}_n = \frac{1}{n} \sum_{i=1}^{n} X_i$ eine effektive Schätzfunktion für μ und damit die Folge $(\bar{X}_n)$ asymptotisch effektiv. Schätzt man μ mit Hilfe des Stichprobenmedians (›empirisches Quantil) der ›geordneten Stichprobe $(Y_1, \ldots, Y_n)$, so ergibt sich als asymptotische Wirksamkeit der Folge der zugehörigen Schätzfunktionen $Y_{\text{ent}[n/2]+1}$ der Wert $\frac{2}{\pi}$.

4. Eine Schätzfunktion $T_n := T(X_1, \ldots, X_n)$ heißt eine *hinreichende* (erschöpfende) Schätzfunktion für γ_0, wenn die ›bedingte Wahrscheinlichkeitsverteilung $P_{\gamma_0}\left((X_1, \ldots, X_n) \in A \middle| T_n = \gamma\right)$, $A \in \mathfrak{B}^n$, unabhängig von γ_0 ist. Eine hinreichende Schätzfunktion schöpft alle Kenntnis (Information) aus, die in der Stichprobe über γ_0 enthalten ist. Eine informationstheoretische Interpretation für hinreichende Schätzfunktionen gab A. Rényi in [1].

Eine Schätzfunktion ist genau dann hinreichend, wenn sich die Likelihood-Funktion L in zwei Funktionen g und h faktorisieren läßt, wobei g von γ_0 und den Werten $T_n = T(X_1, \ldots, X_n)$ — nicht aber explizit von $X_1, \ldots, X_n$ — abhängt und h eine von γ_0 unabhängige Funktion der Stichprobenvariablen $X_1, \ldots, X_n$ ist, d. h., wenn

$$L(X_1, \ldots, X_n; \gamma_0) = g\,(T_n, \gamma_0) \cdot h(X_1, \ldots, X_n)$$

gilt.

Beispiel: Es sei $X_1, \ldots, X_n$ eine Stichprobe vom Umfang n aus einer Grundgesamtheit mit einer ›Poisson-Verteilung, deren Parameter $\lambda, \lambda > 0$, zu schätzen ist. Wegen $L(X_1, \ldots, X_n; \lambda) = e^{-n\lambda}\lambda^{\sum_{i=1}^{n} X_i} \cdot \frac{1}{\prod_{i=1}^{n} X_i!}$ ist $\sum_{i=1}^{n} X_i$ und allgemeiner auch $a \sum_{i=1}^{n} X_i$, $a > 0$, eine hinreichende Schätzfunktion für λ. Um darüber hinaus eine erwartungstreue und konsistente Schätzfunktion für λ zu erhalten, ist $\frac{1}{n}$ für a zu setzen.

Jede effektive Schätzfunktion ist auch eine hinreichende Schätzfunktion.

Eine Schätzfunktion T_n heißt eine *notwendige* Schätzfunktion für γ_0, wenn für jede hinreichende Schätzfunktion T_n' eine Funktion f existiert, so daß $T_n = f(T_n')$ gilt. Eine notwendige und hinreichende Schätzfunktion wird auch als *minimal hinreichende* Schätzfunktion bezeichnet (43).

Im folgenden sei speziell $\Gamma = R^p$. Eine Schätzfunktion $T = T(X_1, X_2, \ldots, X_n)$ für den unbekannten Parameter $\gamma_0 \in \Gamma$ heißt *linear*, falls T in der Form $T = \mathfrak{X}\,\mathfrak{A}$ darstellbar ist. Dabei bezeichnet $\mathfrak{A}$ eine reelle ›Matrix vom Typ (n, p) und $\mathfrak{X}$ ist der durch die Stichprobe $(X_1, X_2, \ldots, X_n) =: \mathfrak{X}$ definierte Vektor. Sei B_T die Kovarianzmatrix von T. Existiert in der Klasse K aller erwartungstreuen linearen Punktschätzungen für γ_0 eine Punktschätzung T^*, so daß die (Differenz-) Matrix $B_T - B_{T^*}$ für jedes T aus K positiv-semidefinit ist, so heißt T^* die Gauss-Markov-*Schätzung* oder die *beste lineare erwartungstreue Schätzung* für γ_0. Im Spezialfall $p = 1$ z. B. bedeutet dies, daß T^* die wirksamste Schätzfunktion in der Klasse K ist, d. h. die in der Klasse K enthaltene Schätzfunktion mit kleinster Streuung ist. Aussagen über Existenz und Form von GAUSS-MARKOV-Schätzungen beinhaltet das GAUSS-MARKOV-Theorem (›lineare Modelle).

Der Begriff der linearen Schätzfunktion läßt sich allgemeiner für einen Stichprobenraum $[M, \mathfrak{M}]$ und eine Parametermenge Γ definieren, falls M und Γ beliebige lineare Räume sind. In diesem Falle heißt T *lineare Punktschätzung* für $\gamma_0 \in \Gamma$, falls die Abbildung T von M auf Γ linear ist. Existiert in der Klasse K aller linearen erwartungstreuen Punktschätzungen für γ_0 eine Punktschätzung T^*, so daß für jedes auf Γ definierte lineare Funktional φ die Schätzfunktion $\varphi(T^*)$ für $\varphi(\gamma_0)$ unter allen Schätzfunktionen $\varphi(T)$, $T \in K$, minimale Streuung besitzt, so heißt T^* die GAUSS-MARKOV-*Schätzung* für γ_0.

Zur Konstruktion von Schätzfunktionen dienen vorwiegend die ›Maximum-Likelihood-Methode, die ›Momentenmethode und die ›Minimum-χ^2-Methode.

Lit.: (9), (14), (18), (44), (61), (72)
[1] RÉNYI, A., On the amount of information in a frequency count, 35. Session Internat. Statist. Inst., Beograd 1965.

Q

Quadrantentest = ›Medialtest

quadratische ›Diskriminanzanalyse

Quadratmitteleigenschaften ›Prozeß zweiter Ordnung

Quadratmittenmethode: Die *Quadratmittenmethode* ist ein rekursiver Algorithmus zur Berechnung von Zahlen mit dem Zweck, diese als ›Zufallszahlen zu verwenden. Ausgehend von einer $2\,k$-stelligen Zahl x_n, $k = 1, 2, \ldots$, in einem beliebigen Zahlensystem erhält man die Zahl x_{n+1} durch die mittleren $2\,k$ Ziffern der $4\,k$-stelligen Zahl x_n^2. (Gegebenenfalls ist vorn mit Nullen auf die erforderliche Stellenzahl zu ergänzen.)

Die Quadratmittenmethode führt zwangsläufig dazu, daß die Folge (x_n) von einem gewissen $n = n_0$ ab periodisch ist (Zyklenbildung). Sie birgt damit die Gefahr in sich, daß Perioden kurzer Länge entstehen und insbesondere $x_n = 0$ für $n = n_0, n_0 + 1, \ldots$ wird (Ausartung), so daß sich die Zahlen x_n mitunter nicht als Zufallszahlen eignen.

Lit.: [1] NEUMANN, J. v., Various techniques in connection with random digits, In: Monte Carlo Method, Nat. Bur. Standards, Appl. Math. Series 12, Washington 1951, 36–38.

Quantil: Als *Quantil der Ordnung p* (*p-Quantil* oder auch *p-Fraktil*, $0 < p < 1$) einer ›Zufallsgröße X mit der Verteilungsfunktion F_X bezeichnet man jede Zahl Q_p, für die $F_X(Q_p) \leqq p \leqq F_X(Q_p + 0)$ gilt. Ist F_X streng monoton wachsend, so ist Q_p bei beliebigem p eindeutig bestimmt.

Wichtige Spezialfälle der Quantile erhält man für $p = \frac{1}{2}, \frac{1}{4}, \frac{3}{4}, \frac{q}{10}, \frac{r}{100}$ ($q = 1, \ldots, 9$; $r = 1, \ldots, 99$), die ***Median, unteres Quartil, oberes Quartil, q-tes Dezentil, r-tes Perzentil*** genannt werden. Die Quantile haben z. B. in der ›Testtheorie bzw. bei Konfidenzschätzungen (›Bereichsschätzung) für die Berechnung von kritischen Bereichen bzw. Konfidenzintervallen besondere Bedeutung.

Im Gegensatz zu der oben eingeführten Bezeichnung wird in der Literatur häufig das p-Quantil Q_p mit Q_{1-p} bezeichnet; das ist insbesondere bei der Handhabung von statistischen Tafeln zu beachten.

›empirisches Quantil

Lit.: (9), (18)

Quartil ›Quantil

R

Radon-Nikodym, Satz von: Es sei $[\Omega, \mathfrak{A}, \mu]$ ein ›Maßraum mit $\Omega \in \mathfrak{A}$, μ ein σ-finites ›Maß und ν ein bez. μ ›absolutstetiges σ-finites Maß. Dann existiert eine reellwertige $(\mathfrak{A}, \mathfrak{B}^1)$-›meßbare Funktion f, so daß $\nu(A) = \int\limits_A f\, d\mu$ für alle $A \in \mathfrak{A}$ gilt. Dabei ist f bis auf μ-›Äquivalenz eindeutig bestimmt.

randomisierte Entscheidungsfunktion ›Entscheidungstheorie

randomisierter Test ›Testtheorie

Randverteilung ›gemeinsame Wahrscheinlichkeitsverteilung (von zufälligen Variablen)

Randverteilungsdichte ›gemeinsame Wahrscheinlichkeitsverteilung (von zufälligen Variablen)

Randverteilungsfunktion ›gemeinsame Wahrscheinlichkeitsverteilung (von zufälligen Variablen)

Rang einer ›Matrix

Ranggröße = Positionsstichprobenfunktion ›geordnete Stichprobe

Rangkorrelation ›Rangkorrelationsanalyse

Rangkorrelationsanalyse: Die *Rangkorrelationsanalyse* ist ein spezieller Teil der ›Korrelationsanalyse. Dabei werden Untersuchungen über wechselseitige stochastische Zusammenhänge zwischen ›Zufallsgrößen anhand von ›Stichproben in folgender Form vorgenommen: Es seien X und Y zwei Zufallsgrößen (über demselben ›Wahrscheinlichkeitsraum $[\Omega, \mathfrak{A}, P]$) und $((X_1, Y_1), \ldots, (X_n, Y_n))$ eine mathematische Stichprobe aus der zu dem ›zufälligen Vektor (X, Y) gehörenden Grundgesamtheit. Ferner seien die Werte jeder zugehörigen konkreten Stichprobe $((x_1, y_1), \ldots, (x_n, y_n))$ in der Form $x_{r_1} \leqq x_{r_2} \leqq \cdots \leqq x_{r_n}, y_{s_1} \leqq y_{s_2} \leqq \cdots \leqq y_{s_n}$ geordnet (vgl. ›geordnete Stichprobe). Hierbei heißen die Zahlen r_i bzw. s_i — sie geben an, welches der Elemente $x_1, \ldots, x_n$ (bzw. $y_1, \ldots, y_n$) bei dieser Rangordnung an i-ter Stelle steht — *Rangzahlen*. R_i bzw. S_i bezeichnet diejenige Stichprobenfunktion, die für jede mögliche konkrete Stichprobe die entsprechenden Rangzahlen r_i bzw. s_i $(i = 1, \ldots, n)$ annimmt. Bei der Rangkorrelationsanalyse werden Schlüsse über stochastische Zusammenhänge zwischen X und Y nicht aus den Werten der entsprechenden Stichprobe selbst, sondern nur aus deren Rangzahlen R_i, S_i bzw. r_i, s_i gezogen. Eine solche Vorgehensweise liegt in vielen konkreten Fällen nahe: So lassen sich Werte von Zufallsgrößen wie z. B. X — „Musikalität eines Menschen" (oder Y — „Haarfarbe eines Menschen") schwer messen, wohl aber häufig rangmäßig miteinander vergleichen, so daß dann anstelle von Werten konkreter Stichproben selbst i. a. lediglich die zugehörigen Rangzahlen für weitere Untersuchungen zur Verfügung stehen.

Abhängigkeitsmaße zwischen X und Y unter ausschließlicher Benutzung der (zu einer Stichprobe vom Umfange n gehörenden) Rangzahlen sind folgende Stichprobenfunktionen:

$$P = 1 - 6(n^3 - n)^{-1} \sum_{i=1}^{n} (R_i - S_i)^2 , \qquad T = 2\,Q\,(n^2 - n)^{-1} ;$$

hierbei bezeichnet Q diejenige Stichprobenfunktion, die für jede konkrete Stichprobe $((x_1, y_1), \ldots, (x_n, y_n))$ den Wert $q = \sum_{i,k=1}^{n} r_{ik}\, s_{ik}$ annimmt, wenn r_{ik} durch $r_{ik} = 1$ für $r_i < r_k$ und $r_{ik} = -1$ für $r_i > r_k$ (und analog s_{ik}) definiert ist. P heißt der Spearman*sche* und T der Kendall*sche Rangkorrelationskoeffizient* (dieselben Namen sind auch für entsprechende Realisierungen ϱ bzw. τ von P bzw. T gebräuchlich). Folgende Eigenschaften dieser Koeffizienten sind die Grundlage von Tests auf Unabhängigkeit (›Unabhängigkeit zufälliger Variabler) der Zufallsgrößen X und Y: Wenn X und Y unabhängig sind, ist P ›asymptotisch (d. h. für $n \to \infty$) normalverteilt mit ›Erwartungswert 0, ›Streuung $(n-1)^{-1}$ und $P^* = P\sqrt{(n-2)(1-P^2)^{-1}}$ asymptotisch (d. h. für $n \to \infty$) t-verteilt mit $n-2$ Freiheitsgraden sowie T asymptotisch (d. h. für $n \to \infty$) normalverteilt mit Erwartungswert 0, Streuung $\frac{2(2n+5)}{9n(n-1)}$. Im Fall kleiner Stichprobenumfänge existieren Tafeln der exakten Verteilungen von P und T (z. B. für $n \leqq 8$ in (38)).

Einen ›Signifikanztest zum Testen der Hypothese „X und Y sind unabhängig" bei genügend großem n (etwa $n \geqq 10$) erhält man unter Verwendung der Testgröße P^* analog dem ›t-Test. Bei Verwendung der Testgröße P ergibt sich eine Ablehnung der Hypothese mit einer Irrtumswahrscheinlichkeit $< \beta$ (bzw. $< 2\beta$), falls $\varrho > \varrho_\beta : = \frac{\Psi(1-\beta)}{\sqrt{n-1}}$ (bzw. $|\varrho| > \varrho_\beta$) ($\Psi$ Umkehrfunktion der GAUSSschen Fehlerfunktion Φ, Tabelle s. z. B. (83)) ausfällt. Entsprechendes gilt für einen Test mit T als Testgröße. Ein Vergleich der Tests mit P und T zeigt (vgl. (83)), daß der „P-Test" bei ungefähr gleicher Macht (›Testtheorie) eine kleinere Irrtumswahrscheinlichkeit oder bei gleicher Irrtumswahrscheinlichkeit eine größere Macht als der „T-Test" besitzt. Überdies ist P praktisch etwas bequemer zu berechnen als T. Für wachsendes n erweist sich schließlich, falls (X, Y) normalverteilt ist, $2 \sin\left(\frac{\pi}{6} P\right)$ asymptotisch gleich dem Stichprobenkorrelationskoeffizienten $\hat{\varrho}$ (›Korrelationsanalyse).

Sind anstelle zweier mehrere Zufallsgrößen $X_1, \ldots, X_k$ gegeben, so führt man Rangkorrelationsuntersuchungen in naheliegender Verallgemeinerung hierzu durch (s. z. B. (38), (39), (74)). Insbesondere definiert man in Verallgemeinerung des KENDALLschen Korrelationskoeffizienten T (in Analogie zu ›Korrelationsanalyse (2)) sog. *partielle Rangkorrelationskoeffizienten* (z. B. $T_{12\cdot 3} : = \frac{T_{12} - T_{32} T_{13}}{\sqrt{(1 - T_{32}^2)(1 - T_{13}^2)}}$, wobei T_{ik} den KENDALLschen Rangkorrelationskoeffizienten zwischen X_i und X_k bezeichnet). Als Abhängigkeitsmaß zwischen k Zufallsgrößen (unter Zugrundelegung einer mathematischen Stichprobe vom Umfang n bei ausschließlicher Benutzung der Ranggrößen) sei noch der KENDALL*sche Konkordanzkoeffizient* $W = \frac{12 S}{k^2 (n^3 - n)}$ genannt, wobei $S = \sum_{j=1}^{n} \left(U_j - \frac{1}{n} \sum_{j=1}^{n} U_j\right)^2, U_j = \sum_{i=1}^{k} R_j^{(i)}$, $R_j^{(i)}$ j-te „Rangzahl" von X_i sei. (Hinsichtlich entsprechender Verteilungen s. z. B. (38), (39).)

Rangkorrelationskoeffizienten ›Rangkorrelationsanalyse

Rangtest: Ein *Rangtest* ist ein verteilungsfreier Test (›Parametertest), bei dem die Testgröße (›Signifikanztest) mit Hilfe der ›geordneten Stichprobe gebildet wird. Dabei werden vielfach nur die Rangzahlen, d. h. die Ordnungszahlen der Ranggrößen, benutzt. Die Güte eines Rangtests beurteilt man häufig mit Hilfe seiner asymptotischen Wirksamkeit (›Testtheorie) in bezug auf einen entsprechenden Parametertest, der auf der ›Normalverteilung beruht. Beispiele für Rangtests sind der ›U-Test und der ›X-Test.

Rangzahl ›geordnete Stichprobe

RAO-CRAMÉRsche Ungleichung = Ungleichung von RAO-CRAMÉR-FRÉCHET-DARMOIS ›Punktschätzung

RAYLEIGH-Verteilung: Eine ›stetige Zufallsgröße X heißt RAYLEIGH-*verteilt* mit dem Parameter λ, $\lambda > 0$, wenn für die Wahrscheinlichkeitsdichte f_X bzw. die Verteilungsfunktion F_X

$$f_X(x) = \begin{cases} \frac{2x}{\lambda} e^{-\frac{x^2}{\lambda}} & \text{für } x > 0\,, \\ 0 & \text{für } x \leqq 0 \end{cases}$$

bzw.

$$F_X(x) = \begin{cases} 1 - e^{-\frac{x^2}{\lambda}} & \text{für } x > 0 \\ 0 & \text{für } x \leqq 0 \end{cases}$$

gilt. Die k-ten ›Momente sind

$$m_k = E\,X^k = \lambda^{\frac{k}{2}} \Gamma\left(\frac{k}{2} + 1\right),$$

insbesondere ist der ›Erwartungswert $E\,X = \frac{\sqrt{\lambda\pi}}{2} = 0{,}8862\,\sqrt{\lambda}$ und die ›Streuung $D^2X = \lambda\left(1 - \frac{\pi}{4}\right) = 0{,}2146\,\lambda$.

Die RAYLEIGH-Verteilung tritt z. B. in der ›Zuverlässigkeitstheorie auf.

Realisierung eines ›stochastischen Prozesses

Realisierungen (von zufälligen Variablen): Es seien $X_1, \ldots, X_n$, $n \geqq 1$, ›zufällige Variable über demselben ›Wahrscheinlichkeitsraum $[\Omega, \mathfrak{A}, P]$. Das zu irgendeinem Elementarereignis $\omega \in \Omega$ gehörige n-Tupel $(x_1, \ldots, x_n)$ mit $x_i := X_i(\omega)$, $i = 1, 2, \ldots, n$, heißt eine *Realisierung* von $(X_1, \ldots, X_n)$.

In den Anwendungen ist der Grundraum $[\Omega, \mathfrak{A}, P]$ meist nicht explizit ausgewiesen, und eine Realisierung eines ›zufälligen Vektors $(X_1, \ldots, X_n)$ ergibt sich als Beobachtungsergebnis $(x_1, \ldots, x_n) \in R^n$ eines konkreten ›Versuchs (z. B. als Meßreihe bei Messungen).

Rechteckverteilung = ›stetige gleichmäßige Verteilung

Redundanz ›Entropie eines Versuches

Regression: Der Begriff der Regression wurde zuerst von F. GALTON zur Charakterisierung gewisser Erblichkeitseigenschaften benutzt (›Regressionseffekt) und dient heute allgemein zur Bezeichnung von Sachverhalten, die entsprechende stochastische Abhängigkeiten betreffen.

(1) *Regression* 1. *Art* (*allgemeine Regression*).

a) *einfache Regression.* Es seien X und Y zwei reelle ›Zufallsgrößen (über demselben ›Wahrscheinlichkeitsraum $[\Omega, \mathfrak{A}, P]$) mit endlicher ›Streuung. Dann existiert unter allen reellen (BOREL-›meßbaren) ›Funktionen u mit der Eigenschaft $E(u(X)^2) < \infty$ (›Erwartungswert) eine Funktion m_Y, für die $E[(Y - u(X))^2]$ einen minimalen Wert annimmt. Diese Funktion m_Y ist definitionsgemäß diejenige Funktion der Zufallsgröße X, die Y im Sinne des quadratischen Mittels am besten approximiert. Sie heißt *allgemeine Regressionsfunktion* (*Regressionsfunktion* 1. *Art*) von Y bez. X und ist als Funktion der Zufallsgröße X mit Wahrscheinlichkeit 1 eindeutig bestimmt; dabei gilt $m_Y(x) = E(Y|X = x)$ (›bedingter Erwartungswert). Die minimale Größe $E[(Y - m_Y(X))^2]$ bezeichnet man als zugehörige *Reststreuung*. Analog definiert man die allgemeine Regressionsfunktion m_X von X bez. Y.

Aus den Eigenschaften des bedingten Erwartungswertes folgt die Beziehung $E(Y) = E(m_Y(X))$, d. h., Y läßt sich in der Form

$$Y = m_Y(X) + \varepsilon \qquad (*)$$

darstellen, wobei $\varepsilon\ (= Y - m_Y(X))$ eine Zufallsgröße mit dem Erwartungswert $E(\varepsilon) = 0$ ist. Gelegentlich nennt man auch allgemeiner jede Funktion m_Y von X *Regressionsfunktion* von Y bez. X, wenn sich Y in der Form (*) mit einer beliebigen Zufallsgröße ε, deren Erwartungswert 0 ist, darstellen läßt.

Die durch die Menge aller Punktepaare $(x, m_Y(x))$ bzw. $(m_X(y), y)$ in der x,y-Ebene gegebenen Kurven heißen (*allgemeine*) *Regressionskurven* (von Y bez. X bzw. von X bez. Y). Diese sind i. a. voneinander verschieden. Ist eine Regressionskurve eine Gerade, so spricht man von *linearer Regression*. In wichtigen Anwendungen — z. B. falls der ›zufällige Vektor (X, Y) eine (zweidimensionale) ›Normalverteilung besitzt — sind beide Regressionskurven Geraden; sie sind insbesondere Parallelen zur x- bzw. y-Achse, wenn X und Y unabhängig (›Unabhängigkeit zufälliger Variabler) sind. Es gilt dann $m_Y(x) = E(Y)$, $m_X(y) = E(X)$.

b) *Mehrfache* (*multiple*) *Regression*. Sind anstelle zweier Zufallsgrößen X und Y allgemeiner k Zufallsgrößen $X_1, \ldots, X_k$ gegeben, so definiert man in Analogie zu a) *allgemeine Regressionsfunktionen* (z. B. $m_{X_i}(x_{i_1}, \ldots, x_{i_m}) = E(X_i|X_{i_1} = x_{i_1}, \ldots, X_{i_m} = x_{i_m})$, $\{i_1, \ldots, i_m\} \subset \{1, 2, \ldots, i-1, i+1, \ldots k\}$), *Regressionsflächen* (bzw. *-hyperflächen*), . . . und spricht dann von *mehrfacher* oder *multipler Regression*.

(2) *Regression* 2. *Art* (*spezielle Regression*)

a) *Einfache Regression*. Es seien X und Y zwei reelle Zufallsgrößen (über demselben Wahrscheinlichkeitsraum) mit endlichen Streuungen σ_X^2 bzw. σ_Y^2. Wie in (1), a) sucht man eine Funktion g_Y von X, die Y (im Sinne des quadratischen Mittels) bestmöglich approximiert, allerdings hier nicht unter allen (Borel-meßbaren) sondern unter speziellen Funktionen. Z. B. nennt man g_Y eine *lineare* (bzw. *vom Grade n parabolische*) *Regressionsfunktion* (2. *Art*), wenn g_Y unter allen linearen Funktionen (bzw. unter allen Polynomen vom Grad $\leqq n$) diejenige mit minimalem

$$E[(Y - g_Y(X))^2] \qquad (**)$$

ist. In diesem Fall spricht man von *linearer* (bzw. *parabolischer*), sonst von *curvilinearer Regression.*

a_1) *Lineare Regression.* Die lineare Regressionsfunktion g_Y von Y bez. X ist durch

$$\frac{g_Y(x) - EY}{\sigma_Y} = \varrho \frac{x - EX}{\sigma_X}$$

gegeben; die lineare Regressionsfunktion g_X von X bez. Y ergibt sich aus

$$\frac{g_X(y) - EX}{\sigma_X} = \varrho \frac{y - EY}{\sigma_Y};$$

hierbei bezeichnet $\varrho = (\sigma_X \sigma_Y)^{-1} E[(X - EX)(Y - EY)]$ den ›Korrelationskoeffizienten von X und Y; $\beta_{YX} = \varrho \frac{\sigma_Y}{\sigma_X}$ (und gelegentlich auch $\alpha_{YX} = EY - \varrho \frac{\sigma_Y}{\sigma_X} EX$) heißt *Regressionskoeffizient von Y bez. X*; entsprechend werden $\beta_{XY} = \varrho \frac{\sigma_X}{\sigma_Y}$ und $\alpha_{XY} = EX - \varrho \frac{\sigma_X}{\sigma_Y} EY$ *Regressionskoeffizienten von X bez. Y* genannt. Für die nach Definition minimale Reststreuung (**) gilt $E[(Y - g_Y(X))^2] = \sigma_Y^2(1 - \varrho^2)$ (bzw. $E[(X - g_X(Y))^2] = \sigma_X^2(1 - \varrho^2)$. Offenbar fallen die zugehörigen Regressionsgeraden genau dann zusammen, wenn $\varrho^2 = 1$ gilt (d. h., wenn die Reststreuungen verschwinden, also $Y = g_Y(X) = \alpha_{YX} + \beta_{YX} X$ ist). Sie sind Parallelen zu den Koordinatenachsen, wenn X und Y unkorreliert sind (d. h. $\varrho = 0$ ›Korrelationsanalyse), also speziell im Fall unabhängiger Zufallsgrößen X und Y. Man spricht von *positiver* (bzw. *negativer*) *linearer Regression*, wenn die Regressionsgeraden einen positiven (bzw. negativen) Anstieg besitzen, d. h., wenn $\varrho > 0$ (bzw. $\varrho < 0$) gilt. Sind die Regressionsfunktionen 1. Art linear, so fallen sie mit den *linearen Regressionsfunktionen* 2. *Art* zusammen. Dies ist insbesondere der Fall, wenn (X, Y) ein (zweidimensional) normalverteilter Vektor ist.

a_1') *Orthogonale lineare Regression.* Es bezeichne für jede Gerade g in der x,y-Ebene $d_{x,y}(g)$ den orthogonalen Abstand des Punktes (x, y) von der Geraden g. Sucht man in Abwandlung von a_1) unter allen Geraden diejenige, die anstelle von (**) den orthogonalen Abstand im Sinne des quadratischen Mittels, d. h. $E[(d_{x,y}(g))^2]$, zum Minimum macht, so ist diese Gerade i. a. verschieden von den Regressionsgeraden in a_1); sie heißt die *orthogonale Regressionsgerade* von X und Y (und stimmt mit der orthogonalen Regressionsgeraden von X bez. Y überein); vgl. (9).

a_2) *Parabolische Regression (vom Grade k).* Die *parabolische Regressionsfunktion* $g_Y(X)$ von Y bez. X ist durch $g_Y(x) = \alpha_0 + \alpha_1 x + \cdots + \alpha_k x^k$ definiert, wobei die Regressionskoeffizienten α_i Lösungen der Gleichungen $E[X^i(\alpha_0 + \alpha_1 X + \cdots + \alpha_k X^k - Y)] = 0$, $(i = 0, 1, \ldots, k)$, sind. Günstig erhält man $g_Y(x)$ i. a. durch den Ansatz $g_Y(x) = \beta_0 p_0(x) + \beta_1 p_1(x) + \cdots + \beta_k p_k(x)$, wobei $(p_i(x))$ ein System zur Verteilung von X gehöriger orthogonaler Polynome (d. h. $E[p_i(X)\, p_j(X)] = \delta_{ij}$ bezeichnet. Die Koeffizienten β_i ergeben sich dann einfach zu $\beta_i = E[Y\, p_i(X)]$, $i = 0, 1, \ldots, k$.

b) ***Mehrfache*** (*multiple*) ***Regression.*** Sind anstelle von X und Y allgemeiner k Zufallsgrößen $X_1, X_2, \ldots, X_k$ gegeben, so definiert man in Analogie zu a) ($(k-1)$-fache) Regressionsfunktionen (2. Art) und zugehörige Regressionshyperflächen von X_i bez. $X_{i_1}, \ldots, X_{i_m}$ im Sinne der linearen orthogonalen, parabolischen, curvilinearen Regression. Insbesondere ist z. B. bei der linearen $(k-1)$-fachen Regression die Regressionsfunktion g_{X_1} von X_1 bez. $X_2, \ldots, X_k$ unter allen linearen reellen Funktionen von $k-1$ Veränderlichen diejenige mit minimaler Streuung $E[(X_1 - g_{X_1}(X_2, \ldots, X_k))^2]$; g_{X_1} ist durch eine Gleichung der Form $g_{X_1}(X_2, \ldots, X_k) - E(X_1) = \beta_{12\cdot 3\ldots k}(X_2 - E(X_2)) + \beta_{13\cdot 24\ldots k}(X_3 - E(X_3)) + \cdots + \beta_{1k\cdot 2\ldots k-1}(X_k - E(X_k))$ gegeben, wobei allgemein für die sog. *multiplen* oder *partiellen Regressionskoeffizienten* $\beta_{ij} := \beta_{ij\cdot i_1\ldots i_{k-2}}$ ($i \neq j$ und $i_1, \ldots, i_{k-2} \neq i, j$) gilt $\beta_{ij} = -\Lambda_{ij}\Lambda_{ii}^{-1}$ (Ist $(\sigma_{ij})_{i,j=1,\ldots,k}$ die ›Kovarianzmatrix des zufälligen Vektors $(X_1, \ldots, X_k)$ und Λ ihre Determinante, so ergibt sich die Unterdeterminante Λ_{ij} von Λ durch Streichung der i-ten Zeile und j-ten Spalte in $(\sigma_{ij})_{i,j=1,\ldots,k}$; hierbei wird $\Lambda \neq 0$ vorausgesetzt.)

›Regressionsanalyse

Regression 1. Art bzw. 2. Art ›Regression

Regressionsanalyse: Unter Regressionsanalyse versteht man in der Mathematischen Statistik Untersuchungen über stochastische Abhängigkeiten und Möglichkeiten einer funktionalen Beschreibung anhand einer vorliegenden ›Stichprobe. Dabei unterscheidet man inhaltlich zwei Problemstellungen ((I) und (II)), deren praktische Behandlung formal übereinstimmt; im Fall (I) werden zu betrachteten ›Zufallsgrößen Y, X (bzw. $X_1, \ldots, X_k$) Schätzungen (›Schätztheorie) bzw. Eigenschaften zugehöriger Regressionsfunktionen (›Regression) gesucht, im Fall (II) wird die Frage untersucht, ob bzw. wie bei einer Zufallsgröße Abhängigkeit von Parametern vorliegt und als funktionale Abhängigkeit, gestört durch zufällige Einflüsse, aufgefaßt werden kann. (Vgl. auch ›Korrelationsanalyse.)

(I) a) *Einfache Regression.* Es seien X und Y zwei (reelle) Zufallsgrößen (über demselben ›Wahrscheinlichkeitsraum $[\Omega, \mathfrak{A}, P]$) und $((X_1, Y_1), \ldots, (X_n, Y_n))$ eine mathematische Stichprobe vom Umfang n aus der zu (X, Y) gehörenden Grundgesamtheit. Zur Untersuchung, welcher Art die Abhängigkeit z. B. der Zufallsgröße Y von X ist, werden geeignete Schätzungen für die zugehörige Regressionsfunktion (erster oder zweiter Art) aus dieser Stichprobe und Testverfahren (›Testtheorie) bez. Eigenschaften der Regressionsfunktionen gesucht.

Es sei z. B. (X, Y) ein (zweidimensional) ›normalverteilter zufälliger Vektor. Dann sind die zugehörigen Regressionsfunktionen (1. Art = 2. Art) Geraden, z. B. $g_Y(x) = \alpha_{YX} + \beta_{YX}\, x$ (›Regression, (2), a$_1$). Als erwartungstreue ›Punktschätzung der Regressionskoeffizienten β_{YX}, α_{YX} (und damit auch der Regressionsgeraden g_Y) erhält man die Stichprobenfunktionen $\hat\beta_{YX} = \hat\varrho\, S_Y/S_X$, $\hat\alpha_{YX} = \overline{Y} - \hat\beta_{YX}\overline{X}$ $\Big($mit $\overline{X} = \frac{1}{n}\sum_{i=1}^{n} X_i$, $S_X^2 = \frac{1}{n-1}\sum_{i=1}^{n}(X_i - \overline{X})^2$; hierzu analog $\overline{Y}, S_Y^2$; $\hat\varrho = \frac{1}{(n-1)\,S_X S_Y} \times$
$\times \sum_{i=1}^{n}(X_i - \overline{X})(Y_i - \overline{Y})\Big)$.

Dabei heißt $\hat\beta_{YX}$ (und gelegentlich auch $\hat\alpha_{YX}$) *Stichprobenregressionskoeffizient* von Y bez. X, und die zugehörigen Realisierungen heißen *empirische Regressionskoeffizienten* von Y bez. X. Die Stichprobenfunktion $T = \sqrt{n-2}\; S_X\,(S_Y\sqrt{1-\hat\varrho^2})^{-1}\,(\hat\beta_{YX} - \beta_{YX})$ besitzt dann eine ›t-Verteilung mit $n-2$ Freiheitsgraden, so daß ein Testen von Hypothesen der Form $\beta_{YX} = \beta_0$ (anhand einer zugehörigen konkreten Stichprobe) vermittels T in der Art des ›t-Testes erfolgt. Ein Test der Hypothese $\beta_{YX} = 0$ kann wegen $\beta_{XY} = \varrho\,\sigma_Y/\sigma_X$ durch Prüfung der Hypothese $\varrho = 0$ im Rahmen der ›Korrelationsanalyse erfolgen.

b) *Mehrfache Regression.* Die für den Fall von zwei Zufallsgrößen X und Y in a) dargestellte Regressionsanalyse läßt sich in naheliegender Weise auf den Fall von k Zufallsgrößen $X_1, \ldots, X_k$ verallgemeinern. Wie in a) erhält man dann für die multiplen Regressionskoeffizienten $\beta_{ij\cdot i_1\ldots i_{k-2}}$ Punktschätzungen $\hat\beta_{ij\cdot i_1\ldots i_{k-2}}$, die als *multiple* (oder *partielle*) *Stichprobenregressionskoeffizienten* bezeichnet werden. Ist $(X_1, \ldots, X_k)$ ein (k-dimensional) ›normalverteilter ›zufälliger Vektor und ist $\big((X_1^{(1)}, \ldots, X_k^{(1)}), \ldots, (X_1^{(n)}, \ldots, X_k^{(n)})\big)$ eine mathematische Stichprobe vom Umfang n aus der zu diesem Vektor gehörenden Grundgesamtheit, so besitzt z. B. die Stichprobenfunktion

$$T = \sqrt{n-k}\;\hat\sigma_{2\cdot34\ldots k}\,\hat\sigma_{1\cdot23\ldots k}^{-1}(\hat\beta_{12\cdot34\ldots k} - \beta_{12\cdot34\ldots k})$$

(z. B. $\hat\sigma_{1\cdot23\ldots k}$ ›Maximum-Likelihood-Schätzung für $\sigma_{1\cdot23\ldots k} = \Lambda\,\Lambda_{11}^{-1}$. Bezeichnungen ›Regression (2) b) eine t-Verteilung mit $n-k$ Freiheitsgraden. Prüfungen von Hypothesen der Form $\beta_{12\cdot34\ldots k} = \beta_0$ erfolgen dann wie im Fall des t-Tests.

(II) a) *Einfache Regression.* Es seien $x_1, \ldots, x_n$ reelle Werte und $Y_1, \ldots, Y_n$ Zufallsgrößen über demselben Wahrscheinlichkeitsraum (z. B. x_i Geschwindigkeiten eines Fahrzeuges, Y_i zugehörige Bremswege). Als zugehörige Regressionsfunktion bezeichnet man hier eine solche (reelle) Funktion f, für die

$$Y_i = f(x_i) + \varepsilon_i \qquad (*)$$

mit $E(\varepsilon_i) = 0$ für $i = 1, \ldots, n$ gilt. (Diese Beziehung bedeutet, daß die Abhängigkeit $x_i \to Y_i$ aus einem funktionalen Zusammenhang, d. h. aus f, durch zufällige Störungen mit dem Erwartungswert 0 hervorgegangen ist.) Anhand von ›Realisierungen $(y_1, \ldots, y_n)$ des zufälligen Vektors $(Y_1 \ldots, Y_n)$ werden dann quantitative Aussagen über die Funktion f (also über die Art der Abhängigkeit der Y_i von x_i) getroffen.

Lineare Regression. Setzt man insbesondere in (*) eine Funktion f der Gestalt $f(x) = \alpha + \beta x$ voraus (zur Prüfung dieser Voraussetzung ›Linearitätstest von FISHER), so spricht man von *linearer Regression* und nennt f die zugehörige *Regressionsgerade* bzw. α und β die zugehörigen *Regressionskoeffizienten*. Das Problem besteht dann im Auffinden von Punktschätzungen für α und β. Erwartungstreue Punktschätzungen lassen sich günstig mit der ›Methode der kleinsten Quadrate bestimmen, was auf ähnliche Lösungen wie in (I) führt: Ist $E(\varepsilon_i \varepsilon_j) = \sigma^2 \delta_{ij}$, so sind

$$\hat{\beta} = \frac{\sum_{i=1}^{n} (x_i - \bar{x})(Y_i - \bar{Y})}{\sum_{i=1}^{n} (x_i - \bar{x})^2} \quad \text{und } \hat{\alpha} = \bar{Y} - \hat{\beta}\bar{x}$$

$$\left(\bar{x} = \frac{1}{n}\sum_{i=1}^{n} x_i,\ \bar{Y} = \frac{1}{n}\sum_{i=1}^{n} Y_i\right)$$

solche gesuchten Punktschätzungen von α und β (sie heißen *Stichprobenregressionskoeffizienten*). Außerdem ist (die sog. *Stichprobenreststreuung*)
$\hat{\sigma}^2 = \frac{1}{n-2} \sum_{i=1}^{n} [Y_i - \hat{\alpha} - \hat{\beta}(x_i - \bar{x})]^2$ eine erwartungstreue Punktschätzung von σ^2. Ist darüber hinaus $(\varepsilon_1, \ldots, \varepsilon_n)$ normalverteilt, so ist $(n-2)\,\hat{\sigma}_2/\sigma_2$ ›χ^2-verteilt mit $n-2$ Freiheitsgraden, $\sqrt{n}\,(\hat{\alpha} - \alpha)/\hat{\sigma}$ und $\sqrt{\sum_{i=1}^{n} (x_i - \bar{x})^2}\,(\hat{\beta} - \beta)/\hat{\sigma}$ t-verteilt mit $n-2$ Freiheitsgraden. Testen von Hypothesen der Form $\sigma^2 = \sigma_0^2$, $\alpha = \alpha_0$, $\beta = \beta_0$ erfolgt daher entsprechend dem ›χ^2-Test (I) bzw. t-Test.

Vergleich zweier Regressionsgeraden. Seien $x_1, \ldots, x_n$; $x_1', \ldots, x_{n'}'$ reelle Werte und $Y_1, \ldots, Y_n$ sowie $Y_1', \ldots, Y_{n'}'$ n bzw. n' normalverteilte unabhängige Zufallsgrößen, wobei alle Y_i die Streuung σ^2, alle Y_j' die Streuung σ'^2 besitzen und $E(Y_i) = \alpha + \beta x_i$, $i = 1, \ldots, n$, $E(Y_j') = \alpha' + \beta' x_j'$, $j = 1, \ldots, n'$, gelte. Die Prüfung der Hypothese $\sigma^2 = \sigma'^2$ erfolgt in Art des ›F-Tests mittels der Testgröße $\varphi = \hat{\sigma}^2/\hat{\sigma}'^2$ (ohne Beschränkung der Allgemeinheit sei dabei die betrachtete Realisierung von φ größer oder gleich eins), die unter der Voraussetzung, daß diese Hypothese wahr ist, eine ›F-Verteilung mit $(n-2, n'-2)$ Freiheitsgraden besitzt. Die Testgröße

$$\sqrt{n + n' - 4}\,(\hat{\beta} - \hat{\beta}')\left\{\left[(n-2)\,\hat{\sigma}^2 + (n'-2)\,\hat{\sigma}'^2\right] \times \right.$$
$$\left. \times \left[\left(\sum_{i=1}^{n} (x_i - \bar{x})^2\right)^{-1} + \left(\sum_{i=1}^{n'} (x_j' - \bar{x}')^2\right)^{-1}\right]\right\}^{-1/2}$$

besitzt unter der Voraussetzung, daß die Hypothese $\beta = \beta'$ wahr ist, eine t-Verteilung mit $n + n' - 4$ Freiheitsgraden. Die Prüfung der oben genannten Hypothese erfolgt daher gemäß dem t-Test (Prüfung der Konstanten und andere Verfahren s. (26), (80)).

Der Fall der sog. *curvilinearen Regression* (d. h., f ist keine lineare Funktion) läßt sich i. a. durch eine geeignete Transformation auf den Fall linearer Regression zurückführen.

b) *Mehrfache Regression.* Analog zu a) behandelt man den Fall eines Zusammenhangs der Form $Y_i = f(x_{1i}, \ldots, x_{ki}) + \varepsilon_i$ mit $E(\varepsilon_i) = 0$ $(i = 1, \ldots, n)$, wobei $Y_1, \ldots, Y_n$ Zufallsgrößen und $x_{l1}, \ldots, x_{ln}$ $(l = 1, \ldots, k)$ reelle Werte sind. Wird wieder vorausgesetzt, daß die ε_i unabhängig und normalverteilt mit der Streuung σ^2 sind, so erhält man z. B. für den linearen Fall (d. h. $f(x_1, \ldots, x_k) = \alpha + \beta_1 x_1 + \cdots + \beta_k x_k$) entsprechende Resultate wie in a) (s. z. B. (9), (80), (72)).

[1] Nollau, V., Statistische Analysen, Leipzig 1975
[2] Richter, H. und V. Mammitzsch, Methode der kleinsten Quadrate, Stuttgart 1973

Regressionseffekt: Beim statistischen Vergleich der Größe von Vätern mit der Größe ihrer Söhne (charakterisiert durch die ›Zufallsgrößen X_V bzw. X_S mit den ›Erwartungswerten μ_V, μ_S und den ›Streuungen σ_V^2, σ_S^2; wobei (X_V, X_S) eine (zweidimensionale) ›Normalverteilung besitzt) stellte man fest, daß die mittlere Größe von Söhnen, deren Väter z. B. die Größe $\mu_V + \sigma_V$ besitzen, (d. h. $E(X_S|X_V = \mu_V + \sigma_V)$ ›bedingte Erwartung) nur $\mu_S + \varrho\sigma_S$ $(0 < \varrho < 1$; ϱ ›Korrelationskoeffizient) beträgt. In einem solchen Sinne liegt also bei der Vererbung der Körpergröße ein Zurückgehen (engl.: regression) in Richtung auf das allgemeine Mittelmaß vor (F. Galton, 1885). Als *Regressionseffekt* bezeichnet man allgemeiner einen analogen Sachverhalt zwischen zwei (und ggf. mehreren) beliebigen Zufallsgrößen. Er tritt z. B. im Fall linearer ›Regression stets dann auf, wenn für den zugehörigen Korrelationskoeffizienten ϱ die Ungleichung $|\varrho| < 1$ gilt.

Regressionsflächen ›Regression

Regressionsfunktion (1. Art bzw. 2. Art) ›Regression

Regressionsgeraden ›Regression, ›Regressionsanalyse

Regressionshyperflächen ›Regression

Regressionskoeffizienten ›Regression, ›Regressionsanalyse

Regressionskurven ›Regression

regulärer ›stationärer Prozeß

reiner Wert eines Spiels ›Spieltheorie

reine Strategie ›Spieltheorie, ›Steuerung stochastischer Prozesse

rekurrente meßbare Transformation ›Strömung

rekurrenter Prozeß = einfacher Erneuerungsprozeß (›Erneuerungstheorie): *Ein rekurrenter Prozeß* ist ein spezieller ›Punktprozeß, bei dem die Zeitdifferenzen $\tau_n - \tau_{n-1}$, ($n = 1, 2, \ldots$; $\tau_0 = 0$), unabhängige (›Unabhängigkeit zufälliger Variabler), positive und ›identisch verteilte Zufallsgrößen (mit der Verteilungsfunktion F) sind. Ein rekurrenter Prozeß ist i. a. nicht notwendig MARKOVsch (›MARKOVscher Prozeß); im Spezialfall $F(x) = 1 - e^{-\lambda x}$ ($x \geqq 0$) ergibt sich der (MARKOVsche) ›POISSONsche Prozeß.

rekurrenter Zustand einer ›MARKOVschen Kette

Rekurrenzsatz ›Strömung

Rekurrenzzeit eines Zustands einer ›MARKOVschen Kette

relative Entropie ›Entropie eines Versuches

relative Häufigkeit: Tritt ein zufälliges Ereignis A (›Ereignisfelder und Wahrscheinlichkeitsalgebren) in n ›Versuchen m-mal ein, so heißt $h_n(A) := m/n$ die *relative Häufigkeit* von A bei diesen Versuchen; die Zahl m selbst wird als *absolute Häufigkeit* bezeichnet.

Die Eigenschaften

1. $0 \leqq h_n(A) \leqq 1$,
2. $h_n(I) = 1$, I sicheres Ereignis
3. $h_n(A \cup B) = h_n(A) + h_n(B)$ für unvereinbare Ereignisse A und B

bildeten den Ausgangspunkt für das KOLMOGOROVsche Axiomensystem der Wahrscheinlichkeitstheorie [1]. Die sog. Stabilität (›Wahrscheinlichkeit eines Ereignisses) der relativen Häufigkeit wird durch die ›Gesetze der großen Zahlen beschrieben. Auf der Stabilität der relativen Häufigkeit beruht deren grundlegende Bedeutung in der Mathematischen Statistik. Insbesondere ist die relative Häufigkeit eines Ereignisses A ein Schätzwert für die Wahrscheinlichkeit von A (›Punktschätzung).

Lit.: (77), (80)
[1] KOLMOGOROV, A. N., Grundbegriffe der Wahrscheinlichkeitsrechnung, Berlin 1933.

Reparametrisierungsbedingung ›Varianzanalyse

Reserveelemente ›Zuverlässigkeitstheorie

Reservierung ›Zuverlässigkeitstheorie

Reststreuung ›Regression

Ring (von Mengen): Ein (nichtleeres) System $\mathfrak{R}$ von Mengen heißt ein *Ring*, wenn zu je zwei Mengen E und F des Systems $\mathfrak{R}$ auch deren Vereinigung $E \cup F$, Durchschnitt $E \cap F$ und Differenz $E \setminus F$ zu $\mathfrak{R}$ gehören. Ein Ring $\mathfrak{R}$ heißt *σ-Ring*, wenn zu jeder Folge $A_1, A_2, \ldots, A_n, \ldots$ von Mengen aus $\mathfrak{R}$ auch deren Vereinigung $\bigcup_{n=1}^{\infty} A_n$ — und damit auch deren Durchschnitt $\bigcap_{n=1}^{\infty} A_n$ — zu $\mathfrak{R}$ gehört.

Risikofunktion ›Entscheidungstheorie

Robbins-Monro-Prozeß: Es sei X_x für jedes $x \in R^1$ eine ›Zufallsgröße. Für jedes $x \in R^1$ existiere der ›Erwartungswert $M(x) = \int_{-\infty}^{\infty} \xi \, dF_{X_x}(\xi)$ (F_{X_x} Verteilungsfunktion von X_x), und für ein vorgegebenes $\alpha \in R^1$ möge die Gleichung

$$M(x) = \alpha$$

genau eine reelle Lösung ϑ haben. Unter einer *stochastischen Approximation* von ϑ versteht man die Konstruktion einer konsistenten Folge von ›Punktschätzungen für ϑ.

Es sei (a_n), $n = 1, 2, \ldots$, eine Nullfolge positiver Zahlen (d. h. $\lim_{n\to\infty} a_n = 0$), Z_1 eine beliebige Zufallsgröße und

$$Z_{n+1} = z_n + a_n (\alpha - Y_n) \; (n \geqq 1) \, . \qquad (*)$$

Dabei sind z_n eine ›Realisierung von Z_n sowie Y_n für $n \geqq 1$ eine Zufallsgröße, deren Verteilung unter der Bedingung $Z_1 = z_1, \ldots, Z_n = z_n$, $(z_1, \ldots, z_n) \in R^n$, mit der Verteilung von X_{z_n} übereinstimmt. Die durch (*) definierte Folge $Z_1, Z_2, \ldots$ heißt Robbins-Monro-*Prozeß*.

Unter geeigneten Voraussetzungen an $M(x)$ und $\{a_n\}$ konvergiert die Folge (Z_n) mit Wahrscheinlichkeit Eins (›Konvergenzarten für Folgen zufälliger Variabler, a)) gegen ϑ.

Lit.: [1] Robbins, H., and S. Monro, A stochastic approximation method, Ann. Math. Statist. **22** (1952), 400–407.
[2] Гладышев, Е. Г., О стохастической аппроксимации, Теория вероятн. и ее примен. **10** (1965), 297—300.
[3] Wasan, M. T., Stochastic Approximation, Cambridge 1969 (russ. Moskau 1972).
[4] Schmetterer, L., L'Approximation Stochastique, 2. Aufl., Clermont-Ferrand 1972.

Rückwärtsgleichung ›Markovsche Kette, ›Diffusionsprozeß

S

Saisonschwankungen = ›periodische Schwankungen, ›Zeitreihenanalyse

schätzbare Funktion ›lineare Modelle

Schätzbereich (konkreter) = konkrete ›Bereichsschätzung

Schätzfunktion = ›Punktschätzung

Schätztheorie: Das Anliegen der Schätztheorie besteht darin, ›Wahrscheinlichkeiten einzelner zufälliger Ereignisse (›Ereignisfelder und Wahrscheinlichkeitsalgebren), Verteilungsfunktionen (›Zufallsgröße) oder deren ›Parameter bzw. weitere statistische Kenngrößen (wie ›Momente, Mediane, ›Quantile) auf Grund von ›Stichproben zu schätzen. Solche Schätzungen bestehen ganz allgemein in der Angabe von Funktionen, die auf dem zugehörigen Stichprobenraum definiert sind und somit von zufälligen Einflüssen abhängende Approximationen für die zu schätzenden Größen sind. Genauer kann die Aufgabe der Schätztheorie wie folgt formuliert werden:

Gegeben sei ein ›meßbarer Raum $[\Omega, \mathfrak{A}]$ und eine Indexmenge Γ. Es sei $\mathfrak{G}$ eine σ-›Algebra von Teilmengen von Γ, so daß Γ selbst als Grundmenge des meßbaren Raumes $[\Gamma, \mathfrak{G}]$ erscheint. Jedem $\gamma \in \Gamma$ sei eine ›Wahrscheinlichkeitsverteilung P_γ über $[\Omega, \mathfrak{A}]$ eineindeutig zugeordnet. Für eine vorliegende Wahrscheinlichkeitsverteilung P sei bekannt, daß sie zur ›Familie (P_γ), $\gamma \in \Gamma$, gehört, d. h., es gibt ein $\gamma_0 \in \Gamma$, so daß $P = P_{\gamma_0}$ ist; dieses γ_0 ist jedoch unbekannt und soll auf Grund einer (konkreten) Stichprobe $(x_1, x_2, \ldots, x_n)$ geschätzt werden. Als grundlegende Schätzungsarten für γ_0 haben sich die sog. ›*Punktschätzungen* (es wird für γ_0 ein bestimmtes $\hat{\gamma}_0 = \hat{\gamma}_0(x_1, \ldots, x_n) \in \Gamma$ angegeben) und die sog. ›*Bereichsschätzungen* (es wird für γ^0 eine bestimmte Teilmenge $\hat{\Gamma}_0 = \hat{\Gamma}_0(x_1, \ldots, x_n) \in \mathfrak{G}$ angegeben) herausgebildet. Zur Schätztheorie gehören ferner die ›*Toleranzschätzungen* sowie sequentielle Schätzungen (›Sequentialanalyse).

Schätzwert ›Punktschätzung

Scheffé-Test ›multiple Mittelwertvergleiche

Schiefe: Die *Schiefe* γ_3 einer ›Zufallsgröße X (mit der Verteilungsfunktion F_X) ist nach Charlier definiert als Quotient aus dem dritten zentralen ›Moment μ_3 und der dritten Potenz der Standardabweichung (›Streuung) σ der Zufallsgröße X, also $\gamma_3 = \frac{\mu_3}{\sigma^3}$.

Eine andere Definition der Schiefe gab K. PEARSON an. Danach ist die Schiefe der Quotient aus der Differenz des ›Erwartungswertes m_1 und des ›Modalwertes M, dividiert durch die Standardabweichung σ von X, also

$$\frac{m_1 - M}{\sigma}.$$

Die Schiefe dient zur Charakterisierung der Asymmetrie einer Verteilung (›symmetrische Verteilung).

›Momente, empirische Schiefe (›empirische Momente)

Schlechtgrenze ›statistische Qualitätskontrolle

schwaches ›Gesetz der großen Zahlen

schwach konsistente Folge von Schätzfunktionen ›Punktschätzung

schwach mischende meßbare Transformation ›Strömung

Semiinvarianten (= *Halbinvarianten, Kumulanten*): Es sei X eine ›Zufallsgröße mit endlichem absoluten ›Moment $\beta_k = E|X|^k$, k — natürliche Zahl. Dann besitzt die Kumulantenfunktion (›erzeugende Funktion) ψ_X von X in einer Umgebung von $t = 0$ eine stetige Ableitung k-ter Ordnung. Die Größe $\varkappa_k := \frac{1}{i^k}\psi_X^{(k)}(0)$ heißt dabei *Semiinvariante k-ter Ordnung* (der Wahrscheinlichkeitsverteilung) von X. $\varkappa_k$ läßt sich als ganze rationale Funktion der Anfangsmomente $m_1, \ldots, m_k$ darstellen, und zwar besteht die Beziehung

$$\varkappa_k = (-1)^{k-1} \begin{vmatrix} m_1 & 1 & 0 & \ldots & 0 \\ m_2 & \binom{1}{0} m_1 & 1 & 0 & . \\ m_3 & \binom{2}{0} m_2 & \binom{2}{1} m_1 & 1 & . \\ \vdots & \vdots & \vdots & \ddots & 0 \\ \vdots & \vdots & \vdots & & 1 \\ m_k & \binom{k-1}{0} m_{k-1} & \binom{k-1}{1} m_{k-2} & \ldots & \binom{k-1}{k-2} m_1 \end{vmatrix}.$$

Insbesondere gilt also $\varkappa_1 = m_1$, $\varkappa_2 = m_2 - m_1^2$, $\varkappa_3 = m_3 - 3\,m_1 m_2 + 2\,m_1^3$, $\varkappa_4 = m_4 - 4\,m_3 m_1 - 3\,m_2^2 + 12\,m_2 m_1^2 - 6\,m_1^4$; umgekehrt gilt $m_1 = \varkappa_1$, $m_2 = \varkappa_2 + \varkappa_1^2$, $m_3 = \varkappa_3 + 3\,\varkappa_2\varkappa_1 + \varkappa_1^3$, $m_4 = \varkappa_4 + 4\,\varkappa_3\varkappa_1 + 3\,\varkappa_2^2 + 6\,\varkappa_2\varkappa_1^2 + \varkappa_1^4$.

Ein einfacherer Zusammenhang besteht zwischen den Semiinvarianten und den zentralen Momenten: So ist u. a. $\varkappa_2 = \mu_2$, $\varkappa_3 = \mu_3$, $\varkappa_4 = \mu_4 - 3\mu_2^2$. (CHARLIERsche) ›Schiefe und ›Exzeß sind gleich

$$\gamma_3 = \frac{\varkappa_3}{\varkappa_2^{3/2}} \quad \text{bzw.} \quad \gamma_4 = \frac{\varkappa_4}{\varkappa_2^2}.$$

Beim Übergang von der Zufallsgröße X zur Zufallsgröße $X + b$, b reell, bleiben alle $\varkappa_k$ außer $\varkappa_1$ erhalten (daher der Name Semiinvarianten).

Weiterhin gilt: Sind X und Y unabhängige Zufallsgrößen (›Unabhängigkeit zufälliger Variabler) mit $E|X|^k < \infty$ und $E|Y|^k < \infty$, so ist die Semiinvariante k-ter Ordnung von $X + Y$ gleich der Summe der Semiinvarianten k-ter Ordnung von X und von Y. Auf Grund dieser Sachverhalte ist die Verwendung der Semiinvarianten zur Kennzeichnung einer Wahrscheinlichkeitsverteilung mitunter vorteilhafter als die der Momente.

Lit.: (38)

semi-MARKOVscher Prozeß: Verschiedene Anwendungsgebiete der Wahrscheinlichkeitstheorie — insbesondere die ›Bedienungstheorie, die ›Erneuerungstheorie und die ›Zuverlässigkeitstheorie — geben Anlaß zur Verallgemeinerung des Begriffes einer (homogenen) ›MARKOVschen Kette zum sog. semi-MARKOVschen Prozeß. Bei einer homogenen MARKOVschen Kette mit dem endlichen oder abzählbaren Zustandsraum $S = \{s_1, s_2, \ldots\}$ und diskreter bzw. stetiger Zeit ist die (zufällige) Aufenthaltsdauer in einem Zustand $s_k \in S$ bis zur nächsten Zustandsänderung notwendig ›geometrisch- bzw. ›exponentialverteilt. Unter einem *semi-MARKOVschen Prozeß* (oder auch halb-MARKOVschen Prozeß) versteht man nun — grob formuliert — einen ›stochastischen Prozeß, dessen „Bewegungen" (d. h. Zustandsänderungen) durch eine homogene MARKOVsche Kette mit diskreter Zeit beschrieben werden, dessen (zufällige) Aufenthaltsdauer in den einzelnen Zuständen $s_k \in S$ jedoch einer beliebigen, i. a. von s_k — und sogar noch allgemeiner von demjenigen Zustand s_j, der beim nächsten Übergang aus s_k erreicht wird — abhängigen Verteilung genügt.

Genauer läßt sich ein *semi-MARKOVscher Prozeß* in folgender Weise definieren (vgl. [3]): Es seien monoton wachsende, linksseitig stetige Funktionen $Q_{s_i s_j}|[0, \infty] \to [0, 1]$, $s_i, s_j \in S$, mit $\sum_{s_j \in S} Q_{s_i s_j}(\infty) = 1$ für alle $s_i \in S$, eine (beliebige) Verteilung (a_i) auf S sowie zwei Folgen $(S_n)_{n=0,1,2,\ldots}$ und $(X_n)_{n=0,1,2,\ldots}$ ›zufälliger Variabler über dem gemeinsamen ›Wahrscheinlichkeitsraum $[\Omega, \mathfrak{A}, P]$ mit Werten in S bzw. $[0, \infty)$ gegeben. Weiterhin gelte $X_0 = 0$ P-fast sicher, $P(S_0 = s_k) = a_k$ für alle k und $P(S_n = s_k,\ X_n < t | S_0, S_1, X_1, \ldots, S_{n-1}, X_{n-1}) = Q_{S_{n-1} s_k}(t)$ (*) P-fast sicher für alle $t > 0$, $s_k \in S$. Dann heißt der durch

$$Z(t) := S_{N(t)}, \qquad t \in T = [0, \infty),$$

$$N(t) := \max (n \geqq 0: X_0 + X_1 + \cdots + X_n \leqq t), \quad t \in T,$$

definierte stochastische Prozeß Z_T ein semi-MARKOVscher Prozeß, der von der Anfangsverteilung (a_k) und der Schar der Matrizen $(Q_{s_i s_j}(t))$, $t \in T$, erzeugt wird.

Anschaulich beschreibt S_n den Zustand des Prozesses Z_T nach dem n-ten Sprung, X_n die Aufenthaltsdauer in dem vor dem n-ten Sprung erreichten Zustand S_{n-1} und $N(t)$ die zufällige Anzahl der Zustandsänderungen bis zur Zeit t; $Q_{s_i s_j}(t)$ ist die (wegen der vorausgesetzten zeitlichen Homogenität von n unabhängige) ›bedingte Wahrscheinlichkeit dafür, daß sich der Prozeß Z_T weniger als t „Zeiteinheiten" in dem vor dem n-ten Sprung erreichten Zustand s_i aufhält und nach dem n-ten Sprung in den Zustand s_j gelangt, unter der Bedingung, daß er vor dem n-ten Sprung bei s_i war. Aus (*) folgt unmittelbar, daß $(S_n)_{n=0,1,2,\ldots}$ eine homogene MARKOVsche Kette mit diskreter Zeit, der Anfangsverteilung (a_k) und der Übergangsmatrix $(Q_{s_i s_j}(\infty))$ ist.

Besteht S aus nur einem Zustand, so ist der semi-MARKOVsche Prozeß Z_T ein einfacher Erneuerungsprozeß (›Erneuerungstheorie). Sind alle $Q_{s_i s_j}(.)$, $s_i, s_j \in S$, stückweise konstant mit dem einzigen Sprung der Höhe p_{ij} an der Stelle $h > 0$, so handelt es sich um eine homogene MARKOVsche Kette Z_T, $T = \{n \cdot h\colon n = 0, 1, 2, \ldots\}$, mit diskreter Zeit („Schrittlänge" h) und der Übergangsmatrix (p_{ij}). Gilt $Q_{s_i s_j}(t) = p_{ij}(1 - e^{-\lambda_i t})$, $t \in [0, \infty)$, mit gewissen Parametern $\lambda_i > 0$, so liegt eine homogene MARKOVsche Kette mit stetiger Zeit vor.

Lit.: [1] LEVY, P., Processus semi-markoviens, Proc. Int. Congress Math. (Amsterdam) III (1954), 416–426.
[2] SMITH, W. L., Regenerative Stochastic Processes, Proc. Roy. Soc. A 232 (1955), 6–31.
[3] PYKE, R., Markov Renewal Processes: Definitions and Preliminary Properties, Ann. Math. Statist. 32, 4 (1961), 1231–1259.
[4] STÖRMER, H., Semi-Markoff-Prozesse mit endlich vielen Zuständen, Berlin 1970.

Semimartingal = Halbmartingal ›Martingal

Separabilitätsmenge ›separabler stochastischer Prozeß

separabler stochastischer Prozeß: Es seien X_T ein ›stochastischer Prozeß mit einer überabzählbaren Parametermenge T und dem Zustandsraum $[E, \mathfrak{B}]$, T' eine überabzählbare Teilmenge von T und $E_0 \in \mathfrak{B}$, $E_0 \neq \emptyset$. Dann ist i. a. die Meßbarkeit der Menge (›meßbare Menge)

$$\{\omega | X(t, \omega) \in E_0 \quad \text{für alle} \quad t \in T'\}$$

nicht gesichert, da sie sich nur als Durchschnitt überabzählbar vieler Ereignisse $\{\omega | X(t, \omega) \in E_0\}$, $t \in T'$, darstellen läßt. Ist T ein Intervall der reellen Achse, so ist aus demselben Grunde z. B. die Menge $\{\omega | X(., \omega)$ ist stetig in $T\}$ i. a. nicht meßbar. Diese und andere, für viele Fragen der Anwendungen wichtige Mengen erweisen sich jedoch stets als meßbar, wenn man X_T als separabel voraussetzt. Dabei heißt ein stochastischer Prozeß X_T über $[\Omega, \mathfrak{A}, P]$ mit einem topologischen Zustandsraum $[E, \mathfrak{B}]$, dessen Parametermenge T ein Teil der reellen Achse ist, ***separabel***, wenn eine abzählbare Menge $T_0 \subset T$ (die sog. ***Separabilitätsmenge***) und ein Ereignis $A_0 \in \mathfrak{A}$ mit $P(A_0) = 0$ existieren, so daß für jede abgeschlossene Menge F in E und jedes offene Intervall I der reellen Achse gilt:

$$\{\omega | X_t(\omega) \in F \text{ für alle } t \in I \cap T_0\} \setminus \{\omega | X_t(\omega) \in F \text{ für alle } t \in I \cap T\} \subset A_0 .$$

Ist der Zustandsraum E metrisch und kompakt und $\mathfrak{B}$ die von seinen offenen Mengen erzeugte σ-›Algebra, dann gibt es zu dem gegebenen stochastischen Prozeß X_T einen äquivalenten separablen stochastischen Prozeß X'_T (›äquivalente stochastische Prozesse); ist X_T überdies stochastisch stetig (›Stetigkeit stochastischer Prozesse), so kann dabei eine beliebige abzählbare, in T dichte Menge T_0 als Separabilitätsmenge gewählt werden (vgl. auch ›meßbarer stochastischer Prozeß).

Lit.: (11), (20), (49)

Sequentialanalyse: In der *Sequentialanalyse* werden statistische Verfahren betrachtet, bei denen die Anzahl der für eine gewisse Entscheidung benötigten ›Versuche (d. h. der Umfang der ›Stichprobe) nicht vorausbestimmt ist. Nach jedem einzelnen Versuch wird auf Grund der bisherigen Stichprobenergebnisse festgestellt, ob die Versuchsserie abgebrochen werden kann oder ob noch ein weiterer Versuch durchzuführen ist. Damit wird häufig erreicht, daß eine Entscheidung — z. B. über Annahme oder Ablehnung einer vorgelegten Hypothese (›Testtheorie) — im Mittel nach einer wesentlich geringeren Anzahl von Versuchen gefällt wird als bei vergleichbaren nicht sequentiellen statistischen Verfahren. Die Sequentialanalyse wurde 1943 durch A. Wald begründet.

1. Ein ***sequentielles Testverfahren*** besteht allgemein in folgendem: Es sei $[\Omega, \mathfrak{A}]$ ein ›meßbarer Raum, Γ eine Indexmenge. Jedem $\gamma \in \Gamma$ sei eine ›Wahrscheinlichkeitsverteilung P_γ über $[\Omega, \mathfrak{A}]$ eineindeutig zugeordnet. Für eine vorliegende Wahrscheinlichkeitsverteilung P sei bekannt, daß sie zur ›Familie $\{P_\gamma\}_{\gamma \in \Gamma}$ gehört, d. h., es gibt ein γ_0 so, daß $P = P_{\gamma_0}$ ist; dieses γ_0 ist jedoch unbekannt. Γ_0 sei eine nichtleere, echte Teilmenge von Γ. Es wird die Nullhypothese H_0: $\gamma_0 \in \Gamma_0$ und die Alternativhypothese H_1: $\gamma_0 \in \Gamma \setminus \Gamma_0$ aufgestellt. Zur Überprüfung der Hypothese wird eine ›zufällige Variable X über $[\Omega, \mathfrak{A}, P_{\gamma_0}]$ mit Werten aus einem meßbaren Raum $[E, \mathfrak{C}]$ herangezogen. Für jedes ganzzahlige $n > 0$ wird der Raum $E^n = E \times \cdots \times E$ in drei Bereiche $E_1^{(n)}$ (Annahmebereich für H_0), $E_2^{(n)}$ (indifferenter Bereich) und $E_3^{(n)}$ (Annahmebereich von H_1) zerlegt. Die Festlegung dieser Mengen $E_i^{(n)}$ $(i = 1, 2, 3)$ erfolgt auf Grund praktischer Gegebenheiten, jedoch stets so, daß bei der nachfolgend beschriebenen Durchführung des sequentiellen Testverfahrens die Wahrscheinlichkeiten des Fehlers erster Art und des Fehlers zweiter Art vorgegebene Schranken nicht übersteigen.

Der erste Versuch besteht in der Ermittlung einer ›Realisierung x_1 von X. Ist $x_1 \in E_1^{(1)}$, so wird H_0 angenommen; im Fall $x_1 \in E_3^{(1)}$ wird H_1 angenommen; gilt jedoch $x_1 \in E_2^{(1)}$, so wird ein zweiter Versuch durchgeführt, indem eine zweite Realisierung x_2 von X hinzugezogen wird. Ist $(x_1, x_2) \in E_1^{(2)}$, so wird H_0 angenommen; im Fall $(x_1, x_2) \in E_3^{(2)}$ wird H_1 angenommen; gilt jedoch $(x_1, x_2) \in E_2^{(2)}$, so wird ein weiterer Versuch durchgeführt usw. Nach n Versuchen, also nach der Gewinnung der Realisierung x_n von X, ist das Verfahren dann beendet, wenn $(x_1, \ldots, x_n) \in E_1^{(n)}$ (Annahme von H_0) oder $(x_1, \ldots, x_n) \in E_3^{(n)}$ (Annahme von H_1) gilt; im Fall $(x_1, \ldots, x_n) \in E_2^{(n)}$ wird ein weiterer Versuch durchgeführt, also eine weitere Realisierung x_{n+1} von X hinzugezogen.

Zur Bewertung eines sequentiellen Tests wird neben der Operationscharakteristik die sog. *ASN-Funktion* (average sample number) des Tests betrachtet, sie gibt in Abhängigkeit von $\gamma \in \Gamma$ den ›Erwartungswert der (zufälligen) Anzahl der bis zum Abbruch des Sequentialverfahrens durchzuführenden Versuche an.

A. WALD (85) entwickelte aufbauend auf dem ›Likelihood-Quotienten-Test einen speziellen sequentiellen Test, den sog. *sequentiellen Likelihood-Quotienten-Test* (sequential probability ratio test) zur Prüfung einer einfachen Nullhypothese $H_0: \gamma_0 = \gamma^{(0)}$ gegen eine einfache Alternativhypothese $H_1: \gamma_0 = \gamma^{(1)}$. Mit Hilfe der ›Likelihood-Funktion $L(x_1, \ldots, x_n; \gamma)$ wird eine Folge von sog. Likelihood-Quotienten λ_n $(n = 1, 2, \ldots)$ gebildet:

$$\lambda_n(x_1, \ldots, x_n) = \frac{L(x_1, \ldots, x_n; \gamma^{(0)})}{L(x_1, \ldots, x_n; \gamma^{(1)})}.$$

Sind A, B zwei gegebene positive Zahlen mit $A > B$, so besteht die Testvorschrift in folgendem: Gilt $\lambda_n \geqq A$, so wird nach dem n-ten Versuch H_0 angenommen (und damit H_1 abgelehnt); falls $\lambda_n \leqq B$ gilt, wird H_1 angenommen (und damit H_0 abgelehnt). Im Fall $B < \lambda_n < A$ ist das Verfahren fortzusetzen. A und B sind so zu wählen, daß die Wahrscheinlichkeiten für den Fehler erster Art bzw. zweiter Art vorgegebene Zahlen α bzw. β nicht übertreffen $(0 < \alpha, \beta < 1)$. In praxi verwendet man für A bzw. B die Zahlen $\frac{1-\alpha}{\beta}$ bzw. $\frac{\alpha}{1-\beta}$. Dieses sequentielle Testverfahren endet fast sicher (›fast überall) nach endlich vielen Schritten.

2. *Sequentielle Schätzungen* dienen zur Gewinnung von ›Bereichsschätzungen für den unbekannten Parameter γ_0 einer Wahrscheinlichkeitsverteilung P_{γ_0}, wenn außer dem Konfidenzniveau z. B. noch die Länge des Konfidenzintervalls, eine obere Schranke für diese Länge oder andere Eigenschaften vorgeschrieben sind.

Lit.: (85)

[1] ANSCOMBE, F. J., Sequential estimation, Biometrika 36 (1950); J. Roy. Statist. Soc., Ser. B, 15 (1953), 1–29; Large-sample theory of sequential estimation, Proc. Cambr. Philos. Soc. 48 (1952), 600–607.

[2] WETHERILL, G. B., Sequential methods in statistics, London 1966.
[3] KHAN, R. A., A general method of determining fixed-width confidence intervals, Ann. Math. Statist. 40 (1969), 704–709.

sequentieller Test ›Sequentialanalyse

sequentielle Schätzung ›Sequentialanalyse

Serienschema ›asymptotische Eigenschaften von Folgen von Zufallsgrößen

SHANNONsche Entropie ›Entropie eines Versuches, ›Entropie einer Zufallsgröße

SHANNONsche Sätze ›Informationstheorie

SHANNONsche Ungleichung ›Entropie eines Versuches

SHEPPARDsche Korrektur: Wird die empirische Streuung s^2 (›empirische Momente) einer konkreten ›Stichprobe $(x_1, \ldots, x_n)$ unter Benutzung einer äquidistanten Klasseneinteilung (›Klassenhäufigkeit) mit der Klassenbreite c näherungsweise berechnet durch

$$\tilde{s}^2 = \frac{1}{n-1} \sum_{k=1}^{K} h_k (u_k - \bar{u})^2$$

(K Anzahl der Klassen, h_k absolute Klassenhäufigkeiten, u_k Klassenmitten, $\bar{u} = \frac{1}{n} \sum_{k=1}^{K} h_k u_k$), so kann dem dadurch entstehenden Fehler mit Hilfe der sog. SHEPPARD*schen Korrektur* entgegengewirkt werden. (Dies setzt jedoch u. a. einen verhältnismäßig großen Stichprobenumfang voraus.) Hierbei ist $\tilde{s}^2$ durch $\tilde{s}^2 - \frac{c^2}{12}$ zu ersetzen. Entsprechende Korrekturen bestehen für die empirischen Momente höhere Ordnung.
Lit.: (9)

sicheres Ereignis ›Ereignisfelder und Wahrscheinlichkeitsalgebren

Sicherheitswahrscheinlichkeit ›Signifikanztest

σ-Algebra (von Mengen) ›Algebra

σ-finites ›Maß

Signifikanzniveau ›Testtheorie, ›Signifikanztest

Signifikanztest: Eine bei statistischen Untersuchungen häufig vorkommende Problemstellung ist die folgende:

Anhand einer konkreten ›Stichprobe $(x_1, \ldots, x_n)$ aus einer Grundgesamtheit R_1 $([R_1, \mathfrak{B}_1, P_X])$ ist zu entscheiden, ob eine gewisse Hypothese — das ist eine Annahme über die (vollständig oder teilweise unbekannte) ›Wahrscheinlichkeitsverteilung P_X — mit der konkreten Stichprobe verträglich ist oder ob die hypothetische Verteilung von der wahren Verteilung signifikant (d. h. statistisch gesichert) abweicht. Prüfverfahren mit diesem Ziel heißen *Signifikanztests*.

Das allgemeine Vorgehen läßt sich wie folgt schematisieren:

1. Aufstellen einer *Hypothese H*.

2. Konstruktion einer sog. *Testgröße T* — das ist eine Stichprobenfunktion $(T = T(X_1, \ldots, X_n))$, deren Verteilungsfunktion (›Zufallsgröße) unter der Annahme, daß die Hypothese wahr ist, (zumindest asymptotisch, d. h. für große Stichprobenumfänge n) vollständig bekannt sein muß.

3. Wahl eines sog. *kritischen Bereiches* K^* — das ist ein möglichst großer Teil des Wertebereiches der Testgröße T —, so daß die Wahrscheinlichkeit $p^* = P(T \in K^*)$ dafür, daß T Werte aus K^* annimmt, nicht größer als eine vorgegebene Zahl α $(0 < \alpha < 1)$ ausfällt, falls die Hypothese H wahr ist. Diese Zahl α heißt *Signifikanzniveau*. Deren Festlegung ergibt sich aus der praktischen Fragestellung (häufig $\alpha = 0{,}05$; $0{,}01$; $0{,}001$) und ist somit kein eigentlich mathematisches Anliegen. Demgegenüber hat die Wahl von K^* in Abhängigkeit von der Hypothese H, der Testgröße T und dem Signifikanzniveau α zu erfolgen. In den meisten Fällen ist T reellwertig und K^* von der Form $K^* = (a, \infty)$ bzw. $K^* = (-\infty, b)$ (*einseitiger kritischer Bereich*) oder $K^* = (-\infty, a_1) \cup$ $\cup\ (a_2, \infty)$, $a_1 < a_2$, (*zweiseitiger kritischer Bereich*). Der zu K^* gehörige Test wird entsprechend als *einseitiger* oder *zweiseitiger Test* bezeichnet. Dabei ist es üblich, im Falle des zweiseitigen Tests die Grenzen a_1 und a_2 so zu wählen, daß $P(T \in (-\infty, a_1)) \leqq \frac{\alpha}{2}$ und $P(T \in (a_2, \infty) \leqq \frac{\alpha}{2}$ gilt, falls H wahr ist.

4. *Entscheidungsregel*: Liegt für eine konkrete Stichprobe $(x_1, \ldots, x_n)$ der Wert t der Testgröße T (d. h. $t = T(x_1, \ldots, x_n)$) in K^* $(t \in K^*)$, so lehnt man H ab, im anderen Fall $(t \notin K^*)$ ist gegen H nichts einzuwenden.

Die Bedeutung des Signifikanztests besteht darin, daß man die Wahrscheinlichkeit einer Fehlentscheidung objektiv einschätzen kann; die Wahrscheinlichkeit p^*, eine Hypothese abzulehnen, obwohl sie wahr ist, ist nämlich nicht größer als α. In dem Zusammenhang heißt p^* $(\leqq \alpha)$ *Irrtumswahrscheinlichkeit* $1 - p^*$ $(\geqq 1 - \alpha)$ *Sicherheitswahrscheinlichkeit* (*statistische Sicherheit*) sowie K^* der *Ablehnungsbereich* von H.

Beispiel: Es sei A ein zufälliges Ereignis (›Ereignisfelder und Wahrscheinlichkeitsalgebren), das mit der unbekannten Wahrscheinlichkeit $P(A) = p$ eintritt.

1. Hypothese H: $p = p_0$ (p_0 vorgelegter Zahlenwert).

2. Testgröße $T := \frac{M - np_0}{\sqrt{np_0(1-p_0)}}$; dabei ist $M = \sum_{i=1}^{n} X_i$ die (zufällige) Anzahl des Eintretens von A in n unabhängigen Versuchen, d. h., die Zufallsgröße X_i nimmt den Wert 1 bzw. 0 an, wenn A beim i-ten Versuch eintritt bzw. nicht eintritt.
(›Bernoulli-Schema, ›Binomialverteilung)

Wenn H wahr ist, d. h., wenn $p = p_0$ gilt, ist T asymptotisch (d. h. für große n) nach dem Grenzwertsatz von Moivre-Laplace (›zentraler Grenzwertsatz) $N(0, 1)$-verteilt (›Normalverteilung).

3. $K^* = \{t \mid |t| > z_{1-\alpha/2}\}$, wobei $z_{1-\alpha/2}$ durch $\Phi(z_{1-\alpha/2}) = 1 - \frac{\alpha}{2}$ gegeben ist, d. h., $z_{1-\alpha/2}$ ist das ›Quantil der Ordnung $1 - \frac{\alpha}{2}$ der standardisierten Normalverteilung.

4. Auf Grund einer konkreten Stichprobe $(x_1, \ldots, x_n)$ — dabei ist $x_i = 1$, falls A im i-ten Versuch eingetreten ist, anderenfalls ist $x_i = 0$ ($i = 1, \ldots, n$) — berechnet man $t = \frac{m - np_0}{\sqrt{np_0(1-p_0)}}$ mit $m = \sum_{i=1}^{n} x_i$ und entscheidet folgendermaßen: Ist $|t| > z_{1-\alpha/2}$, so lehnt man $H: p = p_0$ ab, anderenfalls ist gegen H nichts einzuwenden.

Signifikanztests sind spezielle (i. a. nichtrandomisierte) Testverfahren (›Testtheorie). (Der dort vorkommende kritische Bereich K ($\subset R^n$) hängt mit dem hier eingeführten kritischen Bereich K^* ($\subset R^1$) über die Testgröße T durch $T(K) = K^*$ zusammen. Der Signifikanztest ist ein Test einer Nullhypothese ohne Betrachtung einer Alternativhypothese, insbesondere interessiert man sich auch nicht für einen Fehler 2. Art. Aus diesem Grunde kann eine Entscheidung „Annahme der Hypothese" durch die allgemeine Testtheorie nicht begründet werden.) Es besteht ein sehr enger Zusammenhang zwischen Signifikanztests und Konfidenzschätzungen (›Bereichsschätzung), vgl. (72).

Simpson-Verteilung = ›Dreieckverteilung

singuläre meßbare Transformation ›Strömung

singulärer ›stationärer Prozeß

Skalenparameter ›Parameter einer Verteilung

S-Methode ›multiple Mittelwertvergleiche

Smirnov-Test = ›Kolmogorov-Smirnov-Test

Spannweite ›Streuungsmaße

SPEARMANscher Rangkorrelationskoeffizient ›Rangkorrelationsanalyse

Spektraldarstellung eines ›stationären Prozesses

Spektraldichte eines ›stationären Prozesses

Spektralfunktion eines ›stationären Prozesses

Spektralinvarianten dynamischer Systeme ›Strömung

Spektralmaß eines ›stationären Prozesses

Spektralmaß eines ›verallgemeinerten stochastischen Prozesses

Spektraltyp eines dynamischen Systems ›Strömung

spezielle ›Regression

Spiel mit vollständiger Information ›Spieltheorie

Spieltheorie: Die mathematische Behandlung von Spielen wurde durch Einzelarbeiten von E. ZERMELO (1912) und E. BOREL (1927) eingeleitet und erfolgt seit dem Erscheinen der Monographie von J. v. NEUMANN und O. MORGENSTERN „Theory of games and economical behavior" (1944) systematisch im Rahmen einer mathematischen Spezialdisziplin, der sog. *Spieltheorie*.

Allgemein gesprochen ist ein Spiel gekennzeichnet durch eine Anzahl k von beteiligten Personen, den sog. Spielern $S_1, \ldots, S_k$, durch die einzelnen Züge der Spieler, wobei jeder Spieler bei jedem Zug eine Menge von Entscheidungen zur Verfügung hat, sowie durch gewisse Spielregeln, die das Verhalten der Spieler bei den einzelnen Zügen genauer festlegen. Bei den Spielregeln sind die beiden Fälle zu unterscheiden, daß entweder der Spieler bei einem Zug die Entscheidung selbst trifft (sog. persönlicher Zug) oder die Entscheidung von dem Ergebnis eines ›Zufallsexperiments abhängt (sog. zufälliger Zug). Kommt bei einem Spiel außer den persönlichen Zügen wenigstens ein zufälliger Zug vor, so spricht man von einem *gemischten Spiel*; es ist vielfach zweckmäßig, die zufälligen Züge einem fiktiven Spieler S_0 zuzuordnen.

Ein Spiel läßt sich durch einen Graphen (ohne Maschen, einen sog. Baum), bestehend aus Strecken und Knoten, veranschaulichen. Jedem Knoten entspricht eine bestimmte Position der Spieler. Die von einem Knoten ausgehenden Strecken kennzeichnen die möglichen Entscheidungen desjenigen Spielers, der den nächsten Zug auszuführen hat. Auf

Grund der Spielregeln ergibt sich eine Zerlegung der möglichen Positionen eines bestimmten Spielers nach dem n-ten Zug in sog. *Informationsmengen*, die jedem Spieler Aufschluß darüber geben, in welcher dieser Informationsmengen er sich nach dem n-ten Zug befindet. Wenn sämtliche Informationsmengen einelementig sind, spricht man von einem *Spiel mit vollständiger Information.*

Unter einer *Strategie* eines Spielers versteht man eine Funktion, die jeder Informationsmenge dieses Spielers eine Entscheidung zuordnet, die sein Verhalten bei seinem nächsten Zug aus der Informationsmenge bedeutet. Die Menge aller Strategien des i-ten Spielers S_i werde mit F_i bezeichnet. Jedem Spieler S_i $(i = 1, 2, \ldots, k)$ ist bei einem Spiel eine sog. *Gewinnfunktion* G_i zugeordnet, deren Werte $G_i(f_1, \ldots, f_k)$ den Gewinn des Spielers in Abhängigkeit von den gewählten Strategien $f_j \in F_j$ $(j = 1, 2, \ldots, k)$ angeben. Bei einem gemischten Spiel sind die Gewinne ›Zufallsgrößen; in diesem Fall haben die Werte der Gewinnfunktion G_i die Bedeutung des ›Erwartungswertes dieser Zufallsgrößen, d. h., $G_i(f_1, \ldots, f_k)$ gibt den mittleren Gewinn von S_i an, wenn die Strategien $f_j \in F_j$ $(j = 1, 2, \ldots, k)$ gewählt werden.

Die *Normalform eines k-Personenspiels* ist somit durch $[F_1, \ldots, F_k; G_1, \ldots, G_k]$, d. h durch die Strategien F_i und die Gewinnfunktionen G_i der beteiligten Spieler S_i, $i = 1, 2, \ldots, k$, gegeben. Ein sog. *Nullsummenspiel* liegt vor, wenn für jeden möglichen Spielausgang die Summe der Gewinne sämtlicher Spieler gleich Null ist: $\sum_{i=1}^{k} G_i = 0$.

Eine ausgebaute Theorie besitzen die *Zweipersonen-Nullsummenspiele*, die wir mit $X := F_1$, $Y := F_2$ und wegen $G_1 = -G_2 =: G$ durch die Normalform $[X, Y, G]$ kennzeichnen; allgemeinere Spiele lassen sich vielfach auf diesen Fall zurückführen. Es bezeichne $G(x, y)$ den Gewinn des Spielers S_1 (also den Verlust des Spielers S_2), wenn S_1 die Strategie $x \in X$ und S_2 die Strategie $y \in Y$ wählt. Dann kennzeichnet $\underline{w}(x) := \inf_{y \in Y} G(x, y)$ den Mindestgewinn von S_1, wenn er die Strategie x wählt, und $\overline{w}(y) := \sup_{x \in X} G(x, y)$ den Höchstverlust von S_2, wenn letzterer die Strategie y wählt. Der „maximale“ Mindestgewinn $\underline{w} := \sup_{x \in X} \underline{w}(x)$ von S_1 heißt *unterer (reiner) Wert des Spieles*, der „minimale“ Höchstverlust $\overline{w} := \inf_{y \in Y} \overline{w}(y)$ von S_2 heißt *oberer (reiner) Wert des Spieles*. Es gilt für alle $x \in X$, $y \in Y$ die sog. *Minimax-Ungleichung*

$$\underline{w}(x) \leqq \underline{w} \leqq \overline{w} \leqq \overline{w}(y) .$$

Gilt speziell $\underline{w} = \overline{w} =: w$, so heißt w der (*reine*) *Wert des Spieles*. x_0 (bzw. y_0) heißt eine *optimale Strategie* für S_1 (bzw. für S_2), falls $\underline{w}(x_0) = w$ (bzw. $\overline{w}(y_0) = w$) gilt; die optimalen Strategien x_0 und y_0 werden auch als *Minimax-Strategien* bezeichnet.

Es gilt der Satz: Jedes Zweipersonen-Nullsummenspiel mit vollständiger Information besitzt einen (reinen) Wert, und für beide Spieler existieren optimale Strategien.

Besitzt ein Spiel $[X, Y, G]$ keinen (reinen) Wert, so versucht man durch Einführung sog. gemischter Strategien eine Erweiterung zu einem Spiel zu erreichen, das einen (reinen) Wert besitzt, der dann als *Wert des Spieles* $[X, Y, G]$ bezeichnet wird. Unter einer *gemischten Strategie* des Spielers S_1 (bzw. S_2) versteht man eine ›Wahrscheinlichkeitsverteilung ξ (bzw. η) auf der Menge der Strategien X (bzw. Y). Bezeichnen X^* (bzw. Y^*) die Menge der gemischten Strategien von S_1 (bzw. S_2), G^* den durch

$$G^*(\xi, \eta) := \int_{X \times Y} G(x, y)\, \xi(dx)\, \eta(dy)$$

definierten Erwartungswert der Gewinnfunktion G — hierbei ist zu beachten, daß die Spieler ihre Strategien unabhängig voneinander wählen —, so ist $[X^*, Y^*, G^*]$ die Erweiterung des Spieles $[X, Y, G]$. Die ›Einpunktverteilungen in X^* (bzw. Y^*) entsprechen den Elementen von X (bzw. von Y) und heißen *reine Strategien*. Der Ablauf des erweiterten Spiels $[X^*, Y^*, G^*]$ vollzieht sich so, daß die Spieler S_1 und S_2 zunächst eine Strategie $\xi \in X^*$ und $\eta \in Y^*$ — möglichst optimal — wählen, Zufallsexperimente entsprechend den Verteilungen ξ und η vornehmen und mit den realisierten (reinen) Strategien x und y das Spiel $[X, Y, G]$ durchführen. Es gilt folgender Hauptsatz der Spieltheorie:

Sind die Mengen der Strategien X und Y endlich, so läßt sich das Spiel $[X, Y, G]$ zu einem solchen mit einem (reinen) Wert erweitern, und beide Spieler besitzen optimale (i. a. gemischte) Strategien. Ein allgemein wichtiges Anliegen der Spieltheorie besteht in der effektiven Bestimmung optimaler Strategien.

Unter den Spielen, bei denen die Mengen der Strategien X und Y auch unendlich sein können, nehmen die sog. *Differential-Verfolgungsspiele* einen besonderen Platz ein [1].

Lit.: (5)
[1] ISAACS, R., Differential games, New York 1965.
[2] OWEN, G., Game theory, Philadelphia-London-Toronto 1968.
[3] PARTHASARATHY, T., and T. E. S. RAGHAVAN, Some topics in two-person games, New York 1971.

stabile Folge von Zufallsgrößen ›asymptotische Eigenschaften von Folgen von Zufallsgrößen

stabile **›MARKOVsche Kette**

stabiler Prozeß: Ein (eindimensionaler) stabiler Prozeß X_T, $T = [0, \infty)$, ist ein homogener ›Prozeß mit unabhängigen Zuwächsen, für den $P(X(0) = 0) = 1$ gilt und für jedes $t > 0$ die ›Zufallsgröße $X(t)$ die ›charakteristische Funktion

$$\varphi_t(\lambda) = E\, e^{i\lambda X(t)} = \exp\left[-t|\lambda|^\alpha \left(1 - i\beta \operatorname{sgn}\lambda \cdot w(\lambda, \alpha)\right)\right], \quad \lambda \in R^1,$$

mit

$$w(\lambda, \alpha) = \begin{cases} \tan \dfrac{\pi\alpha}{2}, & \text{falls} \quad \alpha \neq 1, \\ \dfrac{2}{\pi} \ln |\lambda|, & \text{falls} \quad \alpha = 1 \end{cases}$$

besitzt; dabei sind α, β Konstanten mit $0 < \alpha \leqq 2$, $-1 \leqq \beta \leqq 1$. Die Verteilung von $X(t)$ ist also für jedes $t > 0$ stabil (›stabiler Verteilungstyp). Im Falle $\beta = 0$ heißt der stabile Prozeß symmetrisch. Beispiele stabiler Prozesse sind der ›WIENERsche Prozeß ($\alpha = 2$) und der sog. ›CAUCHY*sche Prozeß* ($\alpha = 1$, $\beta = 0$).

Lit.: (76)

stabiler Verteilungstyp: Ein ›Verteilungstyp heißt *stabil*, wenn mit den ›Wahrscheinlichkeitsverteilungen zweier unabhängiger ›Zufallsgrößen dieses Typs (›Unabhängigkeit zufälliger Variabler) auch die ihrer Summe zu diesem Typ gehört. Eine Verteilung, die einem stabilen Verteilungstyp angehört, wird auch stabile Verteilung genannt. Mit anderen Worten ist also eine Verteilung P_X genau dann stabil, wenn zu beliebigen reellen Zahlen $a_1, a_2, b_1, b_2, a_1 > 0$, $a_2 > 0$, reelle Zahlen $a, b, a > 0$, existieren, so daß $P_{a_1X_1+a_2X_2+b_1+b_2} = P_{aX+b}$ gilt. (Hierbei bezeichnen X_1 und X_2 unabhängige, ›identisch nach P_X verteilte Zufallsgrößen.)

Jede stabile Verteilung ist ›unbeschränkt teilbar.

Hinreichend und notwendig für die Zugehörigkeit einer Wahrscheinlichkeitsverteilung zu einem stabilen Verteilungstyp ist die Darstellbarkeit des Logarithmus ihrer ›charakteristischen Funktion in der Form

$$\ln \varphi(t) = i\gamma t - c\,|t|^{\alpha} \left(1 - i\beta \operatorname{sgn} t \cdot w(t, \alpha)\right), t \in R^1,$$

wobei γ beliebig reell, $c \geqq 0$, $0 < \alpha \leqq 2$, $-1 \leqq \beta \leqq 1$ und

$$w(t, \alpha) = \begin{cases} \tan \dfrac{\pi}{2}\alpha & \text{für} \quad \alpha \neq 1, \\ \dfrac{2}{\pi} \ln |t| & \text{für} \quad \alpha = 1 \end{cases}$$

sind. α wird der *charakteristische Exponent* des stabilen Verteilungstyps genannt, für $\alpha = 2$ ergibt sich der Typ der ›Normalverteilungen.

Der Begriff des stabilen Verteilungstyps ist von besonderer Bedeutung in der Theorie der ›Grenzwertsätze: Eine Verteilung ist genau dann Grenzverteilung einer geeignet zentrierten und normierten Summe unabhängiger, identisch verteilter Zufallsgrößen, wenn sie einem stabilen Verteilungstyp angehört (LÉVY 1925, CHINTSCHIN 1938).

Lit.: (22)

stabiler Zustand einer ›MARKOVschen Kette

Staffelbild = Histogramm ›Klassenhäufigkeit

Standardabweichung ›Streuung, ›Momente

standardisierte Verteilung ›standardisierte Zufallsgröße

standardisierte Zufallsgröße: Eine ***standardisierte Zufallsgröße*** ist eine ›zentrierte und ›normierte ›Zufallsgröße, mithin also eine Zufallsgröße mit ›Erwartungswert Null und ›Streuung Eins. Ist X eine beliebige Zufallsgröße mit Erwartungswert $E\,X$ und Streuung D^2X, so ist $\frac{X - E\,X}{\sqrt{D^2X}}$ eine standardisierte Zufallsgröße

Die ›Wahrscheinlichkeitsverteilung einer standardisierten Zufallsgröße wird auch ***standardisierte Verteilung*** genannt, besonders gebräuchlich ist der Begriff der standardisierten ›Normalverteilung (Symbol: $N(0, 1)$-Verteilung).

starkes ›Gesetz der großen Zahlen

stark konsistente Folge von Schätzfunktionen ›Punktschätzung

stark MARKOVscher Prozeß = streng ›MARKOVscher Prozeß

stark mischende meßbare Transformation ›Strömung

stationäre (Anfangs-)Verteilung eines ›MARKOVschen Prozesses

stationärer Erneuerungsprozeß ›Erneuerungstheorie

stationärer Prozeß: Der ›stochastische Prozeß X_T mit dem Zustandsraum $[E, \mathfrak{B}]$, dessen Parametermenge T entweder die Menge G der ganzen oder die Menge R^1 der reellen Zahlen ist, heißt ***stationär im engeren Sinne*** (i. e. S.), falls seine endlichdimensionalen Verteilungen translationsinvariant sind, d. h., für beliebige $m \in N$; $t, t_1, \ldots, t_m \in T$; $A_1, \ldots, A_m \in \mathfrak{B}$ gilt:

$$P\,(X_{t_1+t} \in A_1, \ldots, X_{t_m+t} \in A_m) = P\,(X_{t_1} \in A_1, \ldots, X_{t_m} \in A_m)\,.$$

Der komplexwertige stochastische Prozeß X_T, $T = G$ oder $T = R^1$, heißt ***stationär im weiteren Sinne*** (i. w. S.), falls er von zweiter Ordnung (›Prozeß zweiter Ordnung) ist, seine Erwartungswertfunktion (›Erwartungswert) m_X nicht von t abhängt und seine ›Kovarianzfunktion B_X

translationsinvariant ist; letzteres besagt, daß für beliebige $s, t, u \in T$ die Beziehung $B_X(s + u, t + u) = B_X(s, t)$ besteht; häufig nennt man dann auch die durch $B_X(s - t, 0) =: K_X(s - t)$ definierte Funktion K_X die Kovarianzfunktion des Prozesses X_T.

Zwei über demselben Wahrscheinlichkeitsraum definierte Prozesse zweiter Ordnung X_T und Y_T mit der gleichen Parametermenge $T = G$ oder $T = R^1$ heißen (i. w. S.) ***stationär verbunden***, falls ihre Kreuzkovarianzfunktion B_{XY} (›Kovarianzfunktion) translationsinvariant ist.

Der n-dimensionale stochastische Prozeß $(X_T^{(1)}, \ldots, X_T^{(n)})$ heißt *stationär i. w. S.*, falls seine Komponenten $X_T^{(i)}$, $i = 1, 2, \ldots, n$, i. w. S. stationäre und paarweise stationär verbundene stochastische Prozesse sind.

Jeder i. e. S. stationäre Prozeß zweiter Ordnung ist stationär i. w. S.; jeder reellwertige i. w. S. stationäre ›GAUSSsche Prozeß ist umgekehrt auch stationär i. e. S.

Stationäre Prozesse sind z. B. in der Elektrotechnik und in der Strömungslehre von besonderer Bedeutung.

Es sei X_T ein i. w. S. stationärer Prozeß, von dem wir o. B. d. A. $m_X(t) = E X_t = 0$, $t \in T$, voraussetzen; im Falle $T = R^1$ sei X_T zusätzlich stetig im quadratischen Mittel (›Stetigkeit stochastischer Prozesse). Es gibt dann (genau) ein ›zufälliges Maß Φ_X, so daß X_T die Darstellung

$$X_t = \int_{T^*} e^{it\lambda}\, \Phi_X(d\lambda) \qquad (t \in T) \tag{1}$$

besitzt (›stochastisches Integral); dabei ist $T^* = [-\pi, +\pi)$ für $T = G$ und $T^* = (-\infty, +\infty)$ für $T = R^1$. Das Maß Φ_X heißt *zufälliges Spektralmaß*, die Darstellung (1) *Spektraldarstellung* von X_T. Letztere kann man aus der Spektraldarstellung der Kovarianzfunktion K_X als FOURIER-STIELTJES-Transformierte

$$K_X(t) = \int_{T^*} e^{it\lambda}\, \nu_X(d\lambda) \qquad (t \in T) \tag{2}$$

erhalten. Dabei besteht zwischen Φ_X und dem (eindeutig bestimmten) *nichtzufälligen Spektralmaß* ν_X von X_T der Zusammenhang $\nu_X(\Delta) = E|\Phi_X(\Delta)|^2$ für jede ›BOREL-Menge $\Delta \subset T^*$. Die auf $T^* = [-\pi, +\pi)$ bzw. $T^* = (-\infty, +\infty)$ durch

$$F_X(\lambda) := \begin{cases} 0 & (\lambda = -\pi) \\ \nu_X([-\pi, \lambda)) & (-\pi < \lambda \leqq +\pi) \end{cases} \text{ bzw. } F_X(\lambda) := \nu_X((-\infty, \lambda))$$

definierte ›Funktion F_X heißt *Spektralfunktion* von X_T. Mittels dieser Funktion kann (2) auch in der Form

$$K_X(t) = \int_{T^*} e^{it\lambda}\, dF_X(\lambda) \qquad (t \in T) \tag{3}$$

geschrieben werden. Ist ν_X bezüglich des LEBESGUEschen ›Maßes μ absolutstetig (›absolutstetiges Maß), so heißt die zugehörige Ableitung $f_X(\lambda) = \frac{d\nu_X}{d\mu}(\lambda)$ (›RADON-NIKODYM, Satz von) die *Spektraldichte* von X_T; aus (2) ergibt sich dann die Darstellung

$$K_X(t) = \int_{T^*} e^{it\lambda} f_X(\lambda)\, d\lambda \qquad (t \in T)\,, \tag{4}$$

d. h., K_X ist die FOURIER-Transformierte von f_X.

Verallgemeinerungen dieser Darstellungen auf mehrdimensionale stationäre Prozesse, homogene oder homogene und isotrope ›zufällige Felder findet man in (20), (65).

In der Theorie der i. w. S. stationären Prozesse ist die folgende Aufgabenstellung von zentraler Bedeutung: Es seien X_T und Y_T i. w. S. stationäre und stationär verbundene Prozesse mit $m_X(t) = m_Y(t) \equiv 0$ und T_0 eine Teilmenge von T. Für $t \in T_0$ seien die ›Zufallsgrößen X_t beobachtet worden. Auf der Grundlage der Kenntnis der X_t, $t \in T_0$, soll eine Schätzung $\hat{Y}_\tau$ für den Wert Y_τ des Prozesses Y_T in einem vorgegebenen Zeitpunkt $\tau \in T$ sowie die Größe des durch $\sigma_Y(\tau) := (E|Y_\tau - \hat{Y}_\tau|^2)^{1/2}$ gekennzeichneten mittleren quadratischen Fehlers angegeben werden. Dabei hänge $\hat{Y}_\tau$ „linear“ (s. u.) von den beobachteten Werten X_t, $t \in T_0$, ab und habe unter allen solchen Zufallsgrößen den kleinsten mittleren quadratischen Fehler. Die präzise mathematische Form hierfür lautet folgendermaßen: Gesucht sind die (eindeutig bestimmte) orthogonale Projektion $\hat{Y}_\tau$ von $Y_\tau \in L^2(\Omega, \mathfrak{A}, P)$ (›LEBESGUEsche Räume) auf die abgeschlossene lineare Hülle $H_X(T_0)$ $(\subset L^2(\Omega, \mathfrak{A}, P))$ aller X_t mit $t \in T_0$ sowie die Länge $\sigma_Y(\tau)$ des zugehörigen Lotes $Y_\tau - \hat{Y}_\tau$. Die Lösung dieser Aufgabenstellung bezeichnet man als (*lineare*) *Filtration*. Handelt es sich bei X_T und Y_T insbesondere um ein und denselben Prozeß, so ist diese Aufgabe offenbar nur für $\tau \in T\setminus T_0$ interessant und heißt dann z. B. im Falle $T_0 = (-\infty, t_0] \cap T$, $t_0 \in T$, (*lineare*) *Extrapolation* und im Falle $T_0 = \big((-\infty, t_1] \cup [t_2, +\infty)\big) \cap T$, $t_1, t_2 \in T, t_1 < t_2$, (*lineare*) *Interpolation*.

Für das Problem der Extrapolation ist die Theorie zur Zeit am weitesten ausgebaut: Es seien H_s, $s \in T$, die von den Zufallsgrößen X_t, $t \in (-\infty, s] \cap T$, aufgespannten abgeschlossenen linearen Teilräume von $L^2(\Omega, \mathfrak{A}, P)$. Der Prozeß X_T heißt *regulär*, falls $\bigcap_{s \in T} H_s = \{0\}$ gilt und *singulär*, falls die Teilräume H_s sämtlich unabhängig von s sind. Ersteres ist äquivalent mit $\lim_{\tau \to \infty} \sigma_X^2(\tau) = K_X(0)$ (d. h. $\lim_{\tau \to \infty} \hat{X}_\tau = 0$), letzteres mit $\sigma_X^2(\tau) = 0$ (d. h. $\hat{X}_\tau = X_\tau$) für alle $\tau \in T\setminus T_0$; deshalb sind anstelle der Begriffe regulär bzw. singulär auch die Begriffe *rein indeterministisch* bzw. *deterministisch* gebräuchlich. — Ein beliebiger (i. w. S.) stationärer

Prozeß X_T mit $m_X(t) = 0$ läßt sich eindeutig in der Form $X_t = U_t + V_t$, $t \in T$, darstellen, wobei U_T ein regulärer und V_T ein singulärer stationärer Prozeß mit $m_U(t) = m_V(t) \equiv 0$, $B_{UV}(s, t) \equiv 0$ und $U_t, V_t \in H_s$, $t \in (-\infty, s] \cap T$, ist. Die reguläre Komponente U_T läßt sich weiter in sog. ›*gleitende Mittel* zerlegen. Aus dieser Darstellung — der sog. WOLDschen *Zerlegung* von X_T — gewinnt man für $\hat{X}_\tau$ und $\sigma_X^2(\tau)$ die Beziehung $\hat{X}_\tau = \hat{U}_\tau + V_\tau$ und $\sigma_X^2(\tau) = \sigma_U^2(\tau)$.

Der stationäre Prozeß X_T ist genau dann regulär, wenn sein nichtzufälliges Spektralmaß ν_X absolutstetig bezüglich des LEBESGUEschen Maßes μ ist und für die Spektraldichte f_X im Falle $T = G$

$$\int_{-\pi}^{+\pi} \ln f_X(\lambda)\, d\lambda > -\infty$$

bzw. im Falle $T = R^1$

$$\int_{-\infty}^{+\infty} \frac{\ln f_X(\lambda)\, d\lambda}{1 + \lambda^2} > -\infty$$

gilt; er ist andererseits genau dann singulär, wenn für die Ableitung $f_X^{(1)}(\lambda) = \dfrac{d\nu_X^{(1)}}{d\mu}(\lambda)$ der bezüglich des LEBESGUEschen Maßes absolutstetigen Komponente $\nu_X^{(1)}$ von ν_X im Falle $T = G$

$$\int_{-\pi}^{+\pi} \ln f_X^{(1)}(\lambda)\, d\lambda = -\infty$$

bzw. im Falle $T = R^1$

$$\int_{-\infty}^{+\infty} \frac{\ln f_X^{(1)}(\lambda)\, d\lambda}{1 + \lambda^2} = -\infty$$

gilt.

Explizite Extrapolationsformeln lassen sich insbesondere dann angeben, wenn X eine nirgends verschwindende rationale Spektraldichte besitzt, s. (36).

Verallgemeinerungen auf mehrdimensionale stationäre Prozesse s. (65).

Lit: (10), (11), (20), (32), (36), (65)

stationärer ›Punktprozeß

stationäre Strategie ›Steuerung stochastischer Prozesse

stationäre ›Strömung

stationärer ›**verallgemeinerter stochastischer Prozeß**

stationär verbundene Prozesse ›stationärer Prozeß

stationäre Verteilung eines ›**Markovschen Prozesses**

Statistik = Stichprobenfunktion ›Stichprobe

Statistiken von Maxwell-Boltzmann, Bose-Einstein, Fermi-Dirac: Es werde folgende Aufgabe betrachtet: n Kugeln werden zufällig auf N Urnen (›Urnenmodelle) verteilt ($n < N$). Jede mögliche Aufteilung der Kugeln auf die Urnen stellt ein Elementarereignis (›Wahrscheinlichkeitsraum) dar. Unter der Annahme, daß alle Elementarereignisse gleichwahrscheinlich sind, sollen die Wahrscheinlichkeiten der folgenden Ereignisse A, B, C berechnet werden (›klassische Definition der Wahrscheinlichkeit): A ist das Ereignis, daß sich in der i-ten Urne r_i Kugeln befinden (r_i nichtnegative ganze Zahlen, $\sum_{i=1}^{N} r_i = n$); B tritt ein, wenn sich in bestimmten n Urnen je eine Kugel befindet; C besteht darin, daß sich in beliebigen n Urnen je eine Kugel befindet.

Diese Aufgabenstellung ist noch nicht exakt definiert, da die Anzahl der Elementarereignisse davon abhängt, ob z. B. die Kugeln unterscheidbar sind oder nicht; es ergeben sich daher verschiedene Lösungen, nämlich die Maxwell-Boltzmann-Statistik, die Bose-Einstein-Statistik und die Fermi-Dirac-Statistik. In der theoretischen Physik gebraucht man den Begriff „Statistik" im Sinne des in der Wahrscheinlichkeitstheorie benutzten Begriffes „Wahrscheinlichkeitsverteilung".

1. Lösung — Maxwell-Boltzmann-*Statistik*: Die Kugeln sind unterscheidbar, d. h., jede Vertauschung zweier Kugeln aus verschiedenen Urnen ergibt eine neue Aufteilung. Die Anzahl der Elementarereignisse ist hierbei N^n, und daher gilt

$$P(A) = \frac{n!\,N^{-n}}{r_1!\cdots r_N!}, \qquad P(B) = n!\,N^{-n}, \qquad P(C) = \binom{N}{n} n!\,N^{-n}.$$

2. Lösung — Bose-Einstein-*Statistik*: Die Kugeln sind nicht unterscheidbar, d. h., das Vertauschen zweier Kugeln aus verschiedenen Urnen ergibt dieselbe Aufteilung. Die Anzahl der Elementarereignisse ist hierbei $\binom{N+n-1}{n}$, und daher gilt

$$P(A) = P(B) = 1\Big/\binom{N+n-1}{n}, \qquad P(C) = \binom{N}{n}\Big/\binom{N+n-1}{n}.$$

3. Lösung — Fermi-Dirac-*Statistik*: Die Kugeln sind nicht unterscheidbar, und in jeder Urne darf sich höchstens eine Kugel befinden

(„PAULI-Prinzip"), d. h., alle r_i sind gleich Null oder eins. Die Anzahl der Elementarereignisse ist hierbei $\binom{N}{n}$; und es ergibt sich also ausgehend von der Definition der Ereignisse A, B, C:

$$P(A) = P(B) = \frac{1}{\binom{N}{n}} \quad \text{und} \quad P(C) = 1\,.$$

Zur Bedeutung und Anwendung dieser Statistiken in der Physik siehe [1]

Lit.: (62), (16) (Bd. I)
[1] MACKE, W., Thermodynamik und Statistik, Leipzig 1962 (Abschnitt 4).

Statistik stochastischer Prozesse: Als Statistik ›stochastischer Prozesse (St. st. Pr.) bezeichnet man dasjenige Teilgebiet der mathematischen Statistik, in dem anhand von Realisierungen eines stochastischen Prozesses $X_T = (X_t)_{t \in T}$ Aussagen über die (endlichdimensionalen) Verteilungen dieses Prozesses gewonnen werden. Von besonderem Interesse sind dabei Aussagen über die ›Momente erster und zweiter Ordnung, sowie auch über andere ›Parameter des Prozesses, wobei in Übereinstimmung mit den häufigsten praktischen Fällen $T \subset R^1$ angenommen werden soll. Ein Teilgebiet der St. st. Pr. bildet z. B. die ›Zeitreihenanalyse. Ausführliche Ergebnisse der St. st. Pr. liegen für spezielle Prozeßklassen vor z. B. für ›stationäre Prozesse, ›MARKOVsche Prozesse und ›GAUSSsche Prozesse.

Eine große Rolle spielen für den zu untersuchenden Prozeß die verschiedenen *Beobachtungsmethoden*. So spricht man von *diskreten Beobachtungen*, wenn der Prozeß in endlich vielen Zeitpunkten $t_1, t_2, \ldots, t_N \in T$ beobachtet wird (hierbei besitzt noch der Fall gleichabständiger Beobachtungspunkte besonderes Interesse) und von *stetigen Beobachtungen*, wenn der Prozeß auf einem in T enthaltenem Intervall beobachtet wird. Die Menge der Beobachtungspunkte bezeichnen wir mit T_0.

Weiterhin ist zu unterscheiden, ob die Beobachtung des Prozesses anhand einer einzelnen Realisierung oder anhand mehrerer Realisierungen (meist über derselben Beobachtungsmenge T_0) erfolgt. Bei Beobachtung anhand von n Realisierungen auf der Beobachtungsmenge $T_0 \subset T$ wird die (mathematische) ›Stichprobe $\left(X_{T_0}^{(1)}, \ldots, X_{T_0}^{(n)}\right)$ verwendet, wobei die Verteilungen der Prozesse $X_{T_0}^{(k)}$, $k = 1, \ldots, n$, und X_{T_0} alle identisch sind (d. h. die endlichdimensionalen Verteilungen eines jeden der Prozesse $X_{T_0}^{(k)}$ stimmen mit denen des nur auf T_0 betrachteten eingeschränkten Prozesses X_{T_0} überein), und die Prozesse $X_{T_0}^{(k)}$ sind voneinander unabhängig (›Unabhängigkeit stochastischer Prozesse). Im Falle $n = 1$ schreiben wir kurz X_{T_0}.

Häufig existieren für die Menge der Beobachtungspunkte T_0 bereits Vorgaben durch praktische Gesichtspunkte. Falls z. B. nur die Anzahl der Beobachtungspunkte festgelegt ist, besteht ein wichtiges Problem in der optimalen Wahl von T_0 in T (vgl. z. B. [6]).

Im folgenden sollen einige ausgewählte wichtige Probleme der St. st. Pr. dargestellt werden. Dabei wollen wir zur Vereinfachung der Formulierung für alles Weitere die Existenz der benutzten Integrale (diese sind bei ›stochastischen Integralen im Sinne des quadratischen Mittels zu verstehen) und die benötigte Vertauschbarkeit der Integrationen mit den ›Erwartungswertbildungen voraussetzen.

1. Schätzung der Erwartungswertfunktion

Es sei X_T ein reellwertiger ›Prozeß zweiter Ordnung mit der Erwartungswertfunktion $m(t) := EX_t$ und der ›Kovarianzfunktion $B(s, t) :=$ $:= E\big(X_s - m(s)\big)\big(X_t - m(t)\big)$. Die Aufgabe soll darin bestehen, anhand von Realisierungen des Prozesses Schätzungen (›Punktschätzung) für die Funktion $m(t)$ anzugeben.

a) n-malige Beobachtung des Prozesses

Es sei $(X_{T_0}^{(1)}, \ldots, X_{T_0}^{(n)})$ eine mathematische Stichprobe des Prozesses X_T. Dann ist (in Analogie zur Schätzung des Erwartungswertes einer Zufallsgröße, ›Mittelwerte) $\hat{m}(t) = \frac{1}{n} \sum_{k=1}^{n} X_t^{(k)}$ für jedes $t \in T_0$ eine erwartungstreue Schätzung für $m(t)$ mit der ›Streuung $D^2\big(\hat{m}(t)\big) = \frac{1}{n} B(t, t)$.

b) Einmalige Beobachtung des Prozesses

Zur Schätzung der Erwartungswertfunktion bei Vorliegen einer Realisierung des Prozesses $(X_t)_{t \in T_0}$ unterscheidet man zwei Vorgehensweisen. Die erste ist die in (60) vorgeschlagene „Glättung einer Realisierung“, die an folgendem Beispiel erläutert werden soll: Es sei $T_0 = [0, A]$. Mit einem geeignet zu wählenden t_0 $(< A/2)$ kann $\hat{m}(t) := \frac{1}{2t_0} \int\limits_{t-t_0}^{t+t_0} X_\tau \, d\tau$ für $t \in [t_0, A - t_0]$ als Schätzung für $m(t)$ benutzt werden. Aussagen über die Wahl von t_0 sowie Eigenschaften dieser Schätzung sind in (60) angegeben.

Eine zweite Möglichkeit zur Schätzung von $m(t)$ mit Hilfe einer Realisierung des Prozesses ergibt sich aus einem Ansatz für $m(t)$ mit endlich vielen zu schätzenden Parametern β_i $(i = 1, \ldots, p)$. Z. B. betrachtet man mit (linear unabhängigen) Funktionen $w_i(t)$, $i = 1, 2, \ldots, p$, den Ansatz

$$m(t) = \sum_{i=1}^{p} \beta_i \, w_i(t) \, .$$

Die Funktionen $w_i(t)$, $i = 1, \ldots, p$, werden auf Grund von vorliegenden Informationen über den Prozeß sowie nach praktischen Gesichtspunkten geeignet vorgegeben. Zur Schätzung des Parametervektors $\beta = \begin{pmatrix}\beta_1\\ \vdots \\ \beta_p\end{pmatrix}$ kann z. B. die ›Methode der kleinsten Quadrate herangezogen werden. Die erhaltene Schätzung $\hat{\beta}$ ist dann erwartungstreu und linear. Andererseits kann die GAUSS-MARKOV-Schätzung β^* (›Punktschätzung) betrachtet werden. (Die Berechnung von β^* erfordert allerdings die Kenntnis der Kovarianzfunktion $B(s, t)$.)

Für den Spezialfall diskreter gleichabständiger Beobachtungen, z. B. $T_0 = \{1, 2, \ldots, N\}$, ergibt sich (s. (25), (27)) $\hat{\beta} = (\mathfrak{W}' \mathfrak{W})^{-1} \mathfrak{W}' \mathfrak{X}$ und $\beta^* = (\mathfrak{W}' \mathfrak{B}_N^{-1} \mathfrak{W})^{-1} \mathfrak{W}' \mathfrak{B}_N^{-1} \mathfrak{X}$. Dabei ist $\mathfrak{X}' = (X_1, X_2, \ldots, X_N)$ der Vektor der beobachteten Zufallsgrößen, $\mathfrak{B}_N = \big(B(i, j)\big)_{i,j=1,\ldots,N}$ die ›Kovarianzmatrix von $\mathfrak{X}$ und $\mathfrak{W} = \big(w_i(t)\big)_{t=1,\ldots,N;\ i=1,\ldots,p}$ eine ›Matrix vom Typ (N, p). Beide Schätzungen fallen offensichtlich zusammen, wenn für die Kovarianzmatrix $\mathfrak{B}_N$ die Beziehung $\mathfrak{B}_N = \sigma^2 \mathfrak{E}_N$ gilt. ($\mathfrak{E}_N$ Einheitsmatrix der Ordnung N), d. h. wenn $X_1, X_2, \ldots, X_N$ paarweise unkorrelierte (›Korrelationskoeffizient) Zufallsgrößen mit gleicher Streuung σ^2 sind (›lineare Modelle). Im Spezialfall eines GAUSSschen Prozesses stimmt die GAUSS-MARKOV-Schätzung mit der Maximum-Likelihood-Schätzung (›Maximum-Likelihood-Methode) von β überein. Bei speziellen Eigenschaften der Ansatzfunktionen $w_i(t)$ (z. B. für Polynome und trigonometrische Polynome) besitzen die Schätzung nach der Methode der kleinsten Quadrate und die GAUSS-MARKOV-Schätzung asymptotisch (für $N \to \infty$) gleiche Kovarianzmatrizen (25).

Die GAUSS-MARKOV-Schätzung von β für den Fall stetiger Beobachtung wurde z. B. in [4], (44) untersucht.

Ein wichtiger Sonderfall ist die Schätzung des (konstanten) Erwartungswertes m eines i. w. S. stationären Prozesses mit der Kovarianzfunktion $K(s - t) := B(s, t)$. Nach der Methode der kleinsten Quadrate erhält man bei diskreter gleichabständiger Beobachtung ($T_0 = \{1, 2, \ldots, N\}$) die Schätzung $\hat{m} = \frac{1}{N} \sum_{t=1}^{N} X_t$ und bei stetiger Beobachtung ($T_0 = [0, A]$) die Schätzung $\hat{m} = \frac{1}{A} \int_0^A X_t \, dt$. Die GAUSS-MARKOV-Schätzung von m bei stetiger Beobachtung ist von der Form $m^* = \int_0^A X_t \, dW(t)$; dabei bezeichnet $W(t)$ eine Funktion endlicher Schwankung mit $W(A) - W(0) = 1$ und $\int_0^A K(s - t) \, dW(t)$ konstant für alle $s \in [0, A]$. Ist z. B. $K(s - t) = C e^{-\alpha |s-t|}$, so ergibt sich $m^* = \frac{1}{2 + \alpha A} \left[X_0 + \alpha \int_0^A X_t \, dt + X_A\right]$.

2. Schätzung der Kovarianzfunktion

Das Anliegen besteht in der Angabe von Schätzungen für die Kovarianzfunktion $B(s, t)$ anhand von Realisierungen des Prozesses. Hierfür behalten wir die Bezeichnungen von Abschnitt 1 bei.

a) n-malige Beobachtung des Prozesses

Es sei $(X_{T_s}^{(1)}, \ldots, X_{T_s}^{(n)})$ eine mathematische Stichprobe des Prozesses X_T. Dann ist eine erwartungstreue Schätzung für die Kovarianzfunktion $B(s, t)$ im Falle bekannter Erwartungswertfunktion $m(t)$ gegeben durch

$$\hat{B}(s,t) = \frac{1}{n} \sum_{k=1}^{n} X_s^{(k)} X_t^{(k)} - m(s)\, m(t)\,,$$

und im Falle unbekannter Erwartungswertfunktion durch

$$\hat{B}^*(s,t) = \frac{1}{n-1} \sum_{k=1}^{n} X_s^{(k)} X_t^{(k)} - \frac{n}{n-1} \hat{m}(s)\, \hat{m}(t)$$

mit $\hat{m}(t) = \frac{1}{n} \sum_{k=1}^{n} X_t^{(k)}$ (vgl. 1a). Die Streuungen der Schätzungen $\hat{B}(s, t)$ und $\hat{B}^*(s, t)$ enthalten Momente des Prozesses bis zur vierten Ordnung. Die Formeln vereinfachen sich für spezielle Prozeßklassen, z. B. für GAUSSsche Prozesse (81).

b) Einmalige Beobachtung des Prozesses

Es sei X_T ein stochastischer Prozeß mit diskreter oder stetiger Zeit und i. w. S. stationär, d. h., es sei $m(t) =: m$ und $B(s, t) =: K(s - t)$. Wir setzen zunächst m als bekannt voraus und dabei zusätzlich o. B. d. A. $m = 0$. Der Prozeß werde an den Stellen $t = 1, 2, \ldots, N$ beobachtet und dann folgende Schätzungen für $K(\tau)$ betrachtet:

$$\hat{K}(\tau) = \frac{1}{N-\tau} \sum_{t=1}^{N-\tau} X_t X_{t+\tau} \quad \text{und} \quad \tilde{K}(\tau) = \frac{1}{N} \sum_{t=1}^{N-\tau} X_t X_{t+\tau}$$

$$(\tau = 0, 1, 2, \ldots, N-1)\,.$$

Es ist $\hat{K}(\tau)$ erwartungstreu, aber nicht notwendig nichtnegativ definit, andrerseits ist $\tilde{K}(\tau)$ asymptotisch erwartungstreu und nichtnegativ definit. Für die ›Korrelationsfunktion $R(\tau) := \frac{K(\tau)}{K(0)}$ des stationären Prozesses sind $\hat{R}(\tau) := \frac{\hat{K}(\tau)}{\hat{K}(0)}$ und $\tilde{R}(\tau) := \frac{\tilde{K}(\tau)}{\tilde{K}(0)}$ $(\tau = 1, 2, \ldots, N-1)$ asymptotisch erwartungstreue Schätzungen.

Im folgenden setzen wir weiter voraus, daß X_T ein spezieller Prozeß der ›gleitenden Mittel mit diskreter Zeit ist, d. h., es gelte eine Darstellung der Form $X_t = \sum_{j=0}^{\infty} a_j \varepsilon_{t-j}$, $t \in T$. Dabei bezeichnet $(\varepsilon_t)_{t \in T}$ eine Folge unabhängiger (›Unabhängigkeit zufälliger Variabler) ›identisch verteilter Zufallsgrößen mit den Erwartungswerten $E\,\varepsilon_t = 0$, den Streuungen $D^2\,\varepsilon_t = \sigma^2$ und mit endlichen vierten Momenten, und $(a_j)_{j=1,2,\dots}$ sei eine reelle Zahlenfolge mit $\sum_{j=0}^{\infty} a_j^2 < \infty$ und $a_0 = 1$. Unter diesen Voraussetzungen sind $\hat{K}(\tau)$ und $\hat{R}(\tau)$ konsistente Schätzgrößen für $K(\tau)$ und $R(\tau)$. Ihre asymptotischen Streuungen sind von der Ordnung $1/N$, (27).

Gilt zusätzlich $\sum_{i=0}^{\infty} i\,|a_i| < \infty$, dann besitzen die ›zufälligen Vektoren $N^{1/2}\big(\hat{K}(\tau) - K(\tau)\big)_{\tau=0,1,\dots,q-1}$ und $N^{1/2}\big(\hat{R}(\tau) - R(\tau)\big)_{\tau=1,2,\dots,q}$ (q ganzzahlig und positiv) asymptotisch (für $N \to \infty$) q-dimensionale ›Normalverteilungen mit den Erwartungswertvektoren 0 und mit endlichen Kovarianzmatrizen ([8], (27)). (Dabei ist die Kovarianzmatrix von $N^{1/2}\big(\hat{R}(\tau) - R(\tau)\big)_{\tau=1,2,\dots,q}$ unabhängig von den vierten Momenten des Prozesses X_T.)

Entsprechende asymptotische Aussagen erhält man auch für $\tilde{K}(\tau)$ und $\tilde{R}(\tau)$. Handelt es sich um einen Prozeß mit unbekanntem Mittelwert, so betrachtet man den Prozeß $\{X_t - \hat{m}\}_{t\in T}$ mit $\hat{m} = \frac{1}{N}\sum_{t=1}^{N} X_t$. Die damit gebildeten entsprechenden Schätzungen besitzen die gleichen asymptotischen Eigenschaften wie im Falle bekannten Mittelwertes.

Bei Beobachtung eines stationären Prozesses X_T mit stetiger Zeit und mit dem Erwartungswert $m = 0$ auf einem ganzen Intervall, z. B. für $t \in [0, A]$, können Schätzgrößen für die Kovarianzfunktion $K(\tau)$ (analog zum Falle diskreter Beobachtung) durch

$$\hat{K}(\tau) = \frac{1}{A-\tau}\int_0^{A-\tau} X_t\,X_{t+\tau}\,dt \quad \text{bzw.} \quad \tilde{K}(\tau) = \frac{1}{A}\int_0^{A-\tau} X_t\,X_{t+\tau}\,dt$$

$$(0 \leqq \tau < A)$$

definiert werden.

Zur praktischen Bestimmung von Schätzungen für $K(\tau)$ und $R(\tau)$ verwendet man auch spezielle Analogiegeräte, sogenannte Korrelatoren (81). Die Realisierungen der Schätzgrößen für die Kovarianz- bzw. Korrelationsfunktion werden als *empirische Kovarianz-* bzw. *Korrelationsfunktion* bezeichnet.

3. Schätzung der Spektraldichte (›stationärer Prozeß)

Es sei X_T ein i. w. S. stationärer reellwertiger Prozeß mit absolut stetiger Spektralfunktion und stetiger Spektraldichte f. Wir betrachten zunächst den Fall $T = \{\dots, -1, 0, 1, \dots\}$ und nehmen an, daß der Prozeß zu den Zeitpunkten $t = 1, 2, \dots, N$ beobachtet wird. Dann ist das ›Periodogramm

$$\hat{I}_N(\lambda) = \frac{1}{2\pi N} \left| \sum_{t=1}^{N} X_t e^{-it\lambda} \right|^2 \qquad (-\pi \leqq \lambda < \pi)$$

eine erwartungstreue, aber nicht konsistente Schätzung für $f(\lambda)$. Es sei $(w_N(x;\lambda))$ eine Funktionenfolge mit den Eigenschaften $\int_{-\pi}^{\pi} w_N(x;\lambda)\,dx = 1$, $W_0(\lambda) := \int_{-\pi}^{\pi} w_N^2(x;\lambda)\,dx < \infty$, und für jedes $\varepsilon > 0$ konvergiere $(w_N(x;\lambda))$ mit wachsendem N gegen Null gleichmäßig in x für $|\lambda - x| \geqq \varepsilon$ (mit anderen Worten: Die Folge $(w_N(x;\lambda))$ bildet im distributionentheoretischen Sinne eine δ-Folge). Eine Schätzgröße für $f(\lambda)$ ist dann gegeben durch

$$\hat{f}_N(\lambda) = \int_{-\pi}^{\pi} w_N(x;\lambda)\,\hat{I}_N(x)\,dx \qquad (-\pi \leqq \lambda < \pi)\,.$$

Bei speziellen Eigenschaften des Prozesses (s. [5]), z. B. wenn es sich um einen Prozeß der gleitenden Mittel mit endlichen vierten Momenten handelt, ist $\hat{f}_N(\lambda)$ eine asymptotisch erwartungstreue konsistente Schätzung für $f(\lambda)$. Gilt $f(\lambda) > 0$, so ist die Streuung von $\hat{f}_N(\lambda)$ asymptotisch gleich $\frac{4\pi f^2(\lambda)}{N} W_0(\lambda)$ für $\lambda = 0$ und $\lambda = -\pi$ und gleich $\frac{2\pi f^2(\lambda)}{N} W_0(\lambda)$ für $\lambda \neq 0$, und $\lambda \neq -\pi$.

Im Gegensatz zum eben betrachteten Fall ist für einen Prozeß mit stetiger Zeit die Schätzung der Spektraldichte $f(\lambda)$ (die auf der ganzen reellen λ-Achse definiert ist) bei diskreter gleichabständiger Beobachtung des Prozesses i. a. nicht möglich ((25), S. 57). Führt man jedoch eine stetige Beobachtung des Prozesses z. B. für $t \in [0, A]$ durch, so gewinnt man eine Schätzgröße für $f(\lambda)$ mittels

$$\hat{f}_A(\lambda) = \int_{-\infty}^{\infty} w_A(x;\lambda)\,\hat{I}_A(x)\,dx \qquad (-\infty < \lambda < \infty)\,.$$

Dabei bezeichnet $\hat{I}_A(x) = \frac{1}{2\pi A} \left| \int_0^A X_t e^{-itx}\,dt \right|^2$ das Periodogramm; die Funktionen $w_A(x;\lambda)$ müssen entsprechende Bedingungen wie die Funktionen $w_N(x;\lambda)$ im oben betrachteten Falle erfüllen.

4. Schätzung von Parametern

Parameterschätzungen sollen hier für die zwei speziellen Prozeßklassen der stationären und der ›Markovschen Prozesse betrachtet werden.

a) Stationäre Prozesse

Es sei X_T ein reellwertiger Prozeß der gleitenden Mittel mit diskreter Zeit, der endliche vierte Momente sowie eine überall positive Spektraldichte besitzt (s. Abschnitt 2b). Weiter hänge die Spektraldichte des Prozesses von den unbekannten Parametern σ^2 und $\Theta = (\Theta_1, \ldots, \Theta_p) \in R^p$

ab, und zwar in der Form $f(\lambda; \Theta, \sigma^2) = \frac{\sigma^2}{2\pi} g(\lambda; \Theta)$. Der Prozeß werde für $t = 1, 2, \ldots, N$ beobachtet. Sei $\hat{\Theta}_N = (\hat{\Theta}_{1N}, \ldots, \hat{\Theta}_{pN})$ eine solche Schätzgröße, für die die Stichprobenfunktion $\int_{-\pi}^{\pi} \frac{\hat{I}_N(\lambda)}{g(\lambda; \Theta)} d\lambda$ ihr Minimum bezüglich Θ annimmt, und sei $\hat{\sigma}_N^2 = \int_{-\pi}^{\pi} \frac{\hat{I}_N(\lambda)}{g(\lambda; \hat{\Theta}_N)} d\lambda \cdot$ (Dabei ist $\hat{I}_N(\lambda) = \frac{1}{2\pi N} \times \left|\sum_{t=1}^{N} X_t e^{-it\lambda}\right|^2$ das Periodogramm). Dann sind die Schätzungen $\hat{\Theta}_N$ für Θ und $\hat{\sigma}_N^2$ für σ^2 (unter gewissen analytischen Zusatzbedingungen, s. [3], [7]) konsistent, asymptotisch unabhängig voneinander und asymptotisch normalverteilt. Der Fall stetiger Beobachtung eines stationären Prozesses mit stetiger Zeit und einer (bezüglich λ) rationalen Spektraldichte $f(\lambda)$ wird in [2] behandelt.

b) MARKOVsche Prozesse

Es sei $X_T = (X_t)_{t \in T}$ mit $T = \{\ldots, -1, 0, 1, 2, \ldots\}$ ein homogener MARKOVscher Prozeß mit dem Zustandsraum $[E, \mathfrak{B}]$. Wir nehmen an, daß die Übergangswahrscheinlichkeiten $p_\Theta(x, A) := P(X_{t+1} \in A | X_t = x)$ und die Anfangsverteilung $p_\Theta(A) := P(X_0 \in A)$ von einem unbekannten Parametervektor $\Theta = (\Theta_1, \ldots, \Theta_p) \in R^p$ abhängen. Im Hinblick auf einheitliche Formulierung, insbesondere die geschlossene Erfassung eines stetigen und diskreten Zustandsraumes, gehen wir aus von den Darstellungen

$$p_\Theta(x, A) = \int_A f(x, y; \Theta)\, \lambda(dy) \quad \text{und} \quad p_\Theta(A) = \int_A f(y; \Theta)\, \lambda(dy)\,.$$

Z. B. können wir im Falle $E = R^n$ und $\mathfrak{B} = \mathfrak{B}^n$ für λ das LEBESGUEsche ›Maß verwenden, und im Falle, daß E eine endliche oder abzählbare Menge ist und $\mathfrak{B}$ die σ-›Algebra aller Teilmengen von E darstellt, kann für λ das Zählmaß (das jeder einelementigen Teilmenge von E das Maß Eins zuordnet) gewählt werden. Der Prozeß werde nun in den Punkten $t = 0, 1, 2, \ldots, N$ beobachtet. Dann lautet die ›Likelihood-Funktion der mathematischen Stichprobe $(X_t)_{t \in \{0, 1, 2, \ldots, N\}}$

$$L(\Theta) = f(X_0; \Theta) \prod_{t=0}^{N-1} f(X_t, X_{t+1}; \Theta)\,. \qquad (*)$$

Bei unabhängiger Beobachtung mehrerer Realisierungen ist die Likelihood-Funktion ein Produkt von Funktionen der Form (*). Es sei $p_\Theta(x, .) \ll p_\Theta(.)$ (›absolutstetiges Maß) und für ein $\delta > 0$ sei $E\left(\left|\frac{\partial}{\partial \Theta_u} \log f(x, y; \Theta)\right|^{2+\delta}\right) < \infty$, $u = 1, 2, \ldots, p$. Dann ist unter einigen weiteren analytischen Voraussetzungen (s. (4)) die Lösung $\hat{\Theta}_N$ der Maximum-Likelihood-Gleichung (›Maximum-Likelihood-Methode) ein lokales Maximum von $L(\Theta)$ und für $N \to \infty$ eine konsistente Schätzung für Θ.

Zum Prüfen der ›Hypothese $\Theta = \Theta_0$ kann die Testgröße (›Testtheorie) $T = 2\left(\ln L(\hat{\Theta}_N) - \ln L(\Theta_0)\right)$ benutzt werden, die (unter dieser Hypothese) ›χ^2-verteilt ist mit $p-1$ Freiheitsgraden (p ist die Dimension des zu schätzenden Parametervektors). Weitere Ergebnisse findet man in (4) und [1].

Lit.: (4), (25), (27), (44), (60), (81), (89)

[1] ANDERSON, T. W., and L. A. GOODMAN, Statistical inference about Markov chains. Ann. Math. Statist. 28 (1957), S. 89–110.

[2] Джапаридзе, К. О., Об оценке параметров спектра гауссовского стационарного процесса с рациональной спектральной плотностью. Теория вер. и ее примен. **15** (1970) S. 548—554.

[3] Ибрагимов, И. А., Об оценке методом максимума правдоподобия параметров спектральной плотности стационарного процесса. Теория вер. и ее примен. **12** (1967) S. 128—134.

[4] PARZEN, E., Proc. Symp. Time Series Analysis. New York 1963, S. 155–169.

[5] ROSENBLATT, M., Statistical analysis of stochastic processes with stationary residuals. Prob. and Statist., ed. by U. Grenander 1959.

[6] SACKS, I., and D. YLVISAKER, Design for regression problems with correlated errors; many parameters. Ann. Math. Statist. 39 (1968), S. 49–69.

[7] WALKER, A. M., Asymptotic properties of least-squares estimation of parameters of the spectrum of a stationary non-deterministic time series. Jour. Austr. Math. Soc. 4 (1964).

[8] WALKER, A. M., The asymptotic distribution of serial correlation coefficients for autoregressive processes with dependent residuals. Proc. Camb. Phil. Soc. 50 (1954), S. 60–64.

statistische ›Entscheidungstheorie

statistische Qualitätskontrolle: Als *statistische Qualitätskontrolle* bezeichnet man die Gesamtheit der mathematisch-statistischen Verfahren, die vorwiegend zur Qualitätsregulierung der laufenden industriellen Fertigung bzw. zur Qualitätsbeurteilung ihrer Endprodukte in jeder Fertigungsstufe angewendet werden.

Dabei wird angestrebt, mit Hilfe geeigneter Prüfvorschriften Aussagen über die erreichte Qualität des Fertigungsprozesses zu gewinnen und damit Entscheidungen über eine notwendig werdende Fertigungsregulierung bzw. über die Annahme oder Rückweisung der Erzeugnisse zu treffen. Durch die gesteuerte Kontrolle soll eine kontinuierlich wirksame Verbesserung der Fertigungsqualität und eine Senkung der Kontroll- und vor allem der Fertigungskosten erreicht werden.

Der Einsatz zweckmäßiger mathematisch-statistischer Verfahren richtet sich nach den beiden Hauptaufgaben der statistischen Qualitätskontrolle:

1. Laufende Regulierung der Fertigung und

2. Kontrolle der Beschaffenheit von Erzeugnissen beim Eingang und vor der Auslieferung.

Die laufende Regulierung geschieht mit Hilfe verschiedener Arten von Kontrollkarten (Kontrollkartentechnik). Für die Beurteilung des Fertigerzeugnisses wurden unterschiedlich wirksame Systeme von Stichprobenplänen (Stichprobenverfahren) aufgebaut. Beide Kontrollmethoden benutzen hauptsächlich die Aussagen der ›Testtheorie, die in eine geeignete, für die Praxis leicht anwendbare Form gebracht wurden.

Kontrollkartentechnik

Sie beruht auf einem ›Signifikanztest zur Prüfung einer statistischen Hypothese über einen unbekannten ›Parameter einer dem Typ nach bekannten ›Wahrscheinlichkeitsverteilung der betrachteten ›Zufallsgröße.

Nach Wahl einer geeigneten Testgröße T, deren Verteilungsfunktion unter der zu prüfenden Hypothese H_0 vollständig bekannt sein muß, und Vorgabe eines Signifikanzniveaus α wird der kritische Bereich K^* gemäß der Beziehung

$$P\,(T \in K^* | H_0) \leqq \alpha \qquad (*)$$

bestimmt. Auf Grund einer konkreten ›Stichprobe vom Umfang n wird die Hypothese H_0 abgelehnt, wenn t — die Realisierung von T — in K^* liegt. Die nach (*) zu bestimmenden Grenzen des kritischen Bereiches werden *Kontrollgrenzen* genannt. Die Ablehnung der Hypothese (Überschreitung der Kontrollgrenzen) erfordert dann ein Eingreifen in den Ablauf des untersuchten Fertigungsprozesses. Anderenfalls besteht kein Grund zum Eingreifen. Man sagt in diesem Fall, der Prozeß verläuft stabil. Zur guten Übersicht für die Praxis überträgt man die Prüfvorschrift und die Ergebnisse der laufend dem Fertigungsprozeß entnommenen (konkreten) Stichproben in ein Diagramm, die sog. *Kontrollkarte* (71). Sie enthält außer den technisch erforderlichen Kennzeichnungen noch Angaben über den Stichprobenumfang und die Testgröße sowie die Kontrollgrenzen. Bei Hinzunahme der technologisch vorgegebenen oberen und unteren Toleranzgrenze und Vergleich mit der Lage der Kontrollgrenzen ist die günstigste Beurteilung des Fertigungsprozesses dann gewährleistet, wenn die Kontrollgrenzen innerhalb des Toleranzbereiches liegen. Man sagt, ein Fertigungsprozeß läuft dann in statistischer Kontrolle, wenn er stabil ist und sämtliche Stichprobenwerte im Toleranzbereich bleiben.

Je nachdem, über welchen Parameter einer Wahrscheinlichkeitsverteilung eine statistische Hypothese formuliert wird, unterscheidet man im wesentlichen Kontrollkarten für sog. meßbare (d. h. quantitative) Merkmale bei Annahme ›normalverteilter Grundgesamtheiten (›Stichprobe) bzw. Kontrollkarten für nichtmeßbare (d. h. qualitative) Merkmale bei Annahme ›binomial- oder ›poissonverteilter Grundgesamtheiten.

Entsprechend dem Qualitätsproblem wählt man innerhalb der genannten Unterscheidungsmerkmale z. B. Mittelwert- oder Streuungskarten (oder beide kombiniert) bzw. Karten für den Fehlerprozentsatz oder für die Anzahl der fehlerhaften Einheiten (71), (80), (69).

Die Verfahrensweise werde durch folgendes Beispiel gekennzeichnet: Ein Funktionsmerkmal eines Erzeugnisses soll mit Hilfe einer Mittelwertkarte auf Einhaltung des Maßes geprüft werden. Aus den in regelmäßigen Zeitabständen dem Fertigungsprozeß entnommenen (konkreten) Stichproben (in der Praxis häufig mit dem Stichprobenumfang $n=5$) wird jeweils der Mittelwert $\bar{x}$ (›Mittelwerte) aus n Merkmalswerten gebildet und in die Kontrollkarte eingetragen. Bei bekanntem Sollwert μ_0, bekannter ›Streuung σ^2 und Verwendung der Testgröße $T = \overline{X}$ wird nach jeder Stichprobenentnahme die Hypothese $H_0: \mu = \mu_0$ abgelehnt, falls $\bar{x} \geqq \mu_0 + z_{1-\frac{\alpha}{2}} \frac{\sigma}{\sqrt{n}}$ oder $\bar{x} \leqq \mu_0 - z_{1-\frac{\alpha}{2}} \frac{\sigma}{\sqrt{n}}$ ist, wobei die Konstante $z_{1-\frac{\alpha}{2}}$ das ›Quantil der Ordnung $1 - \frac{\alpha}{2}$ der standardisierten ›Normalverteilung ist und $\mu_0 + z_{1-\frac{\alpha}{2}} \frac{\sigma}{\sqrt{n}}$ als obere bzw. $\mu_0 - z_{1-\frac{\alpha}{2}} \frac{\sigma}{\sqrt{n}}$ als untere Kontrollgrenze in das Diagramm übertragen wird. Wird speziell für $\alpha = 0{,}0027\ldots$ gewählt, d. h. $z_{1-\frac{\alpha}{2}} = 3$, so spricht man von den $3\,\sigma$-Grenzen oder auch natürlichen Toleranzgrenzen.

Stichprobenverfahren

Die Verschiedenartigkeit technischer Prüfprobleme spiegelt sich ebenfalls in einer Vielzahl an Systemen von *Stichprobenplänen* wider. Alle Pläne haben als gemeinsame Grundlage einstufige oder mehrstufige bzw. sequentielle Tests (›Sequentialanalyse), mit denen eine Nullhypothese gegen eine Alternativhypothese geprüft wird. Ihnen entsprechen dann einfache oder mehrfache bzw. sequentielle Stichprobenpläne. Bei der Unterscheidung der Stichprobenpläne kennt man je nach Wahl der Prüfmittel Stichprobenpläne für *Attributprüfung* (sog. Gut-Schlecht-Prüfung) und solche für *Variablenprüfung* (sog. messende Prüfung). Jeder Stichprobenplan wird (mindestens) durch zwei Parameter bestimmt. Einer davon ist der Stichprobenumfang n. Der andere Parameter wird bei der Attributprüfung als Annahmezahl c bezeichnet, d. i. die Anzahl der in einer (konkreten) Stichprobe maximal zugelassenen fehlerhaften Teile, die eine Annahme des Warenpostens (auch Los genannt) auf Grund der Stichprobe noch rechtfertigen. Bei der Variablenprüfung ist der andere Parameter der Annahmefaktor k, der zur Berechnung einer Prüfgröße dient, die man mit der oberen bzw. unteren technologisch vorgegebenen Toleranzgrenze vergleicht.

Über die Eignung des dem Stichprobenplan zugrunde gelegten Testes und die Prüfschärfe des Stichprobenplanes entscheidet man anhand der sog. *Operationscharakteristik* (auch Annahmekennlinie oder *OC-Funktion*) $L(p)$, wobei p der (unbekannte) Ausschußprozentsatz des Loses ist und

$L(p)$ als Annahme-Wahrscheinlichkeit des zu prüfenden Loses über die Gütefunktion des Testes (durch OC-Funktion = 1 — Gütefunktion) definiert wird. Für die Berechnung der Operationscharakteristik wird bei der Attributprüfung die ›hypergeometrische Verteilung oder in Annäherung unter bestimmten Voraussetzungen die Binomial- bzw. POISSON-Verteilung, bei der Variablenprüfung die Normalverteilung zugrunde gelegt.

Im allgemeinen geht man bei der Bestimmung der beiden Parameter eines Stichprobenplanes von der Forderung aus, daß $L(p)$ ungefähr durch zwei vorgegebene Punkte $(p_\alpha, 1-\alpha)$ und (p_β, β) verläuft, wobei die Ungleichungen $0 < p_\alpha < p_\beta < 1$ und damit $(1-\alpha) > \beta$ gelten. Der Abszissenwert p_α wird mit *Gutgrenze* (α als Herstellerrisiko), der Wert p_β mit *Schlechtgrenze* (β als Abnehmerrisiko) bezeichnet. Vom Standpunkt der statistischen Testtheorie sind α bzw. β die Wahrscheinlichkeiten für die Fehler erster bzw. zweiter Art. Für die Praxis der statistischen Qualitätskontrolle heißt das: Bei $p = p_\alpha$ wird mit der Wahrscheinlichkeit α ein gutes Los zurückgewiesen, bei $p = p_\beta$ mit der Wahrscheinlichkeit β ein schlechtes Los angenommen.

Z. B. besteht bei der Konstruktion eines einfachen Stichprobenplanes für Attributprüfung die Aufgabe, bei gegebenen Größen $p_\alpha, p_\beta, \alpha, \beta$ und dem Losumfang N einen möglichst kleinen Stichprobenumfang n (n natürliche Zahl) und ein c zu erhalten, so daß $L(p_\alpha) = L_{N,n,c}(p_\alpha) \geqq 1-\alpha$ und $L(p_\beta) = L_{N,n,c}(p_\beta) \leqq \beta$ gilt (Bezeichnung s. 12. Z. v. u.).

Jedem Stichprobenplan liegt eine Prüfvorschrift zugrunde. Sie hat z. B. beim einfachen Stichprobenplan folgende Form:

Bei vorgegebenem N entnehme man eine (konkrete) Stichprobe vom Umfang n und stelle die Anzahl m der darin enthaltenen schlechten Teile fest. Ist $m \leqq c$, so wird das Los angenommen, anderenfalls zurückgewiesen. Die Wahrscheinlichkeit, mit der ein Los angenommen wird, ist dann

$$L_{N,n,c}(p) = \sum_{m=0}^{c} \frac{\binom{Np}{m}\binom{N-Np}{n-m}}{\binom{N}{n}}$$

(›hypergeometrische Verteilung).

Die Anwendung der mehrfachen Stichprobenpläne in der Praxis ist zwar im allgemeinen komplizierter, da die Entscheidung über Annahme oder Rückweisung des Loses nicht immer schon nach der ersten Stichprobe getroffen werden kann und entsprechend mehr Parameter zu berücksichtigen sind, macht jedoch die Prüfung infolge der durchschnittlich geringeren Stichprobenumfänge gegenüber den einfachen Stichprobenplänen ökonomischer (71).

Bei der Aufstellung eines Sequential-Stichprobenplanes wird jeweils eine Alternativhypothese formuliert und mit Hilfe eines Sequentialtests geprüft (z. B. die Nullhypothese H_0: $p = p_\alpha$ gegen die Alternativhypothese H_1: $p = p_\beta$ mit den Wahrscheinlichkeiten α bzw. β für die Fehler erster bzw. zweiter Art). Nach jeder Entnahme eines Prüflings ist dann eine der drei Entscheidungen Annahme, Rückweisung oder Weiterprüfung des Loses zu treffen. In (43) wird gezeigt, daß speziell bei Verwendung eines sequentiellen Likelihood-Quotienten-Tests im Durchschnitt im Vergleich zu allen anderen Tests die Stichprobenumfänge minimal werden.

Zur Erleichterung der Anwendung der erwähnten Systeme von Stichprobenplänen für die Praxis wurden in der Deutschen Demokratischen Republik verbindliche Standard-Stichprobenpläne für die Attributprüfung (TGL 14450) bzw. für die Variablenprüfung (TGL 14452) entwickelt, die in zweckmäßiger Anordnung und Aufbereitung in Tabellen und Schaubildern der Annahmekennlinien eine relativ einfache Auswahl eines geeigneten Stichprobenplanes ermöglichen. Für weitere Systeme wird auf die Literatur verwiesen (71), (80), (82).

Die Problematik einer realen Einschätzung der ökonomisch und technisch bedingten Größen p_α, p_β, α und β führte in den letzten Jahren zu verschiedenen Vorschlägen, Kostenparameter bei der Aufstellung oder Auswahl von Prüfplänen zu berücksichtigen [2], [4]. Im Zusammenhang damit (d. h. unter Einbeziehen von Kostenparametern) sind Untersuchungen vorgenommen worden, die bei der Aufstellung von Stichproben-Prüfplänen (sowohl für Attributprüfung als auch für Variablenprüfung) Ergebnisse der ›Spieltheorie verwenden, indem die Theorie der Prüfpläne z. B. als ein Spiel zwischen Natur (Menge der reinen Strategien: die Werte des Ausschußprozentsatzes p im Intervall [0, 1]) und Hersteller (zwei reine Strategien: Annahme und Rückweisung) aufgefaßt wird [1].

Auch wurden für die Einführung einer rationell organisierten Qualitätskontrolle wirtschaftliche Modelle entwickelt, in denen u. a. die Methoden der stochastischen Optimierung und die Theorie der Entscheidungsfunktionen (›Entscheidungstheorie) zur Lösung der Aufgaben genutzt werden [3]. Außerdem wird im Hinblick auf die fortschreitende Automatisierung der Produktion und damit der Kontrolle die Anwendung der Theorie der ›stochastischen Prozesse an Bedeutung gewinnen.

Lit.: (43)

[1] PENKOV, B., und R. THEODORESCU, Über die spieltheoretische Behandlung von Prüfplänen, Wiss. Z. Humboldt-Univ. Berlin, Math.-Nat.-Reihe **16** (1967), 70–72.

[2] STANGE, K., Die Berechnung wirtschaftlicher Pläne für messende Prüfung, Metrika **8** (1964), 48–82.

[3] THEODORESCU, R., und I. VĂDUVA, Forschungen auf dem Gebiet der Statistischen Qualitätskontrolle, Wiss. Z. TH Otto v. Guericke Magdeburg **8** (1964), 311–316.

[4] WAERDEN, B. L. VAN DER, Sampling inspection as a minimum loss problem, Ann. Math. Statist. **31** (1960), 369–384.

statistischer Ergodensatz ›Ergodensätze

statistischer Toleranzbereich ›Toleranzschätzungen

statistische Sicherheit = Sicherheitswahrscheinlichkeit ›Signifikanztest

Sterbeprozeß ›Geburts- und Todesprozeß

stetige gleichmäßige Verteilung (Rechteckverteilung): Eine ›stetige Zufallsgröße X heißt *gleichmäßig verteilt* über dem Intervall $[a, b]$, wenn sie die Wahrscheinlichkeitsdichte

$$f_X(x) = \begin{cases} \dfrac{1}{b-a} & \text{für} \quad a \leqq x \leqq b\,, \\ 0 & \text{sonst} \end{cases}$$

besitzt. Sie hat die ›charakteristische Funktion

$$E\, e^{itX} = \begin{cases} \dfrac{e^{ibt} - e^{iat}}{(b-a)\,t\,i} & \text{für} \quad t \neq 0\,, \\ 1 & \text{für} \quad t = 0\,, \end{cases}$$

den ›Erwartungswert $E\,X = \dfrac{a+b}{2}$ (gleichzeitig Median (›Quantil)) und die zentralen ›Momente

$$E\,(X - E\,X)^k = \begin{cases} \dfrac{1}{k+1}\left(\dfrac{b-a}{2}\right)^k, & \text{falls } k \text{ gerade}\,, \\ 0\,, & \text{falls } k \text{ ungerade}\,, \end{cases}$$

speziell also die ›Streuung $D^2X = \dfrac{1}{12}(b-a)^2$.

Sind X_1 und X_2 unabhängige (›Unabhängigkeit zufälliger Variabler), über (a, b) bzw. $(a + c,\ b + c)$ gleichmäßig verteilte Zufallsgrößen, so besitzt $X_1 + X_2$ eine ›Dreieckverteilung über $(2\,a + c,\ 2\,b + c)$.

stetiger zufälliger Vektor ›zufälliger Vektor

stetige Zufallsgröße: Eine ›Zufallsgröße X heißt *stetig*, wenn ihre Verteilungsfunktion F_X absolutstetig ist, d. h., es existiert die Ableitung $f_X(x) := F'_X(x)$ für alle $x \in R^1$ (mit Ausnahme einer Menge vom LEBESGUEschen ›Maß Null), und es gilt $F_X(x) = \int\limits_{-\infty}^{x} f_X(\xi)\, d\xi$. Die Funktion f_X heißt *Wahrscheinlichkeitsdichte* oder *Verteilungsdichte* von X und besitzt die Eigenschaften

$$f_X(x) \geqq 0\,, \qquad \int\limits_{-\infty}^{\infty} f_X(x)\, dx = 1\,.$$

Stetigkeitsaxiom des Wahrscheinlichkeitsmaßes: Es sei $[\Omega, \mathfrak{A}, P]$ ein ›Wahrscheinlichkeitsraum. Die durch Axiom (6) des KOLMOGOROVschen Axiomensystems geforderte σ-Additivität von P ist äquivalent der Stetigkeit des Wahrscheinlichkeitsmaßes P, d. h., aus $A_n \in \mathfrak{A}$ $(n = 1, 2, \ldots)$, $A_n \to A$ $(n \to \infty)$ (vgl. ›Limites von Mengenfolgen) folgt $P(A_n) \to P(A)$ $(n \to \infty)$.

Stetigkeit stochastischer Prozesse: Entsprechend den verschiedenen ›Konvergenzarten für Folgen zufälliger Variabler lassen sich für einen ›stochastischen Prozeß X_T verschiedene Stetigkeitsbegriffe definieren. Dabei wird der Einfachheit halber vorausgesetzt, daß die Parametermenge T die reelle Achse und der Prozeß X_T eindimensional ist.

1. Der Prozeß X_T heißt *stochastisch stetig im Punkt* $t_0 \in T$, wenn für beliebiges $\varepsilon > 0$, eine beliebige Folge $(t_n) \subset T$ und $n \to \infty$ aus $t_n \to t_0$ stets $P(|X_{t_n} - X_{t_0}| > \varepsilon) \to 0$ folgt; er heißt *stochastisch stetig in einer Menge* $T' \subset T$, wenn er in jedem Punkt $t \in T'$ stochastisch stetig ist. Für wichtige Eigenschaften stochastisch stetiger Prozesse siehe auch ›separabler stochastischer Prozeß, ›meßbarer stochastischer Prozeß.

2. Der Prozeß X_T heißt *mit Wahrscheinlichkeit Eins* oder *fast sicher stetig in* $t_0 \in T$ (bzw. *in* $T' \subset T$), wenn fast alle seine Realisierungen in t_0 (bzw. in T') stetige Funktionen sind.

Ein separabler stochastischer Prozeß X_T ist nach einem Ergebnis von A. N. KOLMOGOROV mit Wahrscheinlichkeit Eins stetig, wenn positive Konstanten α, β und C existieren, so daß

$$E\,|X_{t_1} - X_{t_2}|^\alpha < C \cdot |t_1 - t_2|^{1+\beta}$$

für beliebige $t_1, t_2 \in T$ gilt. Eine allgemeinere hinreichende Bedingung für die Stetigkeit mit Wahrscheinlichkeit Eins findet man z. B. in (49); in der Literatur sind darüberhinaus weiterreichende Stetigkeitsbedingungen für ›MARKOVsche Prozesse (12), (13), ›Prozesse mit unabhängigen Zuwächsen (76), ›GAUSSsche Prozesse (20) und weitere spezielle Typen von stochastischen Prozessen bekannt.

3. Der ›Prozeß zweiter Ordnung X_T heißt *im quadratischen Mittel stetig im Punkte* $t_0 \in T$, falls für $t \to t_0$ stets $E\,|X_t - X_{t_0}|^2 \to 0$ gilt; er heißt *in einer Menge* $T' \subset T$ *im quadratischen Mittel stetig*, wenn er in jedem Punkte $t \in T'$ in diesem Sinne stetig ist. Letzteres ist genau dann der Fall, wenn die ›Erwartungswertfunktion in T' und die ›Kovarianzfunktion in allen Punkten (t_0, t_0), $t_0 \in T'$, stetig sind. Wir bemerken, daß ein im weiteren Sinne ›stationärer Prozeß genau dann im quadratischen Mittel stetig ist, wenn er im Punkte $t_0 = 0$ im quadratischen Mittel stetig ist.

Ein fast sicher oder im quadratischen Mittel (auf T) stetiger Prozeß X_T ist auch stochastisch stetig (auf T).

Lit.: (11), (12), (13), (20), (49), (76)

steuerbarer stochastischer Prozeß ›Steuerung stochastischer Prozesse, ›stochastische dynamische Optimierung

Steuerparameter ›Steuerung stochastischer Prozesse, ›stochastische dynamische Optimierung

Steuerung stochastischer Prozesse: In neuerer Zeit ist in verstärktem Maße die Betrachtung von Prozeßabläufen auf den verschiedensten Gebieten in den Vordergrund getreten, wobei insbesondere das zielgerichtete Steuern von Prozessen ein wichtiges Anliegen ist. Vielfach spielen dabei Zufallserscheinungen eine wesentliche Rolle — teils auf Grund der Problemstellung selbst, teils aber auch infolge vereinfachender globaler Formulierungen, wenn es nicht möglich bzw. unzweckmäßig ist, die Behandlung eines vorgelegten Problems durch Berücksichtigung aller Details zu erreichen. Die mathematische Erfassung derartiger Probleme basiert vor allem auf der Theorie der ›stochastischen Prozesse sowie der Theorie der Optimierung und ist der Ausgangspunkt für die Herausbildung des neuen Spezialgebietes der gesteuerten stochastischen Prozesse. Im folgenden sollen die wesentlichen Begriffe dieses Gebietes in möglichst allgemeiner Form eingeführt werden. Bezüglich konkreter Anwendungen sei der Leser auf die in gesonderten Artikeln behandelten Spezialaufgaben ›stochastische dynamische Optimierung und ›Stoppen stochastischer Prozesse verwiesen.

Es sei T eine (echte oder unechte) Teilmenge von $[0, \infty)$, die zumeist die Bedeutung eines Zeitbereiches besitzt, sowie E irgendeine (nichtleere) Menge. Für jedes $t \in T$ sei eine noch von einem Parameter $d \in E$ abhängige zufällige Variable X_t^d definiert. (Dabei soll die Gesamtheit (X_t^d), $t \in T$, $d \in E$ dieser zufälligen Variablen den gemeinsamen ›Wahrscheinlichkeitsraum $[\Omega, \mathfrak{A}, P]$ als Definitionsbereich und den gemeinsamen Bildraum $[\mathfrak{X}, \mathfrak{C}]$ besitzen. ($\mathfrak{E}$ bzw. $\mathfrak{T}$ seien σ-Algebren von Teilmengen von E bzw. T, so daß sich die ›meßbaren Räume $[E, \mathfrak{E}]$ bzw. $[T, \mathfrak{T}]$ ergeben. Weiter werde vorausgesetzt, daß X_t^d für festes t eine $(\mathfrak{E} \times \mathfrak{A}, \mathfrak{C})$-›meßbare Funktion von $E \times \Omega$ in $\mathfrak{X}$ ist.) Dann heißt (X_t^d), $t \in T$, $d \in E$, ein ***steuerbarer stochastischer Prozeß***, die Elemente $d \in E$ heißen ***Steuerparameter*** (auch ***Entscheidungen***), und E heißt ***Entscheidungsmenge***.

Die Festlegung der Steuerparameter in den einzelnen Zeitpunkten von T erfolgt im Hinblick auf das Ziel der Steuerung und in Abhängigkeit vom bisher beobachteten Prozeßverlauf. Dabei kann eine vollständige oder auch nur teilweise Beobachtbarkeit des Prozesses vorliegen. Zur Erfassung der verfügbaren Beobachtungen werde für jedes $t \in T$ eine Menge Z_t von (möglichen beobachtbaren) Zuständen und als ***Zustandsanzeiger*** eine Abbildung a_t von der Menge aller Prozeßrealisierungen bis zur Zeit t in Z_t definiert — d. h., a_t ist eine Abbildung von Ω in Z_t: $\omega \to a_t(\omega) = \sigma_t \in Z_t$. σ_t kann (für jedes feste $\omega \in \Omega$) als Realisierung eines sog. *Beobachtungsprozesses* $(\Sigma_t)_{t \in T}$ aufgefaßt werden.

(Die Mengen Z_t lassen sich durch σ-Algebren $\mathfrak{Z}_t$ von Teilmengen von Z_t zu meßbaren Räumen $[Z_t, \mathfrak{Z}_t]$ ergänzen; bezeichnen weiter Z eine Menge und $\mathfrak{Z}$ eine σ-Algebra von Teilmengen von Z mit $Z_t \subset Z$ und $\mathfrak{Z}_t \subset \mathfrak{Z}$ für alle $t \in T$, dann kann der meßbare Raum $[Z, \mathfrak{Z}]$ als Zustandsraum des Beobachtungsprozesses $(\Sigma_t)_{t\in T}$ angesehen werden.)

Eine (über den Steuerparameter wirkende) Steuerung eines steuerbaren stochastischen Prozesses auf Grund der durch den Zustandsanzeiger (bzw. Beobachtungsprozeß) gegebenen Informationen erfolgt mittels einer *Strategie S*. Bei einer sog. *reinen Strategie* wird in jedem Zeitpunkt $t \in T$ jedem Wert σ_t des Zustandsanzeigers ein Element $d(\sigma_t)$ der Entscheidungsmenge E eindeutig zugeordnet. Es kann andererseits mitunter zweckmäßig sein, den Steuerparameter zu einem Zeitpunkt $t \in T$ zufällig nach einer vom Wert Z_t des Zustandsanzeigers abhängigen ›Wahrscheinlichkeitsverteilung zu wählen; in diesem Falle spricht man von einer *gemischten Strategie*.

In genauerer mathematischer Formulierung ist eine reine Strategie durch eine ›Familie $f_t : Z_t \to E,\ t \in T$ von $(\mathfrak{Z}_t, \mathfrak{E})$-›meßbaren Funktionen gegeben, wobei f_t jeder zufälligen Variablen Σ_t eindeutig eine Zufallsgröße D_t mit dem Bildraum $[E, \mathfrak{E}]$ zuordnet. Eine gemischte Strategie ist gekennzeichnet durch eine Abbildung Q der Menge der Realisierungen σ_t des Beobachtungsprozesses Σ_t in die Menge $\mathfrak{W}$ aller ›Wahrscheinlichkeitsmaße auf $[E, \mathfrak{E}] : \sigma_t \to Q_{\sigma_t} \in \mathfrak{W}$; d. h., es gilt für jedes $M \in \mathfrak{E} : P(D_t \in M) = Q_{\sigma_t}(M)$.

Allgemein läßt sich also eine Strategie S kennzeichnen als ein (stochastischer) *Entscheidungsprozeß* $S = (D_t)_{t\in T}$, dessen Realisierungen zu jedem Zeitpunkt $t \in T$ Elemente von E sind; die zufälligen Variablen D_t heißen *Steuer-* bzw. *Entscheidungsvariable*.

Der durch Anwendung der Strategie $S = (D_t)_{t\in T}$ auf den steuerbaren Prozeß $(X_t^d)_{t\in T,\, d\in E}$ sich ergebende stochastische Prozeß $(X_t^{D_t})_{t\in T} = (X_t^S)_{t\in T}$ heißt ein (mittels der Strategie S) *gesteuerter stochastischer Prozeß*. Dabei vermittelt also D_t die im Zeitpunkt $t \in T$ fällige Steuerung des Prozesses. Mit $X_t^{D_t} = \hat{X}_t$ ergibt sich die für den gesteuerten stochastischen Prozeß verschiedentlich zweckmäßige Bezeichnung $(\hat{X}_t)_{t\in T}$. Es wird nun (im Einklang mit konkreten Anwendungsfällen) vorausgesetzt, daß mit Ablauf des (steuerbaren) Prozesses in jedem Zeitpunkt $t \in T$ ein sich ständig realisierender Betrag auftritt. Auf Grund dessen ist in Abhängigkeit von der angewendeten Strategie S ein sog. *Ertragsfunktional* W_t^S gegeben, das den im Zeitpunkt t resultierenden summarischen Ertrag kennzeichnet. (Hierbei ist auch der insbesondere beim Stoppen stochastischer Prozesse häufig auftretende Fall einer einmaligen Auszahlung zum Endzeitpunkt des Prozeßablaufes einbegriffen.) Positive Werte dieses Funktionals können als erzielter Gewinn, negative Werte als auftretende Kosten interpretiert werden. Das von dem gesteuerten Prozeß (X_t^S) und dem zugehörigen Ertragsfunktional W_t^S gebildete Paar $\{X_t^S, W_t^S;\ t \in T\} =$

$=: (X^S, W^S)$ bezeichnet man auch als ein *gesteuertes* (*dynamisches*) *System*. Dabei wird noch vorausgesetzt, daß die in Frage kommenden Strategien einer (durch das vorgelegte Problem gekennzeichneten) Klasse $\mathfrak{K}$ sog. *zulässiger Strategien* angehören.

Das Ertragsfunktional W_t^S erweist sich für jedes feste $t \in T$ (durch seine Abhängigkeit von dem bei Verwendung der Strategie $S \in \mathfrak{K}$ bewirkten zufälligen Prozeßverlauf bis zum Zeitpunkt t) selbst als Zufallsgröße. Durch Bildung des ›Erwartungswertes $E^S W_t^S$, im Sinne einer Mittelung über alle bei Verwendung der Strategie $S \in \mathfrak{K}$ zum Zeitpunkt $t \in T$ möglichen Realisierungen des steuerbaren stochastischen Prozesses, ergibt sich für jedes $t \in T$ ein nichtzufälliger Wert $E^S W_t^S =: V_t^S$. Es werde nun angenommen, daß der Ablauf des gesteuerten Prozesses im festen Anfangszeitpunkt $\tau_0 \in T$ beginnt und im Zeitpunkt $\tau_E \in T$ endet. Dabei kann τ_E von vornherein festgelegt oder aber auch zufällig sein und erst im Prozeßverlauf durch die Strategie S als ›Stoppzeit bestimmt werden: $\tau_E = \tau_E(S)$. In jedem Falle ist somit $V_{\tau_E}^S$ ein nichtzufälliger Wert. Es werde nun $V_{\tau_E}^S = V(S)$ gesetzt und die Funktion $S \to V(S)$ als *Zielfunktion* des steuerbaren stochastischen Prozesses bezeichnet.

Das primäre Anliegen der Steuerung stochastischer Prozesse besteht darin, eine *optimale Strategie* innerhalb der Klasse $\mathfrak{K}$ zu bestimmen, d. h. also z. B. im Falle der Maximierung eine Strategie $S^* \in \mathfrak{K}$ zu finden, für die $V(S^*) = \sup_{S \in \mathfrak{K}} V(S)$ gilt. $V(S^*)$ heißt der *Wert des gesteuerten Systems*. Untersuchungen über die Existenz optimaler oder wenigstens hinreichend guter (sog. *quasi-optimaler* bzw. *ε-optimaler*) Strategien sowie deren praktische Auffindung sind wichtige Teilprobleme dieses Sachgebietes.

Die Festlegung des Entscheidungsprozesses erfolgt in Abhängigkeit vom Beobachtungsprozeß $(\Sigma_t)_{t \in T}$, der sämtliche beobachtbaren Informationen über den erfolgten Prozeßverlauf (einschließlich der Steuerung) enthält. Die Menge dieser Informationen wächst mit der Zeit t im allgemeinen stark an, wird aber für die Durchführung des betrachteten Steuerungsproblems vielfach nur zum Teil gebraucht. Unter *hinreichenden Koordinaten* eines gesteuerten Systems versteht man einen stochastischen Prozeß $(\chi_t)_{t \in T}$, der vom Beobachtungsprozeß $(\Sigma_t)_{t \in T}$ nur solche Kenngrößen beinhaltet, die zur Aufstellung der Zielfunktion und der in Frage kommenden Strategien wirklich benötigt werden.

Im Rahmen der gesteuerten stochastischen Prozesse sind am weitesten entwickelt die auch in den Anwendungen besonders interessierenden MARKOV*schen gesteuerten Prozesse*. Zunächst wird ein MARKOV*scher steuerbarer Prozeß* (X_t^d), $t \in T$, $d \in E$ dadurch definiert, daß die („MARKOV"-)Beziehung (›MARKOVscher Prozeß) $P\{X_t^d \in A | X_{t_1}^{d_1}, \ldots, X_{t_n}^{d_n}\} = P\{X_t^d \in A | X_{t_n}^{d_n}\}$ für jedes System von Zeitpunkten mit $t_1 < t_2 < \cdots < t_n < t$, beliebige Steuerparameter $d_1, \ldots, d_n, d$ und jedes Ereignis $A (\in \mathfrak{C})$ gelten soll. Da der Steuerparameter im Zeitpunkt $t \in T$ im allgemeinen in Abhängigkeit von der gesamten bis t erfolgten Realisierung festgelegt wird, ist auch der aus einem MARKOVschen steuerbaren Prozeß mittels der Strategie $S = \{D_t\}_{t \in T}$ entstehende Prozeß $(X_t^{p_t})_{t \in T}$ im allgemeinen selbst kein MARKOVscher Prozeß. Die MARKOV-Eigenschaft dieses Prozesses ist aber gewährleistet, wenn der Entscheidungsprozeß $S = (D_t)_{t \in T}$ ebenfalls ein MARKOVscher Prozeß ist, und wir sprechen dann von einer MARKOV*schen Strategie* und von einem MARKOV*schen gesteuerten Prozeß*. (Die im Artikel „stochastische dynamische Optimierung" und beim Problem der besten Wahl (›Stoppen stochastischer Prozesse) betrachteten Prozesse sind Beispiele für MARKOVsche gesteuerte Prozesse.) Ist überdies der MARKOVsche steuerbare Prozeß (X_t^d), $t \in T$, $d \in E$ (zeitlich) homogen und auch der Entscheidungsprozeß $(D_t)_{t \in T}$ ein homogener MARKOVscher Prozeß (eine sog. *homogene* MARKOV*sche Strategie*), so ergibt sich für $(X_t^{p_t})_{t \in T}$ ein *homogener* MARKOV*scher gesteuerter Prozeß*. Eine homogene MARKOVsche Strategie, die nicht explizit von t, sondern nur vom erreichten Zustand der Trajektorie zum Zeitpunkt t abhängt, heißt eine *stationäre Strategie*.

Die bei der Darstellung der stochastischen dynamischen Optimierung angegebene BELLMANsche Gleichung kann unter gewissen Voraussetzungen — z. B. bei Vorliegen eines MARKOVschen gesteuerten Prozesses — auch für k-dimensionale gesteuerte Prozesse $(X_t)_{t \in T}$ mit stetigem Zeitparameter $t \in [0, \tau_E]$ angegeben werden [5]. Im Fall einer reduzierten Zielfunktion der speziellen Form $V((X_t), t) = E(c' X_{\tau_E} | X_t)$, ($c$ bezeichnet einen k-dimensionalen Vektor, $c' X_{\tau_E}$ inneres Produkt der vektorwertigen Größen c und X_{τ_E}), besteht eine enge Beziehung zwischen der BELLMANschen Gleichung und dem *stochastischen Maximum-Prinzip*, das von H. J. KUSHNER [6] in Verallgemeinerung des (ursprünglich für den deterministischen Fall aufgestellten) Maximumprinzips von L. S. PONTRJAGIN [1] formuliert wurde. Dieses stochastische Maximum-Prinzip liefert unter gewissen Voraussetzungen eine notwendige Bedingung für die Optimalität der Steuerung s eines gesteuerten k-dimensionalen stochastischen Prozesses (X_t) über $[0, \tau_E]$, der durch eine sogenannte ›stochastische Differentialgleichung $dX_t = f(X_t, s(t))dt + dZ_t$, ($Z_t$ bezeichnet hierbei einen k-dimensionalen ›meßbaren stochastischen Prozeß), gegeben ist, und wobei eine in X_{τ_E} lineare Kostenfunktion vorliegt.

In der obigen allgemeinen Formulierung ist (durch den Begriff des Zustandsanzeigers bzw. Beobachtungsprozesses) dem in der Praxis häufig vorliegenden Sachverhalt Rechnung getragen, daß eine vollständige Information über den Verlauf des zu steuernden Prozesses nicht vorliegt. Ausgehend von der Darstellung $X_t^d = (Y_t^d, Z_t^d)$, wobei (Y_t^d) die *beobachtbare Komponente* und (Z_t^d) die *versteckte Komponente* des steuerbaren stochastischen Prozesses (X_t^d), $t \in T$, $d \in D$, bezeichnet, ergibt sich mit geeigneten Zusatzbedingungen (in der Art von Korrelationen zwischen den beiden Komponenten oder ›bedingten Wahrscheinlichkeiten, wie z. B. $P(\hat{X}_t \in M | \hat{Y}_t)$ eine Behandlung des Steuerungsproblems auch mit Hilfe des *bedingten* MARKOVschen-*Prozesses* [6].

Lit.: [1] BAUER, H., und K. NEUMANN, Berechnung optimaler Steuerungen, Maximumprinzip und dynamische Optimierung, Berlin 1969.
[2] BHARUCHA-REID, A. T., Probabilistic Methods in Applied Mathematics, 3. Kapitel: Random differential equations in control theory (W. M. WONHAM), New York 1970.
[3] HOWARD, R. A., Dynamic Programming and Markov processes, New York 1960.
[4] KUSHNER, H. M., und F. C. SCHWEPPE, A maximum principle for stochastic ontrol systems, J. Math. Anal. Appl. 8 (1964), 2, 287–302.
[5] KUSHNER, H. J., Stochastic Stability and Control, New York 1967.
[6] KUSHNER, H. J., On the Stochastic Maximum Principle: Fixed Time of Control, Journ. Math. Anal. Appl. 11 (1965), S. 78–92.
[7] Ширяев, А. Н., К теории решающих функций и управлению процессом наблюдения по неполным данным.
Trans. Third Prague Conference on Inform. Theory, Statistical Decision Functions, Random Processes, Prague, 1964, 657–681.
[8] Ширяев, А. Н., Некоторые новые результаты в теории управляемых случайных процессов.
Trans. Fourth Prague Conference on Inform. Theory, Statistical Decision Functions, Random Processes, Prague 1967, 131–203.
[9] Ширяев, А. Н., Статистический последовательный анализ, Москва 1969.
[10] Стратонович, Р. Л., Условные марковские процессы и их применение к теории оптимального управления, Москва 1966.
Engl. Übersetzung:
STRATONOVICH, R. L., Conditional Markov processes and their application to the theory of optimal control, New York 1968.

Steuervariable ›Steuerung stochastischer Prozesse, ›stochastische dynamische Optimierung

Stichprobe: Der Begriff der Stichprobe ist bei Problemen, die mit statistischen Überlegungen verbunden sind, von grundlegender Bedeutung. Er wird entsprechend den verschiedenen praktischen Anliegen auf unterschiedliche Weise gebraucht.

Um Anschluß an wahrscheinlichkeitstheoretische Überlegungen zu gewinnen, setzt man in der Mathematischen Statistik voraus, daß die Menge M, aus der die Stichprobe entnommen werden soll, die Grundmenge eines ›Wahrscheinlichkeitsraumes $[M, \mathfrak{M}, P]$ ist. In diesem Zusammenhang heißt dann $M([M, \mathfrak{M}, P])$ eine *Grundgesamtheit* und eine endliche Teilmenge $B \in \mathfrak{M}$ eine (einfache) *Stichprobe* aus der Grundgesamtheit. Die Anzahl der Elemente in B bezeichnet man als den *Umfang der Stichprobe*.

Beispiel: Die Menge M bestehe aus r roten und b blauen Kugeln, die sich in einer Urne befinden. $\mathfrak{M}$ besteht aus allen Teilmengen von M. Die Wahrscheinlichkeit P ist durch die Anzahlen r und b charakterisiert, und zwar ist die Wahrscheinlichkeit, eine rote Kugel zu ziehen, $\frac{r}{r+b}$, und die Wahrscheinlichkeit, eine blaue Kugel zu ziehen, ist $\frac{b}{r+b}$. Eine Stichprobe B aus der Grundgesamtheit $M([M, \mathfrak{M}, P])$ erhält man, indem man aus der Urne eine endliche Anzahl von Kugeln gleichzeitig entnimmt.

In der Mathematischen Statistik macht man wesentlichen Gebrauch von der Möglichkeit, Stichproben durch Zufallsgrößen zu beschreiben: Es sei X eine ›Zufallsgröße über dem Wahrscheinlichkeitsraum $[\Omega, \mathfrak{A}, P]$. Ihre ›Wahrscheinlichkeitsverteilung auf dem (meßbaren) Bildraum $[R^1, \mathfrak{B}^1]$ sei P_X. Eine *Stichprobe vom Umfang n aus der Grundgesamtheit* $R^1([R^1, \mathfrak{B}^1, P_X])$ erhält man auf folgende Weise: Man betrachtet n unabhängige (›Unabhängigkeit zufälliger Variabler) Zufallsgrößen $X_1, \ldots, X_n$ mit derselben Wahrscheinlichkeitsverteilung $P_{X_i} = P_X$, $i = 1, 2, \ldots, n$ (›identisch verteilt). Eine ›Realisierung $(x_1, \ldots, x_n)$ des ›zufälligen Vektors $(X_1, \ldots, X_n)$ nennt man dann ebenfalls eine Stichprobe vom Umfang n aus der Grundgesamtheit $R^1([R^1, \mathfrak{B}^1, P_X])$. In diesem Zusammenhang heißt $(X_1, \ldots, X_n)$ auch eine *mathematische Stichprobe*, die Komponenten des zufälligen Vektors $\mathfrak{X} = (X_1, \ldots, X_n)$ *Stichprobenvariable* und $\mathfrak{x} = (x_1, \ldots, x_n)$ eine *konkrete Stichprobe*. Der (meßbare) Raum $[R^n, \mathfrak{B}^n]$, aufgefaßt als Grundraum des zum zufälligen Vektor $\mathfrak{X}$ gehörigen Bildraumes $[R^n, \mathfrak{B}^n, P_{\mathfrak{X}}]$, wird als *Stichprobenraum* bezeichnet.

Unter einer *Stichprobenfunktion* versteht man eine (›meßbare) Funktion der Stichprobenvariablen $X_1, \ldots, X_n$, (z. B. $\frac{1}{n} \sum_{i=1}^{n} X_i$, $\frac{1}{n} \sum_{i=1}^{n} X_i^2$, $\max\{X_1, \ldots, X_n\}$, $\min\{X_1, \ldots, X_n\}$). Eine Stichprobenfunktion ist also eine ›zufällige Variable. Ihre Realisierung, d. h. die entsprechende Funktion der konkreten Stichprobe, bezeichnet man als *konkrete Stichprobenfunktion* (mitunter spricht man auch in diesem Falle von einer Stichprobenfunktion). Stichprobenfunktionen sind von zentraler Bedetung in der mathematischen Statistik und werden auch als *Statistiken* bezeichnet.

Beispiel: Ist X ›normalverteilt mit den Parametern μ und σ^2, d. h. $P_X(A) = \frac{1}{\sqrt{2\pi}\sigma} \int_A e^{-\frac{(x-\mu)^2}{2\sigma^2}} dx$, $A \in \mathfrak{B}^1$, so ist $(X_1, \ldots, X_n)$ eine mathematische bzw. $(x_1, \ldots, x_n)$ eine konkrete Stichprobe aus der normalverteilten Grundgesamtheit $R^1([R^1, \mathfrak{B}^1, P_X])$. In diesem Fall ist z. B. die Stichprobenfunktion $\bar{X} = \frac{1}{n} \sum_{i=1}^{n} X_i$ normalverteilt mit den Parametern μ und $\frac{\sigma^2}{n}$.

Für verschiedene Fragestellungen erweist es sich als zweckmäßig, auch dann von einer Stichprobe zu sprechen, wenn die Zufallsgrößen $X_1, \ldots, X_n$ nicht unabhängig und identisch verteilt sind. In Verallgemeinerung des vorangehend betrachteten Sachverhalts bezeichnet man den (meßbaren)

Bildraum $[M, \mathfrak{M}]$ einer beliebigen zufälligen Variablen X über einem Wahrscheinlichkeitsraum $[\Omega, \mathfrak{A}, P]$ als Stichprobenraum und eine Realisierung x von X als Stichprobe (x wird dabei gleichzeitig als einelementige Teilmenge von M und somit als Stichprobe aus der Grundgesamtheit $M([M, \mathfrak{M}, P_X])$ aufgefaßt).

Wählt man für X speziell einen zufälligen Vektor $(X_1, \ldots, X_n)$ mit unabhängigen und identisch verteilten Komponenten, so ergibt sich der ursprüngliche Begriff der Stichprobe vom Umfang n. Wählt man für X speziell die identische Abbildung des Wahrscheinlichkeitsraumes $[\Omega, \mathfrak{A}, P]$ auf sich ($\mathfrak{A}$ soll dabei alle einelementigen Teilmengen von Ω enthalten), so ist jedes Element $\omega \in \Omega$ – aufgefaßt als Bild bei der identischen Abbildung – eine Stichprobe. Daher wird in einigen Fällen $[\Omega, \mathfrak{A}]$ ganz allgemein als Stichprobenraum bezeichnet.

Stichproben-Anfangsmoment ›empirische Momente

Stichprobenfunktion oder **Statistik** ›Stichprobe

Stichprobenkorrelationskoeffizient ›Korrelationsanalyse

Stichprobenkovarianzmatrix ›empirische Kovarianzmatrix

Stichprobenmedian ›empirisches Quantil

Stichprobenmittel ›empirische Momente, ›Mittelwerte

Stichprobenmomente ›empirische Momente

Stichprobenplan ›statistische Qualitätskontrolle

Stichprobenquantil ›empirisches Quantil

Stichprobenraum ›Stichprobe

Stichprobenregressionskoeffizient ›Regressionsanalyse

Stichprobenreststreuung ›Regressionsanalyse

Stichprobenstreuung ›empirische Momente, vgl. auch ›Streuungsmaße

Stichprobenvariable ›Stichprobe

Stichprobenverfahren ›statistische Qualitätskontrolle

Stieltjessches ›**Momentenproblem**

STIRLINGsche Formel: Unter der STIRLINGschen Formel versteht man die Näherungsformel

$$n! = \Gamma(n+1) = n\,\Gamma(n) \sim \left(\frac{n}{e}\right)^n \sqrt{2\pi n} \qquad (\text{für} \quad n \to \infty)\,.$$

Dabei bezeichnet $\Gamma(x)$ die Gammafunktion (›Gammaverteilung). Genauer gilt $n\,! = \left(\frac{n}{e}\right)^n \sqrt{2\pi n}\left(1 + \frac{1}{12n} + \frac{1}{288\,n^2} - \frac{139}{51850\,n^3} - \frac{571}{2488320\,n^4} + 0\left(\frac{1}{n^5}\right)\right)$ (für $n \to \infty$).

Stochastik: Unter *Stochastik* wird der durch die Wahrscheinlichkeitsrechnung und Mathematische Statistik sowie deren Anwendungsgebiete gekennzeichnete Wissenschaftsbereich verstanden, der sich mit der mathematischen Behandlung von Zufallserscheinungen befaßt (griech. $\sigma\tau o\chi \acute{\alpha}\zeta\varepsilon\sigma\vartheta\alpha\iota$ = vermuten, erraten)

stochastische Approximation ›KIEFER-WOLFOWITZ-Prozeß, ›ROBBINS-MONRO-Prozeß

stochastische Differentialgleichungen: Stochastische Differentialgleichungen stellen (stochastische) Verallgemeinerungen von gewöhnlichen Differentialgleichungen dar. Sie treten insbesondere bei Problemen der Steuerung stochastischer Prozesse in der Regelungstechnik ([2]), Elektronik, Ökonomie und der chemischen Technik auf. Stochastische Differentialgleichungen werden mittelbar durch stochastische Integralgleichungen in der folgenden Weise definiert.

Es seien $W(t) = (W_1(t), \ldots, W_k(t))$ ein k-dimensionaler standardisierter ›WIENERscher Prozeß über dem ›Wahrscheinlichkeitsraum $[\Omega, \mathfrak{A}, P]$ sowie $\{\mathfrak{F}_t\}$ eine ›Familie von σ-›Algebren mit $\mathfrak{F}_t \subseteq \mathfrak{A}$ für $t \geqq t_0$, $(t_0 \geqq 0)$, und $\mathfrak{F}_{t'} \subseteq \mathfrak{F}_{t''}$ für $t' \leqq t''$. Sind die ›Zufallsgrößen $W_i(t)$, $(i = 1, \ldots, k)$, $\mathfrak{F}_t$-meßbar und sind für alle $t \geqq t_0$, $(t_0 \geqq 0)$, die von den Zuwächsen $W_i(t+s) - W_i(t)$, $(i = 1, \ldots, k;\; s \geqq 0)$, erzeugten σ-Algebren unabhängig von $\mathfrak{F}_t$ (›Unabhängigkeit von σ-Algebren), so heißt

$$dX(t) = b(t, X(t)) + \sum_{i=1}^{k} \sigma_i(t, X(t))\, dW_i(t) \qquad (*)$$

eine stochastische Differentialgleichung, deren Lösung mit der Anfangsbedingung $X(t_0) = X_0$ durch die stochastische Integralgleichung (›stochastisches Integral)

$$X(t) = X_0 + \int_{t_0}^{t} b(u, X(u))\, du + \sum_{i=1}^{k} \int_{t_0}^{t} \sigma_i(u, X(u))\, dW_i(u) \qquad (**)$$

$(t_0 \leqq t \leqq T)$ gegeben ist. Dabei sind X_0 eine bez. $\mathfrak{F}_{t_0}$, $(t_0 \geqq 0)$, ›meßbare Funktion sowie $b(t, x)$, $\sigma_1(t, x), \ldots, \sigma_k(t, x)$ bez. (t, x) meßbare Funktionen für $t_0 \leqq t \leqq T$ und $-\infty < x < \infty$.

Sind die Funktionen $b(t, x), \sigma_1(t, x), \ldots, \sigma_k(t, x)$ stetig bez. t und x und existiert eine Konstante $K < \infty$, so daß für alle $t_0 \leqq t \leqq T$

$$|b(t, x) - b(t, y)| + \sum_{i=1}^{k} |\sigma_i(t, x) - \sigma_i(t, y)| \leqq K\,|x - y|$$

und

$$|b(t, x)| + \sum_{i=1}^{k} |\sigma_i(t, x)| \leqq K\,(1 + |x|)$$

gilt, so besitzt die Lösung der stochastischen Differentialgleichung die folgenden Eigenschaften:

1. Für jede Zufallsgröße X_0, die unabhängig vom Prozeß $W_i(t) - W_i(t_0)$, $(i = 1, \ldots, k)$, ist (vgl. ›Unabhängigkeit stochastischer Prozesse), existiert eine bis auf stochastische Äquivalenz (›äquivalente stochastische Prozesse) eindeutig bestimmte Lösung $X(t) = X^{(t_0, X(t_0))}(t)$, $t_0 \leqq t \leqq T$, von (**) — also entsprechend der obigen Definition auch von (*) —, die ein mit Wahrscheinlichkeit Eins stetiger stochastischer Prozeß ist (vgl. ›Stetigkeit stochastischer Prozesse).

2. Diese Lösung ist ein ›Markovscher Prozeß mit der Übergangsfunktion $P(s, x, t, \Gamma) = P\{X^{s,x}(t) \in \Gamma\}$, wobei $X^{s,x}(t)$ die Lösung von $X^{s,x}(t) = x + \int_s^t b(u, X^{s,x}(u))\,du + \sum_{i=1}^{k} \int_s^t \sigma_i(u, X^{s,x}(u))\,dW_i(u)$ darstellt.

3. Es existiert eine Konstante $C = C\,(k, K, T - t_0)$, so daß für alle $s \leqq t$ und $-\infty < x < \infty$

$$E\,|X^{s,x}(t) - x|^2 = C\,(t - s)^2\,(1 + |x|^2)$$

gilt.

4. Sind die Funktionen $b, \sigma_1, \ldots, \sigma_k$ zeitunabhängig, so ist die Lösung $X(t)$ ein (zeitlich) homogener Markovscher Prozeß.

In Analogie zur Schreibweise gewöhnlicher Differentialgleichungen schreibt man die stochastische Differentialgleichung (*) auch in der Form

$$\frac{dX(t)}{dt} = b(t, X(t)) + \sum_{i=1}^{k} \sigma_i(t, X(t))\,\frac{dW_i(t)}{dt} \qquad (***)$$

(z. B. in [1], [5]) und versteht unter einer Lösung von (***) wiederum die Lösung der stochastischen Integralgleichung (**).

Eine umfassende Darstellung der Theorie der stochastischen Differentialgleichungen im obigen Sinne — auch für den mehrdimensionalen Fall — findet man in [1], [4], während in [3] stochastische Differentialgleichungen im Sinne gewöhnlicher Differentialgleichungen mit zufälligen Parametern behandelt werden.

Lit.: [1] Arnold, L., Stochastische Differentialgleichungen, München 1973
[2] Åström, K. J., Introduction to Stochastic Control Theory, New York 1970.

[3] BUNKE, H., Gewöhnliche Differentialgleichungen mit zufälligen Parametern, Berlin 1972.
[4] GICHMANN, I. I., und SKOROCHOD, A. W., Stochastische Differentialgleichungen, Berlin 1971.
[5] Невельсон, М. Б., и Хасьминский, Р. З., Стохастическая аппроксимация и рекуррентное оценивание, Москва 1972.

stochastische dynamische Optimierung: Die dynamische Optimierung ist ein im wesentlichen von R. BELLMAN [2] begründetes Prinzip zur Bestimmung von optimalen Strategien bei gewissen Klassen steuerbarer Prozesse und geeigneten Zielfunktionen. Die Anwendung dieses Prinzips im Falle stochastischer steuerbarer Prozesse führt auf die *stochastische dynamische Optimierung*, die als ein wichtiges spezielles Verfahren im allgemeinen Rahmen der ›Steuerung stochastischer Prozesse anzusehen ist. Für die Darstellung der stochastischen dynamischen Optimierung wird im folgenden ein verhältnismäßig einfaches, dabei in den praktischen Anwendungen häufig vorliegendes Modell gewählt.

Es bezeichne X einen auf (der endlichen Parametermenge) $T = \{0, 1, \ldots, N\}$ definierten ›stochastischen Prozeß: $X = (X_0, X_1, \ldots, X_N)$. Dabei werde angenommen, daß auf den Ablauf dieses Prozesses Einfluß genommen werden kann, indem für jedes $n = 1, \ldots, N$ in Abhängigkeit von der Realisierung x_{n-1} von X_{n-1} durch Wahl eines geeigneten *(Steuer-) Parameters* d_n aus einer *Entscheidungsmenge* E die (›bedingte) Wahrscheinlichkeitsverteilung von X_n festgelegt werden kann. Auf Grund dieses Sachverhaltes bezeichnet man X als einen *steuerbaren stochastischen Prozeß*. ›Funktionen δ_n, die jedem x_{n-1} eine Entscheidung d_n gemäß $d_n = \delta_n(x_{n-1})$ zuordnen, heißen *Entscheidungsfunktionen*. Weiter nennt man $s = (\delta_1, \ldots, \delta_N)$ eine *Steuerung* von X, die ›Zufallsgrößen $D_n = \delta_n(X_{n-1})$ *Steuervariable* und $S = (D_1, \ldots, D_n)$ eine *Strategie*. (Eine Strategie beinhaltet also sämtliche Entscheidungen, die in allen möglichen konkreten Situationen des stochastischen Prozesses zu treffen sind.) Es wird nun weiter der Fall betrachtet, daß beim Übergang von X_{n-1} mittels der Steuervariablen $D_n = \delta_n(X_{n-1})$ nach X_n der Ertrags- oder Kostenwert $K(X_{n-1}, X_n, \delta_n)$ auftritt — positive Werte dieser Größe können als Gewinn, negative Werte als Verlust interpretiert werden — und sich bei Ablauf des Prozesses ein additiv aus den einzelnen Kostenwerten zusammensetzender Gesamtwert $W(X, s) = \sum_{n=1}^{N} K(X_{n-1}, X_n, \delta_n)$ ergibt. Man nennt $W(X, s)$ auch *Ertragsfunktional* und die einzelnen Summanden $K(X_{n-1}, X_n, \delta_n)$ *Elementarerträge*. Durch Bildung des ›Erwartungswertes $E^s\, W(X, s)$ im Sinne einer Mittelung über alle bei Verwendung der Steuerung $s = (\delta_1, \ldots, \delta_N)$ resultierenden Realisierungen des zufälligen Prozesses — das für die Mittelung in Frage kommende Wahrscheinlichkeitsmaß hängt neben der Anfangsverteilung von X_0 vor allem von der Steuerung s ab und wird bei der im folgenden dargestellten „Rückwärtstechnik" genau beschrieben — ergibt sich der (nicht zufällige) Wert $E^s\, W(X, s) = V(s)$, die sog. *Zielfunktion* (des steuerbaren Prozesses X). Entsprechend dem Anliegen der Optimierung interessiert nun eine (innerhalb einer durch die Problemstellung gekennzeichneten Klasse $\mathfrak{K}$ sog. *zulässiger Steuerungen*) *optimale Steuerung* s^*, für die also z. B. im Falle einer Maximierung $V(s^*) = \sup_s V(s)$ gilt. (Die Existenz einer optimalen Steuerung ist hierbei unter ziemlich allgemeinen Bedingungen gesichert, z. B. bei Beschränktheit und Abgeschlossenheit des Bildraumes von X und der Entscheidungsmenge E sowie gewissen Stetigkeitsbedingungen für die Elementarerträge.)

Eine wichtige Eigenschaft derartiger Steuerungsprobleme ist die Gültigkeit des sog. *Optimalitätsprinzips* oder BELLMAN*schen Prinzips*: Eine Steuerung (bzw. Strategie) ist genau dann optimal bezüglich des gesamten Bereiches $\{0, 1, \ldots, N\}$, wenn sie bezüglich jeden (Rest-)Bereiches der Form $\{n, n + 1, \ldots, N\}$, $n = 0, 1, \ldots, N - 1$, optimal ist. Hierbei kann sich die Möglichkeit ergeben, eine optimale Steuerung entsprechend dem Vorgehen der dynamischen Optimierung durch eine Rückwärtsrechnung (ausgehend vom Endpunkt N) mit Hilfe der sog. BELLMAN*schen Gleichung* zu bestimmen. Es bezeichne $V_{[n,N]}(x, s_n) = E^{s_n}\left\{\sum_{i=n+1}^{N} K(X_{i-1}, X_i, \delta_i) | X_n = x\right\}$ die sog. *reduzierte Zielfunktion*, die sich durch die einschränkende Betrachtung von $V(s)$ auf dem Teilbereich $\{n, n+1, \ldots, N\}$ ergibt, unter der Voraussetzung, daß sich der Prozeß zur Zeit n im Zustand $X_n = x$ befindet; von der Steuerung $s = (\delta_1, \delta_2, \ldots, \delta_N)$ geht hierbei lediglich die Teilsteuerung $s_n = (\delta_{n+1}, \ldots, \delta_N)$ ein; ersichtlich gilt $s_0 = s$. Eine in $\{n, n+1, \ldots, N\}$ optimale Teilsteuerung kennzeichnen wir durch $s_n^* = (\delta_{n+1}^*, \ldots, \delta_N^*)$: $V_{[n,N]}(x, s_n^*) = \max_{s_n} V_{[n,N]}(x, s_n)$. Betrachtet werden nun für $n = 1, \ldots, N$ die Übergangswahrscheinlichkeiten $P(X_n \in A | X_{n-1} = x,\ D_n = d) =: P^d(n, x, A)$ und die damit gebildeten Erwartungswerte $E_{n,x}^d Z = \int_{-\infty}^{\infty} \xi\, P^d(n, x, d\xi)$. Dann gilt die folgende fundamentale Gleichung

$$V_{[n-1,N]}(x, s_{n-1}^*) = \sup_{d \in E} E_{n,x}^d \{[K(X_{n-1}, X_n, d) | X_{n-1} = x] + V_{[n,N]}(X_n, s_n^*)\},$$

die sog. (zum vorliegenden Steuerungsproblem zugehörige) BELLMANsche Gleichung. Hieraus ergibt sich für jeden möglichen Ausgangszustand $X_{n-1} = x$ neben $V_{[n-1,N]}(x, s_{n-1}^*)$ der optimale Steuerparameter d^* — wobei d^* das Supremum in der BELLMANschen Gleichung liefert —, d. h., es ergibt sich die optimale Entscheidungsfunktion δ_n^*. In Durchführung dieser Rückwärtsrechnung erhält man schließlich in Abhängigkeit vom Anfangszustand x_0 oder einer Anfangsverteilung für X_0 eine optimale Steuerung $s^* = (\delta_1^*, \delta_2^*, \ldots, \delta_N^*)$ und den zugehörigen *Wert der Zielfunktion* (bzw. *des Steuerungsproblems*) $V_{[0,N]}(X_0, s^*) = V(s^*)$.

Eine leicht lesbare Darstellung der stochastischen dynamischen Optimierung — wobei der noch allgemeinere Fall betrachtet wird, daß auch die Elementarerträge zufällig sind — findet man in [7]. Die vorangehend dargestellte Rückwärtsrechnung gemäß der BELLMANschen Gleichung ist — insbesondere bei großem N und umfangreichem Bildraum des Prozesses — für die praktische Bestimmung optimaler Strategien nicht unmittelbar geeignet. Praktisch zweckmäßigere Vorgehensweisen sind z. B. der HOWARD-*Algorithmus* [5] sowie das *Iterationsverfahren von* KUSHNER [6] und das *Strategieverbesserungsverfahren von* KUSHNER [2].

Lit.: [1] BELLMAN, R., Dynamic Programming, Princeton, N. J. 1957.
[2] DERMAN, C., Finite State Markovian Decision Processes, Academic Press, New York and London 1970.
[3] GIRLICH, H. J., Diskrete stochastische Entscheidungsprozesse, Leipzig 1973
[4] HINDERER, K., Neuere Resultate in der Stochastischen Dynamischen Optimierung, ZAMM-Sonderheft: GAMM-Tagung Bochum 1974, Bd. 55 T 16—T 26 (1975).
[5] HOWARD, R. A., Dynamic Programming and Markovian Processes, New York 1960.
[6] KUSHNER, H. J., Computational Procedures for Optimal Stopping Problems for Markov Chains, Journal of Mathematical Analysis and Applications 25, 607—615 (1969).
[7] WENTZEL, J. S., Elemente der dynamischen Optimierung, Leipzig 1966.

stochastische Konvergenz = Konvergenz in Wahrscheinlichkeit ›Konvergenzarten für Folgen zufälliger Variabler, c)

stochastische Matrix: Eine quadratische ›Matrix $P = (p_{ij})$, $1 \leqq i, j \leqq M$, heißt eine *stochastische Matrix*, wenn ihre Elemente p_{ij} nicht negativ sind, und für alle Zeilensummen dabei $\sum_{j=1}^{M} p_{ij} = 1$ gilt. Eine stochastische Matrix besitzt stets den Eigenwert $\lambda = 1$; für alle anderen Eigenwerte gilt $|\lambda| \leqq 1$.

Zu jeder beliebigen stochastischen Matrix $P = (p_{ij})$ und einer beliebigen Anfangsverteilung (›MARKOVsche Kette) gibt es stets eine endliche homogene MARKOVsche Kette, deren Übergangswahrscheinlichkeiten gerade die p_{ij} sind. Es existiert stets der (CESÀRO-)Limes $Q = \lim\limits_{n \to \infty} \frac{1}{n} \sum_{v=1}^{n} P^v$, d. h., die Mittel der Folge (P^v) der v-ten Potenzen der Matrix P sind stets konvergent. Jede Zeile der (wiederum stochastischen) Matrix Q ist eine stationäre (Anfangs-)Verteilung der endlichen homogenen MARKOVschen Kette. Die Anzahl der linear unabhängigen stationären (Anfangs-) Verteilungen ist gleich der Vielfachheit des Eigenwertes $\lambda = 1$ der Matrix P.

Lit.: (11)

stochastische Modifikation ›äquivalente stochastische Prozesse

stochastische Optimierung: Unter *stochastischer Optimierung* versteht man ganz allgemein Verfahren der Optimierung, die sich wahrscheinlichkeitstheoretischer und mathematisch-statistischer Methoden bedienen. Dabei unterscheidet man zwischen:

1. Optimierungsverfahren zur Ermittlung von ›Punktschätzungen (bzw. Schätzwerten) für das Optimum von Funktionen, deren Funktionswerte auf Grund der Problemstellung als ›Zufallsgrößen anzusehen sind, wobei aber die Methode zur Berechnung der Approximationsfolgen auf bekannten deterministischen Vorgehensweisen (z. B. Gradientenmethode) aufbaut (vgl. ›KIEFER-WOLFOWITZ-Prozeß).

2. Optimierungsverfahren, bei denen man zum Auffinden des Optimums von (i. a. reellwertigen) Funktionen eine wahrscheinlichkeitstheoretische, d. h. also stochastische, Methode wählt. Diese Optimierungsverfahren werden mitunter auch als stochastische (oder zufällige) Suchverfahren (engl.: random search, russ.: случайный поиск) bezeichnet (vgl. z. B. [1], [2], [3]).

Lit.: [1] DRIML, M., and O. HANŠ, On a randomized optimization procedure, Trans. IV. Prague Conf. 1967, 273–276.
[2] MÜLLER, P. H., und V. NOLLAU, Über einige stochastische Suchverfahren zur Bestimmung des Maximums einer Funktion mit experimentell ermittelbaren Funktionswerten, XII. Int. Wiss. Koll. TH Ilmenau 1967, 13–15.
[3] Растригин, Л. А., Случайный поиск, Рига 1965.
[4] Растригин, Л. А., Системы экстремального управления, Москва 1974

stochastischer Automat: Die Theorie der stochastischen Automaten ist — neben der Theorie der determinierten und der Theorie der nichtdeterministischen Automaten (vgl. z. B. [6]) — eines der wesentlichen Teilgebiete der Theorie der abstrakten Automaten. Ein Automat ist — grob gesprochen — ein in diskreten Takten arbeitendes System, das in jedem Takt ein Signal empfängt, ein Signal abgibt und seinen (inneren) Zustand ändert. Das Ziel der Theorie der abstrakten Automaten ist die mathematische Beschreibung und Untersuchung derartig taktweise arbeitender kybernetischer Systeme hinsichtlich ihrer allgemeinsten systemtheoretischen Eigenschaften; die hierbei verwendeten mathematischen Methoden sind bisher vorwiegend algebraischer Natur gewesen. Auch die derzeitig ausgearbeitete Theorie der stochastischen Automaten besteht zum größeren Teil aus einer Strukturtheorie für stochastische Automaten. In neuerer Zeit werden die mit einem stochastischen Automaten verknüpften ›stochastischen Prozesse analysiert; damit wird der algebraischen Denkweise die analytische Denkweise der Wahrscheinlichkeitstheorie an die Seite gestellt, was sich insbesondere auch für praktisch interessierende Anwendungsfälle als nützlich erweist.

Die Untersuchung von stochastischen Automaten im Hinblick auf die Entwicklung einer abstrakten — der Theorie der determinierten und nichtdeterministischen Automaten analogen — Theorie begann Anfang der 60er Jahre (unabhängig voneinander und etwa gleichzeitig in den USA, in der UdSSR und in der DDR); diesen Untersuchungen liegt praktisch die gleiche — nachfolgend angegebene — Definition des stochastischen Automaten zugrunde (vgl. [6]):

$\mathfrak{A} = [X, Y, Z, H]$ heißt ein *stochastischer Automat*, wenn X, Y und Z nichtleere abzählbare Mengen sind und H eine auf $X \times Z$ definierte ›Funktion ist, deren Werte ›Wahrscheinlichkeitsmaße auf $Y \times Z$ (genauer: auf der Potenzmenge $\mathfrak{P}(Y \times Z)$) sind. Die Elemente $x \in X$ heißen *Eingabesignale*, X heißt *Eingabealphabet*, die Elemente $y \in Y$ heißen *Ausgabesignale*, Y heißt *Ausgabealphabet* und die Elemente $z \in Z$ *Zustände* des stochastischen Automaten $\mathfrak{A}$. Sind die Mengen X, Y und Z endlich, so heißt $\mathfrak{A}$ ein *endlicher stochastischer Automat*.

Die obige Definition kann in folgender Weise interpretiert werden: Der stochastische Automat $\mathfrak{A}$ arbeitet in einer diskreten Zeitskala mit den abzählbar-unendlich vielen Takten $t \in \{1, 2, \ldots\}$. In jedem Takt t empfängt $\mathfrak{A}$ genau ein Eingabesignal $x \in X$, sendet genau ein Ausgabesignal $y \in Y$ aus und geht von einem Zustand $z \in Z$ in einen Zustand $z' \in Z$ über. Bezeichnet man mit $H[z, x]$ den Wert der Funktion H an der Stelle (z, x), so wird für $A \in \mathfrak{P}(Y \times Z)$ die Zahl $H[z, x]\,(A)$ als Wahrscheinlichkeit dafür interpretiert, daß für das im Takt t ausgegebene Signal y und für den Zustand z' im Takt $t + 1$ die Beziehung $(y, z') \in A$ gilt, falls im Takt t das Signal x eingegeben wird und der Zustand z vorliegt. Insbesondere ist also $H[z, x]\,(y, z')$ als Wahrscheinlichkeit dafür zu interpretieren, daß das im Takt t ausgegebene Signal gleich y und der im Takt $t + 1$ vorliegende Zustand gleich z' ist, wenn im Takt t das Signal x eingegeben wird und der Zustand z vorliegt. Dabei wird i. a. angenommen, daß diese Wahrscheinlichkeiten allein von der Situation (z, x) abhängen, nicht aber von dem Takt t, in dem diese Situation vorliegt oder von in vorangegangenen Takten durchlaufenen Situationen. Das durch $F[z, x](C) = H[z, x]\,(Y \times C)$, $C \subseteq Z$ definierte Wahrscheinlichkeitsmaß wird als Wert der sog. *Überführungsfunktion* F an der Stelle (z, x) aufgefaßt, wobei F jeder Situation $(z, x) \in Z \times X$ ein Wahrscheinlichkeitsmaß auf Z (genauer: auf $\mathfrak{P}(Z)$) zuordnet; $F[z, x]\,(C)$ ist also als Wahrscheinlichkeit dafür aufzufassen, daß im Takt $t + 1$ ein Zustand $z' \in C$ vorliegt, wenn im Takt t der Zustand z vorliegt und das Signal x eingegeben wird.

Das durch $G[z, x]\,(B) = H[z, x]\,(B \times Z)$, $B \subseteq Y$ definierte Wahrscheinlichkeitsmaß wird als Wert der sog. *Ergebnisfunktion* G an der Stelle (z, x) aufgefaßt, wobei G jeder Situation $(z, x) \in Z \times X$ ein Wahrscheinlichkeitsmaß auf Y (genauer: auf $\mathfrak{P}(Y)$) zuordnet; $G[z, x]\,(B)$ ist also als Wahrscheinlichkeit dafür aufzufassen, daß im Takt t ein Signal $y \in B$ ausgegeben wird, wenn in diesem Takt der Zustand z vorliegt und das Signal x eingegeben wird.

Die Funktionen F und G bestimmen i. a. nicht die Funktion H. Gilt speziell aber $H[z, x]\,(B \times C) = G[z, x]\,(B) \cdot F[z, x]\,(C)$ für beliebige $z \in Z$,

$x \in X, B \subseteq Y, C \subseteq Z$, so heißt der stochastische Automat $\mathfrak{A} = [X, Y, Z, H]$ ein *stochastischer Mealy-Automat* und wird durch $[X, Y, Z, F, G]$ gekennzeichnet. Die Wahrscheinlichkeit dafür, daß bei vorliegendem Paar $(z, x) \in Z \times X$ das Paar $(y, z') \in Y \times Z$ erzeugt wird, ist also bei einem stochastischen Mealy-Automaten gleich dem Produkt der Wahrscheinlichkeit dafür, daß bei vorliegendem (z, x) im Takt t das Signal y ausgegeben wird, und der Wahrscheinlichkeit dafür, daß bei vorliegendem (z, x) im Takt t der Zustand z' im Takt $t + 1$ vorliegt; mit anderen Worten: ein stochastischer Mealy-Automat ist dadurch gekennzeichnet, daß der Ausgabeprozeß und der Zustandsänderungsprozeß voneinander unabhängig sind (›Unabhängigkeit von Ereignissen).

Ein stochastischer Automat $\mathfrak{A} = [X, Y, Z, H]$ heißt ein *stochastischer* Moore-*Automat*, wenn es eine auf Z definierte Funktion M gibt, deren Werte $M[z]$ Wahrscheinlichkeitsmaße auf Y (genauer: auf $\mathfrak{P}(Y)$) sind, so daß für beliebige $z \in Z$, $x \in X$, $B \subseteq Y$, $C \subseteq Z$ die Beziehung $H[z, x](B \times C) = \sum_{z' \in C} F[z, x](z')\, M[z'](B)$ gilt. Es gilt dann insbesondere für beliebige $z \in Z$, $x \in X$, $z' \in Z$, $y \in Y$ die Beziehung $H[z, x](y, z') = F[z, x](z')\, M[z'](y)$. Bei einem stochastischen Moore-Automaten hängt also die Wahrscheinlichkeit dafür, daß er im Takt t das Signal $y \in Y$ ausgibt, nicht explizit von der Situation (z, x) im Takt t ab, sondern nur von dem im Takt $t + 1$ vorliegenden Zustand $z' \in Z$.

In der oben angegebenen Definition des stochastischen Automaten ist zwar (durch die Funktion H) das externe und interne Verhalten des Automaten in jedem Takt festgelegt, nicht aber die Arbeitsweise des stochastischen Automaten über mehrere Takte. Dazu setzt man die Funktion H in folgender Weise rekursiv fort:

Ist $p = x_1 x_2 \ldots x_l$, $(x_i \in Y, i = 1, 2, \ldots, l)$, ein Wort der Länge l im Eingabealphabet X (d. i. also eine endliche Folge von l Eingabesignalen), $q = y_1 y_2 \cdots y_m$ $(y_i \in Y, i = 1, 2, \ldots, m)$ ein Wort der Länge m im Ausgabealphabet Y, $r = z_2 z_3 \cdots z_{n+1}$ $(z_i \in Z, i = 2, 3, \ldots, n + 1)$ ein Wort der Länge n im Zustandsalphabet Z, $z_1 \in Z$, und bezeichnet e das leere Wort (= Wort der Länge 0), so definiert man

$$H[z_1, p](q, r) = \begin{cases} 1 & \text{falls } p = q = r = e \\ \prod_{i=1}^{n} H[z_i, x_i](y_i, z_{i+1}) & \text{falls } l = m = n \geqq 1 \\ 0 & \text{sonst} \end{cases}$$

und interpretiert $H[z_1, p](q, r)$ für $p = x_1 \cdots x_n$, $q = y_1 \cdots y_n$, $r = z_2 \cdots z_{n+1}$, $n \geqq 1$, als Wahrscheinlichkeit dafür, daß der stochastische Automat $\mathfrak{A}$, der sich anfangs im Zustand $z_1 \in Z$ befand und dem das Wort p eingegeben wird, das Wort q ausgibt und das Zustandswort r durchläuft.

Das zentrale Problem bei der mathematischen Untersuchung abstrakter Automaten — und insbesondere auch stochastischer Automaten — besteht in der Angabe von Formeln, die das Eingabe-Ausgabe-Verhalten kennzeichnen, d. h. z. B. in der Angabe von Formeln für die Wahrscheinlichkeit dafür, daß ein stochastischer Automat das Wort q ausgibt, wenn das Wort p eingegeben wird und sich der Automat anfangs im Zustand $z \in Z$ befindet (oder eine Anfangsverteilung für die Zustände $z \in Z$ vorgegeben ist). Solche Formeln gestatten einen Vergleich der Leistungsfähigkeit von Automaten und führen zu Fragen nach der Äquivalenz von Automaten und damit u. a. zu Fragen wie der Reduktion, Minimalisierung, Homomorphie und Isomorphie von Automaten. Von besonderem Interesse sind dabei auch Untersuchungen zur Konstruktion von Automaten. Solche Problemstellungen sind ausführlich in [1], [2] und [6] dargestellt und behandelt. Die dabei erzielten Ergebnisse besitzen vielfältige Anwendungsmöglichkeiten (z. B. bei der Modellierung von Prozeßabläufen programmgesteuerter elektronischer Rechenmaschinen) und liefern Beiträge u. a. zur mathematischen Linguistik und zur mathematischen Logik. In neuerer Zeit werden stochastische Automaten in verstärktem Maße auch zur Modellierung von Optimierungssituationen (z. B. unter dem Gesichtspunkt der ›stochastischen dynamischen Optimierung, im Zusammenhang mit stochastischen Suchverfahren (›stochastische Optimierung), bei spieltheoretischen Aufgabenstellungen) und Lernprozessen (vgl. [3]) angewendet. Dies erfordert — jeweils in Abhängigkeit vom Anwendungsgebiet — eine Präzisierung des Begriffes „Stochastischer Automat“ unter dem Blickwinkel der Theorie der stochastischen Prozesse und insbesondere eine tiefer gehende Analyse der mit einem stochastischen Automaten assoziierten stochastischen Prozesse. Den nachfolgend angegebenen Büchern können Hinweise auf weitere Literatur — insbesondere auf wichtige Originalarbeiten — über stochastische Automaten entnommen werden.

Lit.: [1] Бухараев, Р. Г., Вероятностные автоматы, Казань 1970.
[2] Claus, V., Stochastische Automaten, Stuttgart 1971.
[3] Feichtinger, G., Lernprozesse in stochastischen Automaten, Berlin 1969.
[4] Gössel, M., Angewandte Automatentheorie I/II, Berlin 1972.
[5] Kämmerer, W., Einführung in mathematische Methoden der Kybernetik, Berlin 1971.
[6] Starke, P. H., Abstrakte Automaten, Berlin 1969.

stochastischer Prozeß: Unter einem *stochastischen Prozeß* versteht man eine ›Familie $(X_t)_{t \in T}$, $T \neq \emptyset$, von ›zufälligen Variablen über einem gemeinsamen ›Wahrscheinlichkeitsraum $[\Omega, \mathfrak{A}, P]$ mit Werten in einem ›meßbaren Raum $[E, \mathfrak{B}]$. Er kann somit als eine Abbildung von $\Omega \times T$ in E aufgefaßt werden, die für jedes feste $t \in T$ als ›Funktion von $\omega \in \Omega$ $(\mathfrak{A}, \mathfrak{B})$-meßbar ist. Anstelle von X_t schreibt man mitunter auch $X(t)$ und entsprechend $X(t, \omega)$ für den Wert $X_t(\omega)$; den Prozeß $(X_t)_{t \in T}$ bezeichnen wir häufig kürzer mit X_T.

Für jedes (feste) $\omega \in \Omega$ heißt die Funktion $t \to X_t(\omega)$, $t \in T$, eine ***Realisierung*** oder ***Trajektorie*** des stochastischen Prozesses X_T; man nennt deshalb den stochastischen Prozeß X_T auch eine ***zufällige Funktion***. Der Bildraum $[E, \mathfrak{B}]$ von X_T heißt ***Zustands-*** oder ***Phasenraum*** des stochastischen Prozesses; dabei benutzen wir — soweit keine Mißverständnisse zu befürchten sind — dieselbe Bezeichnung z. T. auch für die Grundmenge E dieses meßbaren Raumes. (Mitunter verwendet man die Bezeichnung „Phasenraum" nur, wenn alle einelementigen Teilmengen $\{x\}$, $x \in E$, zu $\mathfrak{B}$ gehören.) Gilt $E = R^n$ bzw. $E = K^n$ (K — Menge der komplexen Zahlen) und ist $\mathfrak{B}$ die zugehörige σ-›Algebra der BOREL-Mengen, so heißt X_T ein ***n-dimensionaler*** (reellwertiger bzw. komplexwertiger) ***stochastischer Prozeß***. (Mitunter ist E allgemeiner ein topologischer Raum und $\mathfrak{B}$ die von seinen offenen Mengen erzeugte σ-Algebra; dann spricht man von einem ***topologischen Phasen-*** oder ***Zustandsraum***.)

Ist die Parametermenge T ein Teil der reellen Achse, so interpretiert man ihre Elemente häufig als Zeitpunkte. Zwei Spezialfälle sind hierbei von besonderer Bedeutung:

1. Die Menge T ist abzählbar; dann spricht man von einem stochastischen Prozeß mit ***diskreter Zeit*** oder von einer ***zufälligen Folge***.
2. Die Menge T ist ein Intervall der reellen Achse; dann spricht man von einem stochastischen Prozeß mit ***stetiger Zeit***.

Für $n \in N$ und $t_1, t_2, \ldots, t_n \in T$ heißt die auf $[E^n, \mathfrak{B}^n]$ durch die Beziehung

$$P_{t_1, \ldots, t_n}(B_1 \times B_2 \times \cdots \times B_n) = P(\{\omega | X_{t_1}(\omega) \in B_1, \ldots, X_{t_n}(\omega) \in B_n\})$$

$(B_1, B_2, \ldots, B_n \in \mathfrak{B})$ definierte Verteilung $P_{t_1, \ldots, t_n}$ eine ***endlich-dimensionale Verteilung*** des Prozesses X_T. Die Familie

$$(P_{t_1, t_2, \ldots, t_n})_{n \in N;\, t_1, t_2, \ldots, t_n \in T}$$

der endlichdimensionalen Verteilungen des stochastischen Prozesses X_T ist von zentraler Bedeutung für das Studium von X_T, insbesondere auch im Hinblick auf statistische Betrachtungen; sie genügt den folgenden beiden Bedingungen (sog. ***Verträglichkeitsbedingungen von*** KOLMOGOROV):

a) $P_{t_1, \ldots, t_n}(B_1 \times B_2 \times \cdots \times B_{n-1} \times E) = P_{t_1, \ldots, t_{n-1}}(B_1 \times B_2 \times \cdots \times B_{n-1})$,

b) $P_{t_1, \ldots, t_n}(B_1 \times B_2 \times \cdots \times B_n) = P_{t_{i_1}, \ldots, t_{i_n}}(B_{i_1} \times B_{i_2} \times \cdots \times B_{i_n})$

für beliebige $n \in N$; $t_1, t_2, \ldots, t_n \in T$; $B_1, B_2, \ldots, B_n \in \mathfrak{B}$ und eine beliebige Permutation $(i_1, i_2, \ldots, i_n)$ von $(1, 2, \ldots, n)$.

Der stochastische Prozeß X_T mit dem Zustandsraum $[E, \mathfrak{B}]$ heißt ***unmittelbar gegeben***, wenn $\Omega \subset E^T$ ist, die σ-Algebra $\mathfrak{A}$ in Ω von allen Zylindermengen (›Produktmaß) $\{\omega | X_{t_1}(\omega) \in B_1, \ldots, X_{t_n}(\omega) \in B_n\}$, $n \in N$, $t_1, t_2, \ldots, t_n \in T$, $B_1, B_2, \ldots, B_n \in \mathfrak{B}$, erzeugt wird und für $\omega \in \Omega$, $\omega = x(.)$ gilt: $X_t(\omega) = x(t)$, $t \in T$. Zu jedem stochastischen Prozeß X_T gibt es einen unmittelbar gegebenen stochastischen Prozeß mit denselben endlichdimensionalen Verteilungen. Es sei jetzt E ein vollständiger metrischer separabler Raum, $\mathfrak{B}$ die σ-Algebra seiner BOREL-Mengen, T eine beliebige nichtleere Menge und für jedes $n \in N$ und beliebige $t_1, t_2, \ldots, t_n \in T$ eine Verteilung $P_{t_1, \ldots, t_n}$ auf $[E^n, \mathfrak{B}^n]$ gegeben, so daß diese Familie

$$(P_{t_1, t_2, \ldots, t_n})_{n \in N;\, t_1, t_2, \ldots, t_n \in T} \qquad (*)$$

den Bedingungen a) und b) genügt. Dann gibt es einen unmittelbar gegebenen stochastischen Prozeß X_T, so daß (*) die Familie seiner endlichdimensionalen Verteilungen ist (Satz von KOLMOGOROV (11), (20)).

Durch ihre große Bedeutung für die Anwendungen einerseits und das Vorhandensein von weit ausgebauten Theorien andererseits sind verschiedene Typen von stochastischen Prozessen besonders ausgezeichnet. Dazu gehören: ›Prozeß zweiter Ordnung, ›stationärer Prozeß, ›MARKOVscher Prozeß, ›Prozeß mit unabhängigen Zuwächsen, ›Martingal, ›GAUSSscher Prozeß, ›Diffusionsprozeß, ›WIENERscher Prozeß, ›POISSONscher Prozeß, ›Verzweigungsprozeß, ›Punktprozeß, ›stabiler Prozeß.

Lit.: (11), (16), (20), (21), (34), (37), (49), (56), (60)

stochastischer Prozeß, fast sicher differenzierbar ›Differenzierbarkeit stochastischer Prozesse

stochastischer Prozeß, fast sicher stetig ›Stetigkeit stochastischer Prozesse

stochastischer Prozeß, im quadratischen Mittel differenzierbar ›Differenzierbarkeit stochastischer Prozesse

stochastischer Prozeß, im quadratischen Mittel stetig ›Stetigkeit stochastischer Prozesse

stochastischer Prozeß, mit Wahrscheinlichkeit Eins differenzierbar ›Differenzierbarkeit stochastischer Prozesse

stochastischer Prozeß, mit Wahrscheinlichkeit Eins stetig ›Stetigkeit stochastischer Prozesse

stochastisches Integral:

1. Es sei $\Phi = \Phi_{\mathfrak{R}_0}$ ein orthogonales ›zufälliges Maß über einem ›meßbaren Raum $[\Lambda, \mathfrak{R}]$ sowie m ein ›Maß auf $[\Lambda, \mathfrak{R}]$ und $\mathfrak{R}_0$ die Gesamtheit aller $\Delta \in \mathfrak{R}$ mit $m(\Delta) < \infty$. Für eine ›Funktion $\varphi \in L^2(m)$ (d. h. φ ist meßbar (›meßbare Funktion), und es gilt $\int_\Lambda |\varphi|^2\, dm < \infty$) erklärt man eine ›Zufallsgröße $\int_\Lambda \varphi(\lambda)\, \Phi(d\lambda)$, das sog. *stochastische Integral* (*der Funktion* φ *bezüglich des zufälligen Maßes* Φ) folgendermaßen:

a) Ist φ eine einfache Funktion (›Integral), d. h. gibt es endlich viele paarweise disjunkte Mengen $\Delta_1, \Delta_2, \ldots, \Delta_n \in \mathfrak{R}$ mit $\bigcup_{k=1}^{n} \Delta_k = \Lambda$, $\varphi(\lambda) = a_k$ für $\lambda \in \Delta_k$ und $m(\Delta_k) < \infty$ für $a_k \neq 0$, $k = 1, 2, \ldots, n$, so setzt man $\int_\Lambda \varphi(\lambda)\, \Phi(d\lambda) := \sum a_k\, \Phi(\Delta_k)$, wobei über alle Indizes k mit $m(\Delta_k) < \infty$ zu summieren ist.
b) für eine beliebige Funktion $\varphi \in L^2(m)$ wählt man eine Folge $(\varphi_n) \subset L^2(m)$ von einfachen Funktionen mit $\int_\Lambda |\varphi_n - \varphi|^2\, dm \to 0$, $n \to \infty$. Dann konvergiert die Folge der Zufallsgrößen $\int_\Lambda \varphi_n(\lambda)\, \Phi(d\lambda)$ im quadratischen Mittel (›Konvergenzarten für Folgen zufälliger Variabler) gegen eine (von der speziellen Wahl der Folge (φ_n) unabhängige) Zufallsgröße, die man als stochastisches Integral $\int_\Lambda \varphi(\lambda)\, \Phi(d\lambda)$ bezeichnet. Für zwei Funktionen $\varphi, \psi \in L^2(m)$ gilt dabei die Beziehung

$$E \int_\Lambda \varphi(\lambda)\, \Phi(d\lambda) \overline{\int_\Lambda \psi(\lambda)\, \Phi(d\lambda)} = \int_\Lambda \varphi\, \overline{\psi}\, dm \,.$$

2. Es seien jetzt $T = [a, b]$ ein abgeschlossenes beschränktes Intervall der reellen Achse, X_T und Y_T zwei ›Prozesse zweiter Ordnung über dem gemeinsamen Wahrscheinlichkeitsraum $[\Omega, \mathfrak{A}, P]$ mit $E\,X(t) = 0$, $E\,Y(t) = 0$, $t \in T$; B_X und B_Y bezeichnen die zugehörigen ›Kovarianzfunktionen. Wir wählen eine Zerlegung $\mathfrak{Z}$ des Intervalls $[a, b]$: $a = t_1 < t_2 < \cdots < t_{n+1} = b$ und setzen $X_{\mathfrak{Z}}(t) := X(t_k)$, $(t_k \leqq t < t_{k+1}$, $k = 1, 2, \ldots, n)$, sowie $I_{\mathfrak{Z}} := \sum_{k=1}^{n} X(t_k)\,\big(Y(t_{k+1}) - Y(t_k)\big)$. Existiert der Grenzwert $\lim_{\mathfrak{Z}} I_{\mathfrak{Z}}$ im quadratischen Mittel bei beliebiger Verfeinerung der Zerlegung $\mathfrak{Z}$, so bezeichnen wir diesen mit $\int_a^b X(t)\, dY(t)$.

Ist der Prozeß X_T unabhängig von allen Zuwächsen $Y(t) - Y(s)$, $(s, t \in T)$ (›Unabhängigkeit stochastischer Prozesse), so existiert $\int_a^b X(t)\, dY(t)$ genau dann, wenn das (Riemann-Stieltjes-) Integral $\int_a^b\int_a^b B_X(s,t)\, d_{s,t}B_Y(s,t)$ existiert; dabei bezeichnet $d_{s,t}B_Y(s, t)$ das Differential des von B_Y auf $T \times T$ erzeugten Riemann-Stieltjes-Maßes. Das Integral $\int_a^b X(t)\, dY(t)$ existiert insbesondere dann, wenn der Prozeß X_T im quadratischen Mittel stetig ›(Stetigkeit stochastischer Prozesse), unabhängig von allen Zuwächsen $Y(t) - Y(s)$ $(s, t \in T)$ und die Kovarianzfunktion B_Y auf $T \times T$ von beschränkter Variation ist.

Für eine nichtzufällige Funktion Y_T: $Y(t, \omega) = y(t)$, $a \leqq t \leqq b$, $\omega \in \Omega$, existiert das Integral $I_1 := \int_a^b X(t)\, dy(t)$ im angegebenen Sinne, falls das

(RIEMANN-STIELTJES-) Integral $\int_a^b\int_a^b B_X(s, t)\, dy(s)\, \overline{dy(t)}$ existiert, also insbesondere, falls der Prozeß X_T im quadratischen Mittel stetig und y auf $[a, b]$ von beschränkter Variation ist. Falls darüberhinaus der Prozeß X_T fast sicher stetig ist, so existiert für fast alle $\omega \in \Omega$ auch das (RIEMANN-STIELTJES-) Integral $I_2(\omega) := \int_a^b X(t, \omega)\, dy(t)$. Die beiden Zufallsgrößen erweisen sich dabei als äquivalent, d. h., es gilt $P(I_1 \neq I_2) = 0$.

Ist X_T ein ›meßbarer Prozeß, y wieder von beschränkter Variation auf $T = [a, b]$ und gilt $\int_T E|X(t)|^2\, dv_y(t) < \infty$, wobei $v_y(t)$ die Totalvariation der Funktion y auf dem Intervall $[a, t]$ bezeichnet und das Integral im Sinne von LEBESGUE-STIELTJES zu verstehen ist, so folgt durch Anwendung des Satzes von FUBINI, daß für fast alle $\omega \in \Omega$ das Integral $\int_a^b X(t, \omega)\, dy(t)$ existiert; dabei gilt $E \int_a^b X(t, \omega)\, dy(t) = \int_a^b E\, X(t, \omega)\, dy(t)$.

Wir bemerken, daß sich diese Integraldefinitionen unschwer auch auf den Fall eines unbeschränkten Intervalls erweitern lassen.

3. Es seien W_T, $T = [0, \infty)$ ein (eindimensionaler) ›WIENERscher Prozeß über dem Wahrscheinlichkeitsraum $[\Omega, \mathfrak{A}, P]$ und $(\mathfrak{F}_t)_{t\in[a,b]}$, $0 \leqq a < b < \infty$, eine ›Familie von σ-›Algebren $\mathfrak{F}_t \subset \mathfrak{A}$ mit den Eigenschaften: a) $\mathfrak{F}_{t_1} \subset \mathfrak{F}_{t_2}$ für $a \leqq t_1 \leqq t_2 \leqq b$; b) $W(t)$ ist für jedes $t \in [a, b]$ meßbar bez. $\mathfrak{F}_t$; c) für jedes $a \leqq s \leqq b$ ist der Prozeß $(W(t + s) - W(s))_{t\in[0,\infty)}$ unabhängig von der σ-Algebra $\mathfrak{F}_s$, d. h., die von den Zufallsgrößen $W(t + s) - W(s)$, $t \in [0, \infty)$ erzeugte σ-Algebra ist unabhängig von $\mathfrak{F}_s$ (›Unabhängigkeit von σ-Algebren). Wir bezeichnen mit $H_2(a, b)$ die Klasse aller (eindimensionalen) ›meßbaren stochastischen Prozesse X_T, $T = [a, b]$, für die $P\left(\int_a^b X^2(s)\, ds < \infty\right) = 1$ gilt und $X(t)$ für jedes $t \in [a, b]$ eine $(\mathfrak{F}_t, \mathfrak{B}^1)$-meßbare Zufallsgröße ist.

Ist speziell $X_T \in H_2(a, b)$ ein „einfacher Prozeß", d. h. gibt es eine Folge $a = t_0 < t_1 < \cdots < t_m = b$ mit $X(t) = X(t_k)$ für alle $t \in [t_k, t_{k+1})$, $k = 0, \ldots, m - 1$, so wird

$$\int_a^b X(s)\, dW(s) := \sum_{k=0}^{m-1} X(t_k)\left(W(t_{k+1}) - W(t_k)\right)$$

gesetzt. Zu jedem Prozeß $X_T \in H_2(a, b)$ gibt es eine Folge $(X_T^{(n)})$ von „einfachen Prozessen", so daß

$$\int_a^b \left(X^{(n)}(s) - X(s)\right)^2 ds \underset{P}{\to} 0 \qquad (*)$$

gilt. Aus (*) folgt, daß $\int_a^b X^{(n)}(s)\, dW(s)$ konvergent in Wahrscheinlichkeit (›Konvergenzarten für Folgen zufälliger Variabler) ist. Der (von der speziellen Wahl der Folge $(X_T^{(n)})$ unabhängige) Limes heißt *stochastisches Integral* (*im Sinne von* Itô) und wird mit $\int_a^b X(s)\,dW(s)$ bezeichnet.

Das so definierte stochastische Integral besitzt u. a. die folgenden Eigenschaften:

Für einen stochastischen Prozeß $X_T \in H_2(a, b)$ mit $\int_a^b E\,X^2(s)\,ds < \infty$ gilt

$$E\int_a^b X(s)\,dW(s) = 0\,, \qquad E\left(\int_a^b X(s)\,dW(s)\right)^2 = \int_a^b E\,X^2(s)\,ds\,.$$

Ist $X_T \in H_2(a, b)$ mit Wahrscheinlichkeit 1 stetig und $\int_a^b E\,X^2(s)\,ds < \infty$, so konvergieren für jede Folge $(\mathfrak{Z}_n)$ von Zerlegungen

$$\mathfrak{Z}_n\colon a = t_0^{(n)} < t_1^{(n)} < \cdots < t_{k_n}^{(n)} = b \quad\text{mit}\quad \max_{i=0,\ldots,k_n-1} \left(t_{i+1}^{(n)} - t_i^{(n)}\right) \xrightarrow[n\to\infty]{} 0$$

die Partialsummen $\sum_{i=1}^{k_n} X(t_i^{(n)})\left(W(t_{i+1}^{(n)}) - W(t_i^{(n)})\right)$ im quadratischen Mittel gegen $\int_a^b X(s)\,dW(s)$.

Unabhängig von K. Itô [1] wurde dieser Integralbegriff auch von S. N. Bernstein und J. J. Gichman [2] entwickelt.

Lit.: (10), (20), (49), (59), (75)

[1] Itô, K., Stochastic Integral, Proc. Imperial Acad., Tokyo **20** (1944), 519–524.

[2] Гихман, И. И., К теории дифференциальных уравнений случайных процессов, Укр. мат. журн. **2** (1950), 45–69.

[3] McKean, H. P., Stochastic Integrals, New York 1969.

[4] Gichman, I. I. und A. W. Skorochod, Stochastische Differentialgleichungen, Berlin 1971.

stochastisches Maximum-Prinzip ›Steuerung stochastischer Prozesse

stochastisches Modell: Ein *stochastisches Modell* ist ein zum Zwecke der Erkenntnisgewinnung über einen Vorgang konstruiertes mathematisches Modell, das insbesondere zufällige Aspekte (im Sinne der Wahrscheinlichkeitsrechnung) berücksichtigt.

Z. B. beruht das stochastische Modell eines idealen (Spiel-)Würfels auf der Annahme, daß die Ereignisse (›Ereignisfelder und Wahrscheinlichkeitsalgebren), eine Eins, Zwei, . . . , Sechs zu würfeln, gleichwahrscheinlich und bei wiederholten Würfen unabhängig (›Unabhängigkeit von Ereignissen) sind.

Als ein für die weitere Entwicklung der Wahrscheinlichkeitsrechnung fundamentales stochastisches Modell erwies sich das von Jakob Bernoulli angegebene Schema unabhängiger Versuche (›Bernoulli-Schema, 1713). Eine reichhaltige Klasse stochastischer Modelle bilden die sog. ›Urnenmodelle, die die Herleitung und Beschreibung der ›Wahrscheinlichkeitsverteilung einer Vielzahl ›zufälliger Variabler und sogar gewisser ›stochastischer Prozesse (z. B. ›MARKOVscher Prozesse, ›Ketten mit vollständigen Bindungen) gestatten.

Eine Überprüfung der Brauchbarkeit eines gewählten stochastischen Modells kann mittels statistischer Tests (›Testtheorie) vorgenommen werden. Dazu formuliert man das dem Modell zugrunde liegende Gedankengut als Hypothese. Im Fall der Ablehnung dieser Hypothese ist das Modell ggf. durch ein passenderes zu ersetzen.

stochastische Unabhängigkeit ›Unabhängigkeit von Ereignissen, ›Unabhängigkeit zufälliger Variabler, ›Unabhängigkeit von σ-Algebren, ›Unabhängigkeit stochastischer Prozesse.

stochastisch stetiger Prozeß ›Stetigkeit stochastischer Prozesse

Stoppen stochastischer Prozesse: Eine im allgemeinen Rahmen der ›Steuerung stochastischer Prozesse wichtige Problemstellung ist das *optimale Stoppen stochastischer Prozesse.* Hierbei besteht die Steuerung eines ›stochastischen Prozesses $X_T = (X_t)_{t \in T}$ einfach darin, daß in jedem Zeitpunkt entschieden wird, ob der Prozeß fortgeführt oder abgebrochen werden soll. Unter einer ›Stoppzeit τ versteht man eine ›Zufallsgröße — definiert über dem gleichen ›Wahrscheinlichkeitsraum $[\Omega, \mathfrak{A}, P]$ wie die Zufallsgrößen X_t, $t \in T$, — die für jede konkrete Realisierung $X_t(\omega)$, $\omega \in \Omega$, des Prozesses den zugehörigen (nicht zufälligen) Zeitpunkt $\tau(\omega)$ des Stoppens liefert; auf Grund dieses Sachverhaltes bezeichnet man τ auch als *Stoppregel.* Mit $Y_t := X_{\min(t,\tau)}$ ergibt sich dann der sog. *gestoppte Prozeß* $Y = (Y_t)_{t \in T}$.

Durch das Ertragsfunktional W_t werde ein sich mit Ablauf des Prozesses für jedes $t \in T$ realisierender Betrag gekennzeichnet und mit $E\,W_\tau = V_\tau$ der bei Verwendung der Stoppregel τ erzielbare mittlere Gewinn, wobei die Mittelung über alle möglichen Realisierungen des Prozesses zu verstehen ist. Wird die Aufgabe einer Maximierung betrachtet, so besteht das Anliegen des optimalen Stoppens darin, innerhalb einer (durch die jeweilige konkrete Problemstellung) bestimmten Klasse $\mathfrak{K}$ von sog. *zulässigen Stoppregeln* (bzw. *zulässigen Stoppzeiten*) eine *optimale Stoppregel* τ^* aufzufinden, für die der mittlere Gewinn V_τ möglichst groß ist: $V_{\tau^*} = \sup_{\tau \in \mathfrak{K}} V_\tau$. Für $\mathfrak{K}$ betrachtet man z. B. häufig die Klasse derjenigen Stoppzeiten, die den Prozeß mit Wahrscheinlichkeit 1 in endlicher Zeit stoppen: $\mathfrak{K} = \{\tau : P(\tau < \infty) = 1\}$.

Beispiel: *Das Problem der besten Wahl* (vgl. [2]).

Aus einer n-elementigen Menge M, bei der durch Vergleich je zweier verschiedener Elemente stets entschieden werden kann, welches das bessere von beiden ist, strebt man an, das beste Element auszuwählen.

Die Elemente von M werden nun in einer hinsichtlich der Güte unbekannten und (gemäß einer ›diskreten gleichmäßigen Verteilung der $n!$ möglichen Permutationen) zufälligen Reihenfolge nacheinander gesichtet. Bei der Prüfung eines jeden Elementes muß sofort entschieden werden, ob dieses gewählt wird oder die Suche (nach einem evtl. noch besseren) fortgesetzt werden soll. Auf bereits vorher geprüfte (und nicht gewählte) Elemente darf aber nicht mehr zurückgegriffen werden. Mit der Wahl welchen Elementes soll man die Suche am günstigsten abbrechen? — Bei dieser Aufgabe handelt es sich offenbar um ein Beispiel für optimales Stoppen. Die (im Hinblick auf maximale Wahrscheinlichkeit für die Auswahl des besten Elementes) optimale Stoppregel lautet folgendermaßen: Es bezeichne m_n die kleinste natürliche Zahl k, für die $\frac{1}{k} + \frac{1}{k+1} + \cdots + \frac{1}{n-1} \leqq 1$ gilt. Man stoppe die Suche mit demjenigen Element, das die m_n-te Verbesserung gegenüber allen bisher beobachteten Elementen aufweist (das zuerst beobachtete Element wird bereits als erste Verbesserung gezählt); ist bis zur Prüfung des in der Reihenfolge letzten Elementes keine m_n-te Verbesserung erfolgt, dann wähle man das letzte Element. — Es gilt die (für große n) asymptotische Beziehung $m_n \sim n\,e$, wobei e die Basis des natürlichen Logarithmus bezeichnet.

Lit.: (2)

[1] Chow, Y. S., H. Robbins and D. Siegmund, Great Expectations: The theory of optimal stopping, New York 1971.
[2] Dynkin, E. B. und A. A. Juschkewitsch, Sätze und Aufgaben über Markoffsche Prozesse, Berlin/Heidelberg/New York 1969.
[3] Ширяев, А. Н., Статистический последовательный анализ, Москва 1969

Stoppregel ›Stoppen stochastischer Prozesse

Stoppzeit: Stoppzeiten werden meist in Verbindung mit einem vorgegebenen ›stochastischen Prozeß X_T $(T = N$ oder $T = [0, \infty))$ betrachtet. Eine vom Zufall abhängende Zeit τ nennt man eine *Stoppzeit* (bezüglich X_T), wenn zu jedem Zeitpunkt $t \in T$ bei bekannter Vergangenheit $\{X_s, s \leqq t\}$ des Prozesses entschieden werden kann, ob das Ereignis $\{\tau \leqq t\}$ eingetreten ist oder nicht. In diesem Sinne heißt eine Stoppzeit auch eine *nicht von der Zukunft abhängende zufällige Zeit*, eine *nicht vorgreifende Zeit*, oder eine *Markovsche Zeit* (›Markovscher Prozeß). Es sei A eine Teilmenge des Zustandsraumes von X_T. Unter gewissen Voraussetzungen ist z. B. die Zeit τ_A des ersten Erreichens von A durch den Prozeß X_T, definiert durch $\tau_A := \inf\{t \in T | X_t \in A\}$, eine Stoppzeit bezüglich X_T. Die zufällige Zeit $\tau'_A := \tau_A - 1$ ist hingegen beispielsweise im allgemeinen keine Stoppzeit.

Ausgehend von diesen Vorstellungen definiert man Stoppzeiten allgemein folgendermaßen: Es seien $[\Omega, \mathfrak{A}, P]$ ein ›Wahrscheinlichkeitsraum, T eine Teilmenge von $[0, \infty]$ und $(\mathfrak{F}_t)_{t \in T}$ eine ›Familie von σ-›Algebren

mit $\mathfrak{F}_s \subseteq \mathfrak{F}_t \subseteq \mathfrak{A}$ für alle $s, t \in T$ mit $s \leqq t$. Eine Abbildung τ von einer nichtleeren Menge $\Omega_\tau \subseteq \Omega$ in T heißt eine *Stoppzeit* bezüglich $(\mathfrak{F}_t)_{t\in T}$, oder kurz $(\mathfrak{F}_t)$-Stoppzeit, wenn für alle $t \in T$ die Beziehung $\{\tau \leqq t\} \in \mathfrak{F}_t$ gilt.
Die eindeutige Festlegung der Stoppzeit aufgrund des bereits erfolgten Prozeßverlaufes läßt sich auch durch die folgende (zum Vorangehenden äquivalente) Charakterisierung veranschaulichen. Für $X_T = \{X_s\}_{s\in T}$ über dem Wahrscheinlichkeitsraum $[\Omega, \mathfrak{A}, P]$ bezeichne $\mathfrak{A}_\infty$ die von der Gesamtheit aller $\{X_s, s \in T\}$ erzeugte σ-Algebra, $\mathfrak{A}_\infty \subset \mathfrak{A}$, und $\mathfrak{B}_T$ die σ-Algebra aller BOREL-Mengen von T. Dann ist eine $(\mathfrak{A}_\infty, \mathfrak{B}_T)$-›meßbare Funktion τ genau dann eine Stoppzeit bezüglich des Prozesses X_T, wenn für jedes $t \in T$ aus $\omega, \omega' \in \Omega$ und $X_s(\omega) = X_s(\omega')$ für $s \leqq t$ sowie $\tau(\omega) \leqq t$ die Gleichung $\tau(\omega) = \tau(\omega')$ folgt.
Jeder $(\mathfrak{F}_t)$-Stoppzeit τ ist durch $\mathfrak{F}_\tau := \{A \subseteq \Omega_\tau | A \cap \{\tau \leqq t\} \in \mathfrak{F}_t$ für alle $t \in T\}$ eine σ-Algebra $\mathfrak{F}_\tau$ zugeordnet. Die Abbildung τ ist bezüglich $\mathfrak{F}_\tau$ meßbar. Ein triviales Beispiel einer Stoppzeit ist $\tau \equiv t$ ($t \in T$, fest). Es sei X_T $(T = N$ oder $T = [0, \infty))$ eine stochastischer Prozeß mit dem Zustandsraum $(E, \mathfrak{B})$ und A eine Teilmenge von E mit $A \in \mathfrak{B}$. Dann ist, wie oben erwähnt, unter gewissen Voraussetzungen, z. B. wenn $T = N$ gilt, die durch $\tau_A(\omega) := \inf \{t \in T | X_t(\omega) \in A\}$ definierte Abbildung τ_A von $\Omega_\tau := \{\omega \in \Omega | X_t(\omega) \in A$ für ein $t > 0\}$ in T eine Stoppzeit bezüglich $\{\mathfrak{A}[X_s, s \leqq t], t \in T\}$. Sieht man $\mathfrak{A}_t := \mathfrak{A}[X_s, s \leqq t]$ als die Gesamtheit der Ereignisse an, die im Zusammenhang mit dem Prozeß X_T bis zur Zeit t eintreten können, und ist τ eine Stoppzeit bezüglich $\{\mathfrak{A}_t\}_{t\in T}$, so enthält $\mathfrak{A}_\tau$ alle Ereignisse, die bis zum Zeitpunkt τ eintreten können.

Lit.: (2), (11), (54), (55)

Strategie ›Spieltheorie, ›Steuerung stochastischer Prozesse, ›stochastische dynamische Optimierung

streng invariante Menge bez. einer meßbaren Transformation ›Strömung

streng ›MARKOVscher Prozeß

Streuung (Dispersion, mittlere quadratische Abweichung, Varianz): Als *Streuung* (Dispersion, mittlere quadratische Abweichung, Varianz) der ›Zufallsgröße X mit der Verteilungsfunktion F_X und dem ›Erwartungswert $E\,X$ bezeichnet man die Größe

$$\sigma^2 \equiv D^2X \equiv \mathrm{var}\,(X) := E\,(X - E\,X)^2 := \int_{R^1} (x - E\,X)^2\, dF_X(x)\,.$$

wobei $\int_{R^1} (x - E\,X)^2\, dF_X(x) < \infty$ vorausgesetzt wird. Die Streuung ist also das zentrale ›Moment zweiter Ordnung μ_2 von X. Ihre positive Quadratwurzel σ heißt *Standardabweichung*. Eine Zufallsgröße besitzt genau dann die Streuung Null, wenn diese Zufallsgrößen nur einen einzigen Wert annimmt (›Einpunktverteilung).

Ist insbesondere X eine ›diskrete Zufallsgröße mit $p_i = P(X = x_i)$, $i=0, 1, \ldots$, so läßt sich die Streuung nach der Formel $\sigma^2 = \sum_i (x_i - m_1)^2 p_i$ mit $m_1 = \sum_i x_i p_i$ berechnen, im Fall einer ›stetigen Zufallsgröße mit der Wahrscheinlichkeitsdichte f_X analog nach

$$\sigma^2 = \int_{-\infty}^{\infty} (x - m_1)^2 f_X(x)\, dx \quad \text{mit} \quad m_1 = \int_{-\infty}^{\infty} x\, f_X(x)\, dx\,.$$

In Anlehnung an die Mechanik deutet man die Streuung als Trägheitsmoment einer Massenverteilung bez. des Schwerpunktes (Gesamtmasse gleich Eins).

Es gilt der aus der Mechanik bekannte *Verschiebungssatz* von STEINER

$$E(X - a)^2 = E(X - E\,X)^2 + (a - E\,X)^2 \qquad (a \text{ reelle Zahl})\,,$$

insbesondere also $E(X - E\,X)^2 = E\,X^2 - (E\,X)^2$ (für $a = 0$). Für unkorrelierte (›Korrelationskoeffizient) und damit insbesondere für unabhängige (›Unabhängigkeit zufälliger Variabler) Zufallsgrößen X_1 und X_2 gilt der Additionssatz für Streuungen

$$D^2(a_1 X_1 + a_2 X_2) = a_1^2 D^2X_1 + a_2^2 D^2X_2$$

(a_1, a_2 reelle Zahlen). Umgekehrt folgt aus der Gültigkeit dieser Beziehung die Unkorreliertheit von X_1 und X_2, i. a. aber nicht ihre Unabhängigkeit.

Die Streuung ist ein wichtiges Maß zur Charakterisierung der Ausbreitung einer Verteilung.

›Momente,

empirische Streuung ›Streuungsmaße

Streuungsmaße: In der statistischen Praxis werden zur Auswertung einer konkreten ›Stichprobe $(x_1, x_2, \ldots, x_n)$ statistische Maßzahlen herangezogen, die bestimmte Eigenschaften der Stichprobe (durch einen Zahlenwert) kennzeichnen. Von besonderer Bedeutung sind dabei neben den ›Mittelwerten die sog. Streuungsmaße, die zur Beschreibung der Variabilität oder Verstreutheit der Stichprobenwerte dienen. Gebräuchlich sind folgende Streuungsmaße:

1. Die *empirische Streuung* $s^2 = \frac{1}{n-1} \sum_{i=1}^{n} (x_i - \bar{x})^2$. Handelt es sich um eine Stichprobe aus einer Grundgesamtheit, deren zugehörige Verteilung die ›Streuung σ^2 besitzt, so ist s^2 als ›Realisierung der Stichprobenfunktion $S^2 = \frac{1}{n-1} \sum_{i=1}^{n} (X_i - \overline{X})^2$, ($X_1, X_2, \ldots, X_n$ sind die Stichprobenvariablen, $\overline{X} = \frac{1}{n} \sum_{i=1}^{n} X_i$), ein sehr gebräuchlicher Schätzwert für σ^2 (›Punktschätzung, ›empirische Momente). Die positive Quadratwurzel von s^2 heißt *empirische Standardabweichung* und wird mit s bezeichnet.

2. Die *Spannweite* ist gleich der Differenz zwischen größtem und kleinstem Wert der Stichprobe. Sie kann als Schätzwert für die Standardabweichung σ dienen und wird insbesondere bei kleinem Stichprobenumfang (z. B. in der ›statistischen Qualitätskontrolle) verwendet.

Lit.: (77), (80)

Streuungsmatrix = ›Kovarianzmatrix

Streuungszerlegung ›Varianzanalyse

Strömung: Der im folgenden definierte Begriff der Strömung ist grundlegend für die ›Ergodentheorie. Es bezeichne R bzw. R^+, Γ, Γ^+ die Menge aller rellen (bzw. nichtnegativen reellen, ganzen, nichtnegativen ganzen) Zahlen. Es sei $[\Omega, \mathfrak{A})$ ein ›meßbarer Raum. Ferner sei $G = R^+$ oder Γ^+, und $\tilde{G}$ sei die Menge aller $(s, t) \in G \times G$ mit $s \leq t$. Eine für alle $(s, t) \in \tilde{G}$ definierte ›Familie $(T_{s,t})$ meßbarer Transformationen (›meßbare Funktion) von $[\Omega, \mathfrak{A}]$ in sich heißt *Strömung* in $[\Omega, \mathfrak{A}]$, wenn

$$\left.\begin{aligned} T_{s,t}(T_{t,u}\,\omega) &= T_{s,u}\,\omega\,, \qquad (1)\\ T_{s,s}\,\omega &= \omega\,, \qquad (2)\end{aligned}\right\}\ \big((s,t),(t,u) \in \tilde{G}\,,\ \omega \in \Omega\big)$$

gilt. Die hierzu für feste $s_0 \in G$, $\omega_0 \in \Omega$ definierte (einparametrige) Familie $(T_{s_0,t}\,\omega_0)$ wird die zur Zeit s_0 durch ω_0 verlaufende *Stromlinie* der Strömung $(T_{s,t})$ genannt. Die Strömung $(T_{s,t})$ heißt *diskret*, falls $G = \Gamma^+$, und *kontinuierlich*, falls $G = R^+$ gilt. Sie wird *stationär* genannt, wenn

$$T_{s,t} = T_{s+u,t+u} \qquad (3)$$

für alle $u \in G$ und jedes $(s, t) \in \tilde{G}$ ist. Mit $T_t := T_{0,t}$ ergibt sich dann aus (1)

$$T_{s+t} = T_s\,T_t = T_t\,T_s \qquad \big((s,t) \in G\big)$$

(sog. *Halbgruppeneigenschaft*). Im diskreten stationären Fall wird die Strömung $(T_{s,t})$ durch die Transformation $T := T_{0,1}$ vermittels Potenzbildung ($T_{s,t} = T^{t-s}$) erzeugt. Ist $G = R$ oder Γ, so erfolgen gleichlautende Definitionen mit $\tilde{G} = G \times G$. In diesem Fall sind $T_{s,t}$ dann eineindeutige meßbare Transformationen von Ω auf sich mit $T_{s,t} = T_{t,s}^{-1}$. (In der Literatur finden sich vielfältige naheliegende Verallgemeinerungen des Strömungsbegriffes auf Familien mit geeigneter allgemeinerer Indexmenge G.) Untersuchungen von Strömungen, insbesondere im Hinblick auf deren asymptotisches Verhalten, sind Gegenstand der *Ergodentheorie*. Für rein topologische Behandlung von Strömungen s. [2] (Die Ziffern beziehen sich auf die Numerierung der Literatur im Artikel „Ergodentheorie".) Das Folgende befaßt sich im wesentlichen mit maßtheoretischen Untersuchungen.

Es seien m ein Maß auf $[\Omega, \mathfrak{A}]$, $(T_{s,t})$ — der Einfachheit halber — eine diskrete stationäre Strömung mit $G = \Gamma^+$ und T $(:= T_{0,1})$ die zugehörige erzeugende Transformation. Dann ist es üblich, Eigenschaften bez. der Strömung als Eigenschaften bez. T zu formulieren:

Eine Menge $A \in \mathfrak{A}$ heißt *streng invariant* bez. T, wenn $T^{-1}(A) = A$ ist, sie heißt *invariant* oder *fast invariant*, wenn $m\left(T^{-1}(A)\,\Delta A\right) = 0$ (Δ symmetrische Differenz) gilt. Die Transformation heißt *singulär*, wenn eine Menge $N \in \mathfrak{A}$ mit $m(N) = 0$ und $m\left(T^{-1}(N)\right) \neq 0$ existiert.
Für alles Folgende wird T als *nichtsingulär* vorausgesetzt. Eine Menge $A \in \mathfrak{A}$ heißt *wandernd* (bez. T), wenn ihre Urbilder $A, T^{-1}(A), T^{-2}(A), \ldots$ paarweise disjunkt sind. Existiert für T eine wandernde Menge A mit $m(A) > 0$, so wird T *dissipativ* — und anderenfalls *konservativ* — genannt. Unter geeigneten Voraussetzungen läßt sich T in einen „konservativen" und einen „rein dissipativen" Teil zerlegen. Gibt es ein $A \in \mathfrak{A}$ mit $A \subset T^{-1}(A)$ und $m\left(T^{-1}(A) \setminus A\right) > 0$, so heißt T *kompressibel* — und anderenfalls *inkompressibel*. T heißt *maßtreu* (bez. m) oder *m-treu* bzw. *m-invariant* (bez. T) oder *T-invariant* (↑invariantes Maß), wenn $m\left(T^{-1}(A)\right) = m(A)$ für alle $A \in \mathfrak{A}$ gilt. Das Quadrupel $[\Omega, \mathfrak{A}, m, T]$ wird dann *dynamisches System* genannt. Offenbar ist jede m-treue Transformation nichtsingulär und im Fall $m(\Omega) < \infty$ inkompressibel und konservativ.

Rekurrenz (*Wiederkehr*): T wird *rekurrent* (bzw. *unendlich rekurrent*) genannt, wenn für jedes $A \in \mathfrak{A}$, $m(A) > 0$, m-fast alle Elemente aus A (unter der Strömung $(T_{s,t} = T^{t-s})$) mindestens einmal (bzw. unendlich oft) nach A zurückkehren (d. h. $m\left(A \setminus \bigcup_{t=1}^{\infty} T^{-t}(A)\right) = 0$ bzw. $m\left(A \setminus \bigcap_{t=1}^{\infty} \bigcup_{s=t}^{\infty} T^{-s}(A)\right) = 0$). Die Begriffe unendlich rekurrent, rekurrent, inkompressibel und konservativ erweisen sich als untereinander äquivalent; insbesondere folgt dann nach obigem aus $m(\Omega) < \infty$ und der Maßtreue von T die unendliche Rekurrenz von T (*Rekurrenzsatz* von POINCARÉ).

Mischung: Hierbei sei $m(\Omega)$ endlich, und o. B. d. A. gelte $m(\Omega) = 1$; ferner sei T m-treu. T heißt *stark mischend*, wenn

$$\lim_{n\to\infty} m\left(T^{-n}(A) \cap B\right) = m(A)\,m(B) \qquad (A, B \in \mathfrak{A}),$$

schwach mischend, wenn

$$\lim_{n\to\infty} n^{-1} \sum_{k=0}^{n-1} \left|m\left(T^{-k}(A) \cap B\right) - m(A)\,m(B)\right| = 0 \qquad (A, B \in \mathfrak{A}),$$

ergodisch, wenn

$$\lim_{n\to\infty} n^{-1} \sum_{k=0}^{n-1} m\left(T^{-k}(A) \cap B\right) = m(A)\,m(B) \qquad (A, B \in \mathfrak{A})$$

gilt. Die Transformation T ist genau dann ergodisch, wenn sie *metrisch transitiv* ist, d. h., wenn sich Ω nicht in zwei disjunkte T-invariante Mengen (streng) positiven Maßes zerlegen läßt. Hierzu äquivalent ist die

Gleichheit des sog. Zeitmittels $\lim_{n\to\infty} n^{-1} \sum_{k=0}^{n-1} f(T^k \omega)$ mit dem sog. Raummittel $\int_\Omega f\,dm$ (m–fast überall) für alle m-integrierbaren Funktionen $f|\Omega$ (›Ergodensätze), woraus sich die Terminologie ergodisch (›Ergodentheorie) erklärt. Jede stark mischende Transformation ist schwach mischend, jede schwach mischende ergodisch. (Die Frage „Wieviel m-treue Transformationen sind ergodisch bzw. stark oder schwach mischend?" ist in geeignetem topologischen Sinne unter entsprechenden Voraussetzungen beantwortet (s. [3], [5], [6], [7]).) Weitere Mischungsbegriffe s. z. B. [7].

Mittelwertprobleme: ›Ergodensätze.

Funktionalanalytische Zusammenhänge:

1. $ca(\Omega, \mathfrak{A})$ bezeichne den BANACH-Raum aller σ-additiven endlichen Mengenfunktionen auf $\mathfrak{A}$ (mit $||\mu|| :=$ Totalvariation von μ auf Ω). Die Transformation T definiert vermittels $(T\,\mu)(A) := \mu(T^{-1}(A))$, $A \in \mathfrak{A}$, $\mu \in ca(\Omega, \mathfrak{A})$, einen linearen beschränkten Operator $\underline{T}$ auf $ca(\Omega, \mathfrak{A})$ mit $||\underline{T}|| = 1$. Ein Maß $\mu \in ca(\Omega, \mathfrak{A})$ ist genau dann invariant bez. T, wenn $\underline{T}\,\mu = \mu$ gilt.

2. Die Transformation T erzeugt auf dem HILBERT-Raum $L^2(\Omega, \mathfrak{A}, m)$ $(=: L^2)$ vermittels $(U f)(\omega) := f(T\,\omega)$ $(\omega \in \Omega, f \in L^2)$ einen linearen Operator mit der Eigenschaft $U(f \cdot g) = U f \cdot U g$. (Entsprechendes gilt auf den BANACH-Räumen $L^p(\Omega, \mathfrak{A}, m)$ mit $p \geqq 1$.) Ist m T-invariant, so wird U ein isometrischer, und genau dann, wenn T eine auf Ω definierte meßbare Inverse besitzt, ein unitärer Operator auf L^2. – Sind die zu zwei dynamischen Systemen $[\Omega, \mathfrak{A}, m, T]$ und $[\Omega', \mathfrak{A}', m', T']$ gehörigen isometrischen Operatoren U und U' zueinander unitär äquivalent, so heißen diese Systeme vom gleichen *Spektraltyp*; Eigenschaften, die allen dynamischen Systemen mit gleichem Spektraltyp gemeinsam sind, nennt man *Spektralinvarianten*. Alle oben eingeführten Begriffe sind Spektralinvarianten: Z. B. ist T genau dann ergodisch, wenn $U f = f$ genau für die fast überall konstanten Funktionen $f \in L^2$ gilt; T ist genau dann schwach mischend, wenn aus $U f = \lambda f$ die Aussage „$\lambda = 1$ und f fast überall konstant" folgt.

Isomorphie: Zwei dynamische Systeme $[\Omega, \mathfrak{A}, m, T]$ und $[\Omega', \mathfrak{A}', m', T']$ heißen *isomorph*, wenn sie maßtheoretisch nicht unterscheidbar sind, d. h., wenn es zwei Mengen $N \in \mathfrak{A}$ und $N' \in \mathfrak{A}'$ mit $m(N) = m'(N') = 0$ und eine eineindeutige Abbildung φ von $\Omega \setminus N$ auf $\Omega' \setminus N'$ gibt, so daß

1. für ein $A \subset \Omega \setminus N$ genau dann $\varphi(A) \in \mathfrak{A}'$ gilt, wenn $A \in \mathfrak{A}$ ist;
2. $m'(\varphi(A)) = m(A)$ für alle $A \in \mathfrak{A}$, $A \subset \Omega \setminus N$, gilt;
3. $\varphi(T\,\omega) = T'\,\varphi(\omega)$ für m-fast alle $\omega \in \Omega \setminus N$ ist.

Eigenschaften, die allen isomorphen dynamischen Systemen gemeinsam sind, heißen *Isomorphieinvarianten*. Jede Spektralinvariante ist auch Isomorphieinvariante. Für gewisse Klassen dynamischer Systeme stimmen die Spektral- mit den Isomorphieinvarianten überein (s. z. B. [6], [7]). Dies gilt jedoch nicht allgemein; die sog. ›Entropie eines dynamischen Systems ist isomorphie-, aber nicht spektralinvariant. Es ist i.a. unbekannt, ob bzw. wann die Spektralinvarianten gemeinsam mit der Entropie ein dynamisches System bis auf Isomorphie charakterisieren.

Lit.: ›Ergodentheorie

Stromlinie ›Strömung

Strukturfunktion ›zufälliges Maß

studentisierte Variationsbreite: Es sei $(X_1, \ldots, X_n)$ eine (mathematische) ›Stichprobe vom Umfang n aus einer $N(\mu, d^2\sigma^2)$-verteilten Grundgesamtheit (›Normalverteilung), wobei d^2 eine bekannte positive Konstante ist, und V/σ^2 bezeichne eine von $(X_1, \ldots, X_n)$ unabhängige (›Unabhängigkeit zufälliger Variabler) χ^2-verteilte (›χ^2-Verteilung) ›Zufallsgröße mit m Freiheitsgraden. Dann heißt die Zufallsgröße

$$\frac{\sqrt{m}\,R}{\sqrt{V}\,d} \qquad (R = \max_{1 \leq i \leq n} X_i - \min_{1 \leq i \leq n} X_i)$$

studentisierte Variationsbreite und ihre Verteilung die Verteilung der studentisierten Variationsbreite mit (n, m) Freiheitsgraden. Die durch $P\left(\frac{\sqrt{m}\,R}{\sqrt{V}\,d} < Q_{1-\alpha}(n, m)\right) = 1 - \alpha$ definierten ›Quantile $Q_{1-\alpha}(n, m)$ der (Ordnung $1 - \alpha$ der Verteilung der studentisierten Variationsbreite mit sn, m) Freiheitsgraden sind z. B. in (88) tabelliert. Die Verteilung der tudentisierten Variationsbreite ist für verschiedene statistische Testverfahren (›Testtheorie) wie z. B. den Tukey-Test (›multiple Mittelwertvergleiche c)) von Bedeutung.

Lit.: (89) und (T7)

Student-Test = ›t-Test

Student-Verteilung = ›t-Verteilung

Submartingal ›Martingal

Summenhäufigkeit ›Klassenhäufigkeit

Supermartingal ›Martingal

Symmetrie-Test (von Hemelrijk): Der *Symmetrietest* ist ein nichtparametrischer ›Signifikanztest zum Prüfen der Hypothese, daß k unabhängige (›Unabhängigkeit zufälliger Variabler) ›Zufallsgrößen $X_1, \ldots, X_k$ symmetrisch bez. des Nullpunktes (›symmetrische Verteilung) verteilt sind, aber nicht notwendig ein und dieselbe Verteilungsfunktion besitzen.

1. Hypothese H: Die unabhängigen Zufallsgrößen $X_1, \ldots, X_k$ sind symmetrisch zum Nullpunkt verteilt.

2. Testgrößen: Sei M die (zufällige) Anzahl der X_i mit $X_i = 0$. Die Zufallsgrößen X_i mit $X_i \neq 0$ werden in zwei disjunkte Klassen K_1 (Anzahl S) und K_2 (Anzahl R) eingeteilt durch die Vorschriften:

a) Jedes Element von K_1 sei betragsmäßig kleiner als jedes Element von K_2.

b) Es sei $R \geqq S$.

c) Unter allen möglichen Klasseneinteilungen, die a) und b) erfüllen, wird jene ausgewählt, für die $R - S$ ein Minimum annimmt.

Weiter bezeichne T die Anzahl der X_i mit $X_i > 0$ und U die Anzahl der X_i in K_2 mit $X_i > 0$. Diese Zufallsgrößen T und U dienen als Testgrößen. Falls die Hypothese H wahr ist, gilt für die Einzelwahrscheinlichkeiten des diskreten ›zufälligen Vektors (T, U):

$$P(T = t, U = u | M = m, R = r) = \frac{1}{2^{k-m}} \binom{r}{u} \binom{k-m-r}{t-u},$$

$$0 \leqq u \leqq t \leqq k - m, \quad u \leqq r.$$

3. Kritischer Bereich: Für die Festlegung des kritischen Bereiches K^* werden konkrete Beobachtungsergebnisse $x_1, \ldots, x_k$ (›Realisierungen der Zufallsgrößen $X_1, \ldots, X_k$) benötigt. Aus ihnen bestimmt man zunächst m und r (Realisierungen der Zufallsgrößen M und R) und wählt dann für K^* in einer t, u-Ebene am zweckmäßigsten solche Punkte aus, die von den Testgrößen mit kleinster Wahrscheinlichkeit angenommen werden, und zwar so viele, daß bei Hinzunahme eines weiteren das vorgegebene Signifikanzniveau α überschritten würde.

4. Praktische Durchführung: Anhand der Werte $x_1, \ldots, x_k$ werden m und r bestimmt und damit der kritische Bereich K^* festgelegt. Dann bestimmt man t und u (Realisierungen der Zufallsgrößen T und U) und entscheidet folgendermaßen:

Gilt $(t, u) \in K^*$, so lehnt man die Hypothese H zum Signifikanzniveau α ab; im Fall $(t, u) \notin K^*$ ist gegen H auf Grund dieses Tests nichts einzuwenden.

Ein Sonderfall des Symmetrietests ist der ›Zeichentest.

Lit.: (72)

symmetrischer ›stabiler Prozeß

symmetrische Verteilung: Die ›Wahrscheinlichkeitsverteilung einer ›Zufallsgröße X heißt *symmetrisch* bez. a (a reell), wenn für alle reellen x die Verteilungsfunktion F_X von X der Bedingung $F_X(a + x) = 1 - F_X(a - x + 0)$ genügt. Eine bez. a symmetrisch verteilte Zufallsgröße X besitzt den Median (›Quantil) a. Existiert der ›Erwartungswert EX, so ist dieser ebenfalls gleich a. Die zentralen ›Momente ungerader Ordnung von X sind, sofern sie existieren, stets gleich Null. Die ›charakteristische Funktion φ_X von X ist genau dann reellwertig, wenn X bezüglich Null symmetrisch verteilt ist; in diesem Falle gilt

$$\varphi_X(t) = P(X = 0) + 2 \int_{0+}^{\infty} \cos t x \, dF_X(x).$$

systematischer Fehler einer ›Punktschätzung

Systeme mit vollständigen Bindungen ›Ketten mit vollständigen Bindungen

Systemsätze für ›Martingale

T

Test (statistischer): Ein Test ist ein Verfahren zur Prüfung einer statistischen ›Hypothese (›Testtheorie, ›Signifikanztest).

Testgröße ›Testtheorie, ›Signifikanztest

Testtheorie: Aufgabe der statistischen Testtheorie ist es, Verfahren zu entwickeln und zu untersuchen, die es gestatten, Annahmen (sog. Hypothesen) über die (vollständig oder teilweise unbekannte) ›Wahrscheinlichkeitsverteilung einer ›Zufallsgröße oder allgemeiner einer ›zufälligen Variablen auf Grund von ›Realisierungen derselben, d. h. auf Grund von ›Stichproben, zu überprüfen.

Diese Problemstellung läßt sich allgemein wie folgt beschreiben: Gegeben sind ein ›meßbarer Raum $[\Omega, \mathfrak{A}]$ und eine Indexmenge Γ. Jedem $\gamma \in \Gamma$ ist eine Wahrscheinlichkeitsverteilung P_γ über $[\Omega, \mathfrak{A}]$ eineindeutig zugeordnet. Für eine vorliegende Wahrscheinlichkeitsverteilung P sei bekannt, daß sie zur ›Familie $\{P_\gamma\}_{\gamma \in \Gamma}$ gehört, d. h., es gibt ein γ^* so, daß $P = P_{\gamma^*}$ ist; dieses γ^* ist jedoch unbekannt.

Unter einer *statistischen Hypothese* versteht man die Annahme, daß $\gamma^* \in \Gamma_0$ gilt, wobei Γ_0 eine nichtleere, echte Teilmenge von Γ ist. Man schreibt dafür $H: \gamma^* \in \Gamma_0$. Eine Hypothese heißt *einfach*, wenn Γ_0 einelementig ist, anderenfalls *zusammengesetzt*. Die zu überprüfende Hypothese, daß $\gamma^* \in \Gamma_0$ gilt, bezeichnet man auch als *Nullhypothese* H_0, die Hypothese $H_1: \gamma^* \in \Gamma \setminus \Gamma_0$ dagegen als *Alternativhypothese*.

Beispiel: Durch $\{P_\gamma\}_{\gamma \in \Gamma}$ sei die Familie aller ›Normalverteilungen $N(\mu, \sigma^2)$ gekennzeichnet. Dabei ist $\Gamma = \{(\mu, \sigma^2) | -\infty < \mu < \infty, \sigma^2 > 0\}$. Es sei bekannt, daß eine Normalverteilung vorliegt, jedoch ist von den wahren Parameterwerten μ^* und σ^{2*} wenigstens einer unbekannt. Eine einfache Hypothese ist z. B. die Annahme, daß $\mu^* = 0$, $\sigma^{2*} = 1$, d. h. $\gamma^* \in \Gamma_0 = \{(\mu, \sigma^2) | \mu = 0, \sigma^2 = 1\}$, gilt. Demgegenüber stellt $H: \mu^* = 0$, $\sigma^{2*} > 0$, d. h. $\gamma^* \in \Gamma_0 = \{(\mu, \sigma^2) | \mu = 0, \sigma^2 > 0\}$ eine zusammengesetzte Hypothese dar.

Die Überprüfung einer Hypothese erfolgt mit Hilfe eines *statistischen Tests*. Der Sinn eines Tests besteht darin, auf Grund einer Stichprobe eine Entscheidung über Annahme oder Ablehnung der Hypothese herbeizuführen.

Bezeichnet $[M, \mathfrak{M}]$ den zur Stichprobe gehörigen Stichprobenraum, so läßt sich ein Test mathematisch durch eine ›meßbare Funktion φ von M in $[0, 1]$, d. h. durch eine Stichprobenfunktion, charakterisieren; auf Grund einer konkreten Stichprobe $x \in M$ wird in Abhängigkeit von $\varphi(x)$ eine Entscheidung über Annahme oder Ablehnung der Hypothese getroffen. Man unterscheidet dabei zwei Fälle:

1. φ nimmt nur die Werte 0 und 1 an. φ ist also Indikatorfunktion einer Menge $K \in \mathfrak{M}$, d. h., es gilt

$$\varphi(x) = \begin{cases} 1 & \text{für} \quad x \in K\,, \\ 0 & \text{für} \quad x \in M \setminus K\,. \end{cases}$$

Für $\varphi(x) = 0$, d. h. $x \in M\setminus K$, wird die Nullhypothese H_0 angenommen (und damit die Alternativhypothese H_1 abgelehnt); für $\varphi(x) = 1$, d. h. $x \in K$, wird dagegen H_0 abgelehnt (und damit H_1 angenommen). Man nennt deshalb die Menge K *Ablehnungsbereich* oder *kritischen Bereich* (für die Nullhypothese). Der Test φ ist also in diesem Fall durch seinen kritischen Bereich K vollständig bestimmt.

2. φ nimmt nicht nur die Werte 0 und 1 an. In diesem Fall wird bei Vorliegen der konkreten Stichprobe $x \in M$ die Nullhypothese H_0 mit der Wahrscheinlichkeit $1 - \varphi(x)$ angenommen und mit der Wahrscheinlichkeit $\varphi(x)$ abgelehnt. Die Entscheidung über Annahme oder Ablehnung von H_0 trifft man mit Hilfe eines ›Zufallsexperimentes, bei dem das Ereignis „H_0" die Wahrscheinlichkeit $1 - \varphi(x)$ besitzt; und zwar wird H_0 genau dann angenommen, wenn das Ereignis „H_0" eingetreten ist. Ein solcher Test heißt *randomisiert*. Zum Unterschied dazu wird der in 1. beschriebene Test — der ein Spezialfall von 2. ist — *nichtrandomisiert* genannt. Die gebräuchlichsten Tests sind im allgemeinen nichtrandomisierte Tests. Bei ihnen arbeitet man weniger mit der Funktion φ selbst, sondern direkt mit dem zugehörigen kritischen Bereich K. Zur praktischen Durchführung des Tests wird K häufig mit Hilfe einer meßbaren Abbildung T von M in R^1 (der sogenannten *Testgröße* T) in einen kritischen Bereich $K^* \in \mathfrak{B}^1$ überführt. Ablehnung der Nullhypothese erfolgt genau dann, wenn $T(x) \in K^*$ erfüllt ist. (Man vergleiche dazu z. B. ›Signifikanztest.)

Bei Durchführung eines Tests zur Prüfung einer Hypothese H_0 sind zwei Fehlentscheidungen möglich: Der *Fehler* 1. *Art* besteht darin, daß H_0 abgelehnt wird, obwohl H_0 richtig ist; der *Fehler* 2. *Art* besteht darin, daß H_0 angenommen wird, obwohl H_0 falsch ist. Da die auf der Grundlage eines Tests beruhende Entscheidung über eine statistische Hypothese prinzipiell zufällig ist — sie beruht ja auf einer Stichprobe $x \in M$ —, sind auch diese Fehlentscheidungen zufällige Ereignisse. Ihre Wahrscheinlichkeiten lassen sich mit Hilfe der sog. *Gütefunktion* (power function) des Tests $g_\varphi(\gamma)$, $\gamma \in \Gamma$, ausdrücken, die die Wahrscheinlichkeit dafür angibt, daß die Nullhypothese abgelehnt wird, wenn $\gamma^* = \gamma$ ist. Sie ist mit Hilfe der durch P_γ im Stichprobenraum $[M, \mathfrak{M}]$ induzierten Wahrscheinlichkeitsverteilung Q_γ gegeben durch $g_\varphi(\gamma) := \int\limits_M \varphi\, dQ_\gamma \; (\gamma \in \Gamma)$. Man bezeichnet $g_\varphi(\gamma)$ für $\gamma \in \Gamma \setminus \Gamma_0$ auch als ***Macht*** (***Machtfunktion***) des Tests.

Insbesondere ist $g_\varphi(\gamma)$ im Fall des nichtrandomisierten Tests die Wahrscheinlichkeit dafür, daß die Stichprobe x in den kritischen Bereich K fällt, also H_0 abgelehnt wird, wenn $\gamma^* = \gamma$ gilt, d. h., es gilt $g_\varphi(\gamma) = Q_\gamma(K)$. Demgegenüber gibt die sog. ***Operationscharakteristik*** (OC-Funktion) des Tests $L_\varphi(\gamma) := 1 - g_\varphi(\gamma), \gamma \in \Gamma$, die Annahmewahrscheinlichkeit für die Nullhypothese an, wenn $\gamma^* = \gamma$ ist. Die Wahrscheinlichkeit des Fehlers 1. Art ergibt sich als $g_\varphi(\gamma)$ für $\gamma \in \Gamma_0$ und entsprechend diejenige des Fehlers 2. Art als $1 - g_\varphi(\gamma)$ für $\gamma \in \Gamma \setminus \Gamma_0$.

Man wird versuchen, den Test so zu wählen, daß die Fehlerwahrscheinlichkeiten möglichst klein sind. Da sich nicht beide gleichzeitig unabhängig voneinander minimisieren lassen, geht man zur Bestimmung eines — im gewissen Sinne optimalen — Tests häufig so vor, daß man in der Klasse der Tests, die die Bedingung

$$g_\varphi(\gamma) \leqq \alpha \quad \text{für alle} \quad \gamma \in \Gamma_0 \qquad (*)$$

erfüllen, einen solchen sucht, für den $1 - g_\varphi(\gamma)$ für alle $\gamma \in \Gamma \setminus \Gamma_0$ minimal wird. Die vorzugebende Schranke α, $0 < \alpha < 1$, bezeichnet man als ***Signifikanzniveau*** (significance level), und ein Test, der (*) genügt, heißt Test zum ***Signifikanzniveau*** α.

Diese Methode zur Testkonstruktion wurde von J. NEYMAN und E. S. PEARSON [1] entwickelt. Ein Beispiel hierfür ist der ›Likelihood-Quotienten-Test. Zum Vergleich verschiedener Tests werden folgende Begriffe benutzt: Ein Test φ heißt ***unverfälscht*** (unbiased), wenn $g_\varphi(\gamma) \geqq \sup\limits_{\gamma \in \Gamma_0} g_\varphi(\gamma)$ für alle $\gamma \in \Gamma \setminus \Gamma_0$ gilt. Für einen unverfälschten Test ist also die Ablehnungswahrscheinlichkeit für die Nullhypothese H_0 bei falschem H_0 nicht kleiner als bei richtigem. Die Größe $\beta_\varphi := \sup\limits_{\gamma \in \Gamma_0} g_\varphi(\gamma)$ wird als ***Umfang*** (size) ***des Tests*** bezeichnet. Einen Test φ nennt man ***ähnlich*** (similar), wenn $g_\varphi(\gamma) = \alpha$ für alle $\gamma \in \Gamma_0$ erfüllt ist. φ_1 und φ_2 seien zwei Tests zur Prüfung einer Nullhypothese H_0 gegenüber einer Alternativhypothese H_1 zum gleichen Signifikanzniveau α. φ_1 heißt ***gleichmäßig besser*** (uniformly more powerful) als φ_2, wenn $g_{\varphi_1}(\gamma) \geqq g_{\varphi_2}(\gamma)$ für alle $\gamma \in \Gamma \setminus \Gamma_0$ erfüllt ist, d. h., wenn die Ablehnungswahrscheinlichkeit der Nullhypothese H_0, falls H_0 falsch ist, für φ_1 nicht kleiner als für φ_2 ist. φ_0 heißt ***gleichmäßig bester*** oder ***trennscharfer*** (uniformly most powerful) Test in bezug auf eine Menge $\mathfrak{F}$ von Tests φ zum gleichen Signifikanzniveau α, wenn φ_0 gleichmäßig besser als jedes $\varphi \in \mathfrak{F}$ ist.

Bei diesen Vergleichen der Tests wird stets derselbe Stichprobenraum, insbesondere derselbe Stichprobenumfang zugrunde gelegt. Erwartungsgemäß zeigt sich, daß für wachsenden Stichprobenumfang n im allgemeinen zuverlässigere Aussagen (im Sinne einer Verkleinerung der Fehlerwahrscheinlichkeiten) gemacht werden können. Man untersucht und vergleicht daher die Eigenschaften von Testfolgen in Abhängigkeit von n.

Gegeben sei eine Folge (φ_n), $n = 1, 2, \ldots$, von Tests zur Prüfung der Nullhypothese $H_0:\gamma^* \in \Gamma_0$ gegen die Alternativhypothese $H_1:\gamma^* \in \Gamma \setminus \Gamma_0$ zum Signifikanzniveau α. Dabei sei φ_n auf dem zur Stichprobe vom Umfang n gehörigen Stichprobenraum $[M_n, \mathfrak{M}_n]$ definiert. Die Folge (φ_n), $n = 1, 2, \ldots$, von Tests heißt *konsistent* für eine Alternative $\gamma' \in \Gamma \setminus \Gamma_0$, wenn für die Folge (g_{φ_n}) der dazugehörigen Gütefunktionen

$$\lim_{n\to\infty} g_{\varphi_n}(\gamma') = 1$$

gilt. Die Ablehnungswahrscheinlichkeit für eine falsche Hypothese strebt also für eine konsistente Testfolge mit $n \to \infty$ gegen Eins. Es sei (φ_n^*), $n = 1,2,\ldots$, eine zweite Folge von Tests zur Prüfung der gleichen Hypothese H_0 gegen H_1 zum gleichen Signifikanzniveau α und $(g_{\varphi_n^*})$ die dazugehörige Folge von Gütefunktionen. Als *asymptotische Wirksamkeit* der Testfolge (φ_n^*) bezüglich der Folge (φ_n) für die Alternative $\gamma' \in \Gamma \setminus \Gamma_0$ bezeichnet man die Größe

$$e(\varphi_n, \varphi_n^*) := \lim_{n\to\infty} \frac{n}{m(n)},$$

wobei $m(n)$ durch $g_{\varphi_n}(\gamma') = g_{\varphi^*_{m(n)}}(\gamma')$ definiert ist. $m(n)$ ist also der Stichprobenumfang, den man für einen Test der Folge (φ_n^*) benötigt, um die Nullhypothese H_0 bei wahrem Parameter γ' mit derselben Wahrscheinlichkeit wie bei Anwendung des Tests φ_n abzulehnen.

Ein Test kann als ein spezielles Entscheidungsproblem aufgefaßt werden (›Entscheidungstheorie).

Lit.: (19), (43), (72), (90)
[1] NEYMAN, J., and E. S. PEARSON, On the use and interpretation of certain test criteria for purposes of statistical inference I, II, Biometrika **20** A (1928), 175–240, 263–294; On the problem of the most efficient tests of statistical hypotheses, Phil. Trans. Roy. Soc. A **231** (1933), 289–337.

T-invariantes Maß ›Strömung, ›invariantes Maß

$\mathcal{T}$-Methode ›multiple Mittelwertvergleiche

Toleranzschätzung: Die (statistischen) Toleranzschätzungen sind im Zusammenhang mit der ›statistischen Qualitätskontrolle entstanden, z. B. auf Grund der häufig von Verbrauchern gestellten Forderung, daß der Anteil von Teilen in einem Lieferposten, deren Kennwerte innerhalb der sog. Toleranzen liegen, mindestens gleich γ, $0 < \gamma < 1$, ist. Mathematisch handelt es sich um folgende Aufgabenstellung:

Es seien $(X_1, \ldots, X_n)$ eine mathematische bzw. $(x_1, \ldots, x_n)$ eine konkrete ›Stichprobe vom Umfang n aus einer Grundgesamtheit $R^1([R^1, \mathfrak{B}^1, P_X])$ und P das auf dem zugrunde liegenden ›Wahrscheinlichkeitsraum $[\Omega, \mathfrak{A}, P]$ definierte ›Wahrscheinlichkeitsmaß. In Abhängigkeit vom Stichprobenergebnis $x_1, \ldots, x_n$ wird ein Bereich $B_{x_1,\ldots,x_n} \in \mathfrak{B}^1$ gesucht, wobei für den in $B_{x_1,\ldots,x_n}$ enthaltenen Anteil $q(x_1, \ldots, x_n) := P_X(B_{x_1,\ldots,x_n})$ der Grundgesamtheit verschiedene Forderungen gestellt werden:

1. $B_{x_1,\ldots,x_n}$ heißt ***statistischer Toleranzbereich*** (oder ***Toleranzschätzung***) ***vom Typ A***, wenn für vorgegebenes $\gamma, 0 < \gamma < 1$, und $\alpha, 0 < \alpha < 1$,

$$P(q(X_1, \ldots, X_n) \geqq \gamma) \geqq 1 - \alpha$$

gilt. Ein statistischer Toleranzbereich vom Typ A enthält also mindestens mit der Wahrscheinlichkeit $1 - \alpha$ wenigstens den Anteil γ der Grundgesamtheit.

2. $B_{x_1,\ldots,x_n}$ heißt ***statistischer Toleranzbereich*** (oder ***Toleranzschätzung***) ***vom Typ B***, wenn $E(q(X_1, \ldots, X_n)) = \gamma$ (›Erwartungswert) gilt. In einem statistischen Toleranzbereich vom Typ B liegt im Mittel der Anteil γ der Grundgesamtheit.

Beispiel: Die Wahrscheinlichkeitsverteilung P der Grundgesamtheit sei eine ›Exponentialverteilung mit dem (unbekannten) Parameter λ. Wählt man z. B. den Ansatz $B_{x_1,\ldots,x_n} = (k\,\bar{x}_n, \infty)$, $\bar{x}_n = \frac{1}{n}\sum_{i=1}^{n} x_i$, so ergibt sich der in $B_{x_1,\ldots,x_n}$ enthaltene Anteil der Grundgesamtheit zu $q(x_1, \ldots, x_n) = e^{-\lambda k \bar{x}_n}$. Um einen statistischen Toleranzbereich vom Typ A zu erhalten, hat man den Koeffizienten k gemäß der Gleichung $P(e^{-\lambda k \bar{X}_n} \geqq \gamma) = 1 - \alpha$ zu bestimmen. Man erhält $k = -\frac{2n \ln \gamma}{\chi^2_{2n;1-\alpha}}$, wobei $\chi^2_{2n;1-\alpha}$ das ›Quantil der Ordnung $1 - \alpha$ der ›χ^2-Verteilung mit $2n$ Freiheitsgraden bezeichnet. Um einen statistischen Toleranzbereich vom Typ B zu erhalten, hat man den Koeffizienten k gemäß der Gleichung $E(e^{-\lambda k \bar{X}_n}) = \gamma$ zu bestimmen. Man erhält $k = n\,(\sqrt[n]{1/\gamma} - 1)$.

Lit.: Jílek, M., und O. Líkař, Statistische Toleranzbereiche, Wiss. Z. TU Dresden **11** (1962), 1253–1256.

topologische Dynamik ›Ergodentheorie

totaler ›Korrelationskoeffizient

totale Wahrscheinlichkeit, Formel der: Es sei $[\mathfrak{E}, P]$ eine Wahrscheinlichkeitsalgebra (›Ereignisfelder und Wahrscheinlichkeitsalgebren). Die zufälligen Ereignisse $A_i \in \mathfrak{E}$, $i = 1, \ldots, N$, mögen eine sogenannte disjunkte Zerlegung des sicheren Ereignisses (oder auch ein vollständiges Ereignissystem unvereinbarer Ereignisse) bilden, d. h., es soll $A_i \cap A_j = \emptyset$ für $i \neq j$, $P(A_i) > 0$ und $\bigcup_{i=1}^{N} A_i = I$ gelten. Ist B irgendein zufälliges Ereignis aus $\mathfrak{E}$, so gilt die *Formel der totalen Wahrscheinlichkeit*

$$P(B) = \sum_{i=1}^{N} P(A_i)\, P(B|A_i)$$

(›bedingte Wahrscheinlichkeit eines Ereignisses).

Bei praktischen Fragestellungen, bei denen die Wahrscheinlichkeit eines Ereignisses B zu ermitteln ist, lassen sich häufig primär die Größen $P(A_i)$ und $P(B|A_i)$ bezüglich einer geeigneten disjunkten Zerlegung des sicheren Ereignisses bestimmen; die Formel der totalen Wahrscheinlichkeit liefert dann $P(B)$.

Die Formel der totalen Wahrscheinlichkeit gilt allgemeiner auch für abzählbar viele Ereignisse A_i, $i = 1, 2, \ldots$; dabei geht man von einem ›Wahrscheinlichkeitsraum aus.

Trajektorie eines ›stochastischen Prozesses

Transformation = ›Funktion

transienter Zustand einer ›MARKOVschen Kette

Trend: In der ›Zeitreihenanalyse betrachtet man den *Trend* als eine der drei Komponenten einer Zeitreihe; er beschreibt die (langfristige) Entwicklung (Evolution, Tendenz) eines untersuchten Vorganges. Der Trend m_t ist also eine (nichtzufällige) Funktion der Zeit t.

Für wahrscheinlichkeitstheoretische Betrachtungen interpretiert man den Trend vielfach als Erwartungswertfunktion (›Erwartungswert) eines ›stochastischen Prozesses. Gemäß den Vorstellungen über die Entwicklung des zu untersuchenden Vorganges sind u. a. folgende Grundtypen gebräuchlich:

1. $m_t = a_0 + a_1 t$ — linearer Trend
2. $m_t = a_0 + a_1 t + \cdots + a_k t^k$ — polynomialer oder parabolischer Trend k-ten Grades
3. $m_t = a_0 \cdot a_1^t$ — Exponentialtrend
4. $m_t = \dfrac{a_0}{1 + a_1 e^{-a_2 t}}, \; a_2 > 0$, — logistischer Trend

Der unter 4. angegebene Ansatz stellt einen Wachstumsvorgang mit Sättigung dar. Darunter versteht man, daß m_t für $t \to \infty$ nicht unbeschränkt wächst, sondern der Konstanten a_0 zustrebt.

Die Konstanten a_i, $i = 0, 1, \ldots$, können nach der ›Methode der kleinsten Quadrate so bestimmt werden, daß sich der Trend an den Verlauf der Zeitreihe am besten anpaßt. Dabei bedient man sich bei der Trendberechnung der ›Regressionsanalyse (77).

Lit.: [1] TINTNER, G., Handbuch der Ökonometrie, Berlin-Göttingen-Heidelberg 1960.

[2] ANDERSON, O., Probleme der statistischen Methodenlehre in den Sozialwissenschaften, Würzburg 1963.

Trendkoeffizient ›Diffusionsprozeß

Trennfunktion ›Diskriminanzanalyse

trennscharfe Konfidenzschätzung = gleichmäßig beste Konfidenzschätzung ›Bereichsschätzungen

trennscharfer Test = gleichmäßig bester Test ›Testtheorie

Trennverfahren = ›Diskriminanzanalyse

Treppenkurve der Summenhäufigkeiten ›Klassenhäufigkeit

trigonometrisches ›**Momentenproblem**

Tschebyschevsche Ungleichung ›Ungleichungen in der Wahrscheinlichkeitstheorie, a)

***t*-Test (= Student-Test):** Unter diesem Namen werden zwei ›Signifikanztests zusammengefaßt, die der Überprüfung von Hypothesen über ›Erwartungswerte ›normalverteilter ›Zufallsgrößen dienen und bei denen die ›*t*-Verteilung eine wesentliche Rolle spielt.

a) Test zum Prüfen einer Hypothese über den Erwartungswert μ einer normalverteilten Zufallsgröße X bei unbekannter ›Streuung $\sigma^2 > 0$ anhand einer konkreten ›Stichprobe $(x_1, \ldots, x_n)$ aus der zu X gehörenden Grundgesamtheit (sog. *einfacher t-Test*).

1. Hypothese H: $\mu = \mu_0$ (μ_0 ist oft ein sog. Sollwert).

2. Testgröße $T := \frac{\sqrt{n}\,(\bar{X} - \mu_0)}{\sqrt{S^2}}$; dabei ist $\bar{X}$ das Stichprobenmittel und S^2 die Stichprobenstreuung (›empirische Momente) einer mathematischen Stichprobe vom Umfang n aus der zu X gehörenden Grundgesamtheit. Falls die Hypothese H: $\mu = \mu_0$ wahr ist, besitzt die Testgröße T eine t-Verteilung mit $n - 1$ Freiheitsgraden.

3. Kritischer Bereich $K^* := \{t \mid |t| > t_{n-1;\,1-\frac{\alpha}{2}}\}$; $t_{n-1;\,1-\frac{\alpha}{2}}$ ist dabei das ›Quantil der Ordnung $1 - \frac{\alpha}{2}$ einer t-Verteilung mit $n - 1$ Freiheitsgraden, und α ist das Signifikanzniveau.

4. Praktische Durchführung: Anhand der konkreten Stichprobe $(x_1, \ldots, x_n)$ berechnet man $\bar{x} = \frac{1}{n} \sum_{i=1}^{n} x_i$ und $s^2 = \frac{1}{n-1} \sum_{i=1}^{n} (x_i - \bar{x})^2$, daraus $t = \frac{\sqrt{n}(\bar{x} - \mu_0)}{\sqrt{s^2}}$ und entscheidet folgendermaßen: Gilt $t \in K^*$, so

lehnt man beim gewählten Signifikanzniveau α die Hypothese H: „Der Erwartungswert ist gleich μ_0" ab; im anderen Fall ($t \notin K^*$) ist auf Grund dieses Tests gegen H nichts einzuwenden.

Ist die Streuung σ^2 von X bekannt – dies ist ein in den Anwendungen relativ seltener Fall – so verwendet man anstelle obiger Testgröße die Testgröße $T = \frac{\sqrt{n}\,(\overline{X} - \mu_0)}{\sqrt{\sigma^2}}$, die – falls H wahr ist – eine standardisierte Normalverteilung besitzt, und lehnt H genau dann ab, falls für die aus der vorliegenden konkreten Stichprobe berechnete ›Realisierung $t = \frac{\sqrt{n}\,(\bar{x} - \mu_0)}{\sqrt{\sigma^2}}$ der Testgröße T die Ungleichung $|t| > z_{1-\frac{\alpha}{2}}$ besteht; dabei ist $z_{1-\frac{\alpha}{2}}$ das Quantil der Ordnung $1 - \frac{\alpha}{2}$ der standardisierten Normalverteilung, und α ist das Signifikanzniveau.

b) Test zum Prüfen der Hypothese über die Gleichheit der Erwartungswerte μ_X und μ_Y zweier unabhängiger (›Unabhängigkeit zufälliger Variabler) normalverteilter Zufallsgrößen X und Y bei unbekannten, aber gleichen Streuungen σ_X^2 und σ_Y^2 anhand zweier konkreter Stichproben $(x_1, \ldots, x_m)$ und $(y_1, \ldots, y_n)$ aus den zu X bzw. Y gehörenden Grundgesamtheiten (sog. *doppelter t-Test*).

1. Hypothese H: $\mu_X = \mu_Y$ (Voraussetzung: $\sigma_X^2 = \sigma_Y^2$).

2. Testgröße $T := \frac{\overline{Y} - \overline{X}}{\sqrt{(m-1)\,S_X^2 + (n-1)\,S_Y^2}} \cdot \sqrt{\frac{m\,n\,(m+n-2)}{m+n}}$; dabei sind $\overline{X}$ bzw. $\overline{Y}$ das Stichprobenmittel und S_X^2 bzw. S_Y^2 die Stichprobenstreuung (›empirische Momente) einer mathematischen Stichprobe vom Umfang m bzw. n aus der zu X bzw. Y gehörenden Grundgesamtheit. Falls die Hypothese H: $\mu_X = \mu_Y$ wahr ist, besitzt die Testgröße T eine t-Verteilung mit $m + n - 2$ Freiheitsgraden.

3. Kritischer Bereich $K^* := \{t \mid |t| > t_{m+n-2;\,1-\frac{\alpha}{2}}\}$; $t_{m+n-2;\,1-\frac{\alpha}{2}}$ ist dabei das ›Quantil der Ordnung $1 - \frac{\alpha}{2}$ einer t-Verteilung mit $m + n - 2$ Freiheitsgraden und α das Signifikanzniveau.

4. Praktische Durchführung: Anhand der konkreten Stichproben $(x_1, \ldots, x_m)$ und $(y_1, \ldots, y_n)$ berechnet man $\bar{x}, \bar{y}, s_X^2, s_Y^2$ und daraus $t = \frac{\bar{y} - \bar{x}}{\sqrt{(m-1)\,s_X^2 + (n-1)\,s_Y^2}} \sqrt{\frac{m\,n\,(m+n-2)}{m+n}}$ und entscheidet folgendermaßen:

Gilt $t \in K^*$, so lehnt man beim gewählten Signifikanzniveau α die Hypothese H: „Die Erwartungswerte sind gleich" ab; im anderen Fall ($t \notin K^*$) ist auf Grund dieses Tests gegen H nichts einzuwenden.

Sind die Streuungen σ_X^2 und σ_Y^2 von X bzw. Y beide bekannt, so verwendet man anstelle obiger Testgröße die Testgröße $T = \dfrac{\bar{Y} - \bar{X}}{\sqrt{\dfrac{\sigma_X^2}{m} + \dfrac{\sigma_Y^2}{n}}}$, die – falls H wahr ist – eine standardisierte Normalverteilung besitzt, und lehnt H genau dann ab, falls für die aus den konkreten Stichproben berechnete Realisierung $t = \dfrac{\bar{y} - \bar{x}}{\sqrt{\dfrac{\sigma_X^2}{m} + \dfrac{\sigma_Y^2}{n}}}$ der Testgröße T die Ungleichung $|t| > z_{1-\frac{\alpha}{2}}$ besteht; dabei ist $z_{1-\frac{\alpha}{2}}$ das Quantil der Ordnung $1 - \dfrac{\alpha}{2}$ der standardisierten Normalverteilung, und α ist das Signifikanzniveau.

Die Voraussetzung, daß die Streuungen σ_X^2 und σ_Y^2 gleich sind, prüft man gegebenenfalls mit dem ›F-Test. Ist $\sigma_X^2 \neq \sigma_Y^2$ bzw. wird die Hypothese „$\sigma_X^2 = \sigma_Y^2$“ durch den F-Test abgelehnt, so kann der (doppelte) t-Test nicht angewendet werden (vgl. hierzu ›BEHRENS-FISHER-Problem).

TUKEY-Test ›multiple Mittelwertvergleiche

t-Verteilung (STUDENT-Verteilung): Eine ›stetige Zufallsgröße X heißt t-verteilt mit n Freiheitsgraden (n natürliche Zahl), wenn sie die Wahrscheinlichkeitsdichte

$$f_X(x) = \frac{\Gamma\left(\frac{n+1}{2}\right)}{\Gamma\left(\frac{n}{2}\right)\sqrt{\pi n}}\left(1 + \frac{x^2}{n}\right)^{-\frac{n+1}{2}} \qquad (-\infty < x < \infty)$$

besitzt. Dabei bezeichnet Γ die Gamma-Funktion (›Gammaverteilung). Es existieren die ›Momente der Ordnung $k \leqq n - 1$, und es gilt

$$EX^k = \begin{cases} n^{\frac{k}{2}} \dfrac{1 \cdot 3 \cdots (k-1)}{(n-2)(n-4)\cdots(n-k)}, & \text{falls } k \text{ gerade}, \\ 0, & \text{falls } k \text{ ungerade}. \end{cases}$$

Speziell existieren also für $n \geqq 2$ der ›Erwartungswert $E\,X = 0$ und für $n \geqq 3$ die ›Streuung $D^2X = \dfrac{n}{n-2}$. Median (›Quantil) und ›Modalwert sind gleich Null.

Sind Y und Z unabhängige (›Unabhängigkeit zufälliger Variabler) Zufallsgrößen, wobei Y eine $N(0, 1)$-Verteilung (›Normalverteilung) und Z eine ›χ^2-Verteilung mit n Freiheitsgraden besitzt, so hat $X := Y \Big/ \sqrt{\dfrac{Z}{n}}$ eine

t-Verteilung mit n Freiheitsgraden; umgekehrt läßt sich jede t-verteilte Zufallsgröße X in dieser Form darstellen.

Für $n \to \infty$ konvergiert die Verteilungsfunktion der t-Verteilung gegen diejenige der $N(0, 1)$-Verteilung.

Im Fall $n = 1$ ist die t-Verteilung eine ›CAUCHY-Verteilung mit den Parametern $\mu = 0$ und $\lambda = 1$. Ist $(X_1, \ldots, X_n)$ eine mathematische ›Stichprobe vom Umfang n aus einer $N(\mu, \sigma^2)$-verteilten Grundgesamtheit, so ist $(\bar{X} - \mu)\sqrt{\frac{n}{S^2}}$ mit $\bar{X} = \frac{1}{n}\sum_{i=1}^{n} X_i$ und $S^2 = \frac{1}{n-1}\sum_{i=1}^{n}(X_i - \bar{X})^2$ (›empirische Momente) t-verteilt mit $n - 1$ Freiheitsgraden ($n \geqq 2$).

Die t-Verteilung spielt in der Mathematischen Statistik eine wesentliche Rolle (vgl. z. B. ›t-Test). Die dabei benötigten ›Quantile findet man in vielen Büchern über Mathematische Statistik, z. B. in (T7), (8), (77), (80).

t-Verteilung, nichtzentrale: Es seien Y und Z unabhängige (›Unabhängigkeit zufälliger Variabler) ›Zufallsgrößen, wobei Y eine $N(\mu, 1)$-Verteilung (›Normalverteilung) und Z eine ›χ^2-Verteilung mit n Freiheitsgraden besitzt. Dann heißt die Verteilung der ›stetigen Zufallsgröße $X := Y\Big/\sqrt{\frac{Z}{n}}$ eine *nichtzentrale t-Verteilung* mit n Freiheitsgraden und dem *Nichtzentralitätsparameter* μ. Für $\mu = 0$ ergibt sich als Spezialfall die gewöhnliche (zentrale) ›t-Verteilung.

Die nichtzentrale t-Verteilung wird besonders bei der Berechnung der Machtfunktion (›Testtheorie) verschiedener ›t-Tests benötigt. Ihre Dichte und ›Verteilungsfunktion sind, von einigen Spezialfällen abgesehen, nicht in geschlossener Form darstellbar. Eine zusammenfassende Darstellung ihrer Eigenschaften ist in [1] angegeben.

Lit.: (43), (72)
[1] KÜHLMEYER, M., Die nichtzentrale t-Verteilung, Berlin 1970.

U

Übergangsfunktion eines MARKOVschen Prozesses

Übergangsmatrix = Matrix der Übergangswahrscheinlichkeiten einer ›MARKOVschen Kette

Übergangswahrscheinlichkeit eines ›MARKOVschen Prozesses

Überlebensfunktion ›Erneuerungstheorie

Umfang einer ›Stichprobe

Umfang eines Tests ›Testtheorie

Umkehrfunktion ›Funktion

Unabhängigkeit stochastischer Prozesse: Es sei für jedes Element λ der nichtleeren Menge Λ ein ›stochastischer Prozeß $X^{\lambda}_{T_\lambda} = (X^{\lambda}_t)_{t \in T_\lambda}$ über dem (gemeinsamen) ›Wahrscheinlichkeitsraum $[\Omega, \mathfrak{A}, P]$ mit dem Zustandsraum $[E_\lambda, \mathfrak{B}_\lambda]$ gegeben. Die Prozesse $X^{\lambda}_{T_\lambda}$, $\lambda \in \Lambda$, heißen (in ihrer Gesamtheit) *unabhängig* (auch *stochastisch unabhängig*), wenn die σ-›Algebren $\mathfrak{A}(X^{\lambda}_{T_\lambda})$, $\lambda \in \Lambda$, unabhängig sind (›Unabhängigkeit von σ-Algebren); dabei bezeichnen wir für festes $\lambda \in \Lambda$ mit $\mathfrak{A}(X^{\lambda}_{T_\lambda})$ die kleinste σ-Algebra, bezüglich der sämtliche Zufallsgrößen X^{λ}_t, $t \in T_\lambda$, meßbar sind ($\lambda \in \Lambda$). Die Prozesse $X^{\lambda}_{T_\lambda}$, $\lambda \in \Lambda$, sind demnach genau dann in ihrer Gesamtheit unabhängig, wenn für beliebige endlich viele, paarweise verschiedene Indizes $\lambda_1, \ldots, \lambda_m \in \Lambda$ und beliebige endlich viele $t^1_j, \ldots, t^{n_j}_j \in T_{\lambda_j}$, $B^1_j, \ldots, B^{n_j}_j \in \mathfrak{B}_{\lambda_j}$, $j = 1, 2, \ldots, m$, die Ereignisse $\{X^{\lambda_j}_{t^1_j} \in B^1_j, \ldots, X^{\lambda_j}_{t^{n_j}_j} \in B^{n_j}_j\}$ $j = 1, 2, \ldots, m$, (in ihrer Gesamtheit) unabhängig sind (›Unabhängigkeit von Ereignissen).

Unabhängigkeit von Ereignissen: Zwei (zufällige) Ereignisse A und B des Ereignisfeldes $\mathfrak{E}$ einer Wahrscheinlichkeitsalgebra $[\mathfrak{E}, P]$ (›Ereignisfelder und Wahrscheinlichkeitsalgebren) heißen (voneinander) *unabhängig* (auch *stochastisch unabhängig*), wenn

$$P(A \cap B) = P(A)\, P(B)$$

gilt. Für $P(B) \neq 0$ ist dies gleichbedeutend damit, daß die ›bedingte Wahrscheinlichkeit $P(A|B)$ des Ereignisses A bei Vorliegen von B mit der Wahrscheinlichkeit $P(A)$ des Ereignisses A übereinstimmt.

Die Ereignisse $A_1, \ldots, A_n$ ($\in \mathfrak{E}$) heißen (in ihrer Gesamtheit) unabhängig, wenn

$$P\Big(\bigcap_{k=1}^{m} A_{i_k}\Big) = \prod_{k=1}^{m} P(A_{i_k})$$

für jedes m-Tupel $(i_1, \ldots, i_m)$ mit $1 \leqq i_1 < \cdots < i_m \leqq n$ gilt. Schließlich heißen die Ereignisse A_j ($\in \mathfrak{E}$) der ›Familie $(A_j)_{j \in J}$ — J beliebige Indexmenge — (in ihrer Gesamtheit) unabhängig, wenn jede endliche Teilmenge dieser Familie aus (in ihrer Gesamtheit) unabhängigen Ereignissen besteht.

Demgegenüber heißen die Ereignisse A_j dieser Familie *paarweise unabhängig*, wenn

$$P(A_j \cap A_k) = P(A_j)\, P(A_k)$$

für alle $j, k \in J$, $j \neq k$ gilt.

Aus der paarweisen Unabhängigkeit der Ereignisse A_j, $j \in J$, folgt i. a. nicht die Unabhängigkeit dieser Ereignisse (in ihrer Gesamtheit).
›Unabhängigkeit von σ-Algebren

Unabhängigkeit von σ-Algebren: Die Elemente $\mathfrak{A}_j$ einer ›Familie $(\mathfrak{A}_j)_{j \in J}$ — J beliebige Indexmenge — von Teil-σ-›Algebren einer σ-Algebra $\mathfrak{A}$ eines ›Wahrscheinlichkeitsraumes $[\Omega, \mathfrak{A}, P]$ heißen (in ihrer Gesamtheit) ***unabhängig*** (auch ***stochastisch unabhängig***), wenn die Elemente A_j jeder Familie $(A_j)_{j \in J}$ $(A_j \in \mathfrak{A}_j)$ (in ihrer Gesamtheit) unabhängig sind (›Unabhängigkeit von Ereignissen).

Die Ereignisse $A_j \in \mathfrak{A}$ einer Familie $(A_j)_{j \in J}$ — J beliebige Indexmenge — sind (in ihrer Gesamtheit) unabhängig genau dann, wenn die σ-Algebren $\mathfrak{A}_j := \{\emptyset, A_j, \Omega \setminus A_j, \Omega\}$ (in ihrer Gesamtheit) unabhängig sind.

Die auf Ω definierten ›zufälligen Variablen X_j (mit dem Bildraum $[S_j, \mathfrak{S}_j]$) einer Familie $(X_j)_{j \in J}$ — J beliebige Indexmenge — sind (in ihrer Gesamtheit) unabhängig (›Unabhängigkeit zufälliger Variabler) genau dann, wenn die σ-Algebren $\mathfrak{A}_j := X_j^{-1}(\mathfrak{S}_j)$ (in ihrer Gesamtheit) unabhängig sind.

Unabhängigkeit zufälliger Variabler: Zwei auf der Grundmenge Ω eines ›Wahrscheinlichkeitsraumes $[\Omega, \mathfrak{A}, P]$ definierte ›zufällige Variable X_1 (mit dem Bildraum $[S_1, \mathfrak{S}_1]$) und X_2 (mit dem Bildraum $[S_2, \mathfrak{S}_2]$) heißen (voneinander) ***unabhängig*** (auch ***stochastisch unabhängig***), wenn die Ereignisse $\{X_i \in E_i\} \doteq X_i^{-1}(E_i)$ für alle $E_i \in \mathfrak{S}_i$, $i = 1, 2$, (voneinander) unabhängig sind (›Unabhängigkeit von Ereignissen).

Sind X_1 und X_2 insbesondere ›Zufallsgrößen mit den Verteilungsfunktionen F_{X_1} und F_{X_2}, so ist dies äquivalent zu $F_{(X_1, X_2)}(x_1, x_2) = P(X_1 < x_1, X_2 < x_2) = P(X_1 < x_1)\, P(X_2 < x_2) = F_{X_1}(x_1)\, F_{X_2}(x_2)$, $(x_1, x_2 \in R^1)$; sind die Zufallsgrößen X_1 und X_2 außerdem stetig (›stetige Zufallsgröße), so ist die stochastische Unabhängigkeit auch äquivalent zu $f_{(X_1, X_2)}(x_1, x_2) = f_{X_1}(x_1)\, f_{X_2}(x_2)$ $\big(x_1, x_2 \in R^1$; f_{X_1}, f_{X_2} bzw. $f_{(X_1, X_2)}$ bezeichne die Wahrscheinlichkeitsdichte (›zufälliger Vektor) von X_1, X_2 bzw. $(X_1, X_2)\big)$.

Die zufälligen Variablen $X_1, \ldots, X_n$ (mit den Bildräumen $[S_1, \mathfrak{S}_1]$, $\ldots$, $[S_n, \mathfrak{S}_n]$) heißen (in ihrer Gesamtheit) *unabhängig* (auch *stochastisch unabhängig*), wenn die Ereignisse $A_i := \{X_i \in E_i\} = X_i^{-1}(E_i)$, $E_i \in \mathfrak{S}_i$ beliebig, $i = 1, \ldots, n$, (in ihrer Gesamtheit) unabhängig sind. Eine maßtheoretische Charakterisierung der stochastischen Unabhängigkeit besteht in der Übereinstimmung des aus den ›Wahrscheinlichkeitsverteilungen $P_{X_1}, \ldots, P_{X_n}$ der zufälligen Variablen $X_1, \ldots, X_n$ gebildeten ›Produktmaßes $P_{X_1} \cdots P_{X_n}$ mit der ›gemeinsamen Wahrscheinlichkeitsverteilung $P_{X_1, \ldots, X_n}$. Im Fall der stochastischen Unabhängigkeit der zufälligen Variablen $X_1, \ldots, X_n$ ist also die gemeinsame Verteilung $P_{X_1, \ldots, X_n}$ vermöge $P_{X_1, \ldots, X_n}(E_1 \times \cdots \times E_n) = P_{X_1}(E_1) \cdots P_{X_n}(E_n)$

$(E_1 \in \mathfrak{S}_1, \ldots, E_n \in \mathfrak{S}_n)$ bereits vollständig durch die Randverteilungen $P_{X_1}, \ldots, P_{X_n}$ der gemeinsamen Wahrscheinlichkeitsverteilung bestimmt. Schließlich heißen die zufälligen Variablen X_j einer Familie $(X_j)_{j \in J}$ — J beliebige Indexmenge — (in ihrer Gesamtheit) *unabhängig* (auch *stochastisch unabhängig*), wenn jede endliche Teilmenge dieser Familie aus (in ihrer Gesamtheit) unabhängigen zufälligen Variablen besteht. ›Unabhängigkeit von σ-Algebren.

Unabhängigkeitstest: Als Unabhängigkeitstests bezeichnet man solche statistischen Tests (›Testtheorie), die zur Prüfung der ›Unabhängigkeit zufälliger Variabler dienen. Spezielle Beispiele dafür sind der χ^2-Unabhängigkeitstest (›χ^2-Test, III), der ›FISHER-YATES-Test und die Tests, die prüfen, ob die ›Korrelationskoeffizienten (›Korrelationsanalyse) bzw. die Regressionskoeffizienten (›Regressionsanalyse, ›Regression) gleich Null sind.

unbegrenzt teilbar = ›unbeschränkt teilbar

unbeschränkt teilbar: Eine ›Zufallsgröße X bzw. deren ›Wahrscheinlichkeitsverteilung heißt *unbeschränkt* oder *unbegrenzt* teilbar, wenn sich X für jede natürliche Zahl n als Summe von n unabhängigen (›Unabhängigkeit zufälliger Variabler), ›identisch verteilten Zufallsgrößen darstellen läßt. X ist genau dann unbeschränkt teilbar, wenn die zugehörige ›charakteristische Funktion φ für jedes n die n-te Potenz einer gewissen charakteristischen Funktion φ_n ist. Dabei ist φ_n durch φ eindeutig bestimmt. Beispiele für unbeschränkt teilbare Verteilungen sind die ›Normal-, ›POISSON-, ›CAUCHY- und ›Gammaverteilung. Eine Funktion φ ist genau dann charakteristische Funktion einer unbeschränkt teilbaren Verteilung, wenn ihr Logarithmus die LÉVY-CHINTSCHIN-Darstellung (1934/37)

$$\log \varphi(t) = i\gamma t + \int_{-\infty}^{\infty} \left(e^{itu} - 1 - \frac{itu}{1+u^2}\right) \frac{1+u^2}{u^2} \, dG(u)$$

gestattet. Dabei ist γ eine reelle Zahl und G eine nichtfallende, linksseitig stetige beschränkte Funktion mit $G(-\infty) = 0$. Diese Darstellung von $\log \varphi$ ist eindeutig.

Unbeschränkt teilbare Verteilungen spielen eine besondere Rolle in der Theorie der ›Grenzwertsätze: Eine Verteilung ist genau dann Grenzverteilung einer geeignet zentrierten Summe

$$Z_n := X_{n1} + \cdots + X_{nk_n} - a_n$$

infinitesimaler (›asymptotische Eigenschaften von Folgen von Zufallsgrößen), für jedes feste n unabhängiger Zufallsgrößen X_{nr} $(r = 1, \ldots, k_n)$, wenn sie unbeschränkt teilbar ist (CHINTSCHIN 1937).

Lit.: (16), Bd. 2; (22), (50)

Unbestimmtheitsmaß ›Korrelationsanalyse

uneigentliche Verteilung = ›Einpunktverteilung

uneigentlicher ›**Verteilungstyp**

unendlich rekurrente meßbare Transformation ›Strömung

Ungleichungen in der Wahrscheinlichkeitstheorie:
a) Wahrscheinlichkeitsabschätzungen
Abschätzungen für Wahrscheinlichkeiten spielen in theoretischen Untersuchungen und bei praktischen Anwendungen eine wichtige Rolle (›Grenzwertsätze).

Eine allgemeine Abschätzung ist die folgende: Es sei g eine auf der nichtnegativen Halbachse definierte nichtnegative monoton wachsende Funktion und X eine ›Zufallsgröße, für die der ›Erwartungswert $E\,g(|X|)$ existiert. Dann gilt für jedes $\tau > 0$

$$P(|X| \geqq \tau) \leqq \frac{E\,g(|X|)}{g(\tau)}.$$

Für $g(y) = y^k$, $k > 0$, ergibt sich speziell die sog. MARKOV*sche Ungleichung*

$$P(|X| \geqq \tau) \leqq \frac{E|X|^k}{\tau^k}.$$

Daraus erhält man insbesondere für $k = 2$ mit $X - \mu$ anstelle von X die TSCHEBYSCHEV*sche Ungleichung*

$$P(|X - \mu| \geqq \tau) \leqq \frac{\sigma^2}{\tau^2};$$

dabei ist μ der Erwartungswert und σ^2 die ›Streuung der Zufallsgröße X. Anwendungsbeispiel: Liegt eine Folge von Zufallsgrößen (X_n), $n = 1, 2, \ldots$, sowie eine Zufallsgröße X vor, und wendet man die MARKOVsche Ungleichung auf $X_n - X$ an, so ergibt sich die Aussage: Konvergiert $E|X_n - X|^k$ für $n \to \infty$ gegen Null, d. h., konvergiert X_n im k-ten Mittel gegen X, so konvergiert X_n in Wahrscheinlichkeit gegen X (›Konvergenzarten für Folgen zufälliger Variabler).

Sind $X_1, \ldots, X_n$ in ihrer Gesamtheit unabhängige Zufallsgrößen (›Unabhängigkeit zufälliger Variabler) mit den Erwartungswerten $E\,X_i = \mu_i$ und den Streuungen $D^2X_i = \sigma_i^2$, $i = 1, \ldots, n$, so gilt für jedes $\tau > 0$ in Verallgemeinerung zur TSCHEBYSCHEVschen Ungleichung die *Ungleichung von* KOLMOGOROV

$$P\left(\max_{1 \leq k \leq n} \left| \sum_{j=1}^{k} (X_j - \mu_j) \right| \geqq \tau \right) \leqq \frac{1}{\tau^2} \sum_{i=1}^{n} \sigma_i^2 .$$

Ist X eine ›stetige Zufallsgröße, die eine unimodale Verteilung mit dem ›Modalwert M, dem Erwartungswert μ und der Streuung σ^2 besitzt, so gelten für jedes $\tau > 0$ die sog. GAUSS*schen Ungleichungen*

$$P(|X - M| \geqq \tau) \leqq \frac{4}{9\tau^2}\left(\sigma^2 + (\mu - M)^2\right)$$

und

$$P(|X - \mu| \geqq \tau) \leqq \frac{4}{9}\,\frac{\sigma^2 + (\mu - M)^2}{(\tau - |\mu - M|)^2}.$$

(Die erste der beiden GAUSSschen Ungleichungen wird in der Literatur — z. B. in (T 3) — auch als CAMP-MEIDELL-*Ungleichung* bezeichnet.) Gilt hierbei speziell $\mu = M$, so ergibt sich durch die GAUSSsche Ungleichung eine genauere Abschätzung als mit Hilfe der TSCHEBYSCHEVschen Ungleichung.

Ist X eine Zufallsgröße mit dem Erwartungswert μ und der Streuung σ^2, für die sämtliche absoluten zentralen ›Momente $\alpha_k = E|X - \mu|^k$ existieren und mit einer positiven reellen Zahl H für $k = 2, 3, \ldots$ die Ungleichungen

$$\alpha_k \leqq \frac{1}{2}\sigma^2\, k!\, H^{k-2}$$

erfüllen, so gilt die sog. BERNSTEIN*sche Ungleichung*

$$P(|X - \mu| \geqq \tau) \leqq \begin{cases} 2\,\exp\left(-\frac{\tau^2}{4\sigma^2}\right) & \text{für } 0 < \tau \leqq \frac{\sigma^2}{H}, \\ 2\,\exp\left(-\frac{\tau}{4H}\right) & \text{für } \tau \geqq \frac{\sigma^2}{H}. \end{cases}$$

Besitzt X eine bez. des Erwartungswertes μ ›symmetrische Verteilung mit der Streuung σ^2 und erfüllen die zentralen Momente μ_{2k} die Ungleichung $\mu_{2k} \leqq \sigma^2\left(1 \cdot 3 \cdot 5 \ldots (2k - 1)\right)$ $(k = 1, 2, \ldots)$, so gilt für jedes $\tau > 0$ die verschärfte BERNSTEINsche Ungleichung

$$P(|X - \mu| \geqq \tau) \leqq 2\exp\left(-\frac{\tau^2}{2\sigma^2}\right).$$

Für eine Zufallsgröße X mit dem Erwartungswert μ und der Streuung σ^2 gelten die sog. CANTELLI*schen Ungleichungen*

$$\frac{\sigma^2}{\sigma^2 + \tau^2} \geqq \begin{cases} P(X - \mu > \tau), & \text{falls } \tau \geqq 0, \\ P(X - \mu \leqq \tau), & \text{falls } \tau < 0. \end{cases}$$

b) Abschätzungen für Momente

Es gelten die folgenden Ungleichungen:

$$E|X + Y|^r \leqq c_r E|X|^r + c_r E|Y|^r \quad \text{mit } c_r = \begin{cases} 1 & \text{für } r \leqq 1, \\ 2^{r-1} & \text{für } r \geqq 1, \end{cases}$$

$$(E|X + Y|^r)^{1/r} \leqq (E|X|^r)^{1/r} + (E|Y|^r)^{1/r} \quad \text{für } r \geqq 1,$$

$$E|X\,Y| \leqq (E|X|^r)^{1/r}\,(E|Y|^s)^{1/s} \quad \text{für } r > 1 \text{ und } \frac{1}{r} + \frac{1}{s} = 1,$$

$$(E|X\,Y|)^2 \leqq E|X|^2\, E|Y|^2.$$

Existiert für eine nicht ›einpunktverteilte Zufallsgröße X ein absolutes Moment der Ordnung s, so gilt für alle r mit $0 < r < s$ und beliebiges reelles a die sog. LJAPUNOV*sche Ungleichung* (1900)

$$(E|X - a|^r)^{1/r} < (E|X - a|^s)^{1/s}.$$

Ist X eine stetige Zufallsgröße mit einer stetigen Dichte und dem einzigen Modalwert M, so gilt für die absoluten Momente bezüglich M die *Ungleichung von* GAUSS-WINCKLER

$$\sqrt[r]{(r + 1)\, E|X - M|^r} \leqq \sqrt[s]{(s + 1)\, E|X - M|^s} \qquad (0 < r < s).$$

Ist X eine Zufallsgröße mit dem Erwartungswert μ und der Streuung σ^2 und ist $P\,(\alpha \leqq X \leqq \beta) = 1$ für $\alpha > 0$, so gilt

$$\frac{1}{\beta}\,\frac{\sigma^2 + \beta\,(\mu - \beta)}{\sigma^2 + \mu\,(\mu - \beta)} \leqq E\,\frac{1}{X} \leqq \frac{1}{\alpha}\,\frac{\sigma^2 + \alpha\,(\mu - \alpha)}{\sigma^2 + \mu\,(\mu - \alpha)}.$$

Ungleichung von Rao-Cramér-Fréchet-Darmois ›Punktschätzung

unimodale Verteilungsfunktion ›Modalwert

unkorrelierte Zufallsgrößen ›Korrelationskoeffizient, ›Korrelationsanalyse

unmögliches Ereignis ›Ereignisfelder und Wahrscheinlichkeitsalgebren

unterer (reiner) Wert eines Spiels ›Spieltheorie

unvereinbare Ereignisse ›Ereignisfelder und Wahrscheinlichkeitsalgebren

unverfälschte Konfidenzschätzung ›Bereichsschätzung

unverfälschter Test ›Testtheorie

unverzerrte Schätzfunktion = erwartungstreue ›Punktschätzung

unvollständige Beta-Funktion ›Betaverteilung

unvollständige Gamma-Funktion ›Gammaverteilung

unwesentlicher Zustand einer homogenen ›MARKOVschen Kette

Urnenmodelle: Für viele Aufgaben der (elementaren) Wahrscheinlichkeitsrechnung lassen sich die zugrunde liegenden Wahrscheinlichkeitsalgebren (›Ereignisfelder und Wahrscheinlichkeitsalgebren) mit Hilfe einfacher Modelle, sog. *Urnenmodelle,* interpretieren.

Beispiel 1: Für ein ›BERNOULLI-Schema, in dem das Ereignis E mit der Wahrscheinlichkeit $p = M/N$ (M, N natürliche Zahlen) auftritt, kann man folgendes Urnenmodell angeben. In einer Urne (d. i. ein geeignetes Gefäß) befinden sich N Kugeln, von denen M weiß und $N - M$ schwarz sind. Die Durchführung eines ›Versuches besteht in der zufälligen Entnahme einer Kugel aus der Urne. Dabei soll die Wahrscheinlichkeit der Entnahme einer bestimmten Kugel für alle Kugeln gleich sein, nämlich $1/N$; folglich ist die Wahrscheinlichkeit der Entnahme einer weißen Kugel gleich M/N (›klassische Definition der Wahrscheinlichkeit). Das Ziehen einer weißen Kugel kann daher als das Auftreten des Ereignisses E interpretiert werden. Die entnommene Kugel wird dann wieder zurückgelegt und der Urneninhalt gut durchmischt. Dadurch ergibt sich bei der Durchführung des nächsten Versuches dieselbe Wahrscheinlichkeitsverteilung und Unabhängigkeit von vorangegangenen Versuchen; es liegt also ein BERNOULLI-Schema vor. Bei diesem Urnenmodell, das als „Schema mit Zurücklegen" bezeichnet wird, besitzt die Anzahl der in n Versuchen gezogenen weißen Kugeln eine ›Binomialverteilung.

Beispiel 2: Das im Beispiel 1 betrachtete Urnenmodell werde dahingehend modifiziert, daß eine entnommene Kugel nicht in die Urne zurückgelegt wird. Hier ändert sich also die Wahrscheinlichkeitsverteilung bei jedem Versuch in Abhängigkeit vom Ausgang des vorangegangenen Versuches. Wurde beim ersten Versuch z. B. eine weiße Kugel gezogen (die Wahrscheinlichkeit dafür war M/N), so ist die Wahrscheinlichkeit dafür, beim zweiten Versuch wieder eine weiße Kugel zu entnehmen, gleich $(M - 1)/(N - 1)$. Bei diesem Urnenmodell, das als „Schema ohne Zurücklegen" bezeichnet wird, besitzt die Anzahl der in n Versuchen gezogenen weißen Kugeln eine ›hypergeometrische Verteilung.

In entsprechender Weise lassen sich auch für andere diskrete Verteilungen Urnenmodelle angeben (›POLYA-Verteilung).

Für eine homogene ›MARKOVsche Kette mit den k Zuständen $A_1, \ldots, A_k$, der Übergangsmatrix $P = (p_{ij})$ und der Anfangsverteilung $p_i(0)$, wobei alle Wahrscheinlichkeiten p_{ij} und $p_i(0)$, $i = 1, \ldots, k$; $j = 1, \ldots, k$, rationale Zahlen sind, läßt sich ebenfalls ein Urnenmodell angeben. Dazu werden $k + 1$ Urnen $U_0, U_1, \ldots, U_k$ benutzt, in denen sich jeweils k Sorten Kugeln in solchen Proportionen befinden, daß die Wahrscheinlichkeit, aus U_0 eine Kugel der i-ten Sorte zu ziehen, gleich der Anfangswahrscheinlichkeit $p_i(0)$ des Zustandes A_i, $i = 1, \ldots, k$, und die Wahrscheinlichkeit, aus U_i, $i = 1, \ldots, k$, eine Kugel der j-ten Sorte zu ziehen, gleich der Übergangswahrscheinlichkeit p_{ij} ist. Der Zustand A_i der MARKOVschen Kette wird interpretiert durch das Ziehen einer Kugel aus der Urne U_i; wird dabei eine Kugel der j-ten Sorte gezogen, so erfolgt das Ziehen der nächsten Kugel aus der Urne U_j, was dem Übergang in den Zustand A_j entspricht. Jede gezogene Kugel wird jeweils in die entsprechende Urne zurückgelegt und der Inhalt der Urne gut durchmischt.

***U*-Test** (auch WILCOXON-*Test*, MANN-WHITNEY-*Test*): Der *U-Test* ist ein ›Signifikanztest zur Prüfung der Hypothese, daß zwei unabhängig voneinander gewonnene Stichproben ein und derselben Grundgesamtheit entstammen. Genauer gesagt, soll geprüft werden, daß die — hier als steigt vorausgesetzten — Verteilungsfunktionen F_X und F_Y zweier unabhängiger (›Unabhängigkeit zufälliger Variabler) ›Zufallsgrößen X und Y übereinstimmen und zwar anhand der konkreten ›Stichproben $(x_1, \ldots, x_m)$ und $(y_1, \ldots, y_n)$ aus der zu X bzw. Y gehörenden Grundgesamtheit.

1. Hypothese H: $F_X = F_Y$ (Voraussetzung: F_X, F_Y stetig).

2. Testgröße $T := \dfrac{U - \frac{m\,n}{2}}{\sqrt{\frac{m\,n\,(m+n+1)}{12}}}$; dabei bezeichnet U die zufällige Anzahl der Inversionen (von X bezüglich Y), die auftreten, wenn man die $m + n$ Stichprobenvariablen $X_1, \ldots, X_m$, $Y_1, \ldots, Y_n$ zweier mathematischer Stichproben $(X_1, \ldots, X_m)$ — aus der zu X gehörenden Grundgesamtheit — und $(Y_1, \ldots, Y_n)$ — aus der zu Y gehörenden Grundgesamtheit — gemeinsam der Größe nach ordnet. (Man sagt, die zwei Stichprobenvariablen X_i, Y_j bilden eine Inversion (von X bezüglich Y), wenn $X_i > Y_j$ gilt.) Falls die Hypothese wahr ist, besitzt die Testgröße T asymptotisch (d. h. für $m \to \infty$, $n \to \infty$) eine standardisierte ›Normalverteilung.

3. Kritischer Bereich $K^* := \{t \mid |t| > z_{1-\alpha/2}\}$; dabei ist $z_{1-\alpha/2}$ das ›Quantil der Ordnung $1 - \alpha/2$ der standardisierten Normalverteilung, und α ist das Signifikanzniveau.

4. Praktische Durchführung: Man ordnet die $m + n$ Meßwerte $x_1, \ldots, x_m$, $y_1, \ldots, y_n$ gemeinsam der Größe nach (beginnend mit dem kleinsten Meßwert), zählt die Anzahl u der Inversionen (d. h., man zählt, wie oft die Ungleichung $x_i > y_j$ für $i = 1, \ldots, m$ und $j = 1, \ldots, n$ in der geordneten Meßwertreihe erfüllt ist), berechnet damit $t = \dfrac{u - \frac{m\,n}{2}}{\sqrt{\frac{m\,n\,(m+n+1)}{12}}}$ und entscheidet folgendermaßen: Gilt $t \in K^*$, so lehnt man beim gewählten Signifikanzniveau α die Hypothese H „Die Stichproben entstammen ein und derselben Grundgesamtheit" ab; im anderen Fall ($t \notin K^*$) ist auf Grund dieses Tests gegen H nichts einzuwenden. (Die Zahl u hängt übrigens mit der Summe $r = \sum_{j=1}^{m} r(x_j)$ der Rangzahlen $r(x_j)$ (›geordnete Stichprobe) durch die Beziehung $u = r - \dfrac{m\,(m+1)}{2}$ zusammen; da sich vor allem bei

großen Stichprobenumfängen die Summe der Rangzahlen der ersten Stichprobe einfacher bestimmen läßt als die Anzahl der Inversionen, verwendet man in der Praxis häufig diese Beziehung.)

Der U-Test zeichnet sich dadurch aus, daß zu seiner Durchführung relativ wenig Rechenaufwand erforderlich ist. Dennoch besitzt dieser Test eine hohe asymptotische Wirksamkeit (›Testtheorie). Das hier dargestellte Verfahren setzt große Stichprobenumfänge m und n voraus; wie aber VAN DER WAERDEN (83) bemerkte, ist die Testgröße T bereits dann schon in guter Näherung $N(0; 1)$-verteilt, wenn $m \geqq 4, n \geqq 4, m + n \geqq 20$ gilt. Bei noch kleineren Stichprobenumfängen ist der U-Test mittels Tafeln durchführbar, vgl. (T7), (8), (83). Eine Verallgemeinerung des U-Tests ist der ›KRUSKAL-WALLIS-Test; mit diesem Test prüft man die Hypothese, daß k ($\geqq 2$) unabhängig voneinander gewonnene Stichproben ein und derselben Grundgesamtheit entstammen.

V

Variablenprüfung ›statistische Qualitätskontrolle

Varianz = ›Streuung

Varianzanalyse: Die Varianzanalyse ist ein statistisches Analyseverfahren zur quantitativen Untersuchung der Einflüsse (Effekte) eines oder mehrerer Faktoren auf Versuchsergebnisse. Sie wurde ursprünglich von R. A. FISHER für Feldversuche entwickelt und stellt heute eines der meistangewandten und allgemeinsten statistischen Prüf- und Analyseverfahren dar. Innerhalb der mit der Varianzanalyse zu behandelnden Problemstellungen hat sich in neuerer Zeit die von EISENHART eingeführte *Klassifikation* durchgesetzt. Bei den Problemen erster Art handelt es sich dabei im wesentlichen um mehrfache Mittelwertvergleiche. Sie werden auf der Grundlage des sog. Modelles I (*Modell mit festen Effekten*) behandelt. Bei Problemen zweiter Art strebt man dagegen die Kenntnis der von den einzelnen Faktoren erzeugten Variabilität (Streuung) innerhalb der Gesamtvariabilität an. Hierbei geht man i. a. vom sog. Modell II (*Modell mit zufälligen Effekten*) aus. Bei Fragestellungen, die sich sowohl auf Mittelwertvergleiche als auch auf eine Analyse der Gesamtvariabilität beziehen, legt man den Untersuchungen sog. gemischte Modelle (III) zugrunde.

Modell I

1. *Einfache Klassifikation*

a) Problemstellung: Analyse der Wirkungen eines Faktors A in p Stufen auf ein Merkmal.

b) Versuchsplan

i \ k		Einzelversuche je Stufe von A		
		1	2 ...	n_i
Stufen des Faktors A	1	y_{11}	y_{12} ...	y_{1n_1}
	2	y_{21}	y_{22} ...	y_{2n_2}
	⋮	⋮	⋮	⋮
	p	y_{p1}	y_{p2} ...	y_{pn_p}

Die Werte y_{ik}, $i = 1, \ldots, p$; $k = 1, \ldots, n_i$, stellen die in einem konkreten Versuch ermittelten Versuchsergebnisse dar. Die Wirkung (Effekt) des Faktors A drückt sich dabei in den Mittelwerten $\frac{1}{n_i} \sum_{k=1}^{n_i} y_{ik}$ der Zeilen aus.

Ein Versuchsplan heißt *balanziert*, wenn n_i = const. für $i = 1, \ldots, p$ gilt, anderenfalls unbalanziert.

c) Mathematisches Modell: Die n $(= n_1 + \cdots + n_p)$ Versuchsergebnisse werden als ›Realisierungen der Stichprobenvariablen Y_{ik}, $i = 1, \ldots, p$; $k = 1, \ldots, n_i$, von p mathematischen ›Stichproben $(Y_{i1}, \ldots, Y_{in_i})$ interpretiert. Man setzt i. a. für die Stichprobenvariablen eine Zerlegbarkeit der Form

$$Y_{ik} = \mu + \alpha_i + E_{ik}$$

voraus. Dabei sind μ und α_i $(i = 1, \ldots, p)$ Konstanten und E_{ik} unabhängige (›Unabhängigkeit zufälliger Variabler) ›normalverteilte ›Zufallsgrößen mit dem ›Erwartungswert $E(E_{ik}) = 0$ und der ›Streuung $D^2(E_{ik}) = \sigma^2$ für alle $i = 1, \ldots, p$; $k = 1, \ldots, n_i$. (Die Voraussetzung $D^2(E_{ik})$ = const. kann anhand der konkreten Versuchsergebnisse mit dem ›Bartlett-Test überprüft werden.) Die Zahl μ kann als allgemeines „Mittel", die Zahl α_i als Wirkung der i-ten Stufe des Faktors A angesehen werden, während sich E_{ik} als (zufälliger) Versuchsfehler interpretieren läßt. O. B. d. A. wird vielfach $n_1 \alpha_1 + \cdots + n_p \alpha_p = 0$ vorausgesetzt (*Reparametrisierungsbedingung*). Zum Prüfen der Hypothese $H_A: \alpha_1 = \cdots = \alpha_p = 0$ (›Signifikanztest) (Gleichheit der Wirkung des Faktors A in allen Stufen) betrachtet man die folgenden Stichprobenfunktionen:

$$\overline{Y}_{..} = \frac{1}{n} \sum_{i=1}^{p} \sum_{k=1}^{n_i} Y_{ik} \qquad (\text{„Gesamtmittel"}),$$

$$\overline{Y}_{i.} = \frac{1}{n_i} \sum_{k=1}^{n_i} Y_{ik} \qquad (\text{„Zeilenmittel"}),$$

$SQG = \sum_{i=1}^{p} \sum_{k=1}^{n_i} (Y_{ik} - \overline{Y}_{..})^2$ (**S**umme der **Q**uadrate der Abweichungen in der **G**esamtheit),

$SQA = \sum_{i=1}^{p} n_i (\overline{Y}_{i.} - \overline{Y}_{..})^2$ (**S**umme der **Q**uadrate der Abweichungen der Stufen von **A**),

$SQR = SQG - SQA = \sum_{i=1}^{p} \sum_{k=1}^{n_i} (Y_{ik} - \overline{Y}_{i.})^2$

(**S**umme der **Q**uadrate der Abweichungen innerhalb der Stufen von A (**R**est)).

Unter der Hypothese H_A ist der Quotient $\frac{MQA}{MQR}$ $\left(MQA = \frac{SQA}{p-1}, MQR = \frac{SQR}{n-p}\right)$ ›F-verteilt mit $(p-1, n-p)$ Freiheitsgraden. (Zum Prüfen von Hypothesen über die Gleichheit von Wirkungen zweier oder mehrerer Stufen von A untereinander (z. B. $\alpha_1 = \alpha_2$, $\alpha_1 - 2\alpha_2 + \alpha_3 = 0$) vgl. ›multiple Mittelwertvergleiche.)

d) Praktische Durchführung: *Streuungszerlegung*

Variationsursache	Realisierungen von SQ	Freiheitsgrade von SQ	Realisierungen von MQ
Zwischen den Stufen von A	$sqa = \sum_{i=1}^{p} n_i (\bar{y}_{i.} - \bar{y}_{..})^2$	$p-1$	$mqa = \frac{sqa}{p-1}$
Innerhalb der Stufen von A (Rest)	$sqr = \sum_{i=1}^{p} \sum_{k=1}^{n_i} (y_{ik} - \bar{y}_{i.})^2$	$n-p$	$mqr = \frac{sqr}{n-p}$

Dabei sind $sqa, \ldots, \bar{y}_{..}, \ldots$ usw. als Realisierungen der entsprechenden Zufallsgrößen $SQA, \ldots, \overline{Y}_{..}, \ldots$ usw. aufzufassen, d. h. als die aus einem konkreten Versuch ermittelten Zahlenwerte. Die Hypothese H_A: $\alpha_1 = \cdots = \alpha_p = 0$ wird (beim gewählten Signifikanzniveau α) abgelehnt, wenn $\frac{mqa}{mqr} > F_{p-1,\, n-p;\, 1-\alpha}$ gilt. ($F_{p-1,\, n-p;\, 1-\alpha}$ ist das ›Quantil der Ordnung $1-\alpha$ der F-Verteilung mit $(p-1, n-p)$ Freiheitsgraden; vgl. auch ›F-Test); im anderen Fall ist auf Grund dieses Tests gegen H_A nichts einzuwenden. (Zum Prüfen der Hypothese H_A wird hier der kritische Bereich $K^* = \{t : t > F_{p-1,\, n-p;\, 1-\alpha}\}$ verwendet, da auf Grund der Beziehungen $E(MQA) = \sigma^2 + \sum_{i=1}^{p} n_i \alpha_i^2$ und $E(MQR) = \sigma^2$ für den Quotienten $\frac{mqa}{mqr}$ i. a. Werte $\geqq 1$ zu erwarten sind.)

2. *Zweifache Klassifikation*

2.1. *Kreuzklassifikation* (= *Zweiwegklassifikation*) mit einfacher Besetzung

a) Problemstellung: Analyse der Wirkungen zweier Faktoren A und B in p bzw. q Stufen auf ein Merkmal

b) Versuchsplan

$i \backslash k$	Stufen des Faktors B 1	2	...	q
Stufen des Faktors A 1	y_{11}	y_{12}	...	y_{1q}
2	y_{21}	y_{22}	...	y_{2q}
⋮	⋮	⋮		⋮
p	y_{p1}	y_{p2}	...	y_{pq}

c) Mathematisches Modell: Für die n ($= p \cdot q$) Stichproben Y_{ik}, $i = 1, \ldots, p$, $k = 1, \ldots, q$, vom Umfang 1 setzt man i. a. eine Zerlegbarkeit der Form

$$Y_{ik} = \mu + \alpha_i + \beta_k + E_{ik}$$

voraus. (Diese Voraussetzung kann mit Hilfe eines von TUKEY angegebenen Tests auf Nichtadditivität der Wirkungen der Faktoren A und B geprüft werden (vgl. z. B. [3]).) Dabei sind μ, α_i und β_k (Effekt der k-ten Stufe von B) Konstanten und E_{ik} unabhängige normalverteilte Zufallsgrößen mit $E(E_{ik}) = 0$ und $D^2(E_{ik}) = \sigma^2$ für alle i, k. Die Reparametrisierungsbedingungen lauten hier $\sum_{i=1}^{p} \alpha_i = 0$ und $\sum_{k=1}^{q} \beta_k = 0$. Zum Prüfen der Hypothesen H_A: $\alpha_1 = \cdots = \alpha_p = 0$ und H_B: $\beta_1 = \cdots = \beta_q = 0$ betrachtet man folgende Stichprobenfunktionen (vgl. 1.)

$$\overline{Y}_{..} = \frac{1}{pq} \sum_{i=1}^{p} \sum_{k=1}^{q} Y_{ik}, \quad \overline{Y}_{i.} = \frac{1}{q} \sum_{k=1}^{q} Y_{ik}, \quad \overline{Y}_{.k} = \frac{1}{p} \sum_{i=1}^{p} Y_{ik}$$

(„Spaltenmittel")

$$SQG = \sum_{i=1}^{p} \sum_{k=1}^{q} (Y_{ik} - \overline{Y}_{..})^2, \quad SQA = q \sum_{i=1}^{p} (\overline{Y}_{i.} - \overline{Y}_{..})^2,$$

$$SQB = p \sum_{k=1}^{q} (\overline{Y}_{.k} - \overline{Y}_{..})^2$$

(Summe der Quadrate der Abweichungen zwischen den Stufen von B),

$$SQR = SQG - SQA - SQB = \sum_{i=1}^{p} \sum_{k=1}^{q} (Y_{ij} - \overline{Y}_{i.} - \overline{Y}_{.k} + \overline{Y}_{..})^2 .$$

Unter der Hypothese $\alpha_i = 0$, $i = 1, \ldots, p$, bzw. $\beta_k = 0$, $k = 1, \ldots, q$, ist der Quotient $\frac{MQA}{MQR}$ bzw. $\frac{MQB}{MQR}$ $\left(\text{mit } MQB = \frac{SQB}{q-1}\right)$ F-verteilt mit $(p - 1, (q - 1)(p - 1))$ bzw. $(q - 1, (q - 1)(p - 1))$ Freiheitsgraden.

d) Praktische Durchführung: *Streuungszerlegung*

Variationsursache	Realisierungen von SQ	Freiheitsgrade von SQ	Realisierungen von MQ
Zwischen den Stufen von A	sqa	$p-1$	$mqa = \frac{sqa}{p-1}$
Zwischen den Stufen von B	sqb	$q-1$	$mqb = \frac{sqb}{q-1}$
Versuchsfehler (Rest)	sqr	$(p-1)(q-1)$	$mqr = \frac{sqr}{(p-1)(q-1)}$

Die Hypothese H_A: $\alpha_1 = \cdots = \alpha_p = 0$ bzw. H_B: $\beta_1 = \cdots = \beta_q = 0$ wird (beim gewählten Signifikanzniveau α) abgelehnt, wenn $\frac{mqa}{mqr} > F_{p-1, (p-1)(q-1); 1-\alpha}$ bzw. $\frac{m\,q\,b}{m\,q\,r} > F_{q-1, (p-1)(q-1); 1-\alpha}$ gilt, anderenfalls ist auf Grund dieses Tests gegen H_A bzw. H_B nichts einzuwenden.

2.2. *Kreuzklassifikation mit mehrfacher Besetzung* (Wiederholung)

a) Problemstellung: Analyse der Wirkungen und Wechselwirkungen zweier Faktoren A und B in p bzw. q Stufen auf ein Merkmal bei r Wiederholungen je Kombination (Unterklasse).

b) Versuchsplan

	i \ k	Stufen des Faktors B: 1	2	...	q
Stufen des Faktors A	1	y_{111}	y_{121}	...	y_{1q1}
		⋮	⋮		⋮
		y_{11r}	y_{12r}	...	y_{1qr}
	2	y_{211}	y_{221}	...	y_{2q1}
		⋮	⋮		⋮
		y_{21r}	y_{22r}	...	y_{2qr}
	⋮	.	.	...	.
	p	y_{p11}	y_{p21}	...	y_{pq1}
		⋮	⋮		⋮
		y_{p1r}	y_{p2r}	...	y_{pqr}

c) Mathematisches Modell: Für die $n\ (= r \cdot p \cdot q)$ Stichprobenvariablen Y_{ikl}, $i = 1, \ldots, p; k = 1, \ldots, q; l = 1, \ldots, r$, der $p \cdot q$ mathematischen Stichproben $(Y_{ik1}, \ldots, Y_{ikr})$ vom Umfang r setzt man i. a. eine Zerlegbarkeit der Form

$$Y_{ikl} = \mu + \alpha_i + \beta_k + (\alpha\,\beta)_{ik} + E_{ikl}$$

voraus. Dabei sind μ, α_i, β_k und $(\alpha\,\beta)_{ik}$ (Wechselwirkungseffekt der i-ten Stufe von A und k-ten Stufe von B) Konstanten und E_{ikl} unabhängige normalverteilte Zufallsgrößen mit $E(E_{ikl}) = 0$ und $D^2(E_{ikl}) = \sigma^2$ für alle i, k, l. Die Reparametrisierungsbedingungen lauten hier $\sum_{i=1}^{p} \alpha_i = 0$, $\sum_{k=1}^{q} \beta_k = 0$, $\sum_{i=1}^{p} (\alpha\,\beta)_{ik} = 0$ (für alle k) und $\sum_{k=1}^{q} (\alpha\,\beta)_{ik} = 0$ (für alle i). Zum Prüfen der Hypothesen $H_A: \alpha_1 = \cdots = \alpha_p = 0$, $H_B: \beta_1 = \cdots = \beta_q = 0$ und $H_{AB}: (\alpha\,\beta)_{ik} = 0$ (für alle i, k) (d. h. Nichtvorhandensein einer Wechselwirkung) betrachtet man folgende Stichprobenfunktionen:

$$\overline{Y}_{\ldots} = \frac{1}{n} \sum_{i=1}^{p} \sum_{k=1}^{q} \sum_{l=1}^{r} Y_{ikl}, \quad \overline{Y}_{i\ldots} = \frac{1}{r\,q} \sum_{k=1}^{q} \sum_{l=1}^{r} Y_{ikl} \text{ usw.}$$

$$\overline{Y}_{ik\cdot} = \frac{1}{r} \sum_{l=1}^{r} Y_{ikl},$$

$$SQG = \sum_{i=1}^{p} \sum_{k=1}^{q} \sum_{l=1}^{r} (Y_{ikl} - \overline{Y}_{\ldots})^2,$$

$$SQA = r\,q \sum_{i=1}^{p} (\overline{Y}_{i\ldots} - \overline{Y}_{\ldots})^2, \quad SQB = r\,p \sum_{k=1}^{q} (\overline{Y}_{\cdot k\cdot} - \overline{Y}_{\ldots})^2,$$

$$SQ(AB) = r \sum_{i=1}^{p} \sum_{k=1}^{q} (\overline{Y}_{ik\cdot} - \overline{Y}_{i\ldots} - \overline{Y}_{\cdot k\cdot} + \overline{Y}_{\ldots})^2,$$

$$SQR = SQG - SQA - SQB - SQ(AB) = \sum_{i=1}^{p} \sum_{k=1}^{q} \sum_{l=1}^{r} (Y_{ikl} - \overline{Y}_{ik\cdot})^2.$$

Unter den Hypothesen H_A, H_B bzw. H_{AB} sind die Quotienten $\frac{MQA}{MQR}$, $\frac{MQB}{MQR}$ bzw. $\frac{MQ(AB)}{MQR}$ $\left(\text{mit } MQ(AB) = \frac{SQ(AB)}{(p-1)(q-1)}\right)$ F-verteilt mit $(p-1, p\,q\,(r-1))$, $(q-1, p\,q\,(r-1))$ bzw. $((p-1)(q-1), p\,q\,(r-1))$ Freiheitsgraden.

d) Praktische Durchführung: *Streuungszerlegung*

Variationsursache	Realisierungen von SQ	Freiheitsgrade von SQ	Realisierungen von MQ
Zwischen den Stufen von A	sqa	$p-1$	$\frac{sqa}{p-1}$
Zwischen den Stufen von B	sqb	$q-1$	$\frac{sqb}{q-1}$
Wchselwirkung zwischen A und B	$sq(ab)$	$(p-1)(q-1)$	$\frac{sq(ab)}{(p-1)(q-1)}$
Innerhalb der Untergruppen (Wiederholungen, Rest)	sqr	$pq\,(r-1)$	$\frac{sqr}{p\,q\,(r-1)}$

Die Hypothesen H_A, H_B bzw. H_{AB} werden (beim gewählten Signifikanzniveau α) abgelehnt, wenn $\frac{mqa}{mqr} > F_{p-1,\, pq(r-1);\, 1-\alpha}$, $\frac{mqb}{mqr} > F_{q-1,\, pq(r-1);\, 1-\alpha}$ bzw. $\frac{mq(ab)}{mqr} > F_{(p-1)\,(q-1),\, pq(r-1);\, 1-\alpha}$ gilt, anderenfalls ist auf Grund dieses Tests gegen H_A, H_B bzw. H_{AB} nichts einzuwenden.

2.3. *Zweifache hierarchische Klassifikation mit r Versuchen je Unterklasse*

a) Problemstellung: Analyse der Wirkungen eines Faktors A (in p Stufen) und eines Faktors B (in q Stufen), dessen Stufen jeweils nur mit einer Stufe des Faktors A gemeinsam auftreten, auf ein Merkmal.

b) Versuchsplan

Stufen des Faktors A	1		2		...	p	
Stufen des Faktors B innerhalb der Stufen von A	1 ...	q_1	1 ...	q_2	...	1 ...	q_p
Unterklassen (Wiederholungen)	y_{111} ...	y_{1q_11}	y_{211} ...	y_{2q_21}		y_{p11} ...	y_{pq_p1}
	⋮	⋮	⋮	⋮		⋮	⋮
	y_{11r} ...	y_{1q_1r}	y_{22r} ...	y_{2q_2r}		y_{p1r} ...	y_{pq_pr}

$(q_1 + \cdots + q_p = q)$

c) Mathematisches Modell: Für die $q \cdot r$ Stichprobenvariablen Y_{ikl}, $i = 1, \ldots, p$; $k = 1, \ldots, q_i$; $l = 1, \ldots, r$, setzt man i. a. eine Zerlegbarkeit der Form

$$Y_{ikl} = \mu + \alpha_i + \beta_{ik} + E_{ikl}$$

voraus. Dabei sind μ, α_i und β_{ik} (Effekt der k-ten Stufe von B innerhalb der i-ten Stufe von A) Konstanten und E_{ikl} unabhängige normalverteilte Zufallsgrößen mit $E(E_{ikl}) = 0$ und $D^2(E_{ikl}) = \sigma^2$ für alle i, k, l. Die Reparametrisierungsbedingungen lauten hier $\sum_{i=1}^{p} \alpha_i = 0$ und $\sum_{k=1}^{q_i} \beta_{ik} = 0$ (für alle $i = 1, \ldots, p$). Zum Prüfen der Hypothesen H_A: $\alpha_i = 0$, $i = 1, \ldots, p$, und $H_{B(A)}$: $\beta_{ik} = 0$, $i = 1, \ldots, p$; $k = 1, \ldots, q_i$, betrachtet man folgende Stichprobenfunktionen:

$$\overline{Y}_{\ldots} = \frac{1}{q \cdot r} \sum_{i=1}^{p} \sum_{k=1}^{q_i} \sum_{l=1}^{r} Y_{ikl}, \quad \overline{Y}_{i\ldots} = \frac{1}{q_i \cdot r} \sum_{k=1}^{q_i} \sum_{l=1}^{r} Y_{ikl},$$

$$\overline{Y}_{ik\cdot} = \frac{1}{r} \sum_{l=1}^{r} Y_{ikl}$$

und

$$SQG = \sum_{i=1}^{p} \sum_{k=1}^{q_i} \sum_{l=1}^{r} (Y_{ikl} - \overline{Y}_{...})^2 ,$$

$$SQA = r \sum_{i=1}^{p} q_i (\overline{Y}_{i..} - \overline{Y}_{...})^2 , \quad SQB(A) = r \sum_{i=1}^{p} \sum_{k=1}^{q_i} (\overline{Y}_{ik.} - \overline{Y}_{i..})^2 ,$$

$$SQR = SQG - SQA - SQB(A) = \sum_{i=1}^{p} \sum_{k=1}^{q_i} \sum_{l=1}^{r} (Y_{ikl} - \overline{Y}_{ik.})^2 .$$

Unter der Hypothese H_A bzw. $H_{B(A)}$ ist

$$\frac{MQA}{MQR} \left(\text{mit } MQA = \frac{SQA}{p-1}, \; MQR = \frac{SQR}{q(r-1)} \right)$$

bzw.

$$\frac{MQB(A)}{MQR} \left(\text{mit } MQB(A) = \frac{SQB(A)}{q-p} \right)$$

F-verteilt mit $(p - 1, r(q - 1))$ bzw. $(q - p, r(q - 1))$ Freiheitsgraden.

d) Praktische Durchführung: *Streuungszerlegung*

Variationsursache	Realisierungen von SQ	Freiheitsgrade von SQ	Realisierungen von MQ
Zwischen den Stufen von A	sqa	$p-1$	$\frac{sqa}{p-1}$
Zwischen den Stufen von B innerhalb der Stufen von A	$sqb(a)$	$q-p$	$\frac{sqb(a)}{q-p}$
Innerhalb der Wiederholungen (Unterklassen) (Rest)	sqr	$q(r-1)$	$\frac{sqr}{q(r-1)}$

Die Hypothese H_A bzw. $H_{B(A)}$ wird beim gewählten Signifikanzniveau α abgelehnt, wenn $\frac{mqa}{mqr} > F_{p-1,\, q(r-1);\, 1-\alpha}$ bzw. $\frac{mqb(a)}{mqr} > F_{q-p,\, q(r-1);\, 1-\alpha}$ gilt, anderenfalls ist auf Grund dieses Tests gegen H_A bzw. $H_{B(A)}$ nichts einzuwenden.

3. *Wichtige Spezialfälle einer unvollständigen drei- und vierfachen Klassifikation*

3.1. *Dreifache Klassifikation im lateinischen Quadrat*

a) Problemstellung: Analyse der Wirkungen dreier Faktoren A, B und C in jeweils p Stufen auf ein Merkmal, wobei eine mögliche gegenseitige Beeinflussung der Faktoren A und B einerseits und des Faktors C andererseits auszuschalten sind.

b) Versuchsplan (am Beispiel $p = 4$)

i \ k	Stufen des Faktors B 1	2	3	4
Stufen des Faktors A 1	$y_{11\underline{1}}$	$y_{12\underline{2}}$	$y_{13\underline{3}}$	$y_{14\underline{4}}$
2	$y_{21\underline{2}}$	$y_{22\underline{1}}$	$y_{23\underline{4}}$	$y_{24\underline{3}}$
3	$y_{31\underline{3}}$	$y_{32\underline{4}}$	$y_{33\underline{2}}$	$y_{34\underline{1}}$
4	$y_{41\underline{4}}$	$y_{42\underline{3}}$	$y_{43\underline{1}}$	$y_{44\underline{2}}$

Die Werte y_{ikl} $(i, k, l = 1, \ldots, p)$ stellen die in einem konkreten Versuch ermittelten Versuchsergebnisse dar, d. h., y_{ikl} ist das Ergebnis eines Versuches, wobei die Wirkung des Faktors A auf der i-ten, des Faktors B auf der k-ten und des Faktors C auf der l-ten Stufe beobachtet wurde. Dabei ist der Versuchsplan so aufgebaut, daß ein entsprechendes quadratisches Schema der Stufen des Faktors C, d. h. der Werte des Index l (durch Unterstreichung gekennzeichnet), ein sogenanntes *lateinisches Quadrat* ergibt, das allgemein dadurch charakterisiert ist, daß jede Zahl $l = 1, \ldots, p$ in jeder Zeile und in jeder Spalte genau einmal vorkommt. (Derartige lateinische Quadrate sind z. B. in (T 16) angegeben.)

Lateinisches Quadrat (zu obigem Versuchsplan)

1	2	3	4
2	1	4	3
3	4	2	1
4	3	1	2

c) Mathematisches Modell: Die p^2 Versuchsergebnisse y_{ikl} werden als Realisierungen von p^2 Stichproben Y_{ikl} (vom Umfang 1) interpretiert. Man setzt i. a. für die Stichproben Y_{ikl} eine Zerlegung der Form

$$Y_{ikl} = \mu + \alpha_i + \beta_k + \gamma_l + E_{ikl}$$

voraus. Dabei sind $\mu, \alpha_i, \beta_k, \gamma_l$ $(i, k, l = 1, \ldots, p)$ Konstanten und E_{ikl} unabhängige normalverteilte Zufallsgrößen mit $E(E_{ikl}) = 0$ und $D^2(E_{ikl}) = \sigma^2$ für alle $(i, k, l) \in L$ (L bezeichnet dabei die Menge aller Kombinationen i, k und l, die im Versuchsplan vorkommen). Die Reparametrisierungsbedingungen lauten hier $\sum_{i=1}^{p} \alpha_i = \sum_{k=1}^{p} \beta_k = \sum_{l=1}^{p} \gamma_l = 0$. Zum Prüfen der Hypothesen H_A: $\alpha_i = 0$, $i = 1, \ldots, p$, H_B: $\beta_k = 0$, $k = 1, \ldots, p$, und H_C: $\gamma_l = 0$, $l = 1, \ldots, p$, betrachtet man folgende Stichprobenfunktionen:

$$\overline{Y}_{\ldots} = \frac{1}{p^2} \sum_{(i,k,l) \in L} Y_{ikl}, \quad \overline{Y}_{i\cdot\cdot} = \frac{1}{p} \sum_{k,l} Y_{ikl}, \quad \overline{Y}_{\cdot k \cdot} = \frac{1}{p} \sum_{i,l} Y_{ikl},$$

$$\overline{Y}_{\cdot\cdot l} = \frac{1}{p} \sum_{i,k} Y_{ikl},$$

$$SQG = \sum_{(i,k,l) \in L} (Y_{ikl} - \overline{Y}_{\ldots})^2,$$

$$SQA = p \sum_{i=1}^{p} (\overline{Y}_{i\cdot\cdot} - \overline{Y}_{\ldots})^2, \quad SQB = p \sum_{k=1}^{p} (\overline{Y}_{\cdot k \cdot} - \overline{Y}_{\ldots})^2,$$

$$SQC = p \sum_{l=1}^{p} (\overline{Y}_{\cdot\cdot l} - \overline{Y}_{\ldots})^2,$$

$$SQR = SQG - SQA - SQB - SQC =$$

$$= \sum_{(i,k,l) \in L} (Y_{ikl} - \overline{Y}_{i\cdot\cdot} - \overline{Y}_{\cdot k \cdot} - \overline{Y}_{\cdot\cdot l} + 2\,\overline{Y}_{\ldots})^2 .$$

Die Hypothesen H_A, H_B bzw. H_C werden mit den Testgrößen $\frac{MQA}{MQR}, \frac{MQB}{MQR}$ bzw. $\frac{MQC}{MQR}$ $\left(\text{mit } MQA = \frac{SQA}{p-1} \text{ usw. und } MQR = \frac{SQR}{(p-1)(p-2)}\right)$, geprüft, die unter der Voraussetzung, daß H_A, H_B bzw. H_C wahr sind, F-verteilt sind mit $(p-1, (p-1)(p-2))$ Freiheitsgraden.

d) Praktische Durchführung: *Streuungszerlegung*

Variationsursache	Realisierungen von *SQ*	Freiheitsgrade von *SQ*	Realisierungen von *MQ*
Zwischen den Stufen von *A*	sqa	$(p-1)$	$\frac{sqa}{p-1}$
Zwischen den Stufen von *B*	sqb	$(p-1)$	$\frac{sqb}{p-1}$
Zwischen den Stufen von *C*	sqc	$(p-1)$	$\frac{sqc}{p-1}$
Rest	sqr	$(p-1)(p-2)$	$\frac{sqr}{(p-1)(p-2)}$

Die Hypothesen H_A, H_B bzw. H_C werden (beim gewählten Signifikanzniveau α) abgelehnt, wenn

$$\frac{mqa}{mqr}, \frac{mqb}{mqr} \text{ bzw. } \frac{mqc}{mqr} > F_{p-1, (p-1)(p-2); 1-\alpha}$$

ist, anderenfalls ist auf Grund dieses Tests gegen H_A, H_B bzw. H_C nichts einzuwenden.

3.2. *Vierfache Klassifikation im griechisch-lateinischen Quadrat*

a) Problemstellung: Analyse der Wirkungen von vier Faktoren A, B, C und D in jeweils p Stufen auf ein Merkmal, wobei eine mögliche systematische gegenseitige Beeinflussung der Faktoren A und B einerseits und der Faktoren C und D andererseits durch die Versuchsanlage auszuschalten sind.

b) Versuchsplan (am Beispiel $p = 4$)

	i \ k	Stufen des Faktors B 1	2	3	4
Stufen des Faktors A	1	$y_{11\underline{11}}$	$y_{12\underline{22}}$	$y_{13\underline{33}}$	$y_{14\underline{44}}$
	2	$y_{21\underline{24}}$	$y_{22\underline{13}}$	$y_{23\underline{42}}$	$y_{24\underline{31}}$
	3	$y_{31\underline{32}}$	$y_{32\underline{41}}$	$y_{33\underline{14}}$	$y_{34\underline{23}}$
	4	$y_{41\underline{43}}$	$y_{42\underline{34}}$	$y_{43\underline{21}}$	$y_{44\underline{12}}$

Die Werte y_{iklm} $(i, k, l, m = 1, \ldots, p)$ stellen die in einem konkreten Versuch ermittelten Ergebnisse dar, d. h., y_{iklm} ist das Ergebnis eines Versuches, wobei die Wirkung des Faktors A auf der i-ten, des Faktors B auf der k-ten, des Faktors C auf der l-ten und des Faktors D auf der m-ten Stufe beobachtet wurde. Dabei ist der Versuchsplan so aufgebaut, daß ein entsprechendes quadratisches Schema der Stufen der Faktoren C und D, d. h. der Wert der Indizes l und m (durch Unterstreichung gekennzeichnet), ein sog. griechisch-lateinisches Quadrat der Ordnung p ergibt. Ein *griechisch-lateinisches Quadrat* der Ordnung p ist eine quadratische Anordnung von Zahlenpaaren (l, m), so daß jede Variation zweiter Ordnung der Zahlen $1, \ldots, p$ genau einmal vorkommt und in jeder Zeile und Spalte l und m alle Werte $1, \ldots, p$ annehmen.

Griechisch-lateinisches Quadrat: (zu obigem Versuchsplan)

(1,1)	(2,2)	(3,3)	(4,4)
(2,4)	(1,3)	(4,2)	(3,1)
(3,2)	(4,1)	(1,4)	(2,3)
(4,3)	(3,4)	(2,1)	(1,2)

(Im Gegensatz zu den lateinischen Quadraten gibt es griechisch-lateinische Quadrate nicht beliebiger Ordnung. Wie z. B. schon L. EULER bewies, gibt es z. B. kein griechisch-lateinisches Quadrat für $p = 6$.)

c), d) Das mathematische Modell sowie die Streuungszerlegung stellen sich als natürliche Verallgemeinerung der dreifachen Klassifikation für lateinische Quadrate dar.

Eine Verallgemeinerung des Modells I auf den mehrdimensionalen Fall — d. h. für vektorwertige Versuchsergebnisse — findet man in [1].

Modell II

(Das Modell II wird am Beispiel der zweifachen Klassifikation mit mehrfacher Besetzung dargestellt; die folgenden Methoden lassen sich entsprechend auf andere Klassifikationsschemata übertragen.)

a) Problemstellung: Analyse und Schätzung der durch zwei Faktoren A und B in p bzw. q (zufälligen) Stufen sowie durch deren Wechselwirkung erzeugten Variabilität (Streuung) der Versuchsergebnisse.

b) Versuchsplan: entspricht dem des Modells I (vgl. 2.2).

c) Mathematisches Modell: Die $n\,(= p \cdot q \cdot r)$ Versuchsergebnisse y_{ikl}, $(i = 1, \ldots, p;\ k = 1, \ldots, q;\ l = 1, \ldots, r)$, werden als Realisierungen der Stichprobenvariablen Y_{ikl} von $p \cdot q$ mathematischen Stichproben $(Y_{ik1}, \ldots, Y_{ikr})$ interpretiert. Für die Stichprobenvariablen setzt man dabei i. a. eine Zerlegbarkeit der Form

$$Y_{ikl} = \mu + A_i + B_k + (AB)_{ik} + E_{ikl}$$

voraus. Dabei sind μ („allgemeines Mittel") eine Konstante,

A_i normalverteilte (paarweise) unabhängige Zufallsgrößen mit $E(A_i) = 0$ und $D^2(A_i) = \sigma_A^2$ für alle i („zufällige Zeileneffekte"),

B_k normalverteilte (paarweise) unabhängige Zufallsgrößen mit $E(B_k) = 0$ und $D^2(B_k) = \sigma_B^2$ für alle k („zufällige Spalteneffekte"),

$(AB)_{ik}$ normalverteilte (paarweise) unabhängige Zufallsgrößen mit $E\big((AB)_{ik}\big) = 0$ und $D^2\big((AB)_{ik}\big) = \sigma_{AB}^2$ für alle i, k („zufällige Wechselwirkungseffekte"),

E_{ikl} normalverteilte (paarweise) unabhängige Zufallsgrößen mit $E(E_{ikl}) = 0$ und $D^2(E_{ikl}) = \sigma_E^2\ (>0)$ für alle i, k, l („zufällige Versuchsfehler").

Weiter wird vorausgesetzt, daß die Zufallsgrößen A_i, B_k, $(AB)_{ik}$ und E_{ikl} (paarweise) unabhängig sind.

Die oben genannten Fragestellungen lassen sich nun folgendermaßen formulieren:

(1) Ermittlung erwartungstreuer Schätzungen (›Punktschätzung) für die sog. *Varianzkomponenten* σ_A^2, σ_B^2, σ_{AB}^2 und σ_E^2;

(2) Prüfung der Hypothesen $H_A: \sigma_A^2 = 0$, $H_B: \sigma_B^2 = 0$ und $H_{AB}: \sigma_{AB}^2 = 0$;

(3) Konstruktion von Konfidenzintervallen (›Bereichsschätzung) für die Varianzkomponenten.

Mit den in 2.2 (Modell I) eingeführten Stichprobenfunktionen ergibt sich:

(1) $\hat{\sigma}_E^2 = MQR$

$$\hat{\sigma}_A^2 = \frac{1}{qr}\,(MQA - MQ(AB))$$

$$\hat{\sigma}_B^2 = \frac{1}{pr}\,(MQB - MQ(AB))$$

bzw.

$$\hat{\sigma}_{AB}^2 = \frac{1}{r}\,(MQ(AB) - MQR)$$

sind erwartungstreue Schätzungen für σ_E^2, σ_A^2, σ_B^2 bzw. σ_{AB}^2.

(2) Die Hypothesen

$$H_A:\ \sigma_A^2 = 0, \quad H_B:\ \sigma_B^2 = 0 \quad \text{bzw.} \quad H_{AB}:\ \sigma_{AB}^2 = 0$$

können mit den Testgrößen

$$\frac{MQA}{MQ(AB)}, \ \frac{MQB}{MQ(AB)} \ \text{bzw.} \ \frac{MQ(AB)}{MQR}$$

geprüft werden, die unter den Hypothesen H_A, H_B bzw. H_{AB} F-verteilt sind mit $(p-1,\ (p-1)(q-1))$, $(q-1,\ (q-1)(p-1))$ bzw. $((p-1)(q-1),\ pq(r-1))$ Freiheitsgraden.

(3) Für die Varianzkomponente σ_E^2 und den Quotienten $\frac{\sigma_{AB}^2}{\sigma_E^2}$, ergeben sich zum Konfidenzniveau $1-\alpha$ die Konfidenzintervalle

$$\frac{SQR}{\chi^2_{(p-1)(q-1);\,1-\frac{\alpha}{2}}} < \sigma_E^2 < \frac{SQR}{\chi^2_{(p-1)(q-1);\,\frac{\alpha}{2}}}$$

$(\chi^2_{(p-1)(q-1);\beta}$ ist das Quantil der Ordnung β der χ^2-Verteilung mit $(p-1)(q-1)$ Freiheitsgraden $\left(\beta = 1 - \frac{\alpha}{2}, \frac{\alpha}{2}\right)\Big)$ und

$$\frac{1}{r}\left(\frac{MQ(AB)}{MQR} \cdot \frac{1}{F_{(p-1)(q-1),\, pq(r-1);\, 1-\frac{\alpha}{2}}} - 1\right) < \frac{\sigma^2_{AB}}{\sigma^2_E} <$$

$$< \frac{1}{r}\left(\frac{MQ(AB)}{MQR} \cdot \frac{1}{F_{(p-1)(q-1),\, pq(r-1);\, \frac{\alpha}{2}}} - 1\right),$$

Für die übrigen Varianzkomponenten kann man die von BROSS [2] angegebenen Approximatione nvon Konfidenzintervallen verwenden (vgl. (1)).

III. Gemischtes Modell

Ist es durch die einem Versuch zugrunde liegende Problemstellung nahegelegt, die Stufen eines Faktors A als zufällig und die eines zweiten Faktors als fest vorgebbar anzusehen, so geht man im Fall der zweifachen Klassifikation i. a. von folgendem Modell aus:

$$Y_{ikl} = \mu + A_i + \beta_k + (A\beta)_{ik} + E_{ikl},$$

wobei für die Zufallsgrößen A_i, $(A\beta)_{ik}$, E_{ikl} die im Modell II und für die Konstanten μ, β_k die im Modell I (2.2) aufgeführten Eigenschaften vorausgesetzt werden. Dann gilt:

(1) $\hat{\sigma}^2_E = MQR$,

$$\hat{\sigma}^2_A = \frac{1}{pr}(MQA - MQR)$$

bzw.

$$\hat{\sigma}^2_{AB} = \frac{1}{r}\left(MQ(AB) - MQR\right)\Big)$$

sind erwartungstreue Schätzungen für σ^2_E, σ^2_A bzw. σ^2_{AB}.

(2) Die Hypothese H_A: $\sigma^2_A = 0$ bzw. H_{AB}: $\sigma^2_{AB} = 0$ kann mit der Testgröße $\frac{MQA}{MQR}$ bzw. $\frac{MQ(AB)}{MQR}$ geprüft werden, die unter der Voraussetzung, daß H_A bzw. H_{AB} wahr ist, F-verteilt ist mit $(p-1, pq(r-1))$ bzw. $((p-1)(q-1), pq(r-1))$ Freiheitsgraden.

(3) Die Hypothese H_B: $\beta_1 = \cdots = \beta_q = 0$ kann mit der Testgröße $\frac{MQB}{MQR}$ geprüft werden, die unter Voraussetzung, daß H_B wahr ist, näherungsweise F-verteilt ist mit $(q-1, (p-1)(q-1))$ Freiheitsgraden.

Lit.: (1), (70), (88)
[1] AHRENS, H., und J. LÄUTER, Mehrdimensionale Varianzanalyse, Berlin 1973.
[2] BROSS, I., Fiducial intervals for variance components, Biometrics **6** (1950).
[3] NOLLAU, V., Statistische Analysen, Leipzig 1975
[4] RAO, C. R., Lineare Statistische Methoden und ihre Anwendung, Berlin 1973

Varianzkomponente ›Varianzanalyse (Modell II)

Variationsbreite = Spannweite ›Streuungsmaße

Variationskoeffizient: *Variationskoeffizient* einer ›Zufallsgröße X (mit der Verteilungsfunktion F_X) heißt der Quotient σ/m_1, wobei σ die Standardabweichung (›Streuung) und $m_1 = E\,X\ (> 0)$ der ›Erwartungswert der Zufallsgröße X sind. Der Variationskoeffizient wurde von K. PEARSON (1895) zum Vergleich der Variabilität von Verteilungen eingeführt. ›Momente, ›empirische Momente

Variationsreihe ›geordnete Stichprobe

Vektor ›Matrix

verallgemeinerter Abstand von MAHALANOBIS ›Diskriminanzanalyse 1, e)

verallgemeinerter stochastischer Prozeß: Analog zur Vorgehensweise bei der Definition verallgemeinerter Funktionen (oder Distributionen) lassen sich verallgemeinerte stochastische Prozesse einführen. Physikalischer Ausgangspunkt für diese Begriffsbildung ist die Tatsache, daß viele reale Messungen mit Hilfe von Geräten durchgeführt werden, die nicht direkt den Wert $X(t, \omega)$ in einem bestimmten Zeitpunkt t, sondern nur einen Mittelwert $X_u(\omega) = \int u(t)\, X(t, \omega)\, dt$ anzeigen, wobei u eine das Gerät charakterisierende Funktion ist. Bei dieser Betrachtungsweise brauchen für die einzelnen Zeitpunkte keine ›Zufallsgrößen gegeben zu sein, sondern es ist nur jeder ›Funktion u einer gewissen Grundmenge U eine Zufallsgröße zugeordnet. Ein typisches Beispiel für diesen Sachverhalt bildet die Geschwindigkeit bei der BROWNschen Bewegung (›WIENERscher Prozeß) eines Teilchens.

Zur Definition des verallgemeinerten stochastischen Prozesses betrachten wir den linearen Raum U aller reellen, beliebig oft differenzierbaren Funktionen auf der reellen Achse mit kompaktem Träger (oder andere Räume von Grundfunktionen, wie sie in der Theorie der Distributionen — siehe z. B. [1] — eingeführt werden), versehen mit der üblichen Topologie ($u_n \to u$ bedeutet, daß alle u_n, $n = 1, 2, \ldots$, außerhalb einer gemeinsamen kompakten, d. h. abgeschlossenen und beschränkten, Menge identisch Null sind und für jedes $q = 0, 1, 2, \ldots$ die Folge der q-ten Ableitungen $(u_n^{(q)})$ für $n \to \infty$ gleichmäßig gegen $u^{(q)}$ konvergiert). Ein (i. a. komplexwertiger) ›stochastischer Prozeß X_U über einem ›Wahrscheinlichkeitsraum $[\Omega, \mathfrak{A}, P]$ mit der Parametermenge U heißt ein ***verallgemeinerter stochastischer Prozeß***, wenn für beliebige $u_1, u_2 \in U$ und $\lambda_1, \lambda_2 \in R^1$ für fast alle $\omega \in \Omega$

$$X_{\lambda_1 u_1 + \lambda_2 u_2}(\omega) = \lambda_1 X_{u_1}(\omega) + \lambda_2 X_{u_2}(\omega)$$

gilt.

Ein verallgemeinerter stochastischer Prozeß heißt ***unmittelbar gegeben***, wenn Ω mit einem Teilraum X des Raumes der stetigen, linearen Funktionale auf U übereinstimmt, die σ-›Algebra $\mathfrak{A}$ von allen ›Zylindermengen

$$\{x \in X\colon \langle u_1, x\rangle \in B_1, \ldots, \langle u_n, x\rangle \in B_n\}\,,\quad n \in N,\ B_1, B_2, \ldots, B_n \in \mathfrak{B}^1$$

von X erzeugt wird und $X_u(x) = \langle u, x\rangle$ für $\omega = x \in X$ gilt, wobei $\langle u, x\rangle$ den Wert des Funktionals $x \in X$ an der Stelle $u \in U$ bezeichnet.

Für einen verallgemeinerten Prozeß X_U mit $E|X_u|^2 < \infty$ für alle $u \in U$ heißt das lineare Funktional A:

$$A(u) = E\,X_u \qquad (u \in U)$$

das ***Erwartungswertfunktional*** und das bilineare Funktional B auf $U \times U$:

$$B(u, v) = E\,\big(X_u - A(u)\big)\,\overline{\big(X_v - A(v)\big)}$$

das ***Kovarianzfunktional*** von X_U.

Ein reellwertiger verallgemeinerter Prozeß X_U heißt GAUSS***sch***, wenn sein sog. ***charakteristisches Funktional***

$$\varphi(u) = E\,e^{iX_u}\,,\qquad u \in U\,,$$

die Gestalt $\varphi(u) = \exp\big(i\,A(u) - \frac{1}{2}\,B(u, u)\big)$ hat. Das ist gleichbedeutend damit, daß alle endlichdimensionalen Verteilungen von X_U ›Normalverteilungen sind.

Es bezeichne weiter S_τ den Verschiebungsoperator in U:

$$(S_\tau\,u)(t) = u\,(t + \tau)\,,\qquad -\infty < \tau < \infty\,.$$

Offensichtlich bildet S_τ den Raum U auf sich ab. Der verallgemeinerte Prozeß X_U heißt ***stationär*** (***im weiteren Sinne***), wenn für beliebige τ und $u, v \in U$ gilt:

$$A(S_\tau\,u) = A(u)\,,\qquad B(S_\tau\,u, S_\tau\,v) = B(u, v)\,.$$

Sind A und B sogar stetig auf U, so hat das Erwartungswertfunktional eines solchen Prozesses die Gestalt

$$A(u) = a \int_{-\infty}^{\infty} u(t)\, dt \qquad (u \in U)\,,$$

mit einer reellen oder komplexen Zahl a, und wir können o. B. d. A. $a = 0$ voraussetzen. Das Kovarianzfunktional B gestattet dann die Darstellung

$$B(u, v) = \int_{-\infty}^{\infty} \hat{u}(\lambda) \cdot \overline{\hat{v}(\lambda)}\, \sigma(d\lambda)\,, \qquad u, v \in U;$$

dabei bezeichnen $\hat{u}(\lambda) = \int_{-\infty}^{\infty} e^{i\lambda t} u(t)\, dt$ die FOURIER-Transformierte von $u \in U$ und σ ein ›Maß von Potenzwachstumsordnung (d. h. für eine natürliche Zahl p gilt $\int_{-\infty}^{\infty} (1 + \lambda^2)^{-p} \sigma(d\lambda) < \infty$), das sog. *Spektralmaß* des stationären verallgemeinerten stochastischen Prozesses X_U. Die Werte von X_U lassen sich dann in der Form

$$X_u = \int_{-\infty}^{\infty} u(\lambda)\, \Phi(d\lambda)$$

schreiben, wobei Φ ein ›zufälliges Maß auf R^1 mit $E|\Phi(\Delta)|^2 = \sigma(\Delta)$ (Δ — beschränktes Intervall des R^1) ist.

Als Beispiel einer für verallgemeinerte stochastische Prozesse stets uneingeschränkt definierten analytischen Operation betrachten wir die Differentiation. Ist X_U ein verallgemeinerter stochastischer Prozeß, so heißt der durch die Gleichung

$$X'_u = -X_{u'}\,, \qquad u \in U\,,$$

definierte verallgemeinerte stochastische Prozeß X'_U die *Ableitung* von X_U. Für das Erwartungswertfunktional A_1 und das Kovarianzfunktional B_1 von X'_U gilt

$$A_1(u) = -A(u')\,, \quad B_1(u, v) = B(u', v')\,, \qquad u, v \in U\,,$$

wobei A und B das Erwartungswertfunktional und das Kovarianzfunktional von X_U bezeichnen.

Ein wichtiges Beispiel eines stationären verallgemeinerten stochastischen Prozesses ist das sog. *weiße Rauschen*: Darunter versteht man jeden verallgemeinerten stochastischen Prozeß der Form

$$X_u = \int_{-\infty}^{\infty} u(t)\, \zeta(dt)\,, \qquad u \in U\,,$$

wobei ζ ein zufälliges Maß mit $E\,\zeta([s,t]) = 0$, $E|\zeta([s,t])|^2 = c^2 \cdot (t-s)$ $(-\infty < s < t < \infty)$ bezeichnet. Dann ist $A(u) = E\,X_u = 0$, $B(u,v) = $ $= E\,X_u\,\overline{X_v} = c^2 \cdot \int_{-\infty}^{\infty} u(t)\,\overline{v(t)}\,dt$, als Spektralmaß ergibt sich also das mit $\frac{c^2}{2\pi}$ multiplizierte LEBESGUEsche Maß, d. h. die zugehörige „Spektraldichte" f ist konstant: $f(\lambda) = \frac{c^2}{2\pi}$.

Faßt man den ›WIENERschen Prozeß als verallgemeinerten stochastischen Prozeß auf, so ergibt seine Ableitung ein weißes Rauschen.

Lit.: (59)

[1] GELFAND, I. M. und N. J. VILENKIN, Verallgemeinerte Funktionen (Distributionen), Bd. IV, Berlin 1964.

verbundene Zustände einer ›MARKOVschen Kette

verkürzte ›Diskriminanzanalyse

Verlustfunktion ›Entscheidungstheorie

Verlustsystem ›Bedienungstheorie

Verlustwahrscheinlichkeit ›Bedienungstheorie

Verschiebungsparameter ›Parameter einer Verteilung

Verschiebungssatz von STEINER ›Streuung, ›Momente

Versuch: Als (*zufälligen*) *Versuch* bezeichnet man in der Wahrscheinlichkeitstheorie einen solchen Vorgang, der sich (zumindest gedanklich) beliebig oft wiederholen läßt und dessen Ergebnis im Rahmen verschiedener Möglichkeiten bei jeder Wiederholung ungewiß ist. Dabei wird vorausgesetzt, daß der Grad der Sicherheit eines möglichen Ergebnisses jedoch quantitativ durch die sog. Wahrscheinlichkeit (›Wahrscheinlichkeit eines Ereignisses) erfaßt werden kann. Die Ergebnisse eines zufälligen Versuches werden zufällige Ereignisse genannt. Ein typisches Beispiel für einen zufälligen Versuch ist das Werfen eines (idealen, d. h. ausgeglichenen) Würfels; die Wahrscheinlichkeit für das Ereignis, daß bei einem Wurf eine im voraus gedachte spezielle Augenzahl auftritt, beträgt 1/6.

Aus der Vielzahl der Anwendungen seien als weitere Beispiele für zufällige Versuche genannt: mit Fehlern behaftete Messungen, Auszählungen bei radioaktiven Strahlungen, Registrierung der Anzahl von Anrufen im Fernsprechverkehr.

Die präzise mathematische Erfassung von zufälligen Versuchen erfolgt in der Wahrscheinlichkeitstheorie mittels der ›Ereignisfelder und Wahrscheinlichkeitsalgebren.

Versuchsplanung, statistische: Das Anliegen der statistischen Versuchsplanung besteht darin, Schemata — sog. Versuchspläne — für die Durchführung von Versuchen, deren Ergebnisse mit Hilfe statistischer Analyseverfahren (z. B. ›Regressionsanalyse, ›Varianzanalyse, ›Kovarianzanalyse) auszuwerten sind, anzugeben und die Eigenschaften der Versuchspläne im Hinblick auf diese Analyseverfahren zu untersuchen. Neben der allgemeinen statistischen Versuchsplanung (vgl. z. B. (17), (47), [4], [6], [16], [19]), in der auch zahlentheoretische, geometrische und kombinatorische Überlegungen (z. B. in der Theorie der unvollständigen Blöcke ([2], [3], [19]) und der Faktorpläne [20]) eine wesentliche Rolle spielen, sind Versuchspläne auch im Hinblick auf spezielle Anwendungsgebiete entwickelt worden. Eines der wesentlichsten ist dabei die experimentelle Biologie, deren mit statistischen Methoden (insbesondere Analyseverfahren) zu untersuchende Fragestellungen zu zahlreichen Anregungen für die statistische Versuchsplanung führten. Die in diesem Zusammenhang entwickelten statistischen Verfahren tragen mitunter eigenständigen Charakter und werden unter dem Begriff „*Biometrie*“ zusammengefaßt (vgl. z. B. (88), [11], [18], [2]). Auch auf den Gebieten der Land- und Forstwirtschaft (vgl. z. B. [13], [17]), Genetik [9], Psychologie [12] und Chemie [8], [16] werden — um Versuchsergebnisse einer mathematischen Auswertung zugänglich zu machen — Methoden der statistischen Versuchsplanung angewandt.

Lit.:
[1] BANDEMER, H., JUNG, W., LE ANH SON, NÄTHER, W. und K. RICHTER, Beiträge zur optimalen Versuchsplanung, Leipzig 1975.
[2] BOSE, R. C., and K. R. NAIR, Partially balanced incomplete block designs, Sankhyā Indian. J. Statist. 4 (1939), 337–372.
[3] BOSE, R. C., and T. SHIMAMOTO, Classification and analysis of partially balanced incomplete block designs with two associate classes, J. Amer. Statist. Assoc. 75 (1952), 151–181.
[4] COCHRAN, W. G., and G. M. COX, Experimental designs, New York 1957.
[5] FINNEY, D. J., An Introduction to the Theory of Experimental Design, Chicago 1968 (russ.: Moskau 1970).
[6] FISHER, R. A., The design of experiments, 14th ed., Edinburgh 1970.
[7] Грановский, Ю. В., Муращова, Т. И., Страхов, А. Б. и Адлер, Ю. П., Планирование эксперимента. (Библиография прикладных работ за 1966—68 г.г.), Москва 1971.
[8] HARTMANN, K., Statistische Versuchsplanung und -auswertung in der Stoffwirtschaft, Leipzig 1974.
[9] KEMPTHORNE, O., An introduction to genetic statistics, New York 1957.
[10] Маркова, Е. В., Неполные планы, Москва 1970.
[11] MATHER, K., Statistische Analysen in der Biologie, Wien 1946.
[12] MITTENECKER, E., Planung und statistische Auswertung von Experimenten, Wien 1958.

[13] MUDRA, A., Statistische Methoden für landwirtschaftliche Versuche, Berlin 1958.
[14] Налимов, В. В. и Чернова, Н. А., Статистические методы планирования эксперимента, Москва 1965.
[15] Налимов, В. В., Новые идеи в планировании эксперимента, Москва 1969.
[16] NOLLAU, V., Statistische Analysen, Leipzig 1975.
[17] PRODAN, M., Forstliche Biometrie, München 1961.
[18] RASCH, D., G. ENDERLEIN, und G. HERRENDÖRFER, Biometrie, Berlin 1973.
[19] SCHEFFLER, E., Einführung in die Praxis der statistischen Versuchsplanung, Leipzig 1974.
[20] TOCHER, K. D., The design and analysis of block experiments, J. R. Statist. Soc. B 14 (1952), 45–100.
[21] YATES, F., The design and analysis of factorial experiments, Harpeden 1937.
[22] BIOMETRISCHES WÖRTERBUCH, Bände 1 und 2, Berlin–Budapest–Prag–Warschau–Moskau 1968.

Verteilung ›Wahrscheinlichkeitsverteilung

Verteilungsdichte = Wahrscheinlichkeitsdichte, ›stetige Zufallsgröße, ›zufälliger Vektor

verteilungsfreier Test = parameterfreier Test ›Parametertest

Verteilungsfunktion einer Zufallsgröße ›Zufallsgröße

Verteilungsfunktion eines zufälligen Vektors ›zufälliger Vektor

Verteilungsgesetz (einer zufälligen Variablen) ›Wahrscheinlichkeitsverteilung (einer zufälligen Variablen)

Verteilungstyp: Als *Verteilungstyp* der ›Zufallsgröße X bezeichnet man die (Äquivalenz-)Klasse von ›Wahrscheinlichkeitsverteilungen, die alle Verteilungen der linearen Funktionen $Y = a X + b$, a, b beliebig reell, $a > 0$, enthält.

Der *uneigentliche Verteilungstyp* besteht aus allen ›Einpunktverteilungen; alle anderen Verteilungstypen heißen *eigentlich*.

Verträglichkeitsbedingungen von KOLMOGOROV ›stochastischer Prozeß

Vertrauensgrenze = Konfidenzgrenze ›Bereichsschätzung

Vertrauensintervall = Konfidenzintervall ›Bereichsschätzung

Verweilzeit eines ›semi-MARKOVschen Prozesses

Verzweigungsprozeß: In der Theorie der Verzweigungsprozesse betrachtet man u. a. folgendes grundlegende Modell: Ein Teilchen erzeuge in einer Zeiteinheit mit der Wahrscheinlichkeit p_k, $k \in N_0 = \{0, 1, \ldots, n, \ldots\}$, k Teilchen von gleichem Typ (sogenannte Nachfolger), und zwar unabhängig von seiner Vorgeschichte, dem Zeitpunkt seines Entstehens und der Zahl der bereits vorhandenen Teilchen. Die neuen Teilchen seien dem gleichen Entwicklungsgesetz unterworfen.

Zur Anfangszeit $t = 0$ mögen i Teilchen (gleichen Typs) vorhanden sein. Bezeichnet X_t die Gesamtanzahl der zur Zeit t, $t \in N_0$, existierenden Teilchen (man spricht dabei von der t-ten Generation), so ist auf Grund der genannten Voraussetzungen X_T mit $T = N_0$ eine zeitlich homogene ›MARKOVsche Kette mit dem Zustandsraum N_0 und mit diskreter Zeit. Ändert man die Voraussetzungen dahingehend ab, daß jedes Teilchen eine vom Zufall abhängende Zeitdauer $\tau \in [0, \infty)$ existiert (Lebenszeit) und mit Wahrscheinlichkeit p_k genau k Nachkommen erzeugt, so ist — unter der Annahme, daß τ ›exponentialverteilt ist — der Prozeß X_T mit $T = [0, \infty)$ eine zeitlich homogene MARKOVsche Kette mit dem Zustandsraum N_0 und stetiger Zeit.

Für die Übergangswahrscheinlichkeiten $p_{ij}(t) = P(X_{s+t} = j | X_s = i)$ gilt in beiden Fällen $(T = N_0$ und $T = [0, \infty))$ auf Grund der genannten Voraussetzungen

$$p_{ij}(t) = \sum_{k_1 + \cdots + k_i = j} p_{1k_1}(t) \cdot \ldots \cdot p_{1k_i}(t) , \tag{1}$$

$$p_{0j}(t) = \delta_{0j} \qquad (i, j \in N_0, \ s, t \in T) , \tag{2}$$

d. h., die durch $p_{i\cdot}(t)$ gegebene Verteilung ist für jedes $t \in T$ die i-fache ›Faltung der durch $p_{1\cdot}(t)$ gegebenen Verteilung, und der Prozeß X_T kann den Zustand 0 nicht verlassen. Für $T = N_0$ gilt $p_{1j}^{(1)} = p_j$.

Ausgehend von diesen Vorstellungen bezeichnet man als *Verzweigungsprozeß* jede zeitlich homogene MARKOVsche Kette mit dem Zustandsraum N_0 und mit stetiger oder diskreter Zeit (d. h. $T = [0, \infty)$ oder $T = N_0$), deren Übergangswahrscheinlichkeiten $p_{ij}(t)$ den Gleichungen (1) und (2) genügen. Bei diskreter Zeit spricht man auch von einem GALTON-WATSON-*Prozeß*. Bei stetiger Zeit setzt man gewöhnlich noch $\lim_{t \downarrow 0} p_{ij}(t) = \delta_{ij}$ und $\sum_{0}^{\infty} q_{1k} = 0$ voraus, wobei die Zahlen $q_{1k} := \lim_{t \downarrow 0} \frac{p_{1k}(t)}{t}$ $(k \neq 1)$, $q_{11} := \lim_{t \downarrow 0} \frac{1 - p_{11}(t)}{t}$ die Intensitäten der MARKOVschen Kette X_T bezeichnen.

Es seien X_T ein Verzweigungsprozeß, $F(t, s) := \sum_{k=0}^{\infty} P(X_t = k) s^k$, $|s| \leqq 1$, die ›erzeugende Funktion mit den Wahrscheinlichkeiten $P(X_t = k)$, $k \in N_0$, und (für $T = [0, \infty)$) $f(s) := \sum_{k=0}^{\infty} q_{1k} s^k$, $0 \leqq s \leqq 1$.

Ist $X_0 = 1$, beginnt also der Verzweigungsprozeß mit einem Teilchen, so bestehen für F die Beziehungen

$$F(t + \tau, s) = F(t, F(\tau, s)) \quad \text{und} \quad F(0, s) = s\,, \quad t, \tau \in T\,,\ |s| \leqq 1\,.$$

Die Wahrscheinlichkeit dafür, daß X_T ausstirbt, d. h., daß $X_t = 0$ für ein $t > 0$ und somit $X_s = 0$ für alle $s \geqq t$ gilt, ist $q := \lim\limits_{t \to \infty} P(X_t = 0)$. Gilt $q = 1$, so heißt X_T *aussterbend*, anderenfalls *nicht aussterbend*. Die Wahrscheinlichkeit q ist für $T = N_0$ die kleinste positive Lösung der Gleichung $F(1, s) = s$ und für $T = [0, \infty)$ die kleinste positive Lösung der Gleichung $f(s) = 0$.

Im Fall $T = [0, \infty)$ kann es vorkommen, daß in endlicher Zeit unendlich viele Teilchen neu gebildet werden. Eine solche Erscheinung wird als *Explosion* des Verzweigungsprozesses bezeichnet. Die Wahrscheinlichkeit dafür, daß bis zur Zeit t eine Explosion von X_T stattgefunden hat, unter der Bedingung, daß zur Zeit $t = 0$ ein Teilchen vorhanden war, beträgt

$$p_\infty(t) := 1 - P(X_t < \infty) = 1 - \lim_{s \uparrow 1} F(t, s)\,.$$

Diese Wahrscheinlichkeiten sind größer als Null, falls sich die betrachteten Teilchen stark vermehren, genauer, falls

$$\int_{z_0}^{1} \frac{dz}{f(z)} > -\infty \quad \text{für ein} \quad z_0 \in [0, 1) \qquad (*)$$

gilt. In diesem Fall ist $p_\infty(t) = 1 - x_0(t) > 0$, wobei $x_0(t)$ die minimale Lösung der Differentialgleichung $\dfrac{dx}{dt} = \dfrac{1}{f(x)}$ mit $x(0) = 1$ darstellt. Besteht dagegen (*) nicht, so ist $p_\infty(t) \equiv 0$, und eine Explosion findet also nicht statt.

Für den Erwartungswert $m_i(t) = E_i X_t$ der bis zur Zeit t aus i Teilchen hervorgegangenen Teilchen gilt

$$m_i(t) = i \cdot e^{at} \quad \text{mit} \quad a = \lim_{s \uparrow 1} \frac{d}{ds} f(s) \qquad \text{(stetige Zeit)}$$

bzw.

$$m_i(t) = i A^t \quad \text{mit} \quad A = \lim_{s \uparrow 1} \frac{\partial}{\partial s} F(1, s) \qquad \text{(diskrete Zeit).}$$

Bei $a < 0$ bzw. $A < 1$ spricht man von einem *unterkritischen*, bei $a > 0$ bzw. $A > 1$ von einem *überkritischen* und bei $a = 0$ bzw. $A = 1$ und $D^2 X_t > 0$ von einem *kritischen Verzweigungsprozeß*. Der Prozeß X_T ist genau dann aussterbend, wenn er kritisch oder unterkritisch ist.

Häufig betrachtet man nicht nur Teilchen eines Typs, sondern mehrerer (endlich vieler) Typen. Dabei nimmt man an, daß sich jedes Teilchen unabhängig von den anderen entwickelt und in Teilchen verschiedener Typen umwandeln kann. Unter analogen Voraussetzungen wie oben werden die Zahlen $X_t^{(k)}$, $k = 1, \ldots, n$, der zur Zeit t vorhandenen Teilchen vom k-ten Typ durch eine MARKOVsche Kette $X_t = (X_t^{(1)}, \ldots, X_t^{(n)})$ mit dem Zustandsraum $\{\alpha = (\alpha_1, \ldots, \alpha_n) | \alpha_k \in N_0,\ k = 1, 2, \ldots, n\}$ beschrieben. Weitere Betrachtungen beziehen sich auf die Zulassung beliebiger, nicht notwendig exponentialverteilter Lebenszeiten (in diesem Fall verliert der Verzweigungsprozeß die MARKOVsche Eigenschaft), auf die Berücksichtigung der Lage der Teilchen im Raum und auf die Möglichkeit, daß unabhängig von vorhandenen Teilchen neue entstehen können (*Immigration* oder *Einwanderung*). Beispiele von Verzweigungsprozessen sind lineare Geburtsprozesse (›Geburts- und Todesprozesse).

Die Theorie der Verzweigungsprozesse wird u. a. angewandt bei der Beschreibung von chemischen und nuklearen Kettenreaktionen, von Vorgängen in Elektronenverstärkern, der Ausbreitung von Epidemien, der Entwicklung biologischer Populationen usw.

Lit.: (28), (66), (73)

Vierfeldertafel: Die *Vierfeldertafel* oder 2×2-*Tafel* ist eine spezielle ›Kontingenztafel mit $r = 2$ Zeilen und $s = 2$ Spalten.

vollständiger ›Maßraum

vollständiger ›Wahrscheinlichkeitsraum

Vorwärtsgleichung ›MARKOVsche Kette, ›Diffusionsprozeß

W

wachsendes Halbmartingal ›Martingal

Wachstumsprozeß ›Geburts- und Todesprozeß

Wahrscheinlichkeit eines Ereignisses: Die Wahrscheinlichkeit eines Ereignisses — Ereignis aufgefaßt als ein mögliches Ergebnis eines bestimmten ›Versuches mit zufälligem Ausgang — vermittelt eine Vorstellung über den Grad der Sicherheit des Eintretens dieses Ereignisses im Rahmen dieses Versuches; sie ist eine zwischen Null und Eins gelegene Zahl. Die mathematisch präzise Begründung des Begriffes „Wahrscheinlichkeit eines Ereignisses“ erfordert tieferliegende mathematische Hilfsmittel (›Ereignisfelder und Wahrscheinlichkeitsalgebren). Bei wiederholter

Durchführung langer Versuchsreihen — das sind Serien von unabhängigen Wiederholungen ein und desselben Versuches — zeigt sich eine gewisse Stabilisierung der ›relativen Häufigkeit (des Eintretens des Ereignisses) um die Wahrscheinlichkeit (dieses Ereignisses). Diese Aussage wird im ›Gesetz der großen Zahlen bzw. dem Grenzwertsatz von DE MOIVRE-LAPLACE (›zentraler Grenzwertsatz) mathematisch formuliert.

Wahrscheinlichkeiten großer Abweichungen ›Grenzwertsätze für Wahrscheinlichkeiten großer Abweichungen

Wahrscheinlichkeiten, Vergleich zweier: Der folgende ›Signifikanztest dient zur Prüfung der Hypothese über die Gleichheit der Wahrscheinlichkeiten p_1 und p_2 zweier zufälliger Ereignisse A_1 und A_2 (›Ereignisfelder und Wahrscheinlichkeitsalgebren) anhand von n_1 bzw. n_2 unabhängigen Versuchen.

Ein für diesen Sachverhalt typisches Beispiel ist das Vorliegen zweier Urnen, in denen sich schwarze und weiße Kugeln befinden. (›Urnenmodelle, Beispiel 1). A_i, $i = 1, 2$, bezeichne das Ereignis, aus der Urne i eine weiße Kugel zu ziehen, und $P(A_i) = p_i$ dessen Wahrscheinlichkeit. Zur Prüfung der Gleichheit von p_1 und p_2 werden den Urnen n_1 bzw. n_2 Kugeln entnommen — wobei die gezogenen Kugeln nach Feststellung ihrer Farbe immer wieder in die Urne zurückgelegt werden — und jeweils die Anzahl m_1 bzw. m_2 der dabei aufgetretenen weißen Kugeln ausgezählt.

1. Hypothese: $H\colon\ p_1 = p_2 =: p$

2. Testgröße $$T := \frac{\dfrac{M_1}{n_1} - \dfrac{M_2}{n_2}}{\sqrt{p(1-p)\left(\dfrac{1}{n_1} + \dfrac{1}{n_2}\right)}};$$

dabei ist $M_i = \sum_{k=1}^{n_i} X_{ik}$, $i = 1, 2$, die (zufällige) Anzahl des Eintretens von A_i in n_i unabhängigen Versuchen, d. h., die Zufallsgröße X_{ik} nimmt den Wert 1 bzw. 0 an, wenn A_i beim k-ten Versuch eintritt bzw. nicht eintritt. (›BERNOULLI-Schema, ›Binomialverteilung). Wenn H wahr ist, besitzt T asymptotisch (d. h. für $n_1, n_2 \to \infty$) nach dem Grenzwertsatz von DE MOIVRE-LAPLACE (›zentraler Grenzwertsatz) eine standardisierte ›Normalverteilung.

3. Kritischer Bereich: $K^* := \left\{t \,\middle|\, |t| < z_{1-\frac{\alpha}{2}}\right\}$, wobei $z_{1-\frac{\alpha}{2}}$ das ›Quantil der Ordnung $1 - \frac{\alpha}{2}$ der standardisierten Normalverteilung und α das Signifikanzniveau ist.

4. Praktische Durchführung: Anhand zweier konkreter Stichproben $(x_{11}, \ldots, x_{1n_1})$ und $(x_{21}, \ldots, x_{2n_2})$ — dabei ist $x_{ik} = 1$, falls A_i im k-ten Versuch der i-ten Stichprobe $(i = 1, 2)$ eingetreten ist, andernfalls ist $x_{ik} = 0$ $(k = 1, \ldots, n_i)$ — berechnet man

$$t = \frac{\frac{m_1}{n_1} - \frac{m_2}{n_2}}{\sqrt{p\,(1-p)\left(\frac{1}{n_1} + \frac{1}{n_2}\right)}} \quad \text{mit} \quad m_i = \sum_{k=1}^{n_i} x_{ik}\,, \quad (i = 1, 2)\,.$$

Da die Wahrscheinlichkeit p bei praktischen Aufgabenstellungen zumeist unbekannt ist, ersetzt man diese durch ihre (erwartungstreue) konkrete ›Punktschätzung

$$\hat{p} = \frac{m_1 + m_2}{n_1 + n_2}.$$

Es wird folgendermaßen entschieden: Gilt $t \in K^*$, so lehnt man beim gewählten Signifikanzniveau α die Hypothese H „Die Wahrscheinlichkeiten sind gleich" ab, im anderen Falle ($t \in K^*$) ist auf Grund dieses Tests gegen H nichts einzuwenden.

Für kleine Stichprobenumfänge n_1 und n_2 kann die Hypothese H mit Hilfe des χ^2-Homogenitätstests (›χ^2-Test IV) geprüft werden. (Dabei ist $r = s = 2$ zu setzen.)

Wahrscheinlichkeitsalgebra ›Ereignisfelder und Wahrscheinlichkeitsalgebren

Wahrscheinlichkeitsdichte ›stetige Zufallsgröße, ›zufälliger Vektor

wahrscheinlichkeitserzeugende Funktion ›erzeugende Funktion

Wahrscheinlichkeitsmaß: Es sei $[\Omega, \mathfrak{A}]$ ein ›meßbarer Raum. Dann heißt jedes ›Maß P auf $\mathfrak{A}$ mit $P(\Omega) = 1$ ein Wahrscheinlichkeitsmaß.

Wahrscheinlichkeitsnetz (-papier): Es bezeichne Φ die Verteilungsfunktion einer standardisierten ›normalverteilten ›Zufallsgröße. Als *Wahrscheinlichkeitsnetz* bezeichnet man ein orthogonales Koordinatennetz, bei dem die Ordinatenachse gemäß der Funktion $y \to \Phi^{-1}(y)$ unterteilt ist. In diesem Wahrscheinlichkeitsnetz erscheint das Bild von Φ als Gerade, und jeder Geraden (mit positivem Anstieg) entspricht eine Verteilungsfunktion aus der Familie der $N(\mu, \sigma^2)$-Verteilungen.

Mit dem Wahrscheinlichkeitsnetz kann man durch Eintragen der aus einer konkreten ›Stichprobe gewonnenen Summenhäufigkeiten (›Klassenhäufigkeit) beurteilen, ob die Verteilung der Grundgesamtheit, aus der die Stichprobe entnommen wurde, eine Normalverteilung ist. Darüber hinaus können Näherungswerte für den ›Mittelwert $\bar{x}$ und für die empirische

Streuung s^2 (›Streuungsmaße) als Schätzwerte (›Punktschätzung) für μ und σ^2 abgelesen werden.

Für häufige Auswertungen können sog. Auswertgeräte, z. B. Statifix und Minilot (71), verwendet werden.

Gebräuchlich sind ferner Wahrscheinlichkeitsnetze für ›logarithmische Normalverteilungen und für gewisse ›Extremwertverteilungen.

Lit.: (71), (77), (80)

Wahrscheinlichkeitspapier ›Wahrscheinlichkeitsnetz

Wahrscheinlichkeitsraum: Nach einem Satz von M. H. STONE (›BOOLEsche Algebra) existiert zu jedem Ereignisfeld $\mathfrak{E}$ (›Ereignisfelder und Wahrscheinlichkeitsalgebren) eine Menge Ω und eine ›Algebra $\mathfrak{A}$ von Teilmengen von Ω, so daß sich die Elemente von $\mathfrak{E}$ und $\mathfrak{A}$ in eineindeutiger Weise entsprechen. In diesem Sinne lassen sich also die zu einem ›Zufallsexperiment gehörigen zufälligen Ereignisse als Teilmengen einer Menge Ω auffassen. Beim Aufbau der modernen Wahrscheinlichkeitstheorie wird von dieser Tatsache ausgegangen und zusätzlich vorausgesetzt, daß $\mathfrak{A}$ eine σ-›Algebra von Mengen ist; insgesamt wird gefordert, daß folgende Axiome erfüllt sind (Axiomensystem nach A. N. KOLMOGOROV, 1933, [1]):

(1) Gegeben sei eine nichtleere Menge Ω. Die Elemente von Ω werden *Elementarereignisse* genannt.

(2) Es sei eine Algebra $\mathfrak{A}$ von Teilmengen von Ω ausgezeichnet. Die Elemente A von $\mathfrak{A}$ heißen *zufällige Ereignisse.*

(3) $\mathfrak{A}$ sei überdies eine σ-Algebra, d. h., für jede Folge $A_1, A_2, \ldots, A_n, \ldots$ von Elementen aus $\mathfrak{A}$ gelte $\bigcup_{n=1}^{\infty} A_n \in \mathfrak{A}$.

(4) Jedem Element A von $\mathfrak{A}$ sei eine Zahl $P(A)$, die sog. *Wahrscheinlichkeit von A*, mit $0 \leqq P(A) \leqq 1$, zugeordnet.

(5) Es gelte $P(\Omega) = 1$ (Normierungsaxiom).

(6) Für jede Folge $A_1, A_2, \ldots, A_n, \ldots$ paarweise disjunkter Mengen, die zu $\mathfrak{A}$ gehören, gelte

$$P(A_1 \cup A_2 \cup \cdots \cup A_n \cup \cdots) = P(A_1) + P(A_2) + \cdots + P(A_n) + \cdots.$$

(Axiom der σ-Additivität von P).

Das Tripel $[\Omega, \mathfrak{A}, P]$ heißt dann *Wahrscheinlichkeitsraum.*

Auf Grund der obigen Axiome ist P ein ›Maß auf der σ-Algebra $\mathfrak{A}$ von Teilmengen von Ω und somit $[\Omega, \mathfrak{A}, P]$ ein ›Maßraum; daher kann man in der Wahrscheinlichkeitstheorie die Ergebnisse der Maßtheorie einsetzen.

Ein Wahrscheinlichkeitsraum $[\Omega, \mathfrak{A}, P]$ heißt *vollständig* (oder: *ein vollständiger Wahrscheinlichkeitsraum*), wenn er, aufgefaßt als Maßraum, vollständig ist.

Lit.: (62)

[1] KOLMOGOROV, A. N., Grundbegriffe der Wahrscheinlichkeitsrechnung, Berlin 1933, russ.: Moskau 1974.

Wahrscheinlichkeitsverteilung (einer zufälligen Variablen): Es sei X eine über dem ›Wahrscheinlichkeitsraum $[\Omega, \mathfrak{A}, P]$ definierte ›zufällige Variable mit dem Bildraum $[S, \mathfrak{S}]$. Als *Wahrscheinlichkeitsverteilung* oder *Verteilungsgesetz* oder *Verteilung* von X bezeichnet man das durch $P_X(A) := P(X^{-1}(A))$, $A \in \mathfrak{S}$, auf $\mathfrak{S}$ definierte ›Wahrscheinlichkeitsmaß P_X.

Wald-Wolfowitz-Test = ›Iterationstest von Wald und Wolfowitz

wandernde Menge bez. einer meßbaren Transformation ›Strömung

warme Reserve ›Zuverlässigkeitstheorie

Warteschlangenlänge ›Bedienungstheorie

Warteschlangentheorie: Die *Warteschlangentheorie* ist dasjenige Teilgebiet der ›Bedienungstheorie, das sich mit der Beschreibung von Wartesystemen befaßt; es wird im englischen Sprachgebrauch (engl. queueing theory) oft synonym für Bedienungstheorie verwendet.

Wartesystem ›Bedienungstheorie

Weibull-Verteilung: Eine ›stetige Zufallsgröße X heißt Weibull-*verteilt* mit den Parametern b und p, $(b > 0,\ p > 0)$, wenn für ihre Wahrscheinlichkeitsdichte f_X bzw. ihre Verteilungsfunktion F_X

$$f_X(x) = \begin{cases} b\,p\,x^{p-1} \exp(-b\,x^p) & \text{für} \quad x > 0 \\ 0 & \text{für} \quad x \leqq 0 \end{cases}$$

bzw.

$$F_X(x) = \begin{cases} 1 - \exp(-b\,x^p) & \text{für} \quad x > 0 \\ 0 & \text{für} \quad x \leqq 0 \end{cases}$$

gilt.

Als Spezialfälle ergeben sich für $p = 1$ die ›Exponentialverteilung mit dem Parameter $\lambda = b$ und für $p = 2$ die ›Rayleigh-Verteilung mit dem Parameter $\lambda = \frac{1}{b}$.

Besitzt die Zufallsgröße X eine Weibull-Verteilung, so besitzt $-X$ eine ›Extremwertverteilung vom Typ III mit $\alpha = p$. Die Weibull-Verteilung ist folglich eine der Grenzverteilungen für Minima unabhängiger (›Unabhängigkeit zufälliger Variabler) Zufallsgrößen; sie findet wichtige Anwendungen in der Zuverlässigkeitstheorie.

Lit.: (T7)

weißes Rauschen ›verallgemeinerter stochastischer Prozeß

Welch-Analyse ›Diskriminanzanalyse

Wertebereich einer ›Funktion

Wert eines Spiels ›Spieltheorie

wesentlicher Zustand einer homogenen ›Markovschen Kette

Wiederkehr (= Rekurrenz) bei ›Strömungen

Wiederkehrsatz (= Rekurrenzsatz) ›Strömung

Wienerscher Prozeß: Ein (eindimensionaler) *Wienerscher Prozeß* $(W_t)_{t\in[0,\infty)}$ (oder auch Prozeß einer Brown*schen* (*Standard-*)*Bewegung*) ist ein homogener ›Prozeß mit unabhängigen Zuwächsen über einem ›Wahrscheinlichkeitsraum $[\Omega, \mathfrak{A}, P]$ mit Werten in R^1, für den

$$P(W_0 = 0) = 1 \text{ und } P(W_t \in A) = \frac{1}{\sqrt{2\pi t}} \int\limits_A e^{-\frac{x^2}{2t}}\, dx \qquad (A \in \mathfrak{B}^1,\ t > 0)$$

gilt. Er ist ein zeitlich homogener, streng ›Markovscher Prozeß, dessen Übergangsfunktion $P(t, x, A)$, $t > 0$, $x \in R^1$, $A \in \mathfrak{B}^1$, die Dichte

$$p(t, x, y) = \frac{1}{\sqrt{2\pi t}} \cdot e^{-\frac{(x-y)^2}{2t}} \qquad (y \in R^1)$$

bez. des Lebesgueschen ›Maßes besitzt, d. h., es gilt

$$P(t, x, A) = \frac{1}{\sqrt{2\pi t}} \int\limits_A e^{-\frac{(x-y)^2}{2t}}\, dy \qquad (A \in \mathfrak{B}^1)\,.$$

Fast alle (›fast überall) Trajektorien (›stochastischer Prozeß) eines Wienerschen Prozesses sind stetig, jedoch nirgends differenzierbar und damit auch von unbeschränkter Variation. P. Lévy zeigte, daß für den Stetigkeitsmodul $\delta_s(h) := \sup\limits_{0 \leqq t \leqq s-h} |W_{t+h} - W_t|$ ($s > 0$ bel.) die asymptotische Beziehung

$$P\left(\overline{\lim_{h\downarrow 0}}\, \frac{\delta_s(h)}{\sqrt{2h \cdot |\ln h|}} = 1\right) = 1$$

besteht. Daraus folgt, daß fast alle Trajektorien Hölderstetig mit einem Exponenten $\alpha < \frac{1}{2}$ sind (d. h. P-f. s. gilt $|W_{t+h}(\omega) - W_t(\omega)| \leqq$ $\leqq K(\omega, \alpha) \cdot h^\alpha$ für alle $0 \leqq t \leqq s$ mit einer — von ω und α abhängigen — Konstanten K und hinreichend kleine h), für einen Exponenten $\alpha \geqq \frac{1}{2}$ die HÖLDERstetigkeit jedoch nicht mehr besteht.

Der WIENERsche Prozeß nimmt unter den ›stetigen stochastischen Prozessen eine zentrale Stelle ein. Er ist das einzige mit Wahrscheinlichkeit 1 stetige ›Martingal mit den Eigenschaften $P(W_0 = 0) = 1$ und $E((W_t - W_s)^2 | W_u, u \leqq s) = t - s$ für alle $0 \leqq s < t < \infty$. Ein mit Wahrscheinlichkeit 1 stetiger homogener Prozeß W_T, $T = [0, \infty)$ mit unabhängigen Zuwächsen, für den $P(W_0 = 0) = 1$ und $E\, W_t = 0$ für alle $t \in T$ gilt, ist (bis auf einen konstanten „Zeitfaktor") notwendig ein WIENERscher Prozeß.

Für einen WIENERschen Prozeß gelten das ›Gesetz vom iterierten Logarithmus

$$P\left(\overline{\lim_{t\to\infty}} \frac{W_t}{\sqrt{2t \ln \ln t}} = 1\right) = P\left(\underline{\lim_{t\to\infty}} \frac{W_t}{\sqrt{2t \ln \ln t}} = -1\right) = 1$$

und das ›Arcussinus-Gesetz ($t > 0$ beliebig)

$$P\left(\int_0^t \chi_{[0,\infty)}(X_s)\, ds < x\right) = \begin{cases} 0 & \text{für } x < 0 \\ \frac{2}{\pi} \arcsin \frac{x}{t} & \text{für } 0 \leqq x \leqq t \\ 1 & \text{für } x > t \end{cases}$$

($\chi_{[0,\infty)}(.)$ ›Indikatorfunktion der Menge $[0, \infty)$).

Unter einem k-dimensionalen WIENERschen Prozeß $(\mathfrak{W}_t)_{t \in [0,\infty)}$ versteht man einen k-dimensionalen homogenen ›Prozeß mit unabhängigen Zuwächsen, dessen k Komponenten voneinander unabhängige eindimensionale WIENERsche Prozesse sind (›Unabhängigkeit stochastischer Prozesse).

Der WIENERsche Prozeß ist ein ›Diffusionsprozeß mit dem erzeugenden Operator $\frac{1}{2}\Delta = \frac{1}{2}\left(\frac{\partial^2}{\partial x_1^2} + \cdots + \frac{\partial^2}{\partial x_k^2}\right)$.

Der WIENERsche Prozeß hat bei der Entwicklung der Theorie der stochastischen Prozesse eine fundamentale Rolle gespielt. Erste Anregungen stammen aus dem Jahre 1828 von R. BROWN, der die unregelmäßige Bewegung von mikroskopisch kleinen Teilchen in einer Flüssigkeit beobachtete. Eine genauere analytische Beschreibung dieses Prozesses gaben L. BACHELIER (1900) und später A. EINSTEIN (1905), die u. a. die Formel

$$P(W_t \in A) = \int_A g(t, x)\, dx \quad \text{mit} \quad g(t, x) = \frac{1}{\sqrt{2\pi t}} e^{-\frac{x^2}{2t}} \quad (t > 0, \quad x \in R^1)$$

herleiteten.

L. BACHELIER erkannte auch schon die MARKOVsche Eigenschaft dieses Prozesses, indem er die endlichdimensionalen Verteilungen

$$P(a_1 \leqq W_{t_1} < b_1, a_2 \leqq W_{t_2} < b_2, \ldots, a_n \leqq W_{t_n} < b_n) =$$
$$= \int_{a_1}^{b_1} \int_{a_2}^{b_2} \cdots \int_{a_n}^{b_n} g(t_1, \xi_1)\, g(t_2 - t_1, \xi_2 - \xi_1) \cdots$$
$$\cdots g(t_n - t_{n-1}, \xi_n - \xi_{n-1})\, d\xi_n \cdots d\xi_2\, d\xi_1 \qquad (*)$$
$$0 < t_1 < \cdots < t_n < \infty\,, \quad -\infty \leqq a_i < b_i \leqq \infty \qquad (i = 1, 2, \ldots, n)$$

berechnete.

Eine erste mathematisch exakte Darstellung dieses Prozesses gab N. WIENER im Jahre 1923. Er zeigte, daß die durch (*) auf den Zylindermengen (›Produktmaß) des Raumes aller über $[0, \infty)$ stetigen reellwertigen Funktionen gegebene Mengenfunktion zu einem ›Wahrscheinlichkeitsmaß P auf der von diesen Zylindermengen erzeugten σ-›Algebra fortsetzbar ist. Man nennt deshalb diese Fortsetzung auch das WIENER*sche Maß*.

Lit.: (11), (33), (41), (49), (59), (76)

[1] LÉVY, P., Processus stochastique et mouvement Brownien, Paris 1965 (russ., Moskau 1972).

[2] MCKEAN, H. P., Stochastic Integrals, New York 1969 (russ., Moskau 1972).

WIENERsches Maß ›WIENERscher Prozeß

WILCOXON-Test = ›U-Test

Winsorisation ›Ausreißerproblem

Wirksamkeit von ›Punktschätzungen

wirksamste Schätzfunktion in der Klasse von ›Punktschätzungen

Wirkungsgrad von ›Punktschätzungen

WISHART-Verteilung: Es seien $\mathfrak{Y}^{(r)} = (Y_1^{(r)}, \ldots, Y_k^{(r)})$ $(r = 1, 2, \ldots, n)$ ›zufällige Vektoren, die unabhängig (›Unabhängigkeit zufälliger Variabler) und ›identisch verteilt sind nach einer k-dimensionalen nichtsingulären ›Normalverteilung mit dem ›Erwartungswertvektor Null und der ›Kovarianzmatrix B. Die ›gemeinsame Wahrscheinlichkeitsverteilung der ›Zufallsgrößen

$$X_{ij} := \sum_{r=1}^{n} Y_i^{(r)} Y_j^{(r)} \qquad (i, j = 1, 2, \ldots, k;\; i \leqq j)$$

heißt WISHART-*Verteilung* mit n Freiheitsgraden und dem Parameter k. Mit $B^{-1} = D = (d_{ij})_{i,j=1,\ldots,k}$ und $X = (x_{ij})_{i,j=1,\ldots,k}$ (›Matrix), $x_{ij} = x_{ji}$ ist die Wahrscheinlichkeitsdichte durch

$$f(x_{ij};\ i, j = 1, 2, \ldots, k;\ i \leqq j) = \begin{cases} \dfrac{(\det D)^{n/2} (\det X)^{\frac{1}{2}(n-k-1)} \exp\left(-\dfrac{1}{2} \sum\limits_{i,j=1}^{k} d_{ij} x_{ij}\right)}{2^{\frac{kn}{2}} \pi^{\frac{k(k-1)}{4}} \prod\limits_{i=1}^{k} \Gamma\left(\dfrac{n-i+1}{2}\right)}, & \text{falls } X \text{ positiv definit,} \\ 0 & \text{sonst} \end{cases}$$

gegeben. Dabei bezeichnet Γ die Gamma-Funktion (›Gammaverteilung). Als Spezialfall ergibt sich für $k = 1$ die ›χ^2-Verteilung mit n Freiheitsgraden. Die WISHART-Verteilung stellt also eine k-dimensionale Verallgemeinerung der χ^2-Verteilung dar.

Wölbung: Die *Wölbung* (der Wahrscheinlichkeitsverteilung) einer ›Zufallsgröße ist definiert durch $\frac{\mu_4}{\mu_2^2}$, wobei μ_2 das zweite und μ_4 das vierte zentrale ›Moment bedeuten. Die Wölbung ist um 3 größer als der zugehörige ›Exzeß.

WOLDsche Zerlegung eines ›stationären Prozesses

X

X-Test: Der X-*Test* ist ein ›Signifikanztest zur Prüfung der Hypothese, daß zwei unabhängig voneinander gewonnne Stichproben ein und derselben Grundgesamtheit entstammen. Genauer gesagt soll geprüft werden daß die — hierbei als stetig vorausgesetzten — Verteilungsfunktionen F_X und F_Y zweier unabhängiger (›Unabhängigkeit zufälliger Variabler) ›Zufallsgrößen X und Y übereinstimmen, und zwar anhand konkreter ›Stichproben $(x_1, \ldots, x_m)$ und $(y_1, \ldots, y_n)$ aus der zu X bzw. Y gehörenden Grundgesamtheit.

1. Hypothese H: $F_X = F_Y$ (Voraussetzung: F_X, F_Y stetig).
2. Testgröße T: $= \dfrac{\mathrm{X}}{\sqrt{\dfrac{mn}{m+n-1} Q}}$; dabei gilt $\mathrm{X} = \sum\limits_{j=1}^{m} \Psi\left(\dfrac{r(X_j)}{m+n+1}\right)$,

$r(X_j)$ ist die zufällige Rangzahl (›geordnete Stichprobe) der Stichprobenvariablen X_j $(j = 1, \ldots, m)$ in der gemeinsamen größenordnungsmäßigen Anordnung der Stichprobenvariablen $X_1, \ldots, X_m, Y_1, \ldots, Y_n$ zweier mathematischer Stichproben $(X_1, \ldots, X_m)$ (aus der zu X gehörenden Grundgesamtheit) und $(Y_1, \ldots, Y_n)$ (aus der zu Y gehörenden Grundgesamtheit), Ψ bezeichnet die Umkehrfunktion der Verteilungsfunktion einer

$N(0,1)$-›normalverteilten Zufallsgröße und $Q = \frac{1}{m+n} \sum_{i=1}^{m+n} \Psi^2\left(\frac{i}{m+n+1}\right)$. Falls die Hypothese H wahr ist, besitzt die Testgröße T asymptotisch (d. h. für $m + n \to \infty$) eine standardisierte Normalverteilung.

3. Kritischer Bereich $K^* := \{t \,|\, |t| > z_{1-\frac{\alpha}{2}}\}$; dabei ist $z_{1-\frac{\alpha}{2}}$ das ›Quantil der Ordnung $1 - \frac{\alpha}{2}$ der standardisierten Normalverteilung und α das Signifikanzniveau.

4. Praktische Durchführung: Man ordnet die $m + n$ Meßwerte $x_1, \ldots, x_m$, $y_1, \ldots, y_n$ gemeinsam der Größe nach (beginnend mit dem kleinsten Meßwert), bestimmt die Rangzahl $r(x_j)$ der Meßwerte x_j, $(j = 1, \ldots, m)$, liest aus einer Tafel der $N(0,1)$-Verteilungsfunktion Φ die Zahlen $\Psi\left(\frac{r(x_j)}{m+n+1}\right) = \Phi^{-1}\left(\frac{r(x_j)}{m+n+1}\right)$ ab, berechnet daraus die Realisierung

$$t = \frac{\sum_{j=1}^{m} \Psi\left(\frac{r(x_j)}{m+n+1}\right)}{\sqrt{\frac{m\,n}{m+n-1}\,\frac{1}{m+n}\sum_{i=1}^{m+n}\Psi^2\left(\frac{i}{m+n+1}\right)}}$$

der Testgröße T und entscheidet folgendermaßen: Gilt $t \in K^*$, so lehnt man beim gewählten Signifikanzniveau α die Hypothese „Die Stichproben entstammen ein und derselben Grundgesamtheit" ab; im anderen Fall ($t \notin K^*$) ist auf Grund dieses Tests gegen H nichts einzuwenden.

Der X-Test — der im wesentlichen von VAN DER WAERDEN erdacht worden ist — gehört zur Gruppe der ›Rangtests. Im Vergleich zum ›U-Test erfordert der X-Test einen größeren Rechenaufwand; dafür besitzt er aber eine höhere asymptotische Wirksamkeit (›Testtheorie). Das hier dargestellte Testverfahren setzt große Stichprobenumfänge voraus ($m + n < 50$); bei kleineren Stichprobenumfängen ist der X-Test mittels Tafeln durchführbar (vgl. (80), (83), (T7)).

Lit.: (80), (83), (T7)

[1] KAYSER, G., P. NEUMANN, und R. SALMEN, Kritische Werte für den X-Test von VAN DER WAERDEN, Math. Operationsf. Stat. 3, 5 (1972), 389 bis 400.

Y

YATESsche Korrektur ›χ^2-Test, III

YULE-FURRY-Prozeß ›Geburts- und Todesprozeß

Z

Zeichentest: Der *Zeichentest* ist ein ›Signifikanztest zum Vergleich zweier verschiedener Verfahren (Methoden u. a.), wobei n einander entsprechende Paare meßbarer Merkmale, die für die beiden zu vergleichenden Verfahren charakteristisch sind, zur Verfügung stehen. Mathematisch formuliert ist der Zeichentest ein Signifikanztest zum Prüfen der Hypothese über die Gleichheit je zweier als stetig vorausgesetzter Verteilungsfunktionen F_{X_i} und F_{Y_i} $(i = 1, \ldots, n)$ von unabhängigen (›Unabhängigkeit zufälliger Variabler) ›Zufallsgrößen X_i und Y_i anhand von $2\,n$ konkreten ›Stichproben x_i und y_i $(i = 1, \ldots, n)$ vom Umfang Eins.

1. Hypothese H: $F_{X_i} = F_{Y_i}$ $(i = 1, \ldots, n)$. Unter der Voraussetzung, daß die Hypothese H wahr ist, gilt $P(X_i - Y_i < 0) = \frac{1}{2}$ und folglich auch $P(X_i - Y_i > 0) = \frac{1}{2}$; bezeichnet man mit A das zufällige Ereignis „$X_i < Y_i$", so ist die Hypothese $\tilde{H}$: $P(A) = p_0 = \frac{1}{2}$ wahr, wenn die Hypothese H wahr ist. Das Testverfahren besteht darin, die Hypothese $\tilde{H}$ zu prüfen und aus deren möglicher Ablehnung auf eine Ablehnung der Hypothese H zu schließen.

2. Testgröße
3. Kritischer Bereich

} vgl. Test auf die unbekannte Wahrscheinlichkeit eines Ereignisses (›Signifikanztest).

4. Praktische Durchführung: Anhand von $2\,n$ konkreten Stichproben x_i und y_i $(i = 1, \ldots, n)$ vom Umfang Eins aus den zu X_i bzw. Y_i gehörenden Grundgesamtheiten ermittelt man die Anzahl m des Eintretens des Ereignisses A (d. h., wie oft $x_i < y_i$ eingetreten ist) und damit $t = \frac{2\,m - n}{\sqrt{n}}$ und entscheidet folgendermaßen: Ist $|t| > z_{1-\frac{\alpha}{2}}$ ($z_{1-\frac{\alpha}{2}}$ ist das ›Quantil der Ordnung $1 - \frac{\alpha}{2}$ der standardisierten ›Normalverteilung, α das Signifikanzniveau), so lehnt man beim gewählten Signifikanzniveau α die Hypothese „Die entsprechenden Verteilungsfunktionen sind gleich" ab; anderenfalls ist auf Grund des Tests nichts gegen H einzuwenden.

Die hier dargestellte Form des Zeichentests benutzt die Tatsache, daß die Testgröße asymptotisch (d. h. für $n \to \infty$) $N(0, 1)$-normalverteilt ist, man setzt also eine große Anzahl $2\,n$ von konkreten Stichproben voraus; bei kleineren Anzahlen von konkreten Stichproben geht man davon aus, daß die Anzahl des Eintretens von A unter der Hypothese H ›binomialverteilt ist mit den Parametern n und $p = \frac{1}{2}$ und entscheidet folgendermaßen: Ist $k_{\frac{\alpha}{2}}\left(n, \frac{1}{2}\right) \geq m$ oder $m \geq k_{1-\frac{\alpha}{2}}\left(n, \frac{1}{2}\right)$ (wobei $k_\beta\left(n, \frac{1}{2}\right)$ das Quantil der Ordnung β der Binomialverteilung mit den Parametern n und $p = \frac{1}{2}$ bezeichnet und α das Signifikanzniveau ist), so lehnt man H ab, im anderen Fall $\left(k_{\frac{\alpha}{2}}\left(n, \frac{1}{2}\right) < m < k_{1-\frac{\alpha}{2}}\left(n, \frac{1}{2}\right)\right)$ ist gegen H nichts einzuwenden.

Der Zeichentest kann auch zum Prüfen einer Hypothese bezüglich des Medians M (›Quantil) der Verteilungsfunktion einer Zufallsgröße anhand einer konkreten Stichprobe $(x_1, \ldots, x_n)$ vom Umfang n herangezogen werden. In diesem Fall lautet die Hypothese $H\colon M = M_0$ (M_0 vorgelegter Zahlenwert). Bezeichnet man mit A das Ereignis „$X_i < M_0$", so ist die Hypothese $\tilde{H}\colon P(A) = \frac{1}{2}$ wahr, wenn H wahr ist. Das Testverfahren besteht darin, — wie oben — die Hypothese $\tilde{H}$ zu prüfen und aus deren möglicher Ablehnung auf eine Ablehnung von H zu schließen.

Der Zeichentest wird wegen seines sehr geringen rechnerischen Aufwandes insbesondere dann herangezogen, wenn man schnell die Unterschiedlichkeit der betrachteten Verfahren erkennen will.

Zeitreihe ›Zeitreihenanalyse

Zeitreihenanalyse: Eine Folge zahlenwertiger Beobachtungsergebnisse eines Vorganges in Abhängigkeit von der Zeit heißt eine *Zeitreihe*. Dabei handelt es sich i. a. um Beobachtungen von Zufallserscheinungen, so daß es zweckmäßig ist, eine Zeitreihe als eine Realisierung eines ›stochastischen Prozesses in endlich vielen Zeitpunkten aufzufassen.

Die Untersuchung einer Zeitreihe erfolgt im Rahmen der *Zeitreihenanalyse*, einem Teilgebiet der ›Statistik stochastischer Prozesse.

Der Begriff der Zeitreihe dient ganz allgemein in vielen Gebieten der Naturwissenschaften, Technik, Ökonomie und anderen Wissenschaften zur Beschreibung der zeitlichen Entwicklung beobachteter Vorgänge. Bei einer Zeitreihenanalyse setzt man sich zum Ziel, aus einer Zeitreihe, die aus N beobachteten Werten $x_{t_1}, x_{t_2}, \ldots, x_{t_N}$ besteht, Gesetzmäßigkeiten des gesamten zeitlichen Ablaufes $(x_t)_{t \in R^1}$ zu erkennen.

Dabei interessieren insbesondere

der ›*Trend* m_t, der eine langfristige, zeitliche Entwicklung (Evolution, Tendenz) des betrachteten Vorganges beschreibt und

die *periodischen Schwankungen* s_t, die periodisch auf den Vorgang einwirkende Einflüsse kennzeichnen. Hierunter zählen z. B. die sog. *Saisonschwankungen*.

Hieraus ergibt sich naturgemäß eine additive oder multiplikative, bisweilen auch gemischte Zerlegung in der Form $x_t = m_t + s_t + z_t$ oder $x_t = m_t \cdot s_t \cdot z_t$ mit der sog. *Restkomponente* z_t, die die zufälligen Einflüsse beinhaltet. (Mitunter werden auch in s_t zufällige Einflüsse berücksichtigt, hingegen wird m_t stets als nichtzufällige Funktion angesehen.)

Bei der wahrscheinlichkeitstheoretischen Behandlung einer Zeitreihe wird ein solcher zeitabhängiger Vorgang durch einen stochastischen Prozeß $(X_t)_{t \in R^1}$, beschrieben. Die Zeitreihe $(x_{t_1}, \ldots, x_{t_N})$ ist dann eine

Realisierung des zufälligen Vektors $(X_{t_1}, \ldots, X_{t_N})$ und $(x_t)_{t \in R^1}$ eine Realisierung von $(X_t)_{t \in R^1}$ die an den Stellen $t_1, \ldots, t_N$ mit $x_{t_1}, \ldots, x_{t_N}$ übereinstimmt.

Als Trend m_t verwendet man vielfach die Erwartungswertfunktion (›Erwartungswert) $E\,X_t$, mitunter werden aber auch die durch s_t wiedergegebenen periodischen Schwankungen in diese Erwartungswertfunktion einbezogen, also $E\,X_t = m_t + s_t$ gesetzt. Eine Zeitreihe wird *stationär* genannt, wenn der zugrunde liegende stochastische Prozeß stationär ist (›stationärer Prozeß). In vielen praktischen Fällen (z. B. bei Zeitreihen, die wirtschaftliche Vorgänge beschreiben), in denen der stochastische Prozeß X_t nicht stationär ist, kann $Y_t := X_t - m_t$, wenigstens aber $Z_t := X_t - m_t - s_t$ als stationär angesehen werden.

Zur Elimination von m_t und s_t (bei bekannter Länge der Periode) kann man z. B. folgende Methode anwenden [8]: Man approximiert m_t stückweise durch Polynome, s_t stückweise durch trigonometrische Polynome und schätzt die Koeffizienten dieser Polynome nach der ›Methode der kleinsten Quadrate. (Die Anwendung dieses Verfahrens läuft letztlich darauf hinaus, daß auf die Zeitreihe eine ›gleitende Mittelung mit geeignet gewählten Gewichten angewendet wird.) Weitere Methoden zur Ermittlung bzw. Ausschaltung des Trends einer Zeitreihe sind die ›*Gliedziffernmethode* und die sog. *Variate Difference-Methode* (25), [6]. Zum Schätzen der unbekannten Perioden einer stationären Zeitreihe, d. h. der Sprungstellen der Spektralfunktion des zugrunde liegenden stationären Prozesses, eignet sich das ›Periodogramm (27).

Zur weiteren mathematisch-statistischen Untersuchung der Zeitreihe schafft man sich geeignete ›stochastische Modelle. Diese führen i. a. auf die Betrachtung bekannter Klassen stochastischer Prozesse, in denen lediglich noch endlich viele unbekannte Parameter auftreten, die unter Verwendung von $x_{t_1}, \ldots, x_{t_N}$ geschätzt werden können. Typische Beispiele dafür sind das Modell der ›gleitenden Mittel, das ›autoregressive (integrierte) Modell (der gleitenden Mittel) sowie das Modell der periodischen Schwankungen (25), (27), (89), [3], [5]. Mit Hilfe spezieller statistischer Tests (25), [4], [7] kann entschieden werden, ob das zugrunde gelegte stochastische Modell zur Beschreibung der Zeitreihe geeignet ist oder durch ein anderes ersetzt werden sollte.

Lit.: (25), (27), (89)

[1] ANDERSON, T. W., The statistical Analysis of Time Series. New York–London–Sydney–Toronto 1971.

[2] BIHN, W. R., Wandlungen in der statistischen Zeitreihenanalyse und deren Bedeutung für die ökonomische Forschung, Jahrbücher für Nationalökonomie und Statistik 180 (1957), 132–146.

[3] BOX, G. E. P., and G. M. JENKINS, Time series analysis forecasting and control. San Francisco 1970.

[4] BOX, G. E. P., and D. A. PIERCE, Distribution of Residual Autocorrelations in Autoregressive integrated Moving Average Time Series Models, J. Amer. Stat. Assoc. 1970, 65 Nr. 332.

[5] JENKINS, G. M., and D. G. WATTS, Spectral analysis and its applications, San Francisco – Cambridge – London – Amsterdam 1969 und Moskau 1971 (russ.).
[6] TINTNER, G., Handbuch der Ökonomie, Berlin – Göttingen – Heidelberg 1960.
[7] WALKER, A. M., Some tests of separate families of hypotheses in time series analysis, Biometrica 54 (1967), 39 – 68.
[8] WETZEL, W., Neuere Entwicklungen auf dem Gebiet der Zeitreihenanalyse, Göttingen 1970.
[9] WOLD, H., A study in the analysis of stationary time series, 2-nd ed., Uppsala 1956.

Zensorierung ›Ausreißerproblem

zentraler Grenzwertsatz: Der zentrale Grenzwertsatz gilt als eine der wichtigsten Aussagen der Wahrscheinlichkeitstheorie und beinhaltet eine besonders markante Charakterisierung der ›Normalverteilung. Aus dem Bereich der verschiedenen Formulierungsmöglichkeiten und neuerer, z. T. sehr allgemeiner Varianten, betrachten wir die folgende grundsätzliche Aussage.

Es sei (X_k), $k = 1, 2, \ldots$, eine Folge unabhängiger ›Zufallsgrößen (›Unabhängigkeit zufälliger Variabler) mit den ›Erwartungswerten $E\,X_k = \mu_k$ und den ›Streuungen $D^2X_k = \sigma_k^2 > 0$, $k = 1, 2, \ldots$.

Es bezeichne $a_n := \sum_{k=1}^{n} \mu_k$, $b_n := \sqrt{\sum_{k=1}^{n} \sigma_k^2}$, $Z_n := \frac{1}{b_n}\left(\sum_{k=1}^{n} X_k - a_n\right)$ und $F_{Z_n}(x) = P(Z_n < x)$ die Verteilungsfunktion von Z_n.

Der *zentrale Grenzwertsatz* besagt nun folgendes: Für die Folge (F_{Z_n}) von Verteilungsfunktionen gilt

$$\lim_{n\to\infty} F_{Z_n}(x) = \Phi(x) = \frac{1}{\sqrt{2\pi}} \int_{-\infty}^{x} e^{-\frac{t^2}{2}}\, dt \tag{G}$$

(im Sinne der gleichmäßigen Konvergenz bez. $-\infty < x < \infty$; Φ bedeutet hierbei die Verteilungsfunktion der standardisierten Normalverteilung),

und dabei außerdem

$$b_n \to \infty\,, \quad \max_{k=1,\ldots,n} \frac{\sigma_k}{b_n} \to 0\,, \qquad (n \to \infty) \tag{S}$$

(diese Bedingung ist hinreichend für die Infinitesimalität der Größen $\frac{X_k - \mu_k}{b_n}$, ›asymptotische Eigenschaften von Folgen von Zufallsgrößen) genau dann, wenn die LINDEBERG*sche Bedingung*

$$\lim_{n\to\infty} \frac{1}{b_n^2} \sum_{k=1}^{n} \int_{|x-\mu_k|>\varepsilon b_n} (x - \mu_k)^2\, dF_{X_k}(x) = 0 \tag{L}$$

für beliebiges $\varepsilon > 0$ erfüllt ist. (Dabei bezeichnet F_{X_k} die Verteilungsfunktion von X_k.)

LINDEBERG bewies 1922 die Hinlänglichkeit, FELLER 1935 die Notwendigkeit der Bedingung (L).

Der zentrale Grenzwertsatz ist von großer Bedeutung sowohl in theoretischer Hinsicht als auch im Hinblick auf praktische Anwendungen, weil er sehr oft die Rechtfertigung erbringt, Zufallserscheinungen, die sich aus der Überlagerung einer Vielzahl zufälliger Einzeleffekte ergeben, durch die wohlbekannte Normalverteilung zu erfassen.

Von Interesse sind u. a. folgende Spezialfälle. Die Zufallsgrößen X_k seien ›identisch verteilt, wobei $E\,X_k = \mu$ und $D^2X_k = \sigma^2 < \infty$ gilt. Dann ist (L) erfüllt, und somit gilt für $n \to \infty$

$$P\left(\frac{\sum_{k=1}^{n} X_k - n\,\mu}{\sigma\sqrt{n}} < x\right) \to \Phi\,(x) \qquad \text{(LÉVY 1925).}$$

Die Zufallsgrößen X_k besitzen eine ›Zweipunktverteilung, wobei $P(X_k = 0) = q$, $P(X_k = 1) = p$, $p + q = 1$ ist. Dann ist $S_n := \sum_{k=1}^{n} X_k$ ›binomialverteilt mit den Parametern n und p, es gilt $E\,S_n = n\,p$, $D^2S_n = n\,p\,q$, und es ergibt sich der klassische *zentrale Grenzwertsatz von* DE MOIVRE (1730) — LAPLACE (1812):

$$P\left(\frac{S_n - n\,p}{\sqrt{n\,p\,q}} < x\right) \to \Phi(x) \qquad (n \to \infty)\,.$$

Eine einfacher zu formulierende — allerdings stärker einschränkende — Bedingung als (L) für die Gültigkeit von (G) wird in dem Satz von LJAPUNOV (1901) angegeben. Hierbei wird vorausgesetzt, daß die unabhängigen, aber nicht notwendig identisch verteilten Zufallsgrößen für ein $\eta > 2$ (η nicht notwendig ganzzahlig) sämtlich ein endliches absolutes ›Moment $E|X_k|^\eta$ besitzen. O.B.d.A. sei noch $E\,X_k = 0$, $k = 1, 2, \ldots,$ vereinbart. Es bezeichne nun

$$L_n(\eta) := \frac{\sum_{k=1}^{n} E|X_k|^\eta}{b_n^\eta}$$

den sog. LJAPUNOV*schen Bruch* der Ordnung η. Dann folgt aus $L_n(\eta) \to 0$ ($n \to \infty$) — der sog. LJAPUNOV*schen Bedingung* — die Bedingung (L) und somit (G).

Zur Präzisierung der Konvergenzgeschwindigkeit bez. n in der Beziehung (G) sind verschiedene Abschätzungen aufgestellt worden, die einerseits gleichmäßig bez. x gelten, andererseits die Abhängigkeit bez. x berücksichtigen. So erhielt ESSEEN 1945 die grundlegende Abschätzung

$$\sup_x |F_{Z_n}(x) - \Phi(x)| \leqq C\,L_n(3)\,,$$

die sich im Fall der identischen Verteilung der X_k zu

$$\sup_x |F_{Z_n}(x) - \Phi(x)| \leq C \frac{E|X_1|^3}{\sigma^3 \sqrt{n}}$$

spezialisiert (Berry 1941). Hierbei hat C die Bedeutung einer absoluten Konstanten, deren Wert von Solotarev 1967 zu $C < 0{,}9051$ abgeschätzt wurde.

Die nicht gleichmäßigen Abschätzungen bringen das „Kleinwerden" der betrachteten Differenzen für zunehmende $|x|$ zum Ausdruck. Existiert $L_n(2 + \delta)$ für ein δ mit $0 < \delta \leq 1$, so gilt nach Bikelis (1966) die Abschätzung

$$|F_{Z_n}(x) - \Phi(x)| \leq K \frac{L_n(2 + \delta)}{1 + |x|^{2+\delta}},$$

die im Fall identisch verteilter X_k und für $\delta = 1$ mit der Ungleichung

$$|F_{Z_n}(x) - \Phi(x)| \leq K \frac{E|X_1|^3}{\sigma^3 \sqrt{n}\,(1 + |x|^3)}$$

von S. Nagajev (1965) zusammenfällt. Über den Wert der absoluten Konstanten K ist z. Z. noch verhältnismäßig wenig bekannt. Wichtige Verallgemeinerungen der hier angeführten Abschätzungen wurden von Osipov und Petrov (1967) vorgenommen.

Lit.: (22), (31)
[1] Петров, В. В., Суммы независимых случайных величчин, Москва 1972.

zentrales ›**Moment**

zentrales Stichprobenmoment ›empirische Momente

Zentralwert ›Mittelwerte

zentrierte Zufallsgröße: Eine *zentrierte Zufallsgröße* ist eine ›Zufallsgröße mit ›Erwartungswert Null. Ist X eine beliebige Zufallsgröße mit Erwartungswert $E\,X$, so ist $X - E\,X$ eine zentrierte Zufallsgröße.

zufällige Folge = ›stochastischer Prozeß (mit diskreter Zeit)

zufällige Funktion = ›stochastischer Prozeß

zufällige Punktfolge = ›Punktprozeß

zufälliger ›**Ergodensatz**

zufälliger Prozeß = ›stochastischer Prozeß

zufälliger Vektor: Ein Vektor $\mathfrak{X} = (X_1, \ldots, X_n)$, dessen Komponenten X_i, $i = 1, 2, \ldots, n$, (reelle) ›Zufallsgrößen über dem gemeinsamen ›Wahrscheinlichkeitsraum $[\Omega, \mathfrak{A}, P]$ sind, heißt ein (reeller n-dimensionaler) *zufälliger Vektor*. (Man kann $\mathfrak{X}$ auffassen als ›zufällige Variable über $[\Omega, \mathfrak{A}, P]$ mit dem Bildraum $[R^n, \mathfrak{B}^n]$.)

Die durch

$$F_{\mathfrak{X}}(\mathfrak{x}) = F_{(X_1,\ldots,X_n)}(x_1, \ldots, x_n) := P(X_1 < x_1, \ldots, X_n < x_n)$$

$$= P\left(\bigcap_{i=1}^{n} \{\omega \in \Omega\colon X_i(\omega) < x_i\}\right)$$

$$\left(\mathfrak{x} = (x_1, \ldots, x_n) \in R^n\right)$$

definierte Funktion $F_{\mathfrak{X}}$ heißt *Verteilungsfunktion des zufälligen Vektors* $\mathfrak{X}$. Sie besitzt die folgenden Eigenschaften:

(1) $\lim\limits_{\substack{x_i \to -\infty \\ (x_j,\, j \neq i,\ \text{bel.})}} F_{\mathfrak{X}}(\mathfrak{x}) = 0$ $(i = 1, \ldots, n)$; $\lim\limits_{\substack{x_1 \to \infty \\ \cdots \\ x_n \to \infty}} F_{\mathfrak{X}}(\mathfrak{x}) = 1$.

(2) $F_{\mathfrak{X}}$ ist in jeder Veränderlichen x_i monoton-nicht-fallend.

(3) $F_{\mathfrak{X}}$ ist in jeder Veränderlichen x_i linksseitig stetig.

(4) Für beliebige reelle Zahlen $x_1, \ldots, x_n$ und beliebige positive Zahlen $h_1, \ldots, h_n$ gilt

$$\Delta_{h_1}^{(1)} \Delta_{h_2}^{(2)} \cdots \Delta_{h_n}^{(n)} F_{\mathfrak{X}}(x_1, \ldots, x_n) \geqq 0;$$

dabei bezeichnet

$$\Delta_h^{(j)} F_{\mathfrak{X}}(x_1, \ldots, x_n) =$$

$$= F_{\mathfrak{X}}(x_1, \ldots, x_{j-1}, x_j + h, x_{j+1}, \ldots, x_n) - F_{\mathfrak{X}}(x_1, \ldots, x_n).$$

Das „Produkt" $\Delta_{h_1}^{(1)} \Delta_{h_2}^{(2)} \cdots \Delta_{h_n}^{(n)}$ ist dahingehend zu verstehen, daß die Operationen $\Delta_h^{(j)}$ nacheinander (von rechts nach links) auszuführen sind, und $\Delta_{h_1}^{(1)} \Delta_{h_2}^{(2)} \cdots \Delta_{h_n}^{(n)} F_{\mathfrak{X}}(x_1, \ldots, x_n)$ ist die Wahrscheinlichkeit dafür, daß $x_i \leqq X_i < x_i + h_i$ für $i = 1, \ldots, n$ gilt. Umgekehrt gibt es zu jeder Funktion F, die die Eigenschaften (1), (2), (3) und (4) besitzt, einen zufälligen Vektor $\mathfrak{X}$, dessen Verteilungsfunktion $F_{\mathfrak{X}}$ mit F übereinstimmt.

Ein (reeller n-dimensionaler) zufälliger Vektor $\mathfrak{X} = (X_1, \ldots, X_n)$ heißt *stetig*, wenn es eine nichtnegative Funktion $f_{\mathfrak{X}}$ gibt, die für jeden Vektor $\mathfrak{x} = (x_1, \ldots, x_n)$ die Bedingung

$$F_{\mathfrak{X}}(\mathfrak{x}) = \int_{-\infty}^{x_1} \cdots \int_{-\infty}^{x_n} f_{\mathfrak{X}}(\xi_1, \ldots, \xi_n)\, d\xi_n \ldots d\xi_1$$

erfüllt (vgl. auch ›stetige Zufallsgröße). Die Funktion $f_{\mathfrak{X}}$ heißt *Wahrscheinlichkeitsdichte des zufälligen Vektors* $\mathfrak{X}$ und hat die Eigenschaften:

(1) Es gilt $\int\limits_{-\infty}^{\infty} \cdots \int\limits_{-\infty}^{\infty} f_{\mathfrak{X}}(x_1, \ldots, x_n)\, dx_n \cdots dx_1 = 1.$

(2) Ist die Wahrscheinlichkeitsdichte im Punkt $(x_1, \ldots, x_n)$ stetig, so gilt $\frac{\partial^n F_{\mathfrak{X}}(x_1, \ldots, x_n)}{\partial x_1 \cdots \partial x_n} = f_{\mathfrak{X}}(x_1, \ldots, x_n).$

(Beispiel: n-dimensionale nichtsinguläre ›Normalverteilung)

Ein (reeller n-dimensionaler) zufälliger Vektor heißt *diskret*, wenn er höchstens abzählbar viele Werte $\mathfrak{x}_m = (x_1^{(m)}, \ldots, x_n^{(m)})$ annehmen kann. Die Verteilungsfunktion hat dann die Form $F_{\mathfrak{X}}(\mathfrak{x}) = \sum\limits_{k:\mathfrak{x}_k < \mathfrak{x}} P(\mathfrak{X} = \mathfrak{x}_m)$ (Die Summation ist über alle m zu erstrecken, für die $\mathfrak{x}_m < \mathfrak{x}$, d. h. $x_1^{(m)} < x_1, \ldots, x_n^{(m)} < x_n$ gilt.) Die Werte $P(\mathfrak{X} = \mathfrak{x}_m)$ heißen *Einzelwahrscheinlichkeiten.*

zufälliges Element ›zufällige Variable

zufälliges Ereignis ›Ereignisfelder und Wahrscheinlichkeitsalgebren

zufälliges Feld: Unter einem *zufälligen Feld* versteht man einen ›stochastischen Prozeß mit der Parametermenge $T = R^n$, $n \geqq 2$. Das zufällige Feld zweiter Ordnung X_T (›Prozeß zweiter Ordnung), dessen Erwartungswertfunktion (›Erwartungswert) m_X nicht von t abhängt, heißt *homogen* bzw. *isotrop*, falls seine ›Kovarianzfunktion B_X translationsinvariant ist (d. h., für beliebige $\mathfrak{s}, \mathfrak{t}, \mathfrak{u} \in R^n$ gilt $B_X(\mathfrak{s} + \mathfrak{u}, \mathfrak{t} + \mathfrak{u}) = B_X(\mathfrak{s}, \mathfrak{t})$) bzw. invariant bezüglich Drehungen um den Nullpunkt ist (d. h., für jede $(n \times n)$-Matrix A mit $A^T = A^{-1}$, $\det A = +1$ und beliebige $\mathfrak{s}, \mathfrak{t} \in R^n$ gilt $B_X(A\,\mathfrak{s}, A\,\mathfrak{t}) = B_X(\mathfrak{s}, \mathfrak{t})$); X_T ist demnach genau dann *homogen und isotrop*, wenn $B_X(\mathfrak{s}, \mathfrak{t})$ nur von $|\mathfrak{s} - \mathfrak{t}|$ abhängt. — (Im Falle $n = 1$, d. h. $T = R^1$, fallen die Begriffe Homogenität und Stationarität (›stationärer Prozeß) zusammen.)

Lit.: (20),
[1] Яглом, А. М., Некоторые классы случайных полей в n-мерном пространстве, родственные стационарным случайным процессам, Теория вероятн. и ее примен. **2** (1957), 292—338.

zufälliges Maß: Es seien $\mathfrak{R}$ eine σ-›Algebra von Teilmengen einer Grundmenge Λ, m ein ›Maß auf $\mathfrak{R}$ und $\mathfrak{R}_0$ das System aller Elemente Δ von $\mathfrak{R}$ mit $m(\Delta) < \infty$. Ein (i. a. komplexwertiger) ›stochastischer Prozeß $\Phi_{\mathfrak{R}_0} = (\Phi(\Delta))_{\Delta \in \mathfrak{R}_0}$, oft kurz mit Φ bezeichnet, heißt ein *orthogonales zufälliges Maß* auf dem ›meßbaren Raum $[\Lambda, \mathfrak{R}]$ (häufig kurz *zufälliges Maß*) mit der *Strukturfunktion* m, wenn folgendes gilt:

(1) Für $\Delta_j \in \mathfrak{R}_0$, $j = 0, 1, 2, \ldots$, $\Delta_0 = \bigcup_{j=1}^{\infty} \Delta_j$ und $\Delta_j \cap \Delta_k = \Phi$, $j \neq k$, $j, k = 1, 2, \ldots$, besteht die Beziehung $\Phi(\Delta_0) = \sum_{j=1}^{\infty} \Phi(\Delta_j)$ im Sinne der Konvergenz im quadratischen Mittel (›Konvergenzarten für Folgen zufälliger Variabler).

(2) $E\,\Phi(\Delta)\,\overline{\Phi(\Delta')} = m\,(\Delta \cap \Delta')$ für $\Delta, \Delta' \in \mathfrak{R}_0$ (insbesondere sind also für zwei disjunkte Mengen $\Delta, \Delta' \in \mathfrak{R}_0$ die Zufallsgrößen $\Phi(\Delta)$, $\Phi(\Delta')$ unkorreliert (›Korrelationskoeffizient)).

Ist X_T ein ›Prozeß mit orthogonalen Zuwächsen auf einem Intervall T der reellen Achse und setzen wir für ein halboffenes beschränktes Intervall $[t_1, t_2) \subset T$, $t_1, t_2 \in T$:

$$\Phi([t_1, t_2)) := X(t_2 - 0) - X(t_1 - 0)\,,$$
$$m_0([t_1, t_2)) := E|X(t_2 - 0) - X(t_1 - 0)|^2\,,$$

so läßt sich Φ zu einem orthogonalen zufälligen Maß auf $[R^1, \mathfrak{B}^1]$ erweitern, dessen Strukturfunktion m das von m_0 auf T erzeugte (LEBESGUE-STIELTJES-)Maß ist.

Mitunter bezeichnet man allgemeiner als *zufälliges Maß* einen (i. a. komplexwertigen) stochastischen Prozeß $X_{\mathfrak{R}}$, dessen Parametermenge $\mathfrak{R}$ ein ›Ring von Teilmengen einer Grundmenge ist und für den die Beziehung

$$X\left(\bigcup_{n=1}^{\infty} \Delta_n\right) = \sum_{n=1}^{\infty} X(\Delta_n) \qquad (*)$$

für jede Folge paarweise disjunkter Mengen $\Delta_n \in \mathfrak{R}$, $n = 1, 2, \ldots$, mit $\bigcup_{n=1}^{\infty} \Delta_n \in \mathfrak{R}$ gilt; dabei versteht man den Grenzwert auf der rechten Seite von (*) z. B. im Sinne der Konvergenz in Wahrscheinlichkeit.

Lit.: (20), (59), (75)

zufälliges Spektralmaß eines ›stationären Prozesses

zufällige Variable: In der Wahrscheinlichkeitstheorie erweist es sich oft als zweckmäßig, den möglichen Ergebnissen eines ›Versuches Elemente einer geeigneten Menge, z. B. Zahlen, zuzuordnen (Würfelexperiment, ›Urnenmodelle). Da i.a. der Ausgang eines Versuches im Rahmen verschiedener Möglichkeiten ungewiß ist, überträgt sich diese Unbestimmtheit auf die Bilder bei dieser Zuordnung. Dies gibt Veranlassung dazu, solche Zuordnungen *zufällige Variable* zu nennen. Mathematisch präzisiert, versteht man unter einer *zufälligen Variablen* (auch: *zufälliges Element, zufällige Veränderliche*) X eine auf der Grundmenge Ω eines ›Wahrscheinlichkeitsraumes $[\Omega, \mathfrak{A}, P]$ definierte Funktion, deren Werte in der Grundmenge S eines ›meßbaren Raumes $[S, \mathfrak{S}]$ liegen und für die

$X^{-1}(A) = \{\omega \in \Omega : X(\omega) \in A\} \in \mathfrak{A}$ für alle $A \in \mathfrak{S}$ gilt. Funktionen mit dieser Eigenschaft heißen ›meßbare, genauer $[\mathfrak{A}, \mathfrak{S}]$-meßbare Funktionen.

Für die in den Anwendungen vorwiegend auftretenden Spezialfälle $S = R^1$, $\mathfrak{S} = \mathfrak{B}^1$ bzw. $S = R^n$, $\mathfrak{S} = \mathfrak{B}^n$ sind die Bezeichnungen (reelle) ›*Zufallsgröße* bzw. (reeller) ›*zufälliger Vektor* gebräuchlich.

Funktionen der Form $X + i\,Y$ (mit $i^2 = -1$) heißen *komplexe Zufallsgrößen* bzw. *komplexe zufällige Vektoren*, wenn X und Y reelle Zufallsgrößen bzw. reelle zufällige Vektoren sind.

Durch eine zufällige Variable X wird dem Wahrscheinlichkeitsmaß P auf $\mathfrak{A}$ vermittels $P_X(A) := P\left(X^{-1}(A)\right)$, $A \in \mathfrak{S}$, ein Wahrscheinlichkeitsmaß P_X auf $\mathfrak{S}$ zugeordnet. Das Wahrscheinlichkeitsmaß P_X wird ›*Wahrscheinlichkeitsverteilung* oder auch *Verteilungsgesetz* von X genannt.

zufällige Veränderliche ›zufällige Variable

Zufälligkeitstest: Als *Zufälligkeitstest* bezeichnet man einen statistischen Test (›Testtheorie, ›Signifikanztest) zur Prüfung der Hypothese, daß die Stichprobenvariablen in einer ›Stichprobe vom Umfang n unabhängig (›Unabhängigkeit zufälliger Variabler) sind und deshalb die erhaltene Anordnung der vorliegenden Stichprobenwerte zufällig entstanden ist. Für eine ›Zweipunktverteilung wird ein spezieller Zufälligkeitstest in (72), S. 362, angegeben.

Zufallsexperiment: Ein Zufallsexperiment ist die abstrakte Formulierung eines zufälligen ›Versuches. Die betrachtete Gesamtheit der möglichen zufälligen Ereignisse besitzt dabei die Struktur einer Wahrscheinlichkeitsalgebra (›Ereignisfelder und Wahrscheinlichkeitsalgebren). Es ist möglich und mitunter zweckmäßig, ein Zufallsexperiment als Realisieren einer bestimmten ›Zufallsgröße aufzufassen.

Um Zufallsexperimente handelt es sich z. B. bei der ›Monte-Carlo-Methode, bei randomisierten Tests (›Testtheorie) und randomisierten Entscheidungsfunktionen (›Entscheidungstheorie); hierfür werden häufig ›Zufallszahlen (einer bestimmten Verteilung) eingesetzt.

Zufallsgröße: Der Begriff der Zufallsgröße ist von zentraler Bedeutung in der Wahrscheinlichkeitsrechnung und deren Anwendungen. Mittels Zufallsgrößen werden zahlenmäßig erfaßbare Merkmale bei zufälligen Erscheinungen beschrieben. So werden z. B. die Anzahl der Ausschußteile in einer Stichprobe aus der Tagesproduktion eines Betriebes, die Anzahl der von einer radioaktiven Substanz in einer bestimmten Zeit emittierten α-Teilchen, die Lebensdauer einer Glühlampe, das Ergebnis irgendeines Meßvorganges in der Technik durch Zufallsgrößen beschrieben. (Bei den beiden erstgenannten Beispielen handelt es sich um ›diskrete Zufallsgrößen, deren gemeinsames Kennzeichen darin besteht, daß sie höchstens abzählbar viele Werte annehmen können; bei den anderen Beispielen handelt es sich um ›stetige Zufallsgrößen, deren mögliche Werte ein Intervall bilden.) Für die wahrscheinlichkeitstheoretische Kennzeichnung einer Zufallsgröße reicht die Angabe der Menge ihrer möglichen Werte nicht aus; man benötigt vielmehr die ›Wahrscheinlichkeiten von zufälligen Ereignissen, die mit der betrachteten Zufallsgröße im Zusammenhang stehen, insbesondere die Wahrscheinlichkeiten, mit denen bestimmte Werte aus bestimmten Intervallen angenommen werden.

Bei der mathematischen Definition der Zufallsgrößen geht man von einem Wahrscheinlichkeitsraum $[\Omega, \mathfrak{A}, P]$ aus. Man nennt eine auf Ω definierte reellwertige Funktion X eine (reelle) Zufallsgröße, wenn $\{X < x\} := X^{-1}\big((-\infty, x)\big) = \{\omega \in \Omega: X(\omega) < x\} \in \mathfrak{A}$ für jede reelle Zahl x gilt, d. h., wenn $F_X(x) := P(\{X < x\}) = P(X < x)$ für jede reelle Zahl x erklärt ist. Die dadurch einer Zufallsgröße X zugeordnete Funktion F_X heißt *Verteilungsfunktion* von X. Sie besitzt die folgenden Eigenschaften: (1) $\lim\limits_{x\to-\infty} F_X(x) = 0$, $\lim\limits_{x\to\infty} F_X(x) = 1$, (2) F_X ist monoton-nicht-fallend (d. h., aus $x_1 < x_2$ folgt $F_X(x_1) \leq F_X(x_2)$), (3) F_X ist linksseitig stetig $\big($d. h. $\lim\limits_{h\to 0,\, h>0} F_X(x-h) = F_X(x)\big)$. Umgekehrt gibt es zu jeder Funktion F, die die Eigenschaften (1), (2) und (3) besitzt, eine Zufallsgröße X, deren Verteilungsfunktion F_X mit F übereinstimmt.

Nach einem Satz von H. Lebesgue (49) läßt sich jede Verteilungsfunktion F als konvexe Linearkombination dreier Verteilungsfunktionen F_1, F_2, F_3 darstellen: $F(x) = a_1 F_1(x) + a_2 F_2(x) + a_3 F_3(x)$, $(a_1 + a_2 + a_3 = 1,$ $a_k \geq 0$, $k = 1, 2, 3)$; dabei sind F_1 eine absolutstetige, F_2 eine Treppen- und F_3 eine singuläre Funktion. Von besonderem Interesse sind die Fälle $a_1 = 1$, $a_2 = a_3 = 0$ (›stetige Zufallsgröße) und $a_1 = a_3 = 0$, $a_2 = 1$ (›diskrete Zufallsgröße).

Eine Zufallsgröße ist eine ›zufällige Variable über $[\Omega, \mathfrak{A}, P]$ mit dem Bildraum $[R^1, \mathfrak{B}^1]$, deren ›Wahrscheinlichkeitsverteilung P_X sich über $P_X(A) = \int\limits_A dF_X(x)$, $A \in \mathfrak{B}^1$, aus der Verteilungsfunktion F_X ergibt. Speziell gilt also $P_X\big((-\infty, x)\big) = F_X(x)$, $P_X\big([a, b)\big) = P(a \leq X < b) = F_X(b) - F_X(a)$.

Zur Wahrscheinlichkeitsverteilung von $a X + b$, X^2, ... siehe ›Funktionen einer Zufallsgröße.

Zufallszahlen: Ein n-Tupel von Zahlen, das mit der statistischen Hypothese (›Testtheorie) in Einklang steht, eine ›Realisierung eines ›zufälligen Vektors mit unabhängigen (›Unabhängigkeit zufälliger Variabler), ›identisch nach einer Verteilungsfunktion F (›Zufallsgröße) verteilten Komponenten zu sein, heißt ein *n-Tupel von nach F verteilten Zufallszahlen.* Die bekanntesten Zufallszahlen sind die auf 0, 1, 2, 3, 4, 5, 6, 7, 8 und 9 ›diskret gleichmäßig verteilten Zufallszahlen, sie werden auch Zufallszahlen schlechthin oder *Zufallsziffern* genannt. Durch Aneinanderreihung von k Zufallsziffern entstehen sog. *k-stellige Zufallszahlen* ($k = 1, 2, \ldots$), die — nach Division durch 10^k — (besonders für größere k) approximativ als zwischen 0 und 1 ›stetig gleichmäßig verteilte Zufallszahlen dienen können. (Selbstverständlich kann anstelle von 10 auch eine andere Basis des Zahlensystems treten.)

Ausgehend von gleichmäßig verteilten Zufallszahlen lassen sich durch Transformation oder durch spezielle, auf den ›Grenzwertsätzen der Wahrscheinlichkeitstheorie beruhende Methoden nach beliebigen Verteilungsfunktionen verteilte Zufallszahlen — insbesondere auch ›normalverteilte — gewinnen. Die Erzeugung von Zufallszahlen kann durch Wurf mit einer Münze bzw. einem Würfel geschehen; größere Anzahlen von Zufallszahlen erhält man durch Beobachtung geeigneter physikalischer Vorgänge (radioaktiver Zerfall, Rauschen von Elektronenröhren u. a.) sowie durch spezielle deterministische Algorithmen. Die auf letztere Art erzeugten Zufallszahlen heißen auch *Pseudozufallszahlen*, vgl. die ›Quadratmittenmethode und die ›Kongruenzmethode.

Soll ein vorliegendes n-Tupel von Zahlen als n-Tupel von Zufallszahlen verwendet werden, so muß die eingangs genannte Hypothese durch eine — meist vom Erzeuger oder vom Benutzer — sinnvoll festzulegende Auswahl von ›Signifikanztests überprüft werden. Es sind dafür hauptsächlich verschiedene Varianten des χ^2-Anpassungstests (›χ^2-Test, II.) gebräuchlich [1].

Man beachte in diesem Zusammenhang, daß die Testergebnisse nicht ohne weiteres auf m-Tupel ($m < n$) der vorliegenden Zufallszahlen übertragbar sind.

Zufallszahlen finden z. B. bei Stichprobenentnahmen (77) und der ›Monte-Carlo-Methode weitgehende Anwendung. Sie werden entweder im Rechenautomaten erzeugt und sofort weiterverarbeitet oder in Form von *Zufallszahlentafeln* bereitgestellt, aus denen sich der Benutzer gemäß einer geeigneten, vorher zu vereinbarenden Ablesevorschrift (waagerecht, senkrecht, in Schräglinien o. dgl.) Zufallszahlen auswählen kann.

Lit.: (6)
[1] Голенко, Д. И., Моделирование и статистический анализ псевдослучайных чисел на электронных вычислительных машинах, Москва 1965.

Zufallszahlentafeln ›Zufallszahlen

Zufallsziffern ›Zufallszahlen

zusammengesetzte Hypothese ›Testtheorie

zusammengesetzte Verteilungen: Gegeben seien über einem gemeinsamen ›Wahrscheinlichkeitsraum $[\Omega, \mathfrak{A}, P]$ eine ›Zufallsgröße X und eine Zufallsgröße Y, die die Rolle eines zufälligen Parameters spielt, mit den Verteilungsfunktionen $F(x; y) := P(X < x | Y = y)$ (›bedingte Wahrscheinlichkeitsverteilung) und $G(y) := P(Y < y)$; x, y reell. Dann ist die Verteilungsfunktion H der Zufallsgröße X gegeben durch

$$H(x) = \int_{-\infty}^{\infty} F(x; y)\, dG(y) .$$

Die durch H gegebene Wahrscheinlichkeitsverteilung heißt in diesem Zusammenhang *zusammengesetzte* oder ***Mischverteilung***. Für die verschiedenen möglichen Werte y ergeben sich die sog. Komponenten $F(x; y)$ der zusammengesetzten Verteilung, G wird dabei *Gewichtsfunktion* genannt.

Beispiele:

1. *Zusammengesetzte Binomialverteilung.* Es sei Y eine ›diskrete Zufallsgröße, die eine ›POISSON-Verteilung mit dem Parameter λ besitzt:

$$P(Y = n) = \frac{\lambda^n}{n!} e^{-\lambda} \qquad (n = 0, 1, 2, \ldots) .$$

Unter der Bedingung $Y = n$ habe die diskrete Zufallsgröße X eine ›Binomialverteilung mit den Parametern n und p:

$$P(X = m | Y = n) = \binom{n}{m} p^m (1 - p)^{n-m} \qquad (m = 0, 1, \ldots, n) .$$

Dann besitzt X eine sog. zusammengesetzte Binomialverteilung, und es gilt

$$P(X = m) = \frac{(\lambda p)^m}{m!} e^{-\lambda p} \qquad (m = 0, 1, 2, \ldots) .$$

Das ist eine POISSON-Verteilung mit dem Parameter λp.

2. *Zusammengesetzte* POISSON-*Verteilung.* Es sei Y eine ›stetige Zufallsgröße, die eine ›Gammaverteilung mit den Parametern b und v besitzt. Ihre Wahrscheinlichkeitsdichte lautet:

$$f_Y(x) = \begin{cases} \dfrac{b^v}{\Gamma(v)} x^{v-1} e^{-bx} & \text{für } x > 0 \\ 0 & \text{für } x \leq 0 . \end{cases}$$

Unter der Bedingung $Y = \lambda$ habe die diskrete Zufallsgröße X eine POISSON-Verteilung mit dem Parameter λ:

$$P(X = m | Y = \lambda) = \frac{\lambda^m}{m!} e^{-\lambda} \qquad (m = 0, 1, 2, \ldots) .$$

Dann besitzt X eine sog. zusammengesetzte POISSON-Verteilung, und mit $p = \dfrac{1}{1 + b}$ gilt

$$P(X = m) = \binom{-v}{m} (-p)^m (1 - p)^v \qquad (m = 0, 1, 2, \ldots) .$$

Das ist eine ›negative Binomialverteilung mit den Parametern p und v.

Zusammengesetzte Verteilungen charakterisieren die „Mischung" von Grundgesamtheiten (Kollektiven); ihre „Entmischung", d. h. die Schätzung (›Schätztheorie) der Komponenten $F(x; y)$ und der Gewichtsfunktion $G(y)$ anhand einer ›Stichprobe aus einer nach H verteilten Grundgesamtheit, ist ein schwieriges statistisches Problem (siehe [1]).

Zusammengesetzte Verteilungen spielen eine wichtige Rolle bei der Untersuchung von Epidemieausbreitungen (›PÓLYA-Verteilung), des Aussterbens einer biologischen Art, von Unfällen u. a.

Eine wichtige Anwendung der zusammengesetzten Verteilungen liegt vor, wenn die Zufallsgröße Y die Werte $n = 1, 2, \ldots$ annimmt und speziell $F(x; n)$ die Verteilungsfunktion einer Summe von n unabhängigen (›Unabhängigkeit zufälliger Variabler) Zufallsgrößen ist. Dann ist nämlich H die Verteilungsfunktion der Summe einer nach G verteilten zufälligen Anzahl Y unabhängiger zufälliger Summanden. Diese Verteilung findet z. B. Anwendung bei der wahrscheinlichkeitstheoretischen Beschreibung der Gesamtbesetztzeit eines Fernsprechnetzes bei Berücksichtigung zufällig eintretender Anrufe.

Lit.: (62),
[1] MEDGYESSY, P., Decomposition of superpositions of distribution functions, Budapest 1961.

Zustandsanzeiger ›Steuerung stochastischer Prozesse

Zustandsraum eines ›stochastischen Prozesses

Zuverlässigkeitsfunktion ›Zuverlässigkeitstheorie, ›Erneuerungstheorie

Zuverlässigkeitstheorie: An jedes Produktionserzeugnis werden bestimmte Anforderungen bezüglich seiner Qualität gestellt; unter Qualität versteht man dabei die Gesamtheit aller Eigenschaften, die den Grad der Brauchbarkeit des Erzeugnisses für seinen Verwendungszweck bestimmen. Als *Zuverlässigkeit* eines Erzeugnisses bezeichnet man die Eigenschaft des Erzeugnisses, seine Qualität unter bestimmten Nutzungsbedingungen zu bewahren.

Die *Zuverlässigkeitstheorie* stellt quantitative Kriterien der Zuverlässigkeit anhand von Parametern auf und erforscht den Zusammenhang zwischen Wirtschaftlichkeit, Nutzeffekt und Zuverlässigkeit; sie erarbeitet Methoden zur Kontrolle der Zuverlässigkeit, zum Auffinden von Defekten sowie zur Berechnung des Ersatzteilbedarfs; sie entwickelt weiterhin Verfahren zur Berechnung der Zuverlässigkeit von Systemen aus der Zuverlässigkeit ihrer Bestandteile und zur Konstruktion hinreichend zuverlässiger Systeme aus Elementen mit bekannter Zuverlässigkeit.

Die Zuverlässigkeit eines Erzeugnisses kann durch verschiedene Begriffe genauer charakterisiert werden, wobei in Abhängigkeit von der konkreten Situation u. U. mehrere Beschreibungsmöglichkeiten gleichzeitig betrachtet werden müssen. Als *Ausfallfreiheit* bezeichnet man die

Fähigkeit eines Erzeugnisses, seine Qualität in einem bestimmten Zeitraum unter bestimmten Bedingungen ohne Ausfall zu wahren. Ausfall ist der vollständige oder teilweise Verlust bzw. die Veränderung gewisser Eigenschaften des Erzeugnisses, so daß seine Qualität vollständig oder teilweise verlorengeht. Die Zeit von Arbeitsbeginn bis zum Ausfall wird *Lebensdauer* genannt. Unter Langlebigkeit (Betriebsbrauchbarkeitsdauer) eines Erzeugnisses versteht man die Eigenschaft des Erzeugnisses, seine Qualität bei entsprechender Behandlung (z. B. Pflege, Reparatur) über längere Zeit zu behalten; innerhalb dieser Betriebsbrauchbarkeitsdauer können auftretende Ausfälle durch Reparatur beseitigt werden, so daß dem Erzeugnis seine Qualität zurückgegeben wird.

Die Zuverlässigkeitstheorie ist eine komplexe Wissenschaft, die in vielen volkswirtschaftlichen Bereichen von großer Bedeutung ist und sich vor allem auf Physik, Chemie, Ingenieurwissenschaften, Ökonomie und Mathematik stützt. Auf Grund des meist zufälligen Charakters der Erscheinungen, die die Zuverlässigkeit beeinflussen, spielen die Methoden der Wahrscheinlichkeitstheorie und der Mathematischen Statistik eine wichtige Rolle. So wird für die quantitative Beschreibung der Zuverlässigkeit häufig die Wahrscheinlichkeit (›Wahrscheinlichkeit eines Ereignisses) ausfallfreier Arbeit in einem bestimmten Zeitintervall benutzt und als Zuverlässigkeit bezeichnet. Man kann deshalb die Zuverlässigkeitstheorie (im engeren Sinne) als dasjenige Teilgebiet der Wahrscheinlichkeitstheorie und Mathematischen Statistik ansehen, das sich mit der Aufstellung und Untersuchung wahrscheinlichkeitstheoretischer Modelle und mathematisch-statistischer Methoden zur Behandlung der Aufgaben der Zuverlässigkeitstheorie (im oben beschriebenen Sinne) beschäftigt.

Ein wahrscheinlichkeitstheoretisches Modell eines Systems, dessen Zuverlässigkeit untersucht werden soll, besteht aus einem Zustandsraum, der die vom Standpunkt der Zuverlässigkeit interessierenden Zustände des Systems enthält, und einem darauf definierten ›stochastischen Prozeß, der die Zustandsänderungen des Systems beschreibt. Man benutzt i. a. Erneuerungsprozesse (›Erneuerungstheorie), ›MARKOVsche Prozesse und ihre Verallgemeinerungen; dabei können mitunter in der ›Bedienungstheorie entwickelte Modelle direkt in der Zuverlässigkeitstheorie benutzt werden. Charakteristika der Zuverlässigkeit (z. B. Wahrscheinlichkeit der ausfallfreien Arbeit in einem vorgegebenen Zeitintervall) lassen sich als ›Erwartungswerte bestimmter (zufälliger) Funktionale, die auf dem zufälligen Prozeß definiert werden, darstellen.

Beispiel: Ein Element möge vom Zeitpunkt 0 bis zum ersten Ausfall im zufälligen Moment τ, der Lebensdauer des Elements, arbeiten. Es wird angenommen, daß τ eine ›Zufallsgröße mit der Verteilungsfunktion $Q(t)$ und der Dichte (›stetige Zufallsgröße) $q(t) = Q'(t)$ ist; $P(t) = 1 - Q(t)$ wird als *Zuverlässigkeitsfunktion*, der Erwartungswert $E\,\tau = \int\limits_0^\infty t\,q(t)\,dt = \int\limits_0^\infty P(t)\,dt$ als *mittlere Lebensdauer* bezeichnet. Die durch $\frac{q(t)}{P(t)} = :\lambda(t)$ definierte Funktion heißt *Ausfallrate*; sie ist die Dichte der bedingten Ausfallwahrscheinlichkeit unter der Bedingung, daß das Element im Zeitpunkt t noch arbeitet. Zur Beschreibung der Arbeit des Elements kann der durch

$$X_t = \begin{cases} 1 & \text{für} \quad t \leqq \tau\,, \\ 0 & \text{für} \quad t > \tau \end{cases}$$

definierte zufällige Prozeß $(X_t)_{t\in[0,\infty)}$, verwendet werden. Mit $E\,X_t = = P(t)$ erhält man die Wahrscheinlichkeit ausfallfreier Arbeit im Intervall $[0, t]$.

Die Ausfallrate $\lambda(t)$ ist genau dann konstant $(\lambda(t) = \lambda = \text{const})$, wenn $Q(t) = 1 - \exp(-\lambda t)$, $t > 0$, gilt (›Exponentialverteilung); in vielen praktischen Fällen gibt es ein (hinreichend großes) Intervall, in dem $\lambda(t)$ näherungsweise konstant ist, so daß für die Lebensdauer eine Exponentialverteilung angenommen werden kann. Bei exponentialverteilter Lebensdauer lassen sich viele Berechnungen relativ einfach durchführen; hierin liegt ein wesentlicher Grund für die (mitunter auch nicht gerechtfertigte) Annahme, daß die Lebensdauer exponentialverteilt sei. Als Modellverteilungen für die Lebensdauer werden auch die ›Weibull-Verteilung, die ›Extremwertverteilungen, die ›Normalverteilung und die ›Gammaverteilung verwendet.

Die Elemente eines Systems heißen seriengeschaltet, wenn der Ausfall eines beliebigen Elements den Ausfall des Systems nach sich zieht; sie heißen parallelgeschaltet, wenn das System erst bei Ausfall aller Elemente ausfällt. Besteht ein System aus unabhängigen Elementen (›Unabhängigkeit zufälliger Variabler), so läßt sich seine Zuverlässigkeit einfach aus der der Elemente berechnen: Ist p_i die Zuverlässigkeit des i-ten Elements $(i = 1, \ldots, n)$, so gilt für die Zuverlässigkeit des Systems bei Serienschaltung $P_S = \prod_{i=1}^{n} p_i$ und bei Parallelschaltung $P_P = 1 - \prod_{i=1}^{n} (1 - p_i)$. Zur Ermittlung der Zuverlässigkeit eines Systems im Fall der Abhängigkeit der Elemente müssen bedingte Zuverlässigkeiten (›bedingte Wahrscheinlichkeit) benutzt werden, die jedoch i. a. nicht bekannt und auch experimentell nur mit extrem großem Aufwand zu schätzen sind.

Eine sehr wichtige Methode der Zuverlässigkeitstheorie ist die *Reservierung* von Elementen bzw. Gruppen von Elementen eines Systems. Sie besteht darin, daß zu dem Element (zur Gruppe) gleichartige Elemente (Gruppen) parallelgeschaltet werden (sog. *Reserveelemente* bzw. Reservegruppen), wodurch die Zuverlässigkeit des Systems erhöht wird. Man unterscheidet *heiße Reserve* (d. h., die Reserveelemente werden wie das eigentliche Element belastet und haben dieselbe Zuverlässigkeit), *warme Reserve* (d. h., die Reserveelemente werden mit geringerer Belastung in das System einbezogen und haben dabei eine höhere Zuverlässigkeit, sie müssen aber bei Ausfall des Elements erst voll zugeschaltet werden) und *kalte Reserve* (d. h., ein solches Reserveelement arbeitet zunächst überhaupt nicht mit — kann dabei auch nicht ausfallen — und muß bei Ausfall des arbeitenden Elements erst zugeschaltet werden, wobei i. a. eine gewisse Pause in der Arbeit des Systems auftritt; z. B. stellt das Reserverad beim Auto eine kalte Reserve dar).

Eine große Anzahl wahrscheinlichkeitstheoretischer Modelle und mathematisch-statistischer Schätz- und Testverfahren für Probleme der Zuverlässigkeitstheorie sowie Literaturhinweise findet man in (23).

z-Verteilung (FISHERsche z-Verteilung): Eine ›stetige Zufallsgröße X heißt z-verteilt mit (m, n) Freiheitsgraden (m, n natürliche Zahlen), wenn e^{2X} eine ›F-Verteilung mit (m, n) Freiheitsgraden besitzt.

Die Probleme, bei denen die z-Verteilung eine Rolle spielt, werden zumeist mit der F-Verteilung behandelt.

2×2-Tafel = ›Vierfeldertafel

Zweipersonen-Nullsummenspiel ›Spieltheorie

Zweipunktverteilung: Eine ›diskrete Zufallsgröße X heißt *zweipunktverteilt* auf den Punkten x_0 und x_1 $(x_0 \neq x_1)$, wenn

$$P(X = x_0) = q\,, \qquad P(X = x_1) = p \qquad (p + q = 1)$$

gilt. Die zugehörige ›charakteristische Funktion ist

$$E\, e^{itX} = q\, e^{itx_0} + p\, e^{itx_1}\,,$$

›Erwartungswert und ›Streuung sind

$$E\,X = q\,x_0 + p\,x_1 \quad \text{und} \quad D^2X = p\,q\,(x_0 - x_1)^2\,.$$

Eine Zweipunktverteilung mit $x_0 = 0$ und $x_1 = 1$ ist eine ›Binomialverteilung mit $n = 1$ und heißt auch *Null-Eins-Verteilung*.

zweiseitiger Test ›Signifikanztest

Zweistichprobenproblem: $(x_1, \ldots, x_n)$ sei eine konkrete ›Stichprobe vom Umfang n aus einer Grundgesamtheit mit der durch die Verteilungsfunktion F_X gekennzeichneten ›Wahrscheinlichkeitsverteilung, $(y_1, \ldots, y_m)$ eine solche vom Umfang m aus einer Grundgesamtheit mit der Verteilungsfunktion F_Y. Es soll die Hypothese $F_X = F_Y$ getestet werden (›Signifikanztest). Zu ihrer Prüfung gibt es verschiedene — unter bestimmten Voraussetzungen anwendbare — Testverfahren, z. B. den ›KOLMOGOROV-SMIRNOV-Test, den ›Zeichentest, den ›U-Test, den ›X-Test, den ›Iterationstest von WALD und WOLFOWITZ, den χ^2-Homogenitätstest (›χ^2-Test, IV), den ›F-Test (zum Vergleich zweier Streuungen aus ›normalverteilten Grundgesamtheiten), den ›t-Test (zum Vergleich zweier Mittelwerte), vgl. auch ›k-Stichprobenproblem.

Zweiwegklassifikation = Kreuzklassifikation ›Varianzanalyse

zyklische Unterklasse von Zuständen einer ›MARKOVschen Kette

Zylindermengen ›Produktmaß

Literaturverzeichnis

(1) AHRENS, H., Varianzanalyse, 2. Aufl., Berlin 1968.
(2) BAUER, H., Wahrscheinlichkeitstheorie und Grundzüge der Maßtheorie, 2. Aufl., Berlin 1974.
(3) BILLINGSLEY, P., Ergodic theory and information, New York-London-Sydney 1965 (russ. Übersetzung Moskau 1969).
(4) BILLINGSLEY, P., Statistical inference for Markov processes. Chikago 1961.
(5) BLACKWELL, D., and M. A. GIRSHICK, Theory of games and statistical decisions, New York 1954.
(6) BUSLENKO, N. P., und J. A. SCHREIDER, Die Monte-Carlo-Methode und ihre Verwirklichung mit elektronischen Digitalrechnern, Leipzig 1964 (Übersetzung aus dem Russischen).
(7) CHUNG, K. L., Markov chains with stationary transition probabilities, 2. Auflage, Berlin 1967.
(8) CLAUSS, G., und H. EBNER, Grundlagen der Statistik, erw. Aufl., Berlin 1974.
(9) CRAMÉR, H., Mathematical methods of statistics, Princeton 1946 (russ. Übersetzung Moskau 1978).
(10) CRAMÉR, H., und M. R. LEADBETTER, Stationary and related stochastic processes, New York-London-Sydney 1967 (russ. Übersetzung Moskau 1969).
(11) DOOB, J. L., Stochastic processes, New York 1953.
(12) Дынкин, Е. Б., Основания теории марковских процессов, Москва 1959 (DYNKIN, E. B., Die Grundlagen der Theorie der Markovschen Prozesse, Moskau 1959; deutsche Übersetzung Berlin 1961).
(13) Дынкин, Е. Б., Марковские процессы Москва 1963 (DYNKIN, E. B., Markovsche Prozesse, Moskau 1963; englische Übersetzung Berlin 1965).
(14) FABIAN, V., Statistische Methoden, 2. ber. Aufl., Berlin 1970.
(15) FEINSTEIN, A., Foundations of information theory, New York-Toronto-London 1958 (russ. Übersetzung Moskau 1960).
(16) FELLER, W., An introduction to probability theory and its applications, Vol. I, II., New York-London-Sydney 1966.
(17) FISHER, R. A., Statistical methods for research workers, 14th ed., London 1970.
(18) FISZ, M., Wahrscheinlichkeitsrechnung und mathematische Statistik, 9. Aufl., Berlin 1978.
(19) FRASER, D. A. S., Nonparametric methods in statistics, New York 1957.
(20) Гихман, И. И., и А. В. Скороход, Теория случайных процессов I II и III Москва 1971, 1973 и 1975 (GICHMAN, I. I., und A. W. SKOROCHOD, Theorie der zufälligen Prozesse, Moskau 1971, 1973 und 1975).
(21) GNEDENKO, B. W., Lehrbuch der Wahrscheinlichkeitsrechnung, 7. Aufl., Berlin 1978 (Übersetzung aus dem Russischen).
(22) GNEDENKO, B. W., und A. N. KOLMOGOROV, Grenzverteilungen von Summen unabhängiger Zufallsgrößen, 2. Aufl., Berlin 1960 (Übers. aus d. Russ.).

(23) Gnedenko, B. W., J. K. Beljajew und A. D. Solowjew, Mathematische Methoden der Zuverlässigkeitstheorie I, II, Berlin 1968 (Übersetzung aus dem Russischen).

(24) Gnedenko, B. W., und I. N. Kowalenko, Einführung in die Bedienungstheorie, 2. Aufl., Berlin 1974 (Übersetzung aus dem Russischen).

(25) Grenander, U., and M. Rosenblatt, Statistical analysis of stationary time series, Stockholm 1956.

(26) Hald, A., Statistical theory with engineering applications, London 1952.

(27) Hannan, E. J., Time series analysis, New York 1960.

(28) Harris, Th. E., The theory of branching processes, Berlin-Göttingen-Heidelberg 1963.

(29) Heinhold, J., und K.-W. Gaede, Ingenieur-Statistik, 3. Aufl., München 1972.

(30) Hunt, G. A., Markoff processes and potentials, Moskau 1962 (russ.)

(31) Ибрагимов, И. А., и Ю. В. Линник, Независимые и стационарно связанные величины, Москва 1965 (Ibragimow, I. A., und J. W. Linnik, Unabhängige und stationär verbundene Größen, Moskau 1965; engl. Übersetzung Groningen 1971).

(32) Ибрагимов, И. А., и Ю. А. Розанов, Гауссовские случайные процессы, Москва 1970 (Ibragimow, I. A., und J. A. Rosanow, Gaußsche zufällige Prozesse, Moskau 1970; franz. Übersetzung Moskau 1974).

(33) Itô, K., and H. P. McKean, Diffusion processes and their sample paths, Berlin-Heidelberg-New York 1965 (russ. Übersetzung Moskau 1968).

(34) Ито, К., Вероятностные процессы I, II, Москва 1960 и 1963 (Itô, K., Stochastische Prozesse I, II, Moskau 1960 und 1963).

(35) Jaglom, A. M., und I. M. Jaglom, Wahrscheinlichkeit und Information, 3. Aufl., Berlin 1967 (Übersetzung aus dem Russischen).

(36) Jaglom, A. M., Einführung in die Theorie der stationären Zufallsfunktionen, Berlin 1959 (Übersetzung aus dem Russischen).

(37) Karlin, S., A first course in stochastic processes, New York-London 1968.

(38) Kendall, M. G., The advanced theory of statistics, Vol. I (3. Aufl.), II (3. Aufl.) und III (2. Aufl.) London 1969, 1973 und 1968.

(39) Kendall, M. G., Rank correlation methods, 4. Aufl., London 1970.

(40) Kreyszig, E., Statistische Methoden und ihre Anwendungen, Göttingen 1968.

(41) Krickeberg, K., Wahrscheinlichkeitstheorie, Stuttgart 1963.

(42) Kullback, S., Information theory and statistics, 2. Aufl. New York 1968 (russ. Übersetzung Moskau 1967).

(43) Lehmann, E. L., Testing statistical hypotheses, New York-London 1959.

(44) Lewis, T. O., and P. L. Odell, Estimation in linear models, New Jersey 1971.

(45) Lienert, G. A., Verteilungsfreie Methoden in der Biostatistik, 2. neubearb. Auflage, Meisenheim a. Glan 1973.

(46) Lindner, A., Statistische Methoden für Naturwissenschaftler, Mediziner und Ingenieure, 4. Aufl., Basel 1964.

(47) Lindner, A., Planen und Auswerten von Versuchen, 3. erw. Aufl., Basel 1969.

(48) Linnik, J. W., Die Methode der kleinsten Quadrate in moderner Darstellung, Berlin 1961 (Übersetzung aus dem Russischen).

(49) Loève, M., Probability theory, 3. edition, Princeton 1963.

(50) Lukacs, E., Characteristic functions, London 1970.

(51) Maibaum, G., Wahrscheinlichkeitsrechnung, 2. Aufl., Berlin 1975.
(52) Mandl, P., Analytical treatment of one-dimensional Markov processes, Prag 1968.
(53) Meyer, P.-A., Processus de Markov, Berlin-Heidelberg-New York 1967 (russ. Übersetzung Moskau 1973).
(54) Meyer, P.-A., Probabilités et potentiel, Paris 1966.
(55) Neveu, J., Mathematische Grundlagen der Wahrscheinlichkeitstheorie, München und Wien 1969.
(56) Parzen, E., Stochastic processes, San Francisco 1962.
(57) Петров, В. В., Суммы независимых случайных величин, Москва 1972 (Petrow, W. W., Summen unabhängiger Zufallsgrößen, Moskau 1972; engl. Übersetzung Berlin 1975).
(58) Pfanzagl, J., Allgemeine Methodenlehre der Statistik, Bd. I und II, 5. Aufl., Berlin 1972.
(59) Прохоров, Ю. В., и Ю. А. Розанов, Теория вероятностей, Москва 1973 (Prochorow, J. W., und J. A. Rosanow, Wahrscheinlichkeitstheorie, 2. Aufl., Moskau 1973).
(60) Пугачев, В. С., Теория случайных функций, Москва 1962. (Pugachew, W. S., Theorie zufälliger Funktionen, Moskau 1962).
(61) Rasch, D., Elementare Einführung in die Mathematische Statistik, Berlin 1970.
(62) Rényi, A., Wahrscheinlichkeitsrechnung, mit einem Anhang über Informationstheorie, 4. Aufl., Berlin 1973.
(63) Révész, P., The laws of large numbers, Budapest 1967 (deutsche Übersetzung Berlin 1968).
(64) Richter, H., Wahrscheinlichkeitstheorie, 2. Aufl., Berlin-Göttingen-Heidelberg 1966.
(65) Розанов, Ю. А., Стационарные случайные процессы, Москва 1963 (Rosanow, J. A., Stationäre zufällige Prozesse, Moskau 1963).
(66) Rosanow, J. A., Wahrscheinlichkeitstheorie, 2. Aufl., Berlin 1972 (Übers. aus d. Russ.).
(67) Saaty, T., Elements of queueing theory with applications, New York 1961 (russ. Übersetzung Moskau 1971).
(68) Sachs, L., Angewandte Statistik, 4. neubearb. u. erw. Auflage, Berlin 1974.
(69) Schaafsma, A. H., und F. G. Willemze, Moderne Qualitätskontrolle, 7. Aufl., Hamburg 1973.
(70) Scheffé, H., Analysis of variance, New York 1959 (russ. Übers. Moskau 1963).
(71) Schindowski, E., und O. Schürz, Statistische Qualitätskontrolle, Kontrollkarten und Stichprobenpläne, 6. Aufl., Berlin 1974.
(72) Schmetterer, L., Einführung in die mathematische Statistik, Wien 1966.
(73) Sewastjanow, B. A., Verzweigungsprozesse, Berlin 1974 (Übers. aus d. Russ.).
(74) Siegel, S., Nonparametric statistics for the behavioral sciences, London 1956.
(75) Скороход, А. В., Исследования по теории случайных процессов, Киев 1961 (Skorochod, A. W., Untersuchungen über die Theorie zufälliger Prozesse, Kiev 1961).
(76) Скороход, А. В., Случайные процессы с независимыми приращениями, Москва 1964 (Skorochod, A. W., Zufällige Prozesse mit unabhängigen Zuwächsen, Moskau 1964).

(77) SMIRNOW, N. W., und I. W. DUNIN-BARKOWSKI, Mathematische Statistik in der Technik, 3. Aufl., Berlin 1973 (Übersetzung aus dem Russischen).

(78) SPITZER, F., Principles of random walk, New York 1964.

(79) STANGE, K., Angewandte Statistik I, II, Berlin-Heidelberg-New York 1970.

(80) STORM, R., Wahrscheinlichkeitsrechnung, Mathematische Statistik und statistische Qualitätskontrolle, 6. Aufl., Leipzig 1976.

(81) Свешников, А, А., Прикладные методы теории случайных функций, Москва 1968 (SWESCHNIKOW, A. A., Angewandte Methoden der Theorie zufälliger Funktionen, Moskau 1968).

(82) UHLMANN, W., Statistische Qualitätskontrolle, Stuttgart 1966.

(83) VAN DER WAERDEN, B. L., Mathematische Statistik, 3. Aufl., Berlin-Heidelberg-New York 1971.

(84) VINCZE, I., Mathematische Statistik mit industriellen Anwendungen, Budapest 1971.

(85) WALD, A., Sequential analysis, London 1947.

(86) WALD, A., Statistical decisions functions, New York 1950.

(87) WASAN, M. T., Stochastic approximation, Cambridge 1969.

(88) WEBER, E., Grundriß der Biologischen Statistik, 7. Aufl., Jena 1973.

(89) WILKS, S. S., Mathematical statistics, New York 1962 (russ. Übersetzung Moskau 1967).

(91) WITTING, H., und G. NÖLLE, Angewandte Mathematische Statistik, Stuttgart-Leipzig 1970.

(T 1) Большев, Л. Н,, и Н. В. Смирнов, Таблицы математической статистики, Москва 1965 (BOLSCHEW, L. N., und N. W. SMIRNOW, Tabellen der mathematischen Statistik, Moskau 1965)

(T 2) FISHER, R. A., und F. YATES, Statistical tables for biological, agricultural and medical research, 6. Aufl., London-Edinburgh 1963.

(T 3) GRAF, U., und H. J. HENNING, Formeln und Tabellen der mathematischen Statistik, 2. Aufl.,Berlin 1966.

(T 4) HALD, A., Statistical tables and formulas, New York 1952.

(T 5) JANKÓ, J., Statistické tabulky, Praha 1958.

(T 6) KOLLER, S., Graphische Tafeln zur Beurteilung statistischer Zahlen, Darmstadt 1953.

(T 7) MÜLLER, P. H., P. NEUMANN und R. STORM, Tafeln der mathematischen Statistik, Leipzig 1973.

(T 8) OWEN, D. B., Handbook of statistical tables, Reading (Mass.) 1962.

(T 10) PEARSON, K., Tables of the incomplete beta-function, 2. Aufl., Cambridge 1968.

(T 10) PEARSON, K., Tables of the incomplete gamma-function, London 1946.

(T 11) PEARSON, E. S., und H. O. HARTLEY, Biometrika tables for statisticians, I (3. Aufl.) und II Cambridge 1966 und 1972.

(T 12) ROMIG, H. G., 50—100 binomial tables, New York 1953.

(T 13) Tablice statystyczne, Warszawa 1972.

(T 14) Таблицы нормального интеграла вероятностей, нормадьной плотности и ее нормированных производных (Tafeln der Normalverteilung und ihrer Ableitungen, Moskau 1960).

(T 15) WETZEL, W., M.-D. JÖHNK und P. NAEVE, Statistische Tabellen, Berlin 1967.

(T 16) ZIMMERMANN, K. F., Tabellen, Formeln und Fachausdrücke der Variationsstatistik, Berlin 1959.

Stichwortverzeichnis in Englisch

abbreviated discriminant analysis	verkürzte Diskriminanzanalyse
absolute distribution of a Markov process	absolute Verteilung eines MARKOVschen Prozesses
absolute frequency	absolute Häufigkeit
absolutely continuous measure	absolutstetiges Maß
absolute moment	absolutes Moment
absorbing state of a homogeneous Markov chain	absorbierender Zustand einer homogenen MARKOVschen Kette
acceptable quality level	Gutgrenze
activ redundancy	heiße Reserve
adjustment analysis	Bereinigungsverfahren
admissible decision function	zulässige Entscheidungsfunktion
aggregative index	Aggregatindex
algebra of events	Ereignisalgebra
algebra (of sets)	Algebra (von Mengen)
almost all	fast alle
almost everywhere	fast überall
almost impossible event	fast unmögliches Ereignis
almost invariant set relative to a measurable transformation	fast invariante Menge bez. einer meßbaren Transformation
almost sure	fast sicher
almost sure event	fast sicheres Ereignis
alternating renewal process	alternierender Erneuerungsprozeß
alternative hypothesis	Alternativhypothese
analysis of covariance	Kovarianzanalyse
analysis of time series	Zeitreihenanalyse
analysis of variance	Streuungszerlegung, Varianzanalyse
aperiodic state of a homogeneous Markov chain	aperiodischer Zustand einer homogenen MARKOVschen Kette
arc-sine law	Arcussinus-Gesetz
arithmetic distribution	arithmetische Verteilung
arithmetic mean	arithmetisches Mittel
ASN-function	ASN-Funktion
asymptotically constant	asymptotisch konstant
asymptotically efficient sequence of point estimations	asymptotisch effektive Folge von Punktschätzungen
asymptotically equivalent sequences of random variables	asymptotisch äquivalente Folgen von Zufallsgrößen
asymptotically normal distributed	asymptotisch normalverteilt

asymptotically unbiased estimating function	asymptotisch erwartungstreue Schätzfunktion
asymptotic efficiency of a sequence of tests	asymptotische Wirksamkeit einer Folge von Tests
asymptotic efficiency of point estimations	asymptotische Wirksamkeit von Punktschätzungen
asymptotic properties of sequences of random variables	asymptotische Eigenschaften von Folgen von Zufallsgrößen
atomic event	atomares Ereignis
autocorrelation function	Autokorrelationsfunktion
autocovariance function	Autokovarianzfunktion
autoregressive integrated model of moving averages	autoregressives integriertes Modell der gleitenden Mittel
autoregressive integrated moving average process	autoregressiver integrierter Prozeß der gleitenden Mittel
autoregressive model	autoregressives Modell
autoregressive moving average model	autoregressives Modell der gleitenden Mittel
autoregressive moving average process	autoregressiver Prozeß der gleitenden Mittel
autoregressive process	autoregressiver Prozeß
axiom of continuity of the probability measure	Stetigkeitsaxiom des Wahrscheinlichkeitsmaßes
balanced design	balanzierter Versuchsplan
Bartlett's test	BARTLETT-Test
Bayes' decision function	BAYESsche Entscheidungsfunktion
Bayes' formula	BAYESsche Formel
Bayes' risk	BAYESsches Risiko
Behrens-Fisher problem	BEHRENS-FISHER-Problem
Bellman equation	BELLMANsche Gleichung
Bellman principle	BELLMANsches Prinzip
bell-shaped curve	Glockenkurve
Bernoulli distribution	BERNOULLIsche Verteilung
Bernoulli's law of large numbers	BERNOULLIsches Gesetz der großen Zahlen
Bernoulli trials	BERNOULLI-Schema
Bernoulli variable	BERNOULLIsche Variable
Bernstein's inequalities	BERNSTEINsche Ungleichungen
Bertrand's paradoxon	BERTRANDsches Paradoxon
best linear unbiased estimation	beste lineare erwartungstreue Schätzung
beta distributions	Betaverteilungen
beta function	Beta-Funktion
bias	Bias
bimodal distribution function	bimodale Verteilungsfunktion
binomial distribution	Binomialverteilung (BERNOULLIsche Verteilung)
binomial distribution, generalized	Binomialverteilung, verallgemeinerte
binomial probability paper	Binomialpapier

biometrics	Biometrie
birth-and-death process	Geburts- und Todesprozeß
Blackwell's theorem	Blackwell, Theorem von
Boltzmann statistic	Boltzmann-Statistik
Boolean algebra	Boolesche Algebra
Borel-Cantelli lemma	Borel-Cantellisches Lemma
Borel-measurable function	Borel-meßbare Funktion
Borel sets	Borel-Mengen
Bose-Einstein statistic	Bose-Einstein-Statistik
branching process	Verzweigungsprozeß
Brownian motion	Brownsche Bewegung
Camp-Meidell inequality	Camp-Meidell-Ungleichung
Cantelli's inequalities	Cantellische Ungleichungen
Cauchy distribution	Cauchy-Verteilung
Cauchy process	Cauchy-Prozeß
censoration	Zensorierung
centralized random variable	zentrierte Zufallsgröße
central limit theorem	zentraler Grenzwertsatz
central moment	zentrales Moment
central sample moment	zentrales Stichprobenmoment
certain event	sicheres Ereignis
chains with complete connections	Ketten mit vollständigen Bindungen
channel	Kanal
Chapman-Kolmogorov equation	Chapman-Kolmogorovsche Gleichung
characteristic exponent of a stable distribution	charakteristischer Exponent eines stabilen Verteilungstyps
characteristic function	charakteristische Funktion
characteristic functional	charakteristisches Funktional
χ-distribution	χ-Verteilung
χ^2-distribution (Helmert-Pearson distribution)	χ^2-Verteilung (Helmert-Pearson-Verteilung)
χ^2-test	χ^2-Test
χ^2-test of goodness of fit	χ^2-Anpassungstest
χ^2-test of homogeneity	χ^2-Homogenitätstest
χ^2-test of independence	χ^2-Unabhängigkeitstest
χ^2-test of variances	χ^2-Streuungstest
class frequency	Klassenhäufigkeit
classical definition of the probability	klassische Definition der Wahrscheinlichkeit
Cochran test	Cochran-Test
code	Code
coefficient of concordance	Konkordanzkoeffizient
coefficient of determination	Bestimmtheitsmaß
coefficient of non-determination	Unbestimmtheitsmaß
coefficient of variation	Variationskoeffizient
coefficients of multiple correlation	multiple Korrelationskoeffizienten
coefficients of multiple regression	multiple Regressionskoeffizienten

coefficients of multiple regression of a sample	multiple Stichprobenregressionskoeffizienten
communicated states of a Markov chain	verbundene Zustände einer MARKOVschen Kette
comparison of two probabilities	Vergleich zweier Wahrscheinlichkeiten
compatibility condition of Kolmogorov	Verträglichkeitsbedingung von KOLMOGOROV
complementary event	komplementäres Ereignis
complete measure space	vollständiger Maßraum
complete probability space	vollständiger Wahrscheinlichkeitsraum
complex random variable	komplexe Zufallsgröße
complex random vector	komplexer zufälliger Vektor
composite distributions	zusammengesetzte Verteilungen
composite hypothesis	zusammengesetzte Hypothese
compressible measurable transformation	kompressible meßbare Transformation
concrete sample	konkrete Stichprobe
conditional distribution function	bedingte Verteilungsfunktion
conditional entropy	bedingte Entropie
conditional expectation	bedingte Erwartung
conditional expected value	bedingter Erwartungswert
conditional probability density	bedingte Wahrscheinlichkeitsdichte
conditional probability distribution	bedingte Wahrscheinlichkeitsverteilung
conditional probability measure	bedingtes Wahrscheinlichkeitsmaß
conditional probability of an event	bedingte Wahrscheinlichkeit eines Ereignisses
condition of reparametrization	Reparametrisierungsbedingung
confidence coefficient	Konfidenzkoeffizient
confidence estimation	Konfidenzschätzung
confidence estimation for an unknown distribution function	Konfidenzschätzung für eine unbekannte Verteilungsfunktion
confidence interval	Konfidenzintervall, Vertrauensintervall
confidence intervals for an unknown probability	Konfidenzintervalle für eine unbekannte Wahrscheinlichkeit
confidence intervals for mean and dispersion of the normal distribution	Konfidenzintervalle für Erwartungswert und Streuung der Normalverteilung
confidence level	Konfidenzniveau
confidence limit	Konfidenzgrenze, Vertrauensgrenze
confidence probability	Sicherheitswahrscheinlichkeit, statistische Sicherheit
confidence region	Bereichsschätzung
congruency method	Kongruenzmethode
conservative measurable transformation	konservative meßbare Transformation
consistent sequence of estimating functions	konsistente Folge von Schätzfunktionen
consistent sequence of tests	konsistente Folge von Tests
contagious distribution	Ansteckungsverteilung
contingency table	Kontingenztafel
continuity of stochastic processes	Stetigkeit stochastischer Prozesse
continuous flow	kontinuierliche Strömung

continuous random variable	stetige Zufallsgröße
continuous random vector	stetiger zufälliger Vektor
continuous uniform distribution	stetige gleichmäßige Verteilung
control chart	Kontrollkarte
control chart techniques	Kontrollkartentechnik
controllable stochastic process	steuerbarer stochastischer Prozeß
controlled stochastic process	gesteuerter stochastischer Prozeß
control limit	Kontrollgrenze
control parameter	Steuerparameter
control variable	Steuervariable
convergence almost certainly	Konvergenz fast sicher
	Konvergenz mit Wahrscheinlichkeit Eins
convergence in p-th mean	Konvergenz im p-ten Mittel
convergence in probability	Konvergenz in Wahrscheinlichkeit
convergence in variation	Konvergenz in Variation
convolution	Faltung
corner test	Eckentest
Cornish-Fisher expansion	CORNISH-FISHER-Entwicklung
correlated random variables	korrelierte Zufallsgrößen
correlation	Korrelation
correlation analysis	Korrelationsanalyse
correlation coefficient	Korrelationskoeffizient
correlation function	Korrelationsfunktion
correlation matrix	Korrelationsmatrix
correlation ratio	Korrelationsverhältnis
correlation table	Korrelationstabelle
correlogram	Korrelogramm
covariance	Kovarianz
covariance function	Kovarianzfunktion
covariance functional	Kovarianzfunktional
covariance matrix	Kovarianzmatrix
Cramér-Smirnov test	CRAMÉR-SMIRNOV-Test
Cramér's condition	CRAMÉRsche Bedingung
critical region	kritischer Bereich
cross classification	Kreuzklassifikation
cross correlation function	Kreuzkorrelationsfunktion
cross covariance function	Kreuzkovarianzfunktion
crowth process	Wachstumsprozeß
cumulant function	Kumulantenfunktion
cumulants	Kumulanten
cumulative frequency	Summenhäufigkeit
curvilinear regression	curvilineare Regression
cyclic subclass of states	zyklische Unterklasse von Zuständen
cylinder sets	Zylindermengen
death process	Todesprozeß
decentile	Dezentil
decision	Entscheidung

decision function	Entscheidungsfunktion
decision process	Entscheidungsprozeß
decision space	Entscheidungsraum
decision theory (statistical)	Entscheidungstheorie (statistische)
decreasing semi-martingale	fallendes Halb-Martingal
degenerated distribution	ausgeartete Verteilung Einpunktverteilung entartete Verteilung uneigentliche Verteilung
density function	Dichtefunktion
density of a marginal distribution	Randverteilungsdichte
deranging parameters	störende Parameter
derivation of a generalized stochastic process	Ableitung eines verallgemeinerten stochastischen Prozesses
determinant	Determinante
differentiability of stochastic processes	Differenzierbarkeit stochastischer Prozesse
differential equations of Kolmogorov	KOLMOGOROVsche Differentialgleichungen
differential game of pursuit	Differential-Verfolgungsspiel
diffusion coefficient	Diffusionskoeffizient
diffusion process	Diffusionsprozeß
diffusion theory	Diffusionstheorie
dimension of a probability distribution	Dimension einer Wahrscheinlichkeitsverteilung
Dirichlet distribution	DIRICHLET-Verteilung
discrete random variable	diskrete Zufallsgröße
discrete random vector	diskreter zufälliger Vektor
discrete uniform distribution	diskrete gleichmäßige Verteilung
discriminance analysis	Diskriminanzanalyse (Trennverfahren)
discriminance function	Diskriminanzfunktion Trennfunktion
discriminatory analysis	Diskriminanzanalyse (Trennverfahren)
disjoint decomposition of the certain event	disjunkte Zerlegung des sicheren Ereignisses
disjoint sets	disjunkte Mengen
dispersion	Dispersion Streuung
dispersion matrix	Streuungsmatrix
dissipative measurable transformation	dissipative meßbare Transformation
distribution	Verteilung
distribution-free test	verteilungsfreier Test
distribution function	Verteilungsfunktion
distribution function of a random variable	Verteilungsfunktion einer Zufallsgröße
distribution function of a random vector	Verteilungsfunktion eines zufälligen Vektors
distribution law (of a random variable)	Verteilungsgesetz (einer zufälligen Variablen)

distributions of extreme values	Extremwertverteilungen
distribution type	Verteilungstyp
Doeblin's condition	DOEBLINsche Bedingung
domain of attraction of a distribution function	Anziehungsbereich einer Verteilungsfunktion
dominante ergodic theorem	dominierender Ergodensatz
double exponential distribution	doppelte Exponentialverteilung
Duncan test	DUNCAN-Test
dynamic system	dynamisches System
Edgeworth series	EDGEWORTH-Reihe
efficiency	Effizienz Wirksamkeit
efficient estimation function	effektive Schätzfunktion
Eisenhart's classification	EISENHARTsche Klassifikation
element of reserve	Reserveelement
elementary event	Elementarereignis
empirical central moment	empirisches zentrales Moment
empirical correlation coefficient	empirischer Korrelationskoeffizient
empirical correlation function	empirische Korrelationsfunktion
empirical covariance	empirische Kovarianz
empirical covariance matrix	empirische Kovarianzmatrix
empirical dispersion	empirische Streuung
empirical distribution function	empirische Verteilungsfunktion
empirical excess	empirischer Exzeß
empirical initial moments	empirische Anfangsmomente
empirical mean square contingency	empirische mittlere quadratische Kontingenz
empirical median	empirischer Median
empirical mode	empirischer Modalwert empirischer Mode
empirical moment	empirisches Moment
empirical quantile	empirisches Quantil
empirical quartile	empirisches Quartil
empirical regression coefficient	empirischer Regressionskoeffizient
empirical skewness	empirische Schiefe
empirical standard deviation	empirische Standardabweichung
empirical variation coefficient	empirischer Variationskoeffizient
entropy of a dynamical system	Entropie eines dynamischen Systems
entropy of a random variable	Entropie einer Zufallsgröße
entropy of a trial	Entropie eines Versuchs
equivalence class of measurable functions	Äquivalenzklasse meßbarer Funktionen
equivalence (of measurable functions)	Äquivalenz (meßbarer Funktionen)
equivalent measures	äquivalente Maße
equivalent stochastic processes	äquivalente stochastische Prozesse
ergodic distribution of a Markov process	ergodische Verteilung eines MARKOVschen Prozesses
ergodic hypothesis	Ergodenhypothese

ergodic Markov process	ergodischer MARKOVscher Prozeß
ergodic measurable transformation	ergodische meßbare Transformation
ergodic theorem for stationary processes	Ergodensatz für stationäre Prozesse
ergodic theorems	Ergodensätze
ergodic theory	Ergodentheorie
Erlang distribution	ERLANG-Verteilung
Erlang's formula	ERLANGsche Formel
error of first kind	Fehler erster Art
error of second kind	Fehler zweiter Art
essential state	wesentlicher Zustand
estimate	Schätzwert
estimating function	Schätzfunktion
estimation region (concrete)	Schätzbereich (konkreter)
estimation theory	Schätztheorie
estimator	Schätzfunktion
event	Ereignis
excess	Exzeß
expectation vector	Erwartungswertvektor
expected value	Erwartungswert
expected value functional	Erwartungswertfunktional
experiment	Versuch
explosion of a process	Explosion eines Prozesses
exponential distribution	Exponentialverteilung
exponential family	Exponentialfamilie
extrapolation of a stationary process	Extrapolation eines stationären Prozesses
extremal correlation	extremale Korrelation
factor analysis	Faktoranalyse
factorial moment generating function	faktorielle momenterzeugende Funktion
factorial moment	faktorielles Moment
failure freedom	Ausfallfreiheit
failure intensity	Ausfallintensität
failure rate	Ausfallrate
family	Familie
Feller-Arley process	FELLER-ARLEY-Prozeß
Fermi-Dirac statistic	FERMI-DIRAC-Statistik
fictive state of a Markov chain	fiktiver Zustand einer MARKOVschen Kette
fiducial estimation	fiduziale Schätzung
fields of events and probability algebras	Ereignisfelder und Wahrscheinlichkeitsalgebren
filtration	Filtration
finite-dimensional distributions of a stochastic process	endlichdimensionale Verteilungen eines stochastischen Prozesses
finite homogeneous Markov chain	endliche homogene MARKOVsche Kette
finite Markov chain	endliche MARKOVsche Kette
finite measure	endliches Maß
	finites Maß

finite moving average process	Prozeß der endlichen gleitenden Mittel
Fisher's F-distribution	FISHERsche F-Verteilung
Fisher's information	FISHERsche Information
Fisher's test of linearity	Linearitätstest von FISHER
Fisher's z-distribution	FISHERsche z-Verteilung
Fisher-Yates test	FISHER-YATES-Test
flow	Strömung
flow line	Stromlinie
formula of the total probability	totale Wahrscheinlichkeit, Formel der
fourfold table	Vierfeldertafel
fractile	Fraktil
frequency	Häufigkeit
frequency polygon	Häufigkeitspolygon
frequency table	Häufigkeitstabelle
Friedman test	FRIEDMAN-Test
F-test	F-Test
function	Funktion
functions of a random variable	Funktionen einer Zufallsgröße
functions of a random vector	Funktionen eines zufälligen Vektors
gain function of a game	Gewinnfunktion eines Spiels
game with complete information	Spiel mit vollständiger Information
gamma distribution	Gammaverteilung
gamma function	Gamma-Funktion
Gauss distribution	GAUSSsche Verteilung
Gaussian process	GAUSSscher Prozeß
Gauss inequality	GAUSSsche Ungleichung
Gauss-Markov estimation	GAUSS-MARKOV-Schätzung
Gauss-Winckler inequality	GAUSS-WINCKLER-Ungleichung
generalized binomial distribution	verallgemeinerte Binomialverteilung
generalized gamma distribution	verallgemeinerte Gammaverteilung
generalized stochastic process	verallgemeinerter stochastischer Prozeß
general regression	allgemeine Regression
general renewal process	allgemeiner Erneuerungsprozeß
generating function	erzeugende Funktion
geometric distribution	geometrische Verteilung
geometric mean	geometrisches Mittel
geometric probability	geometrische Wahrscheinlichkeit
Glivenko theorem	GLIWENKO, Satz von Hauptsatz der mathematischen Statistik
global limit theorems	globale Grenzwertsätze
graeco-latin square	griechisch-lateinisches Quadrat
Gram-Charlier series	GRAM-CHARLIER-Reihe
half-invariants	Halbinvarianten
harmonic analysis of a stationary process	harmonische Analyse eines stationären Prozesses
Helmert-Pearson distribution	HELMERT-PEARSON-Verteilung
hierarchical classification	hierarchische Klassifikation

histogram	Histogramm Staffelbild
homogeneous Markov process	homogener MARKOVscher Prozeß
homogeneous stochastic field	homogenes zufälliges Feld
Hotelling's test	HOTELLING-Test
Hotelling's T^2-distribution	HOTELLINGS T^2-Verteilung
hypergeometric distribution	hypergeometrische Verteilung
hypothesis, statistical	Hypothese, statistische
identically distributed	identisch verteilt
impossible event	unmögliches Ereignis
incompatible events	unvereinbare Ereignisse
incomplete beta function	unvollständige Beta-Funktion
incomplete gamma function	unvollständige Gamma-Funktion
incompressible measurable transformation	inkompressible meßbare Transformation
independence of events	Unabhängigkeit von Ereignissen
independence of random variables	Unabhängigkeit zufälliger Variabler
independence of σ-algebras	Unabhängigkeit von σ-Algebren
independence of stochastic processes	Unabhängigkeit stochastischer Prozesse
index	Index
index number	Indexzahl
index set	Indexmenge
indicator function	Indikatorfunktion
indicator of a random event	Indikator eines zufälligen Ereignisses
individual ergodic theorem	individueller Ergodensatz
inequalities in the probability theory	Ungleichungen in der Wahrscheinlichkeitstheorie
inequality of Camp-Meidell	CAMP-MEIDELL-Ungleichung
inequality of Rao-Cramér	RAO-CRAMÉRsche Ungleichung
inequality of Rao-Cramér-Fréchet-Darmois	Ungleichung von RAO-CRAMÉR-FRÉCHET-DARMOIS
inessential state	unwesentlicher Zustand
infinite recurrent measurable transformation	unendlich rekurrente meßbare Transformation
infinitely divisible	unbeschränkt teilbar
infinitesimal	infinitesimal
infinitesimal differential operator	infinitesimaler Differentialoperator
infinitesimal operator	infinitesimaler Operator
information	Information
information content	Informationsinhalt
information gain	Informationsgewinn
information source	Informationsquelle Nachrichtenquelle
information theory	Informationstheorie
information transmitting channel	Nachrichtenübertragungskanal
information transmitting system	Nachrichtenübertragungssystem
initial distribution of a Markov process	Anfangsverteilung eines MARKOVschen Prozesses

initial moment	Anfangsmoment
input (of a queueing system)	Kundenstrom
inspection by attributes	Attributprüfung
instable state of a Markov chain	instabiler Zustand einer Markovschen Kette
integrable function	integrierbare Funktion
integral	Integral
integral representation of a process of second order	Integraldarstellung eines Prozesses zweiter Ordnung
integration of stochastic processes	Integration stochastischer Prozesse
integration relative to a random measure	Integration bez. eines zufälligen Maßes
intensities	Intensitäten
interpolation of a stationary process	Interpolation eines stationären Prozesses
invariant measure	invariantes Maß
invariant set relative to a measurable transformation	invariante Menge bez. einer meßbaren Transformation
inverse function	Umkehrfunktion
irreducible Markov chain	irreduzible Markovsche Kette
isomorphic dynamic systems	isomorphe dynamische Systeme
isomorphism invariants of dynamic systems	Isomorphieinvarianten dynamischer Systeme
isomorphism theorem of M. H. Stone	Isomorphiesatz von M. H. Stone
isotropic random field	isotropes zufälliges Feld
iteration	Iteration
iteration theory	Iterationstheorie
joint distribution function (of random variables)	gemeinsame Verteilungsfunktion (von Zufallsgrößen)
joint probability density (of random variables)	gemeinsame Wahrscheinlichkeitsdichte (von Zufallsgrößen)
joint probability distribution (of random variables)	gemeinsame Wahrscheinlichkeitsverteilung (von zufälligen Variablen)
Karhunen representation of a process of second order	Karhunen-Darstellung eines Prozesses zweiter Ordnung
Kendall's coefficient of concordance	Kendallscher Konkordanzkoeffizient
Kendall's rank correlation coefficient	Kendallscher Rangkorrelationskoeffizient
Kiefer-Wolfowitz process	Kiefer-Wolfowitz-Prozeß
Kolmogorov axiom system	Kolmogorovsches Axiomensystem
Kolmogorov distribution	Kolmogorov-Verteilung
Kolmogorov-Sinai invariant	Kolmogorov-Sinai-Invariante
Kolmogorov's inequality	Kolmogorovsche Ungleichung
Kolmogorov-Smirnov test	Kolmogorov-Smirnov-Test
Kolmogorov's three series theorem	Kolmogorovscher Dreireihensatz
Kolmogorov test	Kolmogorov-Test
Kotelnikov's theorem	Satz von Kotelnikov
Kruskal-Wallis test	Kruskal-Wallis-Test

k-samples problem	k-Stichprobenproblem
kurtosis	Wölbung
Laplace distribution	Laplace-Verteilung
latin square	lateinisches Quadrat
lattice constant of a lattice distribution	Gitterkonstante einer gitterförmigen Verteilung
lattice distribution	gitterförmige Verteilung
law of large numbers	Gesetz der großen Zahlen
law of small numbers	Gesetz der kleinen Zahlen
law of the iterated logarithm	Gesetz des iterierten Logarithmus
L-distribution	L-Verteilung
least squares method	Methode der kleinsten Quadrate
Lebesgue integrable function	Lebesgue-integrierbare Funktion
Lebesgue integral	Lebesgue-Integral
Lebesgue measurable set	Lebesgue-meßbare Menge
Lebesgue measure	Lebesguesches Maß
Lebesgue spaces	Lebesguesche Räume
length of queue	Warteschlangenlänge
level of error	Irrtumswahrscheinlichkeit
level of significance	Signifikanzniveau
Lévy distribution	Lévy-Verteilung
Lévy-Khinchine representation of an infinitely divisible probability distribution	Lévy-Chintschin-Darstellung einer unbegrenzt teilbaren Wahrscheinlichkeitsverteilung
lifetime	Lebensdauer
likelihood function	Likelihood-Funktion
likelihood ratio	Likelihood-Quotient
likelihood ratio test	Likelihood-Quotienten-Test
limits of sequences of sets	Limites von Mengenfolgen
limit theorem of de Moivre-Laplace	Grenzwertsatz von de Moivre-Laplace
limit theorem of Poisson	Grenzwertsatz von Poisson
limit theorems	Grenzwertsätze
limit theorems for large deviations	Grenzwertsätze für Wahrscheinlichkeiten großer Abweichungen
Lindeberg condition	Lindebergsche Bedingung
linear birth process	linearer Geburtsprozeß
linear contrast	linearer Kontrast
linear hypothesis	lineare Hypothese
linear models	lineare Modelle
linear point estimation	lineare Punktschätzung
linear process	linearer Prozeß
linear regression	lineare Regression
linear regression function	lineare Regressionsfunktion
Ljapunov's condition	Ljapunovsche Bedingung
Ljapunov's fraction	Ljapunovscher Bruch
Ljapunov's inequality	Ljapunovsche Ungleichung
local limit theorems	lokale Grenzwertsätze
location parameter	Lageparameter

logarithmic normal distribution	logarithmische Normalverteilung
logistic curve	logistische Kurve
logistic distribution	logistische Verteilung
logistic trend	logistischer Trend
loss function	Verlustfunktion
loss probability	Verlustwahrscheinlichkeit
loss system	Verlustsystem
lot tolerance fraction defective	Schlechtgrenze
lower (pure) value of a game	unterer (reiner) Wert eines Spiels
Mahalanobis' distance	MAHALANOBISscher Abstand
Mahalanobis' generalized distance	verallgemeinerter Abstand von MAHALANOBIS
main theorem of renewal theory	Hauptsatz der Erneuerungstheorie
Mann-Whitney test	MANN-WHITNEY-Test
mapping	Abbildung
marginal distribution	Randverteilung
marginal distribution function	Randverteilungsfunktion
Markov chain	MARKOVsche Kette
Markov distribution	MARKOVsche Verteilung
markovian controllable process	MARKOVscher steuerbarer Prozeß
markovian controlled process	MARKOVscher gesteuerter Prozeß
markovian strategy	MARKOVsche Strategie
Markov inequality	MARKOVsche Ungleichung
Markov process	MARKOVscher Prozeß
Markov process of order m	MARKOVscher Prozeß m-ter Ordnung
Markov property	MARKOVsche Eigenschaft
Markov time	MARKOVsche Zeit
martingale	Martingal
matrix	Matrix
maximum ergodic theorem	maximaler Ergodensatz
maximum-likelihood equations	Maximum-Likelihood-Gleichungen
maximum-likelihood estimator	Maximum-Likelihood-Schätzung
maximum-likelihood method	Maximum-Likelihood-Methode
maximum-likelihood ratio test	Maximum-Likelihood-Quotienten-Test
Maxwell-Boltzmann statistic	MAXWELL-BOLTZMANN-Statistik
Maxwell distribution	MAXWELL-Verteilung
McNemar test	MCNEMAR-Test
Mealy automaton	MEALY-Automat
mean ergodic theorem	Mittelergodensatz
mean function	Erwartungswertfunktion
mean function of a stochastic process	Erwartungswertfunktion eines stochastischen Prozesses
mean life (time)	Lebensdauer, mittlere
means	Mittelwerte
mean square contingency	Kontingenz, mittlere quadratische
mean square convergence	Konvergenz im quadratischen Mittel
mean square deviation	mittlere quadratische Abweichung

measurable function	meßbare Funktion
measurable mapping	meßbare Abbildung
measurable set	meßbare Menge
measurable space	meßbarer Raum
measurable stochastic process	meßbarer stochastischer Prozeß
measurable transformation	meßbare Transformation
measure	Maß
measure preserving measurable transformation	maßtreue meßbare Transformation
measures of dispersion	Streuungsmaße
measure space	Maßraum
medial test	Medialtest Quadrantentest
median	Median
median test	Mediantest
median value	Zentralwert
method of link-relatives	Gliedziffernmethode
method of moments	Momentenmethode
metrical transitive measurable transformation	metrische transitive meßbare Transformation
mid-square method	Quadratmittenmethode
minimal sufficient estimator	minimale hinreichende Schätzfunktion
minimax decision function	Minimax-Entscheidungsfunktion
minimax inequality	Minimax-Ungleichung
minimax strategy	Minimax-Strategie
minimum χ^2-method	Minimum-χ^2-Methode
mixed distribution	Mischverteilung
mixed game	gemischtes Spiel
mixed strategy	gemischte Strategie
mixed strategy of a player	gemischte Strategie eines Spielers
mixture (of distributions)	Mischung von Verteilungen
mixture (of flows)	Mischung (bei Strömungen)
modal value	Modalwert
mode	Dichtemittel Mode
modes of convergence for sequences of probability distributions	Konvergenzarten für Folgen von Wahrscheinlichkeitsverteilungen
modes of convergence for sequences of random variables	Konvergenzarten für Folgen zufälliger Variabler
modified renewal process	modifizierter Erneuerungsprozeß
moment generating function	momenterzeugende Funktion
moments	Momente
Monte-Carlo method	Monte-Carlo-Methode
Monte-Carlo simulation	Monte-Carlo-Simulation
Moore automaton	MOORE-Automat
most efficient estimating function	wirksamste Schätzfunktion
moving averages	gleitende Mittel
multimodal distribution function	multimodale Verteilungsfunktion

multinomial distribution	Multinomialverteilung
	Polynomialverteilung
multiple classification	mehrfache Klassifikation
multiple comparisons of means	multiple Mittelwertvergleiche
multiple regression	mehrfache Regression
	multiple Regression
multivariate statistics	multivariate Statistik
n-dimensional stochastic process	n-dimensionaler stochastischer Prozeß
necessary estimating function	notwendige Schätzfunktion
negative binomial distribution	negative Binomialverteilung
negative correlated random variables	negativ korrelierte Zufallsgrößen
negative (linear) regression	negative (lineare) Regression
Newman-Keuls test	NEWMAN-KEULS-Test
noisy channel	gestörter Kanal
non-central χ^2-distribution	nichtzentrale χ^2-Verteilung
non-central F-distribution	nichtzentrale F-Verteilung
non-centrality parameter	Nichtzentralitätsparameter
non-central t-distribution	nichtzentrale t-Verteilung
non-parametric test	nichtparametrischer Test
	parameterfreier Test
non-randomized test	nichtrandomisierter Test
normal distribution	Normalverteilung
normal equations (simultaneous regression equations)	Normalgleichungen
normal form of a k-person game	Normalform eines k-Personenspiels
normed random variable	normierte Zufallsgröße
null hypothesis	Nullhypothese
null-recurrent state	null-rekurrenter Zustand
null set	Nullmenge
observation function	Kennfunktion
observation process	Beobachtungsprozeß
OC-curve	OC-Funktion
ω^2-test	ω^2-Test
one-sided test	einseitiger Test
one-to-one function	eineindeutige Funktion
operating characteristic	Operationscharakteristik
optimum strategy of a player	optimale Strategie eines Spielers
optimum stratified sample	optimale geschichtete Stichprobe
ordered sample	geordnete Stichprobe
	Positionsstichprobe
ordered sample function	Positionsstichprobenfunktion
ordered series	Variationsreihe
order statistic	Ranggröße
orthogonal random measure	orthogonales zufälliges Maß
orthogonal regression	orthogonale Regression
outlier	Ausreißer

parabolic regression	parabolische Regression
parabolic regression function	parabolische Regressionsfunktion
parameter of a (probability) distribution	Parameter einer (Wahrscheinlichkeits-) Verteilung
parameter vector	Parametervektor
parametric test	Parametertest
Pareto distribution	PARETO-Verteilung
partial correlation coefficient	partieller Korrelationskoeffizient
partial rank correlation coefficients	partielle Rangkorrelationskoeffizienten
partial regression coefficient	partieller Regressionskoeffizient
partial regression coefficient of a sample	partieller Stichprobenregressionskoeffizient
Pascal distribution	PASCAL-Verteilung
Pearson distributions	PEARSONsche Verteilungen
percentile	Perzentil
periodic fluctuations	periodische Schwankungen
periodic state	periodischer Zustand
period of a state	Periode eines Zustandes
periodogram	Periodogramm
phase space of a stochastic process	Phasenraum eines stochastischen Prozesses
planning of experiments (statistical)	Versuchsplanung, statistische
point estimation	Punktschätzung
point process	Punktprozeß
Poisson distribution	POISSON-Verteilung
Poisson process	POISSONscher Prozeß
Pólya distribution	PÓLYA-Verteilung
Pólya-Lundberg process	PÓLYA-LUNDBERG-Prozeß
population	Grundgesamtheit
position parameter	Lageparameter
positive correlated random variables	positiv korrelierte Zufallsgrößen
positive (linear) regression	positive (lineare) Regression
positive recurrent state	positiv-rekurrenter Zustand
posterior probability	a-posteriori-Wahrscheinlichkeit
potential theory and Markov processes	Potentialtheorie und MARKOVsche Prozesse
powerful confidence estimation	trennscharfe Konfidenzschätzung
powerful test	trennscharfer Test
power function	Gütefunktion Machtfunktion
power of a test	Macht eines Tests
prior distribution	a-priori-Verteilung
prior probability	a-priori-Wahrscheinlichkeit
probabilities of large deviations	Wahrscheinlichkeiten großer Abweichungen
probability algebra	Wahrscheinlichkeitsalgebra
probability density function	Wahrscheinlichkeitsdichte Verteilungsdichte
probability distribution	Wahrscheinlichkeitsverteilung

probability measure	Wahrscheinlichkeitsmaß
probability of an event	Wahrscheinlichkeit eines Ereignisses
probability paper	Wahrscheinlichkeitspapier
	Wahrscheinlichkeitsnetz
probability space	Wahrscheinlichkeitsraum
probit analysis	Probitanalyse
problem of moments	Momentenproblem
problem of outliers	Ausreißerproblem
process of finite moving averages	Prozeß der endlichen gleitenden Mittel
process with independent increments	Prozeß mit unabhängigen Zuwächsen
process with orthogonal increments	Prozeß mit orthogonalen Zuwächsen
product measure	Produktmaß
product of sets	Produkt von Mengen
properties of second order	Eigenschaften zweiter Ordnung
proportional stratified sample	proportionale geschichtete Stichprobe
pseudo-random numbers	Pseudo-Zufallszahlen
pure strategy	reine Strategie
pure strategy of a player	reine Strategie eines Spielers
pure value of a game	reiner Wert eines Spiels
quadratic discriminance analysis	quadratische Diskriminanzanalyse
quantile	Quantil
quartile	Quartil
queueing theory	Warteschlangentheorie
Radon-Nikodym, theorem of	RADON-NIKODYM, Satz von
random digits	Zufallsziffern
random element	zufälliges Element
random ergodic theorem	zufälliger Ergodensatz
random event	zufälliges Ereignis
random experiment	Zufallsexperiment
random field	zufälliges Feld
random function	zufällige Funktion
randomized decision function	randomisierte Entscheidungsfunktion
randomized test	randomisierter Test
random measure	zufälliges Maß
random numbers	Zufallszahlen
random process	zufälliger Prozeß
random sample	mathematische Stichprobe
random sequence	zufällige Folge
random spectral measure	zufälliges Spektralmaß
random variable	zufällige Variable
	zufällige Veränderliche
	Zufallsgröße
random vector	zufälliger Vektor
range	Spannweite
rank	Rangzahl
rank correlation	Rangkorrelation
rank correlation analysis	Rangkorrelationsanalyse

rank correlation coefficient	Rangkorrelationskoeffizient
rank of a matrix	Rang einer Matrix
rank order test	Rangtest
Rayleigh distribution	RAYLEIGH-Verteilung
realization of a stochastic process	Realisierung eines stochastischen Prozesses
realizations	Realisierungen
rectangular distribution	Rechteckverteilung
recurrence theorem	Rekurrenzsatz
recurrence of flows	Wiederkehr (Rekurrenz) Strömungen
recurrent measurable transformation	rekurrente meßbare Transformation
recurrent process	rekurrenter Prozeß
recurrent state	rekurrenter Zustand
redundancy	warme Reserve Redundanz
regression	Regression
regression analysis	Regressionsanalyse
regression coefficients	Regressionskoeffizienten
regression curve	Regressionskurve
regression effect	Regressionseffekt
regression function	Regressionsfunktion
regression hyper-surfaces	Regressionshyperflächen
regression line	Regressionsgerade
regression of the first or second kind	Regression 1. bzw. 2. Art
regression surfaces	Regressionsflächen
regular stationary process	regulärer stationärer Prozeß
rejection region	Ablehnungsbereich
relative entropy	relative Entropie
relative frequency	relative Häufigkeit
reliability function	Zuverlässigkeitsfunktion
renewal density	Erneuerungsdichte
renewal function	Erneuerungsfunktion
renewal process (simple)	Erneuerungsprozeß (einfacher)
renewal theorem (elementary)	Erneuerungstheorem, elementares
renewal theory	Erneuerungstheorie
reservation	Reservierung
residual variance	Reststreuung
response degree	Wirkungsgrad
return time of a state	Rekurrenzzeit eines Zustandes
reward functional	Ertragsfunktional
ring (of sets)	Ring (von Mengen)
risc function	Risikofunktion
Robbins-Monro process	ROBBINS-MONRO-Prozeß
run test	Iterationstest
sample	Stichprobe
sample correlation coefficient	Stichprobenkorrelationskoeffizient
sample covariance matrix	Stichprobenkovarianzmatrix

sample dispersion	Stichprobenstreuung
sample function	Stichprobenfunktion
sample initial moments	Stichproben-Anfangsmomente
sample mean	Stichprobenmittel
sample median	Stichprobenmedian
sample moment	Stichprobenmoment
sample quantile	Stichprobenquantil
sample regression coefficients	Stichprobenregressionskoeffizienten
sample residual dispersion	Stichprobenreststreuung
sample space	Stichprobenraum
sample variable	Stichprobenvariable
sampling method	Stichprobenverfahren
sampling plan	Stichprobenplan
scale parameter	Skalenparameter
Scheffé method	S-Methode
Scheffé test	SCHEFFÉ-Test
seasonal variations	Saisonschwankungen
second order process	Prozeß zweiter Ordnung
semi-invariants	Halbinvarianten Semiinvarianten
semi-Markov process	semi-MARKOVscher Prozeß
semi-martingale	Halbmartingal
separable stochastic process	separabler stochastischer Prozeß
sequence	Folge
sequential analysis	Sequentialanalyse
sequential estimation	sequentielle Schätzung
sequential test	sequentieller Test
serial scheme	Serienschema
service discipline	Bedienungsorganisation
set of information of a game	Informationsmenge eines Spieles
set of separability	Separabilitätsmenge
Shannon entropy	SHANNONsche Entropie
Shannon inequality	SHANNONsche Ungleichung
shape	Profilmaß
shape parameter	Gestaltsparameter
Sheppard's correction	SHEPPARDsche Korrektur
shift parameter	Veschiebungsparameter
σ-algebra (of sets)	σ-Algebra (von Mengen)
σ-finite measure	σ-finites Maß
sign test	Zeichentest
similar test	ähnlicher Test
simple classification	einfache Klassifikation
simple function	einfache Funktion
simple hypothesis	einfache Hypothese
simple regression	einfache Regression
simple renewal process	einfacher Erneuerungsprozeß
simple t-test	einfacher t-Test
Simpson distribution	SIMPSON-Verteilung
singular measurable transformation	singuläre meßbare Transformation

singular stationary stochastic process	singulärer stationärer stochastischer Prozeß
size	Ausdehnungsmaß Umfang eines Tests
size of a sample	Umfang einer Stichprobe
skewness	Schiefe
Smirnov-test	Smirnov-Test
sojourn time	Verweilzeit
space of states of a stochastic process	Zustandsraum eines stochastischen Prozesses
Spearman's rank correlation coefficient	Spearmanscher Rangkorrelationskoeffizient
specific regression	spezielle Regression
spectral density of a stationary process	Spektraldichte eines stationären Prozesses
spectral function of a stationary process	Spektralfunktion eines stationären Prozesses
spectral invariants of dynamic systems	Spektralinvarianten dynamischer Systeme
spectral measure of a generalized stochastic process	Spektralmaß eines verallgemeinerten stochastischen Prozesses
spectral measure of a stationary process	Spektralmaß eines stationären Prozesses
spectral representation of a stationary process	Spektraldarstellung eines stationären Prozesses
spectral type of a dynamic system	Spektraltyp eines dynamischen Systems
square-mean properties	Quadrat-Mittel-Eigenschaften
stable Markov chain	stabile Markovsche Kette
stable process	stabiler Prozeß
stable sequences of random variables	stabile Folge von Zufallsgrößen
stable state of a Markov chain	stabiler Zustand einer Markovschen Kette
stable type of distribution	stabiler Verteilungstyp
standard deviation	Standardabweichung
standardized distribution	standardisierte Verteilung
standardized random variable	standardisierte Zufallsgröße
stand-by redundancy	kalte Reserve
state indicator	Zustandsanzeiger
stationary connected processes	stationär verbundene Prozesse
stationary distribution of a Markov process	stationäre Verteilung eines Markovschen Prozesses
stationary flow	stationäre Strömung
stationary point process	stationärer Punktprozeß
stationary process	stationärer Prozeß
stationary renewal process	stationärer Erneuerungsprozeß
stationary strategy	stationäre Strategie
statistic	Statistik
statistical decision theory	statistische Entscheidungstheorie
statistical ergodic theorem	statistischer Ergodensatz

statistical quality control	statistische Qualitätskontrolle
statistical tolerance region	statistischer Toleranzbereich
statistics of extreme values	Extremwertstatistik
statistics of Maxwell-Boltzmann, Bose-Einstein, Fermi-Dirac	Statistiken von MAXWELL-BOLTZMANN, BOSE-EINSTEIN, FERMI-DIRAC
statistics of stochastic processes	Statistik stochastischer Prozesse
step curve of the cumulative frequencies	Treppenkurve der Summenhäufigkeiten
Stieltjes'problem of moments	STIELTJESsches Momentenproblem
Stirling's formula	STIRLINGsche Formel
stochastic approximation	stochastische Approximation
stochastic automaton	stochastischer Automat
stochastic convergence	stochastische Konvergenz
stochastic differential equation	stochastische Differentialgleichung
stochastic dynamic programming	stochastische dynamische Optimierung
stochastic independence	stochastische Unabhängigkeit
stochastic integral	stochastisches Integral
stochastic matrix	stochastische Matrix
stochastic maximum principle	stochastisches Maximum-Prinzip
stochastic model	stochastisches Modell
stochastic modification	stochastische Modifikation
stochastic process	stochastischer Prozeß
stochastic process continuous almost sure	stochastischer Prozeß, fast sicher stetig
stochastic process continuous in probability	stochastisch stetiger Prozeß
stochastic process continuous in quadratic mean	stochastischer Prozeß, im quadratischen Mittel stetig
stochastic process continuous with probability one	stochastischer Prozeß, mit Wahrscheinlichkeit 1 stetig
stochastic process control	Steuerung stochastischer Prozesse
stochastic process differentiable almost sure	stochastischer Prozeß, fast sicher differenzierbar
stochastic process differentiable in quadratic mean	stochastischer Prozeß, im quadratischen Mittel differenzierbar
stochastic process differentiable with probability one	stochastischer Prozeß, mit Wahrscheinlichkeit 1 differenzierbar
stochastic process of second order	stochastischer Prozeß zweiter Ordnung
stochastic programming	stochastische Optimierung
stochastics	Stochastik
stopped process	gestoppter Prozeß
stopping of random processes	Stoppen stochastischer Prozesse
stopping rule	Stoppregel
stop-time	Stoppzeit
strategy	Strategie
stratified sample	geschichtete Stichprobe
strong law of large numbers	starkes Gesetz der großen Zahlen
strongly consistent sequence of estimating functions	stark konsistente Folge von Schätzfunktionen
strongly invariant set relative to a measurable transformation	streng invariante Menge bez. einer meßbaren Transformation

strongly Markov process	streng MARKOVscher Prozeß
strongly mixing measurable transformation	stark mischende meßbare Transformation
strong Markov process	stark MARKOVscher Prozeß
structure function	Strukturfunktion
studentized range	studentisierte Variationsbreite
Student's distribution	STUDENT-Verteilung
Student's test	STUDENT-Test
submartingale	Submartingal
success probability	Erfolgswahrscheinlichkeit
sufficient coordinate	hinreichende Koordinate
sufficient estimator	hinreichende Schätzfunktion
sufficient point estimation	erschöpfende Punktschätzung hinreichende Punktschätzung
supermartingale	Supermartingal
survivership function	Überlebensfunktion
symmetrical distribution	symmetrische Verteilung
symmetrical stable process	symmetrischer stabiler Prozeß
systematic error of a point estimation	systematischer Fehler einer Punktschätzung
systems with complete connections	Systeme mit vollständigen Bindungen
tables of random numbers	Zufallszahlentafeln
t-distribution	*t*-Verteilung
test	Test
testing of outliers	Ausreißertest
test of goodness of fit	Anpassungstest
test of homogeneity	Homogenitätstest
test of independence	Unabhängigkeitstest
test of randomness	Zufälligkeitstest
test of significance	Signifikanztest
test of symmetry (by Hemelrijk)	Symmetrie-Test (von HEMELRIJK)
test variable	Testgröße
theorems of coding	Codierungssätze
theorems of limiting distributions in probability theory	Grenzverteilungssätze in der Wahrscheinlichkeitstheorie
theorems of Shannon	SHANNONsche Sätze
theory of games	Spieltheorie
theory of queues	Bedienungstheorie
theory of reliability	Zuverlässigkeitstheorie
theory of testing	Testtheorie
three series theorem	Dreireihensatz
time series	Zeitreihe
T-invariant measure	*T*-invariantes Maß
T-method	*T*-Methode
tolerance estimation	Toleranzschätzung
topologic dynamic	topologische Dynamik
total correlation coefficient	totaler Korrelationskoeffizient

trajectories of a stochastic process	Trajektorien eines stochastischen Prozesses
transformation	Transformation
transient state	transienter Zustand
transition function	Übergangsfunktion
transition matrix	Übergangsmatrix
transition probability	Übergangswahrscheinlichkeit
translation formula for variance of Steiner	Verschiebungssatz von STEINER
translation parameter	Verschiebungsparameter
trend	Trend
triangular distribution (Simpson's distribution)	Dreieckverteilung (SIMPSON-Verteilung)
Tschebychev's inequality	TSCHEBYSCHEVsche Ungleichung
t-Test	*t*-Test
Tukey test	TUKEY-Test
two-by-two table	2×2-Tafel
two-person zero-sum game	Zweipersonen-Nullsummenspiel
two-point distribution	Zweipunktverteilung
two-sample problem	Zweistichprobenproblem
two-sample *t*-test	doppelter *t*-Test
two-sided test	zweiseitiger Test
two-way classification	Zweiwegklassifikation
type A (B) series of Gram-Charlier	GRAM-CHARLIER-Reihe
type of degenerated distributions	uneigentlicher Verteilungstyp
type of non-degenerated distributions	eigentlicher Verteilungstyp
type I error	Fehler erster Art
type II error	Fehler zweiter Art
unbiased confidence estimation	unverfälschte Konfidenzschätzung
unbiased estimating function	erwartungstreue Schätzfunktion unverzerrte Schätzfunktion
unbiased test	unverfälschter Test
uncorrelated random variables	unkorrelierte Zufallsgrößen
uniform distribution	gleichmäßige Verteilung
uniformly more powerful confidence estimation	gleichmäßig bessere Konfidenzschätzung
uniformly more powerful test	gleichmäßig besserer Test
uniformly most powerful confidence estimation	gleichmäßig beste Konfidenzschätzung
uniformly most powerful test	gleichmäßig bester Test
unimodal distribution function	unimodale Verteilungsfunktion
upper (pure) value of a game	oberer (reiner) Wert eines Spiels
urn models	Urnenmodelle
U-test	*U*-Test
value of a game	Wert eines Spiels
variables inspection	Variablenprüfung
variance	Varianz

variance analysis	Streuungszerlegung Varianzanalyse
variance component	Varianzkomponente
vector	Vektor
waiting system	Wartesystem
Wald-Wolfowitz test	WALD-WOLFOWITZ-Test
wandering set of a measurable transformation	wandernde Menge bez. einer meßbaren Transformation
weak law of large numbers	schwaches Gesetz der großen Zahlen
weakly consistent sequence of estimation functions	schwach konsistente Folge von Schätzfunktionen
weakly mixing measurable transformation	schwach mischende meßbare Transformation
Weibull distribution	WEIBULL-Verteilung
weight functions	Gewichtsfunktionen
Welch analysis	WELCH-Analyse
white noise	weißes Rauschen
Wiener measure	WIENERsches Maß
Wiener process	WIENERscher Prozeß
Wilcoxon test	WILCOXON-Test
Winsorisation	Winsorisation
Wishart distribution	WISHART-Verteilung
with probability one	mit Wahrscheinlichkeit Eins
Wold decomposition of a stationary process	WOLDsche Zerlegung eines stationären Prozesses
X-test	X-Test
Yates correction	YATESsche Korrektur
Yule-Furry process	YULE-FURRY-Prozeß
z-distribution	z-Verteilung
zero-one distribution	Null-Eins-Verteilung
zero-one law	Null-Eins-Gesetz
zero-sum game	Nullsummenspiel

Stichwortverzeichnis in Französisch

absence de défaillances	Ausfallfreiheit
algèbre booléenne	BOOLEsche Algebra
algèbre de probabilités	Wahrscheinlichkeitsalgebra
algèbre (des ensembles)	Algebra (von Mengen)
algèbre d'événements	Ereignisalgebra
analyse de corrélation	Korrelationsanalyse
analyse de corrélation des rangs	Rangkorrelationsanalyse
analyse de covariance	Kovarianzanalyse
analyse de régression	Regressionsanalyse
analyse de séries chronologiques	Zeitreihenanalyse
analyse de variance	Streuungszerlegung Varianzanalyse
analyse de Welch	WELCH-Analyse
analyse discriminante	Diskriminanzanalyse (Trennverfahren)
analyse discriminante abrégée	verkürzte Diskriminanzanalyse
analyse discriminante quadratique	quadratische Diskriminanzanalyse
analyse factorielle	Faktoranalyse
analyse par la méthode des probits	Probitanalyse
analyse séquentielle	Sequentialanalyse
anneau (des ensembles)	Ring (von Mengen)
appareil de Galton	GALTONsches Brett
approximation stochastique	stochastische Approximation
à probabilité un	mit Wahrscheinlichkeit Eins
arrêt de processus stochastiques	Stoppen stochastischer Prozesse
automate de Mealy	MEALY-Automat
automate de Moore	MOORE-Automat
automate stochastique	stochastischer Automat
axiome de continuité de la mesure de probabilité	Stetigkeitsaxiom des Wahrscheinlichkeitsmaßes
biais	Bias
biométrie	Biometrie
Blackwell, théorème de	Theorem von BLACKWELL
bruit blanc	weißes Rauschen
canal	Kanal
capacité d'information	Informationsinhalt
carré greco-latin	griechisch-lateinisches Quadrat
carré latin	lateinisches Quadrat

carré moyen de contingence	mittlere quadratische Kontingenz
carré moyen de contingence empirique	empirische mittlere quadratische Kontingenz
carte de contrôle	Kontrollkarte
censoration	Zensorierung
chaîne de Markov	MARKOVsche Kette
chaîne de Markov homogène finite	endliche homogene MARKOVsche Kette
chaîne markovienne finite	endliche MARKOVsche Kette
chaîne markovienne irréducible	irreduzible MARKOVsche Kette
chaîne markovienne stable	stabile MARKOVsche Kette
chaînes à liaisons complètes	Ketten mit vollständigen Bindungen
champ aléatoire	zufälliges Feld
champ aléatoire isotropique	isotropes zufälliges Feld
champ homogène aléatoire	homogenes zufälliges Feld
champs d'événements et algèbres de probabilités	Ereignisfelder und Wahrscheinlichkeitsalgebren
chéma en séries	Serienschema
chiffres aléatoires	Zufallsziffern
classe d'équivalence des fonctions mesurables	Äquivalenzklasse meßbarer Funktionen
classification à double entrée	Zweiwegklassifikation
classification croisée	Kreuzklassifikation
classification de Eisenhart	EISENHARTsche Klassifikation
classification hiérarchique	hierarchische Klassifikation
classification multiple	mehrfache Klassifikation
classification simple	einfache Klassifikation
code	Code
coefficient de concordance	Konkordanzkoeffizient
coefficient de concordance de Kendall	KENDALLscher Konkordanzkoeffizient
coefficient de confiance	Konfidenzkoeffizient
coefficient de corrélation	Korrelationskoeffizient
coefficient de corrélation de l'échantillons	Stichprobenkorrelationskoeffizient
coefficient de corrélation des rangs	Rangkorrelationskoeffizient
coefficient de corrélation des rangs de Kendall	KENDALLscher Rangkorrelationskoeffizient
coefficient de corrélation des rangs de Spearman	SPEARMANscher Rangkorrelationskoeffizient
coefficient de corrélation empirique	empirischer Korrelationskoeffizient
coefficient de corrélation partielle	partieller Korrelationskoeffizient
coefficient de détermination	Bestimmtheitsmaß
coefficient de diffusion	Diffusionskoeffizient
coefficient de non-détermination	Unbestimmtheitsmaß
coefficient de régression empirique	empirischer Regressionskoeffizient
coefficient de régression partielle	partieller Regressionskoeffizient
coefficient de régression partielle d'un échantillon	partieller Stichprobenregressionskoeffizient
coefficient de variation	Variationskoeffizient
coefficient de variation empirique	emprischer Variationskoeffizient

coefficient de corrélation multiple	multipler Korrelationskoeffizient
coefficient de corrélation partielle des rangs	partieller Rangkorrelationskoeffizient
coefficient de régression	Regressionskoeffizient
coefficient de régression de l'échantillon	Stichprobenregressionskoeffizient
coefficients de régression multiple	multiple Regressionskoeffizienten
coefficients de régression multiple d'un échantillon	multiple Stichprobenregressions-koeffizienten
coefficient totale de corrélation	totaler Korrelationskoeffizient
comparaison de deux probabilités	Vergleich zweier Wahrscheinlichkeiten
comparaisons multiples des moyennes	multiple Mittelwertvergleiche
composante de variance	Varianzkomponente
condition de compatibilité de Kolmogorov	Verträglichkeitsbedingungen von KOLMOGOROV
condition de Cramér	CRAMÉRsche Bedingung
condition de Doeblin	DOEBLINsche Bedingung
condition de Lindeberg	LINDEBERGsche Bedingung
condition de Ljapunov	LJAPUNOVsche Bedingung
condition de réparamétrisation	Reparametrisierungsbedingung
constant asymptotiquement	asymptotisch konstant
continuité de processus stochastiques	Stetigkeit stochastischer Prozesse
contraste linéaire	linearer Kontrast
contrôle de processus stochastiques	Steuerung stochastischer Prozesse
contrôle statistique de qualité	statistische Qualitätskontrolle
convergence en moyenne d'ordre p	Konvergenz im p-ten Mittel
convergence en moyenne quadratique	Konvergenz im quadratischen Mittel
convergence en probabilité	Konvergenz in Wahrscheinlichkeit
convergence en variation	Konvergenz in Variation
convergence presque sûre	Konvergenz mit Wahrscheinlichkeit Eins Konvergenz fast sicher
convergence stochastique	stochastische Konvergenz
convolution	Faltung
coordonnée exhaustive	hinreichende Koordinate
correction de Sheppard	SHEPPARDsche Korrektur
correction de Yates	YATESsche Korrektur
corrélation	Korrelation
corrélation des rangs	Rangkorrelation
corrélation extrémale	extremale Korrelation
corrélogramme	Korrelogramm
courant	Strömung
courant continue	kontinuierliche Strömung
courant stationnaire	stationäre Strömung
courbe caractéristique	Operationscharakteristik
courbe de régression	Regressionskurve
courbe en cloche	Glockenkurve
courbe en escalier des fréquences cumulées	Treppenkurve der Summenhäufigkeiten
courbe logistic	logistische Kurve

courbe *OC*	*OC*-Funktion
covariance	Kovarianz
covariance empirique	empirische Kovarianz
cumulants	Kumulanten
décentile	Dezentil
décision	Entscheidung
décomposition de Wold d'un processus stationnaire	WOLDsche Zerlegung eines stationären Prozesses
décomposition disjointe de l'événement certain	disjunkte Zerlegung des sicheren Ereignisses
définition classique de la probabilité	klassische Definition der Wahrscheinlichkeit
degré de réponse	Wirkungsgrad
densité de probabilité	Wahrscheinlichkeitsdichte Verteilungsdichte
densité de probabilité conditionelle	bedingte Wahrscheinlichkeitsdichte
densité de probabilité conjointe (de variables aléatoires)	gemeinsame Wahrscheinlichkeitsdichte (von Zufallsgrößen)
densité d'une distribution marginale	Randverteilungsdichte
densité du renouvellement	Erneuerungsdichte
densité spectral d'un processus stationnaire	Spektraldichte eines stationären Prozesses
dérivabilité de processus stochastiques	Differenzierbarkeit stochastischer Prozesse
dérivation d'un processus stochastique généralisé	Ableitung eines verallgemeinerten stochastischen Prozesses
déterminant	Determinante
diagramme à échelle fonctionnelle de probabilité cumulée	Wahrscheinlichkeitsnetz
dimension d'une distribution des probabilités	Dimension einer Wahrscheinlichkeitsverteilung
discipline d'attente	Bedienungsorganisation
dispersion	Dispersion Streuung
dispersion de l'échantillon	Stichprobenstreuung
dispersion empirique	empirische Streuung
dispersion résiduelle d'échantillon	Stichprobenreststreuung
dissymétrie	Schiefe
dissymétrie empirique	empirische Schiefe
distance de Mahalanobis	MAHALANOBISscher Abstand
distance généralisée de Mahalanobis	verallgemeinerter Abstand von MAHALANOBIS
distribué asymptotiquement suivant la loi normale	asymptotisch normalverteilt
distribué identique	identisch verteilt
distribution	Verteilung
distribution absolue d'un processus de Markov	absolute Verteilung eines MARKOVschen Prozesses

distribution à deux points	Zweipunktverteilung
distribution à priori	a-priori-Verteilung
distribution arithmétique	gitterförmige Verteilung arithmetische Verteilung
distribution binomiale	Binomialverteilung (Bernoullische Verteilung)
distribution binomiale généralisée	Binomialverteilung, verallgemeinerte
distribution binomiale negative	negative Binomialverteilung
distribution complexe	Mischverteilung
distribution contagieuse	Ansteckungsverteilung
distribution de Bernoulli	Null-Eins-Verteilung Bernoullische Verteilung Binomialverteilung
distribution de Cauchy	Cauchy-Verteilung
distribution de χ	χ-Verteilung
distribution de χ^2 (chi-carré)	χ^2-Verteilung (Helmert-Pearson-Verteilung)
distribution de χ^2 non-centrale	nicht-zentrale χ^2-Verteilung
distribution de Dirichlet	Dirichlet-Verteilung
distribution de Fisher (F)	Fishersche F-Verteilung
distribution de Fisher (z)	Fishersche z-Verteilung
distribution dégénérée	ausgeartete Verteilung Einpunktverteilung entartete Verteilung uneigentliche Verteilung
distribution de Helmert-Pearson	Helmert-Pearson-Verteilung
distribution de Kolmogorov	Kolmogorov-Verteilung
distribution de L	L-Verteilung
distribution de Laplace	Laplace-Verteilung
distribution de Laplace-Gauß	Normalverteilung
distribution de Lévy	Lévy-Verteilung
distribution de Markov	Markovsche Verteilung
distribution de Maxwell	Maxwell-Verteilung
distribution de Pareto	Pareto-Verteilung
distribution de Pascal	Pascal-Verteilung
distribution de Poisson	Poisson-Verteilung
distribution de Pólya	Pólya-Verteilung
distribution de probabilité conditionelle	bedingte Wahrscheinlichkeits-Verteilung
distribution de probabilité conjointe (de variables aléatoires)	gemeinsame Wahrscheinlichkeitsverteilung (von zufälligen Variablen)
distribution de Rayleigh	Rayleigh-Verteilung
distribution d'Erlang	Erlang-Verteilung
distribution de Simpson	Simpson-Verteilung
distribution des probabilités	Wahrscheinlichkeitsverteilung
distribution de Student	Student-Verteilung
distribution de t	t-Verteilung
distribution de T^2 (Hotelling)	Hotellings T^2-Verteilung
distribution de Weibull	Weibull-Verteilung

distribution de Wishart	WISHART-Verteilung
distribution de *z*	*z*-Verteilung
distribution ergodique d'un processus de Markov	ergodische Verteilung eines MARKOVschen Prozesses
distribution exponentielle	Exponentialverteilung
distribution exponentielle double	doppelte Exponentialverteilung
distribution gamma	Gammaverteilung
distribution gamma généralisée	Gammaverteilung, verallgemeinerte
distribution géométrique	geometrische Verteilung
distribution hypergéométrique	hypergeometrische Verteilung
distribution initiale d'un processus de Markov	Anfangsverteilung eines MARKOVschen Prozesses
distribution logarithmico-normale	logarithmische Normalverteilung
distribution logistique	logistische Verteilung
distribution marginale	Randverteilung
distribution multinomiale	Multinomialverteilung
distribution non-centrale de *F*	nichtzentrale *F*-Verteilung
distribution non-centrale de *t*	nichtzentrale *t*-Verteilung
distribution normale	Normalverteilung
distribution polynomiale	Polynomialverteilung
distribution rectangulaire	Rechteckverteilung
distribution réduite	standardisierte Verteilung
distributions beta	Betaverteilungen
distributions composées	zusammengesetzte Verteilungen
distributions de dimension finie d'un processus stochastique	endlichdimensionale Verteilungen eines stochastischen Prozesses
distributions de Pearson	PEARSONsche Verteilungen
distributions des valeurs extrêmes	Extremwertverteilungen
distribution stationnaire d'un processus de Markov	Stationäre Verteilung eines MARKOVschen Prozesses
distribution symétrique	symmetrische Verteilung
distribution triangulaire	Dreieckverteilung (SIMPSON-Verteilung)
distribution uniforme	gleichmäßige Verteilung
distribution uniforme continue	stetige gleichmäßige Verteilung
distribution uniforme discrète	diskrete gleichmäßige Verteilung
domaine d'attraction d'une fonction de distribution	Anziehungsbereich einer Verteilungsfunktion
double test *t* de Student	doppelter *t*-Test
droite de régression	Regressionsgerade
durée de vie	Lebensdauer
durée de vie moyenne	mittlere Lebensdauer
dynamique topologique	topologische Dynamik
écart quadratique moyen	mittlere quadratische Abweichung
écart-type	Standardabweichung
écart type empirique	empirische Standardabweichung
échantillon	Stichprobe
échantillon aléatoire	mathematische Stichprobe

échantillon concret	konkrete Stichprobe
échantillon ordonné	Positionsstichprobe geordnete Stichprobe
échantillon stratifié	geschichtete Stichprobe
échantillon stratifié optimale	optimale geschichtete Stichprobe
échantillon stratifié proportionel	proportionale geschichtete Stichprobe
effet de régression	Regressionseffekt
efficience	Wirksamkeit Effizienz
efficience asymptotique des estimations ponctuelles	asymptotische Wirksamkeit von Punktschätzungen
efficience asymptotique d'une suite des tests	asymptotische Wirksamkeit einer Folge von Tests
élément aléatoire	zufälliges Element
élément de réserve	Reserveelement
élément redondant	warme Reserve
élément redondant hors tension	kalte Reserve
élément redondant sous tension	heiße Reserve
ensemble de la séparabilité	Separabilitätsmenge
ensemble de mesure nulle	Nullmenge
ensemble des indices	Indexmenge
ensemble d'information d'un jeu	Informationsmenge eines Spieles
ensemble invariant relatif à une transformation mesurable	invariante Menge bez. einer meßbaren Transformation
ensemble mesurable	meßbare Menge
ensemble mesurable au sens de Lebesgue	LEBESGUE-meßbare Menge
ensemble presque invariant relatif à une transformation mesurable	fast invariante Menge bez. einer meßbaren Transformation
ensembles boreliens	BOREL-Mengen
ensembles cylindriques	Zylindermengen
ensembles disjoints	disjunkte Mengen
ensemble strictement invariant par rapport à une transformation mesurable	streng invariante Menge bez. einer meßbaren Transformation
entrée	Kundenstrom
entropie conditionel	bedingte Entropie
entropie de Shannon	SHANNONsche Entropie
entropie d'une épreuve	Entropie eines Versuches
entropie d'un système dynamique	Entropie eines dynamischen Systems
entropie d'un variable aléatoire	Entropie einer Zufallsgröße
entropie relative	relative Entropie
équation de Bellman	BELLMANsche Gleichung
équation de Chapman-Kolmogorov	CHAPMAN-KOLMOGOROVsche Gleichung
équations de maximum de vraisemblance	Maximum-Likelihood-Gleichungen
équations différentielles de Kolmogorov	KOLMOGOROVsche Differentialgleichungen
équations différentielles stochastiques	stochastische Differentialgleichungen

équations normales (équations de régression simultanées)	Normalgleichungen
équivalence (des fonctions mesurables)	Äquivalenz (meßbarer Funktionen)
erreur de première espèce	Fehler erster Art
erreur de seconde espèce	Fehler zweiter Art
erreur systématique d'une estimation ponctuelle	systematischer Fehler einer Punktschätzung
espace de probabilité	Wahrscheinlichkeitsraum
espace de probabilité complet	vollständiger Wahrscheinlichkeitsraum
espace des décisions	Entscheidungsraum
espace d'état d'un processus stochastique	Zustandsraum eines stochastischen Prozesses
espace échantillon	Stichprobenraum
espace mesurable	meßbarer Raum
espace mesuré	Maßraum
espace mesuré complet	vollständiger Maßraum
espaces de Lebesgue	LEBESGUEsche Räume
espérance conditionelle	bedingte Erwartung
espérance mathématique	Erwartungswert
estimateur de maximum de vraisemblance	Maximum-Likelihood-Schätzung
estimateur exhaustif	hinreichende Schätzfunktion
estimateur exhaustif minimal	minimale hinreichende Schätzfunktion
estimateur nécessaire	notwendige Schätzfunktion
estimateur sans biais	erwartungstreue Schätzfunktion
estimation	Schätzwert
estimation de confiance	Konfidenzschätzung
estimation de confiance non biaisée	unverfälschte Konfidenzschätzung
estimation de confiance pour une fonction de distribution inconnue	Konfidenzschätzung für eine unbekannte Verteilungsfunktion
estimation de confiance uniformément la meilleure	gleichmäßig beste Konfidenzschätzung
estimation de confiance uniformément meilleure	gleichmäßig bessere Konfidenzschätzung
estimation de Gauß-Markov	GAUSS-MARKOV-Schätzung
estimation de tolérance	Toleranzschätzung
estimation fiducielle	fiduziale Schätzung
estimation par région	Bereichsschätzung
estimation ponctuelle	Punktschätzung
estimation ponctuelle exhaustive	erschöpfende, hinreichende Schätzung
estimation ponctuelle linéaire	lineare Punktschätzung
estimation puissante de confiance	trennscharfe Konfidenzschätzung
estimation séquentielle	sequentielle Schätzung
état absorbant d'une chaîne homogène de Markov	absorbierender Zustand einer homogenen MARKOVschen Kette
état accessoire	unwesentlicher Zustand
état apériodique d'une chaîne homogène de Markov	aperiodischer Zustand einer homogenen MARKOVschen Kette
état essentiel	wesentlicher Zustand

état fictif d'une chaîne markovienne	fiktiver Zustand einer MARKOVschen Kette
état instable d'une chaîne markovienne	instabiler Zustand einer MARKOVschen Kette
état nulle recurrent	null-rekurrenter Zustand
état périodique	periodischer Zustand
état positivement recurrent	positiv-rekurrenter Zustand
état recurrent	rekurrenter Zustand
états liés d'une chaîne markovienne	verbundene Zustände einer MARKOVschen Kette
état stable d'une chaîne markovienne	stabiler Zustand einer MARKOVschen Kette
état transitoire	transienter Zustand
étendue	Spannweite
étendue studentisée (de variation)	studentisierte Variationsbreite
événement	Ereignis
événement aléatoire	zufälliges Ereignis
événement atomique	atomares Ereignis
événement certain	sicheres Ereignis
événement contraire	komplementäres Ereignis
événement élémentaire	Elementarereignis
événement impossible	unmögliches Ereignis
événement presque impossible	fast unmögliches Ereignis
événement presque sûr	fast sicheres Ereignis
événements incompatibles	unvereinbare Ereignisse
excès	Exzess
excès empirique	empirischer Exzess
expansion de Cornish-Fisher	CORNISH-FISHER-Entwicklung
expérience	Versuch
expérience aléatoire	Zufallsexperiment
explosion d'un processus	Explosion eines Prozesses
exposant caracteristique d'un type de distribution stable	charakteristischer Exponent eines stabilen Verteilungstyps
extrapolation d'un processus stationnaire	Extrapolation eines stationären Prozesses
famille	Familie
famille exponentielle	Exponentialfamilie
filtration de processus stochastiques stationnaires	Filtration stationärer stochastischer Prozesse
fluctuations périodiques	periodische Schwankungen
fonction	Funktion
fonction admissible de décision	zulässige Entscheidungsfunktion
fonction aléatoire	zufällige Funktion
fonction ASN	ASN-Funktion
fonction beta	Beta-Funktion
fonction beta incomplète	unvollständige Beta-Funktion
fonction biunivoque	eineindeutige Funktion
fonction caractéristique	charakteristische Funktion

fonction d'autocorrélation	Autokorrelationsfunktion
fonction d'autocorrélation empirique	empirische Autokorrelationsfunktion
fonction d'autocovariances	Autokovarianzfunktion
fonction de corrélation	Korrelationsfunktion
fonction de corrélation croisée	Kreuzkorrelationsfunktion
fonction de décision	Entscheidungsfunktion
fonction de décision de Bayes	BAYESsche Entscheidungsfunktion
fonction de décision de minimax	Minimax-Entscheidungsfunktion
fonction de décision randomisée	randomisierte Entscheidungsfunktion
fonction de densité	Dichtefunktion
fonction de distribution	Verteilungsfunktion
fonction de distribution bimodale	bimodale Verteilungsfunktion
fonction de distribution conditionelle	bedingte Verteilungsfunktion
fonction des covariances croisées	Kreuzkovarianzfunktion
fonction d'espérance mathématique	Erwartungswertfunktion
fonction de structure	Strukturfunktion
fonction de transition	Übergangsfunktion
fonction de distribution conjointe (de variables aléatoires)	gemeinsame Verteilungsfunktion (von Zufallsgrößen)
fonction de distribution d'une variable aléatoire	Verteilungsfunktion einer Zufallsgröße
fonction de distribution d'une vecteur aléatoire	Verteilungsfunktion eines zufälligen Vektors
fonction de distribution empirique	empirische Verteilungsfunktion
fonction de distribution plurimodale	multimodale Verteilungsfunktion
fonction de distribution unimodale	unimodale Verteilungsfunktion
fonction de fiabilité	Zuverlässigkeitsfunktion
fonction de perte	Verlustfunktion
fonction de pondération	Gewichtsfunktion
fonction de régression	Regressionsfunktion
fonction de régression linéaire	lineare Regressionsfunktion
fonction de régression parabolique	parabolische Regressionsfunktion
fonction de rendement	Ertragsfunktional
fonction de risque	Risikofunktion
fonction des covariances	Kovarianzfunktion
fonction des cumulants	Kumulantenfunktion
fonction des observations	Kennfunktion
fonction des observations de l'échantillon	Stichprobenfunktion
fonction des observations de l'échantillon ordonné	Positionsstichprobenfunktion
fonction d'espérance mathématique d'un processus stochastique	Erwartungswertfunktion eines stochastischen Prozesses
fonction d'estimation effective	effektive Schätzfunktion
fonction de survie	Überlebensfunktion
fonction de vraisemblance	Likelihood-Funktion
fonction discriminante	Trennfunktion Diskriminanzfunktion
fonction du gain d'un jeu	Gewinnfunktion eines Spieles

fonction d'une distribution marginale	Randverteilungsfunktion
fonction du renouvellement	Erneuerungsfunktion
fonctionelle caractéristique	charakteristisches Funktional
fonction estimatrice	Schätzfunktion
fonction estimatrice (estimateur) asymptotiquement sans biais	asymptotisch erwartungstreue Schätzfunktion
fonction estimatrice le plus efficace	wirksamste Schätzfunktion
fonction estimatrice non biaisée	unverzerrte Schätzfunktion
fonction gamma	Gammafunktion
fonction gamma incomplète	unvollständige Gammafunktion
fonction génératrice	erzeugende Funktion
fonction génératrice des moments	momenterzeugende Funktion
fonction génératrice des moments factoriels	faktorielle momenterzeugende Funktion
fonction indicatrice	Indikatorfunktion
fonction intégrable	integrierbare Funktion
fonction intégrable au sens de Lebesgue	LEBESGUE-integrierbare Funktion
fonction inverse	Umkehrfunktion
fonction mesurable	meßbare Funktion
fonction mesurable de Borel	BOREL-meßbare Funktion
fonction puissance	Machtfunktion Gütefunktion
fonctions d'une variable aléatoire	Funktionen einer Zufallsgröße
fonctions d'un vecteur aléatoire	Funktionen eines zufälligen Vektors
fonction simple	einfache Funktion
fonction spectrale d'un processus stationaire	Spektralfunktion eines stationären Prozesses
forme des covariances	Kovarianzfunktional
forme normale d'un jeu à k personnes	Normalform eines k-Personenspiels
formule de Bayes	BAYESsche Formel
formule de la probabilité totale	totale Wahrscheinlichkeit, Formel der
formule d'Erlang	ERLANGsche Formel
formule de Stirling	STIRLINGsche Formel
fractile	Fraktil
fraction de Ljapunov	LJAPUNOVscher Bruch
fréquence	Häufigkeit
fréquence absolue	absolute Häufigkeit
fréquence cumulée	Summenhäufigkeit
fréquence de classes	Klassenhäufigkeit
fréquence relative	relative Häufigkeit
gain d'information	Informationsgewinn
Gliwenko, théorème de	Satz von GLIWENKO Hauptsatz der Mathematischen Statistik
histogramme	Staffelbild Histogramm
hypersurfaces de régression	Regressionshyperflächen
hypothèse alternative	Alternativhypothese

hypothèse composée	zusammengesetzte Hypothese
hypothèse ergodique	Ergodenhypothese
hypothèse linéaire	lineare Hypothese
hypothèse nulle	Nullhypothese
hypothèse simple	einfache Hypothese
hypothèse statistique	statistische Hypothese
indéfiniment divisible	unbeschränkt teilbar
indépendance de processus stochastiques	Unabhängigkeit stochastischer Prozesse
indépendance de σ-algèbres	Unabhängigkeit von σ-Algebren
indépendance de variables aléatoires	Unabhängigkeit zufälliger Variabler
indépendance d'événements	Unabhängigkeit von Ereignissen
indépendance stochastique	stochastische Unabhängigkeit
index d'agrégat	Aggregatindex
indicateur d'état	Zustandsanzeiger
indicateur d'un événement aléatoire	Indikator eines zufälligen Ereignisses
indice	Index
inégalité de Camp-Meidell	Camp-Meidell-Ungleichung
inégalité de Gauß	Gausssche Ungleichung
inégalité de Gauß-Winckler	Gauss-Winckler-Ungleichung
inégalité de Kolmogorov	Kolmogorovsche Ungleichung
inégalité de Ljapunov	Ljapunovsche Ungleichung
inégalité de Markov	Markovsche Ungleichung
inégalité de minimax	Minimax-Ungleichung
inégalité de Rao-Cramér	Rao-Cramérsche Ungleichung
inégalité de Rao-Cramér-Fréchet-Darmois	Ungleichung von Rao-Cramér-Fréchet-Darmois
inégalité de Shannon	Shannonsche Ungleichung
inégalité de Tschebychev	Tschebyschevsche Ungleichung
inégalités de Bernstein	Bernsteinsche Ungleichungen
inégalités de Cantelli	Cantellische Ungleichungen
inégalités de la théorie des probabilités	Ungleichungen in der Wahrscheinlichkeitstheorie
infinitésimal	infinitesimal
information	Information
information de Fisher	Fishersche Information
inspection qualitative	Attributprüfung
inspection sur variables	Variablenprüfung
intégrale	Integral
intégrale de Lebesgue	Lebesgue-Integral
intégrale stochastique	stochastisches Integral
intégration de processus stochastiques	Integration stochastischer Prozesse
intégration relative à une mesure aléatoire	Integration bez. eines zufälligen Maßes
intensité de défaillances	Ausfallintensität
intensités	Intensitäten
interpolation d'un processus stationnaire	Interpolation eines stationären Prozesses
intervalle de confiance	Konfidenzintervall Vertrauensintervall

intervalles de confiance pour moyenne et dispersion de la distribution normale	Konfidenzintervalle für Erwartungswert und Streuung der Normalverteilung
intervalles de confiance pour une probabilité inconnue	Konfidenzintervalle für eine unbekannte Wahrscheinlichkeit
invariant de Kolmogorov-Sinai	KOLMOGOROV-SINAI-Invariante
invariants d'isomorphie de systèmes dynamiques	Isomorphieinvarianten dynamischer Systeme
invariants spectrals de systèmes dynamiques	Spektralinvarianten dynamischer Systeme
itération	Iteration
jeu à deux personnes de somme nulle	Zweipersonen-Nullsummenspiel
jeu avec information complète	Spiel mit vollständiger Information
jeu de poursuite différentiel	Differential-Verfolgungsspiel
jeu de somme nulle	Nullsummenspiel
jeu mixte	gemischtes Spiel
Kotelnikov, théorème de	Satz von KOTELNIKOV
lemme de Borel-Cantelli	BOREL-CANTELLIsches Lemma
ligne de courant	Stromlinie
ligne de transmission avec bruit	gestörter Kanal
ligne de transmission de messages	Nachrichtenübertragungskanal
limite de confiance	Konfidenzgrenze Vertrauensgrenze
limite de contrôle	Kontrollgrenze
limites de suites des ensembles	Limites von Mengenfolgen
loi de la distribution (d'une variable aléatoire)	Verteilungsgesetz (einer zufälligen Variablen)
loi de l'arc sinus	Arcussinus-Gesetz
loi des grands nombres	Gesetz der großen Zahlen
loi des grands nombres de Bernoulli	BERNOULLIsches Gesetz der großen Zahlen
loi des petits nombres	Gesetz der kleinen Zahlen
loi des zéros et uns	Null-Eins-Gesetz
loi du logarithme iteré	Gesetz des iterierten Logarithmus
loi faible des grands nombres	schwaches Gesetz der großen Zahlen
loi fort des grands nombres	starkes Gesetz der großen Zahlen
loi stable	stabiler Verteilungstyp
longueur des files d'attente	Warteschlangenlänge
martingale	Martingal
matrice	Matrix
matrice de corrélation	Korrelationsmatrix
matrice de covariance	Kovarianzmatrix
matrice de covariance de l'échantillon	Stichprobenkovarianzmatrix
matrice de dispersion	Streuungsmatrix
matrice des covariances empiriques	empirische Kovarianzmatrix

matrice de transition	Übergangsmatrix
matrice stochastique	stochastische Matrix
médiane	Median
médiane de l'échantillon	Stichprobenmedian
médiane empirique	empirischer Median
meilleure estimation linéaire sans biais	beste lineare erwartungstreue Schätzung
mélange (de courants)	Mischung (bei Strömungen)
mélange (de distributions)	Mischung (von Verteilungen)
mesure	Maß
mesure absolument continue	absolutstetiges Maß
mesure aléatoire	zufälliges Maß
mesure aléatoire orthogonale	orthogonales zufälliges Maß
mesure de Lebesgue	LEBESGUEsches Maß
mesure de probabilité	Wahrscheinlichkeitsmaß
mesure de probabilité conditionelle	bedingtes Wahrscheinlichkeitsmaß
mesure de Wiener	WIENERsches Maß
mesure d'extension	Ausdehnungsmaß
mesure finite	endliches Maß finites Maß
mesure invariante	invariantes Maß
mesure produit	Produktmaß
mesures de dispersion	Streuungsmaße
mesures équivalentes	äquivalente Maße
mesure σ-finite	σ-finites Maß
mesure spectrale aléatoire	zufälliges Spektralmaß
mesure spectrale d'un processus stationnaire	Spektralmaß eines stationären Prozesses
mesure spectrale d'un processus stochastique généralisé	Spektralmaß eines verallgemeinerten stochastischen Prozesses
mesure T-invariante	T-invariantes Maß
méthode d'échantillonage	Stichprobenverfahren
méthode de χ^2-minimum	Minimum-χ^2-Methode
méthode de la chaîne de rapports	Gliedziffernmethode
méthode de correction	Bereinigungsverfahren
méthode de la congruence	Kongruenzmethode
méthode de maximum des vraisemblances	Maximum-Likelihood-Methode
méthode de Monte-Carlo	Monte-Carlo-Methode
méthode de Scheffé	S-Methode
méthode des moindres carrés	Methode der kleinsten Quadrate
méthode des moments	Momentenmethode
méthode de Winsorisation	Winsorisation
méthode T	T-Methode
mode	Mode Dichtemittel
mode empirique	empirischer Mode
modèle autoregressif	autoregressives Modell
modèle autoregressif des moyennes mobiles	autoregressives Modell der gleitenden Mittel

modèle autoregressif integré des moyennes mobiles	autoregressives integriertes Modell der gleitenden Mittel
modèle des moyennes mobiles	Modell der gleitenden Mittel
modèles d'urnes	Urnenmodelle
modèles linéaires	lineare Modelle
modèle stochastique	stochastisches Modell
modes de convergence pour suites de distributions des probabilités	Konvergenzarten für Folgen von Wahrscheinlichkeitsverteilungen
modes de convergence pour suites de variables aléatoires	Konvergenzarten für Folgen zufälliger Variabler
modification stochastique	stochastische Modifikation
moment absolu	absolutes Moment
moment central	zentrales Moment
moment central de l'échantillon	zentrales Stichprobenmoment
moment central empirique	empirisches zentrales Moment
moment de l'échantillon	Stichprobenmoment
moment factoriel	faktorielles Moment
moment initial	Anfangsmoment
moment initial de l'échantillon	Stichproben-Anfangsmoment
moment initial empirique	empirisches Anfangsmoment
moments	Momente
moments empiriques	empirische Momente
mouvement brownien	BROWNsche Bewegung
moyenne arithmétique	arithmetisches Mittel
moyenne géométrique	geometrisches Mittel
moyennes mobiles	gleitende Mittel
niveau de confiance	Konfidenzniveau
niveau de qualité acceptable	Gutgrenze
niveau de signification	Signifikanzniveau
nombre indice	Indexzahl
nombres aléatoires	Zufallszahlen
nombres pseudo-aléatoires	Pseudozufallszahlen
observation extrême aberrante	Ausreißer
opérateur infinitésimal	infinitesimaler Operator
ordre d'une matrice	Rang einer Matrix
papier à échelle fonctionelle de probabilité cumulée	Wahrscheinlichkeitspapier
papier à échelles fonctionelles $\sqrt{x}$	Binomialpapier
paradoxe de Bertrand	BERTRANDsches Paradoxon
paramètre d'échelle	Skalenparameter
paramètre de contrôle	Steuerparameter
paramètre de non-centralité	Nichtzentralitätsparameter
paramètre de position	Lageparameter
paramètre de translation	Verschiebungsparameter
paramètre d'une distribution (des probabilités)	Parameter einer (Wahrscheinlichkeits-) Verteilung
paramètres dérangeants	störende Parameter

pas d'une distribution arithmétique	Gitterkonstante einer gitterförmigen Verteilung
percentile	Perzentil
période d'un état	Periode eines Zustandes
périodogramme	Periodogramm
plan d'échantillonnage	Stichprobenplan
plan d'expérience balancé	balanzierter Versuchsplan
planification des expériences	statistische Versuchsplanung
polygone des fréquences	Häufigkeitspolygon
population	Grundgesamtheit
presque partout	fast überall
presque sûr	fast sicher
presque tous	fast alle
principe de Bellman	BELLMANsches Prinzip
principe de maximum stochastique	stochastisches Maximumprinzip
probabilité à posteriori	a-posteriori-Wahrscheinlichkeit
probabilité à priori	a-priori-Wahrscheinlichkeit
probabilité conditionelle d'un événement	bedingte Wahrscheinlichkeit eines Ereignisses
probabilité de confiance	Sicherheitswahrscheinlichkeit
probabilité de perte	Verlustwahrscheinlichkeit
probabilité d'erreur	Irrtumswahrscheinlichkeit
probabilité de sécurité	statistische Sicherheit
probabilité de succés	Erfolgswahrscheinlichkeit
probabilité de transition	Übergangswahrscheinlichkeit
probabilité d'un événement	Wahrscheinlichkeit eines Ereignisses
probabilité géométrique	geometrische Wahrscheinlichkeit
probabilités de grandes déviations	Wahrscheinlichkeiten großer Abweichungen
problème de Behrens-Fisher	BEHRENS-FISHER-Problem
problème des deux échantillons	Zweistichprobenproblem
problème des k échantillons	k-Stichprobenproblem
problème des moments	Momentenproblem
problème des moments de Hamburger	HAMBURGERsches Momentenproblem
problème des moments de Hausdorff	HAUSDORFFsches Momentenproblem
problème des moments de Stieltjes	STIELTJESsches Momentenproblem
problème des observations extrêmes aberrantes	Ausreißerproblem
processus aléatoire	zufälliger Prozeß
processus à ramification	Verzweigungsprozeß
processus autoregressif	autoregressiver Prozeß
processus autoregressif des moyennes mobiles	autoregressiver Prozeß der gleitenden Mittel
processus autoregressif integré des moyennes mobiles	autoregressiver integrierter Prozeß der gleitenden Mittel
processus avec incréments indépendants	Prozeß mit unabhängigen Zuwächsen
processus avec incréments orthogonaux	Prozeß mit orthogonalen Zuwächsen
processus de Cauchy	CAUCHY-Prozeß
processus de croissance	Wachstumsprozeß

processus de décisions	Entscheidungsprozeß
processus de diffusions	Diffusionsprozeß
processus d'embranchement	Verzweigungsprozeß
processus de Feller-Arley	FELLER-ARLEY-Prozeß
processus de Furry-Yule	FURRY-YULE-Prozeß
processus de Galton-Watson	GALTON-WATSON-Prozeß
processus de Gauß	GAUSSscher Prozeß
processus de Kiefer-Wolfowitz	KIEFER-WOLFOWITZ-Prozeß
processus de Markov	MARKOVscher Prozeß
processus de Markov d'ordre *m*	MARKOVscher Prozeß *m*-ter Ordnung
processus de Markov ergodique	ergodischer MARKOVscher Prozeß
processus de Markov homogène	homogener MARKOVscher Prozeß
processus de mort	Todesprozeß
processus de naissance et mort	Geburts- und Todesprozeß
processus de Poisson	POISSONscher Prozeß
processus de Pólya-Lundberg	PÓLYA-LUNDBERG-Prozeß
processus de Robbins-Monro	ROBBINS-MONRO-Prozeß
processus de Wiener	WIENERscher Prozeß
processus de Yule-Furry	YULE-FURRY-Prozeß
processus d'observations	Beobachtungsprozeß
processus d'ordre deux	Prozeß zweiter Ordnung
processus du renouvellement alternatif	alternierender Erneuerungsprozeß
processus du renouvellement modifié	modifizierter Erneuerungsprozeß
processus fortement markovien	stark MARKOVscher Prozeß
processus général du renouvellement	allgemeiner Erneuerungsprozeß
processus linéaire	linearer Prozeß
processus linéaire de naissance	linearer Geburtsprozeß
processus markovien contrôlable	MARKOVscher steuerbarer Prozeß
processus markovien contrôlé	MARKOVscher gesteuerter Prozeß
processus ponctuel	Punktprozeß
processus ponctuel stationnaire	stationärer Punktprozeß
processus récurrent	rekurrenter Prozeß
processus régulier stationnaire	regulärer stationärer Prozeß
processus semi-markovien	semimarkovscher Prozeß
processus (simple) du renouvellement	(einfacher) Erneuerungsprozeß
processus singulier stationnaire	singulärer stationärer Prozeß
processus stable	stabiler Prozeß
processus stable symétrique	symmetrischer stabiler Prozeß
processus stationnaire	stationärer Prozeß
processus stationnaire du renouvellement	stationärer Erneuerungsprozeß
processus stationnaire généralisé	stationärer verallgemeinerter Prozeß
processus stationnairement joints	stationär verbundene Prozesse
processus stochastique	stochastischer Prozeß
processus stochastique continu en moyenne quadratique	stochastischer Prozeß, im quadratischen Mittel stetig
processus stochastique continu en probabilité	stochastisch stetiger Prozeß
processus stochastique continu presque sûr	stochastischer Prozeß, fast sicher stetig

processus stochastique contrôlable	steuerbarer stochastischer Prozeß
processus stochastique contrôlé	gesteuerter stochastischer Prozeß
processus stochastique de dimension n	n-dimensionaler stochastischer Prozeß
processus stochastique différentiable en moyenne quadratique	stochastischer Prozeß, im quadratischen Mittel differenzierbar
processus stochastique différentiable presque sur	stochastischer Prozeß, fast sicher differenzierbar
processus stochastique généralisé	verallgemeinerter stochastischer Prozeß
processus stochastique généralisé de Gauß	GAUSSscher verallgemeinerter stochastischer Prozeß
processus stochastique mesurable	meßbarer stochastischer Prozeß
processus stochastique presque sûrement continu	stochastischer Prozeß, mit Wahrscheinlichkeit Eins stetig
processus stochastique presque sûrement différentiable	stochastischer Prozeß, mit Wahrscheinlichkeit Eins differenzierbar
processus stochastique séparable	separabler stochastischer Prozeß
processus stochastiques équivalents	äquivalente stochastische Prozesse
processus stoppé	gestoppter Prozeß
processus strictement markovien	streng MARKOVscher Prozeß
produit d'ensembles	Produkt von Mengen
profil	Profilmaß
programmation dynamique stochastique	stochastische dynamische Optimierung
programmation stochastique	stochastische Optimierung
proportion tolérée de pièces défectueuses dans un lot	Schlechtgrenze
propriété markovienne	MARKOVsche Eigenschaft
propriétés asymptotiques des suites des variables aléatoires	asymptotische Eigenschaften von Folgen von Zufallsgrößen
propriétés de la moyenne quadratique	Quadratmitteleigenschaften
propriétés d'ordre deux	Eigenschaften zweiter Ordnung
puissance d'un test	Macht eines Testes
quantile	Quantil
quantile d'échantillon	Stichprobenquantil
quantile empirique	empirisches Quantil
quartile	Quartil
quartile empirique	empirisches Quartil
Radon-Nikodym, théorème de	Satz von RADON-NIKODYM
rang	Ranggröße
	Rangzahl
rapport de corrélation	Korrelationsverhältnis
rapport des vraisemblances	Likelihood-Quotient
réalisation d'un processus stochastique	Realisierung eines stochastischen Prozesses
réalisations	Realisierungen
redondance	Redundanz
région (concrète) d'estimation	(konkreter) Schätzbereich
région critique	kritischer Bereich

région de rejet	Ablehnungsbereich
région de tolérance statistique	statistischer Toleranzbereich
règle d'arrêt	Stoppregel
régression	Regression
régression curvilinéaire (curviligne)	curvilineare Regression
régression de première ou seconde espèce	Regression 1. Art bzw. 2. Art
régression générale	allgemeine Regression
régression linéaire	lineare Regression
régression multiple	mehrfache Regression multiple Regression
régression negative (linéaire)	negative (lineare) Regression
régression orthogonale	orthogonale Regression
régression parabolique	parabolische Regression
régression positive (linéaire)	positive (lineare) Regression
régression simple	einfache Regression
régression spécifique	spezielle Regression
représentation	Abbildung
représentation de Karhunen d'un processus	Karhunen-Darstellung eines Prozesses
représentation de Lévy-Chintchin pour une distribution indéfiniment divisible des probabilités	Lévy-Chintchin-Darstellung einer unbegrenzt teilbaren Wahrscheinlichkeitsverteilung
représentation intégrale d' un processus d'ordre deux	Integraldarstellung eines Prozesses zweiter Ordnung
représentation mesurable	meßbare Abbildung
représentation spectrale d'un processus stationnaire d'ordre deux	Spektraldarstellung eines stationären Prozesses zweiter Ordnung
réservation	Reservierung
retour de courant	Wiederkehr (Rekurrenz) bei Strömungen
risque de Bayes	Bayessches Risiko
schéma de Bernoulli	Bernoulli-Schema
semi-invariants	Halbinvarianten Semiinvarianten
semi-martingale	Halbmartingal
semi-martingale croissant	wachsendes Halbmartingal
semi-martingale décroissant	fallendes Halbmartingal
séquences asymptotiquement équivalentes des variables aléatoires	asymptotisch äquivalente Folgen von Zufallsgrößen
séquence stable de variables aléatoires	stabile Folge von Zufallsgrößen
série chronologique	Zeitreihe
série de Edgeworth	Edgeworth-Reihe
série de Gram-Charlier	Gram-Charlier-Reihe
série du type A (B) (de Gram et Charlier)	Gram-Charlier-Reihe
série ordonnée	Variationsreihe
σ-algèbre (des ensembles)	σ-Algebra (von Mengen)
simulation de Monte-Carlo	Monte-Carlo-Simulation

source de messages	Nachrichtenquelle
source d'information	Informationsquelle
sousensemble cyclique d'états	zyklische Unterklasse von Zuständen
sousmartingale	Submartingal
statistique	Statistik
statistique de Boltzmann	Boltzmann-Statistik
statistique de Bose-Einstein	Bose-Einstein-Statistik
statistique de Fermi-Dirac	Fermi-Dirac-Statistik
statistique de Maxwell-Boltzmann	Maxwell-Boltzmann-Statistik
statistiques de Maxwell-Boltzmann, Bose-Einstein, Fermi-Dirac	Statistiken von Maxwell-Boltzmann, Bose-Einstein, Fermi-Dirac
statistique de processus stochastiques	Statistik stochastischer Prozesse
statistique des valeurs extrêmes	Extremwertstatistik
statistique multivariate	multivariate Statistik
stochastique	Stochastik
stratégie	Strategie
stratégie markovienne	Markovsche Strategie
stratégie minimax	Minimax-Strategie
stratégie mixte	gemischte Strategie
stratégie mixte d'un joueur	gemischte Strategie eines Spielers
stratégie optimale d'un joueur	optimale Strategie eines Spielers
stratégie pure	reine Strategie
stratégie pure d'un joueur	reine Strategie eines Spielers
stratégie stationnaire	stationäre Strategie
suite	Folge
suite aléatoire	zufällige Folge
suite asymptotiquement effective des estimations ponctuelles	asymptotisch effektive Folge von Punktschätzungen
suite consistente de fonctions des estimatrices	konsistente Folge von Schätzfunktionen
suite consistente de tests	konsistente Folge von Tests
suite faiblement consistente de fonctions estimatrices	schwach konsistente Folge von Schätzfunktionen
suite fortement consistente de fonctions estimatrices	stark konsistente Folge von Schätzfunktionen
surfaces de régression	Regressionsflächen
surmartingale	Supermartingal
système avec attente	Wartesystem
système de perte	Verlustsystem
système des axiomes de Kolmogorov	Kolmogorovsches Axiomensystem
système de transmission de messages	Nachrichtenübertragungssystem
système dynamique	dynamisches System
systèmes à liaisons complètes	Systeme mit vollständigen Bindungen
systèmes isomorphes dynamiques	isomorphe dynamische Systeme
tableau à quatre cases	Vierfeldertafel
tableau de contingence	Kontingenztafel
tableau de corrélation	Korrelationstabelle
tableau 2×2	2×2-Tafel

tableau de nombres aléatoires	Zufallszahlentafel
table des fréquences	Häufigkeitstabelle
taille d'une échantillon	Umfang einer Stichprobe
taille d'un test	Umfang eines Testes
taux de défaillances	Ausfallrate
technique de cartes de contrôle	Kontrollkartentechnik
temps d'arrêt	Stoppzeit
temps de Markov	Markovsche Zeit
temps de récurrence d'un état	Rekurrenzzeit eines Zustandes
temps de séjour	Verweilzeit
tendance	Trend
tendance logistique	logistischer Trend
test	Test
test bilatéral	zweiseitiger Test
test χ^2	χ^2-Test
test χ^2 de dispersion	χ^2-Streuungstest
test χ^2 de validité de l'ajustement	χ^2-Anpassungstest
test χ^2 d'homogénéité	χ^2-Homogenitätstest
test χ^2 d'indépendance	χ^2-Unabhängigkeitstest
test de Bartlett	Bartlett-Test
test d'échantillonnage au hasard	Zufälligkeitstest
test de Cochran	Cochran-Test
test de Cramér-Smirnov	Cramér-Smirnov-Test
test de Duncan	Duncan-Test
test de Fisher-Yates	Fisher-Yates-Test
test de Friedman	Friedman-Test
test de Kolmogorov	Kolmogorov-Test
test de Kolmogorov-Smirnov	Kolmogorov-Smirnov-Test
test de Kruskal-Wallis	Kruskal-Wallis-Test
test de la médiane	Mediantest
test de linéarité de Fisher	Linearitätstest von Fisher
test de Mann-Whitney	Mann-Whitney-Test
test de McNemar	Mc-Nemar-Test
test de Newman-Keuls	Newman-Keuls-Test
test de Quenouille	Medialtest Quadrantentest
test de Scheffé	Scheffé-Test
test de signes	Zeichentest
test de signification	Signifikanztest
test de Smirnov	Smirnov-Test
test des observations extrêmes aberrantes	Ausreißertest
test des rangs	Rangtest
test de Student	Student-Test
test de suites	Iterationstest
test de symétrie (de Hemelrijk)	Symmetrietest (von Hemelrijk)
test de Tukey	Tukey-Test
test de validité de l'ajustement	Anpassungstest
test de Wald-Wolfowitz	Wald-Wolfowitz-Test

test de Wilcoxon	WILCOXON-Test
test d'homogénéité	Homogenitätstest
test d'Hotelling	HOTELLING-Test
test d'indépendance	Unabhängigkeitstest
test du coin	Eckentest
test du rapport des vraisemblances	Likelihood-Quotienten-Test
test du rapport du maximum des vraisemblances	Maximum-Likelihood-Quotienten-Test
test F	F-Test
test non biaisé	unverfälschter Test
test non paramétrique	nichtparametrischer Test verteilungsfreier Test parameterfreier Test
test non randomisé	nichtrandomisierter Test
test ω^2 (de Cramér)	ω^2-Test (von CRAMÉR)
test paramétrique	Parametertest
test puissant	trennscharfer Test
test randomisé	randomisierter Test
test séquentiel	sequentieller Test
test similaire	ähnlicher Test
test t	t-Test
test t de Student simple	einfacher t-Test
test U	U-Test
test uniformément le meilleur	gleichmäßig bester Test
test uniformément meilleur	gleichmäßig besserer Test
test unilatéral	einseitiger Test
test X	X-Test
théorème de Gauß-Markov	GAUSS-MARKOV-Theorem
théorème de récurrence	Rekurrenzsatz
théorème des trois séries	Dreireihensatz
théorème des trois séries de Kolmogorov	KOLMOGOROVscher Dreireihensatz
théorème de translation de Steiner	Verschiebungssatz von STEINER
théorème d'isomorphie de M. H. Stone	Isomorphiesatz von M. H. STONE
théorème du renouvellement (élémentaire)	(elementares) Erneuerungstheorem
théorème du retour	Wiederkehrsatz (Rekurrenzsatz)
théorème ergodique aléatoire	zufälliger Ergodensatz
théorème ergodique dominant	dominierender Ergodensatz
théorème ergodique individuel	individueller Ergodensatz
théorème ergodique maximal	maximaler Ergodensatz
théorème ergodique moyen	Mittelergodensatz
théorème ergodique pour processus stochastiques stationnaires	Ergodensatz für stationäre stochastische Prozesse
théorème ergodique statistique	statistischer Ergodensatz
théorème limite central	zentraler Grenzwertsatz
théorème limite de Moivre-Laplace	Grenzwertsatz von DE MOIVRE-LAPLACE
théorème limite de Poisson	Grenzwertsatz von POISSON
théorème principale de la théorie du renouvellement	Hauptsatz der Erneuerungstheorie

théorèmes de codification	Codierungssätze
théorèmes des distributions limites de la théorie des probabilités	Grenzverteilungssätze in der Wahrscheinlichkeitstheorie
théorèmes de Shannon	SHANNONsche Sätze
théorèmes ergodiques	Ergodensätze
théorèmes limites	Grenzwertsätze
théorèmes limites des probabilités de déviations larges	Grenzwertsätze für Wahrscheinlichkeiten großer Abweichungen
théorèmes limites globals	globale Grenzwertsätze
théorèmes limites locals	lokale Grenzwertsätze
théorie de diffusion	Diffusionstheorie
théorie de la fiabilité	Zuverlässigkeitstheorie
théorie de l'information	Informationstheorie
théorie des décisions (statistiques)	(statistische) Entscheidungstheorie
théorie des files d'attente	Warteschlangentheorie Bedienungstheorie
théorie des jeux	Spieltheorie
théorie des tests	Testtheorie
théorie d'estimation	Schätztheorie
théorie d'itération	Iterationstheorie
théorie du renouvellement	Erneuerungstheorie
théorie ergodique	Ergodentheorie
théorie potentielle et processus de Markov	Potentialtheorie und MARKOVsche Prozesse
transformation	Transformation
transformation mesurable	meßbare Transformation
transformation mesurable compressible	kompressible meßbare Transformation
transformation mesurable conservant la mesure	maßtreue meßbare Transformation
transformation mesurable conservative	konservative meßbare Transformation
transformation mesurable dissipative	dissipative meßbare Transformation
transformation mesurable ergodique	ergodische meßbare Transformation
transformation mesurable faiblement mélangante	schwach mischende meßbare Transformation
transformation mesurable fortement mélangante	stark mischende meßbare Transformation
transformation mesurable incompressible	inkompressible meßbare Transformation
transformation mesurable infiniment récurrente	unendlich rekurrente meßbare Transformation
transformation mesurable métrique transitive	metrische transitive meßbare Transformation
transformation mesurable récurrente	rekurrente meßbare Transformation
transformation mesurable singulière	singuläre meßbare Transformation
trajectoires d'un processus stochastique	Trajektorien eines stochastischen Prozesses
type de distributions	Verteilungstyp
type de distributions dégénérées	uneigentlicher Verteilungstyp
type de distributions non-dégénérées	eigentlicher Verteilungstyp

type spectral d'un système dynamique	Spektraltyp eines dynamischen Systems
valeur d'un jeu	Wert eines Spieles
valeur inférieure (pure) d'un jeu	unterer (reiner) Wert eines Spieles
valeur médiane	Zentralwert
valeur modale	Modalwert
valeur modale empirique	empirischer Modalwert
valeur moyenne conditionelle	bedingter Erwartungswert
valeur moyenne de l'échantillon	Stichprobenmittel
valeur pure d'un jeu	reiner Wert eines Spieles
valeurs moyennes	Mittelwerte
valeur moyenne de processus stochastique	Erwartungswertfunktional
valeur supérieure (pure) d'un jeu	oberer (reiner) Wert eines Spieles
variable aléatoire	Zufallsgröße
	zufällige Veränderliche
variable aléatoire centrée	zentrierte Zufallsgröße
variable aléatoire complexe	komplexe Zufallsgröße
variable aléatoire continue	stetige Zufallsgröße
variable aléatoire discrète	diskrete Zufallsgröße
variable aléatoire normée	normierte Zufallsgröße
variable aléatoire réduite	standardisierte Zufallsgröße
variable à tester	Testgröße
variable de Bernoulli	BERNOULLIsche Variable
variable d'échantillon	Stichprobenvariable
variable de contrôle	Steuervariable
variables aléatoires corrélées	korrelierte Zufallsgrößen
variables aléatoires negativement corrélées	negativ korrelierte Zufallsgrößen
variables aléatoires non corrélées	unkorrelierte Zufallsgrößen
variables aléatoires positivement corrélées	positiv korrelierte Zufallsgrößen
variance	Varianz
variance résiduelle	Reststreuung
variations saisonnières	Saisonschwankungen
vecteur	Vektor
vecteur aléatoire	zufälliger Vektor
vecteur aléatoire complex	komplexer zufälliger Vektor
vecteur aléatoire discret	diskreter zufälliger Vektor
vecteur d'espérance mathématique	Erwartungswertvektor
vecteur paramètrique	Parametervektor
vecteur stochastique continue	stetiger zufälliger Vektor

Stichwortverzeichnis in Russisch

Абсолютная частота	absolute Häufigkeit
Абсолютное распределение марковского процесса	absolute Verteilung eines MARKOVschen Prozesses
Абсолютно непрерывная мера	absolutstetiges Maß
Абсолютный момент	absolutes Moment
Автомат Мили	MEALY-Automat
Автомат Мура	MOORE-Automat
Авторегрессивная модель	autoregressives Modell
Авторегрессивная модель скользящих средних	autoregressives Modell der gleitenden Mittel
Авторегрессивная схема	autoregressives Modell
Авторегрессивный интегрированный процесс скользящих средних	autoregressiver integrierter Prozeß der gleitenden Mittel
Авторегрессивный процесс	autoregressiver Prozeß
Авторегрессивный процесс скользящих средних	autoregressiver Prozeß der gleitenden Mittel
Аксиома о непрерывности вероятностной меры	Stetigkeitsaxiom des Wahrscheinlichkeitsmaßes
Аксиоматика Колмогорова	KOLMOGOROVsches Axiomensystem
Алгебра вероятностей	Wahrscheinlichkeitsalgebra
Алгебра (множеств)	Algebra (von Mengen)
Алгебра событий	Ereignisalgebra
Альтернативная гипотеза	Alternativhypothese
Альтернирующий процесс восстановления	alternierender Erneuerungsprozeß
Анализ временных рядов	Zeitreihenanalyse
Анализ ранговой корреляции	Rangkorrelationsanalyse
Анализ Уэлча	WELCH-Analyse
Апостериорная вероятность	a-posteriori-Wahrscheinlichkeit
Априорная вероятность	a-priori-Wahrscheinlichkeit
Априорное распределение	a-priori-Verteilung
Асимметрия	Schiefe
Асимптотическая эффективность последовательности критериев	asymptotische Wirksamkeit einer Folge von Tests
Асимптотическая эффективность точечных оценок	asymptotische Wirksamkeit von Punktschätzungen
Асимптотические свойства последовательностей случайных величин	asymptotische Eigenschaften von Folgen von Zufallsgrößen

Асимптотически несмещённая оценка	asymptotisch erwartungstreue Schätzfunktion
Асимптотически постоянная величина	asymptotisch konstant (e Größe)
Асимптотически эквивалентные последовательности случайных величин	asymptotisch äquivalente Folgen von Zufallsgrößen
Асимптотически эффективная последовательность точечных оценок	asymptotisch effektive Folge von Punktschätzungen
Асимптотическое нормальное распределение	asymptotisch normalverteilt
Атомическое событие	atomares Ereignis
Байесовская решающая функция	Bayessche Entscheidungsfunktion
Байесовский риск	Bayessches Risiko
Безгранично делимое распределение	unbeschränkt teilbar(e Verteilung)
Безотказность	Ausfallfreiheit
Белый шум	weißes Rauschen
Бесконечно возвратное измеримое преобразование	unendlich rekurrente meßbare Transformation
Биномиальная вероятностная бумага	Binomialpapier
Биномиальное распределение $(n = 1, p)$	Null-Eins-Verteilung
Биномиальное распределение (распределение Бернулли)	Binomialverteilung (Bernoullische Verteilung)
Биномиальное распределение, обобщённое	Binomialverteilung, verallgemeinerte
Биометрика	Biometrie
Блуждающее множество измеримого преобразования	wandernde Menge bezüglich einer meßbaren Transformation
Борелевские множества	Borel-Mengen
Броуновское движение	Brownsche Bewegung
Булева алгебра	Boolesche Algebra
Бэта-распределения	Betaverteilungen
Бэта-функция	Beta-Funktion
Вариационный ряд	Positionsstichprobe Variationsreihe
Вектор	Vektor
Вектор математических ожиданий	Erwartungswertvektor
Вектор параметров	Parametervektor
Вероятности больших уклонений	Wahrscheinlichkeiten großer Abweichungen
Вероятностная бумага	Wahrscheinlichkeitspapier
Вероятностная мера	Wahrscheinlichkeitsmaß
Вероятностная сетка	Wahrscheinlichkeitsnetz (-papier)

Вероятностное пространство	Wahrscheinlichkeitsraum
Вероятностное распределение	Wahrscheinlichkeitsverteilung
Вероятностный автомат	stochastischer Automat
Вероятность ошибки первого рода	Signifikanzniveau
Вероятность покрытия (параметра доверительной областью)	Kennfunktion
Вероятность потери	Verlustwahrscheinlichkeit
Вероятность события	Wahrscheinlichkeit eines Ereignisses
Вероятность удачи	Erfolgswahrscheinlichkeit
Верхнее значение игры	oberer (reiner) Wert eines Spiels
Верхний контрольный предел	Schlechtgrenze
Весовая функция	Gewichtsfunktion
Ветвящийся процесс	Verzweigungsprozeß
Взаимная корреляционная функция	Kreuzkorrelationsfunktion
Взаимно однозначная функция	eineindeutige Funktion
Взрыв процесса	Explosion eines Prozesses
Виды сходимости последовательностей вероятностных распределений	Konvergenzarten für Folgen von Wahrscheinlichkeitsverteilungen
Виды сходимости последовательностей случайных величин	Konvergenzarten für Folgen zufälliger Variabler
Винеровская мера	WIENERsches Maß
Винеровский процесс	WIENERscher Prozeß
Винсоризация	Winsorierung
Возвратное измеримое преобразование	rekurrente meßbare Transformation
Возвратное состояние	rekurrenter Zustand
Возвратность потоков	Wiederkehr (Rekurrenz) bei Strömungen
Возвратный процесс	rekurrenter Prozeß
Возрастающий полумартингал	wachsendes Halb-Martingal
Временной ряд	Zeitreihe
Время возвращения состояния	Rekurrenzzeit eines Zustandes
Время остановки	Stoppzeit
Время пребывания	Verweilzeit
Выборка	Stichprobe
Выборочная асимметрия	empirische Schiefe
Выборочная дисперсия	empirische Streuung Stichprobenstreuung
Выборочная квантиль	empirisches Quantil
Выборочная квартиль	empirisches Quartil
Выборочная ковариационная матрица	Stichprobenkovarianzmatrix
Выборочная ковариация	empirische Kovarianz
Выборочная корреляционная функция	empirische Korrelationsfunktion
Выборочная медиана	empirischer Median Stichprobenmedian
Выборочная мода	empirischer Modalwert

Выборочная остаточная дисперсия	Stichprobenreststreuung
Выборочная средняя квадратичная связанность	empirische mittlere quadratische Kontingenz
Выборочное пространство	Stichprobenraum
Выборочное среднее	Stichprobenmittel
Выборочное стандартное отклонение	empirische Standardabweichung
Выборочные коэффициенты регрессии	Stichprobenregressionskoeffizienten
Выборочный коэффициент вариации	empirischer Variationskoeffizient
Выборочный коэффициент корреляции	empirischer Korrelationskoeffizient Stichprobenkorrelationskoeffizient
Выборочный коэффициент регрессии	empirischer Regressionskoeffizient
Выборочный метод	Stichprobenverfahren
Выборочный множественный коэффициент регрессии	multipler Stichprobenregressionskoeffizient
Выборочный момент	empirisches Moment Stichprobenmoment
Выборочный начальный момент	empirisches Anfangsmoment
Выборочный план	Stichprobenplan
Выборочный частный коэффициент регрессии	partieller Stichprobenregressionskoeffizient
Выборочный эксцесс	empirischer Exzeß
Вырожденное распределение	Einpunktverteilung ausgeartete Verteilung entartete Verteilung uneigentliche Verteilung

Гамма-функция	Gamma-Funktion
Гамма-распределение	Gammaverteilung
Гамма-распределение, обобщённое	Gammaverteilung, verallgemeinerte
Гауссовский обобщённый случайный процесс	Gaussscher verallgemeinerter stochastischer Prozeß
Гауссовский процесс	Gaussscher Prozeß
Генеральная совокупность	Grundgesamtheit
Геометрическая вероятность	geometrische Wahrscheinlichkeit
Геометрическое распределение	geometrische Verteilung
Гипергеометрическое распределение	hypergeometrische Verteilung
Гиперповерхности регрессии	Regressionshyperflächen
Гипотеза (статистическая)	Hypothese, statistische
Гистограмма	Histogramm Staffelbild
Глобальные предельные теоремы	globale Grenzwertsätze
Гнездовая классификация	hierarchische Klassifikation
Греколатинский квадрат	griechisch-lateinisches Quadrat
Групповая частота	Klassenhäufigkeit

Двойное показательное распределение	doppelte Exponentialverteilung
Двухвершинное распределение	bimodale Verteilungsfunktion
Двухсторонний критерий	zweiseitiger Test
Двухточечное распределение	Zweipunktverteilung
Децентиль	Dezentil
Динамическая система	dynamisches System
Дискретная случайная величина	diskrete Zufallsgröße
Дискретное равномерное распределение	diskrete gleichmäßige Verteilung
Дискретный случайный вектор	diskreter zufälliger Vektor
Дискриминантная функция	Trennfunktion Diskriminanzfunktion
Дискриминантный анализ	Diskriminanzanalyse Trennverfahren
Дисперсионный анализ	Varianzanalyse
Дисперсия	Streuung Varianz
Диссипативное измеримое преобразование	dissipative meßbare Transformation
Дисциплина обслуживания	Bedienungsorganisation
Дифференциальная игра преследования	Differential-Verfolgungsspiel
Дифференциальные уравнения Колмогорова	KOLMOGOROVsche Differentialgleichungen
Дифференцируемость случайных процессов	Differenzierbarkeit stochastischer Prozesse
Дифференцируемый в среднем квадратичном случайный процесс	stochastischer Prozeß, im quadratischen Mittel differenzierbar
Диффузионный процесс	Diffusionsprozeß
Длина очереди	Warteschlangenlänge
Доверительная граница	Vertrauensgrenze
Доверительная область	Bereichsschätzung
Доверительная оценка	Konfidenzschätzung
Доверительная оценка для неизвестной функции распределения	Konfidenzschätzung für eine unbekannte Verteilungsfunktion
Доверительные интервалы для математического ожидания и дисперсии нормального распределения	Konfidenzintervalle für Erwartungswert und Streuung der Normalverteilung
Доверительные интервалы для неизвестной вероятности	Konfidenzintervalle für eine unbekannte Wahrscheinlichkeit
Доверительный интервал	Konfidenzintervall Vertrauensintervall
Доверительный коэффициент	Konfidenzkoeffizient
Доверительный предел	Konfidenzgrenze
Доверительный уровень	Konfidenzniveau

Доминантная эргодическая теорема	**dominierender Ergodensatz**
Дополнительное событие	**komplementäres Ereignis**
Допустимая решающая функция	**zulässige Entscheidungsfunktion**
Достаточная координата	**hinreichende Koordinate**
Достаточная оценка	**hinreichende Schätzfunktion**
Достаточная точечная оценка	**erschöpfende (hinreichende) Punktschätzung**
Достоверное событие	**sicheres Ereignis**
Дробь Ляпунова	**LJAPUNOVscher Bruch**
Закон арксинуса	**Arcsinus-Gesetz**
Закон больших чисел	**Gesetz der großen Zahlen**
Закон больших чисел (теорема Бернулли)	**BERNOULLIsches Gesetz der großen Zahlen**
Закон малых чисел	**Gesetz der kleinen Zahlen**
Закон повторного логарифма	**Gesetz des iterierten Logarithmus**
Закон нуля-единицы	**Null-Eins-Gesetz**
Закон распределения (случайной переменной)	**Verteilungsgesetz (einer zufälligen Variablen)**
Значение игры	**Wert eines Spiels**
Игра двух лиц с нулевой суммой	**Zweipersonen-Nullsummenspiel**
Игра с полной информацией	**Spiel mit vollständiger Information**
Иерархическая классификация	**hierarchische Klassifikation**
Избыточность	**Redundanz**
Измеримая по Борелю функция	**BOREL-meßbare Funktion**
Измеримая трансформация	**meßbare Transformation**
Измеримая функция	**meßbare Funktion**
Измеримое множество	**meßbare Menge**
Измеримое отображение	**meßbare Abbildung**
Измеримое пространство	**meßbarer Raum**
Измеримый случайный процесс	**meßbarer stochastischer Prozeß**
Изоморфные динамические системы	**isomorphe dynamische Systeme**
Изотропное случайное поле	**isotropes zufälliges Feld**
Инвариант Колмогорова-Синая	**KOLMOGOROV-SINAI-Invariante**
Инвариантная мера	**invariantes Maß**
Инвариантное множество относительно измеримой трансформации	**invariante Menge bezüglich einer meßbaren Transformation**
Инварианты изоморфизма динамических систем	**Isomorphieinvarianten dynamischer Systeme**
Индекс	**Indexzahl** **Index**
Индекс в агрегатной форме	**Aggregatindex**
Индивидуальная эргодическая теорема	**individueller Ergodensatz**
Индикаторная функция	**Indikatorfunktion**

Индикатор случайного события	Indikator eines zufälligen Ereignisses
Интеграл	Integral
Интеграл Лебега	LEBESGUE-Integral
Интегральное представление процесса второго порядка	Integraldarstellung eines Prozesses zweiter Ordnung
Интегрирование по случайной мере	Integration bezüglich eines zufälligen Maßes
Интегрирование случайного процесса	Integration eines stochastischen Prozesses
Интегрируемая функция	integrierbare Funktion
Интенсивности	Intensitäten
Интерполяция стационарного процесса	Interpolation eines stationären Prozesses
Инфинитезимальный	infinitesimal
Инфинитезимальный оператор	infinitesimaler Operator
Информационное множество игры	Informationsmenge eines Spiels
Информация	Information
Испытание	Versuch
Источник информации	Nachrichtenquelle, Informationsquelle
Итерация	Iteration
Канал	Kanal
Канал передачи информации	Nachrichtenübertragungskanal
Канал с шумом	gestörter Kanal
Квадратический дискриминантный анализ	quadratische Diskriminanzanalyse
Квадрат коэффициента корреляции	Bestimmtheitsmaß
Квантиль	Fraktil
	Quantil
Квартиль	Quartil
Классическое определение вероятности	klassische Definition der Wahrscheinlichkeit
Классификация по двум признакам	Zweiwegklassifikation
Классификация Эйзенхарта	EISENHARTsche Klassifikation
Класс эквивалентности измеримых функций	Äquivalenzklasse meßbarer Funktionen
Ковариационная матрица	Kovarianzmatrix
Ковариационный анализ	Kovarianzanalyse
Ковариация	Kovarianz
Код	Code
Количество информации Фишера	FISHERsche Information
Комплексная случайная величина	komplexe Zufallsgröße
Комплексный случайный вектор	komplexer zufälliger Vektor
Композиция распределений	Mischung von Verteilungen
Компонента дисперсии	Varianzkomponente
Конечная мера	endliches Maß
	finites Maß
Конечная цепь Маркова	endliche MARKOVsche Kette

Конечномерные распределения случайного процесса	endlichdimensionale Verteilungen eines stochastischen Prozesses
Конкретная выборка	konkrete Stichprobe
Консервативная измеримая трансформация	konservative meßbare Transformation
Контрольная карта	Kontrollkarte
Контрольный предел	Kontrollgrenze
Контроль по количественным признакам	Variablenprüfung
Коррелированные случайные переменные	korrelierte Zufallsgrößen
Коррелограмма	Korrelogramm
Корреляционная матрица	Korrelationsmatrix
Корреляционная таблица	Korrelationstabelle
Корреляционная функция	Korrelationsfunktion
Корреляционное отношение	Korrelationsverhältnis
Корреляционный анализ	Korrelationsanalyse
Корреляционный функционал	Kovarianzfunktional
Корреляция	Korrelation
Коэффициент вариации	Variationskoeffizient
Коэффициент диффузии	Diffusionskoeffizient
Коэффициент корреляции	Korrelationskoeffizient
Коеффициент корреляции (обычный)	totaler Korrelationskoeffizient
Коэффициент неопределённости	Unbestimmtheitsmaß
Коэффициент ранговой корреляции	Rangkorrelationskoeffizient
Коэффициент ранговой корреляции Кендалла	KENDALLscher Rangkorrelationskoeffizient
Коэффициент ранговой корреляции Спермана	SPEARMANscher Rangkorrelationskoeffizient
Коеффициент регрессии	Regressionskoeffizient
Коэффициент согласия	Konkordanzkoeffizient
Коэффициент согласия Кендалла	KENDALLscher Konkordanzkoeffizient
Кривая кумулятивных частот	Treppenkurve der Summenhäufigkeit
Кривая регрессии	Regressionskurve
Криволинейная регрессия	curvilineare Regression
Критерий	Test
Критерий Бартлетта	BARTLETT-Test
Критерий Вальда-Вольфовица	WALD-WOLFOWITZ-Test
Критерий ван дер Вардена	X-Test
Критерий Данкена	DUNCAN-Test
Критерий для обнаруживания резко выделяющихся наблюдений	Ausreißertest
Критерий знаков	Zeichentest
Критерий значимости	Signifikanztest
Критерий Колмогорова	KOLMOGOROV-Test
Критерий Колмогорова-Смирнова	KOLMOGOROV-SMIRNOV-Test
Критерий Кочрэна	COCHRAN-Test

Критерий Крамера-Смирнова	Cramér-Smirnov-Test
	ω^2-Test
Критерий Крускала-Валлиса	Kruskal-Wallis-Test
Критерий линейности Фишера	Linearitätstest von Fisher
Критерий Мак-Немара	McNemar-Test
Критерий Манна-Уитни	Mann-Whitney-Test
	U-Test
Критерий независимости	Unabhängigkeitstest
Критерий независимости χ^2	χ^2-Unabhängigkeitstest
Критерий Ньюмена-Койлса	Newman-Keuls-Test
Критерий однородности	Homogenitätstest
Критерий однородности χ^2	χ^2-Homogenitätstest
Критерий основанный на медиане	Mediantest
Критерий отношения правдоподобия	Maximum-Likelihood-Quotienten-Test
Критерий правдоподобия	Likelihood-Quotienten-Test
Критерий проверки симметричности распределения (Гемельрика)	Symmetrie-Test (von Hemelrijk)
Критерий ранга	Rangtest
Критерий случайности	Zufälligkeitstest
Критерий Смирнова	Smirnov-Test
Критерий Снедекора	F-Test
Критерий согласия	Anpassungstest
Критерий согласия χ^2	χ^2-Anpassungstest
Критерий Стьюдента	einfacher t-Test
	t-Test
	Student-Test
Критерий Стьюдента для двух выборок	doppelter t-Test
Критерий Тьюки	Tukey-Test
Критерий Уилкоксона	Wilcoxon-Test
Критерий Фишера-Йейтса	Fisher-Yates-Test
Критерий Фридмана	Friedman-Test
Критерий χ^2 (хи-квадрат)	χ^2-Test
Критерий χ^2 для дисперсии	χ^2-Streuungstest
Критерий Хотеллинга	Hotelling-Test
Критерий Шеффе	Scheffé-Test
Критическая область	Ablehnungsbereich
	kritischer Bereich
Кумулянты	Kumulanten
Кумулятивная частота	Summenhäufigkeit
Латинский квадрат	lateinisches Quadrat
Лемма Бореля-Кантелли	Borel-Cantellisches Lemma
Линейная гипотеза	lineare Hypothese
Линейная регрессия	lineare Regression
Линейная регрессионная функция	lineare Regressionsfunktion
Линейная точечная оценка	lineare Punktschätzung
Линейные модели	lineare Modelle

Линейный контраст	linearer Kontrast
Линейный процесс	linearer Prozeß
Линейный процесс рождения	linearer Geburtsprozeß
Линия потока	Stromlinie
Логарифмически нормальное распределение	logarithmische Normalverteilung
Логистическая кривая	logistische Kurve
Логистический тренд	logistischer Trend
Логистическое распределение	logistische Verteilung
Локальные предельные теоремы	lokale Grenzwertsätze
Максимальная эргодическая теорема	maximaler Ergodensatz
Маргинальная плотность	Randverteilungsdichte
Маргинальная функция распределения	Randverteilungsfunktion
Маргинальное распределение	Randverteilung
Марковская стратегия	MARKOVsche Strategie
Марковский процесс	MARKOVscher Prozeß
Марковский управляемый процесс	MARKOVscher gesteuerter Prozeß MARKOVscher steuerbarer Prozeß
Марковское время	MARKOVsche Zeit
Марковское свойство	MARKOVsche Eigenschaft
Мартингал	Martingal
Математическое ожидание	Erwartungswert
Математическое ожидание	Erwartungswertfunktion
Матрица	Matrix
Матрица выборочных ковариаций	empirische Kovarianzmatrix
Матрица дисперсий	Streuungsmatrix
Медиана	Median
Мера	Maß
Мера Лебега	LEBESGUEsches Maß
Меры рассеивания	Streuungsmaße
Метод конгруентности	Kongruenzmethode
Метод контрольных карт	Kontrollkartentechnik
Метод максимального правдоподобия	Maximum-Likelihood-Methode
Метод минимума χ^2	Minimum-χ^2-Methode
Метод моментов	Momentenmethode
Метод Монте-Карло	Monte-Carlo-Methode, Monte-Carlo-Simulation
Метод наименьших квадратов	Methode der kleinsten Quadrate
Метод удаления резко выделяющихся значений выборки	Bereinigungsverfahren
Метрическая транзитивная измеримая трансформация	metrische transitive meßbare Transformation
Мешающие параметры	störende Parameter
Минимаксная решающая функция	Minimax-Entscheidungsfunktion
Минимаксная стратегия игрока	Minimax-Strategie

Минимаксное неравенство	Minimax-Ungleichung
Минимальная достаточная оценка	minimale hinreichende Schätzfunktion
Многовершинное распределение	multimodale Verteilungsfunktion
Многомерная статистика	multivariate Statistik
Множественная классификация	mehrfache Klassifikation
Множественная регрессия	multiple Regression mehrfache Regression
Множественное сравнение средних значений	multiple Mittelwertvergleiche
Множественный коэффициент корреляции	multipler Korrelationskoeffizient
Множественный коэффициент регрессии	multipler Regressionskoeffizient
Множество измеримое в смысле Лебега	LEBESGUE-meßbare Menge
Множество индексов	Indexmenge
Множество меры нуль	Nullmenge
Множество сепарабельности	Separabilitätsmenge
Мода	Dichtemittel, Mode
Модель авторегрессии	autoregressives Modell
Моменты	Momente
Мощность критерия	Macht des Tests
Мультиномиальное распределение	Multinomialverteilung Polynomialverteilung
Нагруженный резерв	heiße Reserve
Наиболее вероятное значение	Modalwert
Наилучшая линейная несмещённая оценка	beste lineare erwartungstreue Schätzung
Начальное распределение марковского процесса	Anfangsverteilung eines MARKOVschen Prozesses
Начальный момент	Anfangsmoment
Невозвратное состояние	transienter Zustand
Невозможное событие	unmögliches Ereignis
Невозрастающий полумартингал	fallendes Halb-Martingal
Независимость σ-алгебр	Unabhängigkeit von σ-Algebren
Независимость случайных переменных	Unabhängigkeit zufälliger Variabler
Независимость случайных процессов	Unabhängigkeit stochastischer Prozesse
Независимость (случайных) событий	Unabhängigkeit von Ereignissen
Некоррелированные случайные величины	unkorrelierte Zufallsgrößen
Ненагруженный резерв	kalte Reserve
Необходимая оценка	notwendige Schätzfunktion
Непараметрический критерий	verteilungsfreier Test nichtparametrischer Test parameterfreier Test

Непересекающиеся множества	disjunkte Mengen
Непериодическое состояние однородной цепи Маркова	aperiodischer Zustand einer homogenen Markovschen Kette
Неполная бэта-функция	unvollständige Betafunktion
Неполная гамма-функция	unvollständige Gammafunktion
Непрерывное равномерное распределение	stetige gleichmäßige Verteilung
Непрерывно распределённая случайная величина	stetige Zufallsgröße
Непрерывно распределённый случайный вектор	stetiger zufälliger Vektor
Непрерывность случайного процесса	Stetigkeit stochastischer Prozesse
Непрерывный поток	kontinuierliche Strömung
Неприводимая марковская цепь	irreduzible Markovsche Kette
Неравенства Бернштейна	Bernsteinsche Ungleichungen
Неравенства в теории вероятностей	Ungleichungen in der Wahrscheinlichkeitstheorie
Неравенства Кантелли	Cantellische Ungleichungen
Неравенство Гаусса	Gausssche Ungleichung
Неравенство Гаусса-Винклера	Gauss-Winckler-Ungleichung
Неравенство Кампа-Мейделла	Camp-Meidell-Ungleichung
Неравенство Колмогорова	Kolmogorovsche Ungleichung
Неравенство Крамера-Рао	Rao-Cramérsche Ungleichung
Неравенство Ляпунова	Ljapunovsche Ungleichung
Неравенство Маркова	Markovsche Ungleichung
Неравенство Рао-Крамера-Фреше-Дармуа	Ungleichung von Rao-Cramér-Fréchet-Darmois
Неравенство Чебышева	Tschebyschevsche Ungleichung
Неравенство Шеннона	Shannonsche Ungleichung
Нерандомизированный критерий	nichtrandomisierter Test
Несжимающая измеримая трансформация	inkompressible meßbare Transformation
Несмещённая доверительная оценка	unverfälschte Konfidenzschätzung
Несмещённая оценка	unverzerrte Schätzfunktion
	erwartungstreue Schätzfunktion
Несмещённый критерий	unverfälschter Test
Несовместимые события	unvereinbare Ereignisse
Несущественное состояние	unwesentlicher Zustand
Неустойчивое состояние марковской цепи	instabiler Zustand einer Markovschen Kette
Нецентральное распределение Снедекора	nichtzentrale F-Verteilung
Нецентральное распределение Стьюдента	nichtzentrale t-Verteilung
Нецентральное распределение χ^2	nichtzentrale χ^2-Verteilung
Нижнее значение игры	unterer (reiner) Wert eines Spiels
n-мерный случайный процесс	n-dimensionaler stochastischer Prozeß

Нормальная форма игры k лиц	Normalform eines k-Personenspiels
Нормальное распределение	Normalverteilung
Нормальные уравнения	Normalgleichungen
Нормированная случайная величина	normierte Zufallsgröße
Нулевая гипотеза	Nullhypothese
Нулевая игра	Nullsummenspiel
Нулевое возвратное состояние	null-rekurrenter Zustand
Область притяжения функции распределения	Anziehungsbereich einer Verteilungsfunktion
Облегчённый резерв	warme Reserve
Обобщённое расстояние Махаланобиса	verallgemeinerter Abstand von Mahalanobis
Обобщённый случайный процесс	verallgemeinerter stochastischer Prozeß
Обратная классификация	Kreuzklassifikation
Обратная функция	Umkehrfunktion
Общая линейная модель	allgemeines lineares Modell
Общая регрессия	allgemeine Regression
Общий процесс восстановления	allgemeiner Erneuerungsprozeß
	modifizierter Erneuerungsprozeß
Объём выборки	Umfang einer Stichprobe
Объём информации	Informationsinhalt
Объём критерия	Umfang eines Tests
Одинаково распределены	identisch verteilt
Одновершинное распределение	unimodale Verteilung
Однородное случайное поле	homogenes zufälliges Feld
Однородный процесс Маркова	homogener Markovscher Prozeß
Односторонний критерий	einseitiger Test
Опасность отказа	Ausfallintensität
	Ausfallrate
Оперативная характеристика (выборочного плана, критерия)	Operationscharakteristik
	OC-Funktion
Определитель	Determinante
Оптимальная стратегия игрока	optimale Strategie eines Spielers
Оптимальная расслоенная выборка	optimale geschichtete Stichprobe
Ортогональная регрессия	orthogonale Regression
Ортогональная случайная мера	orthogonales zufälliges Maß
Остановка случайных процессов	Stoppen stochastischer Prozesse
Остаточная дисперсия	Reststreuung
Относительная частота	relative Häufigkeit
Относительная энтропия	relative Entropie
Отношение правдоподобия	Likelihood-Quotient
Отображение	Abbildung
Отрицательная (линейная) регрессия	negative (lineare) Regression
Отрицательное биномиальное распределение	negative Binomialverteilung
Отрицательно коррелированные случайные величины	negativ korrelierte Zufallsgrößen

Оценка	Schätzwert Schätzfunktion
Оценка Гаусса-Маркова	GAUSS-MARKOV-Schätzung
Оценка по методу максимального правдоподобия	Maximum-Likelihood-Schätzung
Очертание	Profilmaß
Ошибка второго рода	Fehler zweiter Art
Ошибка первого рода	Fehler erster Art
Параболическая регрессионная функция	parabolische Regressionsfunktion
Параболическая регрессия	parabolische Regression
Парадокс Бертрана	BERTRANDsches Paradoxon
Параметр (вероятностного) распределения	Parameter einer (Wahrscheinlichkeits-) Verteilung
Параметрический критерий	Parametertest
Параметр масштаба	Skalenparameter
Параметр нецентральности	Nichtzentralitätsparameter
Параметр положения	Lageparameter
Параметр сдвига	Verschiebungsparameter
Параметр управления	Steuerparameter
Параметр формы	Gestaltsparameter
Переменная управления	Steuervariable
Переходная вероятность	Übergangswahrscheinlichkeit
Переходная матрица	Übergangsmatrix
Переходная функция	Übergangsfunktion
Периодические колебания	Saisonschwankungen periodische Schwankungen
Периодическое состояние	periodischer Zustand
Периодограмма	Periodogramm
Период состояния	Periode eines Zustands
Перцентиль	Perzentil
Планирование эксперимента	Versuchsplanung, statistische
Плотность	Dichtefunktion
Плотность вероятности	Wahrscheinlichkeitsdichte
Плотность восстановления	Erneuerungsdichte
Плотность распределения	Verteilungsdichte
Поверхности регрессии	Regressionsflächen
Поглощающее состояние однородной цепи Маркова	absorbierender Zustand einer homogenen MARKOVschen Kette
Подобный критерий	ähnlicher Test
Показательное распределение	Exponentialverteilung
Поле (множеств)	Ring (von Mengen)
Полигон частот	Häufigkeitspolygon
Полное вероятностное пространство	vollständiger Wahrscheinlichkeitsraum
Положительная (линейная) регрессия	positive (lineare) Regression
Положительное возратное состояние	positiv-rekurrenter Zustand

Положительно коррелированные случайные величины	positiv korrelierte Zufallsgrößen
Полумарковский процесс	semi-MARKOVscher Prozeß
Полумартингал	Semimartingal
Поля событий и алгебры вероятностей	Ereignisfelder und Wahrscheinlichkeitsalgebren
Поправка Иейтса	YATESsche Korrektur
Поправка Шеппарда	SHEPPARDsche Korrektur
Порядковая статистика	Positionsstichprobenfunktion Ranggröße
Последовательное оценивание	sequentielle Schätzung
Последовательность	Folge
Последовательность случайных переменных	zufällige Folge
Последовательный анализ	Sequentialanalyse
Последовательный критерий	sequentieller Test
Поток	Strömung
Поток с ограниченным последействием (процесс восстановления)	rekurrenter Prozeß
Поток требований	Kundenstrom
Почти все	fast alle
Почти всюду	fast überall
Почти невозможное событие	fast unmögliches Ereignis
Почти достоверное событие	fast sicheres Ereignis
Почти инвариантное множество относительно измеримого преобразования	fast invariante Menge bezüglich einer meßbaren Transformation
Почти наверное	fast sicher
Правило остановки	Stoppregel
Пределы последовательностей множеств	Limites von Mengenfolgen
Предельная теорема Муавра-Лапласса	Grenzwertsatz von DE MOIVRE-LAPLACE
Предельная теорема Пуассона	Grenzwertsatz von POISSON
Предельные теоремы	Grenzwertsätze
Предельные теоремы в теории вероятностей	Grenzwertsätze in der Wahrscheinlichkeitstheorie
Предельные теоремы для больших уклонений	Grenzwertsätze für Wahrscheinlichkeiten großer Abweichungen
Представление Карунена процесса второго порядка	KARHUNEN-Darstellung eines Prozesses zweiter Ordnung
Представление Леви-Хинчина безгранично-делимого распределения вероятностей	LÉVY-CHINTSCHIN-Darstellung einer unbegrenzt teilbaren Wahrscheinlichkeitsverteilung
Преобразование	Transformation
Преобразование, сохраняющее меру	maßtreue Transformation
Приемлемый допустимый уровень качества	Gutgrenze

Приёмочный контроль	Attributprüfung
Принцип Беллмана	Bellmansches Prinzip
Прирост информации	Informationsgewinn
Пробит-анализ	Probit-Analyse
Проблема Беренса-Фишера	Behrens-Fisher-Problem
Проблема двух выборок	Zweistichprobenproblem
Проблема k выборок	k-Stichprobenproblem
Проблема моментов	Momentenproblem
Проблема моментов Гамбургера	Hamburgersches Momentenproblem
Проблема моментов Стильтьеса	Stieltjessches Momentenproblem
Проблема моментов Хаусдорфа	Hausdorffsches Momentenproblem
Проблема опознавания резко выделяющихся наблюдений	Ausreißerproblem
Проверка итераций	Iterationstest
Произведение мер	Produktmaß
Произведение множеств	Produkt von Mengen
Производная случайного процесса	Ableitung eines stochastischen Prozesses
Производящая функция	erzeugende Funktion
Производящая функция моментов	momenterzeugende Funktion
Производящая функция факториальных моментов	faktorielle momenterzeugende Funktion
Производящий дифференциальный оператор диффузионного процесса	erzeugender Differentialoperator eines Diffusionsprozesses
Пропорциональная расслоенная выборка	proportionale geschichtete Stichprobe
Простая гипотеза	einfache Hypothese
Простая классификация	einfache Klassifikation
Простая регрессия	einfache Regression
Простая функция	einfache Funktion
Простой процесс восстановления	einfacher Erneuerungsprozeß
Пространства Лебега	Lebesguesche Räume
Пространство решений	Entscheidungsraum
Пространство состояний случайного процесса	Zustandsraum eines stochastischen Prozesses
Пространство с полной мерой	vollständiger Maßraum
Процесс восстановления (простой)	Erneuerungsprozeß (einfacher)
Процесс второго порядка	Prozeß zweiter Ordnung
Процесс Гальтона-Уотсона	Galton-Watson-Prozeß
Процесс гибели	Sterbeprozeß
Процесс гибели и размножения	Geburts- und Todesprozeß
Процесс Кифера-Вольфовица	Kiefer-Wolfowitz-Prozeß
Процесс (конечных) скользящих средних	Prozeß der (endlichen) gleitenden Mittel
Процесс Коши	Cauchy-Prozeß
Процесс Маркова m-го порядка	Markovscher Prozeß m-ter Ordnung
Процесс наблюдений	Beobachtungsprozeß
Процесс Пойа-Лундберга	Pólya-Lundberg-Prozeß

Процесс Пуассона	Poissonscher Prozeß
Процесс решения	Entscheidungsprozeß
Процесс Роббинса-Монро	Robbins-Monro-Prozeß
Процесс роста	Wachstumsprozeß
Процесс с независимыми приращениями	Prozeß mit unabhängigen Zuwächsen
Процесс с ортогональными приращениями	Prozeß mit orthogonalen Zuwächsen
Процесс Феллера-Арлея	Feller-Arley-Prozeß
Процесс Ферри-Юла	Furry-Yule-Prozeß
Процесс Юла	Yule-Furry-Prozeß
Прямая регрессии	Regressionsgerade
Псевдослучайные числа	Pseudo-Zufallszahlen
Равномерно более мощный критерий	gleichmäßig besserer Test
Равномерное распределение	gleichmäßige Verteilung Rechteckverteilung
Равномерно лучшая доверительная оценка	gleichmäßig bessere Konfidenzschätzung
Равномерно наиболее мощный критерий	trennscharfer Test, gleichmäßig bester Test
Равномерно наилучшая доверительная оценка	trennscharfe Konfidenzschätzung
Равномерно наилучшая доверительная оценка	gleichmäßig beste Konfidenzschätzung
Разложение Вольда стационарного процесса	Woldsche Zerlegung eines stationären Prozesses
Разложение дисперсий	Streuungszerlegung
Разложение достоверного события на несовместимые события	disjunkte Zerlegung des sicheren Ereignisses
Разложение Корниша-Фишера	Cornish-Fisher-Entwicklung
Размах	Spannweite
Размер	Ausdehnungsmaß
Размерность распределения вероятностей	Dimension einer Wahrscheinlichkeitsverteilung
Ранг	Rangzahl
Ранг матрицы	Rang einer Matrix
Ранговая корреляция	Rangkorrelation
Рандомизированная решающая функция	randomisierte Entscheidungsfunktion
Рандомизированный критерий	randomisierter Test
Распределение	Verteilung
Распределение Бернулли	Bernoullische Verteilung
Распределение Вейбулла	Weibull-Verteilung
Распределение Гаусса	Normalverteilung
Распределение Дирихле	Dirichlet-Verteilung
Распределение Колмогорова	Kolmogorov-Verteilung
Распределение Коши	Cauchy-Verteilung
Распределение Лапласа	Laplace-Verteilung

Распределение Леви	Lévy-Verteilung
Распределение Максвелла	Maxwell-Verteilung
Распределение Маркова	Markovsche Verteilung
Распределение Парето	Pareto-Verteilung
Распределение Паскаля	Pascal-Verteilung
Распределение Пойа	Ansteckungsverteilung Pólya-Verteilung
Распределение Пуассона	Poisson-Verteilung
Распределение Релея	Rayleigh-Verteilung
Распределение Снедекора	Fishersche F-Verteilung
Распределение Стьюдента	t-Verteilung Student-Verteilung
Распределение T^2 Хотеллинга	Hotellings T^2-Verteilung
Распределение Уишарта	Wishart-Verteilung
Распределение Фишера	Fishersche z-Verteilung
Распределение Хелмерта-Пирсона	Helmert-Pearson-Verteilung
Распределение χ	χ-Verteilung
Распределение χ^2	χ^2-Verteilung
Распределение Эрланга	Erlang-Verteilung
Распределения Пирсона	Pearsonsche Verteilungen
Распределения экстремальных значений	Extremwertverteilungen
Расслоенная выборка	geschichtete Stichprobe
Расстояние Махаланобиса	Mahalanobisscher Abstand
Реализации (случайных величин)	Realisierungen
Регрессионный анализ	Regressionsanalyse
Регрессия	Regression
Регрессия второго рода	Regression zweiter Art
Регрессия первого рода	Regression erster Art
Регулярный стационарный процесс	regulärer stationärer Prozeß
Резервирование	Reservierung
Резервное оборудование	Reserveelement
Резко выделяющееся наблюдение	Ausreißer
Решающая функция	Entscheidungsfunktion
Решение	Entscheidung
Решётчатое распределение	gitterförmige Verteilung
Ряд Грама-Чарлея	Gram-Charlier-Reihe
Ряд Эджворта	Edgeworth-Reihe

σ-алгебра (множеств)	σ-Algebra (von Mengen)
Сбалансированный план	balanzierter Versuchsplan
С вероятностью единица	mit Wahrscheinlichkeit Eins
Свертка	Faltung
Свойства второго порядка	Eigenschaften zweiter Ordnung
Семейство	Familie
Семиинварианты	Semiinvarianten
Сепарабельный случайный процесс	separabler stochastischer Prozeß

Серединный критерий	Quadrantentest Medialtest Eckentest
Сжимающая измеримая трансформация	kompressible meßbare Transformation
Сильно перемешивающее измеримое преобразование	stark mischende meßbare Transformation
Сильно состоятельная последовательность оценок	stark konsistente Folge von Schätzfunktionen
Симметрическое распределѐние	symmetrische Verteilung
Симметричный устойчивый процесс	symmetrischer stabiler Prozeß
Сингулярное измеримое преобразование	singulär meßbare Transformation
Сингулярный стационарный процесс	singulärer stationärer Prozeß
Система передачи информации	Nachrichtenübertragungssystem
Система с ожиданием	Wartesystem
Система с потерями	Verlustsystem
Скользящие средние	gleitende Mittel
σ-конечная мера	σ-finites Maß
Слабо перемешивающее измеримое преобразование	schwach mischende meßbare Transformation
Слабо состоятельная последовательность оценок	schwach konsistente Folge von Schätzfunktionen
Слабый закон больших чисел	schwaches Gesetz der großen Zahlen
Сложная гипотеза	zusammengesetzte Hypothese
Сложные распределения	zusammengesetzte Verteilungen
Случайная величина	Zufallsgröße
Случайная величина Бернулли	BERNOULLIsche Variable
Случайная выборка	mathematische Stichprobe
Случайная мера	zufälliges Maß
Случайная переменная	zufällige Veränderliche zufällige Variable
Случайная спектральная мера	zufälliges Spektralmaß
Случайная функция	zufällige Funktion
Случайное поле	zufälliges Feld
Случайное событие	zufälliges Ereignis
Случайные цифры	Zufallsziffern
Случайные числа	Zufallszahlen
Случайный вектор	zufälliger Vektor
Случайный поток	Punktprozeß, zufällige Strömung
Случайный процесс	stochastischer Prozeß zufälliger Prozeß
Случайный процесс второго порядка	stochastischer Prozeß zweiter Ordnung
Случайный процесс дифференцируемый с вероятностью единица	stochastischer Prozeß, mit Wahrscheinlichkeit Eins differenzierbar

Случайный процесс непрерывный в среднем квадратическом	stochastischer Prozeß, im quadratischen Mittel stetig
Случайный процесс непрерывный с вероятностью единица	stochastischer Prozeß, mit Wahrscheinlichkeit Eins stetig
Случайный процесс почти наверное дифференцируемый	stochastischer Prozeß, fast sicher differenzierbar
Случайный процесс почти наверное непрерывный	stochastischer Prozeß, fast sicher stetig
Случайный эксперимент	Zufallsexperiment
Случайный элемент	zufälliges Element
Смешанная игра	gemischtes Spiel
Смешанная стратегия	gemischte Strategie
Смешанная стратегия игрока	gemischte Strategie eines Spielers
Смешивание (потоков)	Mischung (bei Strömungen)
Смещение	Bias
Смещение точечной оценки	systematischer Fehler einer Punktschätzung
Событие	Ereignis
Совместная плотность вероятности (случайных величин)	gemeinsame Wahrscheinlichkeitsdichte (von Zufallsgrößen)
Совместная функция распределения (случайных величин)	gemeinsame Verteilungsfunktion (von Zufallsgrößen)
Совместное распределение вероятностей (случайных величин)	gemeinsame Wahrscheinlichkeitsverteilung (von zufälligen Variablen)
Сокращённый дискриминантный анализ	verkürzte Diskriminanzanalyse
Сообщающиеся состояния цепи Маркова	verbundene Zustände einer MARKOVschen Kette
Состояние наблюдателя	Zustandsanzeiger
Состоятельная последовательность критериев	konsistente Folge von Tests
Состоятельная последовательность оценок	konsistente Folge von Schätzfunktionen
Сохраняющее меру измеримое преобразование	maßtreue meßbare Transformation
Спектральная мера стационарного обобщённого процесса	Spektralmaß eines stationären verallgemeinerten stochastischen Prozesses
Спектральная мера стационарного процесса	Spektralmaß eines stationären Prozesses
Спектральная плотность стационарного процесса	Spektraldichte eines stationären Prozesses
Спектральная функция стационарного процесса	Spektralfunktion eines stationären Prozesses
Спектральное представление стационарного процесса	Spektraldarstellung eines stationären Prozesses
Спектральные инварианты динамических систем	Spektralinvarianten dynamischer Systeme
Спектральный тип динамической системы	Spektraltyp eines dynamischen Systems

Способ „середины квадрата“	Quadratmittenmethode
Сравнение двух вероятностей	Vergleich zweier Wahrscheinlichkeiten
Срединное значение	Zentralwert
Среднее арифметическое	arithmetisches Mittel
Среднее геометрическое	geometrisches Mittel
Среднее значение обобщённого случайного процесса	Erwartungswertfunktional eines verallgemeinerten stochastischen Prozesses
Средние значения	Mittelwerte
Средний объём выборки	ASN-Funktion
Средний срок службы	Lebensdauer, mittlere
Средняя квадратичная связанность	mittlere quadratische Kontingenz Kontingenz, mittlere quadratische
Срок службы	Lebensdauer
Стандартизированная случайная величина	standardisierte Zufallsgröße
Стандартизированное распределение	standardisierte Verteilung
Стандартное отклонение	Standardabweichung mittlere quadratische Abweichung
Статистика	Stichprobenfunktion Statistik
Статистика Бозе-Эйнштейна	Bose-Einstein-Statistik
Статистика Больцмана	Boltzmann-Statistik
Статистика (для проверки гипотез)	Testgröße
Статистика Максвелла-Больцмана	Maxwell-Boltzmann-Statistik
Статистика случайных процессов	Statistik stochastischer Prozesse
Статистика Ферми-Дирака	Fermi-Dirac-Statistik
Статистика экстремальных значений	Extremwertstatistik
Статистическая достоверность	Sicherheitswahrscheinlichkeit statistische Sicherheit
Статистическая теория решений	statistische Entscheidungstheorie
Статистическая эргодическая теорема	statistischer Ergodensatz
Статистический контроль качества	statistische Qualitätskontrolle
Стационарная стратегия	stationäre Strategie
Стационарное распределение марковского процесса	stationäre Verteilung eines Markovschen Prozesses
Стационарно связанные процессы	stationär verbundene Prozesse
Стационарный обобщённый случайный процесс	stationärer verallgemeinerter stochastischer Prozeß
Стационарный процесс	stationärer Prozeß
Стационарный процесс восстановления	stationärer Erneuerungsprozeß
Стационарный случайный поток	stationärer Punktprozeß
Степень эффективности	Wirkungsgrad
Стохастика	Stochastik
Стохастическая аппроксимация	stochastische Approximation
Стохастическая матрица	stochastische Matrix

Стохастическая модель	stochastisches Modell
Стохастическая модификация	stochastische Modifikation
Стохастическая независимость	stochastische Unabhängigkeit
Стохастическая сходимость	stochastische Konvergenz
Стохастические дифференциальные уравнения	stochastische Differentialgleichungen
Стохастический интеграл	stochastisches Integral
Стохастический принцип максимума	stochastisches Maximum-Prinzip
Стохастически непрерывный процессов	stochastisch stetiger Prozeß
Стохастическое динамическое программирование	stochastische dynamische Optimierung
Стохастическое оптимирование	stochastische Optimierung
Стратегия	Strategie
Строго инвариантное множество относительно измеримого преобразования	streng invariante Menge bezüglich einer meßbaren Transformation
Строго марковский процесс	streng MARKOVscher Prozeß
Структурная функция	Strukturfunktion
Стьюдентизированный размах	studentisierte Variationsbreite
Субмартингал	Submartingal
Супермартингал	Supermartingal
Существенное состояние	wesentlicher Zustand
Схема Бернулли	BERNOULLI-Schema
Схема серий	Serienschema
Сходимость в среднем квадратичном	Konvergenz im quadratischen Mittel
Сходимость в среднем p-го порядка	Konvergenz im p-ten Mittel
Сходимость по вариации	Konvergenz in Variation
Сходимость по вероятности	Konvergenz in Wahrscheinlichkeit
Сходимость почти наверное	Konvergenz fast sicher
Сходимость с вероятностью единица	Konvergenz mit Wahrscheinlichkeit Eins
Таблица сопряжённости признаков	Kontingenztafel
Таблица частот	Häufigkeitstabelle
Таблицы случайных чисел	Zufallszahlentafeln
Теорема Блекуэлла	BLACKWELL, Theorem von
Теорема восстановления (элементарная)	Erneuerungstheorem, elementares
Теорема Гаусса-Маркова	GAUSS-MARKOV-Theorem
Теорема Гливенко	GLIWENKO, Satz von Hauptsatz der Mathematischen Statistik
Теорема Котельникова	KOTELNIKOV, Satz von
Теорема о возвращении	Rekurrenzsatz, Wiederkehrsatz
Теорема Радона-Никодима	RADON-NIKODYM, Satz von
Теорема Стоуна (об изоморфизме)	Isomorphiesatz von M. H. STONE
Теорема трёх рядов Колмогорова	KOLMOGOROVscher Dreireihensatz

Теоремы кодирования	Codierungssätze
Теоремы Шеннона	SHANNONsche Sätze
Теория восстановления	Erneuerungstheorie
Теория диффузии	Diffusionstheorie
Теория игр	Spieltheorie
Теория информации	Informationstheorie
Теория итерации	Iterationstheorie
Теория массового облуживания	Bedienungstheorie
Теория надёжности	Zuverlässigkeitstheorie
Теория потенциалов и марковские процессы	Potentialtheorie und MARKOVsche Prozesse
Теория проверки гипотез	Testtheorie
Теория (статистических) решений	Entscheidungstheorie (statistische Entscheidungstheorie)
Теория статистического оценивания	Schätztheorie
T-инвариантная мера	T-invariantes Maß
Тип вырожденных распределений	uneigentlicher Verteilungstyp
Тип невырожденных распределений	eigentlicher Verteilungstyp
Тип распределений	Verteilungstyp
Толерантная область	statistischer Toleranzbereich
Толерантное оценивание	Toleranzschätzung
Топологическая динамика	topologische Dynamik
Точечная оценка	Punktschätzung
Точечный процесс	Punktprozeß
Траектория случайного процесса	Trajektorie eines stochastischen Prozesses
Тренд	Trend
Треугольное распределение	Dreieckverteilung
Унимодальное распределение	unimodale Verteilung
Упорядоченная выборка	geordnete Stichprobe
Управление случайными процессами	Steuerung stochastischer Prozesse
Управляемый случайный процесс	gesteuerte stochastischer Prozeß steuerbarer stochastischer Prozeß
Уравнение Беллмана	BELLMANsche Gleichung
Уравнение Чепмена-Колмогорова (Маркова)	CHAPMAN-KOLMOGOROVsche Gleichung
Уравнения максимального правдоподобия	Maximum-Likelihood-Gleichungen
Урновые модели	Urnenmodelle
Уровень значимости	Irrtumswahrscheinlichkeit
Усиленный закон больших чисел	starkes Gesetz der großen Zahlen
Условая теорема восстановления	Hauptsatz der Erneuerungstheorie
Условие Деблина	DOEBLINsche Bedingung
Условие Крамера	CRAMÉRsche Bedingung
Условие Линдеберга	LINDEBERGsche Bedingung
Условие Ляпунова	LJAPUNOVsche Bedingung

Условие репараметризации	Reparametrisierungsbedingung
Условия согласованности Колмогорова	Verträglichkeitsbedingungen von KOLMOGOROV
Условная вероятностная мера	bedingtes Wahrscheinlichkeitsmaß
Условная вероятность события	bedingte Wahrscheinlichkeit eines Ereignisses
Условная плотность	bedingte Wahrscheinlichkeitsdichte
Условная функция распределения	bedingte Verteilungsfunktion
Условная энтропия	bedingte Entropie
Условное математическое ожидание	bedingte Erwartung
Условное распределение вероятностей	bedingte Wahrscheinlichkeitsverteilung
Устойчивая марковская цепь	stabile MARKOVsche Kette
Устойчивая последовательность случайных величин	stabile Folge von Zufallsgrößen
Устойчивое состояние марковской цепи	stabiler Zustand einer MARKOVschen Kette
Устойчивый закон распределения	stabiler Verteilungstyp
Устойчивый процесс	stabiler Prozeß
Фазовое пространство случайного процесса	Phasenraum eines stochastischen Prozesses
Факториальный момент	faktorielles Moment
Факторный анализ	Faktor-Analyse
Фидуциальная оценка	fiduziale Schätzung
Фиктивное состояние марковской цепи	fiktiver Zustand einer MARKOVschen Kette
Фильтрация	Filtration
Формула Байеса	BAYESsche Formel
Формула полной вероятности	totale Wahrscheinlichkeit, Formel der
Формула смещения Штейнера	Verschiebungssatz von STEINER
Формула Стирлинга	STIRLINGsche Formel
Формула Эрланга	ERLANGsche Formel
Функции случайного вектора	Funktionen eines zufälligen Vektors
Функции случайной величины	Funktionen einer Zufallsgröße
Функционал выхода	Ertragsfunktional
Функция	Funktion
Функция автокорреляции	Autokorrelationsfunktion
Функция восстановления	Erneuerungsfunktion
Функция выигрыша игры	Gewinnfunktion eines Spiels
Функция интегрируемая в смысле Лебега	LEBESGUE-integrierbare Funktion
Функция ковариации	Kovarianzfunktion
Функция кумулянтов	Kumulantenfunktion
Функция мощности	Machtfunktion Gütefunktion
Функция надёжности	Zuverlässigkeitsfunktion Überlebunsfunktion

Функция потерь	Verlustfunktion
Функция правдоподобия	Likelihood-Funktion
Функция распределения	Verteilungsfunktion
Функция распределения случайного вектора	Verteilungsfunktion eines zufälligen Vektors
Функция распределения случайной величины	Verteilungsfunktion einer Zufallsgröße
Функция регрессии	Regressionsfunktion
Функция риска	Risikofunktion
Характеристическая функция	charakteristische Funktion
Характеристический функционал	charakteristisches Funktional
Характеристический экспонент стабильного распределения	charakteristischer Exponent eines stabilen Verteilungstyps
Цензоризация	Zensorierung
Центральная предельная теорема	zentraler Grenzwertsatz
Центральный момент	zentrales Moment
Центральный выборочный момент	zentrales Stichprobenmoment empirisches zentrales Moment
Центрированная случайная величина	zentrierte Zufallsgröße
Цепи с полными связями	Ketten mit vollständigen Bindungen
Цепь Маркова	MARKOVsche Kette
Циклический подкласс состояний	zyklische Unterklasse von Zuständen
Цилиндрические множества	Zylindermengen
Частный коэффициент корреляции	partieller Korrelationskoeffizient
Частный коэффициент регрессии	partieller Regressionskoeffizient
Частный ранговый коэффициент корреляции	partieller Rangkorrelationskoeffizient
Частота	Häufigkeit
Чистая стратегия	reine Strategie
Чистая стратегия игрока	reine Strategie eines Spielers
Чистое значение игры	reiner Wert eines Spiels
Шаг решётчатого распределения	Gitterkonstante einer gitterförmigen Verteilung
Эквивалентность (измеримых функций)	Äquivalenz (meßbarer Funktionen)
Эквивалентные меры	äquivalente Maße
Эквивалентные случайные процессы	äquivalente stochastische Prozesse
Эксперимент (испытание)	Versuch
Экспонентное семейство	Exponentialfamilie
Экспоненциальное распределение	Exponentialverteilung
Экстраполяция стационарного процесса	Extrapolation eines stationären Prozesses

Экстремальная корреляция	extremale Korrelation
Эксцесс	Exzeß
Элементарное событие	Elementarereignis
Эмпирическая функция распределения	empirische Verteilungsfunktion
Эмпирические начальные моменты	empirische Anfangsmomente
Энтропия динамической системы	Entropie eines dynamischen Systems
Энтропия испытания	Entropie eines Versuchs
Энтропия случайной величины	Entropie einer Zufallsgröße
Энтропия Шеннона	SHANNONsche Entropie
Эргодическая гипотеза	Ergodenhypothese
Эргодическая теорема в среднем	Mittelergodensatz
Эргодическая теорема для стационарных случайных процессов	Ergodensatz für stationäre Prozesse
Эргодическая теорема Неймана-Улама	zufälliger Ergodensatz
Эргодическая теория	Ergodentheorie
Эргодические теоремы	Ergodensätze
Эргодический марковский процесс	ergodischer MARKOVscher Prozeß
Эргодическое измеримое преобразование	ergodische meßbare Transformation
Эргодическое распределение марковского процесса	ergodische Verteilung eines MARKOVschen Prozesses
Эффективная оценка	effektive Schätzfunktion wirksamste Schätzfunktion
Эффективность	Effizienz Wirksamkeit
Эффект регрессии	Regressionseffekt

Testtabelle

Problem	Hypothese	Voraussetzungen	zugehörige Tests (Verweisstichwörter)
I. Prüfen einer Verteilungsfunktion	$H: F = F_0$ (Die wahre, aber unbekannte Verteilungsfunktion F ist gleich der vorgegebenen Verteilungsfunktion F_0)	F stetig	›KOLMOGOROV-Test ›CRAMÉR-SMIRNOV-Test
			χ^2-Anpassungstest (›χ^2-Test II.)
Prüfen eines Parameters einer Verteilung	$H: \mu = \mu_0$ (Der wahre, aber unbekannte Erwartungswert μ ist gleich dem vorgegebenen Wert μ_0)	Normalverteilung mit Erwartungswert μ und Streuung σ^2 σ^2 bekannt	Prüfung einer Hypothese über den unbekannten Erwartungswert bei bekanntem σ^2 (›t-Test a), Kleindruck)
		σ^2 unbekannt	›t-Test a)
	$H: \mu = \mu_0$ (Der wahre, aber unbekannte Erwartungswertvektor μ ist gleich dem vorgegebenen Wert μ_0)	k-dimensionale Normalverteilung mit Erwartungswertvektor μ und Kovarianzmatrix Σ Σ bekannt	›HOTELLING-Test, Kleindruck
		Σ unbekannt	›HOTELLING-Test

Testtabelle (Fortsetzung)

Problem	Hypothese	Voraussetzungen	zugehörige Tests (Verweisstichwörter)
	$H: \sigma^2 = \sigma_0^2$ (Die wahre, aber unbekannte Streuung σ^2 ist gleich dem vorgegebenen Wert σ_0^2)	Normalverteilung mit der Streuung σ^2	χ^2-Streuungstest (›χ^2-Test I.)
	$H: p = p_0$ (Die wahre, aber unbekannte Wahrscheinlichkeit p eines zufälligen Ereignisses ist gleich dem vorgegebenen Wert p_0)		Prüfung einer unbekannten Wahrscheinlichkeit (›Signifikanztest)
	$H: M = M_0$ (Der wahre, aber unbekannte Median M ist gleich dem vorgegebenen Wert M_0)		›Mediantest 1.
	$H: \eta_i = \alpha + \beta_1 x_{1i} + \cdots + \beta_k x_{ki}$ (Die Erwartungswerte η_i von Zufallsgrößen Y_i ($i = 1, \ldots, n$) ergeben sich als Linearkombinationen von Beobachtungswerten mit denselben Koeffizienten $\alpha, \beta_1, \ldots, \beta_k$ (›Regressionsanalyse II)	Y_i ($i = 1, \ldots, n$) unabhängige, normalverteilte Zufallsgrößen mit unbekannter, aber gleicher Streuung	›Linearitätstest von FISHER

Testtabelle (Fortsetzung)

Problem	Hypothese	Voraussetzungen	zugehörige Tests (Verweisstichwörter)
II. Vergleich zweier Verteilungsfunktionen (Zweistichprobenproblem). F_X bzw. F_Y Verteilungsfunktion der Zufallsgröße X bzw. Y	$H: F_X = F_Y$ (Gleichheit der beiden Verteilungsfunktionen)	F_X, F_Y stetig	›KOLMOGOROV-SMIRNOV-Test ›Iterationstest (von WALD und WOLFOWITZ) ›U-Test ›X-Test
		X und Y nehmen nur die Werte $+1$ und -1 an	›McNEMAR-Test
	$H: F_{X_i} = F_{Y_i}$ $(i = 1, \ldots, n)$ (paarweise Gleichheit von Verteilungsfunktionen)	F_{X_i}, F_{Y_i} $(i = 1, \ldots, n)$ stetig	›Zeichentest
Vergleich von Parametern zweier Verteilungen. F_X bzw. F_Y Verteilungsfunktion der Zufallsgröße X bzw. Y	$H: \mu_X = \mu_Y$ (Gleichheit der beiden Erwartungswerte)	X und Y normalverteilt mit dem Erwartungswert μ_X bzw. μ_Y und der (unbekannten) Streuung σ_X^2 bzw. σ_Y^2 $\sigma_X^2 = \sigma_Y^2$	doppelter t-Test (›t-Test b))
		$\sigma_X^2 \neq \sigma_Y^2$	›BEHRENS-FISHER-Problem
	$H: \mu_{\mathfrak{X}} = \mu_{\mathfrak{Y}}$ (Gleichheit der beiden Erwartungswertvektoren)	$\mathfrak{X} = (X_1, \ldots, X_k)$ und $\mathfrak{Y} = (Y_1, \ldots, Y_k)$ normalverteilt mit dem Erwartungswertvektor $\mu_{\mathfrak{X}}$ bzw. $\mu_{\mathfrak{Y}}$ und der Kovarianzmatrix $\Sigma_{\mathfrak{X}}$ bzw. $\Sigma_{\mathfrak{Y}}$	›HOTELLING-Test ›Diskriminanzanalyse e)

Testtabelle (Fortsetzung)

Problem	Hypothese	Voraussetzungen	zugehörige Tests (Verweisstichwörter)
	$H: \sigma_X^2 = \sigma_Y^2$ (Gleichheit der beiden Streuungen)	X und Y normalverteilt mit der Streuung σ_X^2 bzw. σ_Y^2	›F-Test
	$H: p_X = p_Y$ (Gleichheit zweier Wahrscheinlichkeiten)		›Wahrscheinlichkeiten, Vergleich zweier (dort $p_X = p_1$, $p_Y = p_2$)
	$H: M_X = M_Y$ (Gleichheit zweier Mediane)		›Mediantest 2.
III. Vergleich von k ($k \geqq 2$) Verteilungsfunktionen (k-Stichprobenproblem) F_i Verteilungsfunktion der Zufallsgröße X_i ($i = 1, \ldots, k$)	$H: F_1 = \cdots = F_k$ (Gleichheit der k Verteilungsfunktionen)		›Friedman-Test
		F_i ($i = 1, \ldots, k$) stetig	›Kruskal-Wallis-Test
	H: Die unabhängigen Zufallsgrößen $X_1, \ldots, X_k$ sind symmetrisch zum Nullpunkt verteilt		›Symmetrie-Test (von Hemelrijk)
	$H: p_{ij} = p_j$ ($i = 1, \ldots, k$; $j = 1, \ldots, s$) (alle X_i sind identisch verteilt)	$X_1, \ldots, X_k$ unabhängige diskrete Zufallsgrößen mit den Einzelwahrscheinlichkeiten $p_{ij} = P(X_i = z_j)$, ($i = 1, \ldots, k$; $j = 1, \ldots, s$)	›χ^2-Homogenitätstest (›χ^2-Test IV.)

Testtabelle (Fortsetzung)

Problem	Hypothese	Voraussetzungen	zugehörige Tests (Verweisstichwörter)
Vergleich von Parametern von k ($k \geqq 2$) Verteilungen F_i Verteilungsfunktion der Zufallsgröße X_i ($i = 1, \ldots, k$)	$H: \mu_1 = \cdots = \mu_k$ (Gleichheit der k Erwartungswerte)	X_i normalverteilt mit dem Erwartungswert μ_i und der (unbekannten, von i unabhängigen) Streuung σ^2 ($i = 1, \ldots, k$)	›Varianzanalyse (Modell I)
	$H: L = \mu_{i'} - \mu_{i''} = 0$ ($i', i'' = 1, \ldots, k$; $i' \neq i''$) (Prüfung einfacher linearer Kontraste)		DUNCAN-Test (›multiple Mittelwertvergleiche)
	$H: L = \sum_{i=1}^{k} c_i \mu_i = L_0$ (Prüfung linearer Kontraste)		SCHEFFÉ-Test TUKEY-Test (›multiple Mittelwertvergleiche)
	$H: \sigma_1^2 = \cdots = \sigma_k^2$ (Gleichheit der k Streuungen)	X_i normalverteilt mit der Streuung σ_i^2 ($i = 1, \ldots, k$)	›BARTLETT-Test ›COCHRAN-Test
IV. Prüfen der Unabhängigkeit zweier Zufallsgrößen X und Y	H: X und Y sind unabhängig		›Eckentest ›Rangkorrelationsanalyse
	$H: p_{ij} = p_{i.} \cdot p_{.j}$ ($i = 1, \ldots, r$; $j = 1, \ldots, s$) (X und Y sind unabhängig)	(X, Y) zweidimensionaler diskreter zufälliger Vektor mit den Einzelwahrscheinlichkeiten $p_{ij} = P(X = x_i, Y = y_j)$, $p_{i.} = \sum_{j=1}^{s} p_{ij}$, $p_{.j} = \sum_{i=1}^{r} p_{ij}$ ($i = 1, \ldots, r$; $j = 1, \ldots, s$)	χ^2-Unabhängigkeitstest (›χ^2-Test III.)
	$r = s = 2$		›FISHER-YATES-Test
	$H: \varrho = 0$ (X und Y sind unkorreliert)	(X, Y) zweidimensionaler normalverteilter zufälli- Vektor mit dem Korrelationskoeffizienten ϱ	›Korrelationsanalyse

Verteilungstabelle

Die Tabelle enthält eine Zusammenstellung der wichtigsten eindimensionalen diskreten und stetigen Wahrscheinlichkeitsverteilungen. Der Definitionsbereich der Dichten umfaßt generell alle $x \in R^1$; die Angabe eines Bereiches für die Variable x, z. B. „$x > 0$", „$0 \leq x \leq 1$" bedeutet dabei, daß die zugehörige Dichte für alle x außerhalb dieses Bereiches den Wert Null hat.

Das Symbol * in der Tabelle gibt an, daß die betreffende Größe (z. B. Erwartungswert) nicht existiert. Verschiedentlich entfallen Angaben über bestimmte Größen (z. B. Modalwert) mangels einfacher Formulierbarkeit. Unter „Anwendung" werden typische Beispiele benannt. In einigen Fällen unterbleibt ein Hinweis über eine Vertafelung, da eine solche mitunter nicht sinnvoll (z. B. (stetige) gleichmäßige Verteilung) oder nicht bekannt (z. B. MAXWELL-Verteilung) ist.

Bei der Angabe der Momente ist auf die in diesem Lexikon verwendete Schreibweise der formelmäßigen Unterscheidung zwischen den zentralen Momenten μ_k, den Anfangsmomenten m_k und den faktoriellen Momenten $m_{(k)}$ zu achten.

Die in eckigen Klammern stehenden Zahlen verweisen auf ein spezielles Literaturverzeichnis am Ende der Verteilungstabelle.

Name	Binomialverteilung	POISSON-Verteilung
Einzelwahrscheinlichkeiten $P(X = m)$	$\binom{n}{m} p^m (1-p)^{n-m}$, $m = 0, 1, \ldots, n$	$e^{-\lambda} \frac{\lambda^m}{m!}$, $m = 0, 1, \ldots$
Parameterbereich	$0 < p < 1$, n – natürliche Zahl	$\lambda > 0$
Bild der Einzelwahrscheinlichkeiten	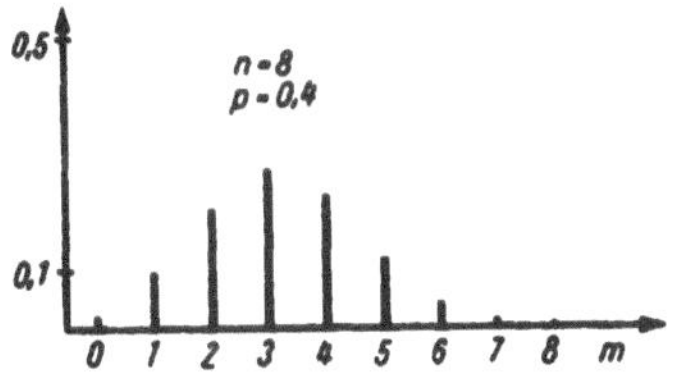	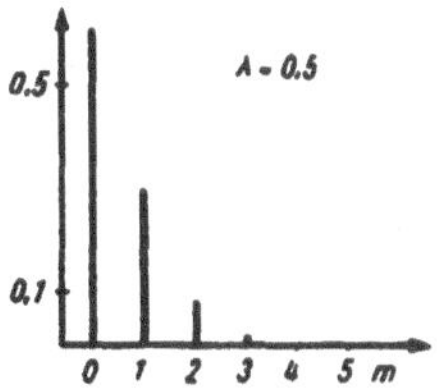
charakteristische Funktion	$(1 - p(1 - e^{it}))^n$	$e^{\lambda(e^{it}-1)}$
Momente	$m_{(k)} = n(n-1)\cdots(n-k+1)p^k$	$m_{(k)} = \lambda^k$
Erwartungswert	np	λ
Streuung	$np(1-p)$	λ
Variationskoeffizient	$\sqrt{\frac{1-p}{np}}$	$\frac{1}{\sqrt{\lambda}}$
(CHARLIERsche) Schiefe	$\frac{1-2p}{\sqrt{np(1-p)}}$	$\frac{1}{\sqrt{\lambda}}$
Exzeß	$\frac{1-6p(1-p)}{np(1-p)}$	$\frac{1}{\lambda}$
Median	[7]	[7]
Modalwert	ent $[(n+1)p]$; falls $(n+1)p$ ganzzahlig, auch $(n+1)p-1$	ent $[\lambda]$; falls λ ganzzahlig, auch $\lambda - 1$
Vertafelung	z. B. [9], (T7), (T12)	z. B. [10], (T7)
Anwendung	›BERNOULLI-Schema, ›statistische Qualitätskontrolle	sog. „Verteilung der seltenen Ereignisse“, ›Bedienungstheorie, ›Zuverlässigkeitstheorie, Elementarteilchentheorie

Einpunkt-verteilung	Zweipunkt-verteilung	(diskrete) gleichmäßige Verteilung	Name
$P(X = x_0) = 1$	$P(X = a_1) = p$, $P(X = a_2) = 1 - p$	$P(X = a_m) = \frac{1}{n}$, $m = 1, \ldots, n$	Einzelwahr-scheinlich-keiten
x_0 reell	$0 < p < 1$, $a_1 < a_2$	$a_1, a_2, \ldots, a_n$ reell, $a_1 < a_2 < \cdots < a_n$, n — natürliche Zahl	Parameter-bereich
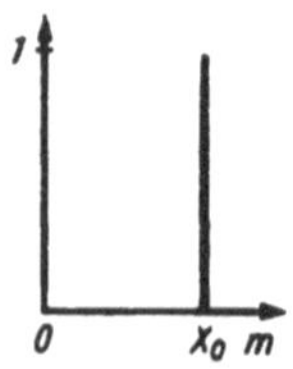	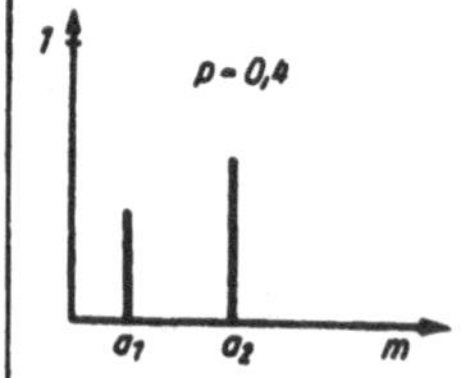	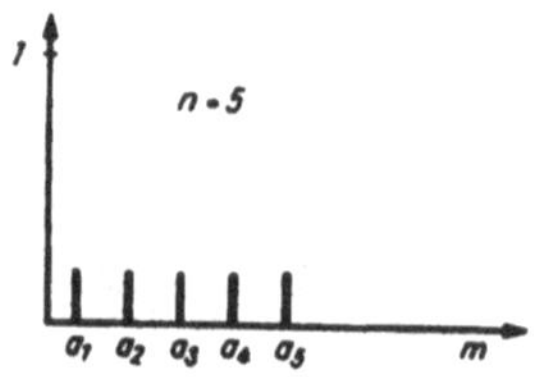	Bild der Einzelwahr-scheinlich-keiten
e^{itx_0}	$p\, e^{ita_1} + (1 + p)\, e^{ita_2}$	$\frac{1}{n} \sum_{m=1}^{n} e^{ita_m}$	charakteri-stische Funktion
$m_k = x_0^k$	$m_k = p\, a_1^k + (1 - p)\, a_2^k$	$m_k = \frac{1}{n} \sum_{m=1}^{n} a_m^k$	Momente
x_0	$p\, a_1 + (1 - p)\, a_2$	$\frac{1}{n} \sum_{m=1}^{n} a_m$	Erwartungs-wert
0	$(a_0 - a_2)^2\, p\,(1 - p)$	$\frac{1}{n} \sum_{m=1}^{n} a_m^2 - \left(\frac{1}{n} \sum_{m=1}^{n} a_m\right)^2$	Streuung
0, $x_0 \neq 0$	$\frac{\lvert a_1 - a_2\rvert \sqrt{p\,(1 - p)}}{p\, a_1 + (1 - p)\, a_2}$, $p\, a_1 + (1 - p)\, a_2 \neq 0$	$\frac{\sqrt{n \sum_{m=1}^{n} a_m^2 - \left(\sum_{m=1}^{n} a_m\right)^2}}{\sum_{m=1}^{n} a_m}$, $\sum_{m=1}^{n} a_m \neq 0$	Variations-koeffizient
x_0	a_1 für $p > 1/2$, a_2 für $p < 1/2$, jedes $x \in [a_1, a_2]$ für $p = 1/2$	jedes $x \in \left[a_{\frac{n}{2}}, a_{\frac{n}{2}+1}\right]$ für n gerade, $a_{\frac{n+1}{2}}$ für n ungerade	Median
x_0	a_1 für $p > 1/2$, a_2 für $p < 1/2$, a_1 und a_2 für $p = 1/2$	jedes a_m, $m = 1, \ldots, n$	Modalwert
	zufällige Versuche mit 2 Ausgängen (z. B. Münzenwurf)	zufällige Versuche mit n gleichwahrscheinlichen Ausgängen (z. B. Würfel)	Anwendung

Name	negative Binomialverteilung	geometr. Verteilung
Einzelwahrscheinlichkeiten $P(X=m)$	$\binom{-v}{m}(-p)^m(1-p)^v, \; m=0,1,\ldots$	$(1-p)\,p^m$, $m=0,1,\ldots$
Parameterbereich	$0<p<1, \; v>0$	$0<p<1$
Bild der Einzelwahrscheinlichkeiten	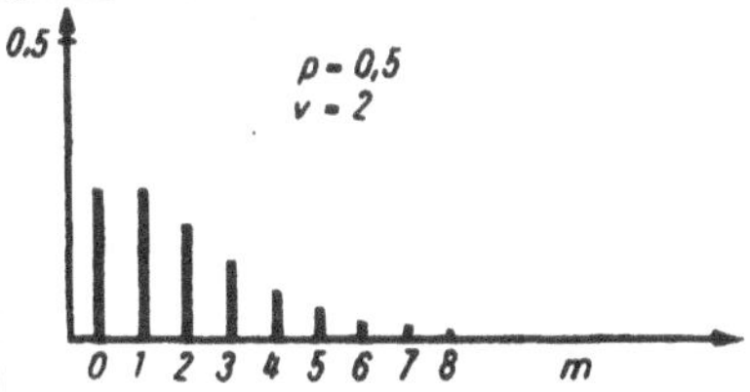	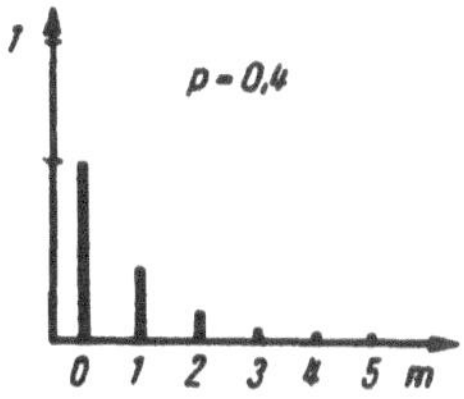
charakteristische Funktion	$\left(\frac{1-p}{1-p\,e^{it}}\right)^v$	$\frac{1-p}{1-p\,e^{it}}$
Momente	$m_{(k)}=\left(\frac{p}{1-p}\right)^k v(v+1)\cdots(v+k-1)$	$m_{(k)}=\left(\frac{p}{1-p}\right)^k k!$
Erwartungswert	$\frac{vp}{1-p}$	$\frac{p}{1-p}$
Streuung	$\frac{vp}{(1-p)^2}$	$\frac{p}{(1-p)^2}$
Variationskoeffizient	$\frac{1}{\sqrt{vp}}$	$\frac{1}{\sqrt{p}}$
(CHARLIERsche) Schiefe	$\frac{1+p}{\sqrt{vp}}$	$\frac{1+p}{\sqrt{p}}$
Exzeß	$\frac{1+4p+p^2}{vp}$	$\frac{1+4p+p^2}{p}$
Median	[7]	
Modalwert		0
Vertafelung	[2]	
Anwendung	Verteilung der Anzahl der Mißerfolge vor dem v-ten Erfolg beim ›BERNOULLI-Schema	Verteilung der Anzahl der Mißerfolge vor dem ersten Erfolg beim ›BERNOULLI-Schema

hypergeometr. Verteilung	PÓLYA-Verteilung	Name
$\binom{M}{m}\binom{N-M}{n-m}\binom{N}{n}$ $m = \max(0, n + M - N), \ldots, \min(M, n)$	$\binom{n}{m}\cdot\frac{b(b+s)\cdots(b+(m-1)s)}{N(N+s)\cdots(N+(n-1)s)}\times$ $\times c(c+s)\cdots(c+(n-m-1)s)$, $m = \begin{cases} 0, 1, \ldots, n & \text{für } s \geqq 0 \\ \max(0, n-c), \ldots, \min(b, n) & \end{cases}$ $N = b + c$ für $s = -1$	Einzelwahrscheinlichkeiten $P(X = m)$
N, M, n – ganze Zahlen $0 \leqq M \leqq N$, $0 \leqq n \leqq N$	n, b, c – nat. Zahlen, s ganzzahlig $s \geqq -1$; falls $s = -1$, $n \leqq N$	Parameterbereich
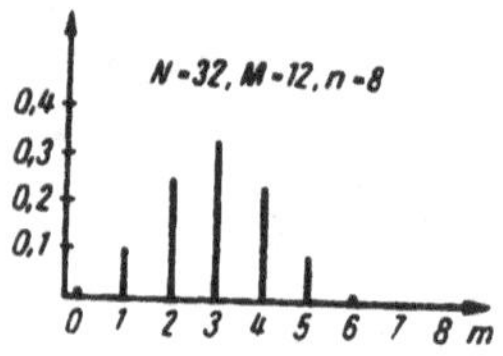	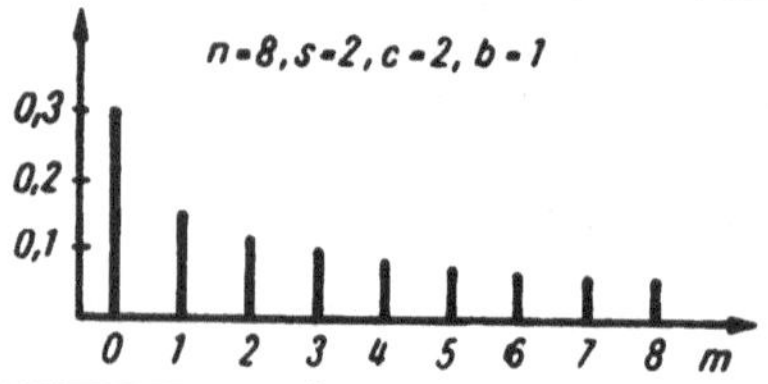	Bild der Einzelwahrscheinlichkeiten
$m_{(k)} = \frac{M!\,n!\,(N-k)!}{(M-k)!(n-k)!N!}$	$m_{(k)} = \frac{n!\,b(b+s)\cdots(b+(k-1)s)}{(n-k)!\,N(N+s)\cdots(N+(k-1)s)}$	Momente
$\frac{Mn}{N}$	$\frac{bn}{N}$	Erwartungswert
$\frac{Mn(N-M)(N-n)}{N^2(N-1)}$	$\frac{nbc(N+sn)}{N^2(N+s)}$	Streuung
$\sqrt{\frac{(N-M)(N-n)}{(N-1)Mn}}$	$\sqrt{\frac{c(N+sn)}{bn(N+s)}}$	Variationskoeffizient
[7]		Median
ent $[x]$, wobei $x = \frac{(M+1)(n+1)}{N+2}$; falls x positiv, ganzzahlig, auch $x - 1$		Modalwert
[5]		Vertafelung
›Urnenmodelle (Entnahme ohne Zurücklegen), ›statistische Qualitätskontrolle	Verlauf von Epidemien	Anwendung

Name	Normalverteilung	logarithmische Normalverteilung
Dichte	$\frac{1}{\sqrt{2\pi}\,\sigma}\, e^{-\frac{(x-\mu)^2}{2\sigma^2}}$	$\frac{1}{\sqrt{2\pi}\,\sigma\, x}\, e^{-\frac{(\ln x-\mu)^2}{2\sigma^2}}, \; x > 0$
Parameterbereich	μ reell, $\sigma > 0$	μ reell, $\sigma > 0$
Bild der Dichte	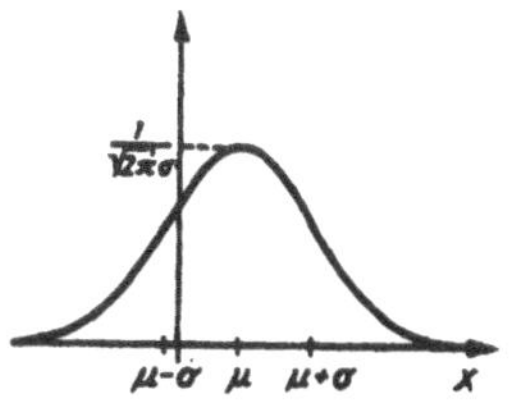	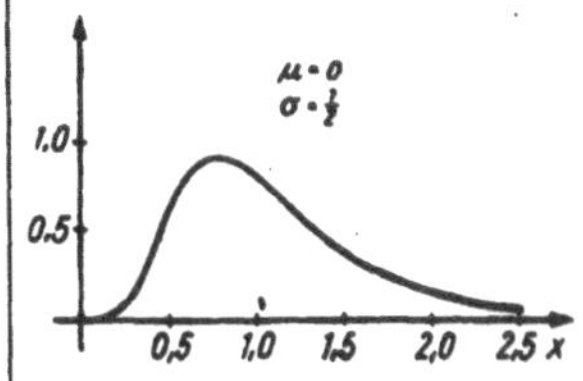
charakteristische Funktion	$e^{i\mu t - \frac{1}{2}\sigma^2 t^2}$	
Momente	$\mu_{2k-1} = 0$ $\mu_{2k} = (2k-1)!!\,\sigma^{2k}$	$m_k = e^{k\mu + \frac{k^2\sigma^2}{2}}$
Erwartungswert	μ	$e^{\mu + \frac{\sigma^2}{2}}$
Streuung	σ^2	$e^{2\mu+\sigma^2}\,(e^{\sigma^2} - 1)$
Variationskoeffizient	$\frac{\sigma}{\mu}, \; \mu \neq 0$	$\sqrt{e^{\sigma^2} - 1}$
(CHARLIERsche) Schiefe	0	$\sqrt{e^{\sigma^2} - 1}\,(e^{\sigma^2} + 2)$
Exzeß	0	[6]
Median	μ	e^{μ}
Modalwert	μ	$e^{\mu - \sigma^2}$
Vertafelung	siehe Lehrbücher, Monografien, Tafelwerke	Benutzung der Tafeln der Normalverteilung
Anwendung	grundlegende Verteilung in der Wahrscheinlichkeitsrechnung und zur statistischen Auswertung von Versuchs-, Beobachtungs- und Meßergebnissen	Lebensdauer- sowie Festigkeitsprobleme, Konzentrationsuntersuchungen

(stetige) gleichmäßige Verteilung	Dreieckverteilung (SIMPSON-Verteilung)	Name
$\frac{1}{b-a}$, $a \leqq x \leqq b$	$\frac{2}{b-a}\left(1 - \frac{2}{b-a}\left\lvert x - \frac{a+b}{2}\right\rvert\right)$, $a \leqq x \leqq b$	Dichte
a, b reell, $a < b$	a, b reell, $a < b$	Parameterbereich
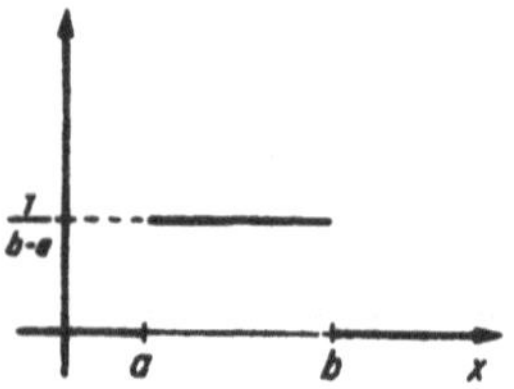	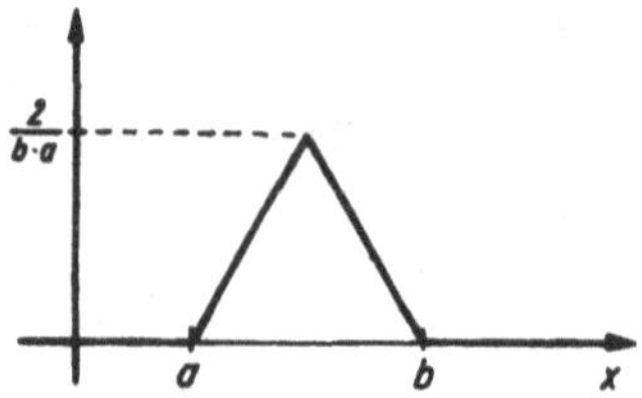	Bild der Dichte
$\frac{e^{ibt} - e^{iat}}{(b-a)\,i\,t}$	$-\frac{4\left(e^{\frac{ibt}{2}} - e^{\frac{iat}{2}}\right)}{(b-a)^2\,t^2}$	charakteristische Funktion
$\mu_{2k} = \frac{1}{k+1}\left(\frac{b-a}{2}\right)^k$ $\mu_{2k-1} = 0$	$\mu_{2k} = \frac{(b-a)^{2k}}{2^{2k-1}\,(2k+1)\,(2k+2)}$ $\mu_{2k-1} = 0$	Momente
$\frac{a+b}{2}$	$\frac{a+b}{2}$	Erwartungswert
$\frac{1}{12}(b-a)^2$	$\frac{1}{24}(b-a)^2$	Streuung
$\frac{1}{\sqrt{3}}\frac{b-a}{b+a}$, $b+a \neq 0$	$\frac{1}{\sqrt{6}}\frac{b-a}{b+a}$, $b+a \neq 0$	Variations-koeffizient
0	0	(CHARLIERsche) Schiefe
−1,2	−0,6	Exzeß
$\frac{a+b}{2}$	$\frac{a+b}{2}$	Median
jedes $x \in [a, b]$	$\frac{a+b}{2}$	Modalwert
›geometrische Wahrscheinlichkeit, Erzeugung von ›Zufallszahlen	Verteilung der Summe zweier unabh. identisch (stetig) gleichmäßig verteilter Zufallsgrößen	Anwendung

Name	χ^2-Verteilung	t-Verteilung
Dichte	$\dfrac{1}{2^{\frac{n}{2}}\,\Gamma\left(\frac{n}{2}\right)}\, x^{\frac{n}{2}-1}\, e^{-\frac{x}{2}}$, $x > 0$	$\dfrac{\Gamma\left(\frac{n+1}{2}\right)\left(1+\frac{x^2}{n}\right)^{-\frac{n+1}{2}}}{\Gamma\left(\frac{n}{2}\right)\sqrt{\pi n}}$
Parameterbereich	n – natürliche Zahl (Freiheitsgrad)	n – natürliche Zahl (Freiheitsgrad)
Bild der Dichte	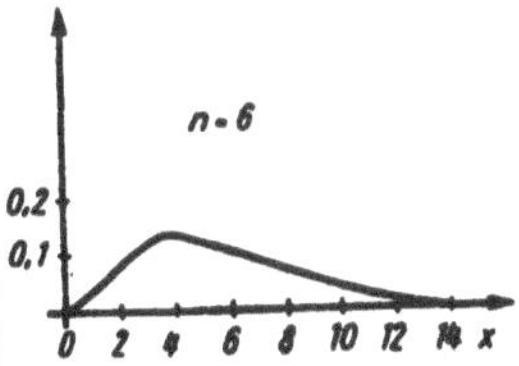	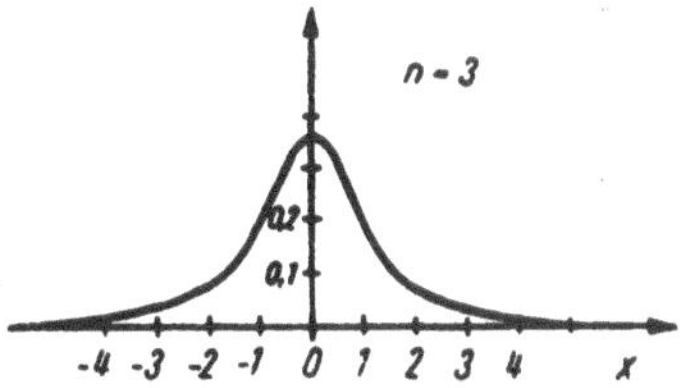
charakteristische Funktion	$(1-2it)^{-\frac{n}{2}}$	
Momente	$m_k = 2^k \dfrac{\Gamma\left(k+\frac{n}{2}\right)}{\Gamma\left(\frac{n}{2}\right)}$	$m_{2k-1} = 0$, $2k \leqq n$ $m_{2k} = n^k \dfrac{(2k-1)!!\,(n-2k-2)!!}{(n-2)!!}$, $2k \leqq n-1$
Erwartungswert	n	0, $n \geqq 2$
Streuung	$2n$	$\dfrac{n}{n-2}$, $n \geqq 3$
Variationskoeffizient	$\sqrt{\dfrac{2}{n}}$	*
(CHARLIERsche) Schiefe	$\dfrac{2\sqrt{2}}{\sqrt{n}}$	0, $n \geqq 4$
Exzeß	$\dfrac{12}{n}$	$\dfrac{6}{n-4}$, $n \geqq 5$
Median	vertafelt in (T 1)	0
Modalwert	$n-2$ für $n > 2$ 0 für $n = 1,2$	0
Vertafelung	Verteilungsfunktion in (T 1), Quantile: (T 3), (T 4), (T 7), (T 8), (T 13), (T 15)	Verteilungsfunktion in (T 1), Quantile: (T 3), (T 4), (T 7), (T 8), (T 13), (T 15)
Anwendung	Prüfung von ›Streuungen, ›Anpassungstest, ›Homogenitätstest, ›Unabhängigkeitstest, ›Punktschätzung	Prüfung von ›Erwartungswerten, ›Regressions- u. ›Korrelationsanalyse

(FISHERsche) F-Verteilung	(FISHERsche) Z-Verteilung	Name
$\dfrac{\left(\frac{m}{n}\right)^{\frac{m}{2}} x^{\frac{m}{2}-1}\left(1+\frac{m}{n}x\right)^{-\frac{m+n}{2}}}{B\left(\frac{m}{2}, \frac{n}{2}\right)}$, $x > 0$	$\dfrac{2\, m^{\frac{m}{2}}\, n^{\frac{n}{2}}\, e^{m x}}{B\left(\frac{m}{2}, \frac{n}{2}\right)(n + m\, e^{2x})^{\frac{m+n}{2}}}$	Dichte
m, n — nat. Zahlen (Freiheitsgrade)	m, n — nat. Zahlen (Freiheitsgrade)	Parameterbereich
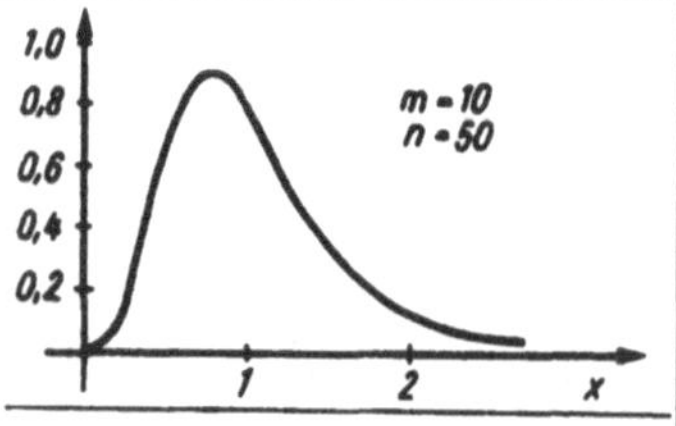	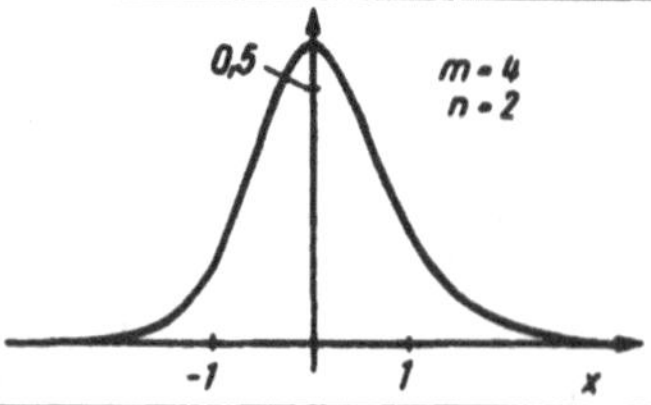	Bild der Dichte
	$\left(\frac{n}{m}\right)^{\frac{it}{2}} \dfrac{\Gamma\left(\frac{n-it}{2}\right)\Gamma\left(\frac{m+it}{2}\right)}{\Gamma\left(\frac{m}{2}\right)\Gamma\left(\frac{n}{2}\right)}$	charakteristische Funktion
$m_k = \dfrac{\Gamma\left(\frac{m}{2}+k\right)\Gamma\left(\frac{n}{2}-k\right)}{\Gamma\left(\frac{m}{2}\right)\Gamma\left(\frac{n}{2}\right)} \times \left(\frac{n}{m}\right)^k, \quad k < \frac{n}{2}$	[1]	Momente
$\dfrac{n}{n-2}, \; n \geqq 3$	[1]	Erwartungswert
$\dfrac{2 n^2 (m+n-2)}{m (n-2)^2 (n-4)}, \quad n \geqq 5$	[1]	Streuung
$\sqrt{\dfrac{2(m+n-2)}{m(n-4)}}, \quad n \geqq 5$		Variationskoeffizient
asympt. Formel in [1]		(CHARLIERsche) Schiefe
$\dfrac{n(m-2)}{m(n+2)}$ für $m \geqq 2$; 0 für $m = 1$	0	Modalwert
Quantile: (T 1), (T 3), (T 4), (T 7), (T 8), (T 13), (T 15)	Quantile: (18)	Vertafelung
Vergleich von ›Streuungen, ›Varianz- u. ›Kovarianzanalyse	›F-Test (heute weitgehend durch ›F-Verteilung ersetzt)	Anwendung

Name	Exponentialverteilung	LAPLACE-Verteilung
Dichte	$\lambda e^{-\lambda x}, \quad x \geqq 0$	$\frac{1}{2\lambda} e^{-\frac{\lvert x-\mu \rvert}{\lambda}}$
Parameterbereich	$\lambda > 0$	$\lambda > 0$, μ reell
Bild der Dichte	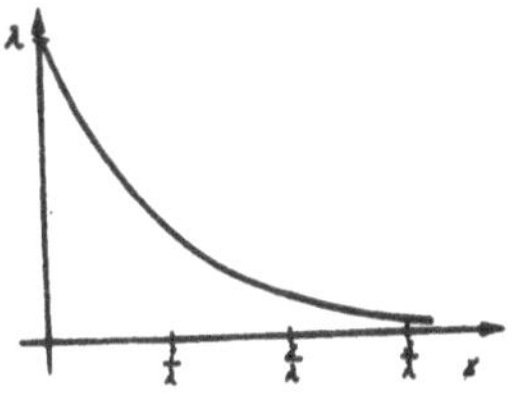	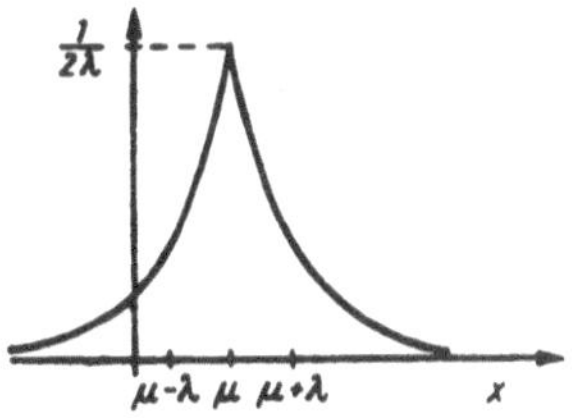
charakteristische Funktion	$\frac{\lambda}{\lambda - i t}$	$\frac{e^{i\mu t}}{1 + \lambda^2 t^2}$
Momente	$m_k = \frac{k!}{\lambda^k}$	$\mu_{2k} = (2k)!\,\lambda^{2k}$ $\mu_{2k-1} = 0$
Erwartungswert	$\frac{1}{\lambda}$	μ
Streuung	$\frac{1}{\lambda^2}$	$2\lambda^2$
Variationskoeffizient	1	$\frac{\lambda\sqrt{2}}{\mu}, \quad \mu \neq 0$
(CHARLIERsche) Schiefe	2	0
Exzeß	6	3
Median	$\frac{\ln 2}{\lambda}$	μ
Modalwert	0	μ
Vertafelung	siehe Tafeln der Exponentialfunktion	siehe Tafeln der Exponentialfunktion
Anwendung	›Zuverlässigkeitstheorie, ›Bedienungstheorie	

Gammaverteilung	CAUCHY-Verteilung	Name
$\frac{b^p}{\Gamma(p)} e^{-bx} x^{p-1}, \quad x > 0$	$\frac{1}{\pi} \frac{\lambda}{\lambda^2 + (x-\mu)^2}$	Dichte
$b > 0, p > 0$	$\lambda > 0$, μ reell	Parameterbereich
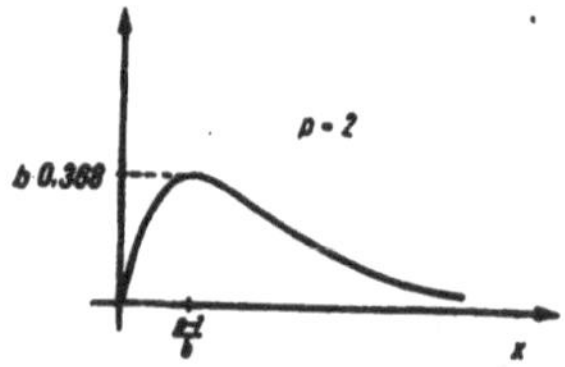	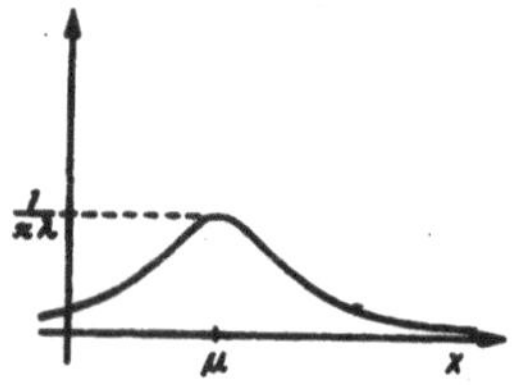	Bild der Dichte
$\left(1 - \frac{it}{b}\right)^{-p}$	$e^{i\mu t - \lambda \lvert t \rvert}$	charakteristische Funktion
$m_k = \frac{\Gamma(k+p)}{b^k \Gamma(p)}$	*	Momente
$\frac{p}{b}$	*	Erwartungswert
$\frac{p}{b^2}$	*	Streuung
$\frac{1}{\sqrt{p}}$	*	Variationskoeffizient
$\frac{2}{\sqrt{p}}$	*	(CHARLIERsche) Schiefe
$\frac{6}{p}$	*	Exzeß
	μ	Median
$\frac{p-1}{b}$ für $p \geqq 1$	μ	Modalwert
(T 10) [8]	$\lambda = 1$, $\mu = 0$: ›t-Verteilung	Vertafelung
›Zuverlässigkeitstheorie	Verteilung des Quotienten zweier unabh. normalverteilter Zufallsgrößen mit Erwartungswert Null	Anwendung

Name	Betaverteilung 1. Art (auf [0, 1])	Betaverteilung 2. Art
Dichte	$\frac{1}{B(p,q)} x^{p-1}(1-x)^{q-1}, \quad 0 < x < 1$	$\frac{1}{B(p,q)} \frac{x^{p-1}}{(1+x)^{p+q}}$, $x > 0$
Parameterbereich	$p > 0,\ q > 0$	$p > 0,\ q > 0$
Bild der Dichte	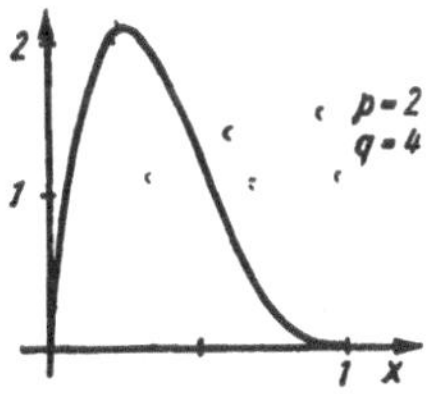	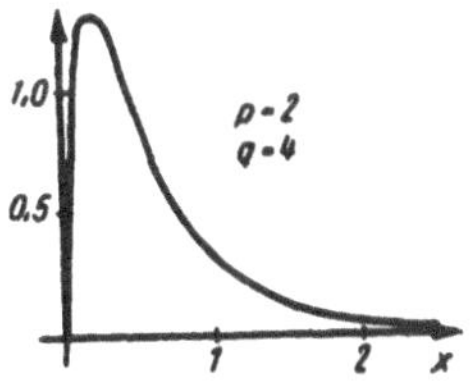
Momente	$m_k = \frac{B(k+p,q)}{B(p,q)}$	$m_k = \frac{B(k+p,q-k)}{B(p,q)}$, $k < q$
Erwartungswert	$\frac{p}{p+q}$	$\frac{p}{q-1}, \quad q > 1$
Streuung	$\frac{pq}{(p+q)^2(p+q+1)}$	$\frac{p(p+q-1)}{(q-1)^2(q-2)}, \quad q > 2$
Variationskoeffizient	$\sqrt{\frac{q}{p(p+q+1)}}$	$\sqrt{\frac{p+q-1}{p(q-2)}}, \quad q > 2$
(CHARLIERsche) Schiefe	$\frac{2(q-p)}{p+q+2}\sqrt{\frac{p+q+1}{pq}}$	
Exzeß	$\frac{6(p(p+1)(p-2q)+q(q+1)(q-2p))}{pq(p+q+2)(p+q+3)}$	
Median	vertafelt in (T 1)	
Modalwert	$\frac{p-1}{p+q-2}, \quad p \geqq 1, q \geqq 1, p+q > 2$	$\frac{p-1}{q+1}$ für $p > 1$ 0 sonst
Vertafelung	Quantile: (T 1), (T 9)	
Anwendung	Verteilung von ›Ranggrößen ›Korrelationsanalyse	

MAXWELL-Verteilung	RAYLEIGH-Verteilung	Name
$\frac{2}{\sigma^3\sqrt{2\pi}}x^2 e^{-\frac{x^2}{2\sigma^2}}, \quad x > 0$	$\frac{2x}{\lambda} e^{-\frac{x^2}{\lambda}}, \quad x > 0$	Dichte
$\sigma > 0$	$\lambda > 0$	Parameterbereich
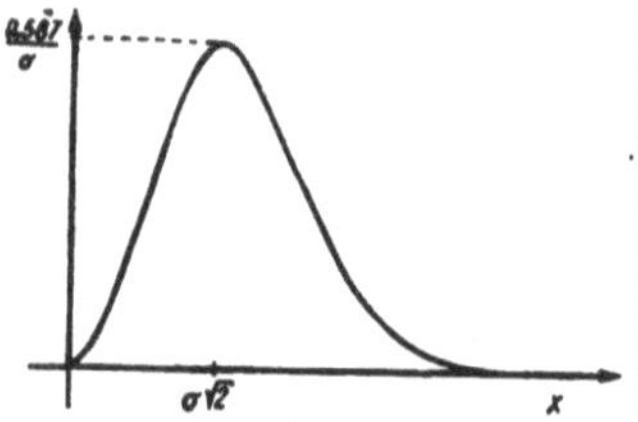	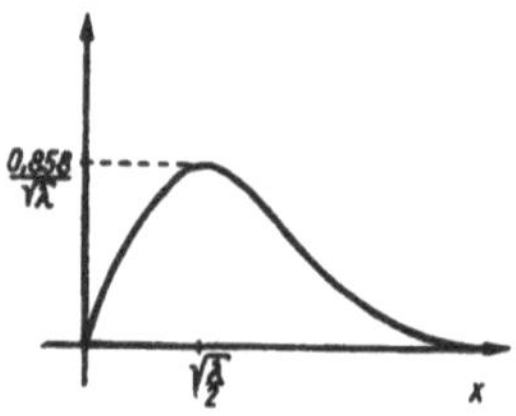	Bild der Dichte
$m_{2k} = (2k+1)!!\,\sigma^{2k}$ $m_{2k-1} = \frac{2^{k+1}\,k!\,\sigma^{2k-1}}{\sqrt{2\pi}}$	$m_k = \lambda^{\frac{k}{2}}\,\Gamma\left(\frac{k}{2}+1\right)$	Momente
$\frac{2\sqrt{2}\,\sigma}{\sqrt{\pi}} \approx 1{,}5958\,\sigma$	$\frac{1}{2}\sqrt{\lambda\pi} \approx 0{,}8862\sqrt{\lambda}$	Erwartungswert
$\left(3-\frac{8}{\pi}\right)\sigma^2 \approx 0{,}4535\,\sigma^2$	$\lambda\left(1-\frac{\pi}{4}\right) \approx 0{,}2146\lambda$	Streuung
$\approx 0{,}4220$	$\approx 0{,}5227$	Variationskoeffizient
$\approx 0{,}4857$	$\approx 0{,}6311$	(CHARLIERsche) Schiefe
$\approx 0{,}1082$	$\approx 0{,}2451$	Exzeß
$\approx 1{,}5382\,\sigma$	$\sqrt{\lambda}\ln 2 \approx 0{,}8326\sqrt{\lambda}$	Median
$\sigma\sqrt{2} \approx 1{,}4142\,\sigma$	$\sqrt{\frac{\lambda}{2}} \approx 0{,}7071\sqrt{\lambda}$	Modalwert
kinetische Gastheorie	Zuverlässigkeitstheorie	Anwendung

Name	WEIBULL-Verteilung	doppelte Exponentialverteilung
Dichte	$b\,p\,x^{p-1}\exp(-b\,x^p)\,,\quad x > 0$	$\frac{1}{\gamma}\exp\left(-\frac{x-q}{\gamma}\right)\times$ $\times\exp\left(-\exp\left(-\frac{x-q}{\gamma}\right)\right)$
Parameterbereich	$b > 0,\ p > 0$	q reell, $\gamma > 0$
Bild der Dichte	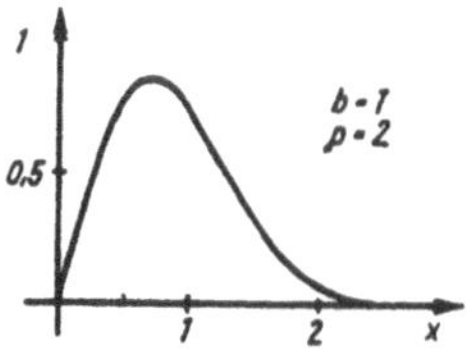	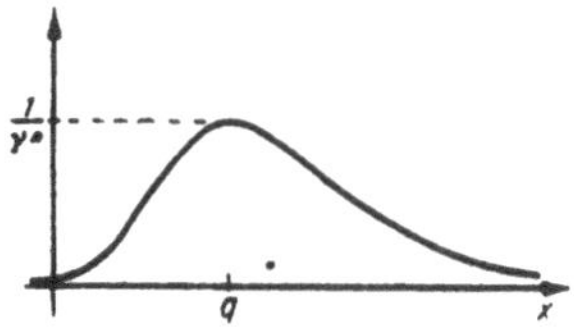
charakteristische Funktion		$\Gamma(1 - i\,\gamma\,t)\,e^{iqt}$
Momente	$m_k = b^{-\frac{k}{p}}\,\Gamma\left(\frac{k}{p}+1\right)$	
Erwartungswert	$b^{-\frac{1}{p}}\,\Gamma\left(\frac{1}{p}+1\right)$	$\gamma\,C + q,\ C \approx 0{,}5772$
Streuung	$b^{-\frac{2}{p}}\left(\Gamma\left(\frac{2}{p}+1\right) - \right.$ $\left. - \Gamma^2\left(\frac{1}{p}+1\right)\right)$	$\gamma^2\,\frac{\pi^2}{6}$
Variationskoeffizient	$\frac{\sqrt{\Gamma\left(\frac{2}{p}+1\right) - \Gamma^2\left(\frac{1}{p}+1\right)}}{\Gamma\left(\frac{1}{p}+1\right)}$	$\frac{1}{\sqrt{6}}\,\frac{\gamma\,\pi}{\gamma\,C + q}\,,\quad q \neq -\gamma\,C$
(CHARLIERsche) Schiefe	(T 7)	$\approx 1{,}1395$
Exzeß		2,4
Median	$\left(\frac{\ln 2}{b}\right)^{\frac{1}{p}}$	$-\gamma\ln\ln 2 + q \approx$ $\approx 0{,}3665\,\gamma + q$
Modalwert	$\left(\frac{1-\frac{1}{p}}{b}\right)^{\frac{1}{p}}$ für $p \geqq 1$.	q
Vertafelung	(T 7), [3]	(77)
Anwendung	›Zuverlässigkeitstheorie	›Extremwertverteilung

logistische Verteilung	PARETO-Verteilung	Name
$\frac{g\,e^{-gy}}{\sigma(1+e^{-gy})^2},\ y = \frac{x-\mu}{\sigma},$ $g = \frac{\pi}{\sqrt{3}} \approx 1{,}8138$	$\frac{\alpha}{x_0}\left(\frac{x_0}{x}\right)^{\alpha+1}, \quad x > x_0$	Dichte
μ reell, $\sigma > 0$	$\alpha > 0,\ x_0 > 0$	Parameterbereich
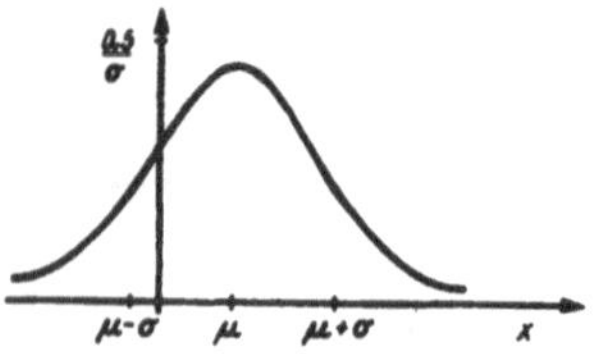	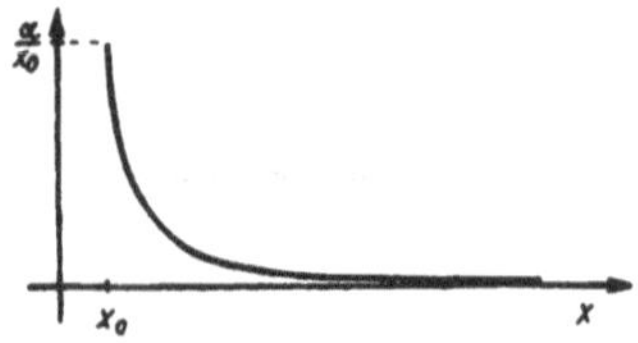	Bild der Dichte
$\mu_{2k-1} = 0$ $\mu_{2k} = 2(2^{2k-1}-1)(3\sigma^2)^k \lvert B_{2k} \rvert$ B_{2k} – BERNOULLIsche Zahlen	$m_k = \frac{\alpha\, x_0^k}{\alpha - k}, \quad k < \alpha$	Momente
μ	$\frac{\alpha\, x_0}{\alpha - 1}, \quad \alpha > 1$	Erwartungswert
σ^2	$\frac{\alpha\, x_0^2}{(\alpha-1)^2(\alpha-2)}, \quad \alpha > 2$	Streuung
$\frac{\sigma}{\mu}, \quad \mu \neq 0$	$\frac{1}{\sqrt{\alpha(\alpha-2)}}, \quad \alpha > 2$	Variations-koeffizient
0	$\frac{2(\alpha+1)\sqrt{\alpha-2}}{(\alpha-3)\sqrt{\alpha}}, \quad \alpha > 3$	(CHARLIERsche) Schiefe
$\frac{6}{5}$	$\frac{6(\alpha^3+\alpha^2-6\alpha-2)}{\alpha(\alpha-3)(\alpha-4)}, \quad \alpha > 4$	Exzeß
μ	$x_0 \sqrt[\alpha]{2}$	Median
μ	x_0	Modalwert
Bio- und Bevölkerungs-statistik	Ökonomie	Anwendung

Lit.:

[1] Aroian, L. A., A study of R. A. Fisher's z distribution and the related F distribution, Ann. Math. Statist. 12 (1941), 429–448.
[2] Grimm, H., Tafeln der negativen Binomialverteilung, Biom. Z. 4 (1962), 239–262.
[3] Grzesiak, K., Kołodziejski, J., Netzel, Z., Badania trwałościowe objektów technicznych, Warszawa 1968.
[4] Haight, F. A., Index to the distributions of mathematical statistics, J. Res. Nat. Bur. Standards 65 B (1961), 23–60.
[5] Lieberman, G., Owen, D. B., Tables of the hypergeometric probability distribution, Stanford 1961.
[6] Mahmoud, M. W., Oada, A., The approximate distributions for the sum of equicorrelated lognormal variates, Z. Math. Operationsf. Stat. 4 (1973), 229–242.
[7] Neumann, P., Über den Median einiger diskreter Verteilungen und eine damit zusammenhängende monotone Konvergenz, Wiss. Z. TU Dresden 19 (1970), 29–33.
[8] Пагурова, В. И., Таблицы неполной гамма-функции, Москва 1963.
[9] Tables of the binomial probability distribution, Washington 1950.
[10] Tables of the individual and cumulative terms of Poisson distribution, Toronto-New York-London 1962.

Zusatzliteratur

ANDERSON, T. W., The Statistical Analysis of Time Series (russ. Übersetzung Moskau 1976).

ASH, R. B., Topics in Stochastic Processes. New York 1975.

BANDEMER, H., u. a., Theorie und Anwendung der optimalen Versuchsplanung I und II, Berlin 1977 bzw. 1980.

BELLACH, J., u. a., Maß, Integral und bedingter Erwartungswert. Berlin 1978.

BHATTACHARYA, R. N., and R. RANGA, Normal Approximation and Asymptotic Expansions. New York-Sidney-London-Toronto 1976.

BIRKENFELD, W., Methoden zur Analyse von kurzen Zeitreihen. Basel-Stuttgart 1977.

BOROWKOW, A. A., Wahrscheinlichkeitstheorie. Berlin 1976 (Übersetzung aus dem Russischen).

CSIBI, S., Stochastic processes with learning properties. Wien-New York 1975.

ERDÖS, P. und J. SPENCER, Probabilistic Methods in Combinatorics (russ. Übersetzung Moskau 1976).

ERMAKOW, S. M.: Die Monte-Carlo-Methode und verwandte Fragen. Berlin 1975.

Гихман, М. М., и А. В. Скороход, Управляемые случайные процессы, Киев 1977 (GICHMAN, I. I., und A. W. SKOROCHOD, Steuerbare zufällige Prozesse, Kiew 1977).

GIRLICH, H.-J., Diskrete stochastische Entscheidungsprozesse. Leipzig 1973.

GÖSSEL, M., Wahrscheinlichkeitsautomaten und Zufallsfolgen. Berlin 1975.

HAZOD, W., Stetige Faltungshalbgruppen von Wahrscheinlichkeitsmaßen und erzeugende Distributionen. Berlin 1975.

HINDERER, K., Grundbegriffe der Wahrscheinlichkeitstheorie. Korr. Nachdruck der 1. Aufl., Berlin-Heidelberg-New York 1975.

HUMAK, K. M. S., Statistische Methoden der Modellbildung. Berlin 1977.

KALLENBERG, O., Random Measures. Berlin 1975.

KEMPE, V., Theorie stochastischer Systeme. Berlin 1974.

KEMPE, V., Analyse stochastischer Systeme. Berlin 1976.

KENDALL, M., and A. STUART, Design and Analysis of Time-Series (russ. Übersetzung Moskau 1976).

KERSTAN, J., MATTHES, K., und J. MECKE, Unbegrenzt teilbare Punktprozesse. Berlin 1974 (engl. Übersetzung Chichester, New York, Brisbane, Toronto 1978).

KÖNIG, D., und D. STOYAN, Methoden der Bedienungstheorie. Berlin 1976.

Королюк, В. С. Справочник по теории вероятностей и математической статистике, Киев 1978 (KOROLJUK, W. S., Handbuch der Wahrscheinlichkeitstheorie und Mathematischen Statistik, Kiew 1978).

Королюк, В. С., и А. Ф. Турбин, Полумарковкие процессы и их приложения, Киев 1976 (KOROLJUK, W. S., und A. I. TURBIN, Halbmarkovsche Prozesse und ihre Anwendungen, Kiew 1976).

Липцер, Р. Ш., и А. Н. Ширяев, Статистика случайных процессов Москва 1974 (LIPZER, R. S., und A. N. SCHIRJAJEW, Statistik zufälliger Prozesse, Moskau 1974).
MAIBAUM, G., Wahrscheinlichkeitstheorie und mathematische Statistik. Berlin 1976.
MÉTIVIER, M., Reelle und vektorwertige Quasimartingale und die Theorie der stochastischen Integration. Berlin-Heidelberg-New York 1977.
MINE, H., and S. OSAKI, Markovian Decision Processes (russ. Übersetzung Moskau 1977).
NOLLAU, V., Statistische Analysen, 2. Aufl., Leipzig und Basel 1978.
NOLLAU, V., Semi-Markovsche Prozesse. Berlin 1979.
RAIFFA, H., and R. SCHLEIFER, Applied statistical decision theory (russ. Übersetzung Moskau 1977).
RAO, R. C., Lineare statistische Methoden und ihre Anwendungen. Berlin 1973 (Übersetzung aus dem Englischen).
ROSANOW, J. A., Stochastische Prozesse. Berlin 1975 (Übersetzung aus dem Russischen).
RASCH, D., ENDERLEIN, G., und G. HERRENDÖRFER, Biometrie. Berlin 1973.
RASCH, D., Einführung in die mathematische Statistik I und II. Berlin 1976.
SAČKOV, J. V., Wahrscheinlichkeit und Struktur. Berlin 1978.
STOYAN, D., Qualitative Eigenschaften und Abschätzungen stochastischer Modelle. Berlin 1977.
TIJMS, H. C., and J. WESSELS, Markov Decision Theory, Amsterdam 1977.
WEBER, E.: Einführung in die Faktorenanlyse. Jena 1974.
WEBER, E.: Mathematische Grundlagen der Genetik, 2. Aufl., Jena 1978.
WENTZEL, E. S., und L. A. OWTSCHAROW, Aufgabensammlung zur Wahrscheinlichkeitsrechnung. Berlin 1973 (Übersetzung aus dem Russischen).

FSC
www.fsc.org
MIX
Papier | Fördert gute Waldnutzung
FSC® C083411

Kolibri 360 GmbH
Ferdinand-Jühlke-Straße 7
99095 Erfurt, Deutschland
produktsicherheit@kolibri360.de